Mathematik 2

Gymnasiale Oberstufe
Brandenburg

Herausgegeben von
Dr. Anton Bigalke   Dr. Norbert Köhler

Erarbeitet von
Dr. Anton Bigalke
Dr. Norbert Köhler
Dr. Horst Kuschnerow
Dr. Gabriele Ledworuski

unter Mitarbeit der Verlagsredaktion
und Beratung von
Detlef Missal, Erkner
Christian Theuner, Cottbus

Multimediales Zusatzangebot

Zu den Stellen des Buches, die durch das CD-Symbol 🔘 gekennzeichnet sind, gibt es ein über Mediencode verfügbares multimediales Zusatzangebot auf der dem Buch beiliegenden CD.

1. CD starten
2. Mediencode eingeben, z. B. **014-1**

Redaktion: Dr. Jürgen Wolff
Layoutkonzept: Wolf-Dieter Stark
Layout: Klein und Halm Grafikdesign, Berlin
Herstellung: Hans Herschelmann
Bildrecherche: Peter Hartmann

Grafik: Dr. Anton Bigalke, Waldmichelbach
Illustration: Detlev Schüler †
Umschlaggestaltung: Klein & Halm Grafikdesign, Hans Herschelmann, Berlin
Technische Umsetzung: Cross Media Solutions GmbH, Würzburg

www.cornelsen.de

Die Links zu externen Webseiten Dritter, die in diesem Lehrwerk angegeben sind, wurden vor Drucklegung sorgfältig auf ihre Aktualität geprüft. Der Verlag übernimmt keine Gewähr für die Aktualität und den Inhalt dieser Seiten oder solcher, die mit ihnen verlinkt sind.

1. Auflage, 1. Druck 2015

Alle Drucke dieser Auflage sind inhaltlich unverändert
und können im Unterricht nebeneinander verwendet werden.

© 2015 Cornelsen Schulverlage GmbH, Berlin

Das Werk und seine Teile sind urheberrechtlich geschützt.
Jede Nutzung in anderen als den gesetzlich zugelassenen Fällen bedarf
der vorherigen schriftlichen Einwilligung des Verlages.
Hinweis zu den §§ 46, 52a UrhG: Weder das Werk noch seine Teile dürfen ohne eine solche Einwilligung eingescannt und in ein Netzwerk eingestellt oder sonst öffentlich zugänglich gemacht werden.
Dies gilt auch für Intranets von Schulen und sonstigen Bildungseinrichtungen.

Druck: H. Heenemann, Berlin

ISBN 978-3-06-005937-9

PEFC zertifiziert
Dieses Produkt stammt aus nachhaltig
bewirtschafteten Wäldern und kontrollierten
Quellen.

www.pefc.de

Inhalt

☐ Wiederholung
■ Basis
◩ Basis/Erweiterung
☐ Vertiefung

Vorwort 5

I. Lineare Gleichungssysteme

☐ 1. Grundlagen 12
■ 2. Das Lösungsverfahren
    von Gauß 17
◩ 3. Lösbarkeitsuntersuchungen . . . 20
☐ 4. Anwendungen 28
    CAS-Anwendung 34

II. Vektoren

■ 1. Punkte im Koordinatensystem 38
■ 2. Vektoren 41
■ 3. Rechnen mit Vektoren 48
    CAS-Anwendung 72

III. Geraden

■ 1. Geraden im Raum 76
■ 2. Lagebeziehungen 82
◩ 3. Exkurs: Spurpunkte mit
    Anwendungen 94
    CAS-Anwendung 104

IV. Skalarprodukt und Vektorprodukt

■ 1. Das Skalarprodukt 108
■ 2. Winkel- und Flächen-
    berechnungen 112
■ 3. Winkel zwischen Geraden . . . 118
■ 4. Das Vektorprodukt 122
    CAS-Anwendung 132

V. Ebenen

■ 1. Ebenengleichungen 136
■ 2. Lagebeziehungen 146
    CAS-Anwendung 180

VI. Winkel und Abstände

■ 1. Schnittwinkel 184
■ 2. Abstandsberechnungen 190
    CAS-Anwendung 210

VII. Exkurs: Kreise und Kugeln

◩ 1. Kreise in der Ebene 214
◩ 2. Kugeln im Raum 218
    CAS-Anwendung 224

VIII. Komplexe Aufgaben zur analytischen Geometrie

IX. Wachstums- und Zerfallsprozesse

■ 1. Modelle 242
■ 2. Lineare und quadratische
    Prozess 242
■ 3. Unbegrenztes exponentielles
    Wachstum 244
☐ 4. Wachstumsmodelle im
    Überblick 249
◩ 5. Begrenztes exponentielles
    Wachstum/Zerfall 250
◩ 6. Exkurs: Logistisches
    Wachstum 257

X. Funktionsuntersuchungen und Modellierungen

☐ 1. Ganzrationalen Funktionen . . . 264
■ 2. Exponentialfunktionen 278
◩ 3. Gebrochen-rationale
    Funktionen 294
◩ 4. Wurzelfunktionen 304
☐ 5. Trigonometrische
    Funktionen . . . . ⊙ 010-1

XI. Wahrscheinlichkeitsverteilungen

☐ 1. Bernoulli-Ketten 310
☐ 2. Die Binomialverteilung 314
☐ 3. Praxis der Binomialverteilung 318
◪ 4. Die hypergeometrische
   Verteilung/Lottomodelle 327
☐ 5. Exkurs: Die Normalverteilung . 332
☐ 6. Exkurs: Anwendung der
   Normalverteilung 338
   CAS-Anwendung 345

Komplexe Aufgaben zur
Binomialverteilung . . . . 🔶 329-1

XII. Das Testen von Hypothesen

■ 1. Der Alternativtest 350
■ 2 Der Signifikanztest 357
◪ 3. Anwendungen der Normalverteilung beim Testen 365

XIII. Abiturähnliche Aufgaben

☐ 1. Analysis 374
☐ 2 Analytische Geometrie 382
☐ 3. Stochastik 390

Tabelle 1: Binomialverteilung 396
Tabelle 2: Kumulierte Binomial-
   verteilung 398
Tabelle 3: Normalverteilung 405
Stichwortverzeichnis 406
Bildnachweis 408

Vorwort

Rahmenplan und Zentralabitur

In diesem Buch wird der Rahmenplan Mathematik konsequent umgesetzt und eine intensive Vorbereitung auf das Zentralabitur ermöglicht. Der modulare Aufbau des Buches und der einzelnen Kapitel ermöglichen dem Lehrer individuelle Schwerpunktsetzungen – je nachdem welche Abiturkonfiguration vorliegt. Die Schüler können sich aufgrund des beispielbezogenen Konzeptes problemlos orientieren und sich anhand der abiturnahen Aufgabenformate zielgerichtet und frühzeitig vorbereiten.

Druckformat

Das Buch besitzt ein weitgehend zweispaltiges Druckformat, was die Übersichtlichkeit deutlich erhöht und die Lesbarkeit erleichtert.
Lehrtexte und Lösungsstrukturen sind auf der linken Seitenhälfte angeordnet, während Beweisdetails, Rechnungen und Skizzen in der Regel rechts platziert sind.

Beispiele

Wichtige Methoden und Begriffe werden auf der Basis anwendungsnaher, vollständig durchgerechneter Beispiele eingeführt, die das Verständnis des klar strukturierten Lehrtextes instruktiv unterstützen. Diese Beispiele können auf vielfältige Weise als Grundlage des Unterrichtsgesprächs eingesetzt werden. Im Folgenden werden einige Möglichkeiten skizziert:

- Die Aufgabenstellung eines Beispiels wird problemorientiert vorgetragen. Die Lösung wird im Unterrichtsgespräch oder in Stillarbeit entwickelt, wobei die Schülerbücher geschlossen bleiben. Im Anschluss kann die erarbeitete Lösung mit der im Buch dargestellten Lösung verglichen werden.

- Die Schüler lesen ein Beispiel und die zugehörige Musterlösung. Danach bearbeiten sie eine an das Beispiel anschließende Übung in Einzel- oder Partnerarbeit. Diese Vorgehensweise ist auch für Hausaufgaben gut geeignet.

- Ein Schüler wird beauftragt, ein Beispiel zu Hause durchzuarbeiten und als Kurzreferat zur Einführung eines neuen Begriffs oder Rechenverfahrens im Unterricht vorzutragen.

Übungen

Im Anschluss an die durchgerechneten Beispiele werden exakt passende Übungen angeboten.

- Diese Übungsaufgaben können mit Vorrang in Stillarbeitsphasen eingesetzt werden. Dabei können die Schüler sich am vorangegangenen Unterrichtsgespräch orientieren.

- Eine weitere Möglichkeit: Die Schüler erhalten den Auftrag, eine Übung zu lösen, wobei sie mit dem Lehrbuch arbeiten sollen, indem sie sich am Lehrtext oder an den Musterlösungen der Beispiele orientieren, die vor der Übung angeordnet sind.

- Weitere Übungsaufgaben auf zusammenfassenden Übungsseiten finden sich am Ende der meisten Abschnitte. Sie sind für Hausaufgaben, Wiederholungen und Vertiefungen geeignet. Rot markierte Übungen haben einen erhöhten Schwierigkeitsgrad.

- In erheblichem Umfang sind die Formate des Zentralabiturs berücksichtigt, vor allem auch solche mit einfachen Anwendungsbezügen, mit Modellierungen und mit Änderungsraten.

Streifzüge, Überblick, CAS-Anwendung und Test

Weitere Elemente des Buches sind Streifzüge (interessante mathematische Sonderthemen), Überblicke (Zusammenfassung wichtiger Definitionen und Formeln), CAS-Seiten (Computergestützte Mathematik) und Testseiten am Kapitelende. Die Lösungen der Tests findet man auf der dem Buch beiliegenden CD.

Gesamtkonzeption

Es wir davon ausgegangen, dass im ersten Jahr etwa folgende Kursziele erreicht wurden.

1. Semester: Differentialrechnung (ganzrationale Funktionen, Exponentialfunktionen, einfache nicht-ganzrationale Funktionen) unter verstärkter Berücksichtigung von Anwendungen, Änderungsraten und Modellierungen;
Grundlagen der Integralrechnung.

2. Semester: Integralrechnung: Flächen unter und zwischen Funktionsgraphen, Integrationsmethoden (Produktintegration, Substitution), Rotationskörper.
Stochastik: Kombinatorik, bedingte Wahrscheinlichkeiten, Vierfeldertafeln, Zufallsgrößen, erste Berührung mit Bernoulli-Ketten und Binomialverteilung.

Nun folgt ein unproblematisches und organisatorisch weitgehend ungestörtes 3. Semester mit dem mathematisch einheitlichen Thema der Vektorgeometrie. Zuletzt folgt das kurze und organisatorisch stark belastete 4. Semester, das zudem inhaltlich in drei Thematiken aufsplittet.

3. Semester: Analytische Geometrie und lineare Algebra.

4. Semester: I. Behandlung der Analysis mit Wachstums- und Zerfallsprozessen und mit Funktionsuntersuchungen zu realitätsnahen Anwendungen
II. Vertiefung und Absicherung der Stochastik
III. Abiturvorbereitung: Komplexe *abiturähnliche* Aufgaben zu Analysis, Geometrie und Stochastik

Erfordernis einer sinnvollen Auswahl aus dem Stoffspektrum:

Die Bücher Mathematik 1 (Kurshalbjahre 1 und 2) und Mathematik 2 (Kurshalbjahre 3 und 4) müssen das gesamte Leistungsspektrum und die mögliche Anwendungsbreite abdecken. Sie finden im erhöhten Anforderungsniveau mit vier wöchentlichen Unterrichtsstunden statt.

Der Lehrer benötigt ein *breites Angebot*, um auf mögliche externe Nachsteuerungsprozesse und sich entwickelnde Abituranforderungen reagieren zu können. Außerdem wird so eine innere Differenzierung ermöglicht.

Der Lehrer muss aber auch in erheblichem Maße *Auswahlentscheidungen* treffen, um die zeitliche Machbarkeit in einem vierstündigen Kurs zu gewährleisten. Hierzu werden im Folgenden kapitelbezogene Einschätzungen gegeben, die aber nur erste Anhaltspunkte liefern können.

—

Im Folgenden werden nur Hinweise gegeben, was unverzichtbarer Stoff ist und wo Verzicht geübt werden könnte, um die zeitlichen Ressourcen von nur ca. 100 Stunden für die beiden Semester einzuhalten. Die tatsächliche Auswahl trifft stets der Lehrer. Nur er kennt die reale Lage.

3. Semester: Analytische Geometrie (ca. 60 Stunden)

Im dritten Semester besteht eine günstige Situation, da ein in sich geschlossener Kurs zur Analytischen Geometrie vorliegt. Allerdings schwankt die Semesterlänge von Jahr zu Jahr.
Die Abiturfähigkeit der betroffenen Schüler für den Geometrieteil des Abiturs muss schon hier weitgehend hergestellt werden. Dies ist wichtig, da das kurze vierte Semester vollständig für die Vertiefung der Analysis und die abiturbezogene Erschließung der Stochastik benötigt wird.

Kapitel I: Lineare Gleichungssysteme (4 Stunden)

Dieses Kapitel beinhaltet das Lösungsverfahren von Gauß, mit dem lineare Gleichungssysteme systematisch gelöst werden können. Das Kapitel kann wie im Buch vorangestellt werden, aber auch in andere Kapiteln (z. B. Lagebeziehungen) integriert werden. Das würde Zeit sparen.

Kapitel II: Vektoren (6 Stunden)

Hier werden die Grundlagen der Vektorrechnung eingeführt mit Schwerpunkt auf dem dreidimensionalen Fall. Das Kapitel sollte trotz des Grundlagencharakters zügig behandelt werden, um schnell zu klausurrelevanten Fragestellungen mit Geraden und Ebenen zu kommen.

Raumkoordinaten, die Abstandsformel für Punkte im Raum und die Einführung des Vektorbegriffs bilden die Grundlage. Man sollte aber zügig zu Spaltenvektoren übergehen, denn damit werden im weiteren Verlauf fast alle Rechnungen durchgeführt.

Die Rechengesetze für Vektoren können knapp behandelt werden. Wichtig sind die Begriffe Linearkombination, kollinear und komplanar, die später oft in fachsprachlichen Begründungen verwendet werden. Der Exkurs über räumliche Anwendungen ist optional. Teilverhältnisse sind nur als Vertiefungsmöglichkeit gedacht.

Kapitel III: Geraden (8 Stunden)

Abschnitt 1: Vektorielle Geradengleichung (2 Stunden)

Hier wird die vektorielle Parametergleichung einer Geraden mit Stütz- und Richtungsvektor eingeführt und die Bedeutung des Geradenparameters thematisiert.

Abschnitt 2: Lagebeziehungen (4 Stunden)

Grundlegend sind die Lagebeziehungen von Punkt-Gerade, Punkt-Strecke und Gerade-Gerade. Bei der Lagebeziehung Punkt-Strecke wird die Bedeutung des Parameters besonders deutlich. Die Lagebeziehung zweier Raumgeraden führt auf anwendungsnahe und abiturrelevante Aufgaben (Flugbahnen, Tunnel). Hier ist gründliches Üben erforderlich. Auch Geradenscharen werden als höherer Anforderunbgsbereich angesprochen. Die Inhalte sind gut für Klausuren geeignet.

Abschnitt 3: Spurpunkte (2 Stunden)

Vertiefend könnten bei Interesse Spurpunkte und ihre Anwendungen (Spiegelungen, Schattenwurf) angesprochen werden. Schatten kommen später in Aufgaben und z. T. im Abitur vor.

Kapitel IV: Skalarprodukt und Vektorprodukt (9 Stunden)

In diesem Grundlagenkapitel wird die Metrik des Vektorraums eingeführt. Längen, Winkel und Flächeninhalten können mithilfe des Skalarprodukts bestimmt werden. So besteht frühzeitig die Möglichkeit, differenzierte Aufgabenstellungen mit Winkeln und Flächen zu bearbeiten.

Abschnitt 1: Das Skalarproduskt (2 Stunden)

Skalarprodukt in Kosinusform und in Koordinatenform: Theorie und Rechenregeln können knapp gehalten werden.

Abschnitt 2: Winkel- und Flächenberechnungen (4 Stunden)
Kosinusformel: Winkel zwischen Vektoren (zentral für fast alle Winkelberechnungen).
Skalarprodukt: Orthogonalitätskriterium, Bestimmung von Normalenvektoren, Parallelogrammfläche und Dreiecksfläche.

Abschnitt 3: Winkel zwischen Geraden (1 Stunde)
Schnittwinkel von Geraden.

Abschnitt 4: Das Vektorprodukt (2 Stunden)
Vektorprodukt: Berechnung von Normalenvektoren, Fläche von Parallelogramm und Dreieck, Volumen der Dreieckspyramide.

Kapitel V: Ebenen (12 Stunden)
Abschnitt 1: Ebenengleichungen (4 Stunden)
Vektorielle Parametergleichung, Dreipunktegleichung, Normalengleichung, Koordinatengleichung, Achsenabschnittsgleichung und deren Umrechnungen.
Schwerpunkt: Parametergleichung und Normalen- oder Koordinatengleichung.
Zügiges Vorgehen ist angesagt, da in zusammengesetzte Aufgaben später ohnehin alles angewandt und vertieft werden kann.

Abschnitt 2: Lagebeziehungen (8 Stunden)
Lagebeziehungen von Punkten, Geraden und Ebenen.
Vorteile der einzelnen Ebenengleichungsarten herausstellen. (Koordinatenform vereinfacht Rechnungen, Parameterform zeigt anhand der Parameterwerte, in welchem lokalen Bereich der Ebene man sich befindet (z. B. Lage Punkt/Dreieck).

Kapitel VI: Winkel und Abstände (10 Stunden)
Abschnitt 1 Winkel (2 Stunden)
Die Schnittwinkel werden im Prinzip alle mit der Kosinusformel errechnet. Lediglich der Winkel zwischen Gerade und Ebene kann mit einer Sinusformel bequemer berechnet werden.

Abschnitt 2 Abstände (8 Stunden)
Man sollte für jede Abstandsaufgabe eine Formel anbieten. Das liefert die Ergebnisse schnell, z.B. bei windschiefen Geraden. Aber die operativen Verfahren sind mathematisch lehreicher und anschaulicher und können in unbekannten Situationen flexibel angepasst werden. Beide Möglichkeiten mit Vor- und Nachteilen (Zeitbedarf, Verständnis) sollten die Schüler kennen.

Kapitel VII: Exkurs Kreise und Kugeln (2–4 Stunden)
Kreise und Kugeln bilden einen reinen Exkurs. Man sollte dennoch wenigstens Kreise in der Ebene und Ursprungskugeln ansprechen sowie den Schnitt von Gerade und Kugel.

Kapitel VIII: Kompl. Aufgaben zur Geometrie (10 Std. plus Hausarb.)
Hier werden komplexe Aufgaben sowohl mit innermathematischem als auch mit Anwendungscharakter angeboten. Sie dienen der Sicherung des Gesamtwissens und der frühzeitigen, aber unbedingt schon hier notwendigen Vorbereitung des Geometrieteils der Abiturprüfung.

4. Semester: Analysis – Stochastik – Abitur (ca. 30 Std.)

Kapitel IX: Wachstumsprozesse (6 Stunden)
Hier wird zum Vergleich je ein kurzes Beispiel zu linearen und quadratischen Wachstumsprozessen wiederholt, bevor die drei exponentiellen Wachstumsmodelle systematisiert werden. Eine kurz gehaltene Einführung der drei exponentiellen Modelle sollte vorgenommen werden.
Abschnitt 3: Unbegrenztes exponentielles Wachstum (2 Stunden)
Abschnitt 5: Begrenztes exponentielles Wachstum (2 Stunden)
Abschnitt 6: Logistisches Wachstum (2 Stunden)

Kapitel X: Funktionsuntersuchungen und Modellierungen (12 Stunden)
Hier werden Kurvenuntersuchungen und Modellierungen für verschiedene Funktionsklassen wiederholend-vertiefend aufgearbeitet. Angeboten werden die besonders wichtigen Klassen der Polynome und der Exponentialfunktionen, aber auch Wurzelfunktionen und einfache gebrochen-rationale Funktionen. Weiterhin findet man fünf Seiten zu trigonometrische Funktionen mit dem CD-Mediencode 🔴 010-1. Je nach Verlauf des zweiten Semesters ist einiges Wiederholung, so dass exemplarisches Vorgehen angesagt ist, zumal im Kapitel über abiturähnliche Aufgaben analoge Fragestellungen vorkommen.

Abschnitt 1: Ganzrationale Funktionen (0–2 Stunden)
Dieser Abschnitt hat reinen Wiederholungscharakter und dient zum Nachlesen und Orientieren. Die Funktionsklasse ist rechnerisch einfach und für Modellierungen besonders geeignet.

Abschnitt 2: Exponentialfunktionen (6 Stunden)
Im Abitur sind Exponentialfunktionen ein zentrales Element. An ihnen lassen sich viele Techniken gut demonstrieren, da diese Funktionen rechnerisch einfach sind, aber nicht trivial.
Man kann die Strategien mit Schlagworten belegen, um ihre Abrufbarkeit zu erleichtern. Solche Schlagworte sind: Nullstellen, Ableitungen, Extrema, Wendepunkte, Verhalten für $x \to \infty$, Tangenten, Normalen, Extremalprobleme, eingesperrtes Rechteck, Stammfunktionsnachweis durch Ableiten, partielle Integration, einfache Substitutionsintegration, Flächen unter und zwischen Kurven, Rotationsvolumina. Bei Prozessen spielen Änderungsraten eine erhebliche Rolle und manchmal auch eingeschränkt Bestandsrekonstruktionen.

Abschnitt 3: Gebrochen-rationale Funktionen (3 Stunden)
Hier kommt der Aspekt der eingeschränkten Definitionsmenge sowie die Sonderelemente Polstellen und Asymptoten zum Tragen. Die Terme wurden so einfach gehalten, dass auf die Methode der Polynomdivision verzichtet werden konnte.

Abschnitt 4: Wurzelfunktionen (3 Stunden)
Diese Funktionsklasse wird etwas knapper angesprochen, spielt aber bei Modellierungen ebenfalls eine Rolle. Ein wichtiger Aspekt ist die eingeschränkte Definitionsmenge und das Auftreten von Bruchtermen ab der 1. Ableitung. Die Ableitungen können durch Darstellung der Wurzelterme in Potenzform einfacher gebildet werden, da man dann mit Potenzregel und Kettenregel auskommt.

Abschnitt 5: Trigonometrische Funktionen (selbstständige Hausarbeit)
Den Abschnitt findet man mit dem CD-Mediencode 🔴 010-1.
Es wird der Fall einer linearen inneren Funktion behandelt, der durch Verschiebungen und Streckungen aus der Grundfunktionen $\sin x$ und $\cos x$ hervorgeht. Vorausgesetzt wird die Fähigkeit, einfache trigonometrische Gleichungen unter Beachtung der Periode zu lösen.

Kapitel XI.A: Wiederholung Binomialverteilung/Lottomodelle (4–6 Std.)

Je nachdem, wie weit man im zweiten Semester gekommen ist oder welche Wissenslücken durch das stochastikfreie 3. Semester wieder entstanden sind, ist zumindest eine kurze Wiederholung und Reaktivierung zum Thema Bernoulli-Ketten, Binomialverteilung und Lottomodell erforderlich, wobei auch Erwartungswert und Standardabweichung betrachtet werden sollten.

Es reicht, eine Auswahl der Standardaufgaben zu wiederholen, welche mit der Formel von Bernoulli oder durch Anwendung der Tabellen B(n;p;k) und F(n;p;k) gelöst werden können.

Insgesamt sollte man sich am Aufbau von Abituraufgaben mit Laplace-Kombinatorik, Baumdiagrammen, Lottomodellen und den zwei Schwerpunkten bedingte Wahrscheinlichkeiten (Baum und inversem Baum/Vierfeldertafel) und Binomialverteilung (Formel, Tabellen) orientieren.

Alternatives Vorgehen zu diesem Kapitel:

Man kann aber auch – vor allem aus Zeitgründen – von den *komplexen Aufgaben zur Binomialverteilung* ausgehen, die sich auf der Buch-CD-befinden (Mediencode ● 329-1) und exakt zum Kapitel passen. An diesen kann man Wissenslücken aufdecken und anhand der Buchinhalte des Kapitels gezielt nacharbeiten.

Kapitel XI.B: Exkurs: Normalverteilung (0–4 Stunden)

Die Normalverteilung kann als Standardisierung der Binomialverteilung und als deren Grenzfall für große Fallzahlen n eingeführt werden, was man aber nicht zu sehr vertiefen muss.
Es reicht im Ergebnis, die Näherungsformel für die kumulierte Binomialverteilung, d. h. die Funktion Φ und die zugehörige Tabelle (Seite 381) zu kennen und anwenden zu können.
Die Normalverteilung bei stetigen Zufallsgrößen mit vorgegebenem Erwartungswert und Standardabweichung ist zwar praxisrelevant, aber hier nur als mögliche Vertiefung zu verstehen.

Kapitel XII: Das Testen von Hypothesen (4–6 Std.)

Man sollte zunächst den Alternativtest behandeln, denn alle wichtigen Begrifflichkeiten (statistische Gesamtheit, Nullhypothese und Alternativhypothese, Stichprobe, Prüfgröße, Entscheidungsregel, kritische Zahl(en), Annahme- und Verwerfungsbereich, Fehler 1. und 2. Art) lassen sich daran besonders leicht erarbeiten. Der abiturrelevante Signifikanztest folgt im Anschluss. Er ist zwar etwas schwieriger, dafür aber praxisbezogener mit zahlreichen Anwendungen.

Kapitel XIII: Abiturähnliche Aufgaben (6 Stunden plus Hausarbeit)

In diesem besonders wichtigen Kapitel werden abiturähnliche Aufgaben angeboten, gegliedert nach den Abiturthemenblöcken Analysis, Geometrie und Stochastik. Der Schwierigkeitsgrad geht von eher leicht bis eher schwierig, um Anpassungen an die aktuelle Abitursituation zu ermöglichen. Falls kein CAS zur Verfügung steht, ist bei einigen Stochastikaufgaben die Anwendung der Normalverteilung als Näherung für die Binomialverteilung erforderlich.
Dieses Kapitel und diese Art der Aufgabenstellung sollte einen Semesterschwerpunkt bilden in Bezug auf die Schüler, die das schriftliche Abitur ablegen. Es ist wichtig, sie rechtzeitig einzusetzen, damit sich noch Routine ausbilden kann.
Die Schüler, die schriftliches Abitur machen, sollten sie in Hausarbeit systematisch selbständig abarbeiten, wobei es günstig ist, immer wieder nach folgendem Schema vorzugehen:
Lesen – Strategien einschätzen – Lösen – Kernstrategien im Rückblick einprägen.
Ein Link zum Download von Original-Abituraufgaben findet man auf der Buch-CD unter dem Mediencode ● 010-1.

– Viel Erfolg –

I. Lineare Gleichungssysteme

Bei zahlreichen Anwendungen in der Mathematik ist das Lösen von linearen Gleichungssystemen erforderlich. In diesem Kapitel wird ein systematisches Lösungsverfahren behandelt.

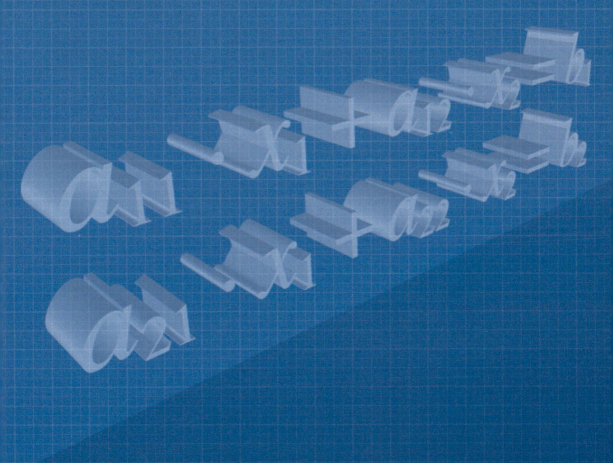

1. Grundlagen

A. Der Begriff des linearen Gleichungssystems

Die Bedeutung *linearer Gleichungssysteme* als Hilfsmittel bei der Lösung komplexer naturwissenschaftlicher, technischer und vor allem auch wirtschaftlicher Problemstellungen hat rasant zugenommen. Die Entwicklung hat sich weiter verstärkt, seit es leistungsfähige Computer gibt. Inzwischen sind bereits auf speziellen Taschenrechnern *Computer-Algebra-Systeme (CAS)* verfügbar, die mehrere Möglichkeiten zur automatischen Umformung und Lösung linearer Gleichungssysteme gestatten.

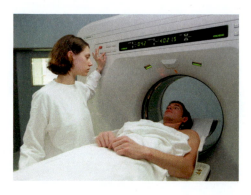

Die Computertomographie ist nur mithilfe der Mathematik möglich. Denn die dabei erzeugten Schnittbilder des menschlichen Körpers entstehen nicht optisch, sondern werden aus Messergebnissen mithilfe der Computerlösung großer linearer Gleichungssysteme erzeugt. (Siehe Beispiel auf Seite 29)

In diesem ersten Abschnitt wiederholen wir einige einfache Grundlagen, die beim Lösen linearer Gleichungssysteme eine Rolle spielen. In der Regel beschränken wir uns zunächst auf Gleichungssysteme mit nur zwei Variablen.

Ein **l**ineares **G**leichungs**s**ystem (*LGS*) besteht aus einer Anzahl linearer Gleichungen. Nebenstehend ist ein lineares Gleichungssystem mit vier Gleichungen und drei Variablen (x, y, z) dargestellt. Man spricht hier von einem (4, 3)-LGS.
Die Darstellung ist in der so genannten *Normalform* gegeben: Die variablen Terme stehen auf der linken Seite, die konstanten Terme bilden die rechte Seite.

Ein (4, 3)-LGS in Normalform:

$$
\begin{aligned}
3x + 2y - 2z &= 9 \\
2x + 3y + 2z &= 6 \\
4x - 2y + 3z &= -3 \\
5x + 4y + 4z &= 9
\end{aligned}
$$

↑   ↑   ↑   ↑
Koeffizienten des LGS   rechte Seite des LGS

Die allgemeine Form eines (m, n)-LGS ist nebenstehend abgebildet.
Die n Variablen heißen $x_1, x_2, \ldots, x_n$.
Die konstanten Terme, welche die rechten Seiten der m linearen Gleichungen bilden, sind mit $b_1, b_2, \ldots, b_m$ bezeichnet. a_{ij} bezeichnet denjenigen Koeffizienten des LGS, der in der i-ten Gleichung steht und zur Variablen x_j gehört.
Eine Lösung des LGS gibt man als *n-Tupel* $(x_1; x_2; \ldots; x_n)$ an.

(m, n)-LGS:

$$
\begin{aligned}
a_{11}x_1 + a_{12}x_2 + \ldots + a_{1n}x_n &= b_1 \\
a_{21}x_1 + a_{22}x_2 + \ldots + a_{2n}x_n &= b_2 \\
&\vdots \\
a_{m1}x_1 + a_{m2}x_2 + \ldots + a_{mn}x_n &= b_m
\end{aligned}
$$

1. Grundlagen

B. Das Additionsverfahren bei Gleichungssystemen mit zwei Variablen

Zunächst bringen wir uns ein elementares Verfahren zur Lösung linearer Gleichungssysteme anhand eines einfachen Beispiels (2 Gleichungen, 2 Variable) in Erinnerung.

> **Beispiel:** Lösen Sie das nebenstehende lineare Gleichungssystem.
>
> I $\quad 2x - 4y = 2$
> II $\quad 5x + 3y = 18$

Lösung:
Wir verwenden das sogenannte Additionsverfahren. Zunächst multiplizieren wir Gleichung I mit -5 und Gleichung II mit 2, sodass die Koeffizienten der Variablen x den gleichen Betrag, aber verschiedene Vorzeichen erhalten.

I $\quad 2x - 4y = 2 \quad \rightarrow (-5) \cdot \text{I}$
II $\quad 5x + 3y = 18 \quad \rightarrow 2 \cdot \text{II}$

So entsteht ein neues Gleichungssystem. Es ist zum Ursprungssystem äquivalent, d. h. lösungsgleich.

I $\quad -10x + 20y = -10$
II $\quad 10x + 6y = 36 \rightarrow \text{I} + \text{II}$

Nun addieren wir Gleichung I zu Gleichung II. Bei diesem Additionsvorgang wird die Variable x eliminiert. Das entstehende Gleichungssystem ist wiederum äquivalent zum vorhergehenden.

I $\quad -10x + 20y = -10$
II $\quad 26y = 26$

Gleichung II enthält nun nur noch eine Variable, nämlich y. Auflösen der Gleichung nach y liefert $y = 1$ als Lösungswert.

Aus II folgt $\quad y = 1$.

Setzen wir dieses Teilresultat in Gleichung I ein, so folgt $x = 3$.

Einsetzen in I liefert: $\quad x = 3$.
Lösungsmenge: $\quad L = \{(3; 1)\}$.

Die Lösungsverfahren für lineare Gleichungssysteme beruhen darauf, dass die Anzahl der Variablen pro Gleichung durch Umformungen schrittweise reduziert wird, bis nur noch eine Variable übrig bleibt, nach der sodann aufgelöst werden kann.
Die verwendeten Umformungen dürfen die Lösungsmenge des Gleichungssystems nicht verändern. Umformungen mit dieser Eigenschaft werden als *Äquivalenzumformungen* bezeichnet.
Die drei wesentlichen Äquivalenzumformungen sind nebenstehend aufgeführt.

> **Äquivalenzumformungen eines Gleichungssystems**
>
> Die Lösungsmenge eines linearen Gleichungssystems ändert sich nicht, wenn
>
> (1) 2 Gleichungen vertauscht werden,
>
> (2) eine Gleichung mit einer reellen Zahl $k \neq 0$ multipliziert wird,
>
> (3) eine Gleichung zu einer anderen Gleichung addiert wird.

Zur Pfeilschreibweise: $A \rightarrow B$ bedeutet: A wird durch B ersetzt.

Übung 1
Lösen Sie die linearen Gleichungssysteme rechnerisch. Prüfen Sie Ihre Lösung gegebenenfalls mit CAS.

a) $2x - 3y = 5$
$3x + 4y = 16$

b) $6x - 4y = -2$
$4x + 3y = 10$

c) $\frac{1}{2}x - 2y = 1$
$3x + 4y = 14$

d) $5x = y - 3$
$2y = 7 + 9x$

Übung 2
Lösen Sie die linearen Gleichungssysteme zeichnerisch.

a) $3x + 2y = 12$
$4x - 2y = 2$

b) $2x - 3y = -9$
$4x + 6y = -6$

C. Die Anzahl der Lösungen eines Gleichungssystems mit zwei Variablen

Die Gesamtheit der Lösungen (x; y) jeder einzelnen Gleichung eines (2, 2)-LGS bildet eine Gerade im $\mathbb{R}^2$. Damit kann die Frage nach der Anzahl der Lösungen eines (2, 2)-LGS in sehr anschaulicher Weise beantwortet werden.
Die Lösungen eines solchen Gleichungssystems sind die Koordinaten der gemeinsamen Punkte der den Gleichungen zugeordneten Geraden. Geraden haben entweder keine gemeinsamen Punkte oder sie haben genau einen gemeinsamen Punkt oder sie haben unendlich viele gemeinsame Punkte. Entsprechend ist ein lineares Gleichungssystem entweder *unlösbar* oder es ist *eindeutig lösbar* oder es hat *unendlich viele Lösungen*, ist also *nicht eindeutig lösbar*.
Dies gilt nicht nur für Gleichungssysteme mit zwei Variablen, sondern für alle lineare Gleichungssysteme.

I $2x - 2y = -2$ II $-3x + 3y = 6$	I $2x - y = 2$ II $3x + 3y = 12$	I $8x + 4y = 16$ II $-6x - 3y = -12$
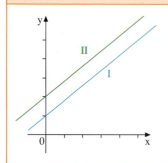	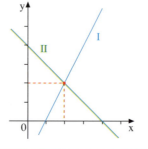	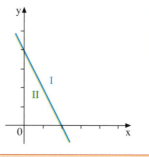
Die Geraden sind parallel. Sie haben keine gemeinsamen Punkte. **Das Gleichungssystem ist unlösbar.**	Die Geraden schneiden sich in einem Punkt. **Das Gleichungssystem hat genau eine Lösung.**	Die Geraden sind identisch. Sie haben unendlich viele gemeinsame Punkte. **Das Gleichungssystem hat unendlich viele Lösungen.**

014-1

1. Grundlagen

Auch mithilfe des Additionsverfahrens kann man erkennen, welcher der drei bezüglich der Lösbarkeit möglichen Fälle vorliegt. Den Fall der eindeutigen Lösbarkeit haben wir bereits geübt (vgl. Seite 13). Die restlichen Fälle behandeln wir nun exemplarisch.

> **Beispiel:** Untersuchen Sie die Gleichungssysteme mithilfe des Additionsverfahrens auf Lösbarkeit.
>
> a) $2x - 2y = -3$
> $-3x + 3y = 9$
>
> b) $8x + 4y = 16$
> $-6x - 3y = -12$

Lösung zu a:

$$\begin{array}{lll} \text{I} & 2x - 2y = -3 & \to 3 \cdot \text{I} \\ \text{II} & -3x + 3y = 9 & \to 2 \cdot \text{II} \end{array}$$

$$\begin{array}{lll} \text{I} & 6x - 6y = -9 & \\ \text{II} & -6x + 6y = 18 & \to \text{I} + \text{II} \end{array}$$

$$\begin{array}{ll} \text{I} & 6x - 6y = -9 \\ \text{II} & 0x + 0y = 9 \end{array}$$

Die Äquivalenzumformungen führen auf ein Gleichungssystem, dessen Gleichung II für kein Paar x, y lösbar ist, da sie $0 = 9$ lautet.
Sie stellt einen Widerspruch in sich dar.

Da eine Gleichung des Systems keine Lösung besitzt, hat das Gleichungssystem als Ganzes erst recht keine Lösungen.
Man spricht von einem unlösbaren Gleichungssystem. Die Lösungsmenge des Systems ist die leere Menge:
$L = \{\ \}$.

Lösung zu b:

$$\begin{array}{lll} \text{I} & 8x + 4y = 16 & \to 3 \cdot \text{I} \\ \text{II} & -6x - 3y = -12 & \to 4 \cdot \text{II} \end{array}$$

$$\begin{array}{lll} \text{I} & 24x + 12y = 48 & \\ \text{II} & -24x - 12y = -48 & \to \text{I} + \text{II} \end{array}$$

$$\begin{array}{ll} \text{I} & 24x + 12y = 48 \\ \text{II} & 0x + 0y = 0 \end{array}$$

Die Umformungen führen auf ein äquivalentes System, dessen Gleichung II für alle Paare x, y trivialerweise erfüllt ist, da sie $0 = 0$ lautet. Sie kann also auch weggelassen werden.

In der verbleibenden Gleichung I kann eine der Variablen frei gewählt werden. Sei etwa $x = c$ ($c \in \mathbb{R}$).
Dann folgt $y = -2c + 4$. Für jeden Wert des Parameters c ergibt sich eine Lösung. Man spricht von einer einparametrigen unendlichen Lösungsmenge:
$L = \{(c;\ -2c + 4);\ c \in \mathbb{R}\}$.

Übung 3

Untersuchen Sie das Gleichungssystem auf Lösbarkeit. Geben Sie die Lösungsmenge an. Prüfen Sie Ihre Lösung gegebenenfalls mit CAS.

CAS

a) $8x - 3y = 11$
   $5x + 2y = 34$

b) $3x + 2y = 13$
   $2x - 5y = -4$

c) $8x - 6y = 2$
   $2x + 3y = 2$

d) $-4x + 14y = 6$
   $6x - 21y = 8$

e) $12x + 16y = 28$
   $15x + 20y = 35$

f) $3x - 4y = 14$
   $2x + 3y = -2$
   $x + 10y = -18$

g) $4x - 2y = 8$
   $3x + y = 11$
   $6x - 8y = 1$

h) $3x - 6y = 9$
   $-2x + 4y = -6$
   $x - 2y = 3$

Übung 4

Für welche Werte des Parameters $a \in \mathbb{R}$ liegt eindeutige Lösbarkeit vor?

a) $2x - 5y = 9$
   $4x + ay = 5$

b) $3x + 4y = 7$
   $2x - 6y = a + 12$

c) $ax + 2y = 5$
   $8x + ay = 10$

d) $ax - 2y = a$
   $2x - ay = 2$

Übungen

5. Lösen Sie das lineare Gleichungssystem mithilfe des Additionsverfahrens.
a) $2x - 3y = 5$
$3x + 2y = 1$

b) $-3x + 4y = -1$
$4x - 2y = 8$

c) $1{,}2x - 0{,}5y = 5$
$3{,}4x - 1{,}5y = 14$

d) $\frac{1}{4}x - \frac{5}{4}y = 3$
$-\frac{3}{4}x + 2y = -\frac{11}{2}$

e) $2 - 2x = 2y - 4$
$6x - 4 = 6y + 2$

f) $y - 3x - 3 = 2y$
$4 - 4x + y = 8 - 3y$

g) $13 - x + 4y = 0$
$24 - 2(x - y) = 10$

h) $12x - 4y = x + 2y + 36$
$33 - (y - x) = 8y - x$

[CAS] 6. Untersuchen Sie das LGS auf Lösbarkeit. Bestimmen Sie die Lösungsmenge.
a) $x - \frac{1}{3}y = 3$
$x + 2y = -4$

b) $2x + 4y = -4$
$-0{,}5x - y = 1$

c) $-6x + 3y = 3$
$4x - 2y = 2$

d) $x + y = -3$
$\frac{1}{6}x - \frac{1}{2}y = \frac{1}{2}$

e) $-2x + 6y = -2$
$x - 3y = 1$

f) $3x - 3y = 0$
$6x + 3y = 18$
$-2x + 4y = 4$

g) $-2x + y = -1$
$4x + 2y = -10$
$-6x + 3y = -2$

h) $2x - 2y = 14$
$3x + 6y = 3$
$4x - 12y = 44$

7. Für welche Werte des Parameters $a \in \mathbb{R}$ liegt eindeutige Lösbarkeit vor?
a) $3x - 5y = 4$
$ax + 10y = 5$

b) $4x - 2y = a$
$3x + 4y = 7$

c) $ax + 3y = 8$
$3x + ay = 4$

d) $5x - ay = a$
$ax - 5y = 5$

8. Eine zweistellige Zahl ist siebenmal so groß wie ihre Quersumme. Vertauscht man die beiden Ziffern, so erhält man eine um 27 kleinere Zahl. Wie heißt diese zweistellige Zahl?

9. Aus 6 Liter blauer Farbe und 10 Liter gelber Farbe sollen zwei grüne Farbmischungen hergestellt werden. Die Mischung „Hellgrün" besteht zu 30% aus blauer und zu 70% aus gelber Farbe, während die Mischung „Dunkelgrün" zu 60% aus blauer und zu 40% aus gelber Farbe besteht. Wie groß sind die Mengen hellgrüner bzw. dunkelgrüner Farbe, die sich aufgrund dieser Mischungsverhältnisse ergeben?

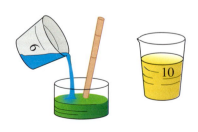

10. Wie alt sind Max und Moritz jetzt?

2. Das Lösungsverfahren von Gauß

Carl Friedrich Gauß (1777–1855) war ein deutscher Mathematiker und Astronom, der sich bereits in frühester Jugend durch überragende Intelligenz auszeichnete. Fast 50 Jahre lang war er als Mathematikprofessor an der Uni Göttingen tätig. Neben der Mathematik beschäftigte er sich vor allem mit der Astronomie. Durch eine neue Berechnung der Umlaufbahnen von Himmelskörpern konnte der 1801 entdeckte und gleich wieder aus dem Blick verlorene Planet Ceres wieder aufgefunden werden. Hierbei entwickelte er auch das nach ihm benannte Lösungsverfahren für Gleichungssysteme, das er 1809 in seinem Buch „Theoria motus corporum caelestium" (Theorie der Bewegung der Himmelskörper) veröffentlichte.

🟠 017-1

A. Dreieckssysteme

> **Beispiel:** Das gegebene Gleichungssystem hat eine besondere Gestalt, denn die von null verschiedenen Koeffizienten sind in Gestalt eines Dreiecks angeordnet.
> Lösen Sie dieses Dreieckssystem.
>
> Ein Dreieckssystem
> I $3x - 2y + 4z = 11$
> II $\phantom{3x - {}}4y + 2z = 14$
> III $\phantom{3x - 2y + {}}5z = 15$

Lösung:
Dreieckssysteme sind wegen ihrer besonderen Gestalt sehr einfach zu lösen:

1. Wir lösen Gleichung III nach z auf und erhalten $z = 3$.

2. Dieses Ergebnis setzen wir in Gleichung II ein, die sodann nach y aufgelöst werden kann. Wir erhalten $y = 2$.

3. Nun setzen wir $z = 3$ und $y = 2$ in Gleichung I ein, die anschließend nach x aufgelöst werden kann: $x = 1$.

Resultat: Das gegebene Dreieckssystem ist *eindeutig lösbar*.
▶ Die Lösung ist (1; 2; 3).

Lösen eines Dreieckssystems durch *Rückeinsetzung*:

Auflösen von III nach z: $5z = 15$
$z = 3$

Einsetzen in II: $4y + 2z = 14$
Auflösen nach y: $4y + 6 = 14$
$4y = 8$
$y = 2$

Einsetzen in I: $3x - 2y + 4z = 11$
Auflösen $3x - 4 + 12 = 11$
nach x: $3x = 3$
$x = 1$

Lösungsmenge: $L = \{(1; 2; 3)\}$

B. Der Gauß'sche Algorithmus

Im Folgenden zeigen wir das besonders systematische Verfahren zur Lösung linearer Gleichungssysteme von Gauß, das als Gauß'scher Algorithmus oder als Gauß'sches Eliminationsverfahren bezeichnet wird. Wegen seiner algorithmischen Struktur ist es hervorragend für die numerische Bearbeitung mittels Computer geeignet.

Die Grundidee von Gauß war sehr einfach: Mithilfe von Äquivalenzumformungen (vgl. S. 13) wird das lineare Gleichungssystem in ein Dreieckssystem umgewandelt. Dieses wird anschließend durch „Rückeinsetzung" gelöst.

> **Beispiel:** Formen Sie das lineare Gleichungssystem (LGS) in ein Dreieckssystem um und lösen Sie dieses.
>
> $$\begin{aligned} \text{I} \quad & 3x+3y+2z = 5 \\ \text{II} \quad & 2x+4y+3z = 4 \\ \text{III} \; & -5x+2y+4z = -9 \end{aligned}$$

Lösung:
Die außerhalb des blauen Dreiecks stehenden Terme stören auf dem Weg zum Dreieckssystem. Sie sollen durch Äquivalenzumformungen schrittweise eliminiert werden.
Als Darstellungsmittel verwenden wir den Umformungspfeil, der angibt, wodurch die Gleichung ersetzt wird, von welcher dieser Pfeil ausgeht.

1. Wir eliminieren die Variable x aus den Gleichungen II und III.
   Wir erreichen dies, indem wir zu geeigneten Vielfachen dieser Gleichung geeignete Vielfache von Gleichung I addieren oder subtrahieren.

2. Wir eliminieren die Variable y aus der Gleichung II des neu entstandenen Systems in entsprechender Weise.

3. Es ist nun wieder ein Dreieckssystem entstanden, das wir leicht durch „Rückeinsetzung" lösen können.

> Resultat: $L = \{(1; 2; -2)\}$

Umformen des LGS:

1. Elimination von x

$$\begin{aligned} \text{I} \quad & 3x+3y+2z = 5 \\ \text{II} \quad & 2x+4y+3z = 4 && \rightarrow 3 \cdot \text{II} - 2 \cdot \text{I} \\ \text{III} \; & -5x+2y+4z = -9 && \rightarrow 3 \cdot \text{III} + 5 \cdot \text{I} \end{aligned}$$

2. Elimination von y

$$\begin{aligned} \text{I} \quad & 3x+3y+2z = 5 \\ \text{II} \quad & 6y+5z = 2 \\ \text{III} \; & 21y+22z = -2 && \rightarrow 2 \cdot \text{III} - 7 \cdot \text{II} \end{aligned}$$

Dreieckssystem

$$\begin{aligned} \text{I} \quad & 3x+3y+2z = 5 \\ \text{II} \quad & 6y+5z = 2 \\ \text{III} \; & 9z = -18 \end{aligned}$$

Auflösen von III nach z:

3. Lösen durch Rückeinsetzung

$$\begin{aligned} 9z &= -18 \\ z &= -2 \end{aligned}$$

Einsetzen in II, Auflösen nach y:

$$\begin{aligned} 6y+5z &= 2 \\ 6y-10 &= 2 \\ y &= 2 \end{aligned}$$

Einsetzen in I, Auflösen nach x:

$$\begin{aligned} 3x+3y+2z &= 5 \\ 3x+6-4 &= 5 \\ x &= 1 \end{aligned}$$

🔴 018-1

In entsprechender Weise lassen sich auch lineare Gleichungssysteme mit größerer Anzahl von Gleichungen und Variablen lösen. Es kommt darauf an, die störenden Terme in systematischer Weise, z. B. spaltenweise, zu eliminieren, sodass eine *Dreiecksform* bzw. *Stufenform* entsteht.

2. Das Lösungsverfahren von Gauß

Übungen

1. Lösen Sie das LGS. Formen Sie das LGS ggf. zunächst in ein Dreieckssystem um.

a) $\begin{aligned} 2x + 4y - z &= -13 \\ 2y - 2z &= -12 \\ 3z &= 9 \end{aligned}$

b) $\begin{aligned} 2x + 4y - 3z &= 3 \\ -6y + 5z &= 7 \\ 2z &= 4 \end{aligned}$

c) $\begin{aligned} 3x - 2y + 2z &= 6 \\ 2x \quad\;\; - z &= 2 \\ -3x \qquad\quad\; &= -6 \end{aligned}$

d) $\begin{aligned} x - 3y + 5z &= -2 \\ y + 2z &= 8 \\ y + z &= 6 \end{aligned}$

e) $\begin{aligned} x + y + 4z &= 10 \\ 2y - 5z &= -14 \\ y + 3z &= 4 \end{aligned}$

f) $\begin{aligned} 2x + 2y - z &= 8 \\ -2x + y + 2z &= 3 \\ 4z &= 8 \end{aligned}$

2. Lösen Sie das LGS mithilfe des Gauß'schen Algorithmus.

a) $\begin{aligned} 4x - 2y + 2z &= 2 \\ -2x + 3y - 2z &= 0 \\ 3x - 5y + z &= -7 \end{aligned}$

b) $\begin{aligned} x + 2y - 2z &= -4 \\ 2x + y + z &= 3 \\ 3x + 2y + z &= 4 \end{aligned}$

c) $\begin{aligned} 2x + 2y - 3z &= -7 \\ -x - 2y - 2z &= 3 \\ 4x + y - 2z &= -1 \end{aligned}$

d) $\begin{aligned} 2x + y - z &= 6 \\ 5x - 5y + 2z &= 6 \\ 3x + 2y - 3z &= 0 \end{aligned}$

e) $\begin{aligned} x - 2y + z &= 0 \\ 3y + z &= 9 \\ 2x + y &= 4 \end{aligned}$

f) $\begin{aligned} 2x + 2y + 3z &= -2 \\ x \quad\;\; + z &= -1 \\ y + 2z &= -3 \end{aligned}$

3. Lösen Sie das LGS mithilfe des Gauß'schen Algorithmus.

a) $\begin{aligned} x - 2y + z + 2t &= 8 \\ 2x + 3y - 2z + 3t &= 14 \\ 4x - y + 3z - t &= 7 \\ 3x + 2y - 4z + 5t &= 15 \end{aligned}$

b) $\begin{aligned} x + 2y - z + t &= -2 \\ 2x + y + 2z - 2t &= -2 \\ 3x + 3y + 3z + 2t &= 14 \\ x + y + 2z + t &= 9 \end{aligned}$

c) $\begin{aligned} 2x + 2y - 3z + 4t &= 13 \\ 4x - 3y + z + 3t &= 9 \\ 6x + 4y + 2z + 2t &= 8 \\ 2x - 5y + 3z + t &= 1 \end{aligned}$

4. Lösen Sie das LGS mithilfe des Gauß'schen Algorithmus. Bringen Sie das LGS zunächst auf Normalform. (Erzeugen Sie zweckmäßigerweise auch ganzzahlige Koeffizienten.)

a) $\begin{aligned} 2y &= 4 - z \\ 3z &= x - 10 \\ 9 + z &= x + y \end{aligned}$

b) $\begin{aligned} 2y - 5 &= z + 2x \\ -2z &= x - 2y \\ 4x &= y - 10 \end{aligned}$

c) $\begin{aligned} 3z &= 2y + 7 \\ x - 4 &= y + z \\ 2x + 2y &= x - 1 \end{aligned}$

d) $\begin{aligned} \tfrac{1}{4}x - \tfrac{1}{2}y + \tfrac{3}{4}z &= 4 \\ \tfrac{3}{2}x - \tfrac{2}{3}y - \tfrac{1}{2}z &= -2 \\ y - \tfrac{1}{2}z &= 2 \end{aligned}$

e) $\begin{aligned} -0{,}2x + 1{,}5y + 0{,}4z &= -9 \\ 1{,}1x + 2{,}2z &= 8{,}8 \\ 0{,}8x - 0{,}2y &= 4{,}4 \end{aligned}$

f) $\begin{aligned} \tfrac{1}{2}x + \tfrac{1}{5}y + \tfrac{2}{3}z &= 7 \\ \tfrac{3}{8}x + \tfrac{1}{10}y + \tfrac{1}{12}z &= \tfrac{5}{2} \\ 4{,}5x - 0{,}5y + \tfrac{1}{3}z &= 17{,}5 \end{aligned}$

5. Eine dreistellige natürliche Zahl hat die Quersumme 14. Liest man die Zahl von hinten nach vorn und subtrahiert 22, so erhält man eine doppelt so große Zahl. Die mittlere Ziffer ist die Summe der beiden äußeren Ziffern. Wie heißt die Zahl?

6. Eine Parabel zweiten Grades besitzt bei $x = 1$ eine Nullstelle und im Punkt $P(2\,|\,6)$ die Steigung 8. Bestimmen Sie die Gleichung der Parabel.

3. Lösbarkeitsuntersuchungen

A. Unlösbare und nicht eindeutig lösbare LGS

🔴 020-1

Wir haben festgestellt, dass sich die Lösung eines eindeutig lösbaren LGS mithilfe des Gauß'-schen Algorithmus berechnen lässt. Wir wollen nun untersuchen, welches Resultat der Gauß'-sche Algorithmus liefert, wenn ein LGS unlösbar ist oder wenn es unendlich viele Lösungen hat.

> **Beispiel:** Untersuchen Sie das LGS mithilfe des Gauß'schen Algorithmus auf Lösbarkeit.
>
> a) $x + 2y - z = 3$
> $ 2x - y + 2z = 8$
> $ 3x + 11y - 7z = 6$
>
> b) $2x + y - 4z = 1$
> $ 3x + 2y - 7z = 1$
> $ 4x - 3y + 2z = 7$

Lösung zu a:

$$
\begin{array}{lll}
\text{I} & x + 2y - z = 3 & \\
\text{II} & 2x - y + 2z = 8 & \rightarrow \text{II} - 2 \cdot \text{I} \\
\text{III} & 3x + 11y - 7z = 6 & \rightarrow \text{III} - 3 \cdot \text{I}
\end{array}
$$

$$
\begin{array}{lll}
\text{I} & x + 2y - z = 3 & \\
\text{II} & -5y + 4z = 2 & \\
\text{III} & 5y - 4z = -3 & \rightarrow \text{III} + \text{II}
\end{array}
$$

$$
\begin{array}{lll}
\text{I} & x + 2y - z = 3 & \\
\text{II} & 5y - 4z = -2 & \\
\text{III} & 0 = -1 & \\
& \uparrow \text{Widerspruchszeile}
\end{array}
$$

Gleichung III des Dreieckssystems wird als *Widerspruchszeile* bezeichnet. Sie ist unlösbar ($0x + 0y + 0z = -1$ ist für **kein** Tripel x, y, z erfüllt).

Damit ist das Dreieckssystem als Ganzes unlösbar.
Es folgt: Das ursprüngliche LGS ist ebenfalls *unlösbar,* die Lösungsmenge ist daher leer: $L = \{ \}$.

Die Unlösbarkeit eines LGS wird nach Anwendung des Gauß'schen Algorithmus stets auf diese Weise offenbar:

Wenigstens in einer Gleichung des resultierenden Dreieckssystems tritt ein offensichtlicher Widerspruch auf.

Lösung zu b:

$$
\begin{array}{lll}
\text{I} & 2x + y - 4z = 1 & \\
\text{II} & 3x + 2y - 7z = 1 & \rightarrow 2 \cdot \text{II} - 3 \cdot \text{I} \\
\text{III} & 4x - 3y + 2z = 7 & \rightarrow \text{III} - 2 \cdot \text{I}
\end{array}
$$

$$
\begin{array}{lll}
\text{I} & 2x + y - 4z = 1 & \\
\text{II} & y - 2z = -1 & \\
\text{III} & -5y + 10z = 5 & \rightarrow \text{III} + 5 \cdot \text{II}
\end{array}
$$

$$
\begin{array}{lll}
\text{I} & 2x + y - 4z = 1 & \\
\text{II} & y - 2z = -1 & \\
\text{III} & 0 = 0 & \\
& \uparrow \text{Nullzeile}
\end{array}
$$

Gleichung III des Gleichungssystems wird als *Nullzeile* bezeichnet. Sie ist für jedes Tripel x, y, z erfüllt, stellt keine Einschränkung dar und könnte daher auch weggelassen werden.

Es verbleiben 2 Gleichungen mit 3 Variablen, von denen daher eine Variable frei wählbar ist. Wir setzen für diese „überzählige" Variable einen Parameter ein.

Wählen wir $\quad z = c \quad (c \in \mathbb{R})$,
so folgt aus II $\quad y = 2c - 1$
und dann aus I $\quad x = c + 1$.

Wir erhalten für jeden Wert des freien Parameters c genau ein Lösungstripel x, y, z. Das Gleichungssystem hat eine *einparametrige unendliche Lösungsmenge*:
$L = \{(c + 1; 2c - 1; c); c \in \mathbb{R}\}$.

3. Lösbarkeitsuntersuchungen

Übung 1

Untersuchen Sie das LGS auf Lösbarkeit. Bestimmen Sie die Lösungsmenge.

a) $\begin{aligned} 2x+2y+2z&=6 \\ 2x+\ y-\ z&=2 \\ 4x+3y+\ z&=8 \end{aligned}$ b) $\begin{aligned} 3x+5y-2z&=10 \\ 2x+8y-5z&=6 \\ 4x+2y+\ z&=8 \end{aligned}$ c) $\begin{aligned} 4x-3y-5z&=\ 9 \\ 2x+5y-9z&=11 \\ 6x-11y-\ z&=\ 7 \end{aligned}$ d) $\begin{aligned} 2x-\ y+3z+2t&=\ 7 \\ x+\qquad 4z+3t&=13 \\ x+2y+2z-\ t&=\ 3 \\ 2x-3y+5z+6t&=17 \end{aligned}$

B. Unter- und überbestimmte LGS

Alle bisher durchgeführten Überlegungen zur Lösbarkeit bezogen sich auf den Sonderfall, dass die Anzahl der Gleichungen mit der Anzahl der Variablen übereinstimmt. Im Folgenden zeigen wir exemplarisch, dass sie jedoch sinngemäß für jedes beliebige LGS gelten.

Enthält ein LGS weniger Gleichungen als Variablen, so reichen die Informationen für eine eindeutige Lösung nicht aus, d. h., es ist *unterbestimmt*. Enthält ein LGS hingegen mehr Gleichungen als Variablen, so würden für eine eindeutige Lösung bereits weniger Gleichungen genügen. In diesem Fall ist das LGS *überbestimmt*. Wir zeigen die Vorgehensweisen bei derartigen LGS an zwei Beispielen.

▶ **Beispiel:** Untersuchen Sie das LGS auf Lösbarkeit.

a) $\begin{aligned} x+\ y&=1 \\ 2x-\ y&=8 \\ x-2y&=5 \end{aligned}$

b) $\begin{aligned} x-2y+\ z+\ t&=\ 1 \\ -2x+5y-4z+2t&=-2 \end{aligned}$

Lösung zu a:

$\begin{array}{lll} \text{I} & x+\ y=1 & \\ \text{II} & 2x-\ y=8 & \to (-2)\cdot\text{I}+\text{II} \\ \text{III} & x-2y=5 & \to \text{I}-\text{II} \end{array}$

$\begin{array}{lll} \text{I} & x+\ y=1 & \\ \text{II} & \ -3y=6 & \\ \text{III} & \ \ 3y=-4 & \to \text{II}+\text{III} \end{array}$

$\begin{array}{lll} \text{I} & x+\ y=1 & \\ \text{II} & \ -3y=6 & \\ \text{III} & \ \ 0=2 & \textcolor{orange}{\text{Widerspruch}} \end{array}$

Wendet man den Gauß'schen Algorithmus an, erhält man die obige *Stufenform.* Da die Gleichung III einen Widerspruch enthält, ist das gesamte LGS unlösbar, obwohl das Teilsystem aus den ersten beiden Gleichungen eine eindeutige Lösung (x = 3, y = −2) besitzt. Diese erfüllt jedoch die Gleichung III nicht. Somit erhalten wir als Resultat: L = { }.

Lösung zu b:

$\begin{array}{lll} \text{I} & x-2y+\ z+\ t=\ 1 & \\ \text{II} & -2x+5y-4z+2t=-2 & \to 2\cdot\text{I}+\text{II} \end{array}$

$\begin{array}{ll} \text{I} & x-2y+\ z+\ t=1 \\ \text{II} & \quad\ \ y-2z+4t=0 \end{array}$

Das LGS ist *unterbestimmt.* Da die Anwendung des Gauß'schen Algorithmus auf keinen Widerspruch führt, besitzt das LGS unendlich viele Lösungen. Da das LGS in *Stufenform* nur 2 Gleichungen, aber 4 Variablen enthält, ersetzen wir die „überzähligen" Variablen durch Parameter. Hier können sogar 2 Variablen frei gewählt werden.

Wählen wir $z = c$ und $t = d (c, d \in \mathbb{R})$, so folgt aus II $y = 2c - 4d$ und dann aus I $x = 1 + 3c - 9d$.

Das Gleichungssystem hat eine *zweiparametrige unendliche Lösungsmenge*:
$L = \{(1+3c-9d;\ 2c-4d;\ c;\ d);\ c, d \in \mathbb{R}\}$.

Übung 2

Untersuchen Sie das LGS auf Lösbarkeit. Bestimmen Sie die Lösungsmenge.

a)
$$3x - 3y = 0$$
$$6x + 3y = 18$$
$$-2x + 4y = 4$$

b)
$$-2x + y = -1$$
$$4x + 2y = -10$$
$$-6x + 3y = -2$$

c)
$$2x - 2y = 14$$
$$3x + 6y = 3$$
$$4x - 12y = 44$$

d)
$$3x - 4y + z = 5$$
$$2x - y - z = 0$$
$$4x - 2y - z = 12$$
$$x - y + z = 10$$

e)
$$x + z = -1$$
$$y + z = 4$$
$$x + y = 5$$
$$x + y + z = 4$$

f)
$$4x + y - 2z + t = 1$$
$$2x + y + 3z - 2t = 3$$

g)
$$3x + 2y + z = 5$$
$$-6x - 4y - 2z = 8$$

h)
$$2x + 3z + 2t = 4$$
$$y + 3z + 2t = 4$$

i)
$$2x - 4y + 2z = 6$$
$$4x - 8y + 4z = 12$$
$$-x + 2y - z = -3$$

Die Lösbarkeitsuntersuchungen haben gezeigt, dass Nullzeilen (triviale Zeilen) noch nichts über die Lösbarkeit des gesamten LGS aussagen, während aus einer Widerspruchszeile sofort die Unlösbarkeit des gesamten LGS folgt. Wir können zusammenfassend folgendes Lösungs-schema zum Gauß'schen Algorithmus angeben:

1.	LGS in die **Normalform** überführen, **ganzzahlige** Koeffizienten erzeugen, sofern möglich.
2.	**Gauß'schen Algorithmus** auf das LGS anwenden. Es entsteht eine **Dreiecks-** bzw. **Stufenform**.
3.	Prüfen, welche der folgenden Eigenschaften das aus 2. resultierende LGS besitzt.

Widerspruch	**Es existiert kein Widerspruch.**	
Wenigstens eine Gleichung stellt einen offensichtlichen **Widerspruch** dar.	Die **Anzahl der Variablen ist gleich der Anzahl der nichttrivialen Zeilen.**	Es gibt **mehr Variable als nichttriviale Zeilen.**
↓	**↓**	**↓**
Das LGS ist **unlösbar.**	Das LGS ist **eindeutig lösbar.**	Das LGS hat **unendlich viele Lösungen.**
	Die einzige Lösung wird durch „**Rückeinsetzung**" **aus dem Stufenform-LGS bestimmt.**	Die freien Parameter werden festgelegt. Die Parameterdarstellung der Lösungsmenge wird bestimmt.

4. (links neben der obigen Tabelle)

3. Lösbarkeitsuntersuchungen

C. Gleichungssysteme mit Parametern

Enthält das gegebene lineare Gleichungssystem einen Parameter, so hängt die Lösbarkeit des Systems vom Wert dieses Parameters ab.
Ein LGS mit Parameter bringen wir zunächst mit dem Gauß'schen Algorithmus auf Dreiecks- bzw. Stufenform. Mithilfe von Fallunterscheidungen für den Parameterwert lässt sich dann die Lösbarkeit des LGS untersuchen. Wir zeigen die Vorgehensweise exemplarisch.

▶ **Beispiel: LGS mit Parameter**
Für welche Werte des Parameters a besitzt das LGS eine Lösung, keine Lösung bzw. unendlich viele Lösungen?

$$-x - y + 2z = 5$$
$$x - 6y - az = a$$
$$2x + 4y - 2z = -5$$

Lösung:
Wir wenden zunächst den Gauß'schen Algorithmus an, um das LGS auf Dreiecksform zu bringen.

I $\quad -x - y + 2z = 5$
II $\quad x - 6y - az = a \quad \rightarrow I + II$
III $\quad 2x + 4y - 2z = -5 \rightarrow 2I + III$

Bei diesen Umformungen bereitet der Parameter keine Probleme.

I $\quad -x - y + 2z \qquad = 5$
II $\qquad -7y + (2-a)z = 5 + a$
III $\qquad 2y + 2z \qquad = 5 \rightarrow 2II + 7III$

Wir erhalten schließlich die nebenstehende äquivalente Dreiecksform des LGS.

I $\quad -x - y + 2z \qquad = 5$
II $\qquad -7y + (2-a)z = 5 + a$
III $\qquad (18 - 2a)z = 45 + 2a$

Wollen wir die letzte Gleichung nach z auflösen, so müssen wir durch $18 - 2a$ teilen, was für $a = 9$ nicht geht.

1. Fall:
$a = 9$: $\Rightarrow$ unlösbar
$L = \emptyset = \{\}$

Für $a = 9$ lautet die Gleichung III: $0 = 63$. Dieser Widerspuch bedeutet: Das LGS ist in diesem Fall unlösbar.

2. Fall:
$a \neq 9$: $\Rightarrow$ eindeutig lösbar

Für $a \neq 9$ ist das LGS eindeutig lösbar. Die eindeutige Lösung kann durch Rückeinsetzung ermittelt werden.

$$L = \left\{ \frac{21a}{18 - 2a}; \frac{-7a}{18 - 2a}; \frac{45 + 2a}{18 - 2a} \right\}$$

Resultat:
Für $a \neq 9$ ist das LGS eindeutig lösbar.
Für $a = 9$ ist es unlösbar.

Für keinen Wert von a hat das LGS unend-
▶ lich viele Lösungen.

Übung 3

Für welche Werte von a hat das LGS eine, keine bzw. unendlich viele Lösungen?

a) $\quad x + 2y - z = 4$
$\quad 3x + y + 2z = -3$
$\quad 2x + 3y + az = 3$

b) $2x + y - 2z = a$
$\quad x + ay - 2z = 1$
$\quad x + 3y = 6$

c) $\quad 2x - ay + 5z = a$
$\quad -x + 3y - 2z = 1$
$\quad x + y + 4z = -3$

d) $\quad x + y + z = 2$
$\quad x - z = -1$
$\quad ax + 2y + z = a$

e) $ax + z = a$
$\quad x - ay = 1$
$\quad y - z = a$

f) $\quad x + ay - 4z = 0$
$\quad x + 2y - az = 0$
$\quad x - z = 0$

Übungen

4. Lösen Sie das LGS. Geben Sie die Lösungsmenge an.

a)
$$\begin{aligned} 2x - y + 6z &= 5 \\ 2y - 3z &= 10 \\ 4z &= 8 \end{aligned}$$

b)
$$\begin{aligned} 3x + y + 7z &= 2 \\ y + 2z &= 1 \\ 3y + 5z &= 4 \end{aligned}$$

c)
$$\begin{aligned} 3x - y + z &= 3 \\ 2y - 2z &= 0 \\ -5x + z &= -2 \end{aligned}$$

d)
$$\begin{aligned} x + 2y - z &= -3 \\ 2x + 4y - 2z &= -1 \\ 3x + y + 5z &= 6 \end{aligned}$$

e)
$$\begin{aligned} -2x + 2y - 4z &= -2 \\ x + 3z &= 0 \\ x - y + 2z &= 1 \end{aligned}$$

f)
$$\begin{aligned} x + y + z &= 5 \\ x - y + z &= 1 \\ -2x - 3z &= -3 \end{aligned}$$

5. Untersuchen Sie das LGS auf Lösbarkeit. Bestimmen Sie die Lösungsmenge.

a)
$$\begin{aligned} 3x - 8y - 5z &= 0 \\ 2x - 2y + z &= -1 \\ x + 4y + 7z &= 2 \end{aligned}$$

b)
$$\begin{aligned} 2x - 2y - 3z &= -1 \\ -2y + z &= -3 \\ -x + y - 3z &= -4 \end{aligned}$$

c)
$$\begin{aligned} 4x - y + 2z &= 6 \\ x + 2y - z &= 6 \\ 6x + 3y &= 18 \end{aligned}$$

d)
$$\begin{aligned} 2x - 3y - 8z &= 8 \\ 6y + 4z &= -8 \\ 6x + 8y - 8z &= 6 \end{aligned}$$

e)
$$\begin{aligned} 3x - y + 2z &= 4 \\ 4x - 6y + 4z &= 10 \\ -x - 2y &= 1 \end{aligned}$$

f)
$$\begin{aligned} 3x - 4y + z &= 5 \\ 2x - y - z &= 0 \\ 4x - 2y - 2z &= 12 \end{aligned}$$

6. Untersuchen Sie das LGS auf Lösbarkeit. Bestimmen Sie die Lösungsmenge.

a)
$$\begin{aligned} 2x + 3z + 2t &= 4 \\ y + 3z + 2t &= 4 \\ 4x - 2y + z &= 0 \\ 2x + 2z - 2t &= 0 \end{aligned}$$

b)
$$\begin{aligned} 4x - y - 2z &= 1 \\ 2x + 3y - 3t &= -6 \\ x + y - 3t &= -8 \\ x + y + z + t &= 3 \end{aligned}$$

c)
$$\begin{aligned} 2x - y + 3z &= 10 \\ x - 2z + t &= -4 \\ 2y + z + t &= 6 \\ 3x - 3y &= 3 \end{aligned}$$

d)
$$\begin{aligned} 2x + 2y - z &= 2 \\ x + y + 2t &= 2 \\ 4y + 2z + t &= 6 \\ 3x + 7y + z + 3t &= 10 \end{aligned}$$

e)
$$\begin{aligned} 2x - 2y - t &= 0 \\ 4y - 2z + 3t &= 10 \\ x + y - z &= -5 \\ 3x + z - 5t &= 0 \end{aligned}$$

f)
$$\begin{aligned} 3x - 2y + 4z &= -2 \\ 3y - z + 2t &= 5 \\ 2x - y + 2z &= -1 \\ 5x + 5z + 2t &= 2 \end{aligned}$$

7. Für welche Werte von a hat das LGS eine, keine oder unendlich viele Lösungen?

a)
$$\begin{aligned} 2x - 3y &= 2 \\ -4x + ay &= -4 \end{aligned}$$

b)
$$\begin{aligned} -x + 4y &= a \\ 2x - 8y &= 3a \end{aligned}$$

c)
$$\begin{aligned} 2x + 4y &= a \\ 3x + y &= 1 \end{aligned}$$

d)
$$\begin{aligned} x - y + z &= 0 \\ 2x - 4z &= 4 \\ 2x - 2y + az &= 1 \end{aligned}$$

e)
$$\begin{aligned} x - 2y - 2z &= -1 \\ -2x + 2y &= 0 \\ x + 2y + 6z &= a + 1 \end{aligned}$$

f)
$$\begin{aligned} 2x + ay - 2z &= 4 \\ 2x + (1+a)y &= 6 \\ 2y + 5z &= a + 4 \end{aligned}$$

g)
$$\begin{aligned} 2x + y + z &= 4 \\ 2x + 2y + 3z &= 6 \\ -4x - y + az &= -6 \end{aligned}$$

h)
$$\begin{aligned} x + 2y &= 2 \\ 2x + 5y + z &= 4 + a \\ 2x + 6y + (2+a)z &= 4 + 4a \end{aligned}$$

i)
$$\begin{aligned} 2x + 2y + 4z &= 0 \\ x + 3y &= 0 \\ 3x + 4y + 3z &= a \end{aligned}$$

3. Lösbarkeitsuntersuchungen

8. Untersuchen Sie das LGS auf Lösbarkeit. Bestimmen Sie die Lösungsmenge.

a) $2x + 3y = 10$
$4x + 5y = 18$
$3x - y = 4$

b) $4x - 2y = 12$
$-x + 0{,}5y = -3$
$2x - y = 5$

c) $4x - 2y + z = -8$
$9x - 3y = 0$
$2x + z = 12$
$-3x + y + 3z = 6$

d) $2x - y + 2z = 3$
$x + y + z = 0$
$x - 2y + z = 3$
$4x - 2y + 4z = 6$

e) $2x + 1 = y$
$4 - y = 4x$
$2y = 7 - 6x$
$x - 3y = -5$

f) $4x - 6y + z = 4$
$2x - 6y + 2z = -4$
$x - y = 2$
$3x - 5y + z = 2$

g) $3x - 5y + 3z = -2$
$x - 5y + z = 1$

h) $3x + 4y - 2z - 2t = 0$
$x + y + z + t = 0$

i) $4x - 2y + 2z = 6$
$-2x + y - z = 6$

j) $4x - 2y + 2z + 6t = -8$
$-2x + y - z - 3t = 4$

k) $3x + 2y + 5z + t = 14$
$2z + 3t = 9$
$x + y + 2z = 3$

l) $4x - 2y + t = -1$
$4y + 4z + 2t = -9$
$2x + z + t = -4$

9. Robert, Alfons und Edel finden einen Sack voller Münzen. Es sind 3 große, 16 mittlere und 40 kleine Münzen im Gesamtwert von 30 €. Die Münzen werden gerecht aufgeteilt. Robert erhält 2 große und 30 kleine Münzen, Alfons erhält 8 mittlere und 10 kleine Münzen. Den Rest erhält Edel. Wie groß sind die einzelnen Münzwerte?

10. An einer Kinokasse werden Karten in drei Preislagen verkauft: I. Rang 5 €, II. Rang 4 €, III. Rang 3 €. Bei einer Vorführung wurden 60 Karten zu insgesamt 230 € verkauft. Für den zweiten Rang wurden ebenso viele Karten wie für die beiden anderen Ränge zusammen verkauft. Wie verteilen sich die 60 Karten auf die einzelnen Ränge?

11. Im Garten sitzen Schnecken, Raben und Katzen. Großvater zählt die Köpfe und die Füße der Tiere. Er kommt auf insgesamt 39 Köpfe und 57 Füße. Die Raben haben zusammen 6 Füße mehr als die Katzen. Wie viele Katzen sind es?

Chemische Reaktionsgleichungen

Dem italienischen Chemiker SOBRERO gelang im Jahre 1846 die Herstellung der hochexplosiven Flüssigkeit *Nitroglycerin* ($C_3H_5N_3O_9$). Schon durch kleine mechanische Erschütterungen wurde die Explosion ausgelöst, was die praktische Anwendbarkeit als Sprengstoff stark einschränkte.

Alfred NOBEL (1833–1896) hatte die Idee, dieses Sprengöl in porösem Kieselgut aufzusaugen, sodass ein erschütterungsfester, transportabler, kontrolliert zündbarer Sprengstoff entstand, der den Namen *Dynamit* erhielt.

$H_2C—O—NO_2$
$|$
$HC—O—NO_2$
$|$
$H_2C—O—NO_2$

Nitroglycerin

Chemische Reaktionen lassen sich durch *Reaktionsgleichungen* beschreiben. Dabei muss berücksichtigt werden, dass bei allen chemischen Reaktionen die Gesamtmasse aller Stoffe unverändert bleibt. Vor und nach der Reaktion müssen also gleich viele Atome desselben Elements vorhanden sein. Beim Aufstellen chemischer Reaktionsgleichungen müssen die Koeffizienten vor den an der Reaktion beteiligten Stoffen (Molekülen) bestimmt werden. Wir zeigen dies im folgenden Beispiel.

Bestimmung einer chemischen Reaktionsgleichung

Bei der Explosion von *Nitroglycerin* ($C_3H_5N_3O_9$) entstehen unter Hitzeentwicklung die Gase Kohlendioxid (CO_2), Wasserdampf (H_2O), Stickstoff (N_2) und Sauerstoff (O_2). Bestimmen Sie die chemische Reaktionsgleichung für den Explosionsvorgang.

Lösung:
Wir verwenden den nebenstehenden Ansatz für die Reaktionsgleichung. Die Koeffizienten $x_1, \ldots, x_5$ geben die Anzahl der Moleküle an. Man verwendet in der chemischen Reaktionsgleichung möglichst kleine natürlichen Zahlen $x_1, \ldots, x_5$, für die die chemische Reaktion möglich ist.
Da vor und nach der Reaktion von jedem Element gleich viele Atome vorhanden sein müssen, erhalten wir für jedes Element eine Gleichung.

Ansatz:

$x_1 \cdot C_3H_5N_3O_9 \rightarrow$
$\quad x_2 \cdot CO_2 + x_3 \cdot H_2O + x_4 \cdot N_2 + x_5 \cdot O_2$

Für C: $\quad 3x_1 = x_2$

Für H: $\quad 5x_1 = 2x_3$

Für N: $\quad 3x_1 = 2x_4$

Für O: $\quad 9x_1 = 2x_2 + x_3 + 2x_5$

Chemische Reaktionsgleichungen

Somit ergibt sich ein LGS aus 4 Gleichungen mit 5 Variablen, das wir zunächst in Normalform umstellen und dann mithilfe des Gauß'schen Algorithmus auf Stufenform bringen.

Das LGS besitzt unendlich viele Lösungen, eine Variable ist frei wählbar.
Wir wählen $x_5 = c \in \mathbb{R}$.
Nun bestimmen wir durch Rückeinsetzung die Lösungsmenge.

Für die chemische Reaktionsgleichung ist nun die kleinste positive Zahl c gesucht, für die sich eine Lösung ergibt, die nur aus natürlichen Zahlen besteht. Diese erhalten wir in diesem Fall für $c = 1$.

$$
\begin{array}{llrrrrrl}
\text{I} & 3x_1 & -x_2 & & & & = 0 \\
\text{II} & 5x_1 & & -2x_3 & & & = 0 \\
\text{III} & 3x_1 & & & -2x_4 & & = 0 \\
\text{IV} & 9x_1 & -2x_2 & -2x_3 & & -2x_5 & = 0 \\
\hline
\text{I} & 3x_1 & -x_2 & & & & = 0 \\
\text{II} & & 5x_2 & -6x_3 & & & = 0 \\
\text{III} & & & -6x_3 & +10x_4 & & = 0 \\
\text{IV} & & & & -2x_4 & +12x_5 & = 0 \\
\end{array}
$$

$L = \{(4c;\, 12c;\, 10c;\, 6c;\, c);\ c \in \mathbb{R}\}$

Für $c = 1$: $(4;\, 12;\, 10;\, 6;\, 1)$

Reaktionsgleichung:
$4\,C_3H_5N_3O_9 \rightarrow 12\,CO_2 + 10\,H_2O + 6\,N_2 + O_2$

Übungen

Übung 1
Ermitteln Sie für die folgenden chemischen Reaktionen die Koeffizienten.

a) $x_1\,CuO + x_2\,C \rightarrow x_3\,Cu + x_4\,CO_2$ (Gewinnung von Kupfer aus Kupferoxid)

b) $x_1\,FeS_2 + x_2\,O_2 \rightarrow x_3\,SO_2 + x_4\,Fe_2O_3$ (Entstehung von Schwefeldioxid aus Pyrit)

c) $x_1\,P_4O_{10} + x_2\,H_2O \rightarrow x_3\,H_3PO_4$ (Entstehung von Phosphorsäure)

d) $x_1\,C_6H_{12}O_6 \rightarrow x_2\,C_2H_5OH + x_3\,CO_2$ (alkoholische Gärung)

e) $x_1\,KMnO_4 + x_2\,HCl \rightarrow x_3\,MnCl_2 + x_4\,Cl_2 + x_5\,H_2O + x_6\,KCl$ (Herstellung von Chlorgas)

Übung 2
Die Bildung von *Tropfsteinhöhlen* (027-1) lässt sich im Wesentlichen auf folgende chemische Reaktionen zurückführen:
Wasser (H_2O) und Kohlendioxid (CO_2) haben im Verlaufe von Jahrtausenden den Kalkstein ($CaCO_3$ Calciumcarbonat) gelöst. Bei der chemischen Reaktion entstehen zunächst Ca- und HCO_3-Ionen, die sich dann zu wasserlöslichem Calciumhydrogencarbonat ($Ca(HCO_3)_2$) verbinden. Die Rückreaktion (Entzug von CO_2) führt wieder zu unlöslichem $CaCO_3$ und damit zur Tropfsteinbildung.
Bestimmen Sie die Reaktionsgleichung für die Anfangsreaktion.

4. Anwendungen

Die Auslastung von Transport- und Straßennetzen sowie der Stromfluss in elektrischen Netzwerken können mit mathematischen Hilfsmitteln berechnet werden. In einfachen Fällen können LGS zur modellhaften Erfassung derartiger Prozesse herangezogen werden.

▶ **Beispiel:** Der abgebildete Ausschnitt aus einem Straßennetz zeigt ein System von Einbahnstraßen (Pfeile).
Die Zahlenangaben beziffern die stündlichen Durchflussmengen (in 1000 KFZ pro h), durch Verkehrszählung ermittelt.
Der zentrale Straßenring soll erneuert werden. Wie groß sind die Kapazitäten x, y, z und t wenigstens zu wählen, wenn es nicht zwangsläufig zu einem Stau kommen soll?

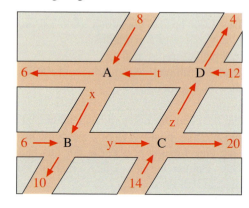

Lösung:
Für jede der vier Kreuzungen muss gelten, dass die Anzahl der pro Stunde einfahrenden Fahrzeuge gleich der Anzahl der pro Stunde ausfahrenden Fahrzeuge ist; andernfalls kommt es zu einem Stau.
Für Kreuzung A z. B. gilt aus diesem Grund:
$t + 8 = x + 6$.
Analog erhält man zu jeder Kreuzung eine lineare Gleichung; insgesamt ergibt sich ein (4, 4)-LGS. Dieses LGS hat – wie sich nach Anwendung des Gauß'schen Algorithmus herausstellt – unendlich viele Lösungen. Wählen wir t als freien Parameter, so ergeben sich die restlichen Kapazitäten in Abhängigkeit von t:
$x = t + 2, y = t - 2, z = t - 8$.
Da alle Kapazitäten nicht negativ sind, darf t nicht kleiner als 8 sein.
Für $t = 8$ ergeben sich die gesuchten Mini-
▶ malkapazitäten: $x = 10, y = 6, z = 0, t = 8$.

	Ein	Aus	
A:	$t + 8$	$= x + 6$	LGS
B:	$x + 6$	$= y + 10$	Kreuzungs-
C:	$y + 14$	$= z + 20$	bilanzen
D:	$z + 12$	$= t + 4$	

x	$- t$	$= 2$	
$x - y$		$= 4$	Normal-
$y - z$		$= 6$	form
$z - t$		$= -8$	

x	$-t$	$= 2$	
$-y$	$+t$	$= 2$	Dreiecks-
$-z+t$		$= 8$	system
0		$= 0$	

z	$= t - 8$	Parameter-
y	$= t - 2$	darstellung
x	$= t + 2$	der Lösung

Wegen $z \geq 0$ folgt $t \geq 8$.   Minimal-
Für $t = 8$ gilt: $z = 0, y = 6, x = 10$ lösung

Übung 1

a) Wegen einer Spurerneuerung wird die Kapazität des Straßenstücks DA im Beispiel oben auf 5000 KFZ pro h begrenzt. Ersatzweise wird eine Behelfsfahrbahn von D nach B gelegt. Welche Kapazität muss diese Fahrbahn mindestens erhalten, damit kein Stau auftritt?
b) Die Kapazität der bei C aus dem Ring herausführenden Straße wird auf 10 000 KFZ pro h gesenkt; gleichzeitig werden die Kapazitäten der bei B bzw. D herausführenden Straßen auf 15 000 bzw. 9000 KFZ pro h erhöht. Berechnen Sie die Minimalkapazitäten der Ringstraßen.

4. Anwendungen

▶ **Beispiel:** In einer elektronischen Schaltung sind fünf Bauteile wie abgebildet verdrahtet. Die Widerstände der Bauteile sind bekannt, wie auch die Spannung zwischen den Punkten A und B.
Berechnen Sie die Ströme in den Widerständen.

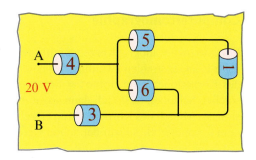

Lösung:
Wir zeichnen zunächst einen übersichtlichen Schaltplan in Form eines Gitternetzes. Im Netz gibt es zwei Verzweigungspunkte (Knoten) P und Q sowie zwei geschlossene Kreise (Maschen) M und N.

Offenbar sind die Ströme durch R_1 und R_4 gleich groß (I_1), ebenso die Ströme durch R_2 und R_3 (I_2). Durch R_5 fließe ein Strom der Stärke I_3.

Es gelten die folgenden **Kirchhoff'schen Gesetze** für elektrische Netzwerke:

Knotenregel: *Die Summe der in einen Knoten einfließenden Ströme ist gleich der Summe der abfließenden Ströme.*

Maschenregel: *Die Summe der mit Vorzeichen versehenen Teilspannungen in einer Masche ist gleich null.*

Diese Regeln liefern unter Verwendung der Formel $U = I \cdot R$ ein (3, 3)-LGS, das
▶ die Lösung $I_1 = 2$, $I_2 = 1$, $I_3 = 1$ besitzt.

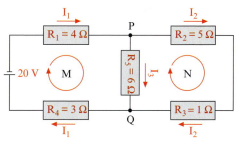

P: $I_1 = I_2 + I_3$ nach der
Q: $I_1 = I_2 + I_3$ Knotenregel

M: $U_1 + U_5 + U_4 - 20 = 0$ und der
N: $U_2 + U_3 - U_5 \;\;\;\;\;\;\; = 0$ Maschen-
                                    regel mittels
M: $4I_1 + 6I_3 + 3I_1 - 20 = 0$ $U = I \cdot R$
N: $5I_2 + \;\; I_2 - 6I_3 \;\;\;\;\;\; = 0$

I $I_1 - I_2 - \;\; I_3 = 0$ LGS
II $7I_1 \;\;\;\;\;\; + 6I_3 = 20$
III $6I_2 - 6I_3 = 0$

I $I_1 - I_2 - \;\; I_3 = 0$ Dreiecks-
II $7I_2 + 13I_3 = 20$ system
III $20I_3 = 20$

$\Rightarrow I_3 = 1$, $I_2 = 1$, $I_1 = 2$ Lösung

Übung 2 Berechnen Sie die Stromstärken in den Widerständen.

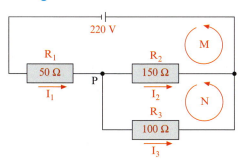
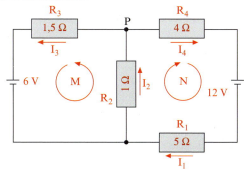

Computertomographie

Ein Computertomograph erzeugt mithilfe eindimensionaler Röntgenstrahlen zweidimensionale Schichtbilder des Körperinneren (gr. tomos = Scheibe). Aus vielen solchen Scheiben lässt sich dann sogar ein dreidimensionales Modell des Körperinneren errechnen, dass auf dem Computerbildschirm betrachtet werden kann.

Dies funktioniert folgendermaßen (stark vereinfacht): Zur Erzeugung eines *Schichtbildes* umkreist ein *Röntgensender* S den in einer Röhre liegenden Menschen (Bild 1) und schickt Strahlen hindurch, die abgeschwächt von einem gegenüberliegenden *Empfänger* E wieder aufgefangen werden (Bild 2).

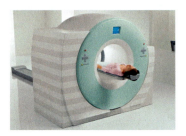

Bild 1

Die durchstrahlte Schicht wird in ca. $500 \times 500 = 250\,000$ kleine quadratische *Zellen* eingeteilt, deren unbekannte *Absorbtionsdichten* $x_1, x_2, \ldots, x_{250\,000}$ bestimmt werden sollen. In unserem Demonstrationsbild 2 rechts sind es nur $5 \times 5 = 25$ Zellen.

Jeder Strahl trifft einige der Zellen und liefert eine *lineare Gleichung* für die Summe von deren Absorbtionsdichten. Dann dreht sich das Sender-Empfänger-System um einige Grad und man erhält in der neuen Durchstrahlungsrichtung weitere Gleichungen. Insgesamt benötigt man mindestens 250 000 Gleichungen, um alle Koeffizienten zu bestimmen. Ein so großes Gleichungssystem kann theoretisch mit dem Gaußschen Algorithmus gelöst werden. Das würde aber selbst mit den schnellsten Computern zu lange dauern, weshalb man in der Praxis ein Verfahren der schrittweisen Näherung benutzt.

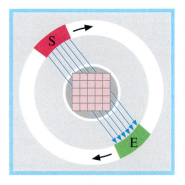

Bild 2

Wenn man alle Dichten x_i berechnet hat, färbt man die Zellen des Rasterbildes mit entsprechenden Grauwerten (je höher die Dichte der Zelle, umso heller ist die Färbung). Auf diese Weise würde bei 25 Zellen z. B. Bild 3 entstehen. Die Dichteverteilung wäre aber nur grob erkennbar, d. h. die Auflösung wäre zu gering.

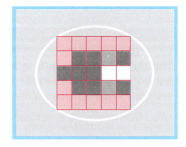

Bild 3

Bei 250 000 Zellen aber sind die einzelnen Zellen gar nicht mehr erkennbar, und es entsteht eine sehr reale Abbildung wie in Bild 4.
Das eigentlich Unsichtbare ist mit technischer und mathematischer Hilfe sichtbar geworden.

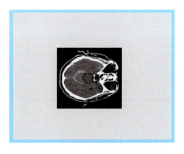

Bild 4

4. Anwendungen

Nach der Erstellung eines Schichtbildes wird der Mensch in der Röhre einige Millimeter vorangeschoben, um das nächste Schichtbild zu erstellen. Dies wird wiederholt, bis so viele Schichtbilder entstanden sind, dass aus ihnen ein dreidimensionales Modell des Körperinnern zusammengestellt werden kann (z. B.: Herz, Bild 5).

Wir wollen nun eine konkrete Rechnung durchführen, wobei wir im Modell von nur $3 \times 3 = 9$ Rasterzellen ausgehen, um die Rechnung einfach zu halten.

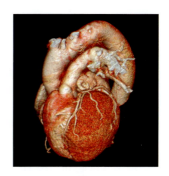

Bild 5

▶ **Beispiel: Berechnung der Dichtewerte**
Ein Objekt wird in einer Ebene von neun Strahlen durchdrungen, wie rechts dargestellt.

Am Ende der Strahlen steht der jeweils gemessene Absorptionswert.
Die Dichtewerte $x_1, \ldots, x_9$ der neun Zellen sollen errechnet werden.

Das Ergebnis soll graphisch dargestellt werden.

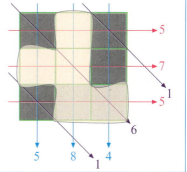

Lösung:
Die Zellen werden von oben links nach unten rechts horizontal fortschreitend mit $1, \ldots, 9$ durchnummeriert.
Ihre unbekannten Dichtewerte seien $x_1, \ldots, x_9$.
Der obere „rote" Strahl durchdringt die Zellen 1, 2 und 3 und erfährt daher die Abschwächung $x_1 + x_2 + x_3 = 5$.
Analog verfahren wir mit den weiteren roten Strahlen, dann mit den blauen Strahlen und schließlich mit den lila dargestellten Strahlen. Wir erhalten 9 Gleichungen.
Diese lösen wir mit dem Einsetzungsverfahren.
Wir erhalten die Lösungen $x_1 = 1$, $x_2 = 3$, $x_3 = 1$, $x_4 = 3$, $x_5 = 3$, $x_6 = 1$, $x_7 = 1$, $x_8 = 2$, $x_9 = 2$.
Stellen wir nun die Zellen mit den entsprechenden Graustufen dar (1 = dunkel, 2 = mittel, 3 = hell), so erhalten wir Bild 6, welches dem Originalobjekt schon
▶ recht nahekommt.

$x_1 + x_2 + x_3 = 5$
$x_4 + x_5 + x_6 = 7$
$x_7 + x_8 + x_9 = 5$
$x_1 + x_4 + x_7 = 5$
$x_2 + x_5 + x_8 = 8$
$x_3 + x_6 + x_9 = 4$
$x_3 = 1$
$x_1 + x_5 + x_9 = 6$
$x_7 = 1$

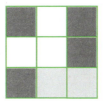

Bild 6

Übung 3 CT-Modell
In einem *CT-Modell* mit 4 Zellen mit den Dichten x_1, x_2, x_3, x_4 werden 6 Strahlen gemessen.
Der obere horizontale Strahl liefert zum Beispiel die Gleichung $x_1 + x_2 = 5$. Stellen Sie analog hierzu alle Gleichungen auf, lösen Sie das Gleichungssystem und stellen Sie das Ergebnis bildlich mit Grauwerten dar.

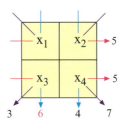

Übungen

4. Eine dreistellige natürliche Zahl hat die Quersumme 16. Die Summe der ersten beiden Ziffern ist um 2 größer als die letzte Ziffer. Addiert man zum Doppelten der mittleren Ziffer die erste Ziffer, so erhält man das Doppelte der letzten Ziffer. Wie heißt die Zahl?

5. Ein pharmazeutischer Betrieb verwendet als Basis für Knoblauchpräparate Ölauszüge aus drei Knoblauchsorten A, B und C, die die Hauptwirkstoffe K und G des Knoblauchs in unterschiedlichen Konzentrationen enthalten:
A: 3 % K, 9 % G,
B: 5 % K, 10 % G,
C: 13 % K, 4 % G.
Welche Mengen von jeder Sorte benötigt man für die Herstellung von 100 g eines Präparates, das 5 g von K und 9 g von G enthalten soll?

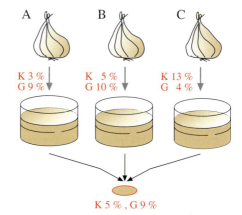

6. a) Wie heißt die ganzrationale Funktion zweiten Grades, deren Graph durch die Punkte $A(1|-1)$, $B(2|3)$, $C(-2|23)$ geht?
b) Der Graph einer ganzrationalen Funktion dritten Grades geht durch die Punkte $A(1|5)$, $B(2|16)$ und hat im Punkt $P(-1|1)$ die Steigung $m = 8$.
Wie lautet die Funktionsgleichung?
c) Der Graph einer ganzrationalen Funktion dritten Grades hat bei $x = 2$ eine Nullstelle, ein Minimum im Punkt $T(1|-3)$ und eine Wendestelle bei $x = \frac{1}{3}$.
Wie heißt die Funktionsgleichung?

7. Ermitteln Sie für die folgenden chemischen Reaktionen die Koeffizienten.

a) $x_1 H_2SO_4 + x_2 Cu \rightarrow x_3 CuSO_4 + x_4 SO_2 + x_5 H_2O$ (Oxidation von Kupfer durch Schwefelsäure)

b) $x_1 CuO + x_2 NH_3 \rightarrow x_3 Cu + x_4 N_2 + x_5 H_2O$ (Reduktion von Kupferoxid durch Ammoniak)

c) $x_1 HNO_3 + x_2 H_2SO_4 \rightarrow x_3 H_3O + x_4 NO_2 + x_5 HSO_4$ (Nitrierung von Benzol)

8. Für das abgebildete Einbahnstraßennetz sind die Verkehrsflüsse der einfahrenden und ausfahrenden Autos pro Stunde in der Grafik gegeben.
Wie groß sind die Kapazitäten der Ringstraßen mindestens zu wählen, damit es nicht zwangsläufig zum Stau kommt?

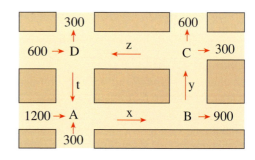

I. Lineare Gleichungssysteme

Überblick

Lösungen eines linearen Gleichungssystems:

Eine Lösung eines (m, n)-LGS gibt man als n-Tupel $(x_1; x_2; \dots; x_n)$ an.

Äquivalenzumformungen eines lin. Gleichungssystems:

Die Lösungsmenge eines LGS ändert sich nicht, wenn
(1) 2 Gleichungen vertauscht werden,
(2) eine Gleichung mit einer reellen Zahl $k \neq 0$ multipliziert wird,
(3) eine Gleichung zu einer anderen Gleichung addiert wird.

Anzahl der Lösungen eines lin. Gleichungssystems:

Es können drei Fälle eintreten:
Fall 1: Das LGS ist unlösbar.
Fall 2: Das LGS hat genau eine Lösung.
Fall 3: Das LGS hat unendlich viele Lösungen.

Der Gauß'sche Algorithmus:

Man bringt das LGS mithilfe des Additionsverfahrens in ein Dreieckssystem. Anschließend bestimmt man die Lösungsmenge.
Fall 1: Wenigstens eine Gleichung stellt einen Widerspruch dar.
Dann ist das LGS unlösbar.
Fall 2: Die Anzahl der Variablen ist gleich der Anzahl der nichttrivialen Zeilen.
Dann ist das LGS eindeutig lösbar.
Fall 3: Es gibt mehr Variable als nichttriviale Zeilen.
Dann hat das LGS unendlich viele Lösungen.
Es werden die freien Parameter festgelegt. Die Lösungsmenge wird mithilfe dieser Parameter dargestellt.

Unterbestimmtes LGS:

Das LGS hat mehr Variable als Gleichungen.
Wenn der Gauß'sche Algorithmus zu keinem Widerspruch führt, hat das LGS unendlich viele Lösungen.

Überbestimmtes LGS:

Das LGS hat mehr Gleichungen als Variable.
Ergibt sich ein Widerspruch, so ist das LGS unlösbar.
Gibt es genau eine Lösung, so muss diese für *alle* Gleichungen gelten.
Gibt es keinen Widerspruch und hat das LGS mehr Variable als nicht-triviale Gleichungen, so hat das LGS unendlich viele Lösungen.

CAS-Anwendung

034-1

Der solve-Befehl leistete bereits in der Analysis bei der Lösung von Gleichungen gute Dienste. Er kann ebenso bei der Lösung von *Gleichungssystemen* angewendet werden.

> **Beispiel: Lösung von Gleichungssystemen mit dem solve-Befehl**
> a) Lösen Sie die 2 × 2-Gleichungssysteme von den Seiten 13 und 14 mit dem CAS.
> b) Bearbeiten Sie die 3 × 3-Gleichungssysteme aus den Beispielen der Seiten 18 und 20.
> c) Untersuchen Sie unter- und überbestimmte LGS (Beispiel Seite 21).

Lösung zu a):
Zu berechnen ist die Lösung (x;y) des LGS $2x - 4y = 2$ **und** $5x + 3y = 18$. Der Befehl solve(2·x−4·y=2 and 5·x+3·y=18x, y) liefert die Lösung $x = 3$ **und** $y = 1$.
Die weiteren Zeilen im nebenstehenden Screenshot zeigen die Ermittlung der Anzahl der Lösungen der Gleichungssysteme von Seite 14 unten.

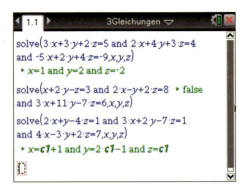

Lösung zu b):
Ausgewählt wurden drei 3 × 3-LGS mit verschiedenen Lösungseigenschaften. Das Beispiel von Seite 18 besitzt eine eindeutige Lösung.

Das erste LGS aus dem Beispiel von Seite 20 hat keine Lösung, das zweite LGS besitzt eine einparametrige unendliche Lösungsmenge (Parameter *c1*).

Lösung zu c):
Zunächst wird das überbestimmte System aus 3 Gleichungen mit 2 Variablen x und y untersucht; es hat keine Lösung.
Anschließend wird ein unterbestimmtes System aus 2 Gleichungen mit 3 Unbekannten betrachtet; es besitzt eine einparametrige unendliche Lösungsmenge.
Wird im letzten LGS noch ein Parameter t ergänzt, so ergibt sich eine zweiparametrige unendliche Lösungsmenge.

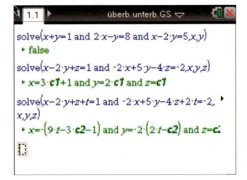

I. Lineare Gleichungssysteme

Abschließend wird der solve-Befehl bei dem Parameter-Beispiel von Seite 23 angewendet.

▶ **Beispiel: LGS mit Parameter**
Für welche Werte des Parameters a besitzt das LGS eine Lösung, keine Lösung bzw. unendlich viele Lösungen?

$-x - y + 2z = 5$
$x - 6y + -az = a$
$2x + 4y + -2z = -5$

Lösung:
Die Anwendung des solve-Befehls liefert:
$x = \dfrac{-21a}{2(a-9)}$
und $y = \dfrac{7a}{2(a-9)}$
und $z = \dfrac{-(2a+45)}{2(a-9)}$.
Dieses Tripel (x;y;z) ist offensichtlich Lösung des LGS für alle reellen Zahlen $a \neq 9$.

Man erkennt:
Für $a = 9$ hat das LGS keine Lösung.
Für $a \neq 9$ ist das LGS eindeutig lösbar.
Setzt man für x, y und z die ermittelten Lösungen in das LGS ein, so meldet das CAS, dass die Aussage wahr ist. Der Vorbehalt ⚠ betrifft die Einschränkung für a.

Das CAS bietet zwei weitere, sehr komfortable Befehle zur Lösung von LGS an. Dabei wird das rechteckige Koeffizientenschema, die sog. *Koeffizientenmatrix*, in eckigen Klammern eingegeben, wobei die Zeilenelemente durch Komma, die Spalten durch Semikolon getrennt werden.

▶ **Beispiel: Lösung eines LGS mit dem simult- und dem rref-Befehl**
Lösen Sie das nebenstehende lineare Gleichungssystem mit dem Befehl
a) simult, b) rref.

$3x + 3y + 2z = 5$
$2x + 4y + 3z = 4$
$-5x + 2y + 4z = -9$

Lösung zu a):
Die Koeffizientenmatrix des LGS wird durch [3, 3, 2; 2, 4, 3; −5, 2, 4] wiedergegeben, die rechte Seite durch [5; 4; −9]. Mit simult ([3, 3, 2; 2, 4, 3; −5, 2, 4], [5; 4; −9]) wird die Lösung [1; 2; −2] geliefert.

Lösung zu b):
Mit rref ([3, 3, 2, 5; 2, 4, 3, 4; −5, 2, 4, −9]), also der Eingabe der erweiterten Matrix, erhält man ein äquivalentes System
▶ mit der Lösung in der letzten Spalte.

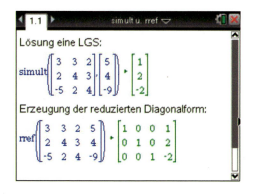

> **Test**

Lineare Gleichungssysteme

1. Untersuchen Sie das Gleichungssystem auf Lösbarkeit und bestimmen Sie gegebenenfalls die Lösung.

a) $3x - y + 2z = 1$
$-x + 2y - 3z = -7$
$2x - 3y + 4z = 7$

b) $x + y + 2z = 5$
$3x - 2y + z = 0$
$x + 6y + 7z = 18$

c) $x + y + 2z = 5$
$2x - y + 3z = 3$
$4x + y + 7z = 13$

2. Untersuchen Sie das LGS auf Lösbarkeit und geben Sie die Lösungsmenge an.

a) $2x - 2y = 10 - 2z$
$4z - 4x = 2 - 6y$
$z = 3x - 4y - 4$
$5 - z = x - y$

b) $x + y + z = 9$
$-2x + y + 2z = 12$

3. Untersuchen Sie, für welche Werte der Parameter a und b das LGS keine, genau eine oder unendlich viele Lösungen hat. Geben Sie die Lösungsmenge an.

a) $x + 3ay = b$
$2x + 6y = 10$

b) $x + 3y - 2z = 1$
$2x + 5y - z = 1$
$3x + ay + 3z = a$

4. Auf dem Geflügelmarkt werden an einem Stand Gänse für 5 Taler, Enten für 3 Taler und Küken zu je dreien für einen Taler angeboten. Der Standbetreiber hat insgesamt 100 Tiere und hat sich 100 Taler als Gesamteinnahme errechnet, wenn er alle Tiere verkaufen kann. Wie viele Gänse, Enten und Küken hatte er zunächst?

Lösungen unter 036-1

II. Vektoren

Bei der Beschreibung von Figuren in der Ebene und von Körpern im Raum bilden Vektoren eine wertvolle Hilfe. Durch die Einführung von Rechenoperationen für Vektoren gelingt die rechnerische Lösung von geometrischen Aufgaben, die bislang teilweise nur durch geometrische Konstruktionen lösbar waren. Zu den beiden bisher in der gymnasialen Oberstufe behandelten Gebieten Analysis und Stochastik kommt damit die Analytische Geometrie hinzu.

$$\vec{v} = \begin{pmatrix} x \\ y \\ z \end{pmatrix} \qquad P\,(x;\,y;\,z)$$

1. Punkte im Koordinatensystem

Im Folgenden wird das räumliche kartesische Koordinatensystem eingeführt. Dabei wird analog zum bereits bekannten ebenen kartesischen Koordinatensystem vorgegangen.

A. Koordinaten im Raum

Punkte und geometrische Figuren im dreidimensionalen Anschauungsraum werden im *kartesischen Koordinatensystem*[1] dargestellt. Ein solches System wird in der Regel als *Schrägbild* gezeichnet.
y-Achse und z-Achse werden auf dem Zeichenblatt rechtwinklig zueinander dargestellt, während die x-Achse in einem Winkel von 135° zu diesen beiden Achsen gezeichnet wird, um einen räumlichen Eindruck zu erzeugen, der durch die Verkürzung der Einheit auf der x-Achse mit dem Faktor $\frac{1}{\sqrt{2}}$ noch realistischer wird.

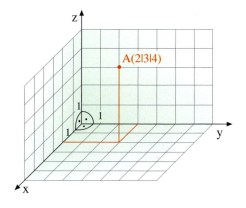

Solche Koordinatensysteme lassen sich auf Karopapier besonders gut darstellen. Die Lage von Punkten wird durch Koordinaten angegeben. Beispielsweise bezeichnet A(2|3|4) einen Punkt mit dem Namen A, dessen x-Koordinate 2 beträgt, während die y-Koordinate den Wert 3 und die z-Koordinate den Wert 4 hat.

038-1

B. Abstand von Punkten im Raum

Der *Abstand von zwei Punkten* im Raum $A(a_1|a_2|a_3)$ und $B(b_1|b_2|b_3)$ wird mit dem Symbol d(A;B) bezeichnet. Man kann ihn mithilfe der folgenden Formel bestimmen, die auf zweifacher Anwendung des Satzes von Pythagoras beruht.

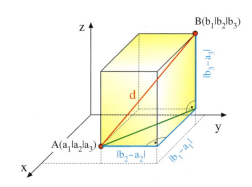

Die Abstandsformel im Raum
Die Punkte $A(a_1|a_2|a_3)$ und $B(b_1|b_2|b_3)$ haben den Abstand

$$d(A;B) = \sqrt{(b_1 - a_1)^2 + (b_2 - a_2)^2 + (b_3 - a_3)^2}.$$

038-2

---

[1] Das kartesische Koordinatensystem wurde nach dem französischen Mathematiker René Descartes (lat. Cartesius) benannt, dem Begründer der analytischen Geometrie.

C. Punkte in der Ebene (Wiederholung)

Analog zum Vorgehen im Raum kann man auch Punkte in der Ebene durch Koordinaten in einem zweidimensionalen kartesischen Koordinatensystem darstellen.

Der Abstand $d(A;B) = |AB|$ der Punkte $A(a_1|a_2)$ und $B(b_1|b_2)$ wird auch hier mithilfe des Satzes von Pythagoras errechnet.

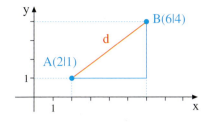

Die Abstandsformel in der Ebene
Die Punkte $A(a_1|a_2)$ und $B(b_1|b_2)$ besitzen den Abstand
$$d(A;B) = \sqrt{(b_1-a_1)^2 + (b_2-a_2)^2}.$$

$$d(A;B) = \sqrt{(b_1-a_1)^2 + (b_2-a_2)^2}$$
$$= \sqrt{(6-2)^2 + (4-1)^2}$$
$$= \sqrt{4^2 + 3^2}$$
$$= \sqrt{25}$$
$$= 5$$

▶ **Beispiel: Koordinaten im Raum**
Die Graphik zeigt die Planskizze eines Gebäudes. Der Ursprung des Koordinatensystems liegt wie eingezeichnet in der Hausecke unten links. Das Haus ist 9 m hoch.
Bestimmen Sie die Koordinaten der Punkte A, B, C, D, E und F.

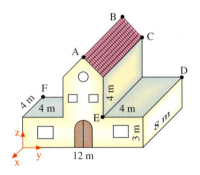

Lösung:
▶ $A(0|6|9)$, $B(-8|6|9)$, $C(-8|8|7)$, $D(-8|12|3)$, $E(0|8|3)$, $F(-4|0|3)$

▶ **Beispiel: Gleichschenkligkeit**
Gegeben ist ein Dreieck ABC im Raum mit den Ecken $A(1|-1|-2)$, $B(5|7|6)$ und $C(3|1|4)$.
Ist das Dreieck gleichschenklig?
Welchen Umfang hat das Dreieck?

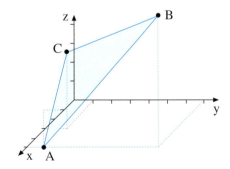

Lösung:
Wir errechnen die Abstände (Seitenlängen) mithilfe der Abstandsformel für Punkte im Raum.

$d(A;B) = \sqrt{(5-1)^2 + (7-(-1))^2 + (6-(-2))^2} = \sqrt{16+64+64} = \sqrt{144} = 12$
Analog erhalten wir $d(A;C) = \sqrt{4+16+36} = \sqrt{44} \approx 6{,}63$ und $d(B;C) = \sqrt{4+36+4} = \sqrt{44} \approx 6{,}63$.
▶ Das Dreieck ist also gleichschenklig. Sein Umfang beträgt ungefähr 25,26.

Übungen

1. Gegeben ist ein Dreieck ABC mit den Eckpunkten A(1|3|2), B(3|2|4) und C(−1|1|3).
   a) Zeichnen Sie ein räumliches kartesisches Koordinatensystem. Tragen Sie die Punkte A, B und C ein und zeichnen Sie das Schrägbild des Dreiecks ABC.
   b) Weisen Sie rechnerisch nach, dass das Dreieck ABC gleichschenklig ist.

2. Ein Würfel besitzt als Grundfläche das Quadrat ABCD und als Deckfläche das Quadrat EFGH.
   Dabei gelte: A(3|2|1), B(3|6|1), G(−1|6|5).
   a) Zeichnen Sie in ein räumliches Koordinatensystem ein Schrägbild des Würfels.
   b) Bestimmen Sie die Koordinaten von C, D, E, F und H.
   c) Wie lauten die Koordinaten des Mittelpunktes der Seitenfläche BCGF?
   d) Wie lauten die Koordinaten des Würfelmittelpunktes?
   e) Wie lang ist eine Raumdiagonale des Würfels?

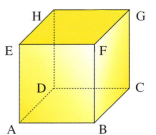

3. Gegeben sind die Punkte A(5|6|1), B(2|6|1), C(0|2|1), D(3|2|1) und S(2|4|5). Das Viereck ABCD ist die Grundfläche einer Pyramide mit der Spitze S.
   a) Zeichnen Sie die Pyramide in ein kartesisches räumliches Koordinatensystem ein (Schrägbild).
   b) Welche Länge besitzt die Seitenkante AS?
   c) Welcher Punkt F ist der Höhenfußpunkt der Pyramide? Wie hoch ist die Pyramide?

4. Ein Würfel ABCDEFGH hat die Eckpunkte A(2|3|5) und G(x|7|13).
   Wie muss x gewählt werden, wenn die Diagonale AG die Länge 12 besitzen soll?

5. Der Punkt A(3|0|1) wird an einem Punkt P gespiegelt.
   A′(3|6|3) ist der Spiegelpunkt von A.
   a) Wie lauten die Koordinaten von P?
   b) Spiegeln Sie den Punkt B(0|0|4) ebenfalls an P und stellen Sie beide Spiegelungen im Schrägbild dar.

6. Gegeben ist das abgebildete Schrägbild eines Hauses.
   a) Bestimmen Sie die Koordinaten der Punkte B, C, D, E, F, H und I.
   b) Das Dach soll eingedeckt werden. Welchen Inhalt hat die Dachfläche?
   c) Das Haus soll verputzt werden. Wie groß ist die zu verputzende Außenfläche des Hauses?
   d) Welches Volumen hat das Haus?
   e) Zwischen welchen der eingetragenen Punkte des Hauses liegt die längste Strecke? Wie lang ist diese Strecke?

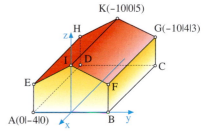

2. Vektoren

A. Vektoren als Pfeilklassen

Bei Ornamenten und Parkettierungen entsteht die Regelmäßigkeit oft durch *Parallelverschiebungen* einer Figur wie auch bei dem abgebildeten Muster des berühmten Malers *Maurits Cornelis ESCHER* (1898–1972). ● 041-1

Eine Parallelverschiebung kann man durch einen Verschiebungspfeil oder durch einen beliebigen Punkt A_1 und dessen Bildpunkt A_2 kennzeichnen.

Bei einer Seglerflotte, die innerhalb eines gewissen Zeitraumes unter dem Einfluss des Windes abtreibt, werden alle Schiffe in gleicher Weise verschoben.
Die Verschiebung wird schon durch jeden einzelnen der gleich gerichteten und gleich langen Pfeile $\overrightarrow{A_1A_2}$, $\overrightarrow{B_1B_2}$, $\overrightarrow{C_1C_2}$ eindeutig festgelegt.

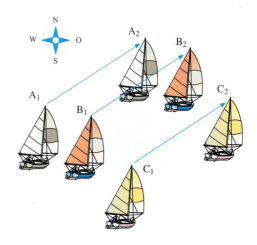

> Wir fassen daher alle Pfeile der Ebene (des Raumes), die gleiche Länge und gleiche Richtung haben, zu einer Klasse zusammen. Eine solche Pfeilklasse bezeichnen wir als einen *Vektor* in der Ebene (im Raum).

Vektoren stellen wir symbolisch durch Kleinbuchstaben dar, die mit einem Pfeil versehen sind: $\vec{a}, \vec{b}, \vec{c}, \ldots$.
Jeder Vektor ist schon durch einen einzigen seiner Pfeile festgelegt.
Daher bezeichnen wir beispielsweise den Vektor $\vec{a}$ aus nebenstehendem Bild auch als Vektor $\overrightarrow{P_1P_2}$. Eine vektorielle Größe ist also durch eine Richtung und eine Länge gekennzeichnet im Gegensatz zu einer reellen Zahl, einer sog. skalaren Größe.

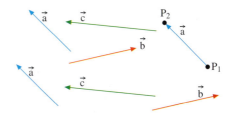

Übung 1

Welche der auf dem Quader eingezeichneten Pfeile gehören zum Vektor $\vec{a}$?

a) $\vec{a} = \overrightarrow{AB}$ b) $\vec{a} = \overrightarrow{EH}$ c) $\vec{a} = \overrightarrow{DH}$

d) $\vec{a} = \overrightarrow{CD}$ e) $\vec{a} = \overrightarrow{HG}$ f) $\vec{a} = \overrightarrow{AH}$

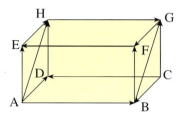

B. Spaltenvektoren / Koordinaten eines Vektors

Im Koordinatensystem können Vektoren besonders einfach dargestellt werden, indem man ihre Verschiebungsanteile in Richtung der Koordinatenachsen erfasst. Man verwendet dazu sogenannte *Spaltenvektoren*.

Rechts ist ein Vektor $\vec{v}$ dargestellt, der eine Verschiebung um $+4$ in Richtung der positiven x-Achse und eine Verschiebung um $+2$ in Richtung der positiven y-Achse bewirkt.

Man schreibt $\vec{v} = \begin{pmatrix} 4 \\ 2 \end{pmatrix}$ und bezeichnet $\vec{v}$ als einen *Spaltenvektor* mit den Koordinaten 4 und 2.

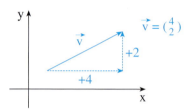

Spaltenvektoren in der Ebene	Spaltenvektoren im Raum
$\vec{v} = \begin{pmatrix} v_1 \\ v_2 \end{pmatrix}$	$\vec{v} = \begin{pmatrix} v_1 \\ v_2 \\ v_3 \end{pmatrix}$

v_1, v_2 bzw. v_1, v_2 und v_3 heißen Koordinaten von $\vec{v}$. Sie stellen die Verschiebungsanteile des Vektors $\vec{v}$ in Richtung der Koordinatenachsen dar.   042-1

Übung 2

Der in der Übung 1 dargestellte Quader habe die Maße $6 \times 4 \times 3$. Der Koordinatenursprung liege im Punkt D. Die Koordinatenachsen seien parallel zu den Quaderkanten.

Stellen Sie die folgenden Vektoren als Spaltenvektoren dar.

a) $\overrightarrow{CB}$ b) $\overrightarrow{BC}$ c) $\overrightarrow{AE}$

d) $\overrightarrow{AH}$ e) $\overrightarrow{BH}$ f) $\overrightarrow{BG}$

g) $\overrightarrow{DG}$ h) $\overrightarrow{DC}$ i) $\overrightarrow{AC}$

Übung 3

Dargestellt ist eine regelmäßige Pyramide mit der Höhe 6. Stellen Sie die eingezeichneten Vektoren in Spaltenform dar.

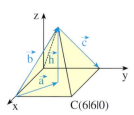

2. Vektoren

C. Der Verschiebungsvektor $\overrightarrow{PQ}$

Sind von einem Vektor $\vec{v}$ Anfangspunkt P und Endpunkt Q eines seiner Pfeile bekannt, so lässt sich $\vec{v}$ besonders leicht als Spaltenvektor darstellen.

Man errechnet dann einfach die **Koordinatendifferenzen** von Endpunkt und Anfangspunkt, um die Koordinaten des Spaltenvektors zu bestimmen. Im Beispiel rechts gilt also:

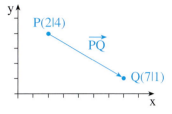

$$\vec{v} = \overrightarrow{PQ} = \binom{7-2}{1-4} = \binom{5}{-3}$$

Analog kann man im Raum vorgehen, um den Vektor $\overrightarrow{PQ}$ zu bestimmen, wenn P und Q bekannt sind.

$$\overrightarrow{PQ} = \binom{7-2}{1-4} = \binom{5}{-3}$$

Der Verschiebungsvektor $\overrightarrow{PQ}$

Ebene: $P(p_1|p_2), Q(q_1|q_2)$

$$\overrightarrow{PQ} = \binom{q_1 - p_1}{q_2 - p_2}$$

Raum: $P(p_1|p_2|p_3), Q(q_1|q_2|q_3)$

$$\overrightarrow{PQ} = \begin{pmatrix} q_1 - p_1 \\ q_2 - p_2 \\ q_3 - p_3 \end{pmatrix}$$

● 043-1

Übung 4
Bestimmen Sie die Koordinaten von $\overrightarrow{PQ}$.

a) P(2|1)
   Q(6|4)
b) P(2|−3)
   Q(−2|1)
c) P(1|2|−3)
   Q(5|6|1)
d) P(−4|−3|5)
   Q(2|3|−1)
e) P(3|4|7)
   Q(2|6|2)
f) P(1|4|a)
   Q(a|−3|2a+1)

Übung 5
Eine dreiseitige Pyramide hat die Grundfläche ABC mit $A(1|−1|−2), B(5|3|−2), C(−1|6|−2)$ und die Spitze $S(2|3|4)$.
a) Zeichnen Sie die Pyramide.
b) Bestimmen Sie die Spaltenvektoren der Seitenkanten $\overline{AB}, \overline{AC}$ und $\overline{AS}$.
c) M sei der Mittelpunkt der Kante $\overline{AB}$. Wie lautet der Vektor $\overrightarrow{AM}$?

D. Der Ortsvektor $\overrightarrow{OP}$ eines Punktes

Auch die Lage von Punkten im Koordinatensystem lässt sich vektoriell erfassen. Dazu verwendet man den Pfeil $\overrightarrow{OP}$, der vom Ursprung O des Koordinatensystems auf den gewünschten Punkt P zeigt. Dieser Vektor heißt **Ortsvektor** von P. Seine Koordinaten entsprechen exakt den Koordinaten des Punktes P. Man geht in der Ebene und im Raum analog vor.

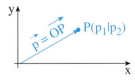

$$\vec{p} = \overrightarrow{OP} = \binom{p_1}{p_2} \text{ bzw. } \vec{p} = \overrightarrow{OP} = \begin{pmatrix} p_1 \\ p_2 \\ p_3 \end{pmatrix}$$

E. Der Betrag eines Vektors

Jeder Pfeil in einem ebenen Koordinatensystem hat eine Länge, die sich mithilfe des Satzes von Pythagoras errechnen lässt.

Alle Pfeile eines Vektors $\vec{a}$ haben die gleiche Länge. Man bezeichnet diese Länge als *Betrag des Vektors* und verwendet die Schreibweise $|\vec{a}|$.

Länge eines Pfeils in der Ebene:

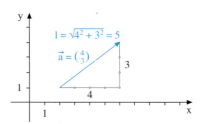

Betrag eines Vektors in der Ebene:
$$\left|\begin{pmatrix}4\\3\end{pmatrix}\right| = \sqrt{4^2+3^2} = \sqrt{25} = 5$$

Betrag eines Vektors im Raum:
$$\left|\begin{pmatrix}1\\2\\5\end{pmatrix}\right| = \sqrt{1^2+2^2+5^2} = \sqrt{30} \approx 5{,}48$$

Definition II.1: Der Betrag eines Vektors
Der Betrag $|\vec{a}|$ eines Vektors ist die Länge eines seiner Pfeile.

Betrag eines Spaltenvektors in der Ebene:
$$\vec{a} = \begin{pmatrix}a_1\\a_2\end{pmatrix} \Rightarrow |\vec{a}| = \sqrt{a_1^2+a_2^2}$$

Betrag eines Spaltenvektors im Raum:
$$\vec{a} = \begin{pmatrix}a_1\\a_2\\a_3\end{pmatrix} \Rightarrow |\vec{a}| = \sqrt{a_1^2+a_2^2+a_3^2}$$

🔸 044-1

▶ **Beispiel: Betrag eines Vektors**
Bestimmen Sie $|\vec{a}|$.
a) $\vec{a} = \begin{pmatrix}2\\4\end{pmatrix}$ b) $\vec{a} = \begin{pmatrix}a\\-3\end{pmatrix}$
c) $\vec{a} = \begin{pmatrix}2\\3\\6\end{pmatrix}$ d) $\vec{a} = \begin{pmatrix}-3\\0\\4\end{pmatrix}$

Lösung:
a) $|\vec{a}| = \sqrt{2^2+4^2} = \sqrt{20} \approx 4{,}48$
b) $|\vec{a}| = \sqrt{a^2+(-3)^2} = \sqrt{a^2+9}$
c) $|\vec{a}| = \sqrt{2^2+3^2+6^2} = \sqrt{49} = 7$
d) $|\vec{a}| = \sqrt{(-3)^2+0^2+4^2} = \sqrt{25} = 5$

Übung 6
Bestimmen Sie den Betrag des gegebenen Vektors.

a) $\begin{pmatrix}1\\a\end{pmatrix}$ b) $\begin{pmatrix}5\\12\end{pmatrix}$ c) $\begin{pmatrix}-3\\-5\end{pmatrix}$ d) $\begin{pmatrix}5\\-2\\12\end{pmatrix}$ e) $\begin{pmatrix}4\\6\\12\end{pmatrix}$ f) $\begin{pmatrix}3a\\0\\4a\end{pmatrix}$

Übung 7
Stellen Sie fest, für welche $t \in \mathbb{R}$ die folgenden Bedingungen gelten.

a) $\vec{a} = \begin{pmatrix}t\\2t\end{pmatrix}$, $|\vec{a}| = 1$ b) $\vec{a} = \begin{pmatrix}2\\t\end{pmatrix}$, $|\vec{a}| = t+1$ c) $\vec{a} = \begin{pmatrix}-2t\\t\\2t\end{pmatrix}$, $|\vec{a}| = 5$

F. Geometrische Anwendungen

Mithilfe von Vektoren kann man geometrische Objekte erfassen, z. B. Seitenkanten und Diagonalen von Körpern. Man kann geometrische Operationen durchführen, beispielsweise Spiegelungen. Wir behandeln hierzu exemplarisch zwei Aufgaben.

▶ **Beispiel: Diagonalen in einem Körper**
Stellen Sie die Vektoren $\overrightarrow{AK}$, $\overrightarrow{BL}$ und $\overrightarrow{CM}$ als Spaltenvektoren dar.
Bestimmen Sie außerdem die Länge der Diagonalen $\overline{CM}$.

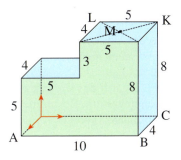

Lösung:
Wir verwenden ein Koordinatensystem, dessen Achsen parallel zu den Kanten des Körpers verlaufen.
Dann können wir die achsenparallelen Verschiebungsanteile der gesuchten Vektoren aus der Figur direkt ablesen. Damit erhalten wir die rechts aufgeführten Resultate.

$$\overrightarrow{AK} = \begin{pmatrix} -4 \\ 10 \\ 8 \end{pmatrix}, \overrightarrow{BL} = \begin{pmatrix} -4 \\ -5 \\ 8 \end{pmatrix}, \overrightarrow{CM} = \begin{pmatrix} 2 \\ -2{,}5 \\ 8 \end{pmatrix}$$

$$|\overrightarrow{CM}| = \sqrt{2^2 + (-2{,}5)^2 + 8^2} \approx 8{,}62$$

▶ **Beispiel: Spiegelung eines Punktes**
Der Punkt $A(2|2|4)$ wird am Punkt $P(4|6|3)$ gespiegelt. Auf diese Weise entsteht der Spiegelpunkt A'. Bestimmen Sie die Koordinaten von A'.

Lösung:
Wir bestimmen den Vektor $\vec{v} = \overrightarrow{AP}$, der den Punkt A in den Punkt P verschiebt.
Er lautet $\overrightarrow{AP} = \begin{pmatrix} 4-2 \\ 6-2 \\ 3-4 \end{pmatrix} = \begin{pmatrix} 2 \\ 4 \\ -1 \end{pmatrix}$.
Diesen Vektor können wir verwenden, um den Punkt P nach A' zu verschieben.
Daher gilt für den Punkt A':
▶ $A'(4+2|6+4|3-1) = A'(6|10|2)$.

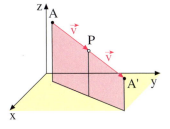

Übung 8
Im kartesischen Koordinatensystem ist ein Quader ABCDEFGH durch die Angabe der drei Punkte $B(2|4|0)$, $C(-2|4|0)$, $H(-2|0|3)$ gegeben. Bestimmen Sie die restlichen Punkte, zeichnen Sie ein Schrägbild des Quaders, und berechnen Sie die Länge der Raumdiagonalen $\overline{BH}$ des Quaders.

Übung 9
Gegeben ist das Raumdreieck ABC mit $A(4|-2|2)$, $B(0|2|2)$ und $C(2|-1|4)$. Stellen Sie die Seitenkanten des Dreiecks als Spaltenvektoren dar. Berechnen Sie den Umfang des Dreiecks. Spiegeln Sie das Dreieck ABC am Punkt $P(4|4|3)$. Fertigen Sie ein Schrägbild des Dreiecks ABC und des Bilddreiecks $A'B'C'$ an.

Mithilfe von Vektoren kann man Nachweise führen, die sonst schwierig wären, vor allem bei geometrischen Figuren im dreidimensionalen Raum.

> **Beispiel: Dreieck / Parallelogramm**
> Gegeben ist das Dreieck ABC mit den Eckpunkten A(6|2|1), B(4|8|−2) und C(0|5|3) (siehe Abb.).
> a) Zeigen Sie, dass das Dreieck gleichschenklig ist, aber nicht gleichseitig.
> b) Der Punkt D ergänzt das Dreieck zu einem Parallelogramm. Bestimmen Sie die Koordinaten von D.

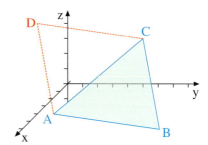

Lösung zu a:
Wir bestimmen die Beträge der drei Seitenvektoren und vergleichen diese.
Das Dreieck ist gleichschenklig, da die Vektoren $\overrightarrow{AB}$ und $\overrightarrow{AC}$ gleichlang sind.
Es ist nicht gleichseitig, da $\overrightarrow{BC}$ länger ist.
Ein direktes Abmessen im Schrägbild ist wegen der Verzerrung nicht sinnvoll und führt zu falschen Ergebnissen.

$$\overrightarrow{AB} = \begin{pmatrix} 4-6 \\ 8-2 \\ -2-1 \end{pmatrix} = \begin{pmatrix} -2 \\ 6 \\ -3 \end{pmatrix} \Rightarrow |\overrightarrow{AB}| = 7$$

$$\overrightarrow{AC} = \begin{pmatrix} 0-6 \\ 5-2 \\ 3-1 \end{pmatrix} = \begin{pmatrix} -6 \\ 3 \\ 2 \end{pmatrix} \Rightarrow |\overrightarrow{AC}| = 7$$

$$\overrightarrow{BC} = \begin{pmatrix} 0-4 \\ 5-8 \\ 3+2 \end{pmatrix} = \begin{pmatrix} -4 \\ -3 \\ 5 \end{pmatrix} \Rightarrow |\overrightarrow{BC}| \approx 7{,}1$$

Lösung zu b:
Die Koordinaten des Punktes D erhalten wir durch eine Parallelverschiebung des Punktes A mit dem Vektor $\overrightarrow{BC}$.
▶ **Resultat: D(2|−1|6)**

$$A(6|2|1) \xrightarrow{\begin{pmatrix} -4 \\ -3 \\ 5 \end{pmatrix} \text{ Verschiebung}} D(2|-1|6)$$

Übung 10
Ein Viereck ABCD ist genau dann ein Parallelogramm, wenn die Vektorgleichungen $\overrightarrow{AB} = \overrightarrow{DC}$ und $\overrightarrow{AD} = \overrightarrow{BC}$ gelten. Begründen Sie diese Aussage anschaulich anhand einer Skizze. Prüfen Sie, ob die folgenden Vierecke Parallelogramme sind. Fertigen Sie jeweils eine Zeichnung an und rechnen Sie anschließend.

a) A(−2|1)
   B(4|−1)
   C(7|2)
   D(1|4)

b) A(2|1)
   B(5|2)
   C(5|5)
   D(2|4)

c) A(0|0|3)
   B(7|6|5)
   C(11|7|5)
   D(4|4|3)

d) A(10|10|5)
   B(6|17|7)
   C(1|10|9)
   D(5|3|7)

Übung 11
Das Viereck ABCD ist ein Parallelogramm. Es gilt A(0|3|1), B(6|5|7) und C(4|1|3). Bestimmen Sie die Koordinaten von D. Handelt es sich um eine Raute?

Übungen

12. Der abgebildete Körper setzt sich aus drei gleich großen Würfeln zusammen.
  a) Welche der eingezeichneten Pfeile gehören zum gleichen Vektor?
  b) Begründen Sie, weshalb die Pfeile $\overrightarrow{JH}$, $\overrightarrow{KL}$ und $\overrightarrow{GL}$ nicht zu dem gleichen Vektor gehören, obwohl sie parallel zueinander sind.

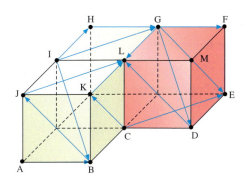

13. Die Pfeile $\overrightarrow{AB}$ und $\overrightarrow{CD}$ sollen zum gleichen Vektor gehören. Bestimmen Sie die Koordinaten des jeweils fehlenden Punktes.
  a) $A(-3|4)$, $B(5|-7)$, $D(8|11)$
  b) $A(3|2)$, $C(8|-7)$, $D(11|15)$
  c) $B(3|8)$, $C(3|-2)$, $D(8|5)$
  d) $A(3|a)$, $B(2|b)$, $C(4|3)$
  e) $A(-3|5|-2)$, $C(1|-4|2)$, $D(3|3|3)$
  f) $A(3|3|4)$, $B(-1|4|0)$, $D(2|1|8)$
  g) $A(1|8|-7)$, $B(0|0|0)$, $D(3|3|7)$
  h) $A(a|a|a)$, $B(a+1|a+2|3)$, $D(a|2|a-1)$

14. Bestimmen Sie die Koordinatendarstellung des Vektors $\vec{a} = \overrightarrow{PQ}$.
  a) $P(2|4)$ $Q(3|8)$
  b) $P(-3|5)$ $Q(7|-2)$
  c) $P(1|a)$ $Q(3|2a+1)$
  d) $P(4|4|-2)$ $Q(1|5|5)$
  e) $P(1|-3|7)$ $Q(4|0|-3)$

15. Der Vektor $\vec{a} = \begin{pmatrix} -1 \\ 2 \\ -3 \end{pmatrix}$ verschiebt den Punkt P in den Punkt Q. Bestimmen Sie P bzw. Q.
  a) $P(3|2|1)$
  b) $Q(0|0|0)$
  c) $P(3|-2|4)$
  d) $Q(1|0|2)$
  e) $P(4|-3|0)$
  f) $P(0|0|0)$
  g) $P(1|a|1)$
  h) $Q(a|3|0)$
  i) $Q(q_1|q_2|q_3)$
  j) $P(p_1|p_2|p_3)$

16. Der abgebildete Quader habe die Maße $4 \times 2 \times 2$. Bestimmen Sie die Koordinatendarstellung zu allen angegebenen Vektoren sowie ihre Beträge.

$\overrightarrow{AB}$, $\overrightarrow{AD}$, $\overrightarrow{AE}$, $\overrightarrow{AF}$, $\overrightarrow{AG}$, $\overrightarrow{AH}$, $\overrightarrow{BC}$,
$\overrightarrow{BH}$, $\overrightarrow{CD}$, $\overrightarrow{CH}$, $\overrightarrow{DA}$, $\overrightarrow{DB}$, $\overrightarrow{DC}$, $\overrightarrow{EB}$,
$\overrightarrow{EC}$, $\overrightarrow{ED}$, $\overrightarrow{EG}$, $\overrightarrow{FD}$, $\overrightarrow{FG}$, $\overrightarrow{FH}$, $\overrightarrow{HG}$.

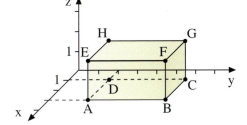

17. a) Bestimmen Sie die Beträge der Vektoren $\begin{pmatrix} 4 \\ 1 \\ 8 \end{pmatrix}$, $\begin{pmatrix} 32 \\ 8 \\ 1 \end{pmatrix}$, $\begin{pmatrix} 2 \\ -6 \\ 5 \end{pmatrix}$, $\begin{pmatrix} 0 \\ -15 \\ -20 \end{pmatrix}$.

b) Für welchen Wert von a hat der Vektor $\begin{pmatrix} 2a \\ 2 \\ 5 \end{pmatrix}$ den Betrag 15?

3. Rechnen mit Vektoren

A. Addition und Subtraktion von Vektoren

Der Punkt P(1|1) wird zunächst mithilfe des Vektors $\vec{a} = \begin{pmatrix} 4 \\ 1 \end{pmatrix}$ in den Punkt Q(5|2) verschoben. Anschließend wird der Punkt Q(5|2) mithilfe des Vektors $\vec{b} = \begin{pmatrix} 2 \\ 3 \end{pmatrix}$ in den Punkt R(7|5) verschoben.

Offensichtlich kann man mithilfe des Vektors $\vec{c} = \begin{pmatrix} 6 \\ 4 \end{pmatrix}$ eine direkte Verschiebung des Punktes P in den Punkt R erzielen.

In diesem Sinne kann der Vektor $\vec{c}$ als Summe der Vektoren $\vec{a}$ und $\vec{b}$ betrachtet werden.

$\begin{pmatrix} 4 \\ 1 \end{pmatrix} + \begin{pmatrix} 2 \\ 3 \end{pmatrix} = \begin{pmatrix} 6 \\ 4 \end{pmatrix}$

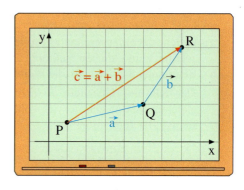

Addition von Vektoren:

$P(1|1) \xrightarrow{\binom{4}{1}} Q(5|2) \xrightarrow{\binom{2}{3}} R(7|5)$

$\binom{6}{4}$

Definition II.2: Unter der *Summe* zweier Vektoren $\vec{a}$, $\vec{b}$ versteht man den Vektor, der entsteht, wenn man die einander entsprechenden Koordinaten von $\vec{a}$ und $\vec{b}$ addiert:

Addition in der Ebene:	*Addition im Raum:*
$\vec{a} + \vec{b} = \begin{pmatrix} a_1 \\ a_2 \end{pmatrix} + \begin{pmatrix} b_1 \\ b_2 \end{pmatrix} = \begin{pmatrix} a_1 + b_1 \\ a_2 + b_2 \end{pmatrix}$	$\vec{a} + \vec{b} = \begin{pmatrix} a_1 \\ a_2 \\ a_3 \end{pmatrix} + \begin{pmatrix} b_1 \\ b_2 \\ b_3 \end{pmatrix} = \begin{pmatrix} a_1 + b_1 \\ a_2 + b_2 \\ a_3 + b_3 \end{pmatrix}$

🟠 048-1

Geometrisch lässt sich die Addition zweier Vektoren mithilfe von Pfeilrepräsentanten nach der folgenden Dreiecksregel ausführen.

Dreiecksregel
Addition durch Aneinanderlegen
Ist $\vec{a} = \overrightarrow{PQ}$ und $\vec{b} = \overrightarrow{QR}$, so ist die Summe $\vec{a} + \vec{b}$ der Vektor $\overrightarrow{PR}$.

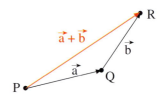

3. Rechnen mit Vektoren

Offensichtlich spielt die Reihenfolge bei der Hintereinanderausführung von Parallelverschiebungen keine Rolle, da die resultierende Verschiebung in x-, y- bzw. z-Richtung gleich bleibt. Die Addition von Vektoren ist also *kommutativ*. Hieraus ergibt sich eine weitere geometrische Deutung des Summenvektors, die sog. *Parallelogrammregel*.

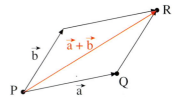

Parallelogrammregel
Der Summenvektor $\vec{a} + \vec{b}$ lässt sich als Diagonalenvektor in dem durch $\vec{a}$ und $\vec{b}$ aufgespannten Parallelogramm darstellen.

Übung 1
Berechnen Sie die Summe der beiden Vektoren, sofern dies möglich ist.

a) $\begin{pmatrix} 2 \\ 3 \end{pmatrix}, \begin{pmatrix} 3 \\ -4 \end{pmatrix}$ b) $\begin{pmatrix} 2 \\ 1 \\ 3 \end{pmatrix}, \begin{pmatrix} 3 \\ -4 \\ 1 \end{pmatrix}$ c) $\begin{pmatrix} 3 \\ -3 \\ 2 \end{pmatrix}, \begin{pmatrix} -3 \\ 3 \\ -2 \end{pmatrix}$ d) $\begin{pmatrix} 4 \\ 0 \\ 2 \end{pmatrix}, \begin{pmatrix} 0 \\ 0 \\ 0 \end{pmatrix}$ e) $\begin{pmatrix} 2 \\ 3 \\ 1 \end{pmatrix}, \begin{pmatrix} 3 \\ -4 \end{pmatrix}$

Übung 2
Bestimmen Sie zeichnerisch und rechnerisch die angegebene Summe.

a) $\vec{u} + \vec{v}$ b) $\vec{u} + \vec{w}$ c) $\vec{v} + \vec{w}$
d) $(\vec{u} + \vec{v}) + \vec{w}$ e) $\vec{v} + \vec{u}$
f) $\vec{u} + (\vec{v} + \vec{w})$ g) $\vec{u} + \vec{u}$

Übung 3
Was fällt Ihnen auf, wenn Sie die Resultate von Übung 2 a) und 2 e) bzw. von 2 d) und 2 f) vergleichen?

Neben dem Kommutativgesetz gelten bei der Addition von Vektoren auch noch einige weitere Rechengesetze, die Rechnungen erheblich erleichtern können, wie das Assoziativgesetz.

Satz II.1: $\vec{a}$, $\vec{b}$ und $\vec{c}$ seien Vektoren in der Ebene bzw. im Raum. Dann gilt:

$\vec{a} + \vec{b} = \vec{b} + \vec{a}$ **Kommutativgesetz**
$(\vec{a} + \vec{b}) + \vec{c} = \vec{a} + (\vec{b} + \vec{c})$ **Assoziativgesetz**   049-1

Die folgenden, mithilfe von Definition II.2 trivial zu beweisenden Sätze führen auf die wichtigen Begriffe „Nullvektor" und „Gegenvektor".

Satz II.2: Es gibt sowohl in der Ebene als auch im Raum genau einen Vektor $\vec{0}$, für den gilt: $\vec{a} + \vec{0} = \vec{a}$ für alle Vektoren $\vec{a}$. Er heißt *Nullvektor*.

Nullvektor in der Ebene $\vec{0} = \begin{pmatrix} 0 \\ 0 \end{pmatrix}$ Nullvektor in Raum $\vec{0} = \begin{pmatrix} 0 \\ 0 \\ 0 \end{pmatrix}$

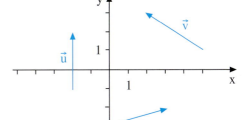

Satz II.3: Zu jedem Vektor $\vec{a}$ der Ebene bzw. des Raumes gibt es genau einen Vektor $-\vec{a}$, sodass gilt:
$\vec{a} + (-\vec{a}) = \vec{0}$.
$-\vec{a}$ heißt *Gegenvektor* zu $\vec{a}$.

$$\begin{pmatrix} a_1 \\ a_2 \end{pmatrix} + \begin{pmatrix} -a_1 \\ -a_2 \end{pmatrix} = \begin{pmatrix} 0 \\ 0 \end{pmatrix} \quad \begin{pmatrix} a_1 \\ a_2 \\ a_3 \end{pmatrix} + \begin{pmatrix} -a_1 \\ -a_2 \\ -a_3 \end{pmatrix} = \begin{pmatrix} 0 \\ 0 \\ 0 \end{pmatrix}$$

Vektor   Gegenvektor   Vektor   Gegenvektor

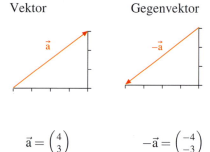

$\vec{a} = \begin{pmatrix} 4 \\ 3 \end{pmatrix} \qquad -\vec{a} = \begin{pmatrix} -4 \\ -3 \end{pmatrix}$

Geometrisch bedeutet der Gegenvektor $(-\vec{a})$ diejenige Parallelverschiebung, die eine Verschiebung mittels $\vec{a}$ bei der Hintereinanderausführung wieder rückgängig macht. Mithilfe des Gegenvektors lässt sich die Subtraktion von Vektoren definieren.

Definition II.3: Die Differenz $\vec{a} - \vec{b}$ zweier Vektoren $\vec{a}$ und $\vec{b}$ sei gegeben durch:
$$\vec{a} - \vec{b} = \vec{a} + (-\vec{b}).$$ 050-1

Beispiel:
$$\begin{pmatrix} 1 \\ 4 \\ 5 \end{pmatrix} - \begin{pmatrix} 3 \\ 1 \\ 3 \end{pmatrix} = \begin{pmatrix} 1 \\ 4 \\ 5 \end{pmatrix} + \begin{pmatrix} -3 \\ -1 \\ -3 \end{pmatrix} = \begin{pmatrix} -2 \\ 3 \\ 2 \end{pmatrix}$$

Geometrisch kann man die Differenz der Vektoren $\vec{a}$ und $\vec{b}$ ähnlich wie deren Summe als Diagonalenvektor in dem von $\vec{a}$ und $\vec{b}$ aufgespannten Parallelogramm interpretieren.
Wegen $\vec{a} - \vec{b} = \vec{a} + (-\vec{b})$ wird diese Differenz durch den Pfeil repräsentiert, der von der Pfeilspitze eines Repräsentanten des Vektors $\vec{b}$ zur Pfeilspitze des Repräsentanten von $\vec{a}$ geht, der den gleichen Anfangspunkt wie der Repräsentant von $\vec{b}$ hat.

Parallelogrammregel für die Subtraktion

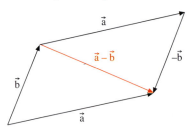

Übung 4
Gegeben sind die Vektoren $\vec{a} = \begin{pmatrix} 2 \\ 1 \\ 3 \end{pmatrix}, \vec{b} = \begin{pmatrix} -1 \\ 4 \\ 2 \end{pmatrix}, \vec{c} = \begin{pmatrix} 3 \\ 1 \\ 5 \end{pmatrix}, \vec{d} = \begin{pmatrix} 0 \\ 0 \\ 1 \end{pmatrix}, \vec{e} = \begin{pmatrix} 2 \\ 4 \end{pmatrix}, \vec{f} = \begin{pmatrix} 1 \\ -5 \end{pmatrix}$.

Berechnen Sie den angegebenen Vektorterm, sofern dies möglich ist.

a) $\vec{a} - \vec{b}$ b) $\vec{c} - \vec{d}$ c) $\vec{e} - \vec{f}$ d) $\vec{a} - \vec{b} - \vec{c}$ e) $\vec{a} - \vec{e}$
f) $\vec{a} + \vec{c} - \vec{d}$ g) $\vec{d} + \vec{d} - \vec{b} + \vec{a} - \vec{c} - \vec{b}$ h) $\vec{0} - \vec{a}$ i) $\vec{a} - \vec{a}$

Übung 5
Bestimmen Sie den Vektor $\vec{x}$.

a) $\begin{pmatrix} 5 \\ 3 \end{pmatrix} + \vec{x} = \begin{pmatrix} 8 \\ 7 \end{pmatrix}$ b) $\begin{pmatrix} 2 \\ 5 \end{pmatrix} + \begin{pmatrix} 1 \\ 4 \end{pmatrix} - \begin{pmatrix} 3 \\ 1 \end{pmatrix} = \begin{pmatrix} 2 \\ 4 \end{pmatrix} - \begin{pmatrix} 8 \\ 2 \end{pmatrix} + \vec{x}$ c) $\begin{pmatrix} 3 \\ 5 \end{pmatrix} + \begin{pmatrix} 2 \\ 1 \end{pmatrix} - \begin{pmatrix} 3 \\ 5 \end{pmatrix} = \begin{pmatrix} 1 \\ 4 \end{pmatrix} + \vec{x} - \begin{pmatrix} 2 \\ 5 \end{pmatrix}$

d) $\begin{pmatrix} 3 \\ 3 \\ 2 \end{pmatrix} + \vec{x} = \begin{pmatrix} 1 \\ 4 \\ 1 \end{pmatrix}$ e) $\begin{pmatrix} 3 \\ 2 \\ 1 \end{pmatrix} + \vec{x} - \begin{pmatrix} 1 \\ 1 \\ 3 \end{pmatrix} + \begin{pmatrix} 2 \\ 4 \\ 1 \end{pmatrix} = \begin{pmatrix} 2 \\ 3 \\ 5 \end{pmatrix}$ f) $\begin{pmatrix} 1 \\ 4 \\ -1 \end{pmatrix} + \begin{pmatrix} -8 \\ -5 \\ -2 \end{pmatrix} = \begin{pmatrix} 2 \\ 1 \\ 3 \end{pmatrix} + \begin{pmatrix} 0,5 \\ 1 \\ 2 \end{pmatrix} + \vec{x} - \begin{pmatrix} 3 \\ 4 \\ -1 \end{pmatrix}$

B. Skalar-Multiplikation (S-Multiplikation)

Die nebenstehend durchgeführte zeichnerische Konstruktion (Addition durch Aneinanderlegen) legt es nahe, die Summe $\vec{a} + \vec{a} + \vec{a}$ als *Vielfaches* von $\vec{a}$ aufzufassen. Man schreibt daher:

$$3 \cdot \vec{a} = \vec{a} + \vec{a} + \vec{a}.$$

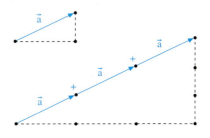

Rechnerisch ergibt sich mithilfe koordinatenweiser Addition für $\vec{a} = \begin{pmatrix} a_1 \\ a_2 \end{pmatrix}$:

$$3 \cdot \begin{pmatrix} a_1 \\ a_2 \end{pmatrix} = \begin{pmatrix} a_1 \\ a_2 \end{pmatrix} + \begin{pmatrix} a_1 \\ a_2 \end{pmatrix} + \begin{pmatrix} a_1 \\ a_2 \end{pmatrix} = \begin{pmatrix} 3a_1 \\ 3a_2 \end{pmatrix}.$$

Diese koordinatenweise Vervielfachung eines Vektors lässt sich sogar auf beliebige reelle Vervielfältigungsfaktoren ausdehnen,

z. B. $2{,}5 \cdot \begin{pmatrix} a_1 \\ a_2 \end{pmatrix} = \begin{pmatrix} 2{,}5\,a_1 \\ 2{,}5\,a_2 \end{pmatrix}.$

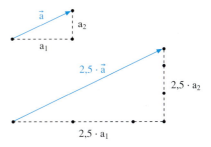

Definition II.4: Ein Vektor wird mit einer reellen Zahl s (einem sog. Skalar) multipliziert, indem jede seiner Koordinaten mit s multipliziert wird.

In der Ebene: $s \cdot \begin{pmatrix} a_1 \\ a_2 \end{pmatrix} = \begin{pmatrix} s \cdot a_1 \\ s \cdot a_2 \end{pmatrix}$ | **Im Raum:** $s \cdot \begin{pmatrix} a_1 \\ a_2 \\ a_3 \end{pmatrix} = \begin{pmatrix} s \cdot a_1 \\ s \cdot a_2 \\ s \cdot a_3 \end{pmatrix}$ ⊙ 051-1

Für die S-Multiplikation gelten folgende Rechengesetze:

Satz II.4: r und s seien reelle Zahlen, $\vec{a}$ und $\vec{b}$ Vektoren. Dann gelten folgende Regeln:

(I) $r \cdot (\vec{a} + \vec{b}) = r \cdot \vec{a} + r \cdot \vec{b}$ (II) $(r + s) \cdot \vec{a} = r \cdot \vec{a} + s \cdot \vec{a}$ (III) $(r \cdot s)\vec{a} = r \cdot (s \cdot \vec{a})$

Distributivgesetz   Distributivgesetz

Wir beschränken uns auf den Beweis zu (I) für Vektoren im Raum.

$$r\left(\begin{pmatrix} a_1 \\ a_2 \\ a_3 \end{pmatrix} + \begin{pmatrix} b_1 \\ b_2 \\ b_3 \end{pmatrix}\right) \underset{\text{Def. II.2}}{=} r\begin{pmatrix} a_1+b_1 \\ a_2+b_2 \\ a_3+b_3 \end{pmatrix} \underset{\text{Def. II.4}}{=} \begin{pmatrix} r(a_1+b_1) \\ r(a_2+b_2) \\ r(a_3+b_3) \end{pmatrix} \underset{\substack{\text{Distributiv-}\\\text{gesetz in }\mathbb{R}}}{=} \begin{pmatrix} ra_1+rb_1 \\ ra_2+rb_2 \\ ra_3+rb_3 \end{pmatrix} \underset{\text{Def. II.2}}{=} \begin{pmatrix} ra_1 \\ ra_2 \\ ra_3 \end{pmatrix} + \begin{pmatrix} rb_1 \\ rb_2 \\ rb_3 \end{pmatrix} \underset{\text{Def. II.4}}{=} r\begin{pmatrix} a_1 \\ a_2 \\ a_3 \end{pmatrix} + r\begin{pmatrix} b_1 \\ b_2 \\ b_3 \end{pmatrix}$$

Übung 6
Beweisen Sie Satz II.4 (II) sowohl für Vektoren in der Ebene als auch für Vektoren im Raum.

⊙ 051-2

Übungen

7. Vereinfachen Sie den Term zu einem einzigen Vektor.

a) $5 \cdot \begin{pmatrix} 1,2 \\ 0,6 \\ 3,4 \end{pmatrix}$
b) $5 \cdot \begin{pmatrix} 3 \\ 2 \\ 1 \end{pmatrix} + 3 \cdot \begin{pmatrix} -1 \\ 0 \\ 2 \end{pmatrix}$
c) $3 \cdot \begin{pmatrix} 8 \\ -1 \\ 0 \end{pmatrix} + 2 \cdot \begin{pmatrix} -10 \\ 1 \\ 2 \end{pmatrix} - 2 \cdot \begin{pmatrix} 2 \\ 0,5 \\ 2 \end{pmatrix}$

8. Stellen Sie den gegebenen Vektor in der Form $r\vec{a}$ dar, wobei $\vec{a}$ nur ganzzahlige Koordinaten besitzen soll und r eine reelle Zahl ist.

a) $\begin{pmatrix} 0,5 \\ 1,5 \\ -1,5 \end{pmatrix}$
b) $\begin{pmatrix} 3,5 \\ 1 \\ 2,5 \end{pmatrix}$
c) $\begin{pmatrix} 0,25 \\ 0,5 \\ -2 \end{pmatrix}$
d) $\begin{pmatrix} 1 \\ 0,4 \\ 0,6 \end{pmatrix}$
e) $\begin{pmatrix} 0,5 \\ -0,25 \\ 0,125 \end{pmatrix}$
f) $\begin{pmatrix} 1,5 \\ 3 \\ 0,75 \end{pmatrix}$

9. Bestimmen Sie das Ergebnis des gegebenen Rechenausdrucks als Spaltenvektor.

a) $-\vec{a} + \vec{e}$
b) $\vec{d} - \vec{b}$
c) $3\vec{a} + 2\vec{c} + \vec{d}$
d) $2(\vec{a} + \vec{b}) - (\vec{a} - \vec{c}) - 2\vec{b}$
e) $\frac{1}{2}\vec{c} + \frac{1}{4}\vec{b} - \vec{a}$
f) $\vec{a} + \vec{b} + \vec{c} - \vec{d} + 3\vec{f}$

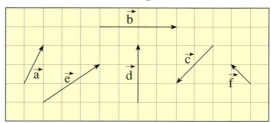

10. Vereinfachen Sie den Term so weit wie möglich.

a) $3\vec{a} + 5\vec{a} - 7\vec{a} - (-2\vec{a}) - \vec{a}$
b) $\vec{a} - 4(\vec{b} - \vec{a}) - 2\vec{c} + 2(\vec{b} + \vec{c})$
c) $2(\vec{a} + 4(\vec{b} - \vec{a})) + 2(\vec{c} + \vec{a}) - 6\vec{b}$
d) $2(\vec{a} - \vec{c}) + 0,5(\vec{c} - \vec{b}) + 1,5(\vec{b} + \vec{c}) - \vec{a}$
e) $-(\vec{a} - 2\vec{b} - (7\vec{a} - (-2) \cdot (-\vec{a}))) - (\vec{a} - (-\vec{b}))$
f) $\vec{c} - (\vec{a} - 2\vec{b} + (7\vec{c} - (4\vec{b} - 2\vec{c})) - 2\vec{c})$
g) $(4\vec{b} - \vec{a} - (-2\vec{b})) \cdot 3 - 3(-4\vec{a} - (\vec{b} - \vec{a}) \cdot (-1))$
h) $5\vec{b} - (\vec{a} - 4\vec{b} + 3(\vec{a} - 7\vec{b})) \cdot (-2) - 5(-9\vec{b} + 1,6\vec{a})$

11. Berechnen Sie den Wert der Variablen x, sofern eine Lösung existiert.

a) $x \cdot \begin{pmatrix} 3 \\ 5 \\ 1 \end{pmatrix} = \begin{pmatrix} 1 \\ 2 \\ 1 \end{pmatrix} - \begin{pmatrix} 7 \\ 12 \\ -1 \end{pmatrix}$

b) $\begin{pmatrix} 20 \\ 4 \\ -14 \end{pmatrix} = x \cdot \begin{pmatrix} 12 \\ 4 \\ 4 \end{pmatrix} - 2x \cdot \begin{pmatrix} 1 \\ 1 \\ 3 \end{pmatrix}$

c) $\begin{pmatrix} 4 \\ x \\ 2 \end{pmatrix} + 2\begin{pmatrix} 1 \\ 2 \\ 3 \end{pmatrix} = \begin{pmatrix} x \\ 10 \\ x+2 \end{pmatrix}$

d) $x \cdot \begin{pmatrix} x+1 \\ 5 \\ -1 \end{pmatrix} = x \cdot \begin{pmatrix} 1 \\ 2 \\ -2 \end{pmatrix} - 3\begin{pmatrix} 3 \\ 3 \\ 1 \end{pmatrix} + \begin{pmatrix} 6x \\ 18 \\ 2x \end{pmatrix}$

12. Prüfen Sie, ob die angegebene Gleichung richtig ist.

a) $\vec{a} + 2\vec{b} = 3\vec{d} - 2\vec{c}$
b) $\vec{a} - \vec{c} = \vec{d} - 3\vec{c}$
c) $\vec{a} - \vec{b} = -\frac{1}{2}\vec{c}$
d) $2\vec{d} - (\vec{c} - \vec{a}) = \vec{0}$
e) $\vec{a} + 2\vec{d} = 2\vec{b} + \vec{d}$

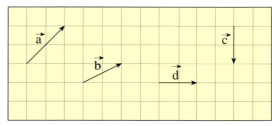

C. Exkurs: Kombination von Rechenoperationen / Vektorzüge

Die Addition bzw. Subtraktion und Skalarmultiplikation von mehr als zwei Vektoren kann mithilfe von sogenannten Vektorzügen vereinfacht und sehr effizient durchgeführt werden.

▶ **Beispiel: Addition durch Vektorzug**
Gegeben sind die rechts dargestellten Vektoren $\vec{a}$, $\vec{b}$ und $\vec{c}$.
Konstruieren Sie zeichnerisch den Vektor $\vec{x} = \vec{a} + 2\vec{b} + 1{,}5\vec{c}$. Führen Sie eine rechnerische Ergebniskontrolle durch.

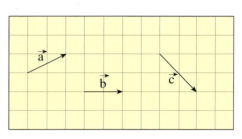

Lösung:
Wir setzen die Vektoren $\vec{a}$, $2\vec{b}$ und $1{,}5\vec{c}$ wie abgebildet aneinander.

Es entsteht ein *Vektorzug*.

Der gesuchte Vektor führt vom Anfang zum Ende des Vektorzugs. Er bewirkt die gleiche Verschiebung wie die drei Einzelterme insgesamt, ist also deren Summe.

Rechnerisch erhalten wir das gleiche Resultat, indem wir $\vec{a}$, $\vec{b}$ und $\vec{c}$ mithilfe
▶ von Spaltenvektoren darstellen.

Zeichnerische Lösung:

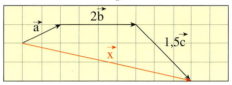

Rechnerische Lösung:
$$\vec{x} = \vec{a} + 2\vec{b} + 1{,}5\vec{c}$$
$$= \binom{2}{1} + 2\binom{2}{0} + 1{,}5\binom{2}{-2} = \binom{9}{-2}$$

▶ **Beispiel: Drittelung einer Strecke**
Gegeben ist die Strecke $\overline{AB}$ mit den Endpunkten $A(2|4)$ und $B(8|1)$. Punkt C teilt die Strecke im Verhältnis $2:1$.
Bestimmen Sie die Koordinaten von C.

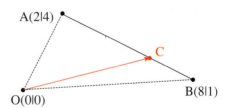

Lösung:
Der Ortsvektor $\overrightarrow{OC}$ des gesuchten Punktes C lässt sich durch den Vektorzug $\overrightarrow{OA} + \frac{2}{3}\overrightarrow{AB}$ darstellen, wie dies aus der Skizze zu erkennen ist.
Die rechts aufgeführte Rechnung führt auf
▶ das Resultat $C(6|6)$.

Berechnung des Ortsvektors von C:
$$\overrightarrow{OC} = \overrightarrow{OA} + \overrightarrow{AC}$$
$$= \overrightarrow{OA} + \frac{2}{3}\overrightarrow{AB}$$
$$= \binom{2}{4} + \frac{2}{3}\binom{6}{-3} = \binom{6}{2}$$

Übung 13 Vektoraddition
Bestimmen Sie durch Zeichnung und Rechnung die Vektoren $\vec{x} = \vec{a} + 2\vec{b}$, $\vec{y} = \vec{a} + \vec{b} - \vec{c}$ und $\vec{z} = \vec{a} - 0{,}5\vec{b} + 2\vec{c}$.

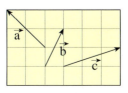

Geometrische Figuren können oft durch einige wenige Basisvektoren festgelegt bzw. aufgespannt werden. Weitere in den Figuren auftretende Vektoren können dann mithilfe dieser Basisvektoren als Vektorzug dargestellt werden.

▶ **Beispiel: Vektoren im Trapez**
Ein achsensymmetrisches Trapez wird durch die Vektoren $\vec{a}$ und $\vec{b}$ aufgespannt. Die Decklinie des Trapezes ist halb so lang wie die Grundlinie.
Stellen Sie die Vektoren $\overrightarrow{AC}$ und $\overrightarrow{BC}$ mithilfe der Vektoren $\vec{a}$ und $\vec{b}$ dar.

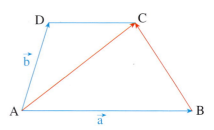

Lösung:
Wir arbeiten zur Darstellung mit Vektorzügen, die $\vec{a}$ und $\vec{b}$ enthalten. Dabei beachten wir, dass $\overrightarrow{DC} = \frac{1}{2}\vec{a}$ gilt, denn $\overrightarrow{DC}$ ist parallel zu $\vec{a}$ und halb so lang.
Die Rechenwege und Resultate sind rechts
▶ aufgeführt.

$$\overrightarrow{AC} = \overrightarrow{AD} + \overrightarrow{DC}$$
$$= \vec{b} + \tfrac{1}{2}\vec{a}$$

$$\overrightarrow{BC} = \overrightarrow{BA} + \overrightarrow{AD} + \overrightarrow{DC} = -\vec{a} + \vec{b} + \tfrac{1}{2}\vec{a}$$
$$= \vec{b} - \tfrac{1}{2}\vec{a}$$

Übung 14 Vektoren im Quader
Der abgebildete Quader wird durch die Vektoren $\vec{a}$, $\vec{b}$ und $\vec{c}$ aufgespannt. Der Vektor $\vec{x}$ verbindet die Mittelpunkte M und N zweier Quaderkanten.
Stellen Sie den Vektor $\vec{x}$ mithilfe der aufspannenden Vektoren $\vec{a}$, $\vec{b}$ und $\vec{c}$ dar.

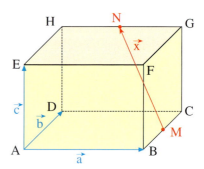

Übung 15 Vektoren im Sechseck
Die Vektoren $\vec{a}$, $\vec{b}$ und $\vec{c}$ definieren ein Sechseck. Stellen Sie die Transversalenvektoren $\overrightarrow{AE}$, $\overrightarrow{DA}$ und $\overrightarrow{CF}$ mithilfe von $\vec{a}$, $\vec{b}$ und $\vec{c}$ dar.

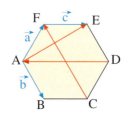

Übung 16 Vektoren in einer Pyramide
Eine gerade Pyramide hat eine quadratische Grundfläche ABCD und die Spitze S. Sie wird von den Vektoren $\vec{a}$, $\vec{b}$ und $\vec{h}$ wie abgebildet aufgespannt. Stellen Sie die Seitenkantenvektoren $\overrightarrow{AS}$, $\overrightarrow{BS}$, $\overrightarrow{CS}$ und $\overrightarrow{DS}$ mithilfe von $\vec{a}$, $\vec{b}$ und $\vec{h}$ dar.

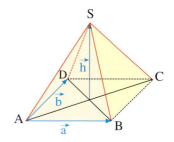

3. Rechnen mit Vektoren

D. Linearkombination von Vektoren

Sind zwei Vektoren $\vec{a}$ und $\vec{b}$ gegeben, lassen sich weitere Vektoren $\vec{x}$ der Form $r \cdot \vec{a} + s \cdot \vec{b}$ aus den gegebenen Vektoren $\vec{a}$ und $\vec{b}$ erzeugen. Eine solche Summe nennt man *Linearkombination* von $\vec{a}$ und $\vec{b}$. Man kann den Begriff folgendermaßen verallgemeinern.

> Eine Summe der Form $r_1 \cdot \vec{a}_1 + r_2 \cdot \vec{a}_2 + \cdots + r_n \cdot \vec{a}_n$ ($r_i \in \mathbb{R}$) nennt man *Linearkombination* der Vektoren $\vec{a}_1, \vec{a}_2, \ldots, \vec{a}_n$.

▶ **Beispiel: Darstellung eines Vektors als Linearkombination (LK)**

Gegeben sind die Vektoren $\vec{a} = \begin{pmatrix} 2 \\ 1 \\ 1 \end{pmatrix}$, $\vec{b} = \begin{pmatrix} 1 \\ 1 \\ 2 \end{pmatrix}$ sowie $\vec{c} = \begin{pmatrix} 3 \\ 1 \\ 0 \end{pmatrix}$ und $\vec{d} = \begin{pmatrix} 3 \\ 1 \\ 2 \end{pmatrix}$.

a) Zeigen Sie, dass $\vec{c}$ als LK von $\vec{a}$ und $\vec{b}$ dargestellt werden kann.

b) Zeigen Sie, dass $\vec{d}$ **nicht** als LK von $\vec{a}$ und $\vec{b}$ dargestellt werden kann.

Wir versuchen, die Vektoren $\vec{c}$ bzw. $\vec{d}$ als Linearkombination von $\vec{a}$ und $\vec{b}$ darzustellen. Dies führt jeweils auf ein lineares Gleichungssystem mit 3 Gleichungen und 2 Variablen. Wenn es lösbar ist, ist die gesuchte Darstellung gefunden, andernfalls ist sie nicht möglich.

Lösung zu a:	Lösung zu b:
Ansatz: $\begin{pmatrix} 3 \\ 1 \\ 0 \end{pmatrix} = r \cdot \begin{pmatrix} 2 \\ 1 \\ 1 \end{pmatrix} + s \cdot \begin{pmatrix} 1 \\ 1 \\ 2 \end{pmatrix}$	Ansatz: $\begin{pmatrix} 3 \\ 1 \\ 2 \end{pmatrix} = r \cdot \begin{pmatrix} 2 \\ 1 \\ 1 \end{pmatrix} + s \cdot \begin{pmatrix} 1 \\ 1 \\ 2 \end{pmatrix}$

Gl.-system:
I $\quad 2r + s = 3$
II $\quad r + s = 1$
III $\quad r + 2s = 0$

Gl.-system:
I $\quad 2r + s = 3$
II $\quad r + s = 1$
III $\quad r + 2s = 2$

Lösungsversuch:
IV $\quad$ I − II: $\quad r = 2$
V $\quad$ IV in I: $\quad s = -1$

Lösungsversuch:
IV $\quad$ I − II: $\quad r = 2$
V $\quad$ IV in I: $\quad s = -1$

Überprüfung: IV, V in III: $0 = 0$ ist wahr

Überprüfung: IV, V in III: $0 = 2$ ist falsch

Ergebnis:

Ergebnis:

$r = 2, \; s = -1$

Das Gleichungssystem ist unlösbar.

$\vec{c}$ ist als Linearkombination von $\vec{a}$ und $\vec{b}$ ▶ darstellbar: $\vec{d} = 2\vec{a} - \vec{b}$.

$\vec{d}$ ist **nicht** als Linearkombination von $\vec{a}$ und $\vec{b}$ darstellbar.

Übung 17

Überprüfen Sie, ob die Vektoren $\vec{c} = \begin{pmatrix} 6 \\ 4 \\ 1 \end{pmatrix}$ bzw. $\vec{d} = \begin{pmatrix} 2 \\ 3 \\ 4 \end{pmatrix}$ als Linearkombination der Vektoren $\vec{a} = \begin{pmatrix} 2 \\ 1 \\ -1 \end{pmatrix}$ und $\vec{b} = \begin{pmatrix} 2 \\ 2 \\ 3 \end{pmatrix}$ dargestellt werden können.

E. Kollineare und komplanare Vektoren

Zwei Vektoren, deren Pfeile parallel verlaufen, bezeichnet man als *kollinear*. Sie verlaufen parallel, können aber eine unterschiedliche Orientierung und Länge haben. Ein Vektor lässt sich dann als Vielfaches des anderen Vektors darstellen.

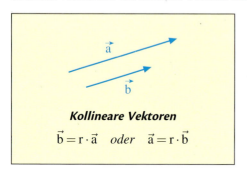

Kollineare Vektoren
$\vec{b} = r \cdot \vec{a}$ oder $\vec{a} = r \cdot \vec{b}$

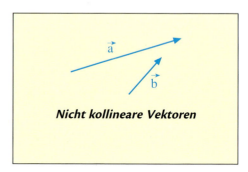

Nicht kollineare Vektoren

Übung 18 Kollinearitätsprüfung
Prüfen Sie, ob die gegebenen Vektoren kollinear sind.

a) $\begin{pmatrix} 3 \\ 5 \end{pmatrix}, \begin{pmatrix} -6 \\ -10 \end{pmatrix}$
b) $\begin{pmatrix} -12 \\ 3 \\ 8 \end{pmatrix}, \begin{pmatrix} 4 \\ -1 \\ 3 \end{pmatrix}$
c) $\begin{pmatrix} 4 \\ -2 \\ 8 \end{pmatrix}, \begin{pmatrix} 6 \\ -3 \\ 12 \end{pmatrix}$
d) $\begin{pmatrix} 2 \\ -3 \\ 4 \end{pmatrix}, \begin{pmatrix} 4 \\ -9 \\ 8 \end{pmatrix}$

Übung 19 Trapeznachweis
Gegeben sind im räumlichen Koordinatensystem die Punkte $A(3|2|-2)$, $B(0|8|1)$, $C(-1|3|3)$ und $D(1|-1|1)$. Zeigen Sie, dass ABCD ein Trapez ist. Fertigen Sie ein Schrägbild an.
Hinweis: Ein Trapez ABCD ist dadurch gekennzeichnet, dass mindestens ein Paar gegenüberliegender Seiten Parallelität aufweist.

Drei Vektoren, deren Pfeile sich in ein- und derselben Ebene darstellen lassen, bezeichnet man als *komplanar*. Dies bedeutet, dass mindestens einer der beteiligten Vektoren als Linearkombination der anderen beiden Vektoren darstellbar ist.

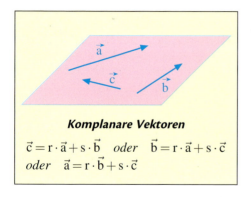

Komplanare Vektoren
$\vec{c} = r \cdot \vec{a} + s \cdot \vec{b}$ oder $\vec{b} = r \cdot \vec{a} + s \cdot \vec{c}$
oder $\vec{a} = r \cdot \vec{b} + s \cdot \vec{c}$

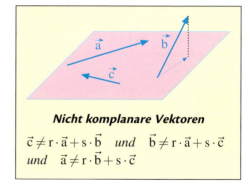

Nicht komplanare Vektoren
$\vec{c} \neq r \cdot \vec{a} + s \cdot \vec{b}$ und $\vec{b} \neq r \cdot \vec{a} + s \cdot \vec{c}$
und $\vec{a} \neq r \cdot \vec{b} + s \cdot \vec{c}$

Übung 20
Prüfen Sie, ob die gegebenen Vektoren komplanar sind.

a) $\begin{pmatrix} 1 \\ 7 \\ 2 \end{pmatrix}, \begin{pmatrix} 1 \\ 2 \\ 1 \end{pmatrix}, \begin{pmatrix} 2 \\ -1 \\ 1 \end{pmatrix}$
b) $\begin{pmatrix} 1 \\ 0 \\ 1 \end{pmatrix}, \begin{pmatrix} 0 \\ 1 \\ 0 \end{pmatrix}, \begin{pmatrix} 2 \\ 1 \\ 2 \end{pmatrix}$
c) $\begin{pmatrix} 2 \\ 2 \\ 4 \end{pmatrix}, \begin{pmatrix} 4 \\ 6 \\ 5 \end{pmatrix}, \begin{pmatrix} 1 \\ 2 \\ 2 \end{pmatrix}$

Übung 21
Begründen Sie die folgenden Aussagen.
a) Ist einer von drei Vektoren $\vec{a}, \vec{b}, \vec{c}$ der Nullvektor, so sind die drei Vektoren komplanar.
b) Zwei Vektoren sind stets komplanar.

F. Lineare Abhängigkeit und Unabhängigkeit

Kollineare Vektoren und komplanare Vektoren bezeichnet man auch als *linear abhängig*, da jeweils einer der beteiligten Vektoren sich als Linearkombination der restlichen Vektoren darstellen lässt. Ist dies nicht möglich, so bezeichnet man die Vektoren als *linear unabhängig*.

Zwei linear unabhängige Vektoren $\vec{a}$ und $\vec{b}$ des zweidimensionalen Anschauungsraumes $\mathbb{R}^2$ bezeichnet man als eine *Basis* des zweidimensionalen Raumes, da sich jeder andere Vektor des zweidimensionalen Raumes als Linearkombination von $\vec{a}$ und $\vec{b}$ darstellen lässt.

Analog bilden drei linear unabhängige Vektoren $\vec{a}, \vec{b}$ und $\vec{c}$ des dreidimensionalen Anschauungsraumes $\mathbb{R}^3$ eine Basis des dreidimensionalen Raumes. Jeder andere Vektor des dreidimensionalen Raumes lässt sich dann als Linearkombination von $\vec{a}, \vec{b}$ und $\vec{c}$ darstellen.

▶ **Beispiel: Basis**
In dem abgebildeten Haus haben alle Kanten die gleiche Länge. Begründen Sie, dass die Vektoren $\vec{a}, \vec{b}$ und $\vec{c}$ eine Basis bilden. Stellen Sie die folgenden Vektoren als Linearkombination der Basisvektoren dar.:
$\overrightarrow{AC}, \overrightarrow{AG}, \overrightarrow{CE}, \overrightarrow{ED}, \overrightarrow{TH}, \overrightarrow{ES}, \overrightarrow{BS}$

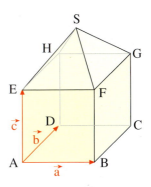

Lösung:
$\vec{a}, \vec{b}$ und $\vec{c}$ liegen nicht in einer Ebene und sind daher linear unabhängig. Folglich bilden Sie eine Basis des dreidimensionalen Raumes. Jeder Vektor kann als Linearkombination der Basisvektoren dargestellt werden, insbesondere auch alle innerhalb des Hauses realisierbaren Vektoren.

$\overrightarrow{AC} = \vec{a} + \vec{b}, \qquad \overrightarrow{AG} = \vec{a} + \vec{b} + \vec{c}$
$\overrightarrow{CE} = -\vec{a} - \vec{b} - \vec{c}, \quad \overrightarrow{ED} = \vec{b} - \vec{c}$
$\overrightarrow{TH} = -\vec{a} + 0{,}5\vec{b} + \vec{c}$
$\overrightarrow{ES} = 0{,}5\vec{a} + 0{,}5\vec{b} + \frac{\sqrt{2}}{2}\vec{c}$
$\overrightarrow{BS} = -0{,}5\vec{a} + 0{,}5\vec{b}\left(1 + \frac{\sqrt{2}}{2}\right)\vec{c}$

22. Stellen Sie den angegebenen Vektor als Linearkombination der Vektoren $\vec{a}$, $\vec{b}$ und $\vec{c}$ dar.
$\vec{a} = \overrightarrow{AB}$, $\vec{b} = \overrightarrow{AD}$, $\vec{c} = \overrightarrow{MS}$
a) $\overrightarrow{AS}$ b) $\overrightarrow{BS}$
c) $\overrightarrow{SC}$ d) $\overrightarrow{BD}$

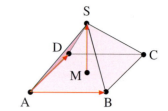

23. Stellen Sie den angegebenen Vektor als Linearkombination von $\vec{a}$, $\vec{b}$ und $\vec{c}$ dar.
$\vec{a} = \overrightarrow{AB}$, $\vec{b} = \overrightarrow{AD}$, $\vec{c} = \overrightarrow{AE}$
a) $\overrightarrow{AM}$ b) $\overrightarrow{BM}$
c) $\overrightarrow{GN}$ d) $\overrightarrow{FD}$ bzw. $\overrightarrow{EC}$

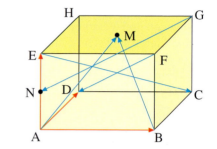

24. Stellen Sie den angegebenen Vektor als Linearkombination von $\vec{a}$, $\vec{b}$ und $\vec{c}$ dar.
$\vec{a} = \overrightarrow{AB}$, $\vec{b} = \overrightarrow{AD}$, $\vec{c} = \overrightarrow{AH}$
a) $\overrightarrow{AE}$ b) $\overrightarrow{AF}$
c) $\overrightarrow{HS}$ d) $\overrightarrow{TG}$
F und G sind Seitenmitten.

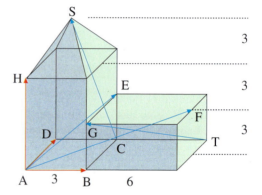

25. Rechts in ein regemäßiges zweidimensionales Sechseck abgebildet.
a) Stellen Sie die Vektoren $\vec{c}$, $\vec{d}$ und $\vec{e}$ als Linearkombination der Vektoren $\vec{a}$ und $\vec{b}$ dar.
b) Stellen Sie den Vektor $\overrightarrow{PQ}$ als Linearkombination von $\vec{a}$ und $\vec{b}$ dar.

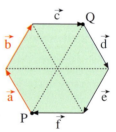

26. Gegeben sind die Vektoren $\vec{a} = \begin{pmatrix} 1 \\ 0 \\ 1 \end{pmatrix}$, $\vec{b} = \begin{pmatrix} 0 \\ 1 \\ 1 \end{pmatrix}$ und $\vec{c} = \begin{pmatrix} 1 \\ 1 \\ 1 \end{pmatrix}$ sowie $\vec{d} = \begin{pmatrix} 2 \\ 1 \\ 4 \end{pmatrix}$ und $\vec{e} = \begin{pmatrix} -2 \\ 0 \\ -3 \end{pmatrix}$.
a) Zeigen Sie, dass die Vektoren $\vec{a}$, $\vec{b}$, $\vec{c}$ nicht komplanar sind.
b) Stellen Sie die Vektoren $\vec{d}$ und $\vec{e}$ als Linearkombination der Vektoren $\vec{a}$, $\vec{b}$ und $\vec{c}$ dar.

3. Rechnen mit Vektoren

G. Exkurs: Vertiefung zur linearen Unabhängigkeit

Das Kriterium zur Komplanarität bzw. Nichtkomplanarität von drei Vektoren im Raum ist zwar sehr anschaulich, kann aber dazu führen, dass eventuell drei Fälle untersucht werden müssen. Die folgenden Kriterien sind zwar etwas abstrakter, benötigen aber stets nur eine Rechnung.

Kriterium zur linearen Abhängigkeit:
Drei Vektoren $\vec{a}$, $\vec{b}$ und $\vec{c}$ sind genau dann linear abhängig (komplanar), wenn es drei reelle Zahlen r, s, t gibt, die nicht alle null sind, sodass gilt: $r \cdot \vec{a} + s \cdot \vec{b} + t \cdot \vec{c} = \vec{0}$.

Für drei nicht komplanare Vektoren gilt entsprechend:

Kriterium zur linearen Unabhängigkeit:
Drei Vektoren $\vec{a}$, $\vec{b}$, $\vec{c}$ sind genau dann linear unabhängig (nicht komplanar), wenn die Gleichung $r \cdot \vec{a} + s \cdot \vec{b} + t \cdot \vec{c} = \vec{0}$ nur die triviale Lösung r = s = t = 0 hat.

Im folgenden Beispiel wird die Leistungsfähigkeit der Kriterien exemplarisch dargestellt.

▶ **Beispiel: Lineare Abhängigkeit bzw. Unabhängigkeit**
Untersuchen Sie, ob die Vektoren linear abhängig oder linear unabhängig sind.

a) $\vec{a} = \begin{pmatrix} 2 \\ 1 \\ 0 \end{pmatrix}$, $\vec{b} = \begin{pmatrix} 0 \\ 1 \\ 0 \end{pmatrix}$, $\vec{c} = \begin{pmatrix} 1 \\ 1 \\ 1 \end{pmatrix}$ b) $\vec{a} = \begin{pmatrix} 2 \\ 1 \\ 0 \end{pmatrix}$, $\vec{b} = \begin{pmatrix} 3 \\ 1 \\ -1 \end{pmatrix}$, $\vec{c} = \begin{pmatrix} 1 \\ 1 \\ 1 \end{pmatrix}$

Lösung zu a):

Ansatz: $r \begin{pmatrix} 2 \\ 1 \\ 0 \end{pmatrix} + s \begin{pmatrix} 0 \\ 1 \\ 0 \end{pmatrix} + t \begin{pmatrix} 1 \\ 1 \\ 1 \end{pmatrix} = \begin{pmatrix} 0 \\ 0 \\ 0 \end{pmatrix}$

I $2r \quad\;\; + t = 0$
II $r + s + t = 0$
III $\qquad\quad t = 0$

Aus III folgt t = 0. Aus I folgt damit r = 0. Nun folgt aus II auch noch s = 0. Insgesamt r = s = t = 0
▶ Die Vektoren sind also linear unabhängig.

Lösung zu b):

Ansatz: $r \begin{pmatrix} 2 \\ 1 \\ 0 \end{pmatrix} + s \begin{pmatrix} 3 \\ 1 \\ -1 \end{pmatrix} + t \begin{pmatrix} 1 \\ 1 \\ 1 \end{pmatrix} = \begin{pmatrix} 0 \\ 0 \\ 0 \end{pmatrix}$

I $2r + 3s + t = 0$
II $r + \;\; s + t = 0$
III $\quad - s + t = 0$

I $- 2 \cdot$ II: $s - t = 0$; entspricht III
Daher: t = 1 frei wählen
$\Rightarrow s = 1 \Rightarrow r = -2$
Die Vektoren sind also linear abhängig.

Man kann den Begriff der linearen Unabhängigkeit bzw. der linearen Abhängigkeit auf n Vektoren verallgemeinern. Die hier formulierten Kriterien gelten auch für diesen allgemeinen Fall. n Vektoren sind linear unabhängig, wenn der Nullvektor nur die „triviale Darstellung" als Linearkombination dieser n Vektoren zulässt, deren Koeffizienten alle 0 sind.

Übung 27
Sind die gegebenen
Vektoren komplanar?

a) $\begin{pmatrix} 1 \\ 7 \\ 2 \end{pmatrix}, \begin{pmatrix} 1 \\ 2 \\ 1 \end{pmatrix}, \begin{pmatrix} 2 \\ -1 \\ 1 \end{pmatrix}$ b) $\begin{pmatrix} 1 \\ 0 \\ 1 \end{pmatrix}, \begin{pmatrix} 0 \\ 1 \\ 0 \end{pmatrix}, \begin{pmatrix} 2 \\ 1 \\ 2 \end{pmatrix}$ c) $\begin{pmatrix} 2 \\ 2 \\ 4 \end{pmatrix}, \begin{pmatrix} 4 \\ 6 \\ 5 \end{pmatrix}, \begin{pmatrix} 1 \\ 2 \\ 2 \end{pmatrix}$

Mit den behandelten Methoden können auch Vektoren mit Parametern auf lineare Abhängigkeit bzw. lineare Unabhängigkeit überprüft werden.

▶ **Beispiel: Lineare Abhängigkeit bei Vektoren mit Parametern**

Für welche Werte von u sind $\vec{a} = \begin{pmatrix} 1 \\ 1 \\ 2 \end{pmatrix}, \vec{b} = \begin{pmatrix} 3 \\ -1 \\ 1 \end{pmatrix}$ und $\vec{c} = \begin{pmatrix} -1 \\ 3 \\ u \end{pmatrix}$ linear abhängig?

Lösung:
Wir versuchen, den Vektor $\vec{c}$ als Linear-kombination von $\vec{a}$ und $\vec{b}$ darstellzustellen. Daher der Ansatz: $\vec{c} = r\,\vec{a} + s\,\vec{b}$.

Ansatz: $\begin{pmatrix} -1 \\ 3 \\ u \end{pmatrix} = r \begin{pmatrix} 1 \\ 1 \\ 2 \end{pmatrix} + s \begin{pmatrix} 3 \\ -1 \\ 1 \end{pmatrix}$

Aus den Gleichungen I und II des äquivalenten linearen Gleichungssystems folgt $r = 2$ und $s = -1$. Einsetzen in III ergibt $u = 3$.

Gleichungssystem:

$\left. \begin{array}{ll} \text{I} & r + 3s = -1 \\ \text{II} & r - \ s = \ \ 3 \end{array} \right\} \Rightarrow r = 2, s = -1$

$\text{III} \quad 2r + \ s = \ \ u \quad \Rightarrow u = 3$

Für $u = 3$ gilt also $\vec{c} = 2\vec{a} + (-1)\vec{b}$.
Für diesen Wert des Parameters sind die Vektoren $\vec{a}, \vec{b}$ und $\vec{c}$ linear abhängig.
▶ Für $u \neq 3$ sind sie linear unabhängig.

Ergebnis: $2 \begin{pmatrix} 1 \\ 1 \\ 2 \end{pmatrix} + (-1) \begin{pmatrix} 3 \\ -1 \\ 1 \end{pmatrix} = \begin{pmatrix} -1 \\ 3 \\ 3 \end{pmatrix}$

Nun wird gezeigt, wie man beweist, dass die lineare Unabhängigkeit von Vektoren, $\vec{a}, \vec{b}$ und $\vec{c}$ auch die lineare Unabhängigkeit von bestimmten Summen aus $\vec{a}, \vec{b}$ und $\vec{c}$ zur Folge hat.

▶ **Beispiel: Lineare Unabhängigkeit bei allgemeinen Vektoren**

Die Vektoren $\vec{a}, \vec{b}, \vec{c}$ seien linear unabhängig. Zeigen Sie, dass dann auch die Vektoren $\vec{a} + \vec{b}, \vec{a} + \vec{c}$ und $\vec{b} + \vec{c}$ linear unabhängig sind.

Lösung:
In Anlehnung an das Unabhängigkeitskriterium wählen wir folgenden Ansatz:
$r \cdot (\vec{a} + \vec{b}) + s \cdot (\vec{a} + \vec{c}) + t \cdot (\vec{b} + \vec{c}) = \vec{0}$.
Umordnen nach $\vec{a}, \vec{b}, \vec{c}$ ergibt:
$(r + s) \cdot \vec{a} + (r + t) \cdot \vec{b} + (s + t) \cdot \vec{c} = \vec{0}$.
Alle Koeffizienten müssen null sein, da $\vec{a}, \vec{b}, \vec{c}$ linear unabhängig sind.
Hieraus folgt ein Gleichungssystem, das nur die Lösung $r = 0, s = 0, t = 0$ hat.
$\vec{a} + \vec{b}, \vec{a} + \vec{c}$ und $\vec{b} + \vec{c}$ sind also linear un-
▶ abhängig.

Ansatz:
$r \cdot (\vec{a} + \vec{b}) + s \cdot (\vec{a} + \vec{c}) + t \cdot (\vec{b} + \vec{c}) = \vec{0}$

Umordnen:
$\Rightarrow (r + s) \cdot \vec{a} + (r + t) \cdot \vec{b} + (s + t) \cdot \vec{c} = \vec{0}$

$\Rightarrow \begin{cases} \text{I: } r + s = 0 \\ \text{II: } r + t = 0 \\ \text{III: } s + t = 0 \end{cases}$

$\Rightarrow r = 0, s = 0, t = 0$
$\Rightarrow \vec{a} + \vec{b}, \vec{a} + \vec{c}, \vec{b} + \vec{c}$ sind linear unabhängig

H. Exkurs: Anwendungen des Rechnens mit Vektoren

Das Rechnen mit Vektoren hat praktische Anwendungsbezüge. Vektoren sind gut geeignet, gerichtete Größen wie Kräfte und Geschwindigkeiten zu modellieren. Wir behandeln exemplarisch zwei einfache Beispiele.

▶ **Beispiel: Die resultierende Kraft**
Ein Lastkahn K wird von zwei Schleppern auf See wie abgebildet gezogen. Schlepper A zieht mit einer Kraft von 10 kN in Richtung N60°O. Schlepper B zieht mit 15 kN in Richtung S80°O. Wie groß ist die resultierende Zugkraft? In welche Richtung bewegt sich die Formation insgesamt?

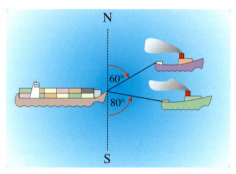

Lösung:
Wir zeichnen die beiden Zugkräfte $\vec{F}_1$ und $\vec{F}_2$ maßstäblich (z. B: 1 kN = 1 cm), bilden ihre vektorielle Summe $\vec{F}$ (Resultierende) und messen deren Betrag und Richtung. Wir erhalten eine Kraft von $|\vec{F}| = 23{,}5$ kN
▶ in Richtung N84°O.

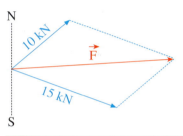

▶ **Beispiel: Die wahre Geschwindigkeit**
Ein Hubschrauber X bewegt sich mit einer Geschwindigkeit von 300 km/h relativ zur Luft. Der Pilot hat Kurs N50°O eingestellt, als Wind mit 100 km/h in Richtung N20°W aufkommt. Bestimmen Sie den wahren Kurs und die wahre Geschwindigkeit des Hubschraubers.

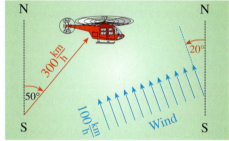

Lösung:
Wir addieren die beiden Geschwindigkeiten $\vec{v}_X$ und $\vec{v}_W$ mithilfe einer maßstäblichen Zeichnung (z. B. 100 km/h = 2 cm) und erhalten als Resultat, dass sich das Flugzeug mit einer Geschwindigkeit von ca. 350 km/h relativ zum Boden in Richtung N34°O bewegt. Der Wind erhöht also
▶ die Geschwindigkeit und verändert den Kurs.

Übung 28
Drei Pferde ziehen wie abgebildet nach rechts, zwei Stiere ziehen nach links. Ein Stier ist doppelt so stark wie ein Pferd. Wer gewinnt den Kampf?

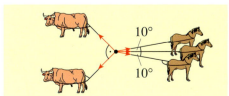

Die Angabe N60°O bedeutet: Das Objekt bewegt sich nach Norden mit einer Abweichung von 60° nach Osten.

Im Folgenden ist im Gegensatz zu den vorhergehenden Beispielen die resultierende Kraft gegeben. Gesucht sind nun Komponenten dieser Kraft in bestimmte vorgegebene Richtungen.

▶ **Beispiel: Antriebskraft am Hang**
Welche Antriebskraft muss ein 1200 kg schweres Auto mindestens aufbringen, um einen 15° steilen Hang hinauffahren zu können?

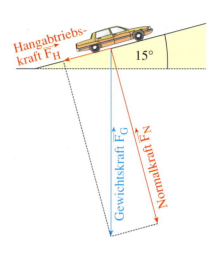

Lösung:
Wir fertigen eine Zeichnung an. Die Gewichtskraft des Autos beträgt ca. 12 000 N. Sie zeigt senkrecht nach unten. Wir zerlegen Sie additiv in eine zum Hang senkrechte Normalkraft $\vec{F}_N$ und eine zum Hang parallele Hangabtriebskraft $\vec{F}_H$.
Maßstäbliches Ausmessen ergibt die Beträge $|\vec{F}_N| = 11\,600$ N und $|\vec{F}_H| = 3100$ N. Die Antriebskraft des Autos muss nur den Hangabtrieb ausgleichen, d.h. sie muss
▶ mindestens 3100 N betragen.

▶ **Beispiel: Seilkräfte**
Zwei Kräne heben ein 10 000 kg schweres Bauteil mithilfe von Drahtseilen. Wie groß sind die Seilkräfte?

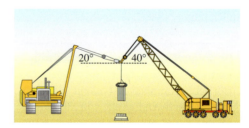

Lösung:
Die Gewichtskraft beträgt ca. 100 000 N. Sie muss durch eine gleichgroße, nach oben gerichtete Gegenkraft ausgeglichen werden. Mithilfe eines Parallelogramms konstruieren wir zwei längs der Seile wirkende Kräfte, deren resultierende Summe genau diese Gegenkraft ergibt.
Durch maßstäbliches Zeichnen und Ablesen erhalten wir $|\vec{F}_1| = 108\,500$ N und
▶ $|\vec{F}_2| = 88\,500$ N.

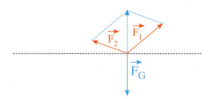

Übung 29
Ein Gärtner schiebt einen Rasenmäher wie abgebildet auf einer ebenen Wiese. Er muss eine Schubkraft von 200 N in Richtung der Schubstange aufbringen. Welche Antriebskraft müsste ein gleichschwerer motorisierter Rasenmäher besitzen, um die gleiche Wirkung zu erzielen?

Übungen

30. Abstand von Punkten
a) Bestimmen Sie den Abstand der Punkte A und B.
A(3|1) und B(6|5), A(1|2|3) und B(3|5|9), A(−1|2|0) und B(1|6|4)
b) Wie muss a gewählt werden, damit A(2|1|2) und B(3|a|10) den Abstand 9 besitzen?

31. Schrägbild und Volumen einer Pyramide
Gegeben sind die Punkte A(0|4|2), B(6|4|2), C(10|8|2), D(4|8|2) und S(5|6|8). Sie bilden eine Pyramide mit der Grundfläche ABCD und der Spitze S.
a) Zeichnen Sie ein Schrägbild der Pyramide. Bestimmen Sie den Fußpunkt F der Höhe.
b) Zeigen Sie, dass ABCD ein Parallelogramm ist. Bestimmen Sie das Pyramidenvolumen.

32. Spaltenvektoren
Das abgebildete Objekt besteht aus Quadern der Größe 8×4×4 und 4×2×2. Stellen Sie die folgenden Vektoren als Spaltenvektoren dar.
$\vec{AB}, \vec{AC}, \vec{BC}, \vec{CJ}, \vec{IJ}, \vec{AE}, \vec{JM}, \vec{ED},$
$\vec{LM}, \vec{GM}, \vec{AG}, \vec{HB}, \vec{AM}, \vec{GJ}, \vec{GI}$

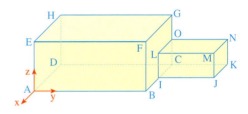

33. Addition und Subtraktion von Vektoren, der Betrag eines Vektors
a) Gegeben sind die Spaltenvektoren $\vec{a} = \begin{pmatrix} 4 \\ 4 \\ 3 \end{pmatrix}$, $\vec{b} = \begin{pmatrix} 0 \\ 1 \\ 4 \end{pmatrix}$ und $\vec{c} = \begin{pmatrix} 6 \\ 0 \\ 5 \end{pmatrix}$.
Bestimmen Sie den Betrag von $\vec{x}$.
$\vec{x} = \vec{a}$, $\vec{x} = \vec{b} - \vec{c}$, $\vec{x} = \vec{a} + 2\vec{b}$, $\vec{x} = \vec{b} - 2\vec{a} + \vec{c}$, $\vec{x} = \vec{a} + \vec{b} + \vec{c}$, $\vec{x} = 2\vec{a} - \vec{b} - 2\vec{c}$
b) Gegeben sind die Punkte P(2|2|1), Q(5|10|15), R(3|a|0), S(4|6|5). Wie muss a gewählt werden, wenn die Differenz der Vektoren $\vec{PQ}$ und $\vec{RS}$ den Betrag 11 besitzen soll?

34. Vektoren im Viereck
Das abgebildete Viereck wird von den Vektoren $\vec{a}, \vec{b}$ und $\vec{c}$ aufgespannt.
a) Stellen Sie die folgenden Vektoren mithilfe von $\vec{a}, \vec{b}$ und $\vec{c}$ dar.
$\vec{DA}, \vec{DB}, \vec{AC}, \vec{DC}, \vec{CB}, \vec{BD}$
b) Es sei A(4|0|0), B(2|4|2), C(0|2|3) und D(4|−6|−1). Bestimmen Sie den Umfang des Vierecks und begründen Sie, dass es ein Trapez ist.

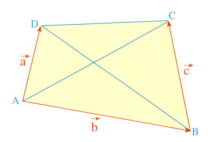

35. Parallelogramme
Ein Dreieck ABC kann durch Hinzunahme eines weiteren Punktes D zu einem Parallelogramm ergänzt werden. Es gibt stets drei Möglichkeiten für die Konstruktion eines solchen Punktes D. Bestimmen Sie diese Möglichkeiten für folgende Dreiecke:
a) A(2|4), B(8|3), C(4|6)
Lösen Sie die Aufgabe im Koordinatensystem zeichnerisch.
b) A(4|6|3), B(2|8|5), C(0|0|4)
Lösen Sie die Aufgabe rechnerisch mithilfe von Spaltenvektoren.

36. Linearkombination von Vektoren, komplanare Vektoren

a) Stellen Sie den Vektor $\vec{x}$ als Linearkombination der Vektoren $\begin{pmatrix}2\\0\\1\end{pmatrix}$, $\begin{pmatrix}1\\1\\1\end{pmatrix}$ und $\begin{pmatrix}0\\1\\-1\end{pmatrix}$ dar.

$\vec{x} = \begin{pmatrix}5\\0\\4\end{pmatrix}$, $\vec{x} = \begin{pmatrix}1\\2\\0\end{pmatrix}$, $\vec{x} = \begin{pmatrix}0\\0\\0\end{pmatrix}$

b) Untersuchen Sie, ob $\vec{x} = \begin{pmatrix}1\\0\\1\end{pmatrix}$ als Linearkombination der Vektoren $\begin{pmatrix}0\\1\\1\end{pmatrix}$, $\begin{pmatrix}2\\3\\3\end{pmatrix}$ und $\begin{pmatrix}1\\1\\1\end{pmatrix}$ darstellbar ist.

c) Sind die Vektoren $\begin{pmatrix}1\\2\\-1\end{pmatrix}$, $\begin{pmatrix}1\\0\\3\end{pmatrix}$, $\begin{pmatrix}3\\2\\5\end{pmatrix}$ bzw. $\begin{pmatrix}1\\2\\-1\end{pmatrix}$, $\begin{pmatrix}1\\0\\1\end{pmatrix}$, $\begin{pmatrix}2\\4\\1\end{pmatrix}$, komplanar?

37. Kräfte am Fesselballon

Ein Gasballon mit einem Gewicht von 5000 N ist wie abgebildet an einem Seil befestigt. Das Gas erzeugt eine Auftriebskraft von 10 000 N. Durch Seitenwind wird der Ballon um 15° aus der Vertikalen gedrängt. Mit welcher Kraft wirkt der Wind auf den Ballon? Wie groß ist die Kraft im Halteseil? Zeichnen Sie zur Lösung der Aufgabe ein Kräftediagramm.

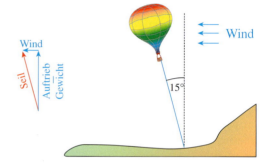

38. Seilkräfte

Abgebildet ist der Erfinder der Vektorrechnung Hermann Günther Grassmann (1809–1877), ein Gymnasiallehrer aus Stettin. Das Bild hat eine Masse von 5 kg. Welche Zugkräfte wirken in den beiden Schnüren, an denen das Bild hängt? 064-1

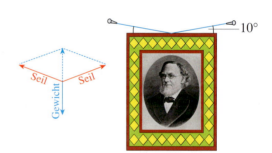

39. Bootsfahrt

Ein Fluss hat eine Strömungsgeschwindigkeit von 15 km/h. Ein Motorboot hat in stehendem Wasser eine Höchstgeschwindigkeit von 40 km/h. Der Steuermann überquert den Fluss, indem er sein Boot wie abgebildet auf 45° nach Norden stellt.

Durch die Strömung werden Geschwindigkeit und Richtung verändert. Ermitteln Sie zeichnerisch die wahre Geschwindigkeit und die wahre Richtung des Bootes.

3. Rechnen mit Vektoren

I. Exkurs Teilverhältnisse

Die abgebildete Strecke $\overline{AB}$ ist in fünf gleichlange Abschnitte unterteilt. Der eingezeichnete Punkt T teilt die Strecke im Verhältnis 2 : 3, denn es gilt $\overrightarrow{AT} = \frac{2}{5} \overrightarrow{AB}$ und $\overrightarrow{TB} = \frac{3}{5} \overrightarrow{AB}$.

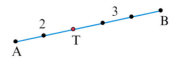

Im folgenden Beispiel kann man das Teilverhältnis nicht so einfach ablesen sondern man muss es erst errechnen.

▶ **Beispiel: Seilbahn**
Eine Seilbahn verbindet die Talstation $A(6|2|0)$ mit der Gipfelstation $B(3|8|6)$.
Es gibt noch eine Zwischenstation $Z(5|4|2)$. In welchem Verhältnis teilt der Zwischenpunkt Z die Gesamtstrecke $\overline{AB}$?

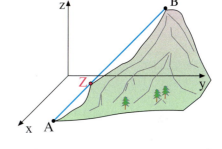

Lösung:
Wir verwenden den Ansatz $\overrightarrow{AZ} = \alpha \cdot \overrightarrow{AB}$ und $\overrightarrow{ZB} = (1-\alpha) \cdot \overrightarrow{AB}$.
Dies führt nach Einsetzen der Punktkoordinaten von A, B und Z zu $\alpha = \frac{1}{3}$ und $1 - \alpha = \frac{2}{3}$.
Daraus ergibt sich:
Der Punkt Z teilt die Strecke $\overline{AB}$ im Ver-
▶ hältnis 1 : 2.

Rechnung:
$\overrightarrow{AZ} = \alpha \cdot \overrightarrow{AB}$ $\overrightarrow{ZB} = (1-\alpha) \cdot \overrightarrow{AB}$

$\begin{pmatrix} -1 \\ 2 \\ 2 \end{pmatrix} = \alpha \cdot \begin{pmatrix} -3 \\ 6 \\ 6 \end{pmatrix}$ $\begin{pmatrix} -2 \\ 4 \\ 4 \end{pmatrix} = (1-\alpha) \cdot \begin{pmatrix} -3 \\ 6 \\ 6 \end{pmatrix}$

$\Rightarrow \alpha = \frac{1}{3}$ $\Rightarrow 1 - \alpha = \frac{2}{3}$

$\Rightarrow \overrightarrow{AZ} : \overrightarrow{ZB} = \frac{1}{3} : \frac{2}{3} = 1 : 2$

Im vorigen Beispiel waren konkrete Punktkoordinaten gegeben. Interessanter und schwieriger wird es, wenn die gegebene Figur abstrakter ist und außerdem zwei Strecken im Spiel sind, die durch ihren Schnittpunkt geteilt werden.

▶ **Beispiel: Parallelogramm**
Im Parallelogramm ABCD teilt der Punkt E die Strecke $\overline{BC}$ im Verhältnis 2 : 1.
In welchem Verhältnis teilt der Schnittpunkt S der Diagonalen $\overline{DB}$ mit der Transversalen $\overline{AE}$ die Strecken $\overline{DB}$
▼ und $\overline{AE}$?

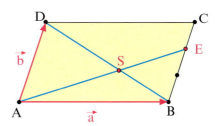

Lösung:
Wir legen zunächst zwei geeignete linear unabhängige Basisvektoren $\vec{a}$ und $\vec{b}$ fest, mit deren Hilfe wir alle anderen Vektoren in der Figur darstellen können. Es bieten sich die Vektoren an, welche die Seiten des Parallelogramms bilden.
Der Punkt S teilt die Diagonale $\overline{DB}$ in die Teile $\overline{DS}$ und $\overline{SB}$.
Der Vektor $\overrightarrow{DS}$ lässt sich als nicht ganzzahliges Vielfaches von $\overrightarrow{DB}$ darstellen, $\overrightarrow{DS} = \alpha \cdot \overrightarrow{DB}$ (1), wobei α zunächst noch unbekannt ist.
Analog folgt $\overrightarrow{AS} = \beta \cdot \overrightarrow{AE}$ (2).
Unser Ziel ist die Berechnung von α und β. Daher stellen wir eine Gleichung auf, die beide Größen enthält.
Hierzu verwenden wir die geschlossene Vektorkette $\overrightarrow{AD}, \overrightarrow{DS}, \overrightarrow{SA}$ (3).

Die Summe dieser Vektoren ist $\vec{0}$.
Nun versuchen wir, alle auftretenden Vektoren schrittweise mithilfe der beiden Basisvektoren $\vec{a}$ und $\vec{b}$ darzustellen.
Dies ist in Gleichung (4) erreicht.
Nun klammern wir $\vec{a}$ und $\vec{b}$ aus und erhalten so (5).
Da $\vec{a}$ und $\vec{b}$ linear unabhängig sind, kann man mit ihnen nur die triviale Darstellung des Nullvektors erzeugen, d.h. es muss gelten: $\alpha - \beta = 0$ und $1 - \alpha - \frac{2}{3}\beta = 0$.
Dieses lineare Gleichungssystem (6) hat die Lösung $\alpha = \frac{3}{5}$ und $\beta = \frac{3}{5}$. Nun lassen sich die gesuchten Teilverhältnisse leicht
▶ bestimmen.

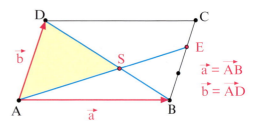

Ansätze:
(1) $\overrightarrow{DS} = \alpha \cdot \overrightarrow{DB}$, $0 < \alpha < 1$
(2) $\overrightarrow{AS} = \beta \cdot \overrightarrow{AE}$, $0 < \beta < 1$

Geschlossener Vektorzug:
(3) $\overrightarrow{AD} + \overrightarrow{DS} + \overrightarrow{SA} = \vec{0}$
$\vec{b} + \alpha \cdot \overrightarrow{DB} - \beta \cdot \overrightarrow{AE} = \vec{0}$
$\vec{b} + \alpha \left(\overrightarrow{DC} + \overrightarrow{CB} \right) - \beta \left(\overrightarrow{AB} + \frac{2}{3} \overrightarrow{BC} \right) = \vec{0}$
(4) $\vec{b} + \alpha(\vec{a} - \vec{b}) - \beta \left(\vec{a} + \frac{2}{3}\vec{b} \right) = \vec{0}$
(5) $(\alpha - \beta) \cdot \vec{a} + \left(1 - \alpha - \frac{2}{3}\beta \right) \cdot \vec{b} = \vec{0}$

(6) $\Rightarrow \begin{cases} \text{I} & \alpha - \beta = 0 \\ \text{II} & 1 - \alpha - \frac{2}{3}\beta = 0 \end{cases}$

aus I: $\alpha = \beta$
in II: $1 - \beta - \frac{2}{3}\beta = 0$
$1 - \frac{5}{3}\beta = 0$
$\beta = \frac{3}{5}$
in I: $\alpha = \frac{3}{5}$
$\Rightarrow \overline{AS} : \overline{SE} = \frac{3}{5} : \frac{2}{5} = 3 : 2$
$\overline{DS} : \overline{SB} = \frac{3}{5} : \frac{2}{5} = 3 : 2$

Resultat: Sowohl $\overline{DB}$ als auch $\overline{AE}$ werden von S im Verhältnis $3:2$ geteilt.

Übung 40
Im abgebildeten Trapez ist die Seite $\overline{DC}$ halb so lang wie die Seite $\overline{AB}$. In welchem Verhältnis teilt der Schnittpunkt S die Diagonalen $\overline{DB}$ und $\overline{AC}$?

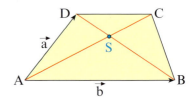

Übung 41
Im Parallelogramm ABCD teilt der Punkt E die Seite $\overline{CD}$ im Verhältnis $1:2$ und der Punkt F die Seite $\overline{BC}$ im Verhältnis $1:3$. Wie teilt der Schnittpunkt S die Transversalen $\overline{AC}$ und $\overline{EF}$?

Manchmal sind ganz konkrete Figuren gegeben. Dann muss man nicht ganz so abstrakt wie im vorhergehenden Beispiel vorgehen sondern kann die involvierten Vektoren als konkrete Spaltenvektoren ablesen.

▶ **Beispiel: Fachwerk**
In welchem Verhältnis teilt der Kreuzungspunkt S der beiden Balken AC und BD die Balken des Fachwerks der Giebelwand eines Hauses.
Verwenden Sie Spaltenvektoren.

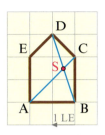

Lösung:
Wir bilden zunächst einen geschlossenen Vektorzug, der den Teilungspunkt S enthält, z. B. $\vec{BS}$, $\vec{SC}$, $\vec{CB}$.
Die Summe dieser Vektoren ist also der Nullvektor: $\vec{BS} + \vec{SC} + \vec{CB} = \vec{0}$ (1).

Nun stellen wir $\vec{SC}$ mithilfe von $\vec{AC}$ dar und $\vec{BS}$ mithilfe von $\vec{BD}$: $\vec{SC} = \alpha \cdot \vec{AC}$, $\vec{BS} = \beta \cdot \vec{BD}$. Dies setzen wir in (1) ein. Anschließend lesen wir aus der Zeichnung die konkreten Spaltenvektorkoordinaten von $\vec{BD}$, $\vec{AC}$ und $\vec{CB}$ ab und setzen diese ein.

Wir erhalten die Vektorgleichung (3), die auf das lineare Gleichungssystem (4) führt.
Dieses hat die Lösung $\alpha = \frac{1}{4}$ und $\beta = \frac{1}{2}$.
Daraus ergeben sich die gesuchten Teilverhältnisse.

Resultat: S teilt $\overline{AC}$ im Verhältnis $3:1$.
▶ S halbiert $\overline{BD}$ (Verhältnis $1:1$).

Geschlossener Vektorzug:
(1) $\vec{BS} + \vec{SC} + \vec{CB} = \vec{0}$

(2) $\begin{cases} \vec{SC} = \alpha \cdot \vec{AC}, & 0 < \alpha < 1 \\ \vec{BS} = \beta \cdot \vec{BD}, & 0 < \beta < 1 \end{cases}$

$\Rightarrow \beta \cdot \vec{BD} + \alpha \cdot \vec{AC} + \vec{CB} = \vec{0}$

(3) $\beta \begin{pmatrix} -1 \\ 3 \end{pmatrix} + \alpha \begin{pmatrix} 2 \\ 2 \end{pmatrix} + \begin{pmatrix} 0 \\ -2 \end{pmatrix} = \begin{pmatrix} 0 \\ 0 \end{pmatrix}$

(4) $\Rightarrow \begin{cases} \text{I} & -\beta + 2\alpha = 0 \\ \text{II} & 3\beta + 2\alpha - 2 = 0 \end{cases}$

aus I: $\beta = 2\alpha$
in II: $6\alpha + 2\alpha - 2 = 0$
$\qquad 8\alpha = 2$
$\qquad \alpha = \frac{1}{4}$
in I: $\beta = \frac{1}{2}$
$\Rightarrow \overline{AS} : \overline{SE} = (1-\alpha) : \alpha = \frac{3}{4} : \frac{1}{4} = 3:1$
$\overline{BS} : \overline{SD} = \beta : (1-\beta) = \frac{1}{2} : \frac{1}{2} = 1:1$

Übung 42 Stern
In welchem Verhältnis teilt der Schnittpunkt S die beiden Kanten AE und BF des rechts dargestellten Sternes?
Verwenden Sie Spaltenvektoren.

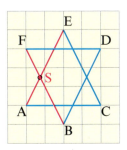

Übungen

43. Der Punkt T teilt die Strecke $\overline{AB}$ im Verhältnis α. Bestimmen Sie B.
  a) $A(1|4), T(5|8), \alpha = \frac{2}{3}$
  b) $A(8|5), T(17|-4), \alpha = \frac{3}{5}$
  c) $A(1|4|7), T(9|16|-1), \alpha = \frac{2}{5}$
  d) $A(1|5|12), T(7|2|0), \alpha = \frac{3}{4}$

44. In einem Parallelogramm teilt der Punkt S die Diagonale $\overline{AC}$ im Verhältnis 2 : 1. In welchem Verhälnis teilt der Strahl von B durch S die Seite $\overline{DC}$?

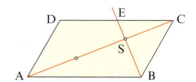

45. Schlossplatz

Der rechteckige Vorplatz des Schlosses wird von den Türmen A, B, C und D begrenzt. Das Schloss steht genau in der Mitte zwischen Turm C und Turm D. In welchem Verhältnis teilt der Brunnen P den Weg vom Turm A zum Schlosstor S?

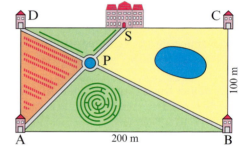

46. Sechseck

Im abgebildeten Sechseck kreuzen sich zwei Transversalen.
In welchem Verhältnis teilt der Schnittpunkt S die beiden Transversalen?
Hinweis: Stellen Sie alle benötigten Vektoren als zweidimensionale Spaltenvektoren dar.

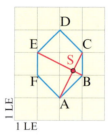

47. Dreieck

Im abgebildeten Dreieck seien M_1 und M_2 die Seitenmitten von AB und BC.
  a) Wie lauten die Koordinaten von M_1 und M_2, bezogen auf das eingezeichnete Koordinatensystem?
  b) In welchem Verhältnis teilen sich die Diagonalen AM_2 und CM_1?
  c) Wo liegt der Punkt S?
    Hinweis: Stellen Sie alle benötigten Vektoren als Spaltenvektoren dar.

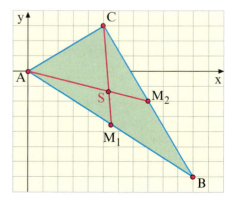

Überblick

Der Abstand von zwei Punkten
Ebene: Abstand von $A(a_1|a_2)$ und $B(b_1|b_2)$: $\qquad d(A;B) = \sqrt{(b_1-a_1)^2 + (b_2-a_2)^2}$

Raum: Abstand von $A(a_1|a_2|a_3)$ und $B(b_1|b_2|b_3)$: $d(A;B) = \sqrt{(b_1-a_1)^2 + (b_2-a_2)^2 + (b_3-a_3)^2}$

Der Betrag eines Vektors
Der Betrag eines Vektors ist die Länge eines seiner Pfeile.

Ebene: $\vec{a} = \begin{pmatrix} a_1 \\ a_2 \end{pmatrix} \Rightarrow |\vec{a}| = \sqrt{a_1^2 + a_2^2}$ $\qquad$ **Raum:** $\vec{a} = \begin{pmatrix} a_1 \\ a_2 \\ a_3 \end{pmatrix} \Rightarrow |\vec{a}| = \sqrt{a_1^2 + a_2^2 + a_3^2}$

Die Summe zweier Vektoren
Die Summe zweier Vektoren $\vec{a}$ und $\vec{b}$: Man legt die Pfeile wie abgebildet aneinander. Der Summenvektor führt vom Pfeilanfang von $\vec{a}$ zum Pfeilende von $\vec{b}$.

Die Differenz zweier Vektoren
Die Differenz zweier Vektoren $\vec{a}$ und $\vec{b}$: Man legt die Pfeile wie abgebildet aneinander. Der Differenzvektor führt vom Pfeilende von $\vec{b}$ zum Pfeilende von $\vec{a}$.

Die Skalarmultiplikation eines Vektors mit einer reellen Zahl
Der Vektor $\vec{a}$ wird mit der Zahl k multipliziert, indem seine Länge mit dem Faktor $|k|$ multipliziert wird. Ist k negativ, so kehrt sich zusätzlich die Pfeilorientierung um.

 $\qquad\qquad\qquad\qquad$

Linearkombination von Vektoren
Eine Summe der Form $r_1 \cdot \vec{a}_1 + r_2 \cdot \vec{a}_2 + \cdots + r_n \cdot \vec{a}_n$ ($r_i \in \mathbb{R}$) wird als Linearkombination der Vektoren $\vec{a}_1, \vec{a}_2, \ldots, \vec{a}_n$ bezeichnet.

Kollineare Vektoren
$\vec{a}$ und $\vec{b}$ heißen kollinear, wenn einer der beiden Vektoren ein Vielfaches des anderen Vektors ist:

$\vec{a} = r \cdot \vec{b}$ oder $\vec{b} = r \cdot \vec{a}$

Kollineare Vektoren sind parallel.

Komplanare Vektoren
$\vec{a}$, $\vec{b}$ und $\vec{c}$ und heißen komplanar, wenn einer der drei Vektoren als Linearkombination der beiden anderen Vektoren darstellbar ist:

$\vec{a} = r \cdot \vec{b} + s \cdot \vec{c}$ oder $\vec{b} = r \cdot \vec{a} + s \cdot \vec{c}$
$\qquad\qquad$ oder $\vec{c} = r \cdot \vec{a} + s \cdot \vec{b}$

Komplanare Vektoren liegen in einer Ebene.

Veranschaulichung von Punkten und Vektoren im Raum

Bei der Veranschaulichung von geometrischen Objekten in der Ebene kann man sich mit einem Blatt Papier und geeigneten Zeichengeräten behelfen. Dieses klassische Verfahren ist auch im Zeitalter von Computern mit Geometriesoftware immer noch akzeptabel. Im dreidimensionalen Raum besitzt solche Software gegenüber dem Blatt Papier aber riesige Vorteile. Auf der dem Buch beiliegenden CD findet man verschiedene Werkzeuge, mit denen man eine anschauliche Vorstellung von Punkten und Vektoren im Raum gewinnen kann.

Zum Kapitel II gibt es acht 3-D-Werkzeuge:
- Koordinaten im Raum
- Abstand von Punkten im Raum
- Darstellung von Spaltenvektoren
- Länge von Vektoren
- Summe von Vektoren
- Kommutativität der Vektoraddition
- Subtraktion von Vektoren
- Vielfaches von Vektoren

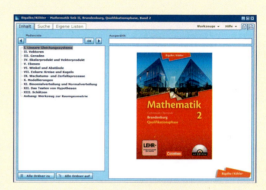

Das folgende Bild zeigt ein Beispiel.

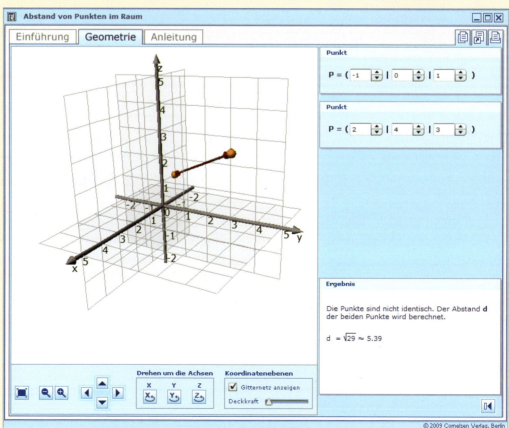

Veranschaulichung von Punkten und Vektoren im Raum

Das Programm gestattet die Eingabe der Koordinaten zweier Punkte, die im dreidimensionalen Koordinatensystem zusammen mit ihrer Verbindungsstrecke dargestellt werden. Der Abstand der beiden Punkte wird ausgegeben. Die Darstellung kann verändert werden. Insbesondere lässt sich das Bild vergrößern und verkleinern, verschieben und drehen. Auch die Darstellung der Koordinatenebenen kann variiert werden.

Als zweites Beispiel zeigt das folgende Bild die Ermittlung des Summenvektors von Vielfachen zweier Vektoren.

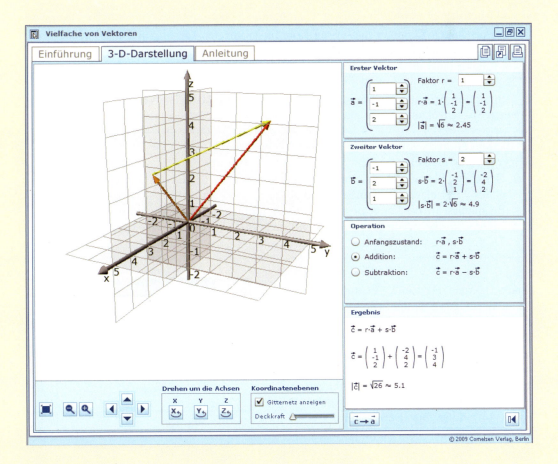

Übungen

a) Machen Sie sich mit den Medienelementen zur 3-D-Darstellung von Punkten und Vektoren vertraut, indem Sie die Teilaufgaben 1b, 2e, 3b und 6e von Seite 40 mit dem Medienelement ⊙ 071-1 zur Berechnung des Abstands von Punkten bearbeiten.

b) Berechnen Sie die Beträge der Vektoren aus den Übungen 6b) bis 6e) von Seite 44 mit dem Medienelement ⊙ 071-2.

c) Bearbeiten Sie die Aufgabe 7 von Seite 52 mit dem Medienelement ⊙ 071-3 zur Ermittlung der Summe bzw. Differenz von Vielfachen von Vektoren.

CAS-Anwendung

072-1

Die Notation weicht bei der Vektorrechnung teilweise von derjenigen ab, die beim Aufschreiben zu verwenden ist. Es ist sinnvoll, mit dem ersten Buchstaben eines Namens die Art des Objektes anzugeben, also p für einen Punkt, v für einen Vektor usw. Mehrere Eingaben können in einer Zeile durch einen Doppelpunkt getrennt werden; gerade bei Vektoren ist das übersichtlicher.

Möglichkeiten zur Eingabe von Vektoren:
1. Die Koordinaten werden in eckigen Klammern in mehreren Zeilen eingetragen. Dazu wird nach der linken Klammer und ersten Koordinate mit der Taste ⏎ rechts unten auf der Tastatur eine weitere Zeile erzeugt. In die neue Zeile gelangt man mit dem Cursor.
2. Im Katalog bei 5 die Vorlage für eine Matrix auswählen und den Vektor als Matrix mit der Zeilenzahl 3 und Spaltenzahl 1 vorgeben.
3. Den Vektor als Zeilenvektor eingeben, dann mit menu Matrix und Vektor ▶ Transponieren in einen Spaltenvektor umwandeln.

> **Beispiel: Eingabe von Vektoren und einfache Operationen**
> Gegeben sind die Punkte $A(1;-2;-3)$ und $B(-1;4;2)$.
> a) Definieren Sie im CAS den Punkt A unter dem Namen pa und die Ortsvektoren $\vec{a} = \overrightarrow{OA}$ und $\vec{b} = \overrightarrow{OB}$ unter den Namen va und vb.
> Bestimmen Sie die Länge des Ortsvektors $\vec{b}$ mithilfe der Funktion norm.
> b) Bilden Sie die Summe $\vec{a}+\vec{b}$, die Differenz $\overrightarrow{AB} = \vec{b}-\vec{a}$ und die Linearkombination $\vec{a}+4\vec{b}$.

Lösung zu a:
Punkte werden als Zeile, Vektoren als Spalte in eckigen Klammern geschrieben. Bei der Eingabe werden die Werte durch Kommata getrennt, in der Anzeige erscheinen stattdessen größere Zwischenräume. Durch Transponieren (Zeile wird zur Spalte) erhält man den zum Punkt gehörigen Ortsvektor. Mit der Eingabe norm(vb) erfolgt die Berechnung von $\sqrt{(-1)^2 + 4^2 + 2^2}$ mit dem Ergebnis $\sqrt{21}$.

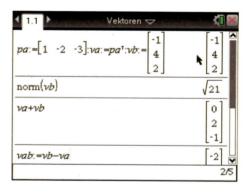

Lösung zu b:
Für die Vektoraddition wird die übliche Taste + verwendet. Der Verbindungsvektor vom Punkt A zum Punkt B wird sinnvollerweise mit vab bezeichnet und durch die Eingabe vb − va berechnet. Die Skalar-Multiplikation (Vielfaches des Vektors) erfolgt mit der Taste ×. Im CAS darf das Zeichen für die Skalar-Multiplikation nicht fehlen.

Übung 1
Geben Sie den Punkt C (3; −1; 2) und den Ortsvektor zum Punkt D (−2; 0; 1) ein. Bestimmen Sie den Ortsvektor $\vec{c} = \overrightarrow{OC}$ und den Verbindungsvektor $\overrightarrow{CD}$ und vergleichen Sie die Beträge.

> **Beispiel: Lineare Unabhängigkeit von Vektoren**
> a) Gegeben sind die Punkte A (1; −2; −3), B (−1; 4; 2), C (3; −1; 2) und D (−2; 0; 1).
>   Überprüfen Sie, ob die Vektoren $\overrightarrow{AB}$, $\overrightarrow{AD}$ und $\overrightarrow{CD}$ linear unabhängig sind.
> b) Zeigen Sie, dass sich jeder Punkt des $\mathbb{R}^3$ mithilfe dieser drei Vektoren darstellen lässt.

Lösung zu a:
Zunächst werden die Ortsvektoren unter den Namen va, vb, vc, vd eingegeben, dann bildet man vab, vad und vcd. Der Nullvektor wird als v0 gespeichert. Anschließend löst man die lineare Gleichung
k1 · vab + k2 · vad + k3 · vcd = v0
mithilfe des solve-Befehls und erhält mögliche Einsetzungen für k1, k2, k3. Die drei Vektoren sind linear unabhängig, da k1 = k2 = k3 = 0 die einzige Lösung ist.

Lösung zu b:
Ein beliebiger Vektor des $\mathbb{R}^3$ wird als vx mit den Koordinaten x, y und z gespeichert. Dann löst man die lineare Gleichung
vx = k1 · vab + k2 · vad + k3 · vcd
nach k1, k2 und k3. Setzt man anschließend für x, y und z beliebige Werte ein, so ergeben sich eindeutig die Werte für k1, k2 und k3. Damit kann man jeden Vektor des $\mathbb{R}^3$ als Linearkombination der drei gegebenen Vektoren schreiben.

Hinweis: Parameter wie a und b sind ggf. aufzunehmen, also z. B.: solve(…,{k1,k2,k3,a,b}).

Übung 2
Für welche Werte von $a \in \mathbb{R}$ bilden die Vektoren $\begin{pmatrix} 2 \\ -2 \\ 1-a \end{pmatrix}$, $\begin{pmatrix} 2 \\ -3 \\ 0 \end{pmatrix}$, $\begin{pmatrix} 2 \\ a-6 \\ 1 \end{pmatrix}$ eine Basis des $\mathbb{R}^3$?

Übung 3
Welche Bedingungen müssen die reellen Zahlen a und b erfüllen, damit die Vektoren $\begin{pmatrix} a \\ 1 \\ 2 \end{pmatrix}$, $\begin{pmatrix} 1 \\ -1 \\ 1 \end{pmatrix}$, $\begin{pmatrix} 1 \\ b \\ 1 \end{pmatrix}$ linear abhängig sind?

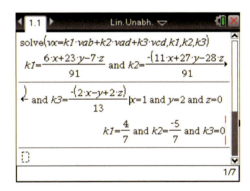

Test

Vektoren

1. Gegeben ist der Quader ABCDEFGH.
   a) Bestimmen Sie die Koordinaten der Punkte B, C, D, E, F, H und M.
   b) Bestimmen Sie die Länge der Strecken $\overline{AF}$ und $\overline{DM}$.

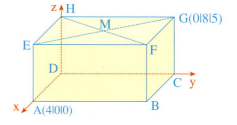

2. Bilden Sie die Summe der drei dargestellten Vektoren
   a) durch zeichnerische Konstruktion,
   b) durch Rechnung mit Spaltenvektoren.

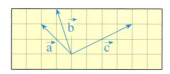

3. Stellen Sie die abgebildeten Vektoren als Spaltenvektoren in Koordinatenform dar. Bestimmen Sie anschließend das Ergebnis der folgenden Rechenausdrücke.
   a) $\vec{a} + \vec{b} + \vec{d}$
   b) $\frac{1}{2}\vec{a} - 2(\vec{b} - 2\vec{d})$
   c) $\vec{a} + 2\vec{b} - 4\vec{c} + \vec{d}$

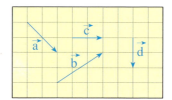

4. a) Stellen Sie den Vektor $\begin{pmatrix} 6 \\ -2 \\ -1 \end{pmatrix}$ als Linearkombination von $\begin{pmatrix} 3 \\ 1 \\ 2 \end{pmatrix}$ und $\begin{pmatrix} 2 \\ 2 \\ 3 \end{pmatrix}$ dar.
   b) Untersuchen Sie, ob die Vektoren $\begin{pmatrix} 2 \\ 1 \\ -3 \end{pmatrix}$, $\begin{pmatrix} 1 \\ 2 \\ 4 \end{pmatrix}$ und $\begin{pmatrix} 5 \\ 4 \\ 1 \end{pmatrix}$ komplanar sind.

5. Gegeben ist das Dreieck ABC mit A(6|7|9), B(4|4|3) und C(2|10|6).
   a) Zeigen Sie, dass das Dreieck gleichschenklig ist. Ist es sogar gleichseitig?
   b) Fertigen Sie ein Schrägbild des Dreiecks an.
   c) Gesucht ist ein weiterer Punkt D, so dass das Viereck ABCD ein Parallelogramm ist.

6. Auf der schwarzen Linie liegt eine Eisenkugel, an der vier Zugseile befestigt sind. Anton und Alfons bilden das α-Team, Benno und Bruno das β-Team. Gewonnen hat dasjenige Team, welches die Kugel über die Linie zieht. Die Zugkräfte sind maßstäblich eingezeichnet. Welches Team wird gewinnen?

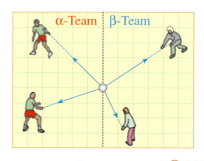

Lösungen unter 074-1

III. Geraden

Geraden im Raum können mithilfe von Vektoren analytisch beschrieben werden. Damit ergibt sich die Möglichkeit, die Lagebeziehung zwischen zwei Geraden bzw. zwischen einem Punkt und einer Gerade rechnerisch zu untersuchen.

III. Geraden

1. Geraden im Raum

Im dreidimensionalen Anschauungsraum können Geraden besonders einfach mithilfe von Vektoren dargestellt werden. Diese Darstellung ist auch in der zweidimensionalen Zeichenebene möglich, jedoch lassen sich Geraden in der Ebene auch z. B. durch die bekannte lineare Funktionsgleichung erfassen (vgl. Seite 79 f.).

A. Ortsvektoren

Die Lage eines beliebigen Punktes in einem ebenen oder räumlichen Koordinatensystem kann eindeutig durch denjenigen Pfeil $\overrightarrow{OP}$ erfasst werden, der im Ursprung O des Koordinatensystems beginnt und im Punkt P endet.

Der Pfeil $\overrightarrow{OP}$ heißt *Ortspfeil* von P und der zugehörige Vektor $\vec{p} = \overrightarrow{OP}$ wird als der *Ortsvektor* von P bezeichnet.

Der Punkt $P(p_1|p_2|p_3)$ besitzt den Ortsvektor $\vec{p} = \overrightarrow{OP} = \begin{pmatrix} p_1 \\ p_2 \\ p_3 \end{pmatrix}$.

Entsprechendes gilt für Punkte in einem ebenen Koordinatensystem.

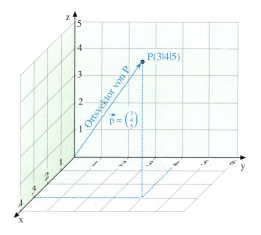

B. Die vektorielle Parametergleichung einer Geraden

Die Lage einer Geraden in der zweidimensionalen Zeichenebene oder im dreidimensionalen Anschauungsraum kann durch die Angabe eines Geradenpunktes A sowie der Richtung der Geraden eindeutig erfasst werden.

Die Lage des Punktes A kann durch seinen Ortsvektor $\vec{a} = \overrightarrow{OA}$ festgelegt werden, den man als *Stützvektor* der Geraden bezeichnet.
Die Richtung der Geraden lässt sich durch einen zur Geraden parallelen Vektor $\vec{m}$ erfassen, den man als *Richtungsvektor* der Geraden bezeichnet.

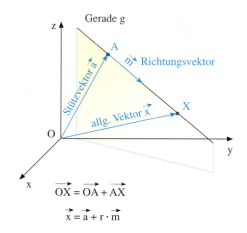

1. Geraden im Raum

Jeder beliebige Geradenpunkt X lässt sich mithilfe des Stützvektors $\vec{a}$ und des Richtungsvektors $\vec{m}$ erfassen.

Für den Ortsvektor $\vec{x}$ von X gilt nämlich:

$$\vec{x} = \overrightarrow{OX}$$
$$= \overrightarrow{OA} + \overrightarrow{AX}$$
$$= \vec{a} + r \cdot \vec{m} \quad (r \in \mathbb{R}),$$

denn $\overrightarrow{AX}$ ist ein reelles Vielfaches von $\vec{m}$. Jedem Geradenpunkt X entspricht eindeutig ein Parameterwert r.

> **Die vektorielle Parametergleichung einer Geraden**
>
> Eine Gerade mit dem Stützvektor $\vec{a}$ und dem Richtungsvektor $\vec{m} \neq \vec{0}$ hat die Gleichung
>
> $$g: \vec{x} = \vec{a} + r \cdot \vec{m} \quad (r \in \mathbb{R}).$$
>
> r heißt *Geradenparameter*.   077-1

Mithilfe der Parametergleichung einer Geraden kann man zahlreiche Problemstellungen relativ einfach lösen.

▶ **Beispiel:** Gegeben ist die Gerade $g: \vec{x} = \begin{pmatrix} 1 \\ 2 \\ 3 \end{pmatrix} + r \begin{pmatrix} 2 \\ 3 \\ -1 \end{pmatrix}$.

Zeichnen Sie die Gerade als Schrägbild. Stellen Sie fest, welche Geradenpunkte den Parameterwerten $r = 0$, $r = -0{,}5$ und $r = 1$ entsprechen.

Lösung:
Wir zeichnen den Stützpunkt $A(1|2|3)$ oder den Stützvektor $\vec{a}$ ein. Im Stützpunkt legen wir den Richtungsvektor $\vec{m}$ an.

Für $r = 0$ erhalten wir den Stützpunkt $A(1|2|3)$. Für $r = -0{,}5$ erhalten wir den Geradenpunkt $B(0|0{,}5|3{,}5)$, der „vor" dem Stützpunkt liegt. Für $r = 1$ erhalten wir den Punkt $C(3|5|2)$, der am Ende des eingezeichneten Richtungspfeils liegt.

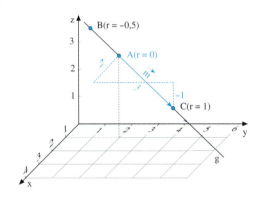

▶ **Beispiel:** Gegeben ist die Gerade $g: \vec{x} = \begin{pmatrix} 1 \\ 2 \\ 3 \end{pmatrix} + r \begin{pmatrix} 2 \\ 3 \\ -1 \end{pmatrix}$.

a) Welche Werte des Parameters r gehören zu den Geradenpunkten $P(2|3{,}5|2{,}5)$ und $Q(5|8|1)$?

b) Begründen Sie, weshalb der Punkt $R(3|5|1)$ nicht auf der Geraden liegt.

Lösung zu a:
Für $r = 0{,}5$ ergibt sich der Geradenpunkt $P(2|3{,}5|2{,}5)$.
Für $r = 2$ ergibt sich der Geradenpunkt $Q(5|8|1)$.

Lösung zu b:
Die x-Koordinate des Punktes R erfordert $r = 1$, ebenso die y-Koordinate.
Die z-Koordinate erfordert $r = 2$. Beides ist nicht vereinbar. Der Punkt R liegt nicht auf der Geraden g.

Übung 1
Zeichnen Sie die Gerade g: $\vec{x} = \begin{pmatrix} -2 \\ 3 \\ 1 \end{pmatrix} + r \begin{pmatrix} 3 \\ 3 \\ 1 \end{pmatrix}$ im Schrägbild.

Überprüfen Sie, ob die Punkte P(4|9|3), Q(1|6|4) und R(−5|0|0) auf der Geraden g liegen. Beschreiben Sie ggf. ihre Lage auf der Geraden anschaulich.

Übung 2
Zeichnen und beschreiben Sie die Lage der Geraden.

a) $g_1: \vec{x} = \begin{pmatrix} 1 \\ 1 \\ 2 \end{pmatrix} + r \begin{pmatrix} 0 \\ 1 \\ 0 \end{pmatrix}$ b) $g_2: \vec{x} = \begin{pmatrix} 0 \\ 2 \\ 0 \end{pmatrix} + r \begin{pmatrix} 0 \\ 0 \\ 1 \end{pmatrix}$ c) $g_3: \vec{x} = \begin{pmatrix} 0 \\ 0 \end{pmatrix} + r \begin{pmatrix} 1 \\ 1 \end{pmatrix}$ d) $g_4: \vec{x} = \begin{pmatrix} 3 \\ 0 \end{pmatrix} + r \begin{pmatrix} -1 \\ 0 \end{pmatrix}$

C. Die Zweipunktegleichung einer Geraden

In der Praxis ist eine Gerade oft durch zwei Punkte A und B gegeben.

In diesem Fall kann man die vektorielle Geradengleichung besonders leicht aufstellen. Als Stützvektor verwendet man den Ortsvektor eines der beiden Punkte, also z. B. $\vec{a}$. Als Richtungsvektor verwendet man einen Verbindungsvektor der beiden Punkte, also z. B. $\vec{m} = \overrightarrow{AB}$.

Da $\overrightarrow{AB}$ sich als Differenz $\vec{b} - \vec{a}$ der beiden Ortsvektoren von A und B darstellen lässt, erhält man die nebenstehende vektorielle *Zweipunktegleichung* der Geraden.

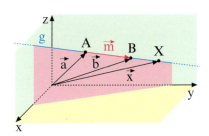

Die Zweipunktegleichung
Die Gerade g durch die Punkte A und B mit den Ortsvektoren $\vec{a}$ und $\vec{b}$ hat die Gleichung
$$g: \vec{x} = \vec{a} + r \cdot (\vec{b} - \vec{a}) \quad (r \in \mathbb{R}).$$

Beispielsweise hat die Gerade g durch die Punkte A(1|2|1) und B(3|4|3) die Zweipunktegleichung g: $\vec{x} = \begin{pmatrix} 1 \\ 2 \\ 1 \end{pmatrix} + r \left(\begin{pmatrix} 3 \\ 4 \\ 3 \end{pmatrix} - \begin{pmatrix} 1 \\ 2 \\ 1 \end{pmatrix} \right)$, die zur Parametergleichung g: $\vec{x} = \begin{pmatrix} 1 \\ 2 \\ 1 \end{pmatrix} + r \begin{pmatrix} 2 \\ 2 \\ 2 \end{pmatrix}$ vereinfacht werden kann.

Übung 3
Bestimmen Sie die Gleichung der Geraden g durch die Punkte A und B.
a) A(3|3), B(2|1)   b) A(−3|1|0), B(4|0|2)   c) A(−3|2|1), B(4|1|7)

Übung 4
a) Bestimmen Sie die Gleichung der Parallelen zur y-Achse durch den Punkt P(3|2|0).
b) Bestimmen Sie die Gleichung der Ursprungsgerade durch den Punkt P(a|2a|−a).

1. Geraden im Raum

D. Exkurs: Geraden in der Ebene

Geraden im zweidimensionalen Anschauungsraum können sowohl mit einer vektorfreien Koordinatengleichung als auch mit einer vektoriellen Parametergleichung erfasst werden.

▶ **Beispiel: Koordinatengleichung einer Geraden im $\mathbb{R}^2$**
Die Gerade g durch die Punkte $A(2|4)$ und $B(4|3)$ soll durch eine vektorfreie Koordinatengleichung der Gestalt $y = mx + n$ bzw. $ax + by = c$ erfasst werden.
Stellen Sie diese Gleichung auf.

Lösung:
Wir setzen die Koordinaten der Punkte $A(2|4)$ und $B(4|3)$ in den Ansatz $y = mx + n$ ein und erhalten folgende Gleichungen:

I: $2m + n = 4$
II: $4m + n = 3$

Durch die Subtraktion I – II eliminieren wir n und erhalten $-2m = 1$, d.h. $m = -\frac{1}{2}$.
Durch Rückeinsetzung in I folgt $n = 5$.
Die Geradengleichung lautet daher:
▶ $y = -\frac{1}{2}x + 5$ bzw. $x + 2y = 10$.

> **Koordinatengleichung einer Geraden im $\mathbb{R}^2$**
>
> Eine Gerade im zweidimensionalen Anschauungsraum kann durch folgende Gleichungen erfasst werden:
>
> Funktionsgleichung:
> $y = mx + n$
> Koordinatengleichung:
> $ax + by = c$

▶ **Beispiel: Vektorielle Parametergleichung einer Geraden im $\mathbb{R}^2$**
Die Gerade g durch die Punkte $A(2|4)$ und $B(4|3)$ soll durch eine vektorielle Parametergleichung dargestellt werden. Stellen Sie diese auf.

Lösung:
Wir gehen in Analogie zur Gleichung einer Geraden im Raum vor und verwenden den Ansatz für die Zweipunktegleichung:

g: $\vec{x} = \vec{a} + r \cdot (\vec{b} - \vec{a})$

Durch Einsetzen der Punktkoordinaten von A und B erhalten wir

g: $\vec{x} = \binom{2}{4} + r \cdot \left(\binom{4}{3} - \binom{2}{4}\right)$ d.h.

▶ g: $\vec{x} = \binom{2}{4} + r \cdot \binom{2}{-1}$.

> **Vektorielle Parametergleichung einer Geraden im $\mathbb{R}^2$**
>
> g: $\vec{x} = \vec{a} + r \cdot \vec{m}$ $(r \in \mathbb{R})$
> g: $\vec{x} = \vec{a} + r \cdot (\vec{b} - \vec{a})$ $(r \in \mathbb{R})$

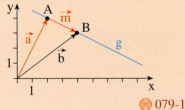

Übung 5
Bestimmen Sie sowohl eine Koordinatengleichung als auch eine vektorielle Parametergleichung der Geraden g durch die Punkte $A(-1|2)$ und $B(5|5)$.

Die Koordinatengleichung einer Geraden im $\mathbb{R}^2$ kann man in einer speziellen Form darstellen, bei welcher die rechte Seite auf den Wert 1 normiert ist (vgl. rechts).
Die Nennerzahlen der linken Seite geben dann exakt die beiden Achsenabschnitte der Geraden an. Daher spricht man von der *Achsenabschnittsgleichung* der Geraden. Mit ihrer Hilfe kann man eine sehr übersichtliche Skizze der Geraden anfertigen.

Achsenabschnittsgleichung einer Geraden im $\mathbb{R}^2$
Eine Gerade g im $\mathbb{R}^2$, die nicht achsenparallel ist, kann durch die Gleichung
$$\frac{x}{a} + \frac{y}{b} = 1$$
dargestellt werden. Dabei gilt:
a ist der x-Achsenabschnitt von g,
b ist der y-Achsenabschnitt von g.

▶ **Beispiel: Achsenabschnittsgleichung einer Geraden im $\mathbb{R}^2$**
Stellen Sie die Achsenabschnittsgleichung der Geraden durch die Punkte A(2|2) und B(8|−1) auf und skizzieren Sie die Gerade.

Lösung:
Wir verwenden den Ansatz $y = mx + n$. Er führt wie im ersten Beispiel auf Seite 43 zu der Geradengleichung $y = -\frac{1}{2}x + 3$. Diese formen wir um zur Koordinatenform $x + 2y = 6$ und normieren schließlich zur Achsenabschnittsform $\frac{x}{6} + \frac{y}{3} = 1$.
Dieser können wir sofort die Achsenab-
▶ schnitte $a = 6$ und $b = 3$ entnehmen.

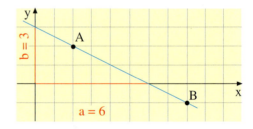

Übung 6   Koordinatengleichung
Bestimmen Sie eine Koordinatengleichung der Geraden g durch die Punkte A und B und skizzieren Sie die Gerade.
a) A(−1|2), B(5|5)   b) A(4|−5), B(−2|5)   c) A(2|3), B(6|3)

Übung 7   Vektorielle Geradengleichung
Bestimmen Sie eine vektorielle Parametergleichung der Geraden g aus Übung 6.

Übung 8   Achsenabschnittsgleichung
Bestimmen Sie die Achsenabschnittsgleichung der Geraden $y = -\frac{2}{5}x + 2$ und fertigen Sie eine Skizze an.

Übung 9   Lagebeziehung von Geraden
a) Stellen Sie eine vektorielle Parametergleichung von g_1 auf.
b) Zeigen Sie, dass die Punkte A(3|2) und B(−6|5) auf der Geraden g_1 liegen.
c) Bestimmen Sie Achsenabschnittsgleichungen von g_1 und g_2 auf.
d) Wo liegt der Schnittpunkt der Geraden?

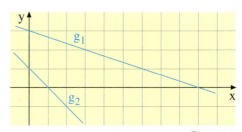

080-1

1. Geraden im Raum

Übungen

10. Zeichnen Sie die Gerade g durch den Punkt A(2|6|4) mit dem Richtungsvektor $\vec{m} = \begin{pmatrix} 3 \\ -2 \\ 2 \end{pmatrix}$ in einem räumlichen Koordinatensystem ein.

11. Gesucht ist eine vektorielle Gleichung der Geraden durch die Punkte A und B.
- a) A(1|2)
  B(3|−4)
- b) A(−3|2|1)
  B(3|1|2)
- c) A(3|3|−4)
  B(2|1|3)
- d) A(a_1|a_2|a_3)
  B(b_1|b_2|b_3)

12. Untersuchen Sie, ob der Punkt P auf der Geraden liegt, die durch A und B geht.
- a) A(3|2)
  B(−1|4)
  P(1|3)
- b) A(2|7)
  B(5|4)
  P(8|3)
- c) A(1|4|3)
  B(3|2|4)
  P(7|−2|6)
- d) A(1|1|1)
  B(3|4|1)
  P(0|0|0)

13. Ordnen Sie den abgebildeten Geraden die zugehörigen vektoriellen Gleichungen zu.

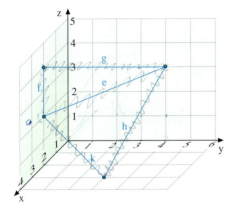 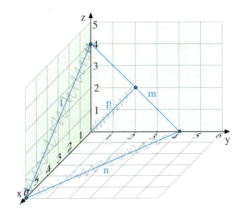

I: $\vec{x} = \begin{pmatrix} 0 \\ 0 \\ 4 \end{pmatrix} + r \begin{pmatrix} 6 \\ 0 \\ -4 \end{pmatrix}$
II: $\vec{x} = \begin{pmatrix} 2 \\ 0 \\ 2 \end{pmatrix} + r \begin{pmatrix} 1 \\ 3 \\ -2 \end{pmatrix}$
III: $\vec{x} = \begin{pmatrix} 6 \\ 0 \\ 0 \end{pmatrix} + r \begin{pmatrix} -6 \\ 4 \\ 0 \end{pmatrix}$

IV: $\vec{x} = \begin{pmatrix} 2 \\ 0 \\ 4 \end{pmatrix} + r \begin{pmatrix} -2 \\ 4 \\ -1 \end{pmatrix}$
V: $\vec{x} = \begin{pmatrix} 0 \\ 0 \\ 0 \end{pmatrix} + r \begin{pmatrix} 0 \\ 1 \\ 1 \end{pmatrix}$
VI: $\vec{x} = \begin{pmatrix} 3 \\ 3 \\ 0 \end{pmatrix} + r \begin{pmatrix} -3 \\ 1 \\ 3 \end{pmatrix}$

VII: $\vec{x} = \begin{pmatrix} 2 \\ 0 \\ 2 \end{pmatrix} + r \begin{pmatrix} 0 \\ 0 \\ 2 \end{pmatrix}$
VIII: $\vec{x} = \begin{pmatrix} 2 \\ 0 \\ 2 \end{pmatrix} + r \begin{pmatrix} -2 \\ 4 \\ 1 \end{pmatrix}$
IX: $\vec{x} = \begin{pmatrix} 0 \\ 4 \\ 0 \end{pmatrix} + r \begin{pmatrix} 0 \\ -4 \\ 4 \end{pmatrix}$

14.
- a) Gesucht ist die Gleichung einer zur y-Achse parallelen Geraden g, die durch den Punkt A(3|2|0) geht.
- b) Gesucht ist die Gleichung einer Ursprungsgeraden durch den Punkt P(2|4|−2).
- c) Gesucht ist die vektorielle Gleichung der Winkelhalbierenden der x-z-Ebene.

2. Lagebeziehungen

A. Gegenseitige Lage Punkt / Gerade und Punkt / Strecke

Mithilfe der Parametergleichung einer Geraden lässt sich einfach überprüfen, ob ein gegebener Punkt auf der Geraden liegt und an welcher Stelle der Geraden er gegebenenfalls liegt.

> **Beispiel:** Gegeben sei die Gerade g durch A(3|2|3) und B(1|6|5). Weisen Sie nach, dass der Punkt P(2|4|4) auf der Geraden g liegt.
>
> Prüfen Sie außerdem, ob der Punkt P auf der Strecke $\overline{AB}$ liegt.

Lösung:
Mit der Zweipunkteform erhalten wir die Parametergleichung von g.

Parametergleichung von g:
$$g: \vec{x} = \begin{pmatrix} 3 \\ 2 \\ 3 \end{pmatrix} + r \begin{pmatrix} -2 \\ 4 \\ 2 \end{pmatrix}, r \in \mathbb{R}$$

Wir führen die Punktprobe für den Punkt P durch, indem wir seinen Ortsvektor in die Geradengleichung einsetzen.
Sie ist erfüllt für den Parameterwert r = 0,5. Also liegt der Punkt P auf der Geraden g.

Punktprobe für P:
$$\begin{pmatrix} 2 \\ 4 \\ 4 \end{pmatrix} = \begin{pmatrix} 3 \\ 2 \\ 3 \end{pmatrix} + r \begin{pmatrix} -2 \\ 4 \\ 2 \end{pmatrix} \text{ gilt für } r = 0,5$$

⇒ P liegt auf g.

Nun führen wir einen Parametervergleich durch. Die Streckenendpunkte A und B besitzen die Parameterwerte r = 0 und r = 1. Der Parameterwert von P (r = 0,5) liegt zwischen diesen Werten. Also liegt der Punkt P auf der Strecke $\overline{AB}$, und zwar genau auf der Mitte der Strecke.

Parametervergleich:
A: r = 0
B: r = 1
P: r = 0,5

⇒ P liegt auf $\overline{AB}$.

Rechts sind die Ergebnisse zeichnerisch dargestellt.
Das Bild macht deutlich, dass durch den Geradenparameter auf der Geraden ein *internes Koordinatensystem* festgelegt wird, anhand dessen man sich orientieren kann.

🟠 082-1

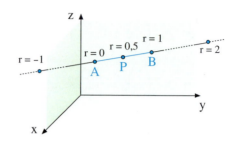

Übung 1

a) Prüfen Sie, ob die Punkte P(0|0|6), Q(3|3|3), R(3|4|3) auf der Geraden g durch A(2|2|4) und B(4|4|2) oder sogar auf der Strecke $\overline{AB}$ liegen.

b) Für welchen Wert von t liegt P(4+t|5t|t) auf der Geraden g durch A(2|2|4) und B(4|4|2)?

B. Gegenseitige Lage von zwei Geraden im Raum

Zwischen zwei Geraden im Raum sind drei charakteristische Lagebeziehungen möglich. Sie können parallel sein (Unterfälle echt parallel bzw. identisch), sie können sich in einem Punkt schneiden oder sie sind windschief. Als *windschief* bezeichnet man zwei Geraden, die weder parallel sind noch sich schneiden.

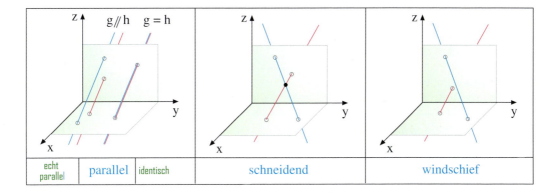

Zeichnerisch lässt sich die gegenseitige Lage von zwei Geraden im Raum oft nur schwer einschätzen, aber mithilfe der Geradengleichungen ist die rechnerische Überprüfung möglich.

Untersuchungsschema für die Lage von zwei Raumgeraden: 083-1

$g : \vec{x}_g = \vec{a} + r \cdot \vec{m}_g$ und $h : \vec{x}_h = \vec{b} + s \cdot \vec{m}_h$ seien die Gleichungen von zwei Raumgeraden. Anhand der beiden Richtungsvektoren kann man überprüfen, ob g und h parallel sind. Dann sind ihre Richtungsvektoren nämlich kollinear. Ist dies nicht der Fall, dann setzt man die beiden Geradenvektoren $\vec{x}_g$ und $\vec{x}_h$ gleich. Ist das zugehörige Gleichungssystem eindeutig lösbar, schneiden sich g und h in einem Punkt S. Andernfalls sind g und h windschief.

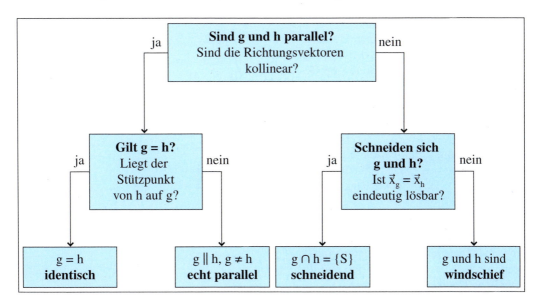

> **Beispiel: Parallele Geraden**
> Gegeben sind die Geraden g: $\vec{x} = \begin{pmatrix} 3 \\ 0 \\ 1 \end{pmatrix} + r \begin{pmatrix} -3 \\ 6 \\ 3 \end{pmatrix}$ und h: $\vec{x} = \begin{pmatrix} 0 \\ 12 \\ 4 \end{pmatrix} + s \begin{pmatrix} 4 \\ -8 \\ -4 \end{pmatrix}$.
> Welche relative Lage zueinander nehmen die Geraden g und h ein?

Lösung:
Die Richtungsvektoren $\vec{m}_g$ und $\vec{m}_h$ der Geraden sind kollinear. $\vec{m}_h$ ist ein Vielfaches von $\vec{m}_g$. Es gilt nämlich $\vec{m}_h = -\frac{4}{3} \cdot \vec{m}_g$. Die Geraden sind also parallel.
Eine Punktprobe zeigt, dass der Stützpunkt P(0|12|4) von h nicht auf g liegt. Also sind die Geraden nicht identisch, sondern echt parallel.

Parallelitätsuntersuchung:
$$\vec{m}_h = \begin{pmatrix} 4 \\ -8 \\ -4 \end{pmatrix} = -\frac{4}{3} \cdot \begin{pmatrix} -3 \\ 6 \\ 3 \end{pmatrix} = -\frac{4}{3} \cdot \vec{m}_g$$

Punktprobe:
$0 = 3 - 3r \quad r = 1$
$12 = 0 + 6r \Rightarrow r = 2 \Rightarrow$ Wid.
$4 = 1 + 3r \quad r = 1$

> **Beispiel: Schneidende Geraden**
> Die Gerade g geht durch die Punkte P(0|0|6) und Q(8|12|2). Die Gerade h geht durch A(4|0|2) und B(4|12|6). Untersuchen Sie die relative Lage von g und h. Skizzieren Sie die Situation.

Lösung:
Wir stellen zunächst die vektoriellen Parametergleichungen von g und h auf, indem wir die Zweipunkteform anwenden.

Nun betrachten wir die Richtungsvektoren. Man erkennt auf den ersten Blick ohne Rechnung, dass sie nicht kollinear sind. Daher sind g und h weder parallel noch identisch.

Wir setzen nun die allgemeinen Geradenvektoren von g und h gleich, d. h. $\vec{x}_g = \vec{x}_h$. Dann sind auch die rechten Seiten der Geradengleichungen gleich. Daraus ergibt sich ein Gleichungssystem mit drei Gleichungen und zwei variablen r und s.

Das Gleichungssystem hat die eindeutige Lösung $r = \frac{1}{2}, s = \frac{1}{2}$. Daher schneiden sich die Geraden. Der Schnittpunkt lautet S(4|6|4).

Durch die Verwendung von stützenden Ebenen für die Geraden wird deren graphischer Verlauf besonders deutlich und die räumliche Übersicht erhöht.

Gleichungen von g und h:
$$g: \vec{x}_g = \begin{pmatrix} 0 \\ 0 \\ 6 \end{pmatrix} + r \begin{pmatrix} 8 \\ 12 \\ -4 \end{pmatrix}$$

$$h: \vec{x}_h = \begin{pmatrix} 4 \\ 0 \\ 2 \end{pmatrix} + s \begin{pmatrix} 0 \\ 12 \\ 4 \end{pmatrix}$$

Schnittuntersuchung:
$$\begin{pmatrix} 0 \\ 0 \\ 6 \end{pmatrix} + r \begin{pmatrix} 8 \\ 12 \\ -4 \end{pmatrix} = \begin{pmatrix} 4 \\ 0 \\ 2 \end{pmatrix} + s \begin{pmatrix} 0 \\ 12 \\ 4 \end{pmatrix}$$

I $8r = 4$
II $12r = 12s$
III $6 - 4r = 2 + 4s$

aus I: $r = \frac{1}{2}$

in II: $s = \frac{1}{2} \Rightarrow S(4|6|4)$

in III: $4 = 4$

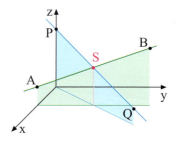

2. Lagebeziehungen

▶ **Beispiel: Windschiefe Geraden**
Untersuchen Sie die relative Lage von g: $\vec{x} = \begin{pmatrix} 2 \\ 0 \\ 0 \end{pmatrix} + r \begin{pmatrix} 1 \\ 1 \\ -2 \end{pmatrix}$ und h: $\vec{x} = \begin{pmatrix} 1 \\ 0 \\ 0 \end{pmatrix} + s \begin{pmatrix} 2 \\ 2 \\ -3 \end{pmatrix}$.

Lösung:
g und h sind nicht parallel, da ihre Richtungsvektoren nicht kollinear sind, was man durch einfaches Hinsehen erkennen kann.

Wir führen durch Gleichsetzen der rechten Seiten der beiden Geradengleichungen eine Schnittuntersuchung durch, die auf einen Widerspruch führt. Das zugeordnete Gleichungssystem ist unlösbar. Die Geraden schneiden sich also nicht, es verbleibt nur noch eine Möglichkeit:
▶ Die Geraden g und h sind windschief.

Schnittuntersuchung:

$$\begin{pmatrix} 2 \\ 0 \\ 0 \end{pmatrix} + r \begin{pmatrix} 1 \\ 1 \\ -2 \end{pmatrix} = \begin{pmatrix} 1 \\ 0 \\ 0 \end{pmatrix} + s \begin{pmatrix} 2 \\ 2 \\ -3 \end{pmatrix}$$

I $2 + r = 1 + 2s$
II $r = 2s$
III $-2r = -3s$

I − II: $2 = 1$ Widerspruch

⇒ g und h sind windschief

Übung 2
Gesucht ist die relative Lage von g und h.

a) g: $\vec{x} = \begin{pmatrix} 0 \\ 1 \\ 2 \end{pmatrix} + r \begin{pmatrix} 2 \\ 1 \\ -3 \end{pmatrix}$, h: $\vec{x} = \begin{pmatrix} -2 \\ -2 \\ 7 \end{pmatrix} + s \begin{pmatrix} -2 \\ 1 \\ 1 \end{pmatrix}$

b) g: $\vec{x} = \begin{pmatrix} 1 \\ 1 \\ 2 \end{pmatrix} + r \begin{pmatrix} 1 \\ -2 \\ 2 \end{pmatrix}$, h: $\vec{x} = \begin{pmatrix} -1 \\ 2 \\ 1 \end{pmatrix} + s \begin{pmatrix} -2 \\ 4 \\ -4 \end{pmatrix}$

c) g: $\vec{x} = \begin{pmatrix} 3 \\ 0 \\ 1 \end{pmatrix} + r \begin{pmatrix} 1 \\ 1 \\ -2 \end{pmatrix}$, h: $\vec{x} = \begin{pmatrix} 0 \\ 2 \\ 0 \end{pmatrix} + s \begin{pmatrix} 2 \\ 1 \\ 1 \end{pmatrix}$

d) g: $\vec{x} = \begin{pmatrix} 2 \\ 0 \\ 1 \end{pmatrix} + r \begin{pmatrix} 2 \\ 1 \\ -1 \end{pmatrix}$, h: $\vec{x} = \begin{pmatrix} 0 \\ 2 \\ -4 \end{pmatrix} + s \begin{pmatrix} 2 \\ 0 \\ 1 \end{pmatrix}$

Übung 3 Parallele Geraden
Welche der Geraden sind parallel, welche schneiden sich?

g : $\vec{x} = \begin{pmatrix} 1 \\ 0 \\ 2 \end{pmatrix} + r \begin{pmatrix} 2 \\ -1 \\ 1 \end{pmatrix}$

h : $\vec{x} = \begin{pmatrix} 5 \\ -3 \\ 2 \end{pmatrix} + s \begin{pmatrix} -2 \\ 3 \\ 3 \end{pmatrix}$

Gerade u durch $C(2|-2|3)$ und $D(-2|0|1)$,

Gerade v durch $E(2|0|0)$ und $F(0|3|3)$.

Übung 4
Ein Raum ist 8 m tief, 6 m breit und 4 m hoch.
a) Wie lauten die vektoriellen Geradengleichungen der Raumdiagonalen g_{AG} und g_{BH}?
b) Untersuchen Sie, welche relative Lage g_{AG} und g_{BH} zueinander einnehmen.
c) Welche Lage nehmen die Geraden h_{AM} und g_{BH} zueinander ein?
M ist der Mittelpunkt der rechten Wand BCGF.

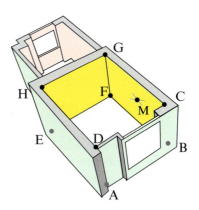

Mithilfe der Lagebeziehungsuntersuchung für Geraden im Raum können einfache Anwendungsprobleme modellhaft gelöst werden, z. B. Flugbahnprobleme.

> **Beispiel: Flugbahnen**
> Der Rettungshubschrauber Alpha startet um 10:00 Uhr vom Stützpunkt Adlerhorst A(10|6|0). Er fliegt geradlinig mit einer Geschwindigkeit von 300 km/h zum Gipfel des Mount Devil D(4|−3|3), wo sich der Unfall ereignet hat. Die Koordinaten sind in Kilometern angegeben. Zeitgleich hebt der Hubschrauber Beta von der Spitze des Tempelbergs T(7|−8|3) ab, um Touristen nach Bochum-Nord B(4|16|0) zurückzubringen. Seine Geschwindigkeit beträgt 350 km/h.
>
>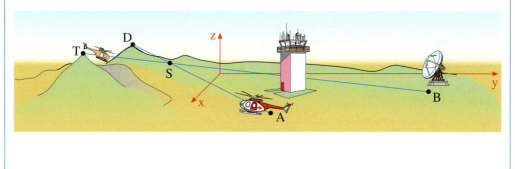

Lösung zu a:
Wir stellen die Flugbahngleichungen mithilfe der Zweipunkteform auf.
Anschließend untersuchen wir, ob die beiden Bahnen sich schneiden.
Wir erhalten einen Schnittpunkt S(6|0|2). Die Hubschrauber befinden sich also auf Kollisionskurs.

Gleichungen der Flugbahnen:

$\alpha: \vec{x} = \begin{pmatrix} 10 \\ 6 \\ 0 \end{pmatrix} + r \begin{pmatrix} -6 \\ -9 \\ 3 \end{pmatrix}$

$\beta: \vec{x} = \begin{pmatrix} 7 \\ -8 \\ 3 \end{pmatrix} + s \begin{pmatrix} -3 \\ 24 \\ -3 \end{pmatrix}$

Lösung zu b:
Wir errechnen zunächst die Länge der Flugstrecken der Hubschrauber bis zum Schnittpunkt, d. h. die Beträge der beiden Vektoren $\overrightarrow{AS}$ und $\overrightarrow{TS}$.
Dividieren wir diese Strecken durch die zugehörigen Hubschraubergeschwindigkeiten, so erhalten wir die Flugzeiten bis zum Schnittpunkt in Stunden, die wir in Minuten umrechnen.
Hubschrauber Alpha ist 0,11 Minuten später am möglichen Kollisionspunkt als Hubschrauber Beta. Dieser ist dann schon ca. 640 m weitergeflogen. Es kommt daher nicht zu einer Kollision.

Schnittpunkt der Flugbahnen:
Für $r = \frac{2}{3}$ und $s = \frac{1}{3}$ ergibt sich der Schnittpunkt S(6|0|2).

Flugstrecken bis zum Schnittpunkt:

$|\overrightarrow{AS}| = \left| \begin{pmatrix} -4 \\ -6 \\ 2 \end{pmatrix} \right| = \sqrt{56} \approx 7{,}48 \text{ km}$

$|\overrightarrow{TS}| = \left| \begin{pmatrix} -1 \\ 8 \\ -1 \end{pmatrix} \right| = \sqrt{66} \approx 8{,}12 \text{ km}$

Flugzeiten bis zum Schnittpunkt:
$t_{Alpha} = \frac{7{,}48}{300} \text{ h} \approx 0{,}025 \text{ h} \approx 1{,}50 \text{ min}$

$t_{Beta} = \frac{8{,}12}{350} \text{ h} \approx 0{,}023 \text{ h} \approx 1{,}39 \text{ min}$

Übungen

5. Bogenschießen

Ein Bogenschütze zielt vom Punkt P(0|0|15) in Richtung des Vektors $\vec{v}$, um eine der drei im Bergland aufgestellten Scheiben zu treffen.
1 LE = 1 dm
a) Welche Scheibe trifft er? Wie lang ist die Flugbahn? Welche Geschwindigkeit hat der Pfeil, wenn der Flug eine Sekunde dauert?
b) In welche Richtung $\vec{w}$ muss der Schütze zielen, um die Elchscheibe zu treffen?

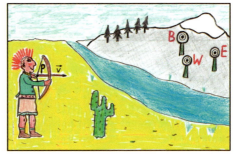

Bär(−155|465|85)
Wolf(−155|465|92,5)
Elch(−160|640|95)
$\vec{v} = \begin{pmatrix} -1 \\ 3 \\ 0{,}5 \end{pmatrix}$

6. Motorradstunt

Ein Drahtseilartist plant, mit einem Motorrad vom Startpunkt A(20|20|0) auf den Turm der Stadtkirche zum Punkt B(220|420|80) zu fahren (1 LE = 1 m). Das Fahrseil soll durch drei senkrechte Masten mit den Spitzen $S_1(70|120|20)$, $S_2(120|220|30)$ und $S_3(170|300|60)$ gestützt werden.
a) Sind die Masten als Stützen geeignet? Können Sie ggf. durch Kürzen oder Verlängern passend gemacht werden?
b) Wie lange dauert der Stunt, wenn das Motorrad mit 20 km/h fährt?
c) Unter welchem Winkel steigt das Fahrseil an?

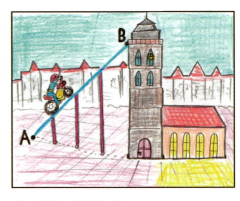

7. Wasserspeicher

An den Positionen M und N befinden sich zwei Wasserspeicher. Ein Überlaufkanal k führt von M nach A. Vom Oberflächenpunkt T wird eine Belüftungsbohrung b in Richtung des Vektors $\vec{v}$ vorgetrieben. Außerdem ist eine Versorgungsleitung g vom Oberflächenpunkt E, der senkrecht über M liegt, zum Speicher N geplant.
1 LE = 100 m

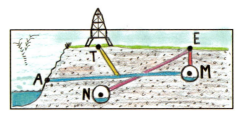

M(8|12|−6), N(14|2|−10)
A(11|0|−9), T(8|2|0)
$\vec{v} = \begin{pmatrix} 1 \\ 1 \\ -4 \end{pmatrix}$

Trifft die Belüftungsbohrung b den Überlaufkanal k? Wie lang muss der Bohrer sein? Zeigen Sie, dass die Versorgungsleitung g weder k noch b trifft. Wie lange dauert das Bohren von g bei einem Vortrieb von 20 cm/min?

C. Exkurs: Geradenschar/Geradengleichungen mit Variablen

Enthält eine Geradengleichung innerhalb des Stützvektors oder innerhalb des Richtungsvektors eine Variable, so stellt sie nicht nur eine Gerade dar, sondern eine ganze Schar von Geraden, die allerdings Gemeinsamkeiten haben.

Beispiel: Parallele Geraden

Die Gleichung $g_a: \vec{x} = \begin{pmatrix} 2 \\ a \\ 0 \end{pmatrix} + r \begin{pmatrix} -1 \\ 0 \\ 2 \end{pmatrix}$ beschreibt eine Schar paralleler Geraden, denn alle Geraden g_a haben den gleichen Richtungsvektor. Sie unterscheiden sich nur in der y-Koordinate ihres Stützpunktes, der mit dem Parameter a variiert.

Beispiel: Gemeinsamer Stützpunkt

Die Gleichung $g_a: \vec{x} = \begin{pmatrix} 2 \\ 4 \\ 3 \end{pmatrix} + r \begin{pmatrix} -1 \\ 1 \\ 2+a \end{pmatrix}$ beschreibt eine Schar von Geraden, die alle den gleichen Stützpunkt P(2|4|3) haben. Sie unterscheiden sich nur in der z-Koordinate ihres Richtungsvektors und liegen in einer Ebene.

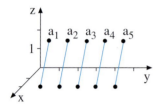
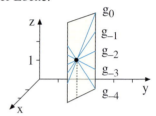

Häufig sind für eine Geradenschar Probleme der folgenden Art zu lösen:
Geht eine Gerade der Schar durch einen gegebenen Punkt?
Schneidet eine Gerade der Schar eine gegebene Gerade oder ist sie hierzu parallel?
Verläuft eine Gerade der Schar horizontal oder vertikal?

▶ **Beispiel: Kollisionskurs**

Die Flugbahnen einer Formation von Sportflugzeugen können durch die Gerade $g_a: \vec{x} = \begin{pmatrix} 9 \\ 2+a \\ 6 \end{pmatrix} + r \begin{pmatrix} -1 \\ 1 \\ 1 \end{pmatrix}$ (a = 1, 2, ..., 8) beschrieben werden. Ist eines der Flugzeuge auf direktem Kollisionskurs zum Segelflugzeug mit dem Kurs $h: \vec{x} = \begin{pmatrix} 1 \\ 3 \\ 11 \end{pmatrix} + s \begin{pmatrix} 2 \\ 1 \\ -1 \end{pmatrix}$?

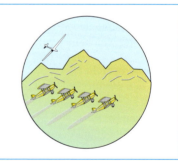

Lösung:
Wir führen eine Schnittuntersuchung durch. Dazu setzen wir die Koordinaten von g_a und h gleich. Wir erhalten ein Gleichungssystem (drei Gleichungen, drei Variablen). Die Lösung lautet: r = 2, s = 3, a = 2. Das bedeutet: Der Flieger auf g_2 droht mit dem Flieger auf h im Punkt
▶ S(7|6|8) zu kollidieren.

Schnittuntersuchung:
I $9 - r = 1 + 2s$
II $2 + a + r = 3 + s$
III $6 + r = 11 - s$
aus I und III: r = 2, s = 3
aus II: a = 2
$\Rightarrow g_2$ schneidet h in S(7|6|8).

2. Lagebeziehungen

8. Gerade mit Parameter
Gegeben sind die Geraden und $g_a: \vec{x} = \begin{pmatrix} 1 \\ 3 \\ 2 \end{pmatrix} + r \begin{pmatrix} -a \\ a \\ 2 \end{pmatrix}$ und $h: \vec{x} = \begin{pmatrix} 0 \\ 10 \\ 6 \end{pmatrix} + s \begin{pmatrix} 1 \\ 2 \\ -1 \end{pmatrix}$, $a \in \mathbb{R}$.

a) Für welchen Wert von a liegt der Punkt $P(-1|5|4)$ auf g_a? Liegt $Q(11|-6|4)$ auf g_a?
b) Für welchen Wert von a schneiden sich g_a und h? Wo liegt der Schnittpunkt?
c) Für welchen Wert von a liegt g_a parallel zur z-Achse?
d) Für welchen Wert von a schneidet g_a die x-Achse? Wo liegt der Schnittpunkt?

9. Schar paralleler Geraden
Dargestellt ist die Schar paralleler Geraden.
a) Wie lauten die Gleichungen von g_0 und g_1?
b) Wie lautet die allgemeine Gleichung von g_a?
c) Welche Gerade g_a schneidet
$h: \vec{x} = \begin{pmatrix} 0 \\ 6 \\ 4 \end{pmatrix} + r \begin{pmatrix} 1 \\ 6 \\ -3 \end{pmatrix}$?

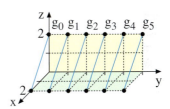

10. Rettungstunnel
Bei einem Grubenunglück wird versucht, die im Schacht AB und den Hohlräumen H_1 und H_2 verschütteten Bergleute durch sechs vom Turm $T(4|6|0)$ ausgehenden Rettungsbohrungen g_a zu erreichen.
Daten: $A(8|2|-2)$; $B(15|16|-9)$
$H_1(22|6|-14)$; $H_2(12|16|-4)$

$g_a: \vec{x} = \begin{pmatrix} 4 \\ 6 \\ 0 \end{pmatrix} + r \begin{pmatrix} 13-a \\ a-4 \\ a-11 \end{pmatrix}$

$a = 0, 2, 4, 6, 8, 10$

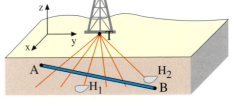

a) Wird der Schacht AB von einer der Bohrungen getroffen? Wenn ja, wo?
b) Werden die Hohlräume H_1 und H_2 gefunden?
c) Führt eine der Bohrungen senkrecht nach unten?

11. Scheinwerfer
Die Pyramide ABCDS hat die Koordinaten $A(20|4|0)$, $B(20|20|0)$, $C(4|20|0)$, $D(4|4|0)$ und $S(12|12|16)$. Ihr Eingang liegt bei $E(11|14|12)$. Eine Treppe führt von $P(13|20|0)$ nach $Q(7|17|6)$. Von der Turmspitze $T(20|40|2)$ werden fünf Scheinwerfer auf die Pyramide gerichtet. Die Lichtstrahlen werden durch $g_a: \vec{x} = \begin{pmatrix} 20 \\ 40 \\ 2 \end{pmatrix} + r \begin{pmatrix} a-12 \\ -2a-20 \\ 4a-2 \end{pmatrix}$ beschrieben, $(a = 0, 1, 2, 3, 4)$.

a) Trifft einer der Lichtstrahlen den Eingang E?
b) Trifft einer der Lichtstrahlen die Treppe?
c) Ist einer der Strahlen parallel zur Seitenkante $\overline{BS}$ der Pyramide?

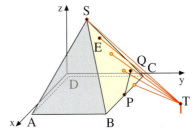

D. Gegenseitige Lage von zwei Geraden in der Ebene

Analog zu der Vorgehensweise in Abschnitt B untersucht man auch die gegenseitige Lage von zwei Geraden in der Ebene. Zwei Geraden in der Ebene können nur parallel sein (im Sonderfall sogar identisch) oder sich schneiden.

▶ **Beispiel:** Untersuchen Sie die gegenseitige Lage der beiden Geraden g: $\vec{x} = \begin{pmatrix} 2 \\ 0 \end{pmatrix} + r \begin{pmatrix} -1 \\ 5 \end{pmatrix}$ und h: $\vec{x} = \begin{pmatrix} 7 \\ 3 \end{pmatrix} + s \begin{pmatrix} 3 \\ -1 \end{pmatrix}$.

Lösung:

Die Geraden g und h müssen sich in einem Punkt schneiden, da ihre Richtungsvektoren nicht kollinear sind.

1. Überprüfung auf Kollinearität:

$$\begin{pmatrix} -1 \\ 5 \end{pmatrix} \neq r \begin{pmatrix} 3 \\ -1 \end{pmatrix} \text{ für alle } r \in \mathbb{R}$$

Um den Schnittpunkt zu ermitteln, setzen wir die rechten Seiten beider Geradengleichungen gleich und lösen das dabei entstehende lineare Gleichungssystem.

2. Schnittpunktberechnung:

$$\begin{pmatrix} 2 \\ 0 \end{pmatrix} + r \begin{pmatrix} -1 \\ 5 \end{pmatrix} = \begin{pmatrix} 7 \\ 3 \end{pmatrix} + s \begin{pmatrix} 3 \\ -1 \end{pmatrix}$$

Um die Koordinaten des Schnittpunktes zu berechnen, setzt man einen der ermittelten Parameterwerte in die zugehörige Geradengleichung ein.

▶ Wir erhalten den Schnittpunkt S(1 | 5).

Gleichungssystem:

$$\begin{array}{ll} \text{I} & 2 - r = 7 + 3s \\ \text{II} & 5r = 3 - s \\ \hline \text{I} + 3\text{II} & 2 + 14r = 16 \Rightarrow r = 1, s = -2 \end{array}$$

Übung 12

Untersuchen Sie die gegenseitige Lage der Geraden g und h.

a) g: $\vec{x} = \begin{pmatrix} 1 \\ 5 \end{pmatrix} + r \begin{pmatrix} -1 \\ 2 \end{pmatrix}$, h: $\vec{x} = \begin{pmatrix} 3 \\ -2 \end{pmatrix} + s \begin{pmatrix} 2 \\ -4 \end{pmatrix}$

b) g: $\vec{x} = \begin{pmatrix} 11 \\ 4 \end{pmatrix} + r \begin{pmatrix} -6 \\ 7 \end{pmatrix}$, h: $\vec{x} = \begin{pmatrix} -1 \\ 2 \end{pmatrix} + s \begin{pmatrix} -2 \\ 1 \end{pmatrix}$

c) g geht durch A(1 | 1) und B(7 | 3), h geht durch C(4 | 2) und D(13 | 5)

d) g: y = 2x + 4, h: y = 3x − 4

Übung 13

Gegeben ist die Gerade g durch die Punkte A(2 | −5) und B(−2 | 1).

a) Bestimmen Sie eine Parametergleichung von g.

b) Prüfen Sie, ob die Punkte P(1 | −3,5) und Q(0 | −3) auf der Geraden g liegen.

c) Untersuchen Sie die gegenseitige Lage der Geraden g und h: $\vec{x} = \begin{pmatrix} 4 \\ 0 \end{pmatrix} + s \begin{pmatrix} -2 \\ 1 \end{pmatrix}$.

d) Geben Sie die Gleichung einer Geraden k an, die zu g parallel verläuft und durch den Punkt R(1 | 1) geht.

2. Lagebeziehungen

Übungen

14. Prüfen Sie, ob die Punkte P und Q auf der Geraden g durch A und B liegen.
a) A(0|0|5)   P(3|6|2)
   B(1|2|4)   Q(4|8|0)
b) A(6|3|0)   P(2|5|4)
   B(0|6|6)   Q(4|2|4)

15. Das Schrägbild zeigt eine Gerade g durch die Punkte A and B sowie zwei weitere Punkte P und Q, die auf g zu liegen scheinen. Ist dies tatsächlich der Fall? Kommentieren Sie Ihr Resultat sowie das Schrägbild.

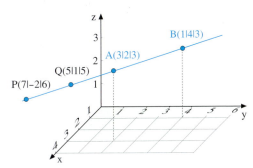

16. Untersuchen Sie, ob der Punkt P auf der Strecke $\overline{AB}$ liegt.
a) A(2|1|4)   B(5|7|1)   P(3|3|3)
b) A(−2|4|5)   B(2|8|9)   P(0|6|7)
c) A(3|0|7)   B(4|1|6)   P(7|4|3)
d) A(2|1|3)   B(6|7|1)   P(4|3|1)

17. Gegeben sei ein Dreieck ABC mit den Eckpunkten A(0|6|6), B(0|6|3) und C(3|3|0) sowie die Punkte P(2|2|2), Q(2|4|1) und R(2|5,5|4,5).
Fertigen Sie ein Schrägbild an und überprüfen Sie, welche der Punkte P, Q und R auf den Seiten des Dreiecks liegen.

18. Gegeben sind die folgenden sechs Geraden.
Welche Geraden sind parallel zueinander, welche sind hiervon sogar identisch?

g: $\vec{x} = \begin{pmatrix} 1 \\ 2 \\ -4 \end{pmatrix} + r \begin{pmatrix} 8 \\ -4 \\ 2 \end{pmatrix}$ h: $\vec{x} = \begin{pmatrix} 1 \\ 2 \\ -4 \end{pmatrix} + r \begin{pmatrix} 2 \\ -1 \\ 1 \end{pmatrix}$ k: $\vec{x} = \begin{pmatrix} 5 \\ 0 \\ -5 \end{pmatrix} + r \begin{pmatrix} 4 \\ -2 \\ 1 \end{pmatrix}$

u: Gerade durch A(1|2|−6) und B(9|−2|−4)   v: $\vec{x} = \begin{pmatrix} -3 \\ 4 \\ -5 \end{pmatrix} + r \begin{pmatrix} -2 \\ 1 \\ -0,5 \end{pmatrix}$ w: Gerade durch A(6|−1|−1) und B(2|1|−3)

19. Gegeben sind die Gerade g durch A und B sowie die Gerade h durch C und D.
Zeigen Sie, dass die Geraden sich schneiden, und berechnen Sie den Schnittpunkt S.
a) A(3|1|2), B(5|3|4)
   C(2|1|1), D(3|3|2)
b) A(1|0|0), B(1|1|1)
   C(2|4|5), D(3|6|8)
c) A(4|1|5), B(6|0|6)
   C(1|2|3), D(−2|5|3)

20. Zeigen Sie, dass die Geraden g und h windschief sind.

a) g: $\vec{x} = \begin{pmatrix} 1 \\ 0 \\ 1 \end{pmatrix} + r \begin{pmatrix} 1 \\ -1 \\ 0 \end{pmatrix}$ h: $\vec{x} = \begin{pmatrix} 0 \\ 1 \\ 0 \end{pmatrix} + s \begin{pmatrix} 0 \\ 1 \\ 1 \end{pmatrix}$

b) g: $\vec{x} = \begin{pmatrix} 1 \\ 1 \\ -1 \end{pmatrix} + r \begin{pmatrix} 1 \\ 2 \\ 1 \end{pmatrix}$ h: $\vec{x} = \begin{pmatrix} 0 \\ 1 \\ 1 \end{pmatrix} + s \begin{pmatrix} 1 \\ 1 \\ 1 \end{pmatrix}$

c) g: $\vec{x} = \begin{pmatrix} 1 \\ -1 \\ 2 \end{pmatrix} + r \begin{pmatrix} 2 \\ 2 \\ 1 \end{pmatrix}$ h: $\vec{x} = \begin{pmatrix} 3 \\ -3 \\ 0 \end{pmatrix} + s \begin{pmatrix} 0 \\ 3 \\ 1 \end{pmatrix}$

21. Die Geraden g, h und k schneiden sich in den Eckpunkten eines Dreiecks ABC. Bestimmen Sie die Eckpunkte A, B und C.

g: $\vec{x} = \begin{pmatrix} 0 \\ -3 \\ 3 \end{pmatrix} + r \begin{pmatrix} 1 \\ 3 \\ -1 \end{pmatrix}$ 	h: $\vec{x} = \begin{pmatrix} -1 \\ 6 \\ 10 \end{pmatrix} + s \begin{pmatrix} -1 \\ 3 \\ 4 \end{pmatrix}$ 	k: $\vec{x} = \begin{pmatrix} 3 \\ 6 \\ 0 \end{pmatrix} + t \begin{pmatrix} 1 \\ 1 \\ -2 \end{pmatrix}$

22. Untersuchen Sie, welche Lagebeziehung zwischen der Geraden g durch A und B und der Geraden h durch C und D besteht. Berechnen Sie gegebenenfalls den Schnittpunkt.
  a) $A(-1|1|1), B(1|1|-1)$
  $C(1|1|1), D(0|1|2)$
  b) $A(4|2|1), B(0|4|3)$
  $C(1|2|1), D(3|4|3)$
  c) $A(2|0|4), B(4|2|3)$
  $C(6|4|2), D(10|8|0)$
  d) $A(0|0|6), B(3|3|0)$
  $C(0|0|0), D(6|6|6)$
  e) $A(1|-2|4), B(3|4|2)$
  $C(3|0|0), D(1|2|4)$
  f) $A(1|-2|0), B(-1|2|8)$
  $C(-2|-2|5), D(4|4|2)$

23. a) Bestimmen Sie eine Parametergleichung der Geraden g durch die Punkte $A(7|3)$ und $B(18|-2)$.
  b) Bestimmen Sie eine Koordinatengleichung der Geraden h, die durch die Punkte $A(2|-4)$ und $B(3|-5)$ geht.
  c) Untersuchen Sie die gegenseitige Lage der Geraden g und h.

24. a) Bestimmen Sie eine Koordinatengleichung der Geraden g: $\vec{x} = \begin{pmatrix} 3 \\ 5 \end{pmatrix} + r \begin{pmatrix} 5 \\ -4 \end{pmatrix}$.
  b) Geben Sie eine Parametergleichung der Geraden h: $2x + y = 5$ an.
  c) Untersuchen Sie, welche gegenseitige Lage die Geraden g und h einnehmen.
  d) Für welches $a \in \mathbb{R}$ liegt $P(a|9)$ auf g?
  e) Geben Sie die Gerade k an, die die Gerade h in $S(2|1)$ senkrecht schneidet.

25. Untersuchen Sie die Lagebeziehung der Geraden g und h.
  a) g: $y = -\frac{1}{4}x + \frac{7}{2}$, h: $\vec{x} = \begin{pmatrix} 6 \\ 2 \end{pmatrix} + r \begin{pmatrix} -8 \\ 2 \end{pmatrix}$
  b) g: $-4x + 2y = 10$, h: $\vec{x} = \begin{pmatrix} 1 \\ 5 \end{pmatrix} + r \begin{pmatrix} 5 \\ 10 \end{pmatrix}$

26. Überprüfen Sie, ob die eingezeichneten Geraden sich schneiden, und berechnen Sie gegebenenfalls den Schnittpunkt.

a)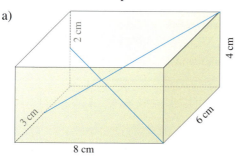
b)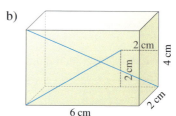

2. Lagebeziehungen

27. Seitenhalbierende im Dreieck
Bekanntlich schneiden sich die Seitenhalbierenden eines Dreiecks in einem Punkt S.

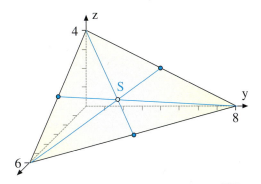

a) Berechnen Sie den Punkt S für das abgebildete Dreieck.

b) Weisen Sie nach, dass alle Seitenhalbierenden des Dreiecks durch diesen Punkt verlaufen.

28. Gegeben sei das Dreieck ABC mit A(4|0|2), B(0|4|1) und C(0|0|6). g sei eine zu $\overline{AC}$ parallele Gerade durch B, h sei eine zu $\overline{BC}$ parallele Gerade durch A.
Prüfen Sie, ob g und h sich schneiden, und bestimmen Sie gegebenenfalls den Schnittpunkt.
Fertigen Sie ein Schrägbild an.

29. Ebene Vierecke
Ein Raumviereck ABCD kann eben sein oder aus zwei gegeneinander geneigten Dreiecken bestehen. In einem ebenen Viereck schneiden sich die Diagonalen.
Überprüfen Sie, ob die gegebenen Vierecke eben sind. Fertigen Sie jeweils eine Zeichnung an.

 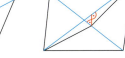

ebenes Viereck   nicht-ebenes Viereck

a) A(3|1|2), B(6|2|2), C(5|9|4), D(1|4|3)
b) A(4|0|0), B(4|3|1), C(0|3|4), D(4|0|3)
c) A(5|2|0), B(1|2|6), C(1|6|0), D(6|7|−2)

30. Gegeben ist eine 6 m hohe quadratische Pyramide, deren Grundflächenseiten 6 m lang sind.
Der Punkt M liegt in der Mitte der Seite SC. Die Strecke $\overline{SA}$ ist dreimal so lang wie die Strecke $\overline{SN}$.
Wo schneiden sich die eingezeichneten Geraden?

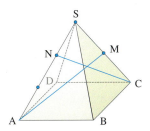

31. In den Geradengleichungen wurden einige Koordinaten gelöscht und durch Variablen ersetzt.
Setzen Sie neue Koordinaten ein, sodass die Geraden folgende Lagen einnehmen:
a) echt parallel
b) identisch
c) schneidend
d) windschief

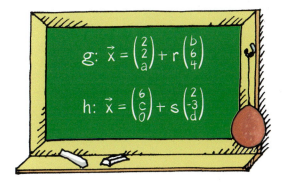

3. Exkurs: Spurpunkte mit Anwendungen

In diesem Abschnitt werden als exemplarische Anwendungsbeispiele für Geraden Spurpunktprobleme behandelt.

Die Schnittpunkte einer Geraden mit den Koordinatenebenen bezeichnet man als *Spurpunkte* der Geraden.

▶ **Beispiel: Spurpunkte**

Gegeben sei g: $\vec{x} = \begin{pmatrix} 2 \\ 4 \\ 2 \end{pmatrix} + r \begin{pmatrix} 1 \\ 1 \\ -1 \end{pmatrix}$.

Bestimmen Sie die Spurpunkte der Geraden und fertigen Sie eine Skizze an.

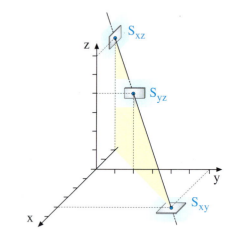

Lösung:
Der Schnittpunkt der Geraden mit der x-y-Ebene wird als Spurpunkt S_{xy} bezeichnet. Er hat die z-Koordinate $z = 0$.
Die z-Koordinate des allgemeinen Geradenpunktes beträgt $z = 2 - r$.
Setzen wir diese 0, so erhalten wir $r = 2$, was auf den Spurpunkt $S_{xy}(4|6|0)$ führt.

$z = 0: \Leftrightarrow 2 - r = 0 \Leftrightarrow r = 2$

$\vec{x} = \begin{pmatrix} 2 \\ 4 \\ 2 \end{pmatrix} + 2 \cdot \begin{pmatrix} 1 \\ 1 \\ -1 \end{pmatrix} = \begin{pmatrix} 4 \\ 6 \\ 0 \end{pmatrix}$

$S_{xy}(4|6|0)$

Analog errechnen wir die weiteren Spurpunkte, indem wir die x-Koordinate bzw. die y-Koordinate des allgemeinen Geradenpunktes null setzen.
▶ Ergebnisse: $S_{yz}(0|2|4)$, $S_{xz}(-2|0|6)$

Übung 1
Berechnen Sie die Spurpunkte der Geraden g durch A und B. Fertigen Sie eine Skizze an.

a) $A(10|6|-1)$, $B(4|2|1)$ b) $A(-2|4|9)$, $B(4|-2|3)$
c) $A(4|1|1)$, $B(-2|1|7)$ d) $A(2|4|-2)$, $B(-1|-2|4)$

Übung 2
Geben Sie die Gleichung einer Geraden g an, die nur zwei Spurpunkte bzw. nur einen Spurpunkt besitzt.

Übung 3
In welchen Punkten durchdringen die Kanten der skizzierten Pyramide den 2 m hohen Wasserspiegel?

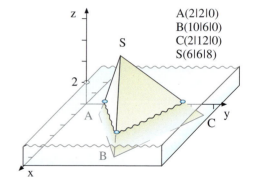

A(2|2|0)
B(10|6|0)
C(2|12|0)
S(6|6|8)

3. Exkurs: Spurpunkte mit Anwendungen

Im Folgenden werden Spurpunktberechnungen zur Lösung von Anwendungsaufgaben zur Lichtreflexion und zum Schattenwurf eingesetzt.

> **Beispiel: Lichtreflexion**
> Der Verlauf eines Lichtstrahls soll verfolgt werden. Der Strahl geht vom Punkt A(0|6|6) aus und läuft in Richtung des Vektors $\begin{pmatrix} 1 \\ -1 \\ -2 \end{pmatrix}$ auf die x-y-Ebene zu, an der er reflektiert wird. Wo trifft der Strahl auf die x-y-Ebene? Wie lautet die Geradengleichung des dort reflektierten Strahles und wo trifft dieser auf die x-z-Ebene?

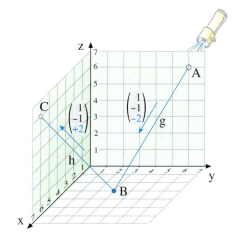

Lösung:
Wir bestimmen zunächst die Geradengleichung des von A ausgehenden Strahls g. Dessen Schnittpunkt B mit der x-y-Ebene erhalten wir durch Nullsetzen der z-Koordinate des allgemeinen Geradenpunktes von g.
Der reflektierte Strahl h geht von diesem Punkt B(3|3|0) aus. Bei der Reflexion ändert sich nur diejenige Koordinate des Richtungsvektors, die senkrecht auf der Reflexionsebene steht. Diese Koordinate wechselt ihr Vorzeichen, hier also die z-Koordinate. Der Richtungsvektor von h ist daher $\begin{pmatrix} 1 \\ -1 \\ +2 \end{pmatrix}$. Nun können wir die Geradengleichung des reflektierten Strahls h aufstellen und dessen Schnittpunkt mit der x-z-Ebene berechnen. Es ist der Punkt
▶ C(6|0|6).   ⓞ 095-1

Gleichung des Strahls g:

$$g: \vec{x} = \begin{pmatrix} 0 \\ 6 \\ 6 \end{pmatrix} + r \begin{pmatrix} 1 \\ -1 \\ -2 \end{pmatrix}$$

Schnittpunkt mit der x-y-Ebene:

$z = 0 \Leftrightarrow 6 - 2r = 0 \Leftrightarrow r = 3 \Rightarrow B(3|3|0)$

Gleichung des reflektierten Strahls h:

$$h: \vec{x} = \begin{pmatrix} 3 \\ 3 \\ 0 \end{pmatrix} + s \begin{pmatrix} 1 \\ -1 \\ +2 \end{pmatrix}$$

Schnittpunkt mit der x-z-Ebene:

$y = 0 \Leftrightarrow 3 - s = 0 \Leftrightarrow s = 3 \Rightarrow C(6|0|6)$

Übung 4 Billard

Auch beim Billardspiel kommt es zu Reflexionen der Kugel an der Bande. Auf dem abgebildeten Tisch liegt die Kugel in der Position P(6|4). Sie wird geradlinig in Richtung des Vektors $\begin{pmatrix} 2 \\ 3 \end{pmatrix}$ gestoßen.
Trifft sie das Loch bei L(14|0)?
Lösen Sie die Aufgabe zeichnerisch und rechnerisch.

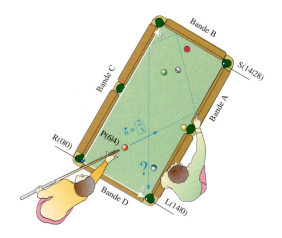

Spurpunktberechnungen können auch zur Konstruktion der Schattenbilder von Gegenständen im Raum auf die Koordinatenebenen verwendet werden.

▶ **Beispiel: Schattenwurf**
Im 1. Oktanden des Koordinatensystems steht die senkrechte Strecke $\overline{PQ}$ mit P(4|3|0) und Q(4|3|6).
In Richtung des Vektors $\begin{pmatrix} -2 \\ 1 \\ -2 \end{pmatrix}$ fällt paralleles Licht auf die Strecke.
Konstruieren Sie rechnerisch ein Schattenbild der Strecke auf den Randflächen des 1. Oktanden.

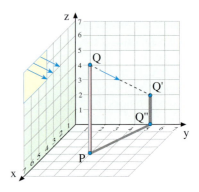

Lösung:
Das Ergebnis ist rechts abgebildet, ein abknickender Schatten. Es wurde durch Verfolgung desjenigen Lichtstrahls g konstruiert, der durch den Punkt Q führt.

Nach dem Aufstellen der Geradengleichung von g errechnen wir den Spurpunkt Q' von g in der y-z-Ebene, denn wir vermuten, dass der Strahl g diese Ebene zuerst trifft.

Gleichung des Strahls g durch Q:

$$g: \vec{x} = \begin{pmatrix} 4 \\ 3 \\ 6 \end{pmatrix} + r \begin{pmatrix} -2 \\ 1 \\ -2 \end{pmatrix}$$

Durch Nullsetzen der x-Koordinate des allgemeinen Geradenpunktes erhalten wir r = 2, d. h. Q'(0|5|2).

Schnittpunkt von g mit der y-z-Ebene:

$x = 0 \Leftrightarrow 4 - 2r = 0 \Leftrightarrow r = 2 \Rightarrow Q'(0|5|2)$

Der Fußpunkt des senkrechten Lotes von Q' auf die y-Achse ist Q''(0|5|0).

Fußpunkt des Lotes von Q' auf die y-Achse:
Q''(0|5|0)

Der Schatten der Strecke $\overline{PQ}$ ist der Streckenzug PQ''Q', wie oben eingezeichnet. Es handelt sich ▶ um einen abknickenden Schatten.

Übung 5   Schatten
Im mathematischen Klassenraum steht ein Schrank für die Aufbewahrung von Punkten, Strecken und Flächen. Er hat die Höhe 4 und die Breite 2. Für seine Tiefe reicht bekanntlich 0 aus.
In Richtung des Vektors $\begin{pmatrix} -1 \\ 1 \\ -1 \end{pmatrix}$ fällt paralleles Licht auf den Schrank.
Konstruieren Sie das Schattenbild des Schrankes auf dem Boden und den Wänden rechnerisch und zeichnen Sie es auf.

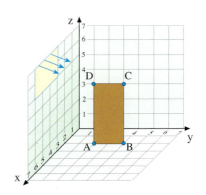

3. Exkurs: Spurpunkte mit Anwendungen

Übungen

6. Gegeben sind die Geraden g durch A(1|3|6) und B(2|4|3) sowie h: $\vec{x} = \begin{pmatrix} -1 \\ 4 \\ 6 \end{pmatrix} + s \begin{pmatrix} 2 \\ -2 \\ -2 \end{pmatrix}$.

Bestimmen Sie die Spurpunkte der Geraden und zeichnen Sie ein Schrägbild.

7. Geraden können 1, 2, 3 oder unendlich viele unterschiedliche Spurpunkte besitzen. Erläutern Sie diese Tatsache und überprüfen Sie, welcher Fall bei den folgenden Geraden jeweils eintritt.

a) $g: \vec{x} = \begin{pmatrix} 3 \\ 2 \\ 2 \end{pmatrix} + r \begin{pmatrix} -1 \\ 0 \\ 2 \end{pmatrix}$
b) $g: \vec{x} = \begin{pmatrix} 1 \\ 1 \\ 4 \end{pmatrix} + r \begin{pmatrix} -1 \\ 1 \\ 2 \end{pmatrix}$
c) $g: \vec{x} = \begin{pmatrix} -3 \\ -2 \\ 2 \end{pmatrix} + r \begin{pmatrix} 1 \\ 2 \\ -2 \end{pmatrix}$

d) $g: \vec{x} = \begin{pmatrix} 2 \\ 0 \\ 1 \end{pmatrix} + r \begin{pmatrix} 1 \\ 0 \\ 2 \end{pmatrix}$
e) $g: \vec{x} = \begin{pmatrix} 2 \\ 2 \\ 3 \end{pmatrix} + r \begin{pmatrix} 0 \\ 0 \\ 2 \end{pmatrix}$
f) $g: \vec{x} = r \begin{pmatrix} 2 \\ 2 \\ 3 \end{pmatrix}$

8. In welchem Punkt trifft die vom Punkt P(2|4) in Richtung des Vektors $\begin{pmatrix} 3 \\ -1 \end{pmatrix}$ geradlinig gestoßene Billardkugel die Bande C erstmals?

Lösen Sie zeichnerisch und rechnerisch.

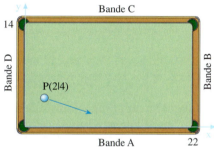

9. In Richtung des Vektors $\begin{pmatrix} -1 \\ -3 \\ 1 \end{pmatrix}$ fällt paralleles Licht.

a) Im 1. Oktanden des Koordinatensystems steht die senkrechte Strecke $\overline{PQ}$ mit P(4|6|0) und Q(4|6|3). Konstruieren Sie das Schattenbild der Strecke (zeichnerisch und rechnerisch).

b) Gegeben ist ein Rechteck ABCD mit A(4|3|0), B(2|3|0), C(2|3|3), D(4|3|3). Konstruieren Sie das Schattenbild des Rechtecks auf dem Boden und den Randflächen des 1. Oktanden (zeichnerisch und rechnerisch).

10. Im Koordinatenraum steht ein schräg nach oben geneigtes Dreieck ABC mit A(3|2|0), B(3|6|0), C(2|3|4). In Richtung des Vektors $\begin{pmatrix} -1 \\ -3 \\ -1 \end{pmatrix}$ fällt paralleles Licht auf dieses Dreieck.
Zeichnen Sie das Schattenbild des Dreiecks, wobei Sie sich an der (nicht maßstäblichen) Skizze orientieren. Berechnen Sie dann die Eckpunkte des Dreiecksschattens auf dem Boden und den Wänden des Raums.

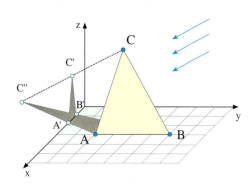

11. Flugbahnen

Flugzeug Alpha fliegt geradlinig durch die Punkte $A(-8|3|2)$ und $B(-4|-1|4)$. Eine Einheit im Koordinatensystem entspricht einem Kilometer. Der Flughafen F befindet sich in der x-y-Ebene.

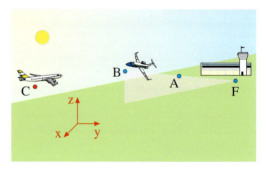

a) In welchem Punkt F ist das Flugzeug gestartet? In welchem Punkt T erreicht es seine Reiseflughöhe von 10 000 m?

b) Flugzeug Beta steuert Punkt $C(10|-10|5)$ aus Richtung $\vec{v} = \begin{pmatrix} -2 \\ 2 \\ -1 \end{pmatrix}$ an. Zeigen Sie, dass die beiden Flugzeuge keinesfalls kollidieren können.

c) In dem Moment, an dem Flugzeug Alpha den Punkt B passiert, erreicht Flugzeug Beta den Punkt C. Wie groß ist die Entfernung der Flugzeuge zu diesem Zeitpunkt?

d) Beim Passieren von Punkt C wird Flugzeug Beta vom Tower aufgefordert, in Richtung $\vec{v}_1 = \begin{pmatrix} -5 \\ 4 \\ -1 \end{pmatrix}$ weiterzufliegen. In 1000 m Höhe soll eine weitere Kursänderung erfolgen, die Flugzeug Beta zum Flughafen F bringt. In welche Richtung muss diese letzte Korrektur das Flugzeug führen?

12. Flugbahn und Fluggeschwindigkeit

Ein Sportflugzeug Gamma passiert um 10 Uhr den Punkt $A(10|1|0,8)$ und 2 Minuten später den Punkt $B(15|7|1)$. Eine Einheit im Koordinatensystem entspricht einem Kilometer. Das Flugzeug fliegt mit konstanter Geschwindigkeit.

a) Stellen Sie die Gleichung der Geraden g auf, auf der das Flugzeug Gamma fliegt. Erläutern Sie für Ihre Geradengleichung den Zusammenhang zwischen dem Geradenparameter und dem zugehörigen Zeitintervall.

b) Wo befindet sich das Flugzeug Gamma um 10:10 Uhr? Mit welcher Geschwindigkeit fliegt es? Wann erreicht das Flugzeug die Höhe von 4000 m?

c) Ein zweites Flugzeug Delta passiert um 10 Uhr den Punkt $P(100|130|3,7)$ und eine Minute später den Punkt $Q(95|121|3,6)$. Prüfen Sie, ob sich die beiden Flugbahnen schneiden und untersuchen Sie, ob tatsächlich die Gefahr einer Kollision besteht.

13.

Ein U-Boot beginnt eine Tauchfahrt in $P(100|200|0)$ mit 11,1 Knoten in Richtung des Peilziels $Z(500|400|-80)$, bis es eine Tiefe von 80 m erreicht hat.
$\left(1 \text{ Knoten} = 1 \frac{\text{Seemeile}}{\text{Stunde}} \approx 1{,}852 \frac{\text{km}}{\text{h}}\right)$

Anschließend geht es ohne Kurswechsel in eine horizontale Schleichfahrt von 11 Knoten ein.

Könnte es zu einer Kollision mit der Tauchkugel T kommen, die zeitgleich vom Forschungsschiff $S(700|800|0)$ mit einer Geschwindigkeit von $0{,}5 \frac{m}{s}$ senkrecht sinkt?

3. Exkurs: Spurpunkte mit Anwendungen

14. Bergwerksstollen

Vom Punkt A(−7|−3|−8) ausgehend soll durch den Punkt B(−2|0|−9) ein geradliniger Stollen namens Kuckucksloch in einen Berg getrieben werden. Ebenso soll ein Stollen namens Morgenstern von Punkt C(4|−6|−6) ausgehend über den Punkt D(7|−1|−8) geradlinig gebaut werden. Eine Einheit entspricht 100 m. Die Erdoberfläche liegt in der x-y-Ebene.

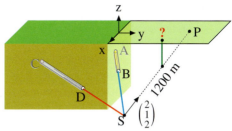

a) Prüfen Sie, ob die Ingenieure richtig gerechnet haben und die Stollen sich wie geplant in einem Punkt S treffen.
b) Im Stollen Kuckucksloch kann die Bohrung um 5 m pro Tag vorangetrieben werden. Wie hoch muss die Bohrleistung im Stollen Morgenstern durch C und D sein, damit beide Stollen am selben Tag den Vereinigungspunkt S erreichen?
c) Von Punkt S aus wird der Stollen Kuckucksloch weiter in Richtung $\begin{pmatrix} 2 \\ 1 \\ 2 \end{pmatrix}$ fortgesetzt. In welchem Punkt P erreicht der Stollen die Erdoberfläche?
d) In 1200 m Entfernung von Punkt P auf der Strecke $\overline{SP}$ soll ein senkrechter Notausstieg gebohrt werden. An welchem Punkt der Erdoberfläche muss die Bohrung beginnen? Wie tief wird die Bohrung sein?

15. Pyramide

Gegeben sei eine quadratische Pyramide, die 100 m breit und 50 m hoch ist.

I. Geraden

a) Bestimmen Sie die Gleichungen der Geraden in denen die vier Pyramidenkanten verlaufen.
b) Forscher vermuten, dass das Baumaterial über riesige Rampen, die sich längs der eingezeichneten blauen Strecken an die Pyramide lehnten, transportiert wurde.

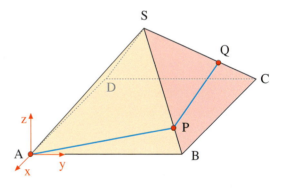

Die erste Rampe hat im Punkt P 10 m Höhenunterschied erreicht. Bestimmen Sie P.
c) Die anschließende Rampe soll den gleichen Steigungswinkel besitzen.
Bestimmen Sie die Gleichung der entsprechenden Geraden.
In welchem Punkt Q endet diese Rampe?
In welchem Punkt erreicht die Rampe die Höhe von 15 m?
d) In welchen Punkten durchstoßen die Pyramidenkanten eine Höhe von 20 m?
In welcher Höhe beträgt der horizontale Querschnitt der Pyramide 25 m²?

II. Geradenschar

Vom Punkt T(50|−50|100) fällt Licht in Richtung $\begin{pmatrix} -1-a \\ 3-a \\ a-2 \end{pmatrix}$.

a) Zeigen Sie, dass vom Punkt T je ein Lichtstrahl auf die Punkte B und S fällt.
b) Zeigen Sie: Jeder Punkt der Kante $\overline{BS}$ wird angestrahlt.
c) Bestimmen Sie den Schattenwurf der Kante $\overline{BS}$ in der x-y-Ebene.

16. Kletterturm

Ein Kletterturm ist in der Form eines Pyramidenstumpfes geplant. Hierbei bilden die Ecken A(0|0|0), B(4|6|0), C(0|12|0) und D(−8|0|0) das Grundflächenviereck, während E(2|0|12), F(4|3|12), G(2|6|12) und H(−2|0|12) das Deckflächenviereck bilden.

a) Zeichnen Sie ein Schrägbild des Pyramidenstumpfes.
b) Zeichnen Sie die Grundfläche in der x-y-Ebene. Tragen Sie hierin auch die Projektion der Oberfläche ein. Klassifizieren Sie nun die vier Kletterflächen nach ihrem Schwierigkeitsgrad.
c) Zeigen Sie, dass es sich tatsächlich um eine Pyrymide handelt. Überprüfen Sie hierzu die Pyramidenspitze S. Treffen sich die vier Kanten in S?
d) Bestimmen Sie zunächst das Volumen der Pyramide und dann das des Stumpfes.
e) Welche Koordinaten hat das Querschnittsviereck in halber Höhe des Stumpfes?
f) Zeigen Sie: Die Geradenschar durch S in Richtung $\begin{pmatrix} -2-2a \\ 3a \\ 12 \end{pmatrix}$ enthält die Geraden durch die Kanten $\overline{BF}$ und $\overline{CG}$.
g) Begründen Sie, dass die Richtungsvektoren der Schar aus f komplanar sind.

17. Pyramidenzelt

Ein Zelt hat die Form einer quadratischen Pyramide mit 8 m Breite und 3 m Höhe. Den Eingang bildet das Trapez EFGH mit |EF| = 4 m und G bzw. H als Mitten der Strecken $\overline{ES}$ bzw. $\overline{FS}$.

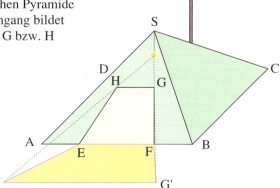

a) Wie groß ist der Eingang EFGH?
b) Ein Meter unter der Zeltspitze S befindet sich eine Lichtquelle. Durch den Eingang fällt Licht nach außen und begrenzt so eine beleuchtete Fläche. Wie groß ist sie?
c) In der Mitte der hinteren Zeltkante $\overline{CD}$ ist auf einer senkrechten Stange eine Kamera angebracht. In welcher Höhe muss sie sich befinden, wenn sie die gesamte beleuchtete Fläche überwachen soll?
d) Wie ändert sich die beleuchtete Fläche, wenn die Lichtquelle weiter nach oben bzw. weiter nach unten gebracht wird?
Welche Grenzflächen ergeben sich wenn sich die Lichtquelle in S bzw. in 1,5 m Höhe befindet?

III. Geraden

Überblick

Parametergleichung einer Geraden:

g: $\vec{x} = \vec{a} + r \cdot \vec{m}$ $(r \in \mathbb{R})$

   ↑ Stützvektor   ↑ Richtungsvektor

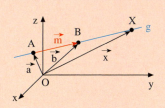

Zweipunktegleichung:

g: $\vec{x} = \vec{a} + r \cdot (\vec{b} - \vec{a})$ $(r \in \mathbb{R})$

$\vec{a}$ und $\vec{b}$ sind die Ortsvektoren zweier Geradenpunkte A und B.

Koordinatengleichung der Geraden in der Ebene:

$ax + by = c$ bzw. $y = mx + n$ $(a, b, c, m, n \in \mathbb{R}, b \neq 0)$

Lagebeziehung von zwei Geraden im Raum:

Die Geraden sind entweder parallel (oder sogar identisch) oder sie schneiden sich in genau einem Punkt oder sie sind windschief.

1. Fall: parallel (im Sonderfall: identisch)
Die Richtungsvektoren beider Geraden sind kollinear.
Liegt der Stützpunkt einer Geraden auch auf der anderen Geraden, sind die Geraden sogar identisch.

2. Fall: schneidend
Die Richtungsvektoren der Geraden sind nicht kollinear.
Man setzt die rechten Seiten der Parametergleichungen gleich und löst das entstehende eindeutig lösbare LGS.
Die Geraden schneiden sich in genau einem Punkt.

3. Fall: windschief
Die Richtungsvektoren der Geraden sind nicht kollinear.
Man setzt die rechten Seiten der Parametergleichungen gleich. Das entstehende LGS ist unlösbar.

Spurpunkte einer Geraden:

Schnittpunkte der Geraden mit den Koordinatenebenen.
Bedingungen:
S_{xy}: $z = 0$
S_{xz}: $y = 0$
S_{yz}: $x = 0$

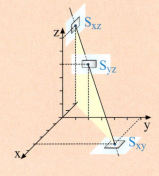

3-D-Darstellung von Geraden

Die Lagebeziehungen von Punkt und Gerade sowie von zwei Geraden wurden im zweiten Abschnitt rechnerisch untersucht. Im zweidimensionalen Raum können diese Fragestellungen auch zeichnerisch untersucht werden, im dreidimensionalen Raum ist dies mit Schwierigkeiten verbunden. Dort leisten aber 3-D-Darstellungen mit Computerprogrammen, die auch auf der Buch-CD angeboten werden, gute Dienste.

Das folgende Bild zeigt die 3-D-Darstellung eines Punktes und einer Geraden mit einem Computerprogramm, das man als Medienelement auf der Buch-CD findet. Im vorliegenden Fall liegt der Punkt nicht auf der Geraden.

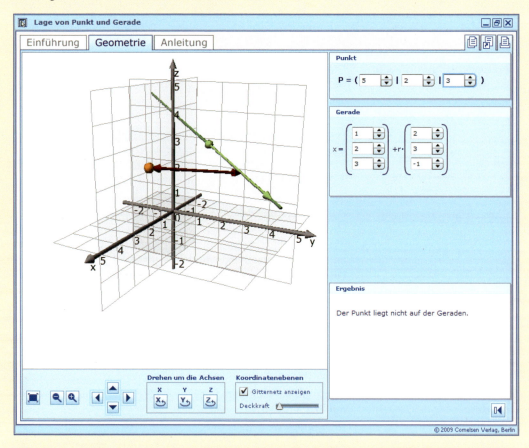

Im Fenster auf der rechten Seite erfolgt die Eingabe bzw. Änderung der Koordinaten des Punktes, darunter wird die Parameterform der Geradengleichung eingegeben. Im linken Fenster wird die Gerade und der Punkt im räumlichen Koordinatensystem dargestellt. Außerdem wird rechts unten die Lagebeziehung der beiden Objekte ausgegeben.

Die Darstellung kann mithilfe der Schaltflächen unterhalb des Koordinatensystems verändert werden: Das Bild kann vergrößert und verkleinert, verschoben und gedreht werden. Auch die Darstellung der Koordinatenebenen lässt sich ändern.

3-D-Darstellung von Geraden

Das folgende Bild zeigt die 3-D-Darstellung zweier sich schneidender Geraden mithilfe eines weiteren Medienelements von der Buch-CD. Die Eingabe beider Gleichungen erfolgt wieder in der vektoriellen Parameterform. Das Programm stellt die beiden Geraden im dreidimensionalen Koordinatensystem dar und gibt ihre Lagebeziehung aus. Im vorliegenden Fall schneiden sich die beiden Geraden.

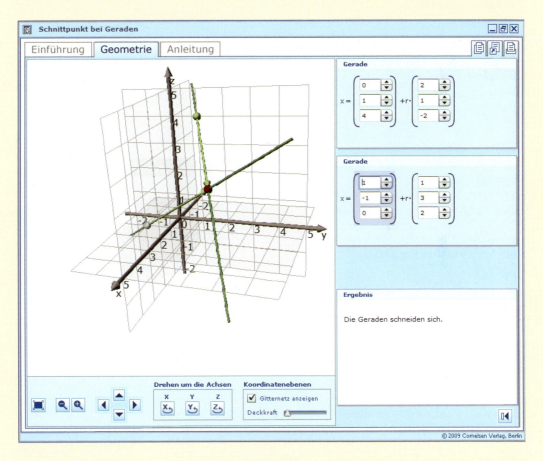

Bei Änderung der Vektoren verändert sich natürlich die Lagebeziehung, d.h., man erhält windschiefe oder parallele oder identische Geraden. Bei einer Drehung um z-Achse wird die Lagebeziehung unmittelbar optisch deutlich.

Übungen

a) Experimentieren Sie mit dem Medienelement 🔸 103-1 zur Darstellung einer Geraden im dreidimensionalen Raum.
b) Bearbeiten Sie die Übungen 1 von Seite 82 sowie 14, 15 und 16 von Seite 91 zur Lagebeziehung Punkt-Gerade mit dem Medienelement 🔸 103-2.
c) Bearbeiten Sie die Übungen 2–4 von Seite 85 zur Lagebeziehung zweier Geraden im Raum mit dem Medienelement 🔸 103-3.

CAS-Anwendung

104-1

Es werden folgende Grundaufgaben behandelt:
– Aufstellung einer Geradengleichung zu gegebenen Punkten A und B
– Punkt und Gerade
– Schnittpunkt von zwei Geraden
– Spurpunkte einer Geraden

> **Beispiel: Gerade durch zwei Punkte**
> Bestimmen Sie eine vektorielle Parametergleichung derjenigen Geraden g, die durch die Punkte A(3|2|3) und B(1|6|5) verläuft.

Lösung:
Zunächst werden die Ortsvektoren der Punkte A und B eingegeben: va := [3; 2; 3], vb := [1; 6; 5]. Anschließend wird die Gerade g definiert: $g(r) := va + r \cdot (vb - va)$.

Der Aufruf g(r) ergibt den Vektor $\vec{x}$ zur Geraden g mit dem Parameter r:

$$g: \vec{x} = \begin{pmatrix} 3 - 2 \cdot r \\ 2 + 4 \cdot r \\ 3 + 2 \cdot r \end{pmatrix}, \text{ also}$$

$$g: \vec{x} = \begin{pmatrix} 3 \\ 2 \\ 3 \end{pmatrix} + r \cdot \begin{pmatrix} -2 \\ 4 \\ 2 \end{pmatrix}.$$

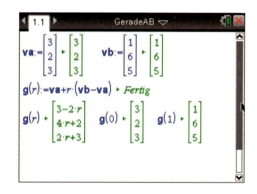

▶ Durch Einsetzen von r = 0 und r = 1 in g(r) wird bestätigt, das A und B tatsächlich auf g liegen.

> **Beispiel: Punkt und Gerade**
> Gegeben ist die Gerade g durch die Parametergleichung $\vec{x} = \begin{pmatrix} 3 \\ 2 \\ 3 \end{pmatrix} + r \cdot \begin{pmatrix} -2 \\ 4 \\ 2 \end{pmatrix}$.
>
> Weisen Sie nach, dass der Punkt P(2|4|4) auf der Geraden g liegt.

Lösung:
Wir definieren die Gerade g durch
$g(r) := [3; 2; 3] + r \cdot [-2; 4; 2]$
und für den Punkt P den Ortsvektor $\vec{p}$:
vp := [2; 4; 4].
Die Punktprobe besteht in der Untersuchung, ob eine Lösung der Gleichung p = g(r) für den Parameter r existiert:

solve(vp = g(r), r) liefert $r = \frac{1}{2}$.

▶ Folglich liegt der Punkt P auf der gegebenen Geraden g.

CAS-Anwendung

▶ **Beispiel: Schnittpunkt von zwei Geraden**

Gegeben sind die Geraden g: $\vec{x} = \begin{pmatrix} 0 \\ 0 \\ 6 \end{pmatrix} + r \cdot \begin{pmatrix} 8 \\ 12 \\ -4 \end{pmatrix}$ und h: $\vec{x} = \begin{pmatrix} 4 \\ 0 \\ 2 \end{pmatrix} + s \cdot \begin{pmatrix} 0 \\ 12 \\ 4 \end{pmatrix}$.

Prüfen Sie, ob sich die Geraden schneiden und berechnen Sie ggf. den Schnittpunkt.

Lösung:
Zunächst werden die Geraden definiert:
$g(r) := [0; 0; 6] + r \cdot [8; 12; -4]$,
$h(s) := [4; 0; 2] + r \cdot [0; 12; 4]$.

Der Befehl solve(g(r) = h(s), r, s) liefert die Lösung $r = \frac{1}{2}$ **und** $s = \frac{1}{2}$; folglich schneiden sich die beiden Geraden.

Setzt man jeweils den in der Lösung ermittelten Parameter in g(r) bzw. h(s) ein, so erhält man den Schnittpunkt S der beiden Geraden: S(4|6|4).

▶ *Hinweis:* Die Darstellung als Zeilenvektor erhält man durch Transponieren.

▶ **Beispiel: Spurpunkte einer Geraden**

Gegeben ist die Gerade g durch die Parametergleichung $\vec{x} = \begin{pmatrix} 2 \\ 4 \\ 2 \end{pmatrix} + r \cdot \begin{pmatrix} 1 \\ 1 \\ -1 \end{pmatrix}$.

Bestimmen Sie die Spurpunkte der Geraden, also die Schnittpunkte der Geraden g mit der x-y-Ebene, mit der y-z-Ebene und mit der x-z-Ebene.

Lösung:
Zunächst wird die Gerade g definiert:
$g(r) := [2; 4; 2] + r \cdot [1; 1; -1]$. Für ihren Spurpunkt in der x-y-Ebene muss gelten: $z = 2 - 1 \cdot r = 0$. Die Berechnung erfolgt mit solve(g(r)=[x;y;0],r); es ergibt sich: $r = 2$, $x = 4$, $y = 6$. Einsetzen in g(r) liefert die Spurpunktkoordinaten $S_{xy}(4|6|0)$. Entsprechend erhält man mit der Eingabe solve(g(r)=[x;0;z],r) den Spurpunkt $S_{xz}(-2|0|6)$, mit solve(g(r)=[0;y;z],r) ergibt sich der Spurpunkt $S_{yz}(0|2|4)$.

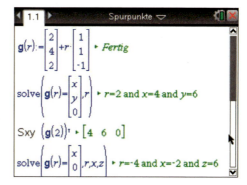

Übung 1
Liegt P(4|4|3) auf der Strecke $\overline{AB}$ mit A(3|2|4) und B(6|8|1)?

Übung 2
Sei A(3|2|4), B(6|8|1) und C(4|6|3). Bestimmen Sie D so, dass ABCD ein Parallelogramm ist.

Test

Geraden

1. Gegeben sind die Punkte $P(1|4|3)$, $A(3|0|1)$ und $B(0|6|4)$.
   a) Stellen Sie eine Parametergleichung der Geraden g durch A und B auf.
   b) Überprüfen Sie, ob der Punkt P auf der Strecke $\overline{AB}$ liegt.

2. Gegeben sind die Geraden $g: \vec{x} = \begin{pmatrix} 2 \\ 2 \\ 3 \end{pmatrix} + r \begin{pmatrix} 3 \\ 6 \\ 3 \end{pmatrix}$ und $h: \vec{x} = \begin{pmatrix} 1 \\ 2 \\ 6 \end{pmatrix} + s \begin{pmatrix} -1 \\ -1 \\ 1 \end{pmatrix}$.

   a) Untersuchen Sie, welche Lagebeziehung zwischen g und h besteht.
      Berechnen Sie gegebenenfalls den Schnittpunkt.
   b) Bestimmen Sie die Spurpunkte der Geraden g.

3. Welche der angegebenen Geraden sind echt parallel bzw. identisch?

$g: \vec{x} = \begin{pmatrix} 2 \\ 4 \\ 2 \end{pmatrix} + r \begin{pmatrix} -1 \\ 2 \\ -1 \end{pmatrix}$ $h: \vec{x} = \begin{pmatrix} 4 \\ 6 \\ 6 \end{pmatrix} + s \begin{pmatrix} 1 \\ 1 \\ 2 \end{pmatrix}$ j durch $A(4|0|5)$ k durch $A(3|2|3)$
$\qquad\qquad\qquad\qquad\qquad\qquad\qquad\qquad\qquad\qquad\qquad$ und $B(3|2|4)$ $\qquad$ und $B(0|8|0)$

4. Geben Sie Werte für die Variablen a, b, c und d an, sodass die Geraden

$g: \vec{x} = \begin{pmatrix} -5 \\ 7 \\ a \end{pmatrix} + r \begin{pmatrix} b \\ -6 \\ 2 \end{pmatrix}$ und $h: \vec{x} = \begin{pmatrix} 1 \\ c \\ 3 \end{pmatrix} + s \begin{pmatrix} -3 \\ 3 \\ d \end{pmatrix}$

a) identisch sind,   b) sich schneiden.

5. In einem Bergwerk befindet sich im Punkt $P(180|300|-480)$ ein Schutzraum, zu dem ein geradliniger Stollen aus Richtung $\vec{u} = \begin{pmatrix} 2 \\ -4 \\ -3 \end{pmatrix}$ führt. Bei einem Unglück soll eine schnelle Rettungsbohrung erfolgen, die wegen der Gesteinverhältnisse in Richtung $\vec{v} = \begin{pmatrix} 3 \\ 5 \\ -15 \end{pmatrix}$ vorgetrieben werden soll.

   a) Wo müsste die Rettungsbohrung ansetzen, wenn sie den Schutzraum treffen soll?
   b) Aus Sicherheitsgründen wollen die Ingenieure mit der Rettungsbohrung den Stollen zum
      Schutzraum treffen. Die Bohrung soll in einem Punkt $A(95 - a|65 + 5a|0)$ beginnen.
      Wie muss der Wert von a gewählt werden, damit die Rettungsbohrung den Stollen trifft?
      Bestimmen Sie die Koordinaten des Treffpunktes.

Lösungen unter 🔴 106-1

IV. Skalarprodukt und Vektorprodukt

Neben der Addition und der Vielfachenbildung erlauben die Verknüpfungen zweier Vektoren durch das Skalarprodukt und das Vektorprodukt zahlreiche Berechnungsmöglichkeiten von Objekten des dreidimensionalen Raumes.

$$V = (\vec{a} \times \vec{b}) \cdot \vec{c}$$

1. Das Skalarprodukt

A. Definition des Skalarproduktes

Ein Wagen wird gleichmäßig von einem Pferd über einen Sandweg gezogen. Dabei wird eine Kraft in Richtung der Deichsel aufgebracht, die sich durch den Kraftvektor $\vec{F}$ darstellen lässt.
Der zurückgelegte Weg lässt sich ebenfalls vektoriell durch den Wegvektor $\vec{s}$ darstellen. Beide seien im Winkel γ gegeneinander geneigt.

Die hierbei verrichtete Arbeit W errechnet sich als Produkt aus Kraft und Weg, genauer gesagt als Produkt aus Kraft in Wegrichtung F_s und Weglänge s.
F_s lässt sich im rechtwinkligen Dreieck mithilfe des Kosinus darstellen als $|\vec{F}| \cdot \cos\gamma$, und s lässt sich darstellen als Betrag des Vektors $\vec{s}$, d.h. als $|\vec{s}|$. Dies führt auf die Formel $W = |\vec{F}| \cdot |\vec{s}| \cdot \cos\gamma$, deren rechte Seite eine gewisse Art von Produkt der Vektoren $\vec{F}$ und $\vec{s}$ darstellt.

Das Ergebnis dieses Produktes ist die Arbeit W, die kein Vektor, sondern eine reine Zahlengröße ist. In der Physik bezeichnet man eine Zahlengröße auch als Skalar und deshalb nennt man das Produkt $|\vec{F}| \cdot |\vec{s}| \cdot \cos\gamma$ auch *Skalarprodukt* der Vektoren $\vec{F}$ und $\vec{s}$. Man verwendet für den Term $|\vec{F}| \cdot |\vec{s}| \cdot \cos\gamma$ die symbolische Schreibweise $\vec{F} \cdot \vec{s}$.

„Arbeit = Kraft · Weg"

$$\text{Arbeit} = \underset{\text{Wegrichtung}}{\text{Kraft in}} \cdot \text{Weglänge}$$

$$W = F_s \cdot s$$
$$W = |\vec{F}| \cdot \cos\gamma \cdot |\vec{s}|$$
$$W = |\vec{F}| \cdot |\vec{s}| \cdot \cos\gamma$$

Das Skalarprodukt (Kosinusform)

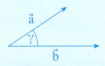

$\vec{a}$ und $\vec{b}$ seien zwei Vektoren und γ der Winkel zwischen diesen Vektoren ($0° \leq \gamma \leq 180°$).
Dann bezeichnet man den Ausdruck
$$\vec{a} \cdot \vec{b} = |\vec{a}| \cdot |\vec{b}| \cdot \cos\gamma$$
als *Skalarprodukt* von $\vec{a}$ und $\vec{b}$.

Übung 1
Bestimmen Sie das Skalarprodukt der Vektoren $\vec{a}$ und $\vec{b}$. Messen Sie die benötigten Längen und Winkel aus oder errechnen Sie diese mit dem Satz des Pythagoras und Trigonometrie.

a)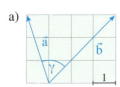

b)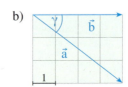

c) $\vec{a} = \begin{pmatrix} -3 \\ 5 \end{pmatrix}$, $\vec{b} = \begin{pmatrix} 5 \\ 6 \end{pmatrix}$

d) $\vec{a} = \begin{pmatrix} 4 \\ 2 \end{pmatrix}$, $\vec{b} = \begin{pmatrix} 4 \\ 6 \end{pmatrix}$

1. Das Skalarprodukt

Ziel der folgenden Überlegungen ist die Gewinnung einer vektor- und winkelfreien Darstellung des Skalarproduktes von Spaltenvektoren.

Wir betrachten zwei Vektoren $\vec{a}$ und $\vec{b}$, die ein Dreieck aufspannen, wie abgebildet. In einem allgemeinen Dreieck gilt der Kosinussatz der Trigonometrie, von dem unsere Rechnung ausgeht:

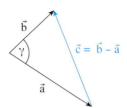

$c^2 = a^2 + b^2 - 2 \cdot a \cdot b \cdot \cos\gamma$ Kosinussatz
$|\vec{c}|^2 = |\vec{a}|^2 + |\vec{b}|^2 - 2 \cdot |\vec{a}| \cdot |\vec{b}| \cdot \cos\gamma$
$|\vec{c}|^2 = |\vec{a}|^2 + |\vec{b}|^2 - 2 \cdot \vec{a} \cdot \vec{b}$ Def. des Skalarproduktes
$2 \cdot \vec{a} \cdot \vec{b} = |\vec{a}|^2 + |\vec{b}|^2 - |\vec{c}|^2$ Umformung

$\vec{a} = \begin{pmatrix} a_1 \\ a_2 \end{pmatrix}$ $|\vec{a}|^2 = a_1^2 + a_2^2$

$\vec{b} = \begin{pmatrix} b_1 \\ b_2 \end{pmatrix}$ $|\vec{b}|^2 = b_1^2 + b_2^2$

$\vec{c} = \begin{pmatrix} b_1 - a_1 \\ b_2 - a_2 \end{pmatrix}$ $|\vec{c}|^2 = (b_1 - a_1)^2 + (b_2 - a_2)^2$

Durch Einsetzen der rechts aufgeführten Darstellungen für die Beträge der Spaltenvektoren $\vec{a}, \vec{b}$ und $\vec{c}$ folgt:

$2 \cdot \vec{a} \cdot \vec{b} = a_1^2 + a_2^2 + b_1^2 + b_2^2 - (b_1 - a_1)^2 - (b_2 - a_2)^2$
$2 \cdot \vec{a} \cdot \vec{b} = 2 a_1 b_1 + 2 a_2 b_2$
$\vec{a} \cdot \vec{b} = a_1 b_1 + a_2 b_2$

Analog ergibt sich für dreidimensionale Spaltenvektoren die Formel
$\vec{a} \cdot \vec{b} = a_1 b_1 + a_2 b_2 + a_3 b_3$.

Das Skalarprodukt von Spaltenvektoren lässt sich also als Produktsumme von Koordinaten darstellen.

Das Skalarprodukt (Koordinatenform)

$\vec{a} \cdot \vec{b} = \begin{pmatrix} a_1 \\ a_2 \end{pmatrix} \cdot \begin{pmatrix} b_1 \\ b_2 \end{pmatrix} = a_1 b_1 + a_2 b_2$

$\vec{a} \cdot \vec{b} = \begin{pmatrix} a_1 \\ a_2 \\ a_3 \end{pmatrix} \cdot \begin{pmatrix} b_1 \\ b_2 \\ b_3 \end{pmatrix} = a_1 b_1 + a_2 b_2 + a_3 b_3$

🔴 109-1

Beispiele: $\vec{a} = \begin{pmatrix} 1 \\ 2 \end{pmatrix}$, $\vec{b} = \begin{pmatrix} 3 \\ 2 \end{pmatrix}$ $\Rightarrow$ $\vec{a} \cdot \vec{b} = \begin{pmatrix} 1 \\ 2 \end{pmatrix} \cdot \begin{pmatrix} 3 \\ 2 \end{pmatrix} = 1 \cdot 3 + 2 \cdot 2 = 7$

$\vec{a} = \begin{pmatrix} 1 \\ 2 \\ 1 \end{pmatrix}$, $\vec{b} = \begin{pmatrix} 2 \\ 3 \\ -4 \end{pmatrix}$ $\Rightarrow$ $\vec{a} \cdot \vec{b} = \begin{pmatrix} 1 \\ 2 \\ 1 \end{pmatrix} \cdot \begin{pmatrix} 2 \\ 3 \\ -4 \end{pmatrix} = 1 \cdot 2 + 2 \cdot 3 + 1 \cdot (-4) = 4$

$\vec{a} = \begin{pmatrix} 2 \\ -1 \\ 4 \end{pmatrix}$, $\vec{b} = \begin{pmatrix} 3 \\ -2 \\ -2 \end{pmatrix}$ $\Rightarrow$ $\vec{a} \cdot \vec{b} = \begin{pmatrix} 2 \\ -1 \\ 4 \end{pmatrix} \cdot \begin{pmatrix} 3 \\ -2 \\ -2 \end{pmatrix} = 2 \cdot 3 + (-1) \cdot (-2) + 4 \cdot (-2) = 0$

Im Folgenden werden wir sehen, dass viele Probleme durch Anwendung des Skalarproduktes vereinfacht gelöst werden können. Oft benötigt man dabei beide Darstellungen des Skalarproduktes, die winkelbezogene Form $\vec{a} \cdot \vec{b} = |\vec{a}| \cdot |\vec{b}| \cdot \cos\gamma$ sowie die koordinatenbezogenen Formen $\vec{a} \cdot \vec{b} = a_1 b_1 + a_2 b_2$ bzw. $\vec{a} \cdot \vec{b} = a_1 b_1 + a_2 b_2 + a_3 b_3$.

Übungen

2. Berechnen Sie in den abgebildeten Figuren das Skalarprodukt $\vec{a} \cdot \vec{b}$.
  a) Verwenden Sie die Kosinusform des Skalarproduktes. Die benötigten Längen und Winkel können mit dem Geodreieck gemessen werden.
  b) Verwenden Sie die Koordinatenform des Skalarproduktes.

3. Berechnen Sie die angegebenen Skalarprodukte.

a)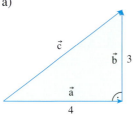
$\vec{a} \cdot \vec{b}, \ \vec{a} \cdot \vec{c}, \ \vec{b} \cdot \vec{c}$

b)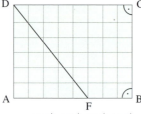
$\overrightarrow{DA} \cdot \overrightarrow{DF}, \ \overrightarrow{FB} \cdot \overrightarrow{FD},$
$\overrightarrow{AF} \cdot \overrightarrow{AD}, \ \overrightarrow{DC} \cdot \overrightarrow{DF}$

c)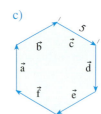
$\vec{a} \cdot \vec{b}, \ \vec{a} \cdot \vec{c}, \ \vec{a} \cdot \vec{d},$
$(\vec{a} + \vec{b}) \cdot \vec{c},$
$(\vec{a} + \vec{b} + \vec{c}) \cdot (\vec{d} + \vec{e} + \vec{f})$

4. Errechnen Sie die folgenden Skalarprodukte.

a) $\begin{pmatrix} 8 \\ -1 \\ 2 \end{pmatrix} \cdot \begin{pmatrix} 0 \\ 4 \\ 1 \end{pmatrix}$ b) $\begin{pmatrix} 2a \\ a \\ 1 \end{pmatrix} \cdot \begin{pmatrix} a \\ -a \\ a \end{pmatrix}$ c) $\begin{pmatrix} a \\ b \\ a \end{pmatrix} \cdot \begin{pmatrix} b \\ -a \\ 0 \end{pmatrix}$ d) $\begin{pmatrix} 4 \\ 2 \\ 1 \end{pmatrix} \cdot \begin{pmatrix} 8 \\ 3a \\ 3 \end{pmatrix} + \begin{pmatrix} 12 \\ -a \\ 2a \end{pmatrix} \cdot \begin{pmatrix} -3 \\ 2 \\ -2 \end{pmatrix}$

5. Wie muss a gewählt werden, wenn die folgenden Gleichungen gelten sollen?

a) $\begin{pmatrix} a \\ 2 \\ 4 \end{pmatrix} \cdot \begin{pmatrix} 2a \\ 1 \\ a \end{pmatrix} = 0$ b) $\begin{pmatrix} 1 \\ 2 \\ 1 \end{pmatrix} \cdot \begin{pmatrix} a \\ 2a \\ a \end{pmatrix} = 1$ c) $\begin{pmatrix} a-1 \\ 1 \\ 2 \end{pmatrix} \cdot \left(\begin{pmatrix} 1 \\ 1 \\ 2 \end{pmatrix} + \begin{pmatrix} 1 \\ 2 \\ a \end{pmatrix} \right) = 6$

6. Die Abbildung zeigt eine quadratische Pyramide mit den Seitenlängen $\overline{AB} = 6, \overline{BC} = 6$ sowie der Höhe h = 3.
  a) Berechnen Sie die Skalarprodukte $\overrightarrow{SB} \cdot \overrightarrow{SC}, \ \overrightarrow{AD} \cdot \overrightarrow{DC}, \ \overrightarrow{AC} \cdot \overrightarrow{BD}, \ \overrightarrow{BA} \cdot \overrightarrow{BS}$.
  b) Errechnen Sie das Skalarprodukt $\overrightarrow{SA} \cdot \overrightarrow{SB}$ mit der Koordinatenform. Errechnen Sie die Längen $\overline{SA}$ und $\overline{SB}$. Können Sie nun den Winkel $\alpha = \sphericalangle ASB$ bestimmen?

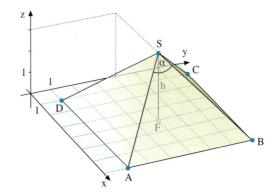

B. Rechenregeln für das Skalarprodukt

Für das Skalarprodukt von Vektoren gelten einige Rechengesetze, die wir nun auflisten und gelegentlich anwenden werden, vor allem bei theoretischen Herleitungen.

Rechenregeln für das Skalarprodukt

$\vec{a} \cdot \vec{b} = \vec{b} \cdot \vec{a}$ Kommutativgesetz

$(r\vec{a}) \cdot \vec{b} = r(\vec{a} \cdot \vec{b})$ für $r \in \mathbb{R}$

$(\vec{a} + \vec{b}) \cdot \vec{c} = \vec{a} \cdot \vec{c} + \vec{b} \cdot \vec{c}$ Distributivgesetz

$\vec{a}^2 = \vec{a} \cdot \vec{a} > 0$ für $\vec{a} \neq \vec{0}$

$\vec{a}^2 = \vec{a} \cdot \vec{a} = 0$ für $\vec{a} = \vec{0}$

Exemplarischer Beweis des Kommutativgesetzes:

1. Methode: Kosinusform des SP

$\vec{a} \cdot \vec{b} = |\vec{a}| \cdot |\vec{b}| \cdot \cos\gamma = |\vec{b}| \cdot |\vec{a}| \cdot \cos\gamma = \vec{b} \cdot \vec{a}$

2. Methode: Koordinatenform des SP

$$\vec{a} \cdot \vec{b} = \begin{pmatrix} a_1 \\ a_2 \\ a_3 \end{pmatrix} \cdot \begin{pmatrix} b_1 \\ b_2 \\ b_3 \end{pmatrix} = a_1 b_1 + a_2 b_2 + a_3 b_3$$

$$= b_1 a_1 + b_2 a_2 + b_3 a_3 = \begin{pmatrix} b_1 \\ b_2 \\ b_3 \end{pmatrix} \cdot \begin{pmatrix} a_1 \\ a_2 \\ a_3 \end{pmatrix} = \vec{b} \cdot \vec{a}$$

Rechts sind exemplarisch zwei Beweise für das Kommutativgesetz aufgeführt. Analog lassen sich die übrigen Gesetze beweisen.

Darüber hinaus gelten weitere Rechenregeln für das Skalarprodukt, die sich aber alle aus den obigen grundlegenden Rechengesetzen sowie der Definition des Skalarproduktes herleiten lassen, wie z. B. die binomischen Formeln (vgl. Übung 9). Andere „wohlvertraute" Rechenregeln wie z. B. das Assoziativgesetz gelten für das Skalarprodukt nicht.

Übung 7
Beweisen Sie das Rechengesetz $(r\vec{a}) \cdot \vec{b} = r(\vec{a} \cdot \vec{b})$ für $r \in \mathbb{R}$ auf zwei Arten.

Übung 8
Zeigen Sie anhand eines Gegenbeispiels, dass das „Assoziativgesetz" für das Skalarprodukt nicht gilt. Widerlegen Sie also $\vec{a} \cdot (\vec{b} \cdot \vec{c}) = (\vec{a} \cdot \vec{b}) \cdot \vec{c}$.

Übung 9
Weisen Sie nur mithilfe der obigen Rechengesetze die Gültigkeit folgender Formeln nach.
a) $(\vec{a} + \vec{b})^2 = \vec{a}^2 + 2\vec{a}\vec{b} + \vec{b}^2$ b) $(\vec{a} + \vec{b}) \cdot (\vec{a} - \vec{b}) = \vec{a}^2 - \vec{b}^2$

Übung 10
Widerlegen Sie folgende „Rechenregeln", die beim Zahlenrechnen eine große Rolle spielen.
a) $(\vec{a} \cdot \vec{b})^2 = \vec{a}^2 \cdot \vec{b}^2$ b) $\vec{a} \cdot \vec{b} = 0 \Rightarrow \vec{a} = \vec{0}$ oder $\vec{b} = \vec{0}$

Übung 11
Zeigen Sie:
a) Sind zwei Vektoren gleich, so sind auch ihre Skalarprodukte mit einem 3. Vektor gleich.
b) Aus Skalarprodukten von Vektoren darf man im Allgemeinen nicht kürzen.
   (Aus $\vec{x} \cdot \vec{c} = \vec{y} \cdot \vec{c}$ folgt nicht zwingend $\vec{x} = \vec{y}$.)

2. Winkel- und Flächenberechnungen

A. Der Winkel zwischen zwei Vektoren

Mithilfe des Skalarproduktes zweier Vektoren können sowohl **Längen** als auch **Winkel** auf vektorieller Basis gemessen werden. Die Grundlage bilden hierbei die beiden folgenden Sätze.

Bildet man das Skalarprodukt eines Vektors mit sich selbst, so erhält man das Quadrat des Betrages des Vektors:

$$\vec{a} \cdot \vec{a} = |\vec{a}| \cdot |\vec{a}| \cdot \cos 0° = |\vec{a}|^2.$$

> **Der Betrag eines Vektors**
>
> Für den Betrag (die Länge) eines Vektors $\vec{a}$ gilt die Formel
>
> $$|\vec{a}|^2 = \vec{a} \cdot \vec{a} \quad \text{bzw.} \quad |\vec{a}| = \sqrt{\vec{a} \cdot \vec{a}}.$$

Beispielsweise hat der Vektor $\vec{a} = \begin{pmatrix} 2 \\ 6 \\ -3 \end{pmatrix}$ die Länge 7, denn es gilt:

$$|\vec{a}|^2 = \vec{a} \cdot \vec{a} = \begin{pmatrix} 2 \\ 6 \\ -3 \end{pmatrix} \cdot \begin{pmatrix} 2 \\ 6 \\ -3 \end{pmatrix} = 4 + 36 + 9 = 49 \Rightarrow |\vec{a}| = \sqrt{49} = 7.$$

Zwei Vektoren $\vec{a}$ und $\vec{b}$ bilden stets zwei Winkel. Der kleinere der beiden Winkel wird als **Winkel zwischen den Vektoren** bezeichnet. Er kann mittels Skalarprodukt berechnet werden. Löst man die Skalarproduktgleichung $\vec{a} \cdot \vec{b} = |\vec{a}| \cdot |\vec{b}| \cdot \cos \gamma$ nach $\cos \gamma$ auf, so erhält man die sogenannte *Kosinusformel*, die zur Winkelberechnung verwendet wird. 112-1

> **Die Kosinusformel**
>
> $\vec{a}$ und $\vec{b}$ seien vom Nullvektor verschiedene Vektoren und γ sei der Winkel zwischen ihnen. Dann gilt:
>
> $$\cos \gamma = \frac{\vec{a} \cdot \vec{b}}{|\vec{a}| \cdot |\vec{b}|}.$$

▶ **Beispiel:** Winkel zwischen zwei Vektoren

Errechnen Sie den Winkel zwischen den Spaltenvektoren $\vec{a} = \begin{pmatrix} 4 \\ 5 \\ 3 \end{pmatrix}$ und $\vec{b} = \begin{pmatrix} 7 \\ 5 \\ 1 \end{pmatrix}$.

Lösung:
Wir errechnen zunächst die Beträge von $\vec{a}$ und $\vec{b}$: $|\vec{a}| = \sqrt{\vec{a} \cdot \vec{a}} = \sqrt{50}$, $|\vec{b}| = \sqrt{75}$.

Nun wenden wir die Kosinusformel an:

$\cos \gamma = \frac{\vec{a} \cdot \vec{b}}{|\vec{a}| \cdot |\vec{b}|} = \frac{56}{\sqrt{50} \cdot \sqrt{75}} \approx 0{,}9145.$

Mit dem Taschenrechner (arccos-Taste)
▶ folgt $\gamma \approx 23{,}87°$.

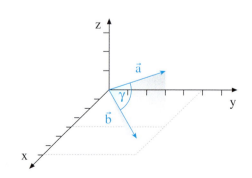

2. Winkel- und Flächenberechnungen

▶ **Beispiel: Winkel im Dreieck**
Gegeben sei das Dreieck mit den Ecken P(5|5|1), Q(6|1|2), R(1|0|4). Bestimmen Sie die Größe des Innenwinkels γ am Punkt R des Dreiecks.

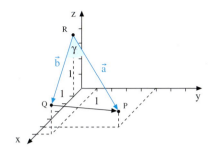

Lösung:
Wir stellen die beiden Dreiecksseiten, die am Winkel γ anliegen, zunächst durch die Vektoren $\vec{a} = \overrightarrow{RP}$ und $\vec{b} = \overrightarrow{RQ}$ dar.

γ lässt sich als Winkel zwischen diesen Vektoren $\vec{a}$ und $\vec{b}$ auffassen.
Nun können wir mithilfe der Kosinusformel den Kosinus des Winkels γ bestimmen.
Wir erhalten $\cos \gamma \approx 0{,}8004$.

▶ Hieraus folgt unmittelbar $\gamma \approx 36{,}83°$.

$$\vec{a} = \overrightarrow{RP} = \overrightarrow{OP} - \overrightarrow{OR} = \begin{pmatrix} 5 \\ 5 \\ 1 \end{pmatrix} - \begin{pmatrix} 1 \\ 0 \\ 4 \end{pmatrix} = \begin{pmatrix} 4 \\ 5 \\ -3 \end{pmatrix}$$

$$\vec{b} = \overrightarrow{RQ} = \overrightarrow{OQ} - \overrightarrow{OR} = \begin{pmatrix} 6 \\ 1 \\ 2 \end{pmatrix} - \begin{pmatrix} 1 \\ 0 \\ 4 \end{pmatrix} = \begin{pmatrix} 5 \\ 1 \\ -2 \end{pmatrix}$$

$$\cos \gamma = \frac{\vec{a} \cdot \vec{b}}{|\vec{a}| \cdot |\vec{b}|} = \frac{20 + 5 + 6}{\sqrt{50} \cdot \sqrt{30}} \approx 0{,}8004$$

$\gamma \approx 36{,}83°$

Übung 1
Bestimmen Sie die Größe des Winkels zwischen den Vektoren $\vec{a}$ und $\vec{b}$.

a) $\vec{a} = \begin{pmatrix} 3 \\ 1 \end{pmatrix}, \vec{b} = \begin{pmatrix} 3 \\ -3 \end{pmatrix}$
b) $\vec{a} = \begin{pmatrix} 1 \\ 2 \\ -3 \end{pmatrix}, \vec{b} = \begin{pmatrix} -2 \\ -4 \\ 0 \end{pmatrix}$
c) $\vec{a} = \begin{pmatrix} 4 \\ 3 \\ 4 \end{pmatrix}, \vec{b} = \begin{pmatrix} 2 \\ -4 \\ 1 \end{pmatrix}$

Übung 2
Bestimmen Sie die Größe des Winkels α mithilfe von Spaltenvektoren.

a)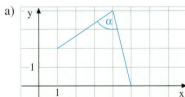
b)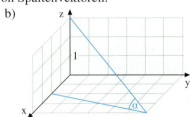

Übung 3
Bestimmen Sie alle Winkel im Dreieck PQR.
a) P(3|4), Q(6|3), R(3|0)
b) P(3|4|1), Q(6|3|2), R(3|0|3)
c) P(6|3|8), Q(7|4|3), R(4|4|2)
d) P(1|2|2), Q(3|4|2), R(2|3|2+$\sqrt{3}$)

Übung 4
Gegeben sind die Vektoren $\vec{a} = \begin{pmatrix} 4 \\ 4 \\ 2 \end{pmatrix}$ und $\vec{b} = \begin{pmatrix} 6 \\ 0 \\ z \end{pmatrix}$. Wie muss die Koordinate z gewählt werden, damit der Winkel zwischen $\vec{a}$ und $\vec{b}$ eine Größe von 45° hat?

B. Orthogonale Vektoren

Zwei Vektoren $\vec{a}$ und $\vec{b}$ ($\vec{a}, \vec{b} \neq \vec{0}$) werden als zueinander *orthogonale Vektoren* bezeichnet, wenn sie senkrecht aufeinander stehen. Man verwendet hierfür die symbolische Schreibweise $\vec{a} \perp \vec{b}$.

Mithilfe des Skalarproduktes kann man besonders einfach überprüfen, ob zwei Vektoren orthogonal sind. Das Skalarprodukt der Vektoren ist dann nämlich gleich null, weil für $\gamma = 90°$ gilt:
$\vec{a} \cdot \vec{b} = |\vec{a}| \cdot |\vec{b}| \cdot \cos 90° = |\vec{a}| \cdot |\vec{b}| \cdot 0 = 0$.

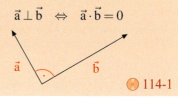

Orthogonalitätskriterium

Zwei Vektoren $\vec{a}$ und $\vec{b}$ ($\vec{a}, \vec{b} \neq \vec{0}$) sind genau dann orthogonal (senkrecht), wenn ihr Skalarprodukt null ist.

$$\vec{a} \perp \vec{b} \iff \vec{a} \cdot \vec{b} = 0$$

114-1

▶ **Beispiel: Orthogonale Vektoren**
Prüfen Sie, ob zwei der drei Vektoren orthogonal sind.
$\vec{a} = \begin{pmatrix} 1 \\ 2 \\ 4 \end{pmatrix}, \vec{b} = \begin{pmatrix} 1 \\ 2 \\ -1 \end{pmatrix}, \vec{c} = \begin{pmatrix} 8 \\ 2 \\ -3 \end{pmatrix}$
▶

Lösung:
$\vec{a} \cdot \vec{b} = 1 \Rightarrow \vec{a}, \vec{b}$ sind nicht orthogonal.
$\vec{a} \cdot \vec{c} = 0 \Rightarrow \vec{a}, \vec{c}$ sind orthogonal.
$\vec{b} \cdot \vec{c} = 15 \Rightarrow \vec{b}, \vec{c}$ sind nicht orthogonal.

▶ **Beispiel: Rechtwinkliges Dreieck**
Prüfen Sie, ob das Dreieck mit den Eckpunkten $A(0|0|4)$, $B(2|2|2)$, $C(0|3|1)$ rechtwinklig ist (Schrägbild anfertigen).

Lösung:
Im Schrägbild ist die Rechtwinkligkeit des Dreiecks nicht erkennbar.
Bilden wir jedoch rechnerisch die Seitenvektoren und berechnen dann deren Skalarprodukte, so stellt sich heraus, dass das
▶ Dreieck bei B rechtwinklig ist.

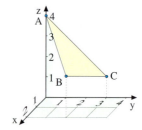

$\overrightarrow{AB} = \begin{pmatrix} 2 \\ 2 \\ -2 \end{pmatrix}, \overrightarrow{AC} = \begin{pmatrix} 0 \\ 3 \\ -3 \end{pmatrix}, \overrightarrow{BC} = \begin{pmatrix} -2 \\ 1 \\ -1 \end{pmatrix}$

$\overrightarrow{AB} \cdot \overrightarrow{AC} = 12, \overrightarrow{BA} \cdot \overrightarrow{BC} = 0, \overrightarrow{CB} \cdot \overrightarrow{CA} = 6$

▶ **Beispiel: Termvereinfachung**
Gegeben sind zwei Vektoren $\vec{a}$ und $\vec{b}$ mit den Eigenschaften $|\vec{a}| = 2$, $|\vec{b}| = 1$ und $\vec{a} \perp \vec{b}$. Vereinfachen Sie den Term $(\vec{a} + \vec{b}) \cdot (2\vec{a} - 3\vec{b})$.

▶

Lösung:
$(\vec{a} + \vec{b}) \cdot (2\vec{a} - 3\vec{b}) =$
$= 2\vec{a}^2 - 3\vec{a} \cdot \vec{b} + 2\vec{b} \cdot \vec{a} - 3\vec{b}^2$
$= 2|\vec{a}|^2 - \vec{a} \cdot \vec{b} - 3|\vec{b}|^2$
$= 2 \cdot 4 - 0 - 3 \cdot 1$
$= 5$

2. Winkel- und Flächenberechnungen

Das Skalarprodukt wird häufig zur Bestimmung eines *Normalenvektors* verwendet. Das ist ein Vektor, der auf zwei gegebenen Vektoren bzw. auf der von diesen Vektoren aufgespannten Fläche senkrecht steht.

▶ **Beispiel: Normalenvektor**
Gegeben sind die abgebildeten Spaltenvektoren $\vec{a}$ und $\vec{b}$.
Gesucht ist ein Vektor $\vec{x}$, der sowohl auf $\vec{a}$ als auch auf $\vec{b}$ senkrecht steht.

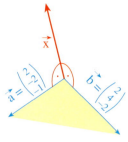

Lösung:
Wir verwenden den Ansatz $\vec{x} = \begin{pmatrix} x \\ y \\ z \end{pmatrix}$.

Da $\vec{a}$ und $\vec{b}$ orthogonal zu $\vec{x}$ sein sollen, müssen die Bedingungen $\vec{a} \cdot \vec{x} = 0$ und $\vec{b} \cdot \vec{x} = 0$ gelten.
Durch Einsetzen von Spaltenvektoren erhalten wir ein lineares Gleichungssystem mit zwei Gleichungen in drei Variablen. Der Wert einer Variablen kann also frei gewählt werden (hier z. B. $y = 1$).
Die Werte der beiden anderen Variablen werden dann durch sukzessive Rückeinsetzung gewonnen.

Resultat: z. B. $\vec{x} = \begin{pmatrix} 4 \\ 1 \\ 6 \end{pmatrix}$

Orthogonalitätsbedingungen:

$\vec{a} \cdot \vec{x} = 0$: $\begin{pmatrix} 2 \\ -2 \\ -1 \end{pmatrix} \cdot \begin{pmatrix} x \\ y \\ z \end{pmatrix} = 0$

$\vec{b} \cdot \vec{x} = 0$: $\begin{pmatrix} 2 \\ 4 \\ -2 \end{pmatrix} \cdot \begin{pmatrix} x \\ y \\ z \end{pmatrix} = 0$

lineares Gleichungssystem:
I: $2x - 2y - z = 0$
II: $2x + 4y - 2z = 0$

Lösung des Gleichungssystems:
III = II − I: $6y - z = 0$
$y = 1$ (frei gewählt)
$z = 6$ (durch Rückeinsetzung in III)
$x = 4$ (durch Rückeinsetzung in I)

▶

Übung 5 **Paare orthogonaler Vektoren**
Suchen Sie unter den gegebenen Vektoren alle Paare orthogonaler Vektoren.

$\vec{a} = \begin{pmatrix} 3 \\ 2 \\ 0 \end{pmatrix}$ $\quad \vec{b} = \begin{pmatrix} 0 \\ 4 \\ 2 \end{pmatrix}$ $\quad \vec{c} = \begin{pmatrix} 2 \\ -3 \\ 6 \end{pmatrix}$ $\quad \vec{d} = \begin{pmatrix} 4 \\ 1 \\ 1 \end{pmatrix}$ $\quad \vec{e} = \begin{pmatrix} 1 \\ a \\ 1 \end{pmatrix}$ $\quad \vec{f} = \begin{pmatrix} -a \\ 2a \\ 0 \end{pmatrix}$

Übung 6 **Rechtwinklige Dreiecke**
Untersuchen Sie, ob das Dreieck ABC rechtwinklig ist.
a) $A(2|2|0), B(1|4|2), C(-1|4|0{,}5)$ 　　　b) $A(5|1|2), B(2|4|2), C(-1|1|2)$
c) $A(3|4|-1), B(5|5|1), C(3|7|2)$ 　　　d) $A(2|1|0), B(3|3|2), C(a|0|-1)$

Übung 7 **Normalenvektor**
Gesucht ist jeweils ein Vektor $\vec{x}$, der sowohl zu $\vec{a}$ als auch zu $\vec{b}$ orthogonal ist.

a) $\vec{a} = \begin{pmatrix} 1 \\ 1 \\ -1 \end{pmatrix}, \vec{b} = \begin{pmatrix} 3 \\ 3 \\ 2 \end{pmatrix}$ 　　b) $\vec{a} = \begin{pmatrix} 2 \\ 3 \\ 1 \end{pmatrix}, \vec{b} = \begin{pmatrix} -2 \\ 3 \\ 3 \end{pmatrix}$ 　　c) $\vec{a} = \begin{pmatrix} 4 \\ 5 \\ -3 \end{pmatrix}, \vec{b} = \begin{pmatrix} 2 \\ 5 \\ 1 \end{pmatrix}$

C. Der Flächeninhalt eines Dreiecks

> **Flächeninhalt eines Dreiecks**
> Spannen die Vektoren $\vec{a}$ und $\vec{b}$ im Anschauungsraum ein Dreieck auf, so gilt für dessen Flächeninhalt A die Formel:
> $$A = \tfrac{1}{2}\sqrt{\vec{a}^2 \cdot \vec{b}^2 - (\vec{a} \cdot \vec{b})^2}.$$

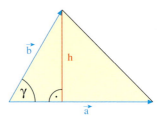

Beweis:
Ausgehend von der Standardformel für den Dreieckinhalt
$$A = \tfrac{1}{2} g \cdot h = \tfrac{1}{2} |\vec{a}| \cdot h$$
ergibt sich die obige Formel nach nebenstehender Rechnung.
Dabei kommen die trigonometrische Beziehung $\sin \gamma = \frac{h}{|\vec{b}|}$ und die Kosinusformel $\vec{a} \cdot \vec{b} = |\vec{a}| \cdot |\vec{b}| \cdot \cos \gamma$ zur Anwendung.

Rechnung:
$$\begin{aligned} A &= \tfrac{1}{2} |\vec{a}| \cdot h = \tfrac{1}{2} |\vec{a}| \cdot |\vec{b}| \cdot \sin \gamma \\ &= \tfrac{1}{2} \sqrt{|\vec{a}|^2 \cdot |\vec{b}|^2 \cdot \sin^2 \gamma} \\ &= \tfrac{1}{2} \sqrt{|\vec{a}|^2 \cdot |\vec{b}|^2 \cdot (1 - \cos^2 \gamma)} \\ &= \tfrac{1}{2} \sqrt{|\vec{a}|^2 \cdot |\vec{b}|^2 - |\vec{a}|^2 \cdot |\vec{b}|^2 \cdot \cos^2 \gamma} \\ &= \tfrac{1}{2} \sqrt{\vec{a}^2 \cdot \vec{b}^2 - (\vec{a} \cdot \vec{b})^2} \end{aligned}$$

▶ **Beispiel:** Bestimmen Sie den Inhalt des Dreiecks mit den Eckpunkten $A(1|2|5), B(4|5|1), C(-2|6|2)$.

Lösung:
Das Dreieck wird von den beiden Vektoren $\vec{a} = \overrightarrow{AB} = \begin{pmatrix} 3 \\ 3 \\ -4 \end{pmatrix}$ und $\vec{b} = \overrightarrow{AC} = \begin{pmatrix} -3 \\ 4 \\ -3 \end{pmatrix}$
aufgespannt. Der Flächeninhalt des von $\vec{a}$ und $\vec{b}$ aufgespannten Dreiecks wird mit der oben aufgeführten Formel berechnet.

▶ **Resultat:** $A_{Dreieck} \approx 15{,}26$.

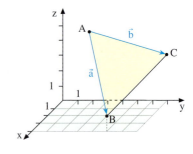

$$\begin{aligned} A_{Dreieck} &= \tfrac{1}{2} \cdot \sqrt{\vec{a}^2 \cdot \vec{b}^2 - (\vec{a} \cdot \vec{b})^2} \\ &= \tfrac{1}{2} \cdot \sqrt{34 \cdot 34 - 15^2} \approx 15{,}26 \end{aligned}$$

Übung 8
Bestimmen Sie den Oberflächeninhalt der dreiseitigen Pyramide
a) mit den Eckpunkten $A(3|3|0)$, $B(1|1|4), C(6|0|2), D(4|4|3)$ und
b) aus nebenstehendem Bild.

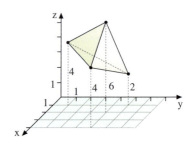

Übung 9
Wie muss z gewählt werden, damit das Dreieck ABC den Inhalt 15 besitzt?
$A(1|1|2), B(1|-2|z), C(7|-2|6)$

Übungen

10. Gegeben ist das Dreieck ABC mit A(6|1|2), B(5|5|1) und C(1|0|4).
  a) Fertigen Sie ein Schrägbild des Dreiecks an und berechnen Sie seine Innenwinkel.
  b) Welchen Flächeninhalt hat das Dreieck ABC?

11. Bestimmen Sie mithilfe des Skalarproduktes die Innenwinkel ε und φ im abgebildeten Parallelogramm. Berechnen Sie den Flächeninhalt des Parallelogramms konventionell und mittels Skalarprodukt (Hinweis: doppeltes Dreieck).

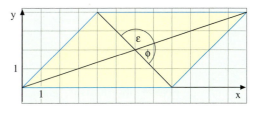

12. Bestimmen Sie einen Punkt C so, dass $\vec{AB}$ und $\vec{AC}$ orthogonal zueinander sind.
  a) A(2|−1|1), B(0|2|−3) b) A(−5|3|4), B(7|−3|6) c) A(7|−4|1), B(9|−1|13)

13. Bestimmen Sie die Koordinaten eines Punktes C so, dass das Dreieck ABC mit A(1|1) und B(4|5) rechtwinklig und gleichschenklig ist.

14. Winkel im Quader
Ein Quader hat die Grundflächenmaße 4 × 3. Wie muss seine Höhe gewählt werden, wenn seine Raumdiagonalen sich senkrecht schneiden sollen?

15. Doppelpyramide
Ein Edelstein hat die Form einer quadratischen Doppelpyramide mit den in der Zeichnung angegebenen Maßen (Abstände gegenüberliegender Ecken).
  a) Welche Innenwinkel hat ein Seitendreieck der Pyramide?
  b) Wie groß sind die Winkel ∢ASC bzw. ∢SBT?
  c) Wie groß ist die Oberfläche des Körpers?

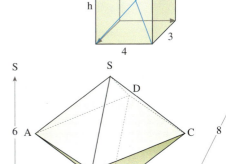

16. Pyramidenstumpf
Betrachtet wird ein regelmäßiger quadratischer Pyramidenstumpf (Abb.).
  a) Bestimmen Sie alle Eckpunktkoordinaten.
  b) Errechnen Sie den Winkel ∢ABF.
  c) Schneiden sich die Diagonalen $\overline{BH}$ und $\overline{DF}$? In welchem Winkel stehen sie zueinander bzw. schneiden sie sich?
  d) Welchen Oberflächeninhalt hat der Pyramidenstumpf?

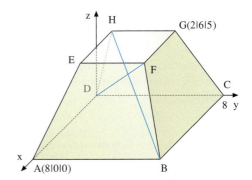

3. Der Winkel zwischen Geraden

Schneiden sich zwei Geraden in der Ebene oder im Raum in einem Punkt S, so bilden sie dort zwei Paare von Scheitelwinkeln. Einer der beiden Winkel überschreitet 90° nicht. Diesen Winkel bezeichnet man als *Schnittwinkel der Geraden*. Man kann ihn mithilfe der Kosinusformel (s. S. 112) berechnen.

> **Schnittwinkel von Geraden**
>
> g und h seien zwei Geraden mit den Richtungsvektoren $\vec{m}_1$ und $\vec{m}_2$. Dann gilt für ihren Schnittwinkel γ:
>
> $$\cos \gamma = \frac{|\vec{m}_1 \cdot \vec{m}_2|}{|\vec{m}_1| \cdot |\vec{m}_2|}.$$ ● 118-1

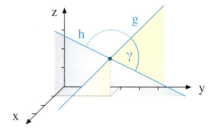

▶ **Beispiel:** Die Geraden $g: \vec{x} = \begin{pmatrix} -2 \\ 7 \\ 6 \end{pmatrix} + r \begin{pmatrix} -3 \\ 4 \\ 4 \end{pmatrix}$ und $h: \vec{x} = \begin{pmatrix} 1 \\ -4 \\ 5 \end{pmatrix} + s \begin{pmatrix} 0 \\ -7 \\ 3 \end{pmatrix}$ schneiden sich im Punkt $S(1|3|2)$. Bestimmen Sie den Schnittwinkel γ der Geraden.

Lösung:
Wir orientieren uns am obigen Bild. Denken wir uns die Richtungsvektoren der beiden Geraden im Schnittpunkt S angesetzt, so schließen sie entweder den Schnittwinkel γ der Geraden oder dessen Ergänzungswinkel $\gamma' = 180° - \gamma$ ein.

Es reicht also zunächst aus, den Winkel δ zwischen den Richtungsvektoren $\vec{m}_1$ und $\vec{m}_2$ zu berechnen. Wir erhalten für den Winkel $\delta \approx 109{,}15°$. Dies bedeutet, dass wir γ' bestimmt haben. γ hat daher die Größe
▶ 70,85°.

1. Winkel zwischen $\vec{m}_1$ und $\vec{m}_2$:

$$\vec{m}_1 = \begin{pmatrix} -3 \\ 4 \\ 4 \end{pmatrix}, \vec{m}_2 = \begin{pmatrix} 0 \\ -7 \\ 3 \end{pmatrix}$$

$$\cos \delta = \frac{\vec{m}_1 \cdot \vec{m}_2}{|\vec{m}_1| \cdot |\vec{m}_2|} = \frac{-16}{\sqrt{41} \cdot \sqrt{58}} \approx -0{,}3281$$

$\delta \approx 109{,}15°$

2. Schnittwinkel von g und h:

$\gamma \approx 180° - 109{,}15° = 70{,}85°$

Noch einfacher ist es, die Kosinusformel leicht zu verändern durch Betragsbildung im Zähler, wie oben im roten Kasten geschehen. Dann erhält man sofort den Schnittwinkel γ. (Begründen Sie dies!)

Übung 1
Bestimmen Sie den Schnittpunkt und den Schnittwinkel der Geraden g und h.

a) $g: \vec{x} = \begin{pmatrix} 0 \\ 2 \\ 1 \end{pmatrix} + r \cdot \begin{pmatrix} 1 \\ 1 \\ 2 \end{pmatrix}, h: \vec{x} = \begin{pmatrix} 0 \\ 1 \\ -4 \end{pmatrix} + s \cdot \begin{pmatrix} 2 \\ 1 \\ -1 \end{pmatrix}$ b) $g: \vec{x} = \begin{pmatrix} 1 \\ -2 \end{pmatrix} + r \cdot \begin{pmatrix} 1 \\ 2 \end{pmatrix}, h: \vec{x} = \begin{pmatrix} 0 \\ 4 \end{pmatrix} + s \cdot \begin{pmatrix} -1 \\ 2 \end{pmatrix}$

3. Der Winkel zwischen Geraden

Stehen zwei Geraden orthogonal zueinander, so lässt sich dieses sofort anhand der Orthogonalität der Richtungsvektoren feststellen. Es gilt folgende *Orthogonalitätsbedingung*:

Orthogonalitätsbedingung
Zwei Geraden, die sich schneiden, stehen senkrecht aufeinander, wenn ihre Richtungsvektoren orthogonal sind (d. h., wenn das Skalarprodukt der Richtungsvektoren null ergibt.)

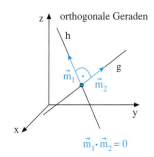

Übung 2
Überprüfen Sie, ob g und h senkrecht stehen oder ob sie für einen Wert von a senkrecht stehen können.

a) $g: \vec{x} = \begin{pmatrix} 2 \\ 3 \end{pmatrix} + r \begin{pmatrix} 1 \\ 1 \end{pmatrix}$, $h: \vec{x} = \begin{pmatrix} 2 \\ 9 \end{pmatrix} + s \begin{pmatrix} 2 \\ 1 \end{pmatrix}$

b) $g: \vec{x} = \begin{pmatrix} 1 \\ 1 \\ 2 \end{pmatrix} + r \begin{pmatrix} 3 \\ -2 \\ 1 \end{pmatrix}$, $h: \vec{x} = \begin{pmatrix} 4 \\ -1 \\ 2 \end{pmatrix} + s \begin{pmatrix} 2 \\ 1 \\ -4 \end{pmatrix}$

c) $g: \vec{x} = \begin{pmatrix} 3 \\ 3 \end{pmatrix} + r \begin{pmatrix} 3 \\ -1 \end{pmatrix}$, $h: \vec{x} = \begin{pmatrix} 4 \\ 6 \end{pmatrix} + s \begin{pmatrix} -1 \\ a \end{pmatrix}$

d) $g: \vec{x} = \begin{pmatrix} 3 \\ 0 \\ 1 \end{pmatrix} + r \begin{pmatrix} 2 \\ 1 \\ -4 \end{pmatrix}$, $h: \vec{x} = \begin{pmatrix} 1 \\ 2 \\ -3 \end{pmatrix} + s \begin{pmatrix} a \\ 2 \\ -1 \end{pmatrix}$

Übung 3
Bestimmen Sie den Schnittpunkt und den Schnittwinkel der Geraden g und h.

a) $g: \vec{x} = \begin{pmatrix} 1 \\ 2 \end{pmatrix} + r \begin{pmatrix} 3 \\ 1 \end{pmatrix}$, $h: \vec{x} = \begin{pmatrix} 4 \\ 1 \end{pmatrix} + s \begin{pmatrix} 1 \\ 1 \end{pmatrix}$

b) $g: \vec{x} = \begin{pmatrix} 3 \\ 1 \\ 4 \end{pmatrix} + r \begin{pmatrix} 2 \\ 2 \\ -2 \end{pmatrix}$, $h: \vec{x} = \begin{pmatrix} 2 \\ 3 \\ -1 \end{pmatrix} + s \begin{pmatrix} 1 \\ 2 \\ -3 \end{pmatrix}$

c) g durch A(2|1) und B(3|2), h durch C(2|7) und D(4|5)

d) g durch A(3|2|5) und B(5|6|3), h durch C(4|3|7) und D(−2|−6|4)

Übung 4
Unter welchen Winkeln schneidet die Ursprungsgerade $g: \vec{x} = r \begin{pmatrix} 1 \\ 2 \\ 4 \end{pmatrix}$ die Koordinatenachsen?

Übung 5
Bestimmen Sie t so, dass die Gerade durch P(6|4|t) die x-Achse bei x = 3 unter 60° schneidet.

Übung 6
Gegeben ist ein Dreieck ABC mit A(1|2), B(9|0) und C(5|6).
a) Stellen Sie Parametergleichungen der Mittelsenkrechten g_{AB} und g_{AC} auf.
b) Berechnen Sie den Schnittpunkt der Mittelsenkrechten g_{AB} und g_{AC}.
c) Stellen Sie das Dreieck ABC sowie die Mittelsenkrechten g_{AB} und g_{AC} zeichnerisch dar.

4. Das Skalarprodukt in der Wirtschaft

Das Skalarprodukt wurde in diesem Buch aus einer physikalischen Anwendung als Produkt aus den Beträgen zweier Vektoren und dem Kosinus des eingeschlossenen Winkels entwickelt. Es konnte gezeigt werden (vgl. Seite 108), dass dieses Produkt gleich der Summe der Produkte der Koordinaten der beiden Vektoren ist. Solche Produktsummen spielen auch in der Wirtschaftsmathematik eine Rolle.

Bereits das einfache Beispiel eines Einkaufszettels führt auf ein Skalarprodukt. Sollen beispielsweise zwei Flaschen Apfelsaft zu 1,99 €, drei Stück Butter zu 1,19 € und eine Tüte Chips zu 2,40 € gekauft werden, so ergibt sich der Gesamtpreis in durch die Rechnung
$2 \cdot 1{,}99 + 3 \cdot 1{,}19 + 1 \cdot 2{,}40 = 9{,}95$.
Dies ist das Skalarprodukt zweier Spaltenvektoren:
$$\begin{pmatrix} 2 \\ 3 \\ 1 \end{pmatrix} \cdot \begin{pmatrix} 1{,}99 \\ 1{,}19 \\ 2{,}40 \end{pmatrix} = 9{,}95$$

Im Folgenden wird anhand eines etwas komplexeren ökonomischen Problems eine Anwendung des Skalarprodukts in der Wirtschaft aufgezeigt.

> **Beispiel: Teilebedarfsrechnung**
> In einem zweistufigen Produktionsprozess werden in der ersten Stufe aus den Rohstoffen R_1 und R_2 die Zwischenprodukte Z_1, Z_2 und Z_3 erzeugt.
> In der zweiten Produktionsstufe werden die Zwischenprodukte zu den Endprodukten E_1 und E_2 weiterverarbeitet.
> Der nebenstehende Graph beschreibt die Materialverflechtung. Er gibt an, welcher Materialbedarf für ein Zwischenprodukt oder für eine Endprodukt anfällt.
> Berechnen Sie den Rohstoffbedarf der Endprodukte.

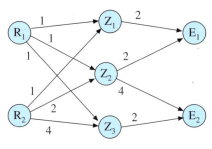

Lösung:
Für ein Teil E_1 benötigt man:
Zwei Teile Z_1 mit jeweils einem Teil R_1,
zwei Teile Z_2 mit jeweils einem Teil R_1,
null Teile Z_3 mit jeweils einem Teil R_1.

Bedarf an R_1 für ein Teil E_1:
$$1 \cdot 2 + 1 \cdot 2 + 1 \cdot 0 = \begin{pmatrix} 1 \\ 1 \\ 1 \end{pmatrix} \cdot \begin{pmatrix} 2 \\ 2 \\ 0 \end{pmatrix} = 4$$

Der Bedarf an R_1 für ein Teil E_1 ist also das Skalarprodukt aus dem Vektor $\begin{pmatrix} 1 \\ 1 \\ 1 \end{pmatrix}$ des Bedarfs an dem Rohstoff R_1 für die Zwischenprodukte Z_1, Z_2, Z_3 und dem Vektor $\begin{pmatrix} 2 \\ 2 \\ 0 \end{pmatrix}$ des Bedarfs des Endprodukts E_1 an den Zwischenprodukten Z_1, Z_2 und Z_3.

4. Das Skalarprodukt in der Wirtschaft

Entsprechend ergibt sich
- der Bedarf an R_2 für ein Teil E_1: $1\cdot 2+2\cdot 2+4\cdot 0=\begin{pmatrix}1\\2\\4\end{pmatrix}\cdot\begin{pmatrix}2\\2\\0\end{pmatrix}=6,$

- der Bedarf an R_1 für ein Teil E_2: $1\cdot 0+1\cdot 4+1\cdot 2=\begin{pmatrix}1\\1\\1\end{pmatrix}\cdot\begin{pmatrix}0\\4\\2\end{pmatrix}=6,$

- der Bedarf an R_2 für ein Teil E_2: $1\cdot 0+2\cdot 4+4\cdot 2=\begin{pmatrix}1\\2\\4\end{pmatrix}\cdot\begin{pmatrix}0\\4\\2\end{pmatrix}=16.$

Die rechts dargestellte Tabelle gibt den Rohstoffbedarf der Endprodukte wieder. Jedes Element dieser Tabelle ergibt sich als Skalarprodukt von Vektoren, deren Koordinaten man direkt vom Graphen der Materialverflechtung ablesen kann. Das Schema $\begin{pmatrix}4&6\\6&16\end{pmatrix}$, das den Zusammenhang zwischen den Rohstoffen und den Endprodukten beschreibt, nennt man Rohstoffmatrix.

	E_1	E_2
R_1	$\begin{pmatrix}1\\1\\1\end{pmatrix}\cdot\begin{pmatrix}2\\2\\0\end{pmatrix}=4$	$\begin{pmatrix}1\\1\\1\end{pmatrix}\cdot\begin{pmatrix}0\\4\\2\end{pmatrix}=6$
R_2	$\begin{pmatrix}1\\2\\4\end{pmatrix}\cdot\begin{pmatrix}2\\2\\0\end{pmatrix}=6$	$\begin{pmatrix}1\\2\\4\end{pmatrix}\cdot\begin{pmatrix}0\\4\\2\end{pmatrix}=16$

Übung 1
Der abgebildete Graph beschreibt einen zweistufigen Produktionsprozess zur Herstellung eines Regenbogenfisches (E_1) und eines Stachelfisches (E_2). Die Rohstoffe sind Chemikalien, die Zwischenprodukte daraus hergestellte Kunststoffe. Welcher Rohstoffbedarf besteht für die Produktion jeweils eines der beiden Fische?

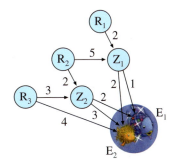

Bei den obigen Beispielen haben die auftretenden Vektoren immer drei Koordinaten. Nun ist beim Einführungsbeispiel auch ein Einkaufszettel mit vier oder mehr, allgemein mit n Dingen denkbar. Das führt auf die Begriffe *n-Tupel* und *n-dimensionaler Vektor*.

Definition: n-Tupel und n-dimensionaler Vektor
Ein n-Tupel ist eine Zusammenfassung von n Zahlen $x_1, x_2, \ldots, x_n$ in einer geordneten Liste. Man schreibt: $(x_1, x_2, \ldots, x_n)$.
Ein n-Tupel kann als n-dimensionaler Vektor aufgefasst werden: $\vec{x}=\begin{pmatrix}x_1\\x_2\\\vdots\\x_n\end{pmatrix}$.

Das Skalarprodukt zweier n-dimensionaler Vektoren wird gebildet wie das Skalarprodukt zweier zwei- oder dreidimensionaler Vektoren:

$\vec{x}\cdot\vec{y}=\vec{x}=\begin{pmatrix}x_1\\x_2\\\vdots\\x_n\end{pmatrix}\cdot\vec{x}=\begin{pmatrix}y_1\\y_2\\\vdots\\y_n\end{pmatrix}$
$=x_1y_1+x_2y_2+\cdots+x_ny_n$

Beispiel: $\vec{x}\cdot\vec{y}=\begin{pmatrix}1\\2\\\vdots\\n\end{pmatrix}\cdot\begin{pmatrix}2\\3\\\vdots\\n+1\end{pmatrix}$
$=1\cdot 2+2\cdot 3+\cdots+n\cdot(n+1)$

4. Das Vektorprodukt

A. Die Definition des Vektorprodukts

Im vorigen Abschnitt haben wir auf Seite 115 zu zwei gegebenen, linear unabhängigen Vektoren einen orthogonalen Vektor durch Lösen des zugehörigen Gleichungssystems ermittelt. Solche orthogonale Vektoren sind in der Geometrie und Technik häufig gesucht und werden im folgenden Kapitel benötigt. Daher entwickeln wir im Folgenden eine Formel, mit der man zu zwei gegebenen Vektoren des Raums schnell einen orthogonalen Vektor bestimmen kann.

Gesucht ist ein Vektor $\vec{x}$, der zu zwei gegebenen Vektoren $\vec{a}$ und $\vec{b}$ des Raums orthogonal ist. Daher müssen die Skalarprodukte $\vec{a} \cdot \vec{x}$ und $\vec{b} \cdot \vec{x}$ null ergeben. Das zugehörige Gleichungssystem, das sich durch Einsetzen der Spaltenvektoren ergibt, hat unendlich viele Lösungen.

$$\text{I} \quad \vec{a} \cdot \vec{x} = \begin{pmatrix} a_1 \\ a_2 \\ a_3 \end{pmatrix} \cdot \begin{pmatrix} x_1 \\ x_2 \\ x_3 \end{pmatrix} = 0$$

$$\text{II} \quad \vec{b} \cdot \vec{x} = \begin{pmatrix} b_1 \\ b_2 \\ b_3 \end{pmatrix} \cdot \begin{pmatrix} x_1 \\ x_2 \\ x_3 \end{pmatrix} = 0$$

Der Vektor $\vec{x} = \begin{pmatrix} a_2b_3 - a_3b_2 \\ a_3b_1 - a_1b_3 \\ a_1b_2 - a_2b_1 \end{pmatrix}$ ist eine Lösung, wie sich leicht beweisen lässt:

$$\text{I} \quad a_1x_1 + a_2x_2 + a_3x_3 = 0$$
$$\text{II} \quad b_1x_1 + b_2x_2 + b_3x_3 = 0$$

$$\text{I} \quad a_1(a_2b_3 - a_3b_2) + a_2(a_3b_1 - a_1b_3) + a_3(a_1b_2 - a_2b_1) =$$
$$a_1a_2b_3 - a_1a_3b_2 + a_2a_3b_1 - a_1a_2b_3 + a_1a_3b_2 - a_2a_3b_1 = 0$$
$$\text{II} \quad b_1(a_2b_3 - a_3b_2) + b_2(a_3b_1 - a_1b_3) + b_3(a_1b_2 - a_2b_1) =$$
$$a_2b_1b_3 - a_3b_1b_2 + a_3b_1b_2 - a_1b_2b_3 + a_1b_2b_3 - a_2b_1b_3 = 0$$

Der obige Lösungsvektor $\vec{x}$ ist aus Koordinatenprodukten der Vektoren $\vec{a}$ und $\vec{b}$ aufgebaut. Er wird als *Vektorprodukt* der Vektoren $\vec{a}$ und $\vec{b}$ bezeichnet und symbolisch als $\vec{a} \times \vec{b}$ dargestellt. Im Gegensatz zum Skalarprodukt ist das Vektorprodukt nur im dreidimensionalen Raum definiert.

Definition des Vektorprodukts

Für zwei Vektoren $\vec{a} = \begin{pmatrix} a_1 \\ a_2 \\ a_3 \end{pmatrix}$ und $\vec{b} = \begin{pmatrix} b_1 \\ b_2 \\ b_3 \end{pmatrix}$ des Raums heißt $\vec{a} \times \vec{b} = \begin{pmatrix} a_2b_3 - a_3b_2 \\ a_3b_1 - a_1b_3 \\ a_1b_2 - a_2b_1 \end{pmatrix}$

(gelesen: „a kreuz b") das *Vektorprodukt* von $\vec{a}$ und $\vec{b}$.

122-1

Der Vektor $\vec{a} \times \vec{b}$ ist orthogonal zu den beiden Vektoren $\vec{a}$ und $\vec{b}$. Er liegt daher senkrecht zum Dreieck, das von den Vektoren $\vec{a}$ und $\vec{b}$ aufgespannt wird. Man bezeichnet den Vektor $\vec{a} \times \vec{b}$ daher auch als *Normalenvektor* der Ebene, in der das von $\vec{a}$ und $\vec{b}$ aufgespannte Dreieck liegt.

4. Das Vektorprodukt

Beispiel: Gegeben sind $\vec{a} = \begin{pmatrix} 3 \\ 2 \\ -1 \end{pmatrix}$ und $\vec{b} = \begin{pmatrix} 1 \\ 1 \\ 2 \end{pmatrix}$. Berechnen Sie $\vec{a} \times \vec{b}$.

Lösung: $\begin{pmatrix} 3 \\ 2 \\ -1 \end{pmatrix} \times \begin{pmatrix} 1 \\ 1 \\ 2 \end{pmatrix} = \begin{pmatrix} a_1 \\ a_2 \\ a_3 \end{pmatrix} \times \begin{pmatrix} b_1 \\ b_2 \\ b_3 \end{pmatrix} = \begin{pmatrix} a_2 b_3 - a_3 b_2 \\ a_3 b_1 - a_1 b_3 \\ a_1 b_2 - a_2 b_1 \end{pmatrix} = \begin{pmatrix} 2 \cdot 2 - (-1) \cdot 1 \\ (-1) \cdot 1 - 3 \cdot 2 \\ 3 \cdot 1 - 2 \cdot 1 \end{pmatrix} = \begin{pmatrix} 5 \\ -7 \\ 1 \end{pmatrix}$

Das nebenstehende Schema dient als Merkregel für das Vektorprodukt. Man erhält die 1. Koordinate des Vektorprodukts, indem man die 1. Koordinaten der gegebenen Vektoren streicht, die übrigen Koordinaten über Kreuz multipliziert und die Differenz der Produkte bildet. Analog erhält man die 2. und 3. Koordinate. Bei der Kreuzmultiplikation für die 2. Koordinate muss allerdings zusätzlich das Vorzeichen umgekehrt werden.

Merkregel:

1. Koordinate $\begin{pmatrix} \cancel{3} \\ 2 \\ -1 \end{pmatrix} \times \begin{pmatrix} \cancel{1} \\ 1 \\ 2 \end{pmatrix}$ $2 \cdot 2 - (-1) \cdot 1 = 5$

2. Koordinate $\begin{pmatrix} 3 \\ \cancel{2} \\ -1 \end{pmatrix} \times \begin{pmatrix} 1 \\ \cancel{1} \\ 2 \end{pmatrix}$ $-(3 \cdot 2 - (-1) \cdot 1) = -7$

3. Koordinate $\begin{pmatrix} 3 \\ 2 \\ \cancel{-1} \end{pmatrix} \times \begin{pmatrix} 1 \\ 1 \\ \cancel{2} \end{pmatrix}$ $3 \cdot 1 - 2 \cdot 1 = 1$

Übung 1
Berechnen Sie für die Vektoren $\vec{a}$ und $\vec{b}$ das Vektorprodukt $\vec{a} \times \vec{b}$.

a) $\vec{a} = \begin{pmatrix} 2 \\ 1 \\ 5 \end{pmatrix}, \vec{b} = \begin{pmatrix} 3 \\ 4 \\ 2 \end{pmatrix}$
b) $\vec{a} = \begin{pmatrix} -1 \\ 3 \\ 7 \end{pmatrix}, \vec{b} = \begin{pmatrix} 2 \\ 0 \\ 1 \end{pmatrix}$
c) $\vec{a} = \begin{pmatrix} 1 \\ 8 \\ 0 \end{pmatrix}, \vec{b} = \begin{pmatrix} -2 \\ -1 \\ 1 \end{pmatrix}$
d) $\vec{a} = \begin{pmatrix} 2 \\ 1 \\ 3 \end{pmatrix}, \vec{b} = \begin{pmatrix} 4 \\ 2 \\ 6 \end{pmatrix}$

CAS

Der Vektor $\vec{a} \times \vec{b}$ ist, wie oben bereits bewiesen, orthogonal zu $\vec{a}$ und zu $\vec{b}$.
Die Vektoren $\vec{a}, \vec{b}$ und $\vec{a} \times \vec{b}$ bilden ein sog. „Rechtssystem" wie auch die Koordinatenachsen im räumlichen kartesischen Koordinatensystem. Die abgebildete „Rechte-Hand-Regel" veranschaulicht diesen Begriff. Diese Eigenschaft ist in physikalischen Zusammenhängen wichtig.

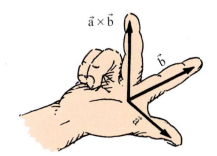

Eigenschaften des Vektorprodukts:
Für linear unabhängige Vektoren $\vec{a}$ und $\vec{b}$ im Raum gilt:
(1) $\vec{a} \times \vec{b}$ ist orthogonal zu $\vec{a}$ und zu $\vec{b}$.
(2) Die Vektoren $\vec{a}, \vec{b}$ und $\vec{a} \times \vec{b}$ bilden ein „Rechtssystem".

Übung 2
Gegeben sind die Vektoren $\vec{a} = \begin{pmatrix} 1 \\ 1 \\ -3 \end{pmatrix}, \vec{b} = \begin{pmatrix} 5 \\ -2 \\ 3 \end{pmatrix}$ und $\vec{c} = \begin{pmatrix} -2 \\ 3 \\ 0 \end{pmatrix}$.

Bilden Sie a) $\vec{a} \times \vec{b}$, b) $\vec{a} \times \vec{c}$, c) $\vec{b} \times \vec{c}$, d) $\vec{c} \times \vec{a}$, e) $\vec{a} \times (\vec{b} \times \vec{c})$.

B. Rechengesetze für das Vektorprodukt

Eine wichtige Anwendung des Vektorprodukts ist die Bestimmung von Normalenvektoren.

> **Beispiel: Bestimmung eines Normalenvektors**
> Bestimmen Sie einen Normalenvektor der Ebene E, in der das von den Vektoren $\vec{a} = \begin{pmatrix} 2 \\ 2 \\ 1 \end{pmatrix}$ und $\vec{b} = \begin{pmatrix} 1 \\ 3 \\ 2 \end{pmatrix}$ aufgespannte Parallelogramm liegt.

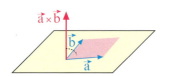

Lösung:
Der Vektor $\vec{n} = \vec{a} \times \vec{b}$ ist orthogonal zu beiden Vektoren $\vec{a}$ und $\vec{b}$. Die nebenstehende Rechnung ergibt:

$\vec{n} = \vec{a} \times \vec{b} = \begin{pmatrix} 1 \\ -3 \\ 4 \end{pmatrix}$.

Das Skalarprodukt des Ergebnisvektors mit beiden gegebenen Vektoren ergibt null, wie man leicht nachrechnet.

Normalenvektor als Vektorprodukt:

$\vec{a} \times \vec{b} = \begin{pmatrix} 2\cdot 2 - 1\cdot 3 \\ -(2\cdot 2 - 1\cdot 1) \\ 2\cdot 3 - 2\cdot 1 \end{pmatrix} = \begin{pmatrix} 1 \\ -3 \\ 4 \end{pmatrix}$

Probe:

$\begin{pmatrix} 2 \\ 2 \\ 1 \end{pmatrix} \cdot \begin{pmatrix} 1 \\ -3 \\ 4 \end{pmatrix} = 2 - 6 + 4 = 0$

$\begin{pmatrix} 1 \\ 3 \\ 2 \end{pmatrix} \cdot \begin{pmatrix} 1 \\ -3 \\ 4 \end{pmatrix} = 1 - 9 + 8 = 0$

Auch für das Vektorprodukt gelten einige Rechengesetze, von denen wir die wichtigsten auflisten und exemplarisch beweisen.

Rechengesetze für das Vektorprodukt

(1) $\vec{a} \times \vec{b} = -(\vec{b} \times \vec{a})$ — **Anti-Kommutativgesetz**
(2) $(r \cdot \vec{a}) \times \vec{b} = r \cdot (\vec{a} \times \vec{b})$ für $r \in \mathbb{R}$ — **Assoziativgesetz**
(3) $\vec{a} \times (\vec{b} + \vec{c}) = \vec{a} \times \vec{b} + \vec{a} \times \vec{c}$ — **Distributivgesetz**

Exemplarischer Beweis zu (1):

$-(\vec{b} \times \vec{a}) = -\begin{pmatrix} b_2 a_3 - b_3 a_2 \\ b_3 a_1 - b_1 a_3 \\ b_1 a_2 - b_2 a_1 \end{pmatrix} = \begin{pmatrix} -b_2 a_3 + b_3 a_2 \\ -b_3 a_1 + b_1 a_3 \\ -b_1 a_2 + b_2 a_1 \end{pmatrix} = \begin{pmatrix} a_2 b_3 - a_3 b_2 \\ a_3 b_1 - a_1 b_3 \\ a_1 b_2 - a_2 b_1 \end{pmatrix} = \vec{a} \times \vec{b}$

Übung 3

a) Beweisen Sie die Aussagen (2) und (3) im obigen Kasten.
b) Beweisen Sie: Für jeden Vektor $\vec{a}$ des Raumes gilt: $\vec{a} \times \vec{a} = \vec{0}$.
c) Beweisen Sie: Sind die Vektoren $\vec{a}$ und $\vec{b}$ linear abhängig, dann gilt: $\vec{a} \times \vec{b} = 0$.
d) Gilt für das Vektorprodukt das Assoziativgesetz $(\vec{a} \times \vec{b}) \times \vec{c} = \vec{a} \times (\vec{b} \times \vec{c})$?
e) Wahr oder falsch? $(\vec{a} + \vec{b}) \times (\vec{a} + \vec{b}) = \vec{a} \times \vec{a} + \vec{b} \times \vec{b}$

C. Exkurs: Anwendungen des Vektorprodukts 125-1

Auch mithilfe des Vektorprodukts lässt sich der Flächeninhalt eines Parallelogramms im dreidimensionalen Raum berechnen. Er ist der Betrag des Vektorproduktes der Seitenvektoren.

Flächeninhalt eines Parallelogramms
Für den Flächeninhalt des von den Vektoren $\vec{a}$ und $\vec{b}$ im Raum aufgespannten Parallelogramms gilt:
$A = |\vec{a} \times \vec{b}| = |\vec{a}| \cdot |\vec{b}| \cdot \sin\gamma.$

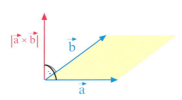

Beweis:
Wir gehen von der Flächeninhaltsformel für Parallelogramme $A = g \cdot h = |\vec{a}| \cdot h$ aus und setzen für die Höhe $h = |\vec{b}| \cdot \sin\gamma$ ein, wobei γ der von den Vektoren $\vec{a}$ und $\vec{b}$ eingeschlossene Winkel ist. Dann erhalten wir sofort den zweiten Term.
Es bleibt zu zeigen: $|\vec{a} \times \vec{b}| = |\vec{a}| \cdot |\vec{b}| \cdot \sin\gamma$.
Hierzu betrachten wir $|\vec{a} \times \vec{b}|^2 = (\vec{a} \times \vec{b})^2$.

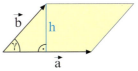

Flächeninhalt des Parallelogramms:
$A = |\vec{a}| \cdot h = |\vec{a}| \cdot |\vec{b}| \cdot \sin\gamma$

$$(\vec{a} \times \vec{b})^2 = \begin{pmatrix} a_2b_3 - a_3b_2 \\ a_3b_1 - a_1b_3 \\ a_1b_2 - a_2b_1 \end{pmatrix}^2 = (a_2b_3 - a_3b_2)^2 + (a_3b_1 - a_1b_3)^2 + (a_1b_2 - a_2b_1)^2$$

$$= a_2^2b_3^2 - 2a_2b_3a_3b_2 + a_3^2b_2^2 + a_3^2b_1^2 - 2a_3b_1a_1b_3 + a_1^2b_3^2 + a_1^2b_2^2 - 2a_1b_2a_2b_1 + a_2^2b_1^2$$

$$= a_2^2b_3^2 + a_3^2b_2^2 + a_3^2b_1^2 + a_1^2b_3^2 + a_1^2b_2^2 + a_2^2b_1^2 - 2a_2a_3b_2b_3 - 2a_1a_3b_1b_3 - 2a_1a_2b_1b_2$$

$$\quad + a_1^2b_1^2 + a_2^2b_2^2 + a_3^2b_3^2 - a_1^2b_1^2 - a_2^2b_2^2 - a_3^2b_3^2$$

$$= (a_1^2 + a_2^2 + a_3^2) \cdot (b_1^2 + b_2^2 + b_3^2) - (a_1b_1 + a_2b_2 + a_3b_3)^2$$

$$= |\vec{a}|^2 \cdot |\vec{b}|^2 - (\vec{a} \cdot \vec{b})^2$$

$$= |\vec{a}|^2 \cdot |\vec{b}|^2 - |\vec{a}|^2 \cdot |\vec{b}|^2 \cdot \cos^2\gamma$$

$$= |\vec{a}|^2 \cdot |b|^2 \cdot (1 - \cos^2\gamma)$$

$$= |\vec{a}|^2 \cdot |\vec{b}|^2 \cdot \sin^2\gamma$$

Da $\sin\gamma \geq 0$ für $0° \leq \gamma \leq 180°$ ist, folgt nun durch Wurzelziehen $|\vec{a} \times \vec{b}| = |\vec{a}| \cdot |\vec{b}| \cdot \sin\gamma$.

Übung 4
Berechnen Sie mithilfe des Vektorprodukts den Flächeninhalt
a) des Parallelogramms ABCD mit $A(3; 0; 4)$, $B(4; 6; 0)$, $C(0; 7; 1)$, $D(-1; 1; 5)$,
b) des Dreiecks ABC mit $A(5; 0; 0)$, $B(0; 4; 0)$, $C(0; 0; 6)$.

Mithilfe der eben bewiesenen Flächeninhaltsformel für Parallelogramme lässt sich eine einfache Formel zur Volumenberechnung eines Spats bzw. einer dreiseitigen Pyramide herleiten.

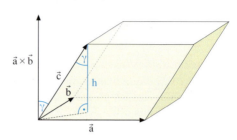

Volumen eines Spats
Der von den Vektoren $\vec{a}$, $\vec{b}$, $\vec{c}$ aufgespannte Spat hat das Volumen
$$V = |(\vec{a} \times \vec{b}) \cdot \vec{c}|.$$

Beweis:
Wir gehen von der Volumenformel $V = G \cdot h$ für Prismen aus. Die Grundfläche kann mit dem Vektorprodukt als $|\vec{a} \times \vec{b}|$ dargestellt werden, da es sich um eine Parallelogrammfläche handelt. Für die Höhe des Spats h gilt $h = |\vec{c}| \cdot \cos\gamma$, wobei γ der Winkel zwischen $\vec{c}$ und h ist. Da der Vektor $\vec{a} \times \vec{b}$ senkrecht zu $\vec{a}$ und zu $\vec{b}$ steht, verläuft er parallel zur Spathöhe h.

$V = G \cdot h$ Volumen eines Prismas

$= |\vec{a} \times \vec{b}| \cdot h$,   da $G = |\vec{a} \times \vec{b}|$

$= |\vec{a} \times \vec{b}| \cdot |\vec{c}| \cdot \cos\gamma$,   da $h = |\vec{c}| \cdot \cos\gamma$

$= |(\vec{a} \times \vec{b}) \cdot \vec{c}|$ Definition des SP

Wir nehmen an, dass $\vec{a}$, $\vec{b}$, $\vec{c}$ rechtssystemartig zueinander liegen (s. Abb.). Dann ist der Winkel zwischen den Vektoren $\vec{a} \times \vec{b}$ und $\vec{c}$ ebenfalls γ. Der Term $|\vec{a} \times \vec{b}| \cdot |\vec{c}| \cdot \cos\gamma$ stellt daher das Skalarprodukt von $\vec{a} \times \vec{b}$ und $\vec{c}$ dar.
Liegen $\vec{a}$, $\vec{b}$, $\vec{c}$ linkssystemartig zueinander, so ergibt sich die Rechnung $V = |\vec{a} \times \vec{b}| \cdot h = |\vec{a} \times \vec{b}| \cdot |\vec{c}| \cdot \cos\gamma = |\vec{a} \times \vec{b}| \cdot |\vec{c}| \cdot (-\cos\gamma') = -(\vec{a} \times \vec{b}) \cdot \vec{c}$, wobei $\gamma' = 180° - \gamma$ der Winkel zwischen $\vec{a} \times \vec{b}$ und $\vec{c}$ ist. Insgesamt gilt also $V = |(\vec{a} \times \vec{b}) \cdot \vec{c}|$.

Bemerkung: Der Term $(\vec{a} \times \vec{b}) \cdot \vec{c}$ wird auch als **Spatprodukt** bezeichnet.

Volumen einer dreiseitigen Pyramide
Eine von den Vektoren $\vec{a}$, $\vec{b}$, $\vec{c}$ aufgespannte dreiseitige Pyramide hat das Volumen
$$V = \tfrac{1}{6}|(\vec{a} \times \vec{b}) \cdot \vec{c}|.$$

Beweis:
Die Pyramide hat bekanntlich ein Drittel des Volumens eines Prismas mit derselben Grundfläche und Höhe. Ein Prisma mit dreieckiger Grundfläche ist die Hälfte eines Spats. Daher ist das Pyramidenvolumen ein Sechstel des Spatvolumens.

Übung 5
Berechnen Sie das Volumen des von den Vektoren $\vec{a} = \begin{pmatrix} 8 \\ 0 \\ 0 \end{pmatrix}$, $\vec{b} = \begin{pmatrix} 2 \\ 2 \\ 1 \end{pmatrix}$, $\vec{c} = \begin{pmatrix} 1 \\ 1 \\ 3 \end{pmatrix}$ aufgespannten Spats.

Übung 6
Berechnen Sie das Volumen der dreiseitigen Pyramide mit den Eckpunkten A(4; 4; 3), B(1; 5; 2), C(1; 1; 4), D(1; 4; 6). Fertigen Sie ein Schrägbild an.

Exkurs: Ein schneller Test für lin. Abhängigkeit und lin. Unabhängigkeit

Mithilfe des Kreuz- und des Skalarproduktes kann man besonders einfach feststellen, ob drei Vektoren $\vec{a}, \vec{b}, \vec{c}$ des dreidimensionalen Raumes linear abhängig oder unabhängig sind. Man muss dazu lediglich den Term $(\vec{a} \times \vec{b}) \cdot \vec{c}$ berechnen. Ist er null, liegt lineare Abhängigkeit vor, andernfalls lineare Unabhängigkeit.

> **Test für lineare Abhängigkeit/Unabhängigkeit**
> $\vec{a}, \vec{b}, \vec{c}$ seien Vektoren des dreidimensionalen Anschauungsraumes. Dann gilt:
> I $(\vec{a} \times \vec{b}) \cdot \vec{c} = 0 \Leftrightarrow \vec{a}, \vec{b}, \vec{c}$ sind linear abhängig.
> II $(\vec{a} \times \vec{b}) \cdot \vec{c} \neq 0 \Leftrightarrow \vec{a}, \vec{b}, \vec{c}$ sind linear unabhängig.

Begründung zu I:

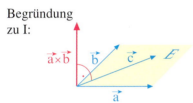

$\vec{a}, \vec{b}, \vec{c}$ linear abhängig

Sind $\vec{a}, \vec{b}, \vec{c}$ linear abhängig, so liegt $\vec{c}$ in der von $\vec{a}$ und $\vec{b}$ aufgespannten Ebene. Der Winkel γ zwischen $\vec{a} \times \vec{b}$ und $\vec{c}$ ist folglich 90°, was mit $(\vec{a} \times \vec{b}) \cdot \vec{c} = 0$ gleichbedeutend ist.

Begründung zu II:

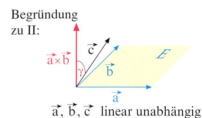

$\vec{a}, \vec{b}, \vec{c}$ linear unabhängig

Sind $\vec{a}, \vec{b}, \vec{c}$ linear unabhängig, so liegt $\vec{c}$ nicht in der von $\vec{a}$ und $\vec{b}$ aufgespannten Ebene. Der Winkel γ zwischen $\vec{a} \times \vec{b}$ und $\vec{c}$ ist folglich nicht 90°, was äquivalent ist zu $(\vec{a} \times \vec{b}) \cdot \vec{c} \neq 0$

▶ **Beispiel: lineare Abhängigkeit/lineare Unabhängigkeit**
Testen Sie, ob $\vec{a}, \vec{b}$ und $\vec{c}$ linear abhängig oder linear unabhängig sind.

a) $\vec{a} = \begin{pmatrix} 2 \\ 3 \\ 1 \end{pmatrix}, \vec{b} = \begin{pmatrix} 1 \\ -2 \\ 1 \end{pmatrix}, \vec{c} = \begin{pmatrix} 2 \\ -5 \\ 1 \end{pmatrix}$
b) $\vec{a} = \begin{pmatrix} 1 \\ 2 \\ 2 \end{pmatrix}, \vec{b} = \begin{pmatrix} -2 \\ 1 \\ 3 \end{pmatrix}, \vec{c} = \begin{pmatrix} 4 \\ 3 \\ 1 \end{pmatrix}$

Lösung:
▶ a) $(\vec{a} \times \vec{b}) \cdot \vec{c} = \left[\begin{pmatrix} 2 \\ 3 \\ 1 \end{pmatrix} \times \begin{pmatrix} 1 \\ -2 \\ 1 \end{pmatrix} \right] \cdot \begin{pmatrix} 2 \\ -5 \\ 1 \end{pmatrix} = \begin{pmatrix} 5 \\ -1 \\ -7 \end{pmatrix} \cdot \begin{pmatrix} 2 \\ -5 \\ 1 \end{pmatrix} = 8 \neq 0 \Leftrightarrow \vec{a}, \vec{b}, \vec{c}$ linear unabhängig

▶ b) $(\vec{a} \times \vec{b}) \cdot \vec{c} = \left[\begin{pmatrix} 1 \\ 2 \\ 2 \end{pmatrix} \times \begin{pmatrix} -2 \\ 1 \\ 3 \end{pmatrix} \right] \cdot \begin{pmatrix} 4 \\ 3 \\ 1 \end{pmatrix} = \begin{pmatrix} 4 \\ -7 \\ 5 \end{pmatrix} \cdot \begin{pmatrix} 4 \\ 3 \\ 1 \end{pmatrix} = 0 \Leftrightarrow \vec{a}, \vec{b}, \vec{c}$ linear abhängig

Übung 7
Untersuchen Sie $\vec{a}, \vec{b}, \vec{c}$ auf lineare Abhängigkeit/Unabhängigkeit.

a) $\vec{a} = \begin{pmatrix} 1 \\ 2 \\ 4 \end{pmatrix}, \vec{b} = \begin{pmatrix} -2 \\ 3 \\ 1 \end{pmatrix}, \vec{c} = \begin{pmatrix} -2 \\ 3 \\ 1 \end{pmatrix}$

b) $\vec{a} = \begin{pmatrix} 2 \\ 2 \\ 1 \end{pmatrix}, \vec{b} = \begin{pmatrix} 1 \\ 4 \\ -1 \end{pmatrix}, \vec{c} = \begin{pmatrix} 2 \\ 0 \\ 1 \end{pmatrix}$

Übung 8 Würfel

Gegeben ist ein Würfel der Kantenlänge 10 cm (bzw. a).

a) Begründen Sie, dass die vier Raumdiagonalen des Würfels linear abhängig sind.
b) Stellen Sie drei dieser Diagonalen als Spaltenvektoren dar, und zeigen Sie dann, dass diese linear unabhängig sind.

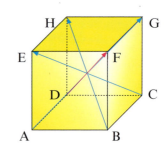

Übung 9 Ebenenpunkte

Überprüfen Sie, ob die vier Punkte A, B, C und D in einer Ebene liegen oder nicht.

a) $A(3|1|3)$, $B(0|-4|3)$, $C(3|5|0)$, $D(1|3|-1)$
b) $A(3|2|7)$, $B(1|2|1)$, $C(0|1|-1)$, $D(3|4|4)$

Übung 10 Vektorproduktdarstellung

Zeigen Sie:
Für den Betrag des Vektorproduktes gilt: $|\vec{a} \times \vec{b}|^2 = |\vec{a}|^2 \cdot |\vec{b}|^2 - (\vec{a} \cdot \vec{b})^2$.

Übung 11 Vektoren

Untersuchen Sie, ob die Vektoren linear abhängig oder linear unabhängig sind.

a) $\begin{pmatrix} 2 \\ 1 \\ -2 \end{pmatrix}, \begin{pmatrix} 0 \\ 2 \\ 3 \end{pmatrix}, \begin{pmatrix} -2 \\ 3 \\ 8 \end{pmatrix}$
b) $\begin{pmatrix} 2 \\ 3 \\ 2 \end{pmatrix}, \begin{pmatrix} -2 \\ 1 \\ 2 \end{pmatrix}, \begin{pmatrix} 1 \\ -2 \\ 2 \end{pmatrix}$

c) $\begin{pmatrix} 3 \\ 1 \\ 1 \end{pmatrix}, \begin{pmatrix} 5 \\ 2 \\ -2 \end{pmatrix}, \begin{pmatrix} 4 \\ 1 \\ 5 \end{pmatrix}$
d) $\begin{pmatrix} 5 \\ 2 \\ -3 \end{pmatrix}, \begin{pmatrix} 1 \\ 6 \\ 5 \end{pmatrix}, \begin{pmatrix} 10 \\ a \\ 10 \end{pmatrix}, a \in \mathbb{R}$

Knobelaufgabe

Aus dem Buch „Vollständige Anleitung zur Algebra", das 1770 von Leonard Euler herausgegeben wurde und mehr als 100 Jahre lang zu den beliebtesten und meist gelesenen Lehrbüchern gehörte, stammt die Problemstellung zu folgender Aufgabe:

Ich habe einige (nicht unbedingt ganzzahlige) Ellen Tuch gekauft und dabei für je 5 Ellen 7 Taler bezahlt. Dann habe ich das gesamte Tuch wieder verkauft, wobei ich für je 7 Ellen 11 Taler bekam. Bei diesem Handel habe ich 100 Taler gewonnen.

Wie viele Ellen Tuches habe ich gekauft und anschließend wieder verkauft?

(Mathematik-Olympiade, Aufgabe 430722)

4. Das Vektorprodukt   129

Übungen

12. Berechnen Sie für die Vektoren $\vec{a}$ und $\vec{b}$ das Vektorprodukt $\vec{a} \times \vec{b}$.

a) $\vec{a} = \begin{pmatrix} 0 \\ 3 \\ -5 \end{pmatrix}, \vec{b} = \begin{pmatrix} 2 \\ 1 \\ -1 \end{pmatrix}$ b) $\vec{a} = \begin{pmatrix} -3 \\ 1 \\ 2 \end{pmatrix}, \vec{b} = \begin{pmatrix} 2 \\ -2 \\ 4 \end{pmatrix}$ c) $\vec{a} = \begin{pmatrix} 4 \\ -1 \\ 2 \end{pmatrix}, \vec{b} = \begin{pmatrix} -2 \\ 1 \\ -2 \end{pmatrix}$

13. Gegeben sind die Vektoren $\vec{a} = \begin{pmatrix} -6 \\ 1 \\ -1 \end{pmatrix}, \vec{b} = \begin{pmatrix} 3 \\ -2 \\ 1 \end{pmatrix}, \vec{c} = \begin{pmatrix} 0 \\ 4 \\ 1 \end{pmatrix}$.

a) Bilden Sie $\vec{a} \times \vec{b}, \vec{b} \times \vec{a}, \vec{c} \times \vec{a}, (\vec{a} \times \vec{b}) \times \vec{c}, (\vec{a} \times \vec{b}) \cdot \vec{c}$.

b) Weisen Sie für die gegebenen Vektoren nach, dass $\vec{a} \times \vec{b}$ senkrecht zu $\vec{a}$ und zu $\vec{b}$ ist.

c) Beschreiben Sie die Gemeinsamkeiten und die Unterschiede der Vektoren $\vec{a} \times \vec{b}$ und $\vec{b} \times \vec{a}$ geometrisch-anschaulich.

14. Beweisen Sie:
Für die Vektoren $\vec{a}$ und $\vec{b}$ des Raums gilt: $(r \cdot \vec{a}) \times (s \cdot \vec{b}) = r \cdot s \cdot (\vec{a} \times \vec{b}), r, s \in \mathbb{R}$.

15. Beweisen Sie:
Für alle Vektoren $\vec{a}, \vec{b}$ und $\vec{c}$ des Raums gilt: $(\vec{a} \times \vec{b}) \cdot \vec{c} = (\vec{b} \times \vec{c}) \cdot \vec{a} = (\vec{c} \times \vec{a}) \cdot \vec{b}$.

16. Berechnen Sie den Flächeninhalt des Dreiecks ABC.

a) $A(3; 0; 2), B(1; 4; -1), C(1; 3; 2)$ b) $A(4; 1; 0), B(2; 4; 3), C(1; 1; 5)$

17. Gegeben sind die Punkte $A(-1; -3; 6), B(5; -1; 8), C(3; 5; -2)$ und $D(-3; 3; -4)$.

a) Zeigen Sie, dass ABCD ein Parallelogramm bilden.

b) Berechnen Sie den Flächeninhalt des Parallelogramms ABCD.

18. Berechnen Sie das Volumen des Spats ABCDEFGH mit $A(4; 1; -1)$, $B(4; 8; -1)$, $C(1; 8; -1)$ und $E(3; 2; 3)$. Fertigen Sie ein Schrägbild des Spats an.

19. Berechnen Sie das Volumen einer dreiseitigen Pyramide mit den Eckpunkten

a) $A(5; 0; 0), B(0; 4; 0), C(0; 0; 0), D(2; 2; 6)$

b) $A(4; 0; 1), B(1; 4; -1), C(-1; 1; 0), D(1; 1; 5)$

20. Berechnen Sie mithilfe des Spatprodukts das Volumen einer Pyramide mit *viereckiger* Grundfläche ABCD und der Spitze S. Die Eckpunkte lauten: $A(4; 3; 1), B(1; 7; 1)$, $C(-3; 2; 0), D(0; 0; 0), S(0; 3; 4)$. Fertigen Sie ein Schrägbild der Pyramide an. Zerlegen Sie dazu die Pyramide in zwei Dreieckspyramiden.

D. Zusammengesetzte Aufgaben

1. In einem kartesischen Koordinatensystem sind die Punkte $A(5; 1)$, $B(2; 4)$ und $C(-1; 1)$ gegeben.
 a) Zeigen Sie, dass das Dreieck ABC rechtwinklig und gleichschenklig ist.
 b) Berechnen Sie den Flächeninhalt des Dreiecks ABC.
 c) Bestimmen Sie den Ortsvektor eines Punktes D so, dass ABCD ein Quadrat ist.
 d) Bestimmen Sie die Koordinaten des Mittelpunktes des Quadrats ABCD.

2. In einem kartesischen Koordinatensystem sind die Punkte $A(2; 2; 3)$, $B(-2; 0; -3)$ und $C(-4; 2; 6)$ gegeben.
 a) Zeigen Sie, dass die Vektoren $\overrightarrow{AB}$ und $\overrightarrow{AC}$ nicht kollinear sind.
 b) Bestimmen Sie den Ortsvektor eines Punktes D so, dass ABCD ein Parallelogramm ist.
 c) Berechnen Sie die Innenwinkel des Dreiecks ABC.

3. In einem kartesischen Koordinatensystem sind die Punkte $A(1; 1; 1)$, $B(4; 5; 9)$ und $C_t(1; t; 5)$ gegeben.
 a) Zeigen Sie, dass die Vektoren $\overrightarrow{AB}$ und $\overrightarrow{AC_t}$ für kein reelles t kollinear sind. Für welchen Wert für t sind die Vektoren $\overrightarrow{AC_t}$ und $\overrightarrow{BC_t}$ kollinear?
 b) Für welchen Wert für t sind die Vektoren $\overrightarrow{AB}$ und $\overrightarrow{AC_t}$ orthogonal?
 c) Berechnen Sie für $t = 2$ den Flächeninhalt des Dreiecks ABC_2.

4. In einem kartesischen Koordinatensystem sind die Punkte $A(3; 0; 0)$, $B(0; 3; 0)$, $C(-3; 0; 0)$, $D(0; -3; 0)$, $E(0; 0; 3)$ und $F(0; 0; -3)$ gegeben. Sie bilden die Eckpunkte eines Oktaeders.
 a) Zeigen Sie, dass ABCD ein Quadrat ist.
 b) Zeichnen Sie ein Schrägbild des Oktaeders.
 c) Berechnen Sie Volumen und Oberfläche des Oktaeders.

5. In einem kartesischen Koordinatensystem sind die Punkte $A(-2; -2; -2)$, $B_t(-2; -1; 3t)$ und $C_t(-2t - 2; 5; -1)$ gegeben.
 a) Zeigen Sie, dass die Ortsvektoren $\overrightarrow{OA}$, $\overrightarrow{OB_t}$, $\overrightarrow{OC_t}$ nur für $t = 1$ paarweise orthogonal sind.
 b) Die Punkte O, A, B_t, C_t sind Eckpunkte einer Pyramide. Zeichnen Sie für $t = 1$ ein Schrägbild der Pyramide und berechnen Sie unter Verwendung von Aufgabenteil a das Volumen dieser Pyramide.
 c) Berechnen Sie die Innenwinkel des Dreiecks AB_1C_1 (für $t = 1$).
 d) Zeigen Sie, dass die Seitenmittelpunkte des räumlichen Vierecks OAB_tC_t (in der angegebenen Reihenfolge) ein Parallelogramm bilden.

6. Die Vektoren $\vec{a} = \begin{pmatrix} 6 \\ 0 \\ 0 \end{pmatrix}$, $\vec{b} = \begin{pmatrix} 2 \\ 4 \\ 0 \end{pmatrix}$, $\vec{c} = \begin{pmatrix} 1 \\ 1 \\ 3 \end{pmatrix}$ spannen einen Spat ABCDEFGH auf.
 a) Zeichnen Sie ein Schrägbild des Spats.
 b) M sei der Mittelpunkt der Strecke $\overline{EH}$, L sei der Mittelpunkt der Strecke $\overline{BC}$ und K sei der Mittelpunkt der Raumdiagonalen $\overline{AG}$. Bestimmen Sie die Ortsvektoren von M, L und K.
 c) In welchem Verhältnis teilt K die Strecke $\overline{ML}$?

IV. Skalarprodukt und Vektorprodukt

Überblick

Skalarprodukt:

Kosinusformel: $\quad \vec{a} \cdot \vec{b} = |\vec{a}| \cdot |\vec{b}| \cdot \cos \gamma \quad (0° \leq \gamma \leq 180°)$

Koordinatenform: $\quad \vec{a} \cdot \vec{b} = \begin{pmatrix} a_1 \\ a_2 \end{pmatrix} \cdot \begin{pmatrix} b_1 \\ b_2 \end{pmatrix} = a_1 b_1 + a_2 b_2$

$$\vec{a} \cdot \vec{b} = \begin{pmatrix} a_1 \\ a_2 \\ a_3 \end{pmatrix} \cdot \begin{pmatrix} b_1 \\ b_2 \\ b_3 \end{pmatrix} = a_1 b_1 + a_2 b_2 + a_3 b_3$$

Rechenregeln für das Skalarprodukt:

$\vec{a} \cdot \vec{b} = \vec{b} \cdot \vec{a}$ $\qquad\qquad\qquad$ Kommutativgesetz

$(r\vec{a}) \cdot \vec{b} = r(\vec{a} \cdot \vec{b})$ für $r \in \mathbb{R}$

$(\vec{a} + \vec{b}) \cdot \vec{c} = \vec{a} \cdot \vec{c} + \vec{b} \cdot \vec{c}$ $\qquad$ Distributivgesetz

$\vec{a}^2 = \vec{a} \cdot \vec{a} > 0$ für $\vec{a} \neq \vec{0}$

$\vec{a}^2 = \vec{a} \cdot \vec{a} = 0$ für $\vec{a} = \vec{0}$

Der Betrag eines Vektors:

Für den Betrag (die Länge) eines Vektors $\vec{a}$ gilt die Formel

$|\vec{a}|^2 = \vec{a} \cdot \vec{a}$ bzw. $|\vec{a}| = \sqrt{\vec{a} \cdot \vec{a}}$.

Orthogonale Vektoren:

$\vec{a} \perp \vec{b} \iff \vec{a} \cdot \vec{b} = 0$

Vektorprodukt:

$\vec{a} \times \vec{b} = \begin{pmatrix} a_2 b_3 - a_3 b_2 \\ a_3 b_1 - a_1 b_3 \\ a_1 b_2 - a_2 b_1 \end{pmatrix}$ (nur im dreidimensionalen Raum!)

Rechengesetze für das Vektorprodukt:

(1) $\vec{a} \times \vec{b} = -(\vec{b} \times \vec{a})$ $\qquad\qquad\qquad$ Anti-Kommutativgesetz

(2) $(r \cdot \vec{a}) \times \vec{b} = r \cdot (\vec{a} \times \vec{b})$ für $r \in \mathbb{R}$ $\quad$ Assoziativgesetz

(3) $\vec{a} \times (\vec{b} + \vec{c}) = (\vec{a} \times \vec{b}) + (\vec{a} \times \vec{c})$ $\quad$ Distributivgesetz

Flächeninhalt eines Parallelogramms:

$A = \sqrt{\vec{a}^2 \cdot \vec{b}^2 - (\vec{a} \cdot \vec{b})^2} \quad$ oder $\quad A = |\vec{a} \times \vec{b}| = |\vec{a}| \cdot |\vec{b}| \cdot \sin \gamma$

Volumen eines Spats:

$V = |(\vec{a} \times \vec{b}) \cdot \vec{c}|$

Volumen einer dreiseitigen Pyramide:

$V = \frac{1}{6} |(\vec{a} \times \vec{b}) \cdot \vec{c}|$

CAS-Anwendung

🔴 132-1

Skalarprodukt, Orthogonalität von Vektoren

Zur Bestimmung von Winkel- und Flächengrößen dient das Skalarprodukt zweier Vektoren, das als Ergebnis eine reelle Zahl (einen Skalar) hat. Vor der Durchführung von Winkelberechnungen sollte man darauf achten, dass die Handheld-Einstellungen (Hauptmenü, Einstellungen, Einstellungen, Allgemein) geeignet gewählt sind (Grad statt Bogenmaß).

Dieselben Funktionen, die hier auf Notes-Seiten vorgestellt werden, können auch auf Calculator-Seiten verwendet werden. Notes-Seiten bieten den Vorteil, dass man sie speichern und mit anderen Werten wiederverwenden kann.

▶ **Beispiel: Skalarprodukt von Vektoren**
Berechnen Sie das Skalarprodukt der Vektoren $\vec{a} = \begin{pmatrix} 1 \\ 2 \\ 1 \end{pmatrix}$ und $\vec{b} = \begin{pmatrix} 2 \\ 3 \\ -4 \end{pmatrix}$.

Lösung:
Die Vektoren werden zunächst mit den Bezeichnungen va und vb festgelegt.
Auf einer Calculator-Seite kann man das Skalarprodukt mithilfe der Funktion dotp berechnen. Bei der Arbeit in einer Math-Box findet man sie unter ⌷menu⌷ Berechnungen ▸ Matrix & Vektor ▸ Vektor ▸ Skalarprodukt.
Weniger zeitaufwändig ist es jedoch, dotP(va,vb) direkt hinzuschreiben.

▶ Man erhält: $\vec{a} \cdot \vec{b} = 4$.

▶ **Beispiel: Orthogonalität von Vektoren mit Parameter**
Prüfen Sie, ob es einen Wert für a gibt, sodass die Vektoren $\vec{a} = \begin{pmatrix} a \\ 2 \\ 4 \end{pmatrix}$ und $\vec{b} = \begin{pmatrix} 2a \\ 1 \\ a \end{pmatrix}$ orthogonal zueinander sind.

Lösung:
Zwei Vektoren sind genau dann orthogonal, wenn ihr Skalarprodukt null ist. Dies hängt hier vom Parameter a ab. Es ist also die Lösung a der Gleichung $\vec{a} \cdot \vec{b} = 0$ mit dem CAS zu bestimmen.
Dazu werden die Vektoren mit den Bezeichnungen va und vb festgelegt. Mit dem Befehl solve(dotP(va,vb)=0,a) ergibt sich die Lösung $a = -1$; die Vektoren sind also genau dann orthogonal, wenn der Pa-

▶ rameter a den Wert -1 hat.

CAS-Anwendung

Berechnungen mit dem Vektorprodukt

> **Beispiel: Bestimmung eines zu zwei gegebenen Vektoren orthogonalen Vektors**
> Bestimmen Sie einen zu den Vektoren $\vec{a} = \begin{pmatrix} 1 \\ 2 \\ 1 \end{pmatrix}$ und $\vec{b} = \begin{pmatrix} 3 \\ -1 \\ 2 \end{pmatrix}$ orthogonalen Vektor.

Lösung:
Die Vektoren werden wieder mit den Bezeichnungen va und vb festgelegt.
Wie beim Skalarprodukt kann man nun auf einer Notes-Seite das Kreuzprodukt über menu wählen oder direkt eingeben:

crossP(va,vb)

Ergebnis:

$\vec{a} \times \vec{b} = \begin{pmatrix} 1 \\ 2 \\ 1 \end{pmatrix} \times \begin{pmatrix} 3 \\ -1 \\ 2 \end{pmatrix} = \begin{pmatrix} 5 \\ 1 \\ -7 \end{pmatrix} = \vec{c}$

> mit $\vec{c} \perp \vec{a}$ und $\vec{c} \perp \vec{b}$

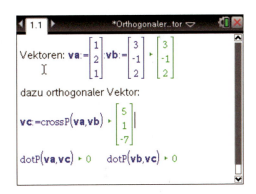

Übung 1
Bestimmen Sie den Flächeninhalt des von den Vektoren $\vec{a} = \begin{pmatrix} 1 \\ 2 \\ 1 \end{pmatrix}$ und $\vec{b} = \begin{pmatrix} 3 \\ -1 \\ 2 \end{pmatrix}$ aufgespannten Dreiecks nach der Formel $A = \frac{1}{2}|\vec{a} \times \vec{b}|$ mit dem CAS.

> **Beispiel: Volumen eines Spats**
> Bestimmen Sie das Volumen des von den Vektoren $\vec{a} = \begin{pmatrix} 1 \\ 2 \\ 1 \end{pmatrix}$, $\vec{b} = \begin{pmatrix} 3 \\ -1 \\ 2 \end{pmatrix}$ und $\vec{c} = \begin{pmatrix} 1 \\ 1 \\ 3 \end{pmatrix}$ aufgespannten Spats.

Lösung:
Die Vektoren werden mit den Bezeichnungen va, vb und vc festgelegt.
Das Volumen des von den Vektoren $\vec{a}, \vec{b}, \vec{c}$ aufgespannten Spats lässt sich in einer Zeile berechnen:

vspat:=norm(dotP(crossP(va,vb),vc))

Ergebnis: $V = |(\vec{a} \times \vec{b}) \cdot \vec{c}| = 15$ VE

Übung 2
Prüfen Sie mithilfe des Spatprodukts die Vektoren $\vec{a} = \begin{pmatrix} 1 \\ 2 \\ 1 \end{pmatrix}, \vec{b} = \begin{pmatrix} 3 \\ -1 \\ 2 \end{pmatrix}, \vec{c} = \begin{pmatrix} -3 \\ 8 \\ -1 \end{pmatrix}$ auf lineare Unabhängigkeit.

Test

Skalarprodukt und Vektorprodukt

1. Gegeben sind die Geraden g: $\vec{x} = \begin{pmatrix} 2 \\ 0 \\ 4 \end{pmatrix} + r \begin{pmatrix} -1 \\ 2 \\ -1 \end{pmatrix}$ und h: $\vec{x} = \begin{pmatrix} 2 \\ 1 \\ 1 \end{pmatrix} + s \begin{pmatrix} 1 \\ -1 \\ -2 \end{pmatrix}$.
   a) Berechnen Sie den Schnittpunkt und den Schnittwinkel von g und h.
   b) Fertigen Sie eine Skizze an.

2. Vom abgebildeten Quader (Länge 8, Breite 4, Höhe 4) wurde ein Eckteil abgetrennt.
   a) Gesucht sind die Innenwinkel und der Flächeninhalt der Schnittfläche ABC.
   b) Welches Volumen hat das abgetrennte Eckstück?

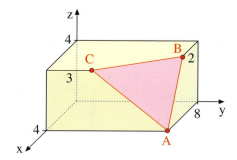

3. a) Prüfen Sie, ob das Dreieck ABC mit A(3|0|0), B(5|4|1) und C(0|6|3) rechtwinklig ist.
   b) Bestimmen Sie einen Normalenvektor zum Dreieck ABC.

4. Gegeben sind die Vektoren $\vec{a}_t = \begin{pmatrix} 3 \\ 4 \\ t \end{pmatrix}$, $\vec{b} = \begin{pmatrix} 2 \\ -2 \\ 1 \end{pmatrix}$, $\vec{c} = \begin{pmatrix} 0 \\ 0 \\ 1 \end{pmatrix}$, t > 0.
   a) Wie muss t gewählt werden, damit $\vec{a}_t \perp \vec{b}$ gilt?
   b) Wie muss t gewählt werden, damit $\vec{a}_t$ und $\vec{c}$ einen Winkel von 45° bilden?
   c) Bilden Sie einen zu $\vec{a}_1$ und zu $\vec{b}$ orthogonalen Vektor *auf zwei Arten.*

5. Gegeben ist eine dreiseitige Pyramide mit den Eckpunkten A(2|2|3), B(4|8|0), C(−1|6|1) und D(2|5|6).
   a) Zeichnen Sie ein Schrägbild der Pyramide.
   b) Berechnen Sie die Oberfläche der Pyramide.
   c) Berechnen Sie das Volumen der Pyramide.

6. Ein Tetraeder ist eine dreiseitige Pyramide, bei der alle Kanten gleich lang sind. Beweisen Sie, dass zwei gegenüberliegende Kanten beim Tetraeder zueinander orthogonal sind.

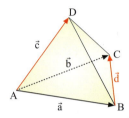

Lösungen unter 134-1

V. Ebenen

Ebenen im Raum können ähnlich wie Geraden mithilfe von Vektoren analytisch beschrieben werden, wobei sich neben der Parameterform die Normalenform und die Koordinatenform der Ebenengleichung als besonders effektiv erweisen. Damit ergibt sich die Möglichkeit, die Lagebeziehung zwischen zwei Ebenen, zwischen einer Geraden und einer Ebene und zwischen einem Punkt und einer Ebene rechnerisch zu untersuchen.

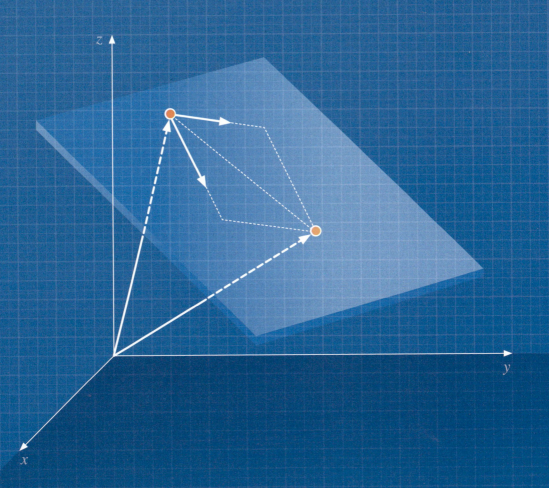

1. Ebenengleichungen

A. Die vektorielle Parametergleichung einer Ebene

Ähnlich wie Geraden lassen sich auch Ebenen im Raum durch Vektoren rechnerisch erfassen und bearbeiten. Eine Ebene wird durch einen Punkt und zwei nicht parallele Vektoren eindeutig festgelegt.

Ist A ein bekannter Punkt der Ebene, ein sogenannter *Stützpunkt*, und sind $\vec{u}$ und $\vec{v}$ zwei nicht parallele, in der Ebene verlaufende Vektoren, sogenannte *Richtungsvektoren*, so lässt sich der Ortsvektor $\vec{x} = \overrightarrow{OX}$ eines beliebigen Ebenenpunktes als Summe aus dem Stützvektor $\vec{a} = \overrightarrow{OA}$ und einer Linearkombination der beiden Richtungsvektoren darstellen:

$$\vec{x} = \vec{a} + r \cdot \vec{u} + s \cdot \vec{v}.$$

In der Abbildung wird dies für die durch den Rechteckausschnitt angedeutete Ebene veranschaulicht.

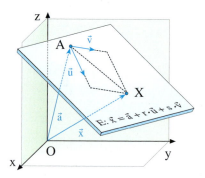

$$\overrightarrow{OX} = \overrightarrow{OA} + \overrightarrow{AX}$$
$$\vec{x} = \vec{a} + r \cdot \vec{u} + s \cdot \vec{v}$$

Man bezeichnet diese Gleichung als *Punktrichtungsgleichung* der Ebene (1 Punkt, 2 Richtungsvektoren) oder als *vektorielle Parametergleichung* der Ebene und verwendet eine zu vektoriellen Geradengleichungen analoge Schreibweise.

Vektorielle Parametergleichung einer Ebene

E: $\vec{x} = \vec{a} + r \cdot \vec{u} + s \cdot \vec{v}$ $(r, s \in \mathbb{R})$
$\vec{x}$: allgemeiner Ebenenvektor
$\vec{a}$: Stützvektor
$\vec{u}, \vec{v}$: Richtungsvektoren
r, s: Ebenenparameter   136-1

Beispiel: Für die rechts ausschnittsweise dargestellte Ebene E können wir den Punkt A(3|6|1) als Stützpunkt und $\vec{u} = \begin{pmatrix} 0 \\ -4 \\ 0 \end{pmatrix}$ sowie $\vec{v} = \begin{pmatrix} -3 \\ 0 \\ 5 \end{pmatrix}$ als Richtungsvektoren wählen. Eine Parametergleichung der Ebene lautet dann:

$$E: \vec{x} = \begin{pmatrix} 3 \\ 6 \\ 1 \end{pmatrix} + r \cdot \begin{pmatrix} 0 \\ -4 \\ 0 \end{pmatrix} + s \cdot \begin{pmatrix} -3 \\ 0 \\ 5 \end{pmatrix}.$$

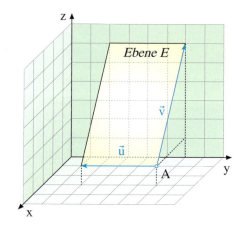

B. Die Dreipunktegleichung einer Ebene

Besonders einfach lässt sich eine Ebenengleichung aufstellen, wenn die Ebene durch drei Punkte gegeben ist, die natürlich nicht auf einer Geraden liegen dürfen.

▶ **Beispiel:** Zeichnen Sie einen Ausschnitt derjenigen Ebene E, welche die drei Punkte $A(2|0|3)$, $B(3|4|0)$ und $C(0|3|3)$ enthält. Stellen Sie außerdem eine vektorielle Parametergleichung dieser Ebene auf.

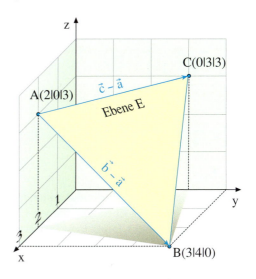

Lösung:
Der dreieckige Ebenenausschnitt ist rechts als Schrägbild dargestellt. Als Stützvektor verwenden wir den Ebenenpunkt $A(2|0|3)$.
Als Richtungsvektoren verwenden wir die Differenzvektoren $\vec{b} - \vec{a}$ und $\vec{c} - \vec{a}$. Damit ergibt sich die Gleichung

$$E: \vec{x} = \vec{a} + r \cdot (\vec{b} - \vec{a}) + s \cdot (\vec{c} - \vec{a}),$$

die man als *Dreipunktegleichung* der Ebene bezeichnet.

In unserem Beispiel ergibt sich hiermit als zugehörige Parametergleichung:

$$E: \vec{x} = \begin{pmatrix} 2 \\ 0 \\ 3 \end{pmatrix} + r \cdot \begin{pmatrix} 3-2 \\ 4-0 \\ 0-3 \end{pmatrix} + s \cdot \begin{pmatrix} 0-2 \\ 3-0 \\ 3-3 \end{pmatrix},$$

▶ $$E: \vec{x} = \begin{pmatrix} 2 \\ 0 \\ 3 \end{pmatrix} + r \cdot \begin{pmatrix} 1 \\ 4 \\ -3 \end{pmatrix} + s \cdot \begin{pmatrix} -2 \\ 3 \\ 0 \end{pmatrix}$$

> **Dreipunktegleichung der Ebene**
>
> A, B, C seien drei nicht auf einer Geraden liegende Punkte mit den Ortsvektoren $\vec{a}$, $\vec{b}$ und $\vec{c}$.
> Dann hat die A, B und C enthaltende Ebene die Gleichung:
>
> $$E: \vec{x} = \vec{a} + r \cdot (\vec{b} - \vec{a}) + s \cdot (\vec{c} - \vec{a}).$$

Übung 1
Wie lautet die Gleichung der Ebene E, welche die Punkte A, B und C enthält?
Fertigen Sie ein Schrägbild der Ebene an.

a) $A(3|0|0)$
   $B(0|4|0)$
   $C(0|0|2)$

b) $A(2|0|1)$
   $B(3|2|0)$
   $C(0|3|2)$

c) $A(4|2|1)$
   $B(3|5|1)$
   $C(0|0|4)$

Übung 2
Eine Pyramide hat als Grundfläche ein Dreieck ABC mit den Eckpunkten $A(1|1|0)$, $B(6|6|1)$ und $C(3|6|1)$. Ihre Spitze ist $S(2|4|4)$.
Zeichnen Sie ein Schrägbild der Pyramide und stellen Sie die Gleichungen der Ebenen E_1, E_2, E_3 auf, welche jeweils eine der drei Seitenflächen der Pyramide enthalten.

Übungen

3. Gesucht ist eine vektorielle Parametergleichung der abgebildeten Ebene.

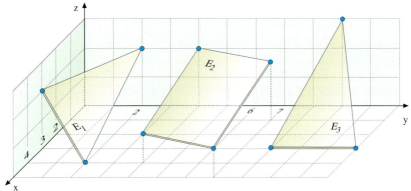

4. Geben Sie eine vektorielle Parametergleichung folgender Ebenen im Raum an.
   a) E_1 ist die x-y-Ebene, E_2 die y-z-Ebene und E_3 die x-z-Ebene.
   b) E_4 enthält den Punkt $P(2|3|0)$ und verläuft parallel zur x-z-Ebene.
   c) E_5 enthält den Punkt $P(-1|0|-1)$ und verläuft parallel zur x-y-Ebene.
   d) E_6 enthält die Ursprungsgerade durch $B(3|1|0)$ und steht senkrecht auf der x-y-Ebene.
   e) E_7 enthält die Winkelhalbierende des 1. Quadranten der y-z-Ebene und steht senkrecht zur y-z-Ebene.
   f) E_8 enthält die Gerade g: $\vec{x} = \begin{pmatrix} 1 \\ -1 \\ 1 \end{pmatrix} + r \cdot \begin{pmatrix} 3 \\ 2 \\ 1 \end{pmatrix}$ sowie die Gerade h durch die Punkte $A(3|2|2)$ und $B(4|1|2)$.

5. Wie lautet eine Parametergleichung einer Ebene E, die die Punkte A, B und C enthält?
   a) $A(1|0|1)$
   $B(2|-1|2)$
   $C(1|1|1)$
   b) $A(1|0|0)$
   $B(0|1|0)$
   $C(0|0|1)$
   c) $A(0|0|0)$
   $B(3|2|1)$
   $C(1|2|1)$
   d) $A(2|-1|4)$
   $B(6|5|12)$
   $C(8|8|16)$

6. Gegeben ist ein Würfel mit der Kantenlänge 5 in einem kartesischen Koordinatensystem.
   a) Jede Seitenfläche des Würfels liegt in einer Ebene. Geben Sie für jede dieser Ebenen eine Parametergleichung an.
   b) Die Ecken D, B, G, E bilden ein Tetraeder, dessen Seitendreiecke Ebenen aufspannen. Geben Sie für jede dieser Ebenen eine Parametergleichung an.

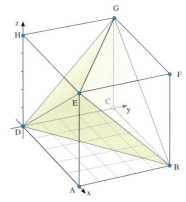

7. Durch die Punkte A, B und C sei eine Ebene mit E: $\vec{x} = \vec{a} + r(\vec{b} - \vec{a}) + s(\vec{c} - \vec{a})$ gegeben. Beschreiben Sie mithilfe einer Skizze die Lage der Punkte der Ebene E, für die
   a) $0 \leq r \leq 1$ und $0 \leq s \leq 1$,
   b) $r + s = 1, r \geq 0, s \geq 0$
   c) $r - s = 0$ gilt.

1. Ebenengleichungen

C. Die Normalengleichung einer Ebene

Eine besonders einfache und zugleich vorteilhafte Möglichkeit zur Darstellung von Ebenen im Anschauungsraum lässt sich unter Verwendung des Skalarproduktes gewinnen.

Die Lage einer Ebene E im Raum ist durch die Angabe eines Ebenenpunktes A und eines zur Ebene senkrechten Vektors $\vec{n} \neq \vec{0}$, den man als *Normalenvektor der Ebene* bezeichnet, eindeutig festgelegt.

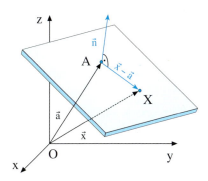

Unter diesen Voraussetzungen liegt ein Punkt X (Ortsvektor: $\vec{x}$) genau dann in der Ebene E, wenn der Vektor $\overrightarrow{AX}$ senkrecht auf dem Normalenvektor $\vec{n}$ steht, d.h., wenn die Gleichung $\overrightarrow{AX} \cdot \vec{n} = 0$ bzw. $(\vec{x} - \vec{a}) \cdot \vec{n} = 0$ gilt.

Man bezeichnet diese Art der parameterfreien Darstellung einer Ebene E unter Verwendung eines Stützvektors $\vec{a}$ und eines Normalenvektors $\vec{n}$ als *Normalenform* der Ebenengleichung oder kürzer als *Normalengleichung* der Ebene.*

> **Normalengleichung der Ebene E**
> $$E: (\vec{x} - \vec{a}) \cdot \vec{n} = 0$$
> ↑ ↑
> Stützvektor Normalenvektor

 139-1

Jede Ebene E kann auf beliebig viele Arten in Normalenform dargestellt werden, da der Ortsvektor eines jeden Ebenenpunktes als Stützvektor dienen kann und da außerdem ein Normalenvektor nur bezüglich seiner Richtung, nicht jedoch bezüglich seines Betrages eindeutig festgelegt ist.

$$E: \left[\vec{x} - \begin{pmatrix} 1 \\ 3 \\ 2 \end{pmatrix}\right] \cdot \begin{pmatrix} 1 \\ 2 \\ 1 \end{pmatrix} = 0 \quad \text{Normalenform}$$

Abschließend sei noch bemerkt, dass die Normalengleichung einer Ebene E durch Ausmultiplikation der Klammer in eine äquivalente Darstellung umgeformt werden kann, wie dies nebenstehend exemplarisch dargestellt ist. Man spricht dann von einer *vereinfachten Normalengleichung*.

$$E: \vec{x} \cdot \begin{pmatrix} 1 \\ 2 \\ 1 \end{pmatrix} - \begin{pmatrix} 1 \\ 3 \\ 2 \end{pmatrix} \cdot \begin{pmatrix} 1 \\ 2 \\ 1 \end{pmatrix} = 0$$

$$E: \vec{x} \cdot \begin{pmatrix} 1 \\ 2 \\ 1 \end{pmatrix} = 9 \quad \text{vereinfachte Normalenform}$$

---

* Beide Begriffe werden im Folgenden synonym verwendet.

Wir wenden uns nun der Frage zu, wie man die Normalengleichung einer Ebene bestimmt. Wir gehen davon aus, dass wir entweder drei Punkte der Ebene kennen oder – was nahezu gleichbedeutend ist – dass ihre Parametergleichung gegeben ist.

> ### Beispiel: Parametergleichung (drei Punkte) → Normalengleichung
>
> Gesucht ist eine Normalengleichung der Ebene E durch die Punkte $A(3\,|\,2\,|\,4)$, $B(5\,|\,1\,|\,6)$ und $C(1\,|\,4\,|\,3)$.

Lösung:

Wir stellen zunächst die Parametergleichung der Ebene auf.

Den Stützvektor für die Normalengleichung können wir aus der Parametergleichung direkt übernehmen.

Parametergleichung von E:

$$E: \vec{x} = \begin{pmatrix} 3 \\ 2 \\ 4 \end{pmatrix} + r \begin{pmatrix} 2 \\ -1 \\ 2 \end{pmatrix} + s \begin{pmatrix} -2 \\ 2 \\ -1 \end{pmatrix}$$

Stützvektor   Richtungsvektor   Richtungsvektor

Die beiden Richtungsvektoren ermöglichen uns die Bestimmung eines Normalenvektors $\vec{n}$. Dieser muss zu beiden Richtungsvektoren senkrecht stehen.

Bestimmung eines Normalenvektors $\vec{n}$:

$$\vec{n} = \begin{pmatrix} x \\ y \\ z \end{pmatrix}, \quad \vec{n} \perp \begin{pmatrix} 2 \\ -1 \\ 2 \end{pmatrix}, \quad \vec{n} \perp \begin{pmatrix} -2 \\ 2 \\ -1 \end{pmatrix},$$

$$\text{also } \begin{pmatrix} x \\ y \\ z \end{pmatrix} \cdot \begin{pmatrix} 2 \\ -1 \\ 2 \end{pmatrix} = 0, \; \begin{pmatrix} x \\ y \\ z \end{pmatrix} \cdot \begin{pmatrix} -2 \\ 2 \\ -1 \end{pmatrix} = 0.$$

Dies führt auf ein Gleichungssystem mit zwei Gleichungen für die drei Unbekannten x, y und z.

I: $2x - y + 2z = 0$
II: $-2x + 2y - z = 0$
III = I + II: $y + z = 0$

Eine Variable kann frei gewählt werden, da das System unterbestimmt ist. Wir wählen $z = c$. Die allgemeine Lösung des Systems lautet dann: $x = -1{,}5\,c$, $y = -c$ und $z = c$.

Da wir nur eine Lösung benötigen, können wir c frei festlegen.

Für $c = 2$ erhalten wir $\vec{n} = \begin{pmatrix} -3 \\ -2 \\ 2 \end{pmatrix}$.

z wird frei gewählt: $z = c$
Aus III folgt dann: $y = -c$
Aus I folgt dann: $x = -1{,}5\,c$

Setzen wir $c = 2$, so folgt $\vec{n} = \begin{pmatrix} -3 \\ -2 \\ 2 \end{pmatrix}$.

Nun können wir eine Normalengleichung der Ebene aufstellen.

▶ Resultat: $E: \left[\vec{x} - \begin{pmatrix} 3 \\ 2 \\ 4 \end{pmatrix} \right] \cdot \begin{pmatrix} -3 \\ -2 \\ 2 \end{pmatrix} = 0$

Normalengleichung von E:

$$E: \left[\vec{x} - \begin{pmatrix} 3 \\ 2 \\ 4 \end{pmatrix} \right] \cdot \begin{pmatrix} -3 \\ -2 \\ 2 \end{pmatrix} = 0$$

Stützvektor   Normalenvektor

Übung 8

Stellen Sie eine Normalengleichung der Ebene E auf.

a) E geht durch die Punkte $A(1\,|\,1\,|\,-3)$, $B(0\,|\,2\,|\,2)$ und $C(2\,|\,1\,|\,-5)$.

b) E hat die Parameterdarstellung $E: \vec{x} = \begin{pmatrix} 1 \\ 1 \\ 1 \end{pmatrix} + r \begin{pmatrix} -1 \\ 1 \\ 2 \end{pmatrix} + s \begin{pmatrix} 2 \\ 2 \\ 0 \end{pmatrix}$.

1. Ebenengleichungen

Wir behandeln nun die umgekehrte Fragestellung. Aus der Normalengleichung soll eine Parametergleichung gewonnen werden.

> **Beispiel: Normalengleichung → Parametergleichung**
>
> Gesucht ist eine Parametergleichung der Ebene E: $\left[\vec{x} - \begin{pmatrix} 1 \\ 2 \\ 5 \end{pmatrix}\right] \cdot \begin{pmatrix} 2 \\ 3 \\ 5 \end{pmatrix} = 0$.

Lösung:
Den Stützvektor für die Parametergleichung können wir auch hier direkt aus der Normalengleichung übernehmen.

Der Normalenvektor gestattet uns in einfacher Weise – wie rechts dargestellt – die Bestimmung von zwei nicht kollinearen Richtungsvektoren $\vec{u}$ und $\vec{v}$.

Wir setzen eine der drei gesuchten Richtungskoordinaten gleich 0 und bestimmen die beiden anderen – wie rechts farbig dargestellt – aus zwei Koordinaten des Normalenvektors.

Bestimmung der Richtungsvektoren:

$\begin{pmatrix} 2 \\ 3 \\ 5 \end{pmatrix} \cdot \begin{pmatrix} \\ \\ \end{pmatrix} = 0, \quad \begin{pmatrix} 2 \\ 3 \\ 5 \end{pmatrix} \cdot \begin{pmatrix} \\ \\ \end{pmatrix} = 0$

$\vec{n} \quad \cdot \quad \vec{u} \qquad\qquad \vec{n} \quad \cdot \quad \vec{v}$

$\begin{pmatrix} 2 \\ 3 \\ 5 \end{pmatrix} \cdot \begin{pmatrix} 3 \\ -2 \\ 0 \end{pmatrix} = 0, \quad \begin{pmatrix} 2 \\ 3 \\ 5 \end{pmatrix} \cdot \begin{pmatrix} 0 \\ 5 \\ -3 \end{pmatrix} = 0$

Parametergleichung:

$E: \vec{x} = \begin{pmatrix} 1 \\ 2 \\ 5 \end{pmatrix} + r \begin{pmatrix} 3 \\ -2 \\ 0 \end{pmatrix} + s \begin{pmatrix} 0 \\ 5 \\ -3 \end{pmatrix}$

Stütz- Richtungs- Richtungsvektor vektor   vektor

Übung 9

Jeweils zwei der folgenden Gleichungen stellen die gleiche Ebene dar. Stellen Sie die zueinander gehörende Paare fest.

$E_1: \vec{x} = \begin{pmatrix} 0 \\ 0 \\ 3 \end{pmatrix} + r \begin{pmatrix} 1 \\ 0 \\ -2 \end{pmatrix} + s \begin{pmatrix} -1 \\ 2 \\ 6 \end{pmatrix}$

$E_4: \left[\vec{x} - \begin{pmatrix} 5 \\ 2 \\ 0 \end{pmatrix}\right] \cdot \begin{pmatrix} 1 \\ -1 \\ 0 \end{pmatrix} = 0$

$E_2: \vec{x} = \begin{pmatrix} 1 \\ 1 \\ 3 \end{pmatrix} + r \begin{pmatrix} 1 \\ 1 \\ 5 \end{pmatrix} + s \begin{pmatrix} -2 \\ -1 \\ -6 \end{pmatrix}$

$E_5: \left[\vec{x} - \begin{pmatrix} 1 \\ 1 \\ 3 \end{pmatrix}\right] \cdot \begin{pmatrix} 2 \\ -2 \\ 1 \end{pmatrix} = 0$

$E_3: \vec{x} = \begin{pmatrix} 4 \\ 1 \\ 1 \end{pmatrix} + r \begin{pmatrix} -1 \\ -1 \\ 1 \end{pmatrix} + s \begin{pmatrix} 7 \\ 7 \\ -1 \end{pmatrix}$

$E_6: \left[\vec{x} - \begin{pmatrix} 2 \\ 2 \\ 8 \end{pmatrix}\right] \cdot \begin{pmatrix} 1 \\ 4 \\ -1 \end{pmatrix} = 0$

Oft treten Ebenen in Körpern auf, z. B. als Seitenflächen. Dann stellt sich das Problem, aus der Zeichnung eine Parametergleichung oder eine Normalengleichung zu gewinnen (Übung 10).

Übung 10

Stellen Sie die Ebene durch eine geeignete Gleichung dar.

a)

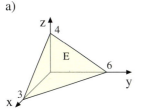

b)

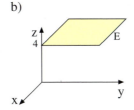

c)

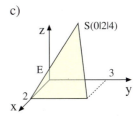

D. Die Koordinatengleichung einer Ebene

$ax + by + cz = d$

Eine Ebene im dreidimensionalen Anschauungsraum lässt sich stets durch eine lineare Gleichung der Form $ax + by + cz = d$ darstellen, die man als *Koordinatengleichung* bezeichnet. Diese Darstellung hat einige Vorteile, was wir im Verlauf des Kurses sehen werden.
Die Koordinatengleichung ist eng verwandt mit der Normalengleichung. Daher zeigen wir zunächst, wie man diese Gleichungen rechnerisch ineinander überführt.

▶ **Beispiel: Normalengleichung** → Koordinatengleichung

Bestimmen Sie eine Koordinatengleichung der Ebene E: $\left[\vec{x} - \begin{pmatrix} 1 \\ 3 \\ 2 \end{pmatrix}\right] \cdot \begin{pmatrix} 2 \\ 3 \\ 4 \end{pmatrix} = 0$.

Lösung:
Wir überführen die Normalengleichung zunächst in ihre vereinfachte Form:

$$\left[\vec{x} - \begin{pmatrix} 1 \\ 3 \\ 2 \end{pmatrix}\right] \cdot \begin{pmatrix} 2 \\ 3 \\ 4 \end{pmatrix} = 0 \Rightarrow \vec{x} \cdot \begin{pmatrix} 2 \\ 3 \\ 4 \end{pmatrix} - \begin{pmatrix} 1 \\ 3 \\ 2 \end{pmatrix} \cdot \begin{pmatrix} 2 \\ 3 \\ 4 \end{pmatrix} = 0 \Rightarrow \vec{x} \cdot \begin{pmatrix} 2 \\ 3 \\ 4 \end{pmatrix} - 19 = 0 \Rightarrow \vec{x} \cdot \begin{pmatrix} 2 \\ 3 \\ 4 \end{pmatrix} = 19$$

Nun ersetzen wir den Vektor $\vec{x}$ durch seine Spaltenkoordinatenform und multiplizieren aus:

▶ $\vec{x} \cdot \begin{pmatrix} 2 \\ 3 \\ 4 \end{pmatrix} = 19 \Rightarrow \begin{pmatrix} x \\ y \\ z \end{pmatrix} \cdot \begin{pmatrix} 2 \\ 3 \\ 4 \end{pmatrix} = 19 \Rightarrow 2x + 3y + 4z = 19$

Wir halten folgende wichtige Beobachtung fest:

Die Koeffizienten der linken Seite der Koordinatengleichung einer Ebene sind die Koordinaten eines Normalenvektors.	E: $ax + by + cz = d \Rightarrow \vec{n} = \begin{pmatrix} a \\ b \\ c \end{pmatrix}$ ist ein Normalenvektor von E.

▶ **Beispiel: Koordinatengleichung** → Normalengleichung
Gesucht ist eine Normalengleichung der Ebene E: $2x + 3y - z = 6$.

Lösung:
Besonders leicht ist eine vereinfachte Normalengleichung zu bestimmen. Dazu stellen wir einfach die linke Seite der Koordinatengleichung als Skalarprodukt dar.

E: $2x + 3y - z = 6 \Rightarrow$ E: $\begin{pmatrix} x \\ y \\ z \end{pmatrix} \cdot \begin{pmatrix} 2 \\ 3 \\ -1 \end{pmatrix} = 6 \Rightarrow$ E: $\vec{x} \cdot \begin{pmatrix} 2 \\ 3 \\ -1 \end{pmatrix} = 6$

Eine weitere Möglichkeit: Wir entnehmen der Koordinatengleichung durch Einsetzen geeigneter Koordinaten einen Stützpunkt, z. B. $A(3\,|\,0\,|\,0)$, sowie durch Ablesen der Koeffizienten der linken Seite einen Normalenvektor.

▶ Dann lautet eine Normalengleichung von E: $\left[\vec{x} - \begin{pmatrix} 3 \\ 0 \\ 0 \end{pmatrix}\right] \cdot \begin{pmatrix} 2 \\ 3 \\ -1 \end{pmatrix} = 0$.

1. Ebenengleichungen

Ein erster Vorteil der Koordinatenform besteht darin, dass sich die *Achsenabschnittspunkte* der Ebene aus der Koordinatenform einfacher bestimmen lassen, was wiederum die zeichnerische Darstellung der Ebene erheblich erleichtert.

> **Beispiel: Achsenabschnitte und Schrägbild**
> Gegeben sei die Ebene E mit der Koordinatengleichung E: $3x + 6y + 4z = 12$.
> Bestimmen Sie diejenigen Punkte, in welchen die Koordinatenachsen die Ebene durchstoßen, und zeichnen Sie mithilfe dieser Punkte ein Schrägbild der Ebene.

Lösung:
Der Achsenabschnittspunkt auf der x-Achse hat die Gestalt $A(x|0|0)$.
Setzen wir in der Koordinatengleichung $y=0$ und $z=0$, so erhalten wir $3x = 12$, d. h. $x = 4$. Also ist $A(4|0|0)$ der gesuchte Achsenabschnittspunkt auf der x-Achse.

Analog erhalten wir die beiden weiteren Achsenabschnittspunkte $B(0|2|0)$ und $C(0|0|3)$.

Tragen wir diese drei Punkte in ein Koordinatensystem ein, so können wir einen dreieckigen Ebenenausschnitt darstellen.

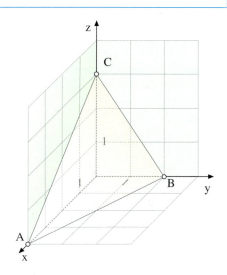

Übung 11
a) Bestimmen Sie die Achsenabschnitte der Ebene E: $4x + 6y + 6z = 24$ und zeichnen Sie ein Schrägbild der Ebene.
b) Zeichnen Sie ein Schrägbild der Ebene E: $2x + 5y + 4z = 10$.
c) Welche Achsenabschnitte besitzt die Ebene E: $2x + 4z = 8$?
   Beschreiben Sie die Lage dieser Ebene im Koordinatensystem.

Bemerkung: Fehlen in der Koordinatengleichung einer Ebene eine oder mehrere Variable, so nimmt die Ebene im Koordinatensystem eine besondere Lage ein.

Beispiel: Die Ebene $E_1: 2x + 3y = 6$ hat die Achsenabschnitte $x = 3$ ($y = 0$, $z = 0$) und $y = 2$ ($x = 0$, $z = 0$).
Sie hat keinen z-Achsenabschnitt, denn sie ist parallel zur z-Achse.

Beispiel: Die Ebene $E_2: 2y = 6$ hat den y-Achsenabschnitt $y = 3$.
Sie hat keinen x-Achsenabschnitt und keinen z-Achsenabschnitt; sie ist nämlich parallel zur x-Achse und zur z-Achse, also zur x-z-Ebene.

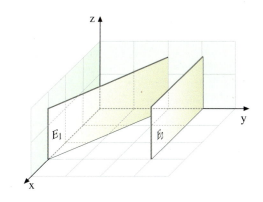

Man kann die Koordinatengleichung einer Ebene in der Regel so umformen, dass die Achsenabschnitte der Ebene direkt abgelesen werden können.

Die Achsenabschnittsgleichung

Die rechts dargestellte Koordinatengleichung wird als Achsenabschnittsgleichung bezeichnet.
A ist der x-Achsenabschnitt,
B der y-Achsenabschnitt und
C der z-Achsenabschnitt von E.

$$E: \frac{x}{A} + \frac{y}{B} + \frac{z}{C} = 1$$

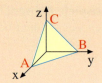

▶ **Beispiel: Achsenabschnitte**
Wie lauten die Achsenabschnitte der Ebene E: $3x + 2y = 12$?

Lösung:
E: $3x + 2y = 12 \quad |:12$
E: $\frac{x}{4} + \frac{y}{6} = 1$
x-Achsenabschnitt: $A = 4$
y-Achsenabschnitt: $B = 6$
z-Achsenabschnitt: Nicht vorhanden, da
▶ E parallel zur z-Achse

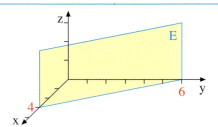

Übung 12
Bestimmen Sie eine Koordinatengleichung der abgebildeten Ebene E.

a)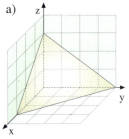

b)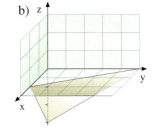

c)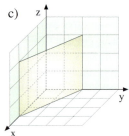

d)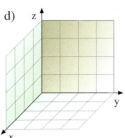

e)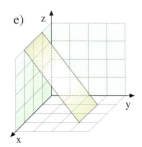

f)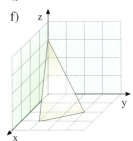

Übung 13
Bestimmen Sie die Achsenabschnitte der Ebene E und zeichnen Sie ein Schrägbild der Ebene.
a) E: $2x + 4y + z = 4$
b) E: $-3x + 4y + 8z = 12$
c) E: $-2x + y - 2z = 4$
d) E: $2y + 3z = 6$
e) E: $4x = 8$
f) E: $z = 2$

1. Ebenengleichungen

Übungen

14. Ebenengleichungen
Stellen Sie eine Gleichung der Ebene durch die Punkte A, B und C in Parameterform, in Normalenform und in Koordinatenform auf.
a) $A(1|2|-2)$, $B(0|5|0)$, $C(5|0|-2)$
b) $A(2|1|1)$, $B(4|2|2)$, $C(3|3|4)$

15. Aufstellen der Normalengleichung
Bestimmen Sie eine Normalengleichung der Ebene E.
a) $E: -4x + 5y + 3z = 12$
b) $E: x + 2z = 4$
c) $E: \vec{x} = \begin{pmatrix} 1 \\ 0 \\ 0 \end{pmatrix} + r \begin{pmatrix} 2 \\ 2 \\ -2 \end{pmatrix} + s \begin{pmatrix} 4 \\ 1 \\ -10 \end{pmatrix}$
d) $E: \vec{x} = \begin{pmatrix} 5 \\ 2 \\ 3 \end{pmatrix} + r \begin{pmatrix} 2 \\ 3 \\ -2 \end{pmatrix} + s \begin{pmatrix} 1 \\ -1 \\ 1 \end{pmatrix}$

16. Aufstellen der Normalengleichung
Stellen Sie eine Normalengleichung der beschriebenen Ebene E auf.
a) E geht durch $A(0|2|0)$, $B(2|1|2)$, $C(1|0|2)$.
b) E hat die Koordinatengleichung $E: 2x + y - 3z = 5$.
c) E ist die x-y-Ebene.
d) E ist die x-z-Ebene.
e) E enthält die z-Achse, den Punkt $P(1|1|0)$ und steht senkrecht auf der x-y-Ebene.

17. Achsenabschnitt einer Ebene
a) Bestimmen Sie die Achsenabschnittspunkte der Ebene $E: 3x + 6y - 3z = 12$ und skizzieren Sie einen Ebenenausschnitt im Koordinatensystem.
b) Welche Achsenabschnitte hat die Ebene $E: 2x + 5y = 10$?
Beschreiben Sie die Lage der Ebene im Koordinatensystem verbal und fertigen Sie anschließend ein Schrägbild an.
c) Beschreiben Sie die Lage der Ebene $E: 2z = 8$ im Koordinatensystem (mit Schrägbild).

18. Aufstellen der Koordinatengleichung
Gesucht ist eine Koordinatengleichung der beschriebenen oder dargestellten Ebenen.
a) Es handelt sich um die x-y-Ebene.
b) Die Ebene hat die Achsenabschnitte $x = 4$, $y = 2$, $z = 6$.
c) Die Ebene enthält den Punkt $P(2|1|3)$ und ist zur y-z-Ebene parallel.
d) Die Ebene geht durch den Punkt $P(4|4|0)$ und ist parallel zur z-Achse. Ihr y-Achsenabschnitt beträgt $y = 12$.
e) Die Ebene enthält die Punkte $A(2|-1|5)$, $B(-1|-3|9)$ und ist parallel zur z-Achse.

f)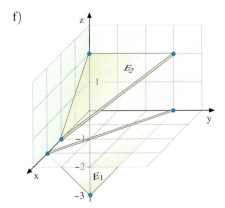

2. Lagebeziehungen

A. Die Lage von Punkt und Ebene

Die Lagebeziehung eines Punktes P zu einer Ebene E wird wie die Lagebeziehung von Punkt und Gerade durch Einsetzen des Ortsvektors $\vec{p}$ des Punktes in die Ebenengleichung geklärt.

> **Beispiel: Punktprobe mit der Parameterform**
> Liegen P$(2\,|-2\,|-1)$ oder Q$(2\,|\,1\,|\,1)$ in der Ebene E: $\vec{x} = \begin{pmatrix} 1 \\ 0 \\ -1 \end{pmatrix} + r \cdot \begin{pmatrix} 2 \\ -1 \\ 1 \end{pmatrix} + s \cdot \begin{pmatrix} 1 \\ 1 \\ 1 \end{pmatrix}$?

Lösung:
Der Ortsvektor des Punktes wird in die Ebenengleichung eingesetzt:

$$\begin{pmatrix} 2 \\ -2 \\ -1 \end{pmatrix} = \begin{pmatrix} 1 \\ 0 \\ -1 \end{pmatrix} + r \cdot \begin{pmatrix} 2 \\ -1 \\ 1 \end{pmatrix} + s \cdot \begin{pmatrix} 1 \\ 1 \\ 1 \end{pmatrix} \qquad \qquad \begin{pmatrix} 2 \\ 1 \\ 1 \end{pmatrix} = \begin{pmatrix} 1 \\ 0 \\ -1 \end{pmatrix} + r \cdot \begin{pmatrix} 2 \\ -1 \\ 1 \end{pmatrix} + s \cdot \begin{pmatrix} 1 \\ 1 \\ 1 \end{pmatrix}$$

Durch Aufspalten der Vektorgleichung in drei Koordinaten erhalten wir ein Gleichungssystem:

I	$2r+s=$	1
II	$-r+s=$	-2
III	$r+s=$	0

I	$2r+s=1$	
II	$-r+s=1$	
III	$r+s=2$	

Das Gleichungssystem mit 3 Gleichungen in 2 Variablen wird auf Lösbarkeit untersucht.

I + 2 · II: $3s = -3 \Rightarrow s = -1$
in I: $2r - 1 = 1 \Rightarrow r = 1$
Probe in III:
    $1 + (-1) = 0$ wahr $\Rightarrow$ lösbar
Folgerung: P$(2\,|-2\,|-1)$ liegt in E.

I + 2 · II: $3s = 3 \Rightarrow s = 1$
in I: $2r + 1 = 1 \Rightarrow r = 0$
Probe in III:
    $0 + 1 = 2$ falsch $\Rightarrow$ unlösbar
Folgerung: Q$(2\,|\,1\,|\,1)$ liegt nicht in E.

Noch einfacher geht die Punktprobe mit der Koordinatenform oder mit der Normalenform.

> **Beispiel: Punktprobe mit der Koordinatenform**
> Liegen P$(2\,|-2\,|-1)$ oder Q$(2\,|\,1\,|\,1)$ in E: $2x + y - 3z = 5$?

Lösung:
Der Punkt P$(2\,|-2\,|-1)$ liegt in E, da Einsetzen von $x = 2$, $y = -2$ und $z = -1$ in die Koordinatengleichung auf eine wahre Aussage führt:
$2 \cdot 2 + (-2) - 3 \cdot (-1) = 5$, d.h. $5 = 5$.

Der Punkt Q$(2\,|\,1\,|\,1)$ liegt nicht in E, da Einsetzen der Koordinaten $x = 2$, $y = 1$ und $z = 1$ auf eine falsche Aussage führt, nämlich auf:
$2 \cdot 2 + 1 - 3 \cdot 1 = 5$, d.h. $2 = 5$.

2. Lagebeziehungen

> **Beispiel: Punktprobe mit der Normalenform**
>
> Gegeben sei die Ebene $E: \left[\vec{x} - \begin{pmatrix} 1 \\ 3 \\ 2 \end{pmatrix}\right] \cdot \begin{pmatrix} 1 \\ 2 \\ 1 \end{pmatrix} = 0$.
>
> a) Prüfen Sie, ob die Punkte $A(1\,|\,4\,|\,0)$ und $B(2\,|\,2\,|\,1)$ in der Ebene E liegen.
> b) Für welchen Wert des Parameters t liegt der Punkt $C(2\,|\,1\,|\,t)$ in der Ebene E?

Lösung zu a):
Wir setzen den Ortsvektor des Punktes A anstelle von $\vec{x}$ auf der linken Seite der Normalengleichung ein. Die linke Seite nimmt den Wert 0 an, wie die nebenstehende Rechnung zeigt. A liegt also in E.

$$\left[\begin{pmatrix} 1 \\ 4 \\ 0 \end{pmatrix} - \begin{pmatrix} 1 \\ 3 \\ 2 \end{pmatrix}\right] \cdot \begin{pmatrix} 1 \\ 2 \\ 1 \end{pmatrix} = \begin{pmatrix} 0 \\ 1 \\ -2 \end{pmatrix} \cdot \begin{pmatrix} 1 \\ 2 \\ 1 \end{pmatrix} = 0$$

$$\Rightarrow A \in E$$

Setzen wir dagegen den Ortsvektor von B ein, so nimmt die linke Seite den Wert $-2 \neq 0$ an. B liegt nicht in E.

$$\left[\begin{pmatrix} 2 \\ 2 \\ 1 \end{pmatrix} - \begin{pmatrix} 1 \\ 3 \\ 2 \end{pmatrix}\right] \cdot \begin{pmatrix} 1 \\ 2 \\ 1 \end{pmatrix} = \begin{pmatrix} 1 \\ -1 \\ -1 \end{pmatrix} \cdot \begin{pmatrix} 1 \\ 2 \\ 1 \end{pmatrix} = -2$$

$$\Rightarrow B \notin E$$

Lösung zu b):
Setzen wir den Ortsvektor von C in die linke Seite der Normalengleichung ein, so nimmt diese den Wert $t - 5$ an.
Für $t = 5$ wird dieser Term gleich 0, liegt also der Punkt C in dieser Ebene E.

$$\left[\begin{pmatrix} 2 \\ 1 \\ t \end{pmatrix} - \begin{pmatrix} 1 \\ 3 \\ 2 \end{pmatrix}\right] \cdot \begin{pmatrix} 1 \\ 2 \\ 1 \end{pmatrix} = \begin{pmatrix} 1 \\ -2 \\ t-2 \end{pmatrix} \cdot \begin{pmatrix} 1 \\ 2 \\ 1 \end{pmatrix} = t-5$$

$$C \in E \quad \Leftrightarrow \quad t - 5 = 0 \quad \Leftrightarrow \quad t = 5$$

147-1

Übung 1   Punktproben
Untersuchen Sie, ob die Punkte in der gegebenen Ebene liegen.

a) $E_1: \vec{x} = \begin{pmatrix} 1 \\ 3 \\ -2 \end{pmatrix} + r \cdot \begin{pmatrix} -1 \\ 2 \\ 4 \end{pmatrix} + s \cdot \begin{pmatrix} 1 \\ -3 \\ -1 \end{pmatrix}$; $P(-2\,|\,10\,|\,7), Q(1\,|\,1\,|\,1)$

b) $E_2: 2x - y + z = 4$; $P(2\,|\,1\,|\,1), Q(1\,|\,0\,|\,1)$

Übung 2
Gegeben ist die Ebene $E: x - y + 2z = 5$.
a) Prüfen Sie, ob die Punkte $A(4\,|\,3\,|\,2)$ und $B(1\,|\,0\,|\,1)$ in E liegen.
b) Wie muss a gewählt werden, damit der Punkt $P(3a\,|\,a+1\,|\,2)$ in E liegt?
c) Kann der Punkt $P(a\,|\,2a+3\,|\,3-2a)$ in der Ebene E liegen?

Übung 3
Gegeben ist die Ebene $E: \left[\vec{x} - \begin{pmatrix} 2 \\ 1 \\ 1 \end{pmatrix}\right] \cdot \begin{pmatrix} 1 \\ -1 \\ 2 \end{pmatrix} = 0$.

a) Prüfen Sie, ob die Punkte $A(3\,|\,2\,|\,1)$, $B(1\,|\,4\,|\,2)$ und $C(-1\,|\,2\,|\,3)$ in E liegen.
b) Für welchen Wert des Parameters a liegen die Punkte $D(a\,|\,a+3\,|\,3)$ bzw. $F(a\,|\,2a\,|\,3)$ in E?
c) Geben Sie eine Koordinatengleichung von E an.
d) Geben Sie eine Parametergleichung von E an.

Man kann mit der Punktprobe auch anspruchsvollere Aufgabenstellungen lösen, z. B. die Frage, ob ein Punkt in einem Teilbereich einer Ebene liegt. Dies geht mit der Parametergleichung.

> **Beispiel: Lage von Punkt und Dreieck**
> Die Punkte $A(4|4|1)$, $B(1|4|1)$ und $C(0|0|5)$ bilden ein Dreieck im Raum.
> Untersuchen Sie, ob der Punkt $P(1|2|3)$ im Dreieck ABC liegt oder nicht.

Lösung:
Wir stellen zunächst eine Gleichung der Ebene E auf, in der das Dreieck ABC liegt. Nun prüfen wir mit der Punktprobe, ob der Punkt P in der Ebene E liegt, denn das ist notwendige Voraussetzung dafür, dass der Punkt im Dreieck ABC liegt.
Der Punkt liegt in der Ebene, da das Gleichungssystem lösbar ist mit den Parameterwerten $r = \frac{1}{3}$ und $s = \frac{1}{2}$.

Diese Zahlen zeigen auch, dass der Punkt
▶ P tatsächlich im Dreieck ABC liegt.

Gleichung der Trägerebene E:
$$E: \vec{x} = \overrightarrow{OA} + r \cdot \overrightarrow{AB} + s \cdot \overrightarrow{AC}$$
$$E: \vec{x} = \begin{pmatrix} 4 \\ 4 \\ 1 \end{pmatrix} + r \cdot \begin{pmatrix} -3 \\ 0 \\ 0 \end{pmatrix} + s \cdot \begin{pmatrix} -4 \\ -4 \\ 4 \end{pmatrix}$$

Punktprobe:
$$1 = 4 - 3r - 4s$$
$$2 = 4 - 4s$$
$$3 = 1 + 4s$$

Lösung:
$$s = \tfrac{1}{2}, \quad r = \tfrac{1}{3}$$

Interpretation:

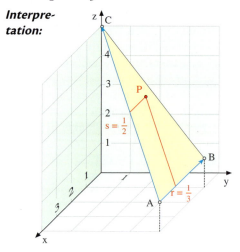

Lage Punkt / Dreieck
Ein Punkt P der Ebene $E: \vec{x} = \overrightarrow{OA} + r \cdot \overrightarrow{AB} + s \cdot \overrightarrow{AC}$ liegt genau dann in dem durch die Vektoren $\overrightarrow{AB}$ und $\overrightarrow{AC}$ aufgespannten Dreieck, wenn die folgenden Bedingungen erfüllt sind: (1) $0 \le r \le 1$,   (2) $0 \le s \le 1$,   (3) $0 \le r + s \le 1$.

Die Zeichnung verdeutlicht diese Interpretation der Parameterwerte.

Übung 4 Lage Punkt/Dreieck
Gegeben sind die Punkte $A(6|3|1)$, $B(6|9|1)$, $C(0|3|3)$.
Prüfen Sie, ob die Punkte $P(3|5|2)$, $Q(3|7|2)$, $R(4|5|1)$ im Dreieck ABC liegen.

Übung 5 Lage Punkt/Parallelogramm
Ein Punkt P der Ebene $E: \vec{x} = \overrightarrow{OA} + r \cdot \overrightarrow{AB} + s \cdot \overrightarrow{AC}$ liegt genau dann in dem durch die Vektoren $\overrightarrow{AB}$ und $\overrightarrow{AC}$ aufgespannten Parallelogramm, wenn für seine Parameterwerte gilt: $0 \le r \le 1$ und $0 \le s \le 1$.
Gegeben sind die Punkte $A(4|1|0)$, $B(2|3|2)$, $C(-1|3|4)$, $D(1|1|2)$.
a) Zeigen Sie, dass ABCD ein Parallelogramm ist.
b) Prüfen Sie, ob die Punkte $P(2|1,5|1,5)$ und $Q(-2|4|5)$ im Parallelogramm ABCD liegen.

B. Die Lage von Gerade und Ebene

Es gibt drei unterschiedliche gegenseitige Lagebeziehungen zwischen einer Geraden und einer Ebene:

(A) g und E schneiden sich im Punkt S,
(B) g verläuft echt parallel zu E,
(C) g liegt ganz in E.

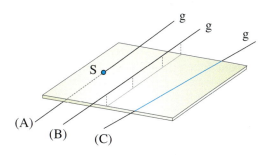

Die Überprüfung, welche Lagebeziehung im konkreten Fall vorliegt, gelingt am einfachsten, wenn man eine Parametergleichung der Geraden und eine Koordinatengleichung der Ebene verwendet.

> **Beispiel: Gerade und Ebene schneiden sich**
>
> Gegeben sind die Gerade g: $\vec{x} = \begin{pmatrix} 2 \\ 4 \\ 2 \end{pmatrix} + r \cdot \begin{pmatrix} 0 \\ 2 \\ 1 \end{pmatrix}$ und die Ebene E: $x + 2y + 3z = 9$.
>
> Zeigen Sie, dass g und E sich schneiden. Bestimmen Sie den Schnittpunkt S. Stellen Sie anschließend Ihre Ergebnisse in einem Schrägbild dar.

Lösung:

Der allgemeine Geradenvektor hat die Koordinaten $x = 2$, $y = 4 + 2r$, $z = 2 + r$. Durch Einsetzen dieser Terme in die Koordinatengleichung der Ebene erhalten wir eine Bestimmungsgleichung für den Geradenparameter r, deren Auflösung den Wert $r = -1$ liefert.

1. Lageuntersuchung:

$$\begin{aligned} x + 2y + 3z &= 9 \\ 2 + 2(4 + 2r) + 3(2 + r) &= 9 \\ 7r + 16 &= 9 \\ 7r &= -7 \\ r &= -1 \end{aligned}$$

$\Rightarrow$ g schneidet E für $r = -1$.

Durch Rückeinsetzung von $r = -1$ in die Parametergleichung der Geraden g erhalten wir den Ortsvektor des Schnittpunktes S(2|2|1).

2. Schnittpunktberechnung:

$$\vec{x} = \begin{pmatrix} 2 \\ 4 \\ 2 \end{pmatrix} + (-1) \cdot \begin{pmatrix} 0 \\ 2 \\ 1 \end{pmatrix} = \begin{pmatrix} 2 \\ 2 \\ 1 \end{pmatrix}$$

$\Rightarrow$ Schnittpunkt S(2|2|1)

Um die Ergebnisse graphisch darzustellen, errechnen wir zunächst die drei Achsenabschnitte der Ebene aus der Koordinatengleichung von E. Wir erhalten dann $x = 9$, $y = 4{,}5$ und $z = 3$.

Die Gerade g legen wir durch zwei ihrer Punkte fest. Hierfür bieten sich der Stützpunkt A(2|4|2) (Parameterwert $r = 0$) und der Schnittpunkt S(2|2|1) (Parameterwert $r = -1$) an.

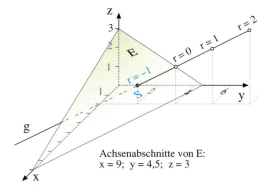

Achsenabschnitte von E:
x = 9; y = 4,5; z = 3

150 | V. Ebenen

Beispiel: Gerade parallel zur Ebene / Gerade in der Ebene

Gegeben sind die Geraden g_1: $\vec{x} = \begin{pmatrix} 2 \\ 3 \\ 1 \end{pmatrix} + r \cdot \begin{pmatrix} 1 \\ 1 \\ -1 \end{pmatrix}$, g_2: $\vec{x} = \begin{pmatrix} 2 \\ 2 \\ 1 \end{pmatrix} + r \cdot \begin{pmatrix} 1 \\ 1 \\ -1 \end{pmatrix}$ sowie die

Ebene E: $x + 2y + 3z = 9$. Untersuchen Sie die gegenseitige Lage von g_1 und g_2 zu E.

Lösung:

1. Lage von g_1 zu E:

Koordinaten von g_1:

$x = 2 + r$

$y = 3 + r$

$z = 1 - r$

Einsetzen in die Gleichung von E:

$$\begin{array}{rcl} x \;+\; 2y \;+\; 3z & = & 9 \\ (2+r) + 2(3+r) + 3(1-r) & = & 9 \\ 11 & = & 9 \end{array}$$

2. Interpretation:

Es gibt keinen Geradenpunkt, der die Punktprobe mit der Ebenengleichung erfüllt. g und E sind *echt parallel*.

1. Lage von g_2 zu E:

Koordinaten von g_2:

$x = 2 + r$

$y = 2 + r$

$z = 1 - r$

Einsetzen in die Gleichung von E:

$$\begin{array}{rcl} x \;+\; 2y \;+\; 3z & = & 9 \\ (2+r) + 2(2+r) + 3(1-r) & = & 9 \\ 9 & = & 9 \end{array}$$

2. Interpretation:

Jeder Geradenpunkt erfüllt die Punktprobe mit der Ebenengleichung. g liegt *ganz in E*.

🔴 150-1

Man kann zur Untersuchung der Lagebeziehung einer Geraden und einer Ebene auch eine Normalengleichung der Ebene statt der Koordinatengleichung verwenden. Wir zeigen dies exemplarisch.

Beispiel: Lagebeziehung Gerade / Ebene (Ebene in Normalenform)

Welche gegenseitige Lage besitzen g: $\vec{x} = \begin{pmatrix} 1 \\ 2 \\ 2 \end{pmatrix} + r \cdot \begin{pmatrix} 2 \\ -1 \\ 1 \end{pmatrix}$ und E: $\left[\vec{x} - \begin{pmatrix} 2 \\ 3 \\ -2 \end{pmatrix} \right] \cdot \begin{pmatrix} 1 \\ -2 \\ 1 \end{pmatrix} = 0$?

Lösung:

g ist nicht parallel zu E, da der Richtungsvektor von g und der Normalenvektor von E ein von null verschiedenes Skalarprodukt besitzen.

Den Schnittpunkt von g und E bestimmen wir durch Einsetzen des allgemeinen Ortsvektors der Geraden g (rot markiert) in die Normalengleichung von E. Durch Ausrechnen des Skalarproduktes erhalten wir eine Bestimmungsgleichung für den Geradenparameter r, welche die Lösung $r = -1$ hat.

Einsetzen dieses Parameterwertes in die Geradengleichung liefert den Schnittpunkt von g und E: $S(-1 \,|\, 3 \,|\, 1)$.

1. Untersuchung auf Parallelität:

$$\begin{pmatrix} 2 \\ -1 \\ 1 \end{pmatrix} \cdot \begin{pmatrix} 1 \\ -2 \\ 1 \end{pmatrix} = 5 \neq 0 \;\Rightarrow\; g \nparallel E$$

2. Berechnung des Schnittpunktes:

$$\left[\begin{pmatrix} 1 \\ 2 \\ 2 \end{pmatrix} + r \cdot \begin{pmatrix} 2 \\ -1 \\ 1 \end{pmatrix} - \begin{pmatrix} 2 \\ 3 \\ -2 \end{pmatrix} \right] \cdot \begin{pmatrix} 1 \\ -2 \\ 1 \end{pmatrix} = 0$$

$$\Rightarrow \begin{pmatrix} 2r-1 \\ -r-1 \\ r+4 \end{pmatrix} \cdot \begin{pmatrix} 1 \\ -2 \\ 1 \end{pmatrix} = 0 \Rightarrow 5r + 5 = 0, \, r = -1$$

$$\vec{x} = \begin{pmatrix} 1 \\ 2 \\ 2 \end{pmatrix} + (-1) \cdot \begin{pmatrix} 2 \\ -1 \\ 1 \end{pmatrix} = \begin{pmatrix} -1 \\ 3 \\ 1 \end{pmatrix}, \, S(-1 \,|\, 3 \,|\, 1)$$

2. Lagebeziehungen

Übung 6 Lagebeziehung Gerade/Ebene
Die Gerade g durch die Punkte A und B schneidet die Ebene E.
Bestimmen Sie den Schnittpunkt S. Zeichnen Sie ein Schrägbild.

a) $A(5|4|3)$, $B(7|7|5)$
  $E: 2x + 3y + 3z = 12$

b) $A(0|0|0)$, $B(4|6|4)$
  $E: 6x + 4y = 24$

c) $A(2|0|2)$, $B(6|4|0)$
  $E: \vec{x} = \begin{pmatrix} 12 \\ 0 \\ 0 \end{pmatrix} + r \cdot \begin{pmatrix} -12 \\ 0 \\ 3 \end{pmatrix} + s \cdot \begin{pmatrix} -12 \\ 6 \\ 0 \end{pmatrix}$

Übung 7 Lagebeziehung Gerade/Ebene (Ebene in KF)
Untersuchen Sie die gegenseitige Lage der Geraden g und der Ebene E.

a) $g: \vec{x} = \begin{pmatrix} -1 \\ 0 \\ 0 \end{pmatrix} + r \cdot \begin{pmatrix} 2 \\ 6 \\ 2 \end{pmatrix}$
  $E: 2x + y + z = 4$

b) $g: \vec{x} = \begin{pmatrix} 0 \\ 3 \\ 2 \end{pmatrix} + r \cdot \begin{pmatrix} 1 \\ -2 \\ 2 \end{pmatrix}$
  $E: 4x + 4y + 2z = 8$

c) $g: \vec{x} = \begin{pmatrix} 1 \\ 2 \\ 0 \end{pmatrix} + r \cdot \begin{pmatrix} 2 \\ 1 \\ -2 \end{pmatrix}$
  $E: 2x + 2y + 3z = 6$

Übung 8 Lagebeziehung Gerade/Ebene (Ebene in NF)
Welche gegenseitige Lage besitzen g und E_1 bzw. g und E_2?

$g: \vec{x} = \begin{pmatrix} 1 \\ 2 \\ 2 \end{pmatrix} + r \begin{pmatrix} 2 \\ -1 \\ 1 \end{pmatrix}$, $E_1: \left[\vec{x} - \begin{pmatrix} 2 \\ 2 \\ 3 \end{pmatrix} \right] \cdot \begin{pmatrix} -1 \\ -1 \\ 1 \end{pmatrix} = 0$, $E_2: \left[\vec{x} - \begin{pmatrix} 2 \\ -3 \\ 2 \end{pmatrix} \right] \cdot \begin{pmatrix} 2 \\ 2 \\ -2 \end{pmatrix} = 0$

Übung 9 Lagebeziehungen im Würfel
Ein Würfel mit der Kantenlänge 6 liegt wie abgebildet im Koordinatensystem.

a) Wie lauten die Koordinaten der Punkte A bis H?
b) Bestimmen Sie eine Parametergleichung der Ebene E_1 durch die Punkte B, G und E.
c) Wo schneidet die Gerade g durch F und D das Dreieck EBG?
d) Schneidet die Gerade h durch C und H die Ebene E_1?

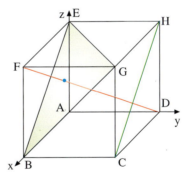

Übung 10 Laserbohrung
Ein Edelstahlblock hat die Form eines quadratischen Pyramidenstumpfes. Die Seitenlänge der Grundfläche beträgt 8 cm, diejenige der Deckfläche beträgt 4 cm, die Höhe beträgt 8 cm.

Mit einem Laserstrahl, der auf der Strecke $\overline{PQ}$ mit $P(-3,5|9,5|6)$ und $Q(-6|16|8)$ erzeugt wird, durchbohrt man das Werkstück. Der Koordinatenursprung liegt im Mittelpunkt der Grundfläche.

a) Wo liegen Ein- und Austrittspunkt?
b) Wie lang ist der Bohrkanal?
c) Wo wird der Block getroffen, wenn der Laser längs der Strecke $\overline{PQ}$ mit $P(1|9|5)$ und $Q(-1|15|6)$ erzeugt wird?

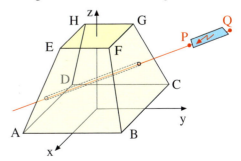

C. Die relative Lage von Gerade und Dreieck

Manchmal wird man mit der Frage konfrontiert, ob eine Gerade einen fest umschriebenen Teil einer Ebene trifft, z. B. ein Dreieck. Bei dieser Fragestellung verwendet man für Gerade und Ebene die vektorielle Parametergleichungen.

▶ **Beispiel: Sichtlinie**
Eine Pyramide hat die Ecken $A(-8|2|0)$, $B(-4|10|0)$ und $C(-12|8|0)$. Ihre Spitze liegt bei $S(-8|5|6)$.
Ein Tafelberg hat die Spitze $T(-12|14|4)$.
Kann man die Spitze T von der Beobachtungsplattform $P(0|0|0)$ aus sehen?

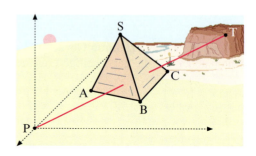

Lösung:
Die Frage ist, ob die Sichtlinie $\overline{PT}$ an der Pyramide vorbeigeht oder nicht.
Aus der Skizze oder aus einem Grundriss erkennen wir, dass sie die Pyramidenfläche ABS treffen könnte.

Gleichung von g_{PT}:

$$g_{PT}: \vec{x} = \begin{pmatrix} 0 \\ 0 \\ 0 \end{pmatrix} + r \begin{pmatrix} -12 \\ 14 \\ 4 \end{pmatrix}$$

Wir stellen die vektoriellen Parametergleichungen der Geraden g_{TP} und der Dreiecksebene E_{ABS} auf.

Gleichung von E_{ABS}:

$$E_{ABS}: \vec{x} = \begin{pmatrix} -8 \\ 2 \\ 0 \end{pmatrix} + s \begin{pmatrix} 4 \\ 8 \\ 0 \end{pmatrix} + t \begin{pmatrix} 0 \\ 3 \\ 6 \end{pmatrix}$$

Durch Gleichsetzen erhalten wir ein Gleichungssystem mit drei Variablen in drei Gleichungen.
Die Lösungen sind $r = \frac{1}{2}$, $s = \frac{1}{2}$ und $t = \frac{1}{3}$.

Gerade und Ebene schneiden sich im Punkt $Q(-6|7|2)$.

Dieser liegt wegen $0 \leq s \leq 1$, $0 \leq t \leq 1$ und $0 \leq s+t \leq 1$ im Dreieck ABS (vgl. S. 128, Lage Punkt/Dreieck).
▶ Daher kann von Q aus die Spitze T des Tafelberges nicht gesehen werden.

Schnittuntersuchung:
I: $-12 = -8 + 4s$
II: $14r = 2 + 8s + 3t$
III: $4r = 6t$
aus III: $t = \frac{2}{3}r$
in II: II': $14r = 2 + 8s + 2r$
$\qquad\quad 12r = 2 + 8s$
in I: $-2 - 8s = -8 + 4s$
$\qquad\qquad \Rightarrow s = \frac{1}{2}$
in II': $\Rightarrow r = \frac{1}{2}$
in III: $\Rightarrow t = \frac{1}{3}$

Schnittpunkt $Q(-6|7|2)$

Übung 11
Trifft die Gerade $g: \vec{x} = \begin{pmatrix} 2 \\ 11 \\ -1 \end{pmatrix} + r \begin{pmatrix} 1 \\ -2 \\ 1 \end{pmatrix}$ das Dreieck mit den Ecken

a) $A(2|1|-1)$, $B(8|7|2)$, $C(6|9|7)$,
b) $A(2|8|3)$, $B(6|11|-2)$, $C(2|6|5)$?

D. Exkurs: Parallelität, Orthogonalität und Spiegelung

Vorteile bringt die Verwendung einer Normalenform der Ebene, wenn man Parallelität und Orthogonalität untersucht.

Anhand von Richtungsvektoren und von Normalenvektoren lassen sich die besonderen Lagen der Parallelität und der Orthogonalität von Geraden und Ebenen leicht feststellen. Wir stellen zunächst in einer Übersicht die wichtigsten Kriterien zusammen.

Parallele Geraden:
Die Richtungsvektoren sind kollinear.
Die Überprüfung erfolgt durch *Hinsehen*.

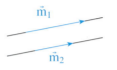

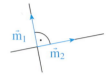

Orthogonale Geraden:
Die Richtungsvektoren sind orthogonal.
Die Überprüfung erfolgt mittels *Skalarprodukt*.

$\vec{m}_2 = r \cdot \vec{m}_1$ $\qquad$ $\vec{m}_1 \cdot \vec{m}_2 = 0$

Parallelität Gerade/Ebene:
Der Richtungsvektor der Geraden und der Normalenvektor der Ebene sind orthogonal.

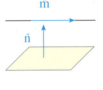

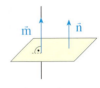

Orthogonalität Gerade/Ebene:
Der Richtungsvektor der Geraden und der Normalenvektor der Ebene sind kollinear.

$\vec{n} \cdot \vec{m} = 0$ $\qquad$ $\vec{m} = r \cdot \vec{n}$

Ähnlich zur Geradenspiegelung in der Ebene lässt sich im Raum eine *Spiegelung an einer Ebene* definieren. Spiegelt man einen Punkt A an einer Ebene E, so gilt für den Spiegelpunkt A′, dass die Gerade durch A und A′ orthogonal zur Ebene E ist und dass der Schnittpunkt F dieser Geraden mit der Ebene E die Verbindungsstrecke $\overline{AA'}$ halbiert.

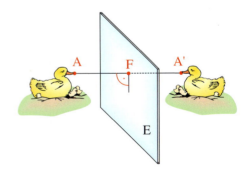

> **Beispiel: Gerade/Ebene (Lotgerade)**
>
> Gegeben sind die Ebene E: $\left[\vec{x} - \begin{pmatrix} 1 \\ 1 \\ 2 \end{pmatrix}\right] \cdot \begin{pmatrix} 1 \\ 2 \\ 3 \end{pmatrix} = 0$ sowie der Punkt A(5|4|8).
>
> a) Bestimmen Sie eine zu E orthogonale Gerade g, die den Punkt A enthält.
> b) In welchem Punkt F schneidet g die Ebene E?
> c) Der Punkt A wird an der Ebene E gespiegelt. Wie lauten die Koordinaten des Spiegelpunktes A′?

Lösung

zu a): Als Stützpunkt der Geraden verwenden wir den Punkt A(5|4|8). Als Richtungsvektor $\vec{m}$ benötigen wir einen zum Normalenvektor $\vec{n}$ der Ebene kollinearen Vektor. Am einfachsten ist es, den Normalenvektor selbst als Richtungsvektor zu wählen, was auf die rechts dargestellte Geradengleichung führt. Die Gerade g wird als *Lotgerade* oder als *Lot* vom Punkt A auf die Ebene bezeichnet.

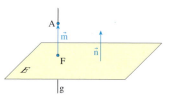

Geradengleichung der Lotgeraden:

$$g: \vec{x} = \begin{pmatrix} 5 \\ 4 \\ 8 \end{pmatrix} + r \begin{pmatrix} 1 \\ 2 \\ 3 \end{pmatrix}$$

zu b): Zur Schnittpunktberechnung setzen wir die rechte Seite der Geradengleichung für $\vec{x}$ in die Ebenengleichung ein. Durch Zusammenfassung von Vektoren und Ausmultiplizieren des Skalarproduktes erhält man $r = -2$ als Parameterwert des Schnittpunktes F.
Der Punkt F(3|0|2) heißt *Lotfußpunkt* des Lotes von A auf die Ebene E.

Schnittpunkt von g und E (Lotfußpunkt):

$$\left[\begin{pmatrix} 5 \\ 4 \\ 8 \end{pmatrix} + r \begin{pmatrix} 1 \\ 2 \\ 3 \end{pmatrix} - \begin{pmatrix} 1 \\ 1 \\ 2 \end{pmatrix} \right] \cdot \begin{pmatrix} 1 \\ 2 \\ 3 \end{pmatrix} = 0$$

$$\begin{pmatrix} 4+r \\ 3+2r \\ 6+3r \end{pmatrix} \cdot \begin{pmatrix} 1 \\ 2 \\ 3 \end{pmatrix} = 0$$

$$28 + 14r = 0$$
$$r = -2 \Rightarrow F(3|0|2)$$

zu c): Da der Spiegelpunkt A′ auf der Lotgeraden g liegt und F die Strecke $\overline{AA'}$ halbiert, gilt für den Ortsvektor von A′ die rechts dargestellte Gleichung. Einsetzen der bereits errechneten Koordinaten liefert
▶ A′(1|−4|−4).

Koordinaten des Spiegelpunktes A′:

$$\overrightarrow{OA'} = \overrightarrow{OA} + 2 \cdot \overrightarrow{AF}$$

$$= \begin{pmatrix} 5 \\ 4 \\ 8 \end{pmatrix} + 2 \cdot \left[\begin{pmatrix} 3 \\ 0 \\ 2 \end{pmatrix} - \begin{pmatrix} 5 \\ 4 \\ 8 \end{pmatrix} \right] = \begin{pmatrix} 1 \\ -4 \\ -4 \end{pmatrix}$$

Übung 12 Orthogonale Geraden

Gegeben ist $E: \vec{x} = \begin{pmatrix} 2 \\ 2 \\ 0 \end{pmatrix} + r \begin{pmatrix} -1 \\ -1 \\ 1 \end{pmatrix} + s \begin{pmatrix} -2 \\ 2 \\ 1 \end{pmatrix}$. Gesucht ist eine Gleichung der Geraden g, welche E im Stützpunkt der Ebene senkrecht schneidet.

Übung 13 Spiegelung eines Punktes

Gegeben sind die $E: \left[\vec{x} - \begin{pmatrix} 2 \\ 2 \\ 1 \end{pmatrix} \right] \cdot \begin{pmatrix} 4 \\ -1 \\ -1 \end{pmatrix} = 0$ sowie der Punkt A(5|−5|1).

a) Bestimmen Sie eine zu E orthogonale Gerade g, die den Punkt A enthält.
b) Bestimmen Sie den Schnittpunkt F der Geraden g mit der Ebene E.
c) A wird an der Ebene E gespiegelt. Wie lauten die Koordinaten des Spiegelpunkes A′?

Übung 14 Bestimmung der Spiegelebene

Der Punkt A(1|5|4) wurde durch Spiegelung an einer Ebene E auf den Punkt A′(3|2|1) abgebildet. Bestimmen Sie eine Gleichung der Ebene E.

Übungen

15. Lage von Punkt und Ebene
Prüfen Sie, ob die Punkte P und Q auf der Ebene E liegen.

a) $E: \vec{x} = \begin{pmatrix} 1 \\ 1 \\ 2 \end{pmatrix} + r \begin{pmatrix} 1 \\ 1 \\ -1 \end{pmatrix} + s \begin{pmatrix} 2 \\ -1 \\ 1 \end{pmatrix}$; $P(1|4|-1)$, $Q(8|-1|4)$

b) $E: -4x + 2y + 2z = 8$; $P(2|1|5)$, $Q(-1|1|1)$

c) E: Ebene parallel zur z-Achse durch die Punkte $A(3|3|0)$ und $B(0|6|2)$; $P(4|2|4)$, $Q(0|7|3)$

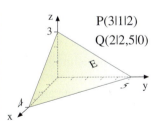
P(3|1|2)
Q(2|2,5|0)

16. Lage von Punkt und Ebene, Dreieck
Gegeben sind die Punkte $A(1|1|-1)$, $B(3|5|1)$, $C(5|5|7)$ und $D(-1|0|-6)$.
a) Stellen Sie eine Gleichung der Ebene E durch die Punkte A, B und C auf.
b) Zeigen Sie, dass der Punkt D in der Ebene E liegt.
c) Untersuchen Sie, ob der Punkt $F(5|6|6)$ im Dreieck ABC liegt.

17. Lage von Gerade und Ebene
Untersuchen Sie die gegenseitige Lage von g und E.

a) $g: \vec{x} = \begin{pmatrix} 10 \\ 4 \\ 8 \end{pmatrix} + r \begin{pmatrix} 3 \\ 2 \\ -1 \end{pmatrix}$
E: $5x - 2y + z = 10$

b) $g: \vec{x} = \begin{pmatrix} -1 \\ 2 \\ -6 \end{pmatrix} + r \begin{pmatrix} 2 \\ 2 \\ 3 \end{pmatrix}$
E: $A(1|0|1)$, $B(3|1|1)$, $C(3|-1|3)$

c) g enthält $P(1|1|1)$ und $Q(5|3|-1)$, E geht durch $A(3|3|3)$, $B(3|0|-6)$, $C(0|-3|-6)$.

d) g ist parallel zur z-Achse und enthält $P(3|4|0)$, E hat die Achsenabschnitte $x = 3$, $y = 3$, $z = 9$.

e) $g: \vec{x} = \begin{pmatrix} 4 \\ 1 \\ 1 \end{pmatrix} + r \begin{pmatrix} 2 \\ 1 \\ -2 \end{pmatrix}$
E: $2x - 2y + z = 8$

f) $g: \vec{x} = \begin{pmatrix} 0 \\ -1 \\ 8 \end{pmatrix} + r \begin{pmatrix} 1 \\ 2 \\ -2 \end{pmatrix}$
E: $3x + 2z = 12$

g) $g: \vec{x} = \begin{pmatrix} -2 \\ 0 \\ 6 \end{pmatrix} + r \begin{pmatrix} -1 \\ 1 \\ 3 \end{pmatrix}$
E: $3x - 3y + 2z = 6$

h) $g: \vec{x} = \begin{pmatrix} 10 \\ 5 \\ 14 \end{pmatrix} + r \begin{pmatrix} 2 \\ 1 \\ 3 \end{pmatrix}$
E: $y = 2$

i) $g: \vec{x} = \begin{pmatrix} 1 \\ 3 \\ 1 \end{pmatrix} + r \begin{pmatrix} 2 \\ 2 \\ -1 \end{pmatrix}$
E: $x + 2z = -3$

j) $g: \vec{x} = r \begin{pmatrix} 1 \\ -1 \\ 0 \end{pmatrix}$
E: $5x - 3y - 4z = 4$

18. Projektion im Raum
Vier Sterne α, β, γ, δ begrenzen einen pyramidenförmigen Raumsektor. Sie haben die Koordinaten α(4|4|8), β(0|20|0), γ(−16|16|4) und δ(−8|12|12).

a) Liegen die Sterne $P(-4|16|6)$, $Q(-3|12|8)$, $R(-8|12|6)$ im Dreieck αβγ?

b) Ein Komet fliegt nahezu geradlinig durch die Punkte $A(10|3|1)$ und $B(4|7|3)$. Wo dringt er in den Raumsektor ein? Wo verlässt er ihn?

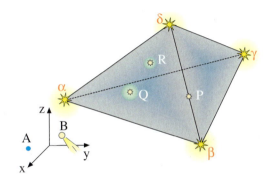

19. Gerade und Parallelogramm
Prüfen Sie, ob die Gerade g das Parallelogramm ABCD schneidet.

a) $g: \vec{x} = \begin{pmatrix} 2 \\ 0 \\ 5 \end{pmatrix} + r \begin{pmatrix} 1 \\ 8 \\ -1 \end{pmatrix}$
A(0|0|0), B(6|0|0), C(6|4|2), D(0|4|2)

b) $g: \vec{x} = \begin{pmatrix} 1 \\ 1 \\ -1 \end{pmatrix} + r \begin{pmatrix} 2 \\ 1 \\ 1 \end{pmatrix}$
A(3|3|3), B(8|5|2), C(6|3|0), D(1|1|1)

20. Lagebeziehungen im Würfel
Gegeben ist der Würfel ABCDEFGH mit der Seitenlänge 6. M sei der Mittelpunkt des Vierecks BCGF.
a) In welchem Punkt S schneidet die Gerade g durch A und M das Dreieck BCE?
b) In welchem Punkt T trifft die Parallele p zur Kante $\overline{AB}$ durch M das Dreieck BCE?
c) Schneidet die Gerade h durch M und D das Dreieck?
d) In welchem Verhältnis teilt S die Strecke $\overline{MA}$?

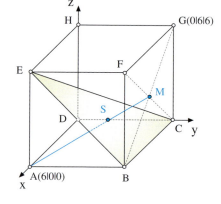

21. Lage von Pyramide und Gerade
Gegeben ist die Pyramide mit den Ecken A(12|−3|−3), B(9|9|0), C(9|0|9) und der Spitze S(15|3|3).
a) Bestimmen Sie die Kantenlängen.
b) Zeigen Sie, dass sich die Kanten in der Spitze senkrecht treffen.
c) Untersuchen Sie die Lage der Geraden g durch P(8|7|7) und Q(4|14|11) zur Pyramide. Welche Länge schneidet die Pyramide aus der Geraden g heraus?

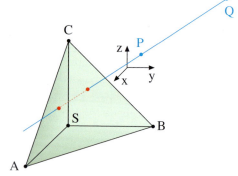

22. Punkte und Geraden im Spat
Gegeben ist das Polyeder ABCDEFGH mit den Ecken A(0|0|0), B(2|4|6), C(5|7|12), D(3|3|6), E(4|4|4), F(6|8|10), G(9|11|16), H(7|7|10).
a) Zeigen Sie, dass das Polyeder ABCDEFGH ein Spat[1] ist.
b) Liegen die Punkte P(6|7|10) und Q(4|3|6) im Spat?
c) Bestimmen Sie den Schnittpunkt der Geraden durch A und G mit der Ebene durch B, F und H.

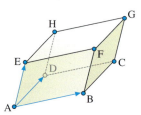

---
[1] Ein Spat ist ein von drei Vektoren aufgespanntes Polyeder. Alle Seiten sind zu den drei aufspannenden Vektoren parallel.

2. Lagebeziehungen

23. Orthogonalität/Parallelität von Gerade und Ebene
Untersuchen Sie die Gerade g und Ebene E auf Orthogonalität bzw. Parallelität.

a) $g: \vec{x} = \begin{pmatrix} 2 \\ 0 \\ 0 \end{pmatrix} + r \begin{pmatrix} 1 \\ -2 \\ 3 \end{pmatrix}$
  $E: \left[\vec{x} - \begin{pmatrix} 0 \\ 4 \\ 0 \end{pmatrix} \right] \cdot \begin{pmatrix} -3 \\ 6 \\ 5 \end{pmatrix} = 0$

b) $g: \vec{x} = \begin{pmatrix} 5 \\ 1 \\ 6 \end{pmatrix} + r \begin{pmatrix} -2 \\ 1 \\ 3 \end{pmatrix}$
  $E: 4x - 2y - 6z = -18$

c) $g: \vec{x} = \begin{pmatrix} -4 \\ -5 \\ 3 \end{pmatrix} + r \begin{pmatrix} 5 \\ 6 \\ -2 \end{pmatrix}$
  $E: 4x - 3y + z = 5$

24. Orthogonale Gerade und Spiegelpunkt
Bestimmen Sie eine Gleichung einer Geraden g, die zur Ebene E orthogonal ist und den Punkt A enthält. Berechnen Sie sodann den Schnittpunkt F von g und E (Lotfußpunkt). A wird an der Ebene E gespiegelt. Bestimmen Sie die Koordinaten des Spiegelpunktes A'.

a) $E: \vec{x} \cdot \begin{pmatrix} 3 \\ 1 \\ 4 \end{pmatrix} = 0$
  $A(3|2|-6)$

b) $E: \left[\vec{x} - \begin{pmatrix} 1 \\ 1 \\ 3 \end{pmatrix} \right] \cdot \begin{pmatrix} 2 \\ -1 \\ 1 \end{pmatrix} = 0$
  $A(4|0|8)$

c) $E: \vec{x} = \begin{pmatrix} 0 \\ 2 \\ 0 \end{pmatrix} + r \begin{pmatrix} 3 \\ -1 \\ 0 \end{pmatrix} + s \begin{pmatrix} 1 \\ 0 \\ 1 \end{pmatrix}$
  $A(3|7|-4)$

25. Bestimmung einer Spiegelebene
Der Punkt A wurde durch Spiegelung an einer Ebene auf den Punkt A' abgebildet. Bestimmen Sie eine Gleichung der Ebene E.

a) $A(1|0|3), A'(5|8|1)$ b) $A(2|1|-4), A'(3|3|0)$ c) $A(2|5|6), A'(0|3|1)$

26. Rechtwinkliges Dreieck und orthogonale Gerade
Gegeben sind eine Gerade g und zwei nicht auf g liegende Punkte A und B. Gesucht ist:

I. ein Geradenpunkt C derart, dass das Dreieck ABC bei C rechtwinklig ist,

II. eine Gerade h, welche auf dem Dreieck ABC senkrecht steht und C enthält.

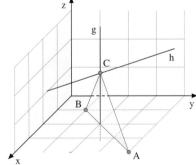

a) $g: \vec{x} = \begin{pmatrix} 2 \\ 2 \\ 0 \end{pmatrix} + r \begin{pmatrix} 0 \\ 0 \\ 2 \end{pmatrix}$; $A(4|4|0), B(1|1|0)$
b) $g: \vec{x} = \begin{pmatrix} 0 \\ 2 \\ 0 \end{pmatrix} + r \begin{pmatrix} 1 \\ 1 \\ 1 \end{pmatrix}$; $A(1|2|1), B(-1|3|7)$

27. Spiegelung einer Geraden
Gegeben sind die Gerade $g: \vec{x} = \begin{pmatrix} 2 \\ 0 \\ 1 \end{pmatrix} + r \begin{pmatrix} 1 \\ -2 \\ -1 \end{pmatrix}$ und die Ebene $E: \left[\vec{x} - \begin{pmatrix} 1 \\ -2 \\ 1 \end{pmatrix} \right] \cdot \begin{pmatrix} 3 \\ 2 \\ -1 \end{pmatrix} = 0$.

a) Zeigen Sie, dass g echt parallel zu E verläuft.
b) Die Gerade g wird an der Ebene E gespiegelt. Bestimmen Sie eine Gleichung der gespiegelten Geraden g'.

28. Flugbahn (Lage von Gerade und Pyramide)

Ein Flugzeug steuert auf die Cheops-Pyramide zu. Auf dem Radarschirm im Kontrollpunkt ist die Flugbahn durch die abgebildeten Punkte $F_1(56|-44|15)$ und $F_2(48|-36|14)$ erkennbar. Die Eckpunkte der Cheops-Pyramide sind ebenfalls auf dem Radarbild zu sehen. Kollidiert das Flugzeug bei gleichbleibendem Kurs mit der Cheops-Pyramide?
(Maßstab: 1 Einheit $\hat{=}$ 10 m)

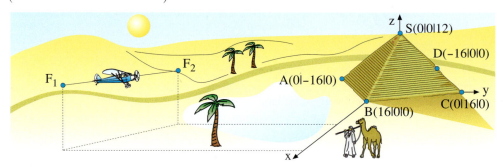

29. Sichtlinie (Lage von Gerade und Pyramide)

Ist die Bergspitze S von der Insel I bzw. vom Boot H aus zu sehen oder behindert die Pyramide die Sicht?
a) Fertigen Sie zunächst einen Grundriss an (Aufsicht auf die x-y-Ebene).
b) Entscheiden Sie anhand des Grundrisses, welche Pyramidenflächen die Sichtlinien unterbrechen könnten.
c) Berechnen Sie, ob die Sichtlinien durch diese Fläche tatsächlich unterbrochen werden.

$A(100|-100|20)$, $B(20|140|20)$, $C(-60|-20|-20)$, $D(0|0|80)$
$S(-70|-210|100)$, $H(210|-10|0)$, $I(130|230|0)$

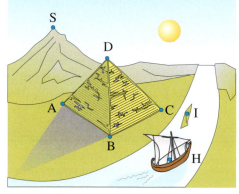

30. Schattenwurf

Gegeben ist das rechts abgebildete Haus (Maße in m).
Eine Antenne auf dem Haus hat die Eckpunkte $A(-2|2|5)$ und $B(-2|2|6)$.
Fällt paralleles Licht in Richtung des Vektors $\vec{v} = \begin{pmatrix} 2 \\ 8 \\ -3 \end{pmatrix}$ auf die Antenne, so wirft diese einen Schatten auf die Dachfläche EFGH. Berechnen Sie den Schattenpunkt der Antennenspitze auf der Dachfläche EFGH sowie die Länge des Antennenschattens auf dem Dach.

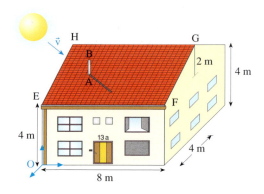

E. Die Lage von zwei Ebenen

Zwei Ebenen E und F können folgende Lagen zueinander einnehmen: Sie können sich in einer Geraden g schneiden, echt parallel zueinander verlaufen oder identisch sein.

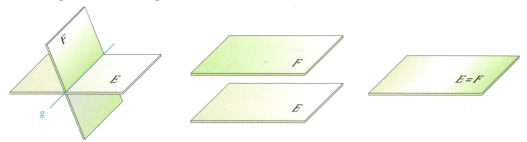

Besonders einfach lässt sich die gegenseitige Lage von Ebenen untersuchen, wenn eine der Ebenengleichungen in Koordinatenform und die andere in Parameterform vorliegt.

▶ **Beispiel: Koordinatenform / Parameterform**
Untersuchen Sie die gegenseitige Lage der Ebenen E und F. Bestimmen Sie ggf. eine Gleichung der Schnittgeraden.

$$E: 4x + 3y + 6z = 36$$

$$F: \vec{x} = \begin{pmatrix} 0 \\ 0 \\ 3 \end{pmatrix} + r \begin{pmatrix} 3 \\ 2 \\ -1 \end{pmatrix} + s \begin{pmatrix} 3 \\ 0 \\ -1 \end{pmatrix}$$

Lösung:
Wir setzen die Koordinaten der durch ihre Parametergleichung gegebenen Ebene F in die Koordinatengleichung der Ebene E ein.

Koordinaten von F:
$x = 3r + 3s$
$y = 2r$
$z = 3 - r - s$

Wir erhalten eine Gleichung mit den Parametern r und s. Diese Gleichung lösen wir nach einem Parameter auf, z. B. nach s.

Einsetzen in die Koordinatengleichung:
$4 \cdot (3r + 3s) + 3 \cdot 2r + 6 \cdot (3 - r - s) = 36$
$12r + 12s + 6r + 18 - 6r - 6s = 36$
$6s = 18 - 12r$
$s = 3 - 2r$

Das Ergebnis $s = 3 - 2r$ setzen wir in die Parameterform von F ein, die dann nur noch den Parameter r enthält.
Durch Ausmultiplizieren und Zusammenfassen ergibt sich eine Geradengleichung.
Es handelt sich um die Gleichung der
▶ Schnittgeraden g der Ebenen E und F.

Bestimmung der Schnittgeraden g:

$$g: \vec{x} = \begin{pmatrix} 0 \\ 0 \\ 3 \end{pmatrix} + r \begin{pmatrix} 3 \\ 2 \\ -1 \end{pmatrix} + (3 - 2r) \begin{pmatrix} 3 \\ 0 \\ -1 \end{pmatrix}$$

$$= \begin{pmatrix} 9 \\ 0 \\ 0 \end{pmatrix} + r \begin{pmatrix} -3 \\ 2 \\ 1 \end{pmatrix}$$

Übung 31
Die Ebenen E und F schneiden sich. Bestimmen Sie eine Gleichung der Schnittgeraden g. Stellen Sie eine der Ebenen erforderlichenfalls in Parameterform dar. Zeichnen Sie ein Schrägbild.

a) $E: \vec{x} = \begin{pmatrix} 2 \\ 0 \\ 0 \end{pmatrix} + r \begin{pmatrix} -1 \\ 0 \\ 3 \end{pmatrix} + s \cdot \begin{pmatrix} -1 \\ 4 \\ 0 \end{pmatrix}$
   $F: 2x + y + 2z = 8$

b) E durch $A(0|0|0)$, $B(1|2|2)$, $C(-1|0|6)$
   $F: x + y + z = 5$

c) $E: x + 2y + z = 4$
   $F: x + y + z = 2$

Echt parallele oder identische Ebenen erkennt man mit dem Berechnungsverfahren aus dem vorhergehenden Beispiel ebenfalls leicht.

▶ **Beispiel: Parallele und identische Ebenen**
Untersuchen Sie die gegenseitige Lage der Ebene $E: 2x + 2y + z = 6$ mit den Ebenen

$$F: \vec{x} = \begin{pmatrix} 1 \\ 1 \\ 8 \end{pmatrix} + r \begin{pmatrix} -3 \\ 1 \\ 4 \end{pmatrix} + s \cdot \begin{pmatrix} 1 \\ 1 \\ -4 \end{pmatrix} \quad \text{bzw.} \quad G: \vec{x} = \begin{pmatrix} 2 \\ 4 \\ -6 \end{pmatrix} + r \begin{pmatrix} -3 \\ 2 \\ 2 \end{pmatrix} + s \cdot \begin{pmatrix} -1 \\ -2 \\ 6 \end{pmatrix}.$$

Lösung:
Wir nehmen zunächst an, dass sich die Ebenen schneiden, und versuchen, die Schnittgerade zu bestimmen.

Lage von E und F:
Wir setzen wieder die Koordinaten von F in die Gleichung von E ein:
$2(1 - 3r + s) + 2(1 + r + s) + (8 + 4r - 4s) = 6$
$2 - 6r + 2s + 2 + 2r + 2s + 8 + 4r - 4s = 6$
$\quad\quad 12 = 6 \quad \textit{Widerspruch}$

Nach entsprechender Vereinfachung durch Klammerauflösung und Zusammenfassung ergibt sich ein Widerspruch. Kein Punkt von F erfüllt die Gleichung von E.
▶ Die Ebenen E und F sind echt **parallel**.

Lage von E und G:
Wir setzen auch hier die Koordinaten von G in die Gleichung von E ein:
$2(2 - 3r - s) + 2(4 + 2r - 2s) + (-6 + 2r + 6s) = 6$
$4 - 6r - 2s + 8 + 4r - 4s - 6 + 2r + 6s = 6$
$\quad\quad 6 = 6 \quad \textit{wahre Aussage}$

Auch hier fallen alle Parameter nach Vereinfachung heraus, und übrig bleibt eine wahre Aussage. Alle Punkte von G erfüllen die Gleichung von F.
Die Ebenen E und G sind daher **identisch**.

Übung 32
Untersuchen Sie die gegenseitige Lage der Ebenen $E: 3x + 6y + 4z = 36$ und F.

a) $F: \vec{x} = \begin{pmatrix} 2 \\ 0 \\ 3 \end{pmatrix} + r \begin{pmatrix} 0 \\ 2 \\ -3 \end{pmatrix} + s \cdot \begin{pmatrix} -2 \\ 3 \\ -3 \end{pmatrix}$

b) $F: \vec{x} = \begin{pmatrix} 8 \\ 0 \\ 3 \end{pmatrix} + r \begin{pmatrix} -2 \\ 3 \\ -3 \end{pmatrix} + s \cdot \begin{pmatrix} 8 \\ -2 \\ -3 \end{pmatrix}$

c) F geht durch $A(4|4|0)$, $B(0|4|3)$ und $C(0|0|0)$.

d) $F: 6x + 12y + 8z = 36$

e) F hat die Achsenabschnitte $x = 6$, $y = 12$ und $z = 9$.

Übung 33
Welche der Ebenen F, G und H sind echt parallel bzw. identisch zur Ebene E?

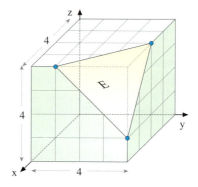

F: $\quad 2x - 6y + 5z = \quad 0$
G: $-1{,}5x - \quad y - \quad z = -11$
H: $\quad 3x + 2y + 2z = \quad 6$

2. Lagebeziehungen

Für eine Untersuchung zweier Ebenen auf Parallelität und Orthogonalität eignen sich besonders Koordinaten- bzw. Normalengleichungen.

Parallele Ebenen:
(1) Die Normalenvektoren sind kollinear.
(2) Der Normalenvektor einer Ebene ist orthogonal zu beiden Richtungsvektoren der anderen Ebene.

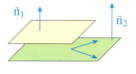

$\vec{n}_2 = r \cdot \vec{n}_1$ $\vec{n}_1 \cdot \vec{n}_2 = 0$

Orthogonale Ebenen:
Die Normalenvektoren sind orthogonal.

Die Untersuchung der gegenseitigen Lage von zwei Ebenen gestaltet sich relativ einfach, wenn eine Ebenengleichung in Koordinatenform und eine in Parameterform vorliegt.

▶ **Beispiel: Koordinatengleichung / Parametergleichung**
Gegeben seien die Ebenen $E_1: 2x + y + 3z = 6$ und $E_2: \vec{x} = \begin{pmatrix} 1 \\ 2 \\ 1 \end{pmatrix} + r \begin{pmatrix} 1 \\ -1 \\ 0 \end{pmatrix} + s \begin{pmatrix} 0 \\ -2 \\ 1 \end{pmatrix}$.

Untersuchen Sie, welche Lage E_1 und E_2 relativ zueinander einnehmen.

Lösung:
Zwei Ebenen sind offenbar genau dann parallel, wenn der Normalenvektor einer der Ebenen orthogonal ist zu beiden Richtungsvektoren der zweiten Ebene.

Da dies in unserem Beispiel, wie die Überprüfung mithilfe des Skalarproduktes ergibt, nicht der Fall ist, schneiden sich E_1 und E_2.

Zur Bestimmung der Gleichung der Schnittgeraden setzen wir die allgemeinen Koordinaten $x = 1 + r$, $y = 2 - r - 2s$ und $z = 1 + s$ von E_2 in die Ebenengleichung von E_1 ein.
Die entstandene Gleichung lösen wir nach s auf und erhalten $s = -1 - r$.

Setzen wir diesen Zusammenhang nun in die Gleichung von E_2 ein, so ergibt sich die Gleichung der Schnittgeraden g von E_1 und E_2.

1. Untersuchung auf Parallelität:

$\begin{pmatrix} 2 \\ 1 \\ 3 \end{pmatrix} \cdot \begin{pmatrix} 1 \\ -1 \\ 0 \end{pmatrix} = 1 \neq 0 \Rightarrow E_1 \not\parallel E_2$

2. Bestimmung der Schnittgeraden:

$2x + y + 3z = 6$
$2(1 + r) + (2 - r - 2s) + 3(1 + s) = 6$
$7 + r + s = 6$
$s = -1 - r$

$g: \vec{x} = \begin{pmatrix} 1 \\ 2 \\ 1 \end{pmatrix} + r \cdot \begin{pmatrix} 1 \\ -1 \\ 0 \end{pmatrix} + (-1 - r) \cdot \begin{pmatrix} 0 \\ -2 \\ 1 \end{pmatrix}$

$= \begin{pmatrix} 1 \\ 2 \\ 1 \end{pmatrix} + r \cdot \begin{pmatrix} 1 \\ -1 \\ 0 \end{pmatrix} + \begin{pmatrix} 0 \\ 2 \\ -1 \end{pmatrix} + r \cdot \begin{pmatrix} 0 \\ 2 \\ -1 \end{pmatrix}$

$g: \vec{x} = \begin{pmatrix} 1 \\ 4 \\ 0 \end{pmatrix} + r \cdot \begin{pmatrix} 1 \\ 1 \\ -1 \end{pmatrix}$

◀

Übung 34
Untersuchen Sie die gegenseitige Lage von E und E_1 bzw. von E und E_2.

$E: x + 3y + 2z = 6$, $\quad E_1: \vec{x} = \begin{pmatrix} 2 \\ 2 \\ -2 \end{pmatrix} + r \begin{pmatrix} 4 \\ -2 \\ 1 \end{pmatrix} + s \begin{pmatrix} 0 \\ 2 \\ -3 \end{pmatrix}$, $\quad E_2: \vec{x} \cdot \begin{pmatrix} 2 \\ 6 \\ 4 \end{pmatrix} = 12$

Übung 35
Bestimmen Sie eine Gleichung der Schnittgeraden g von $E_1: \left[\vec{x} - \begin{pmatrix} 2 \\ 1 \\ 1 \end{pmatrix}\right] \cdot \begin{pmatrix} 1 \\ -1 \\ -1 \end{pmatrix} = 0$ und $E_2: 2x - y - 3z = -1$.

> **Beispiel: Orthogonale Ebenen**
> Gegeben ist die Ebene $E_1: 2x - y - z = -1$. Gesucht ist eine Ebene E_2, die den Punkt $A(3 \mid 1 \mid 2)$ enthält und orthogonal zur Ebene E_1 ist. Bestimmen Sie die Schnittgerade g der beiden Ebenen.

Lösung:
Als Stützpunkt der Ebene E_2 verwenden wir den gegebenen Ebenenpunkt $A(3 \mid 1 \mid 2)$. Der Normalenvektor $\vec{n}_2$ von E_2 ist orthogonal zum Normalenvektor $\vec{n}_1$ von E_1.

Wegen $\vec{n}_1 = \begin{pmatrix} 2 \\ -1 \\ -1 \end{pmatrix}$ können wir

$\vec{n}_2 = \begin{pmatrix} 0 \\ 1 \\ -1 \end{pmatrix}$ wählen. Dann gilt $\vec{n}_1 \cdot \vec{n}_2 = 0$.

Nun können wir die rechts dargestellte Koordinatengleichung von E_2 aufstellen.

Zur Schnittgeradenbestimmung wandeln wir die Koordinatengleichung von E_2 in eine äquivalente Parametergleichung um.

Die allgemeinen Koordinaten der Parametergleichung von E_2 setzen wir in die Koordinatengleichung von E_1 ein. Durch Auflösen der entstandenen Gleichung erhalten wir die Beziehung $s = r - 2$. Setzen wir diese in die Parametergleichung von E_2 ein, so ergibt sich die Gleichung von g.

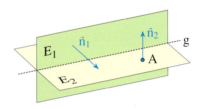

Koordinatengleichung von E_2:
$E_2: y - z = -1$

Parametergleichung von E_2:
$E_2: \vec{x} = \begin{pmatrix} 3 \\ 1 \\ 2 \end{pmatrix} + r \begin{pmatrix} 0 \\ 1 \\ 1 \end{pmatrix} + s \begin{pmatrix} 2 \\ 1 \\ 1 \end{pmatrix}$

Schnittgeradenbestimmung:

$2x \quad - \quad y \quad - \quad z \quad = -1$

$2(3 + 2s) - (1 + r + s) - (2 + r + s) = -1$

$3 + 2s - 2r = -1$

$s = r - 2$

$g: \vec{x} = \begin{pmatrix} -1 \\ -1 \\ 0 \end{pmatrix} + r \begin{pmatrix} 2 \\ 2 \\ 2 \end{pmatrix}$

Übung 36
Gegeben ist die Ebene $E_1: 2x + y - 2z = -2$ sowie der Punkt $A(-2 \mid 1 \mid 2)$. Gesucht ist eine Ebene E_2, die A enthält und orthogonal zu E_1 ist. Bestimmen Sie die Gleichung der Schnittgeraden g von E_1 und E_2.

2. Lagebeziehungen

F. Spurgeraden von Ebenen

Schneidet eine Ebene E im dreidimensionalen Anschauungsraum eine der Koordinatenebenen, so bezeichnet man die Schnittgerade als *Spurgerade* von E.

Die in der Abbildung dargestellte Ebene hat drei Spurgeraden: g_{xy}, g_{xz}, g_{yz}.

Die Indizierung gibt jeweils an, in welcher Koordinatenebene die Spurgerade liegt.

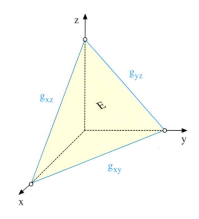

▶ **Beispiel:** Gegeben ist die Ebene E durch $A(5|-4|3)$, $B(10|8|-9)$ und $C(-5|12|-3)$.
Bestimmen Sie die Gleichung der Spurgeraden g_{xy}.

Lösung:
Wir bestimmen zunächst die Gleichung der Ebene E.

Die Spurgerade g_{xy} besteht aus denjenigen Punkten von E, deren z-Komponente gleich Null ist. Daher setzen wir in der Ebenengleichung $z = 0$.

Dies führt auf die Bedingung $s = \frac{1}{2} - 2r$.

Setzen wir diesen Zusammenhang in die Gleichung von E ein, so erhalten wir die einparametrige Geradengleichung der
▶ Spurgeraden g_{xy}.

1. Gleichung der Ebene E:

$$E: \begin{pmatrix} x \\ y \\ z \end{pmatrix} = \begin{pmatrix} 5 \\ -4 \\ 3 \end{pmatrix} + r \cdot \begin{pmatrix} 5 \\ 12 \\ -12 \end{pmatrix} + s \cdot \begin{pmatrix} -10 \\ 16 \\ -6 \end{pmatrix}$$

2. Ansatz für g_{xy}: $z = 0$

$$0 = 3 - 12r - 6s$$
$$s = \tfrac{1}{2} - 2r$$

3. Einsetzen in die Gleichung von E:

$$g_{xy}: \vec{x} = \begin{pmatrix} 5 \\ -4 \\ 3 \end{pmatrix} + r \begin{pmatrix} 5 \\ 12 \\ -12 \end{pmatrix} + \left(\tfrac{1}{2} - 2r\right) \begin{pmatrix} -10 \\ 16 \\ -6 \end{pmatrix}$$

$$g_{xy}: \vec{x} = \begin{pmatrix} 5 \\ -4 \\ 3 \end{pmatrix} + r \begin{pmatrix} 5 \\ 12 \\ -12 \end{pmatrix} + \begin{pmatrix} -5 \\ 8 \\ -3 \end{pmatrix} + r \begin{pmatrix} 20 \\ -32 \\ 12 \end{pmatrix}$$

$$g_{xy}: \vec{x} = \begin{pmatrix} 0 \\ 4 \\ 0 \end{pmatrix} + r \begin{pmatrix} 25 \\ -20 \\ 0 \end{pmatrix}$$

🟠 163-1

Übung 37

a) Bestimmen Sie die Spurgeraden g_{xz} und g_{yz} der Ebene E aus dem obigen Beispiel.

b) Bestimmen Sie alle Spurgeraden von E_1 und E_2.

$$E_1: \vec{x} = \begin{pmatrix} 1 \\ 2 \\ 1 \end{pmatrix} + r \cdot \begin{pmatrix} 2 \\ -1 \\ 1 \end{pmatrix} + s \cdot \begin{pmatrix} 1 \\ 1 \\ -2 \end{pmatrix}, \quad E_2: 2x - y + 3z = 0$$

c) Eine Ebene E besitze die Spurgeraden $g_{xy}: \vec{x} = \begin{pmatrix} 1 \\ 1 \\ 0 \end{pmatrix} + r \cdot \begin{pmatrix} 1 \\ 0 \\ 0 \end{pmatrix}$ und $g_{yz}: \vec{x} = \begin{pmatrix} 0 \\ 1 \\ -1 \end{pmatrix} + s \cdot \begin{pmatrix} 0 \\ 0 \\ 3 \end{pmatrix}$.

Wie lautet die Gleichung von E? Zeigen Sie, dass E keine Spurgerade g_{xz} besitzt.

Übungen

38. Bestimmen Sie die Schnittgerade g der Ebenen E_1 und E_2.

a) $E_1: \vec{x} = \begin{pmatrix} 1 \\ 2 \\ 0 \end{pmatrix} + r \begin{pmatrix} 1 \\ 2 \\ -3 \end{pmatrix} + s \begin{pmatrix} 0 \\ -4 \\ 3 \end{pmatrix}$

$E_2: -6x + 4y + 3z = -12$

b) $E_1: \vec{x} = \begin{pmatrix} 0 \\ 1 \\ 2 \end{pmatrix} + r \begin{pmatrix} -1 \\ 1 \\ 2 \end{pmatrix} + s \begin{pmatrix} 1 \\ 2 \\ -2 \end{pmatrix}$

$E_2: 3x + y + z = 3$

c) $E_1: \vec{x} = \begin{pmatrix} 3 \\ 3 \\ 0 \end{pmatrix} + r \begin{pmatrix} 1 \\ -3 \\ 1 \end{pmatrix} + s \begin{pmatrix} -3 \\ -1 \\ 3 \end{pmatrix}$

$E_2: x + 2y = 4$

d) $E_1: \vec{x} = \begin{pmatrix} 3 \\ 0 \\ 0 \end{pmatrix} + r \begin{pmatrix} -3 \\ 0 \\ 3 \end{pmatrix} + s \begin{pmatrix} -3 \\ 6 \\ 0 \end{pmatrix}$

$E_2: 2y + z = 6$

39. Gesucht ist die Schnittgerade g von E_1 und E_2.

a) $E_1: 2x + 6y + 3z = 12$
$E_2: 2x + 2y + 2z = 8$

b) $E_1: x + 2y + 4z = 8$
$E_2: 3x - 2y = 0$

c) $E_1: \vec{x} = \begin{pmatrix} 1 \\ 2 \\ 2 \end{pmatrix} + r \begin{pmatrix} 1 \\ -1 \\ 0 \end{pmatrix} + s \begin{pmatrix} 1 \\ 0 \\ -1 \end{pmatrix}$

$E_2: \vec{x} = \begin{pmatrix} 3 \\ 4 \\ -3 \end{pmatrix} + u \begin{pmatrix} 0 \\ -1 \\ 0 \end{pmatrix} + v \begin{pmatrix} -2 \\ -3 \\ 3 \end{pmatrix}$

d) $E_1: \vec{x} = \begin{pmatrix} 4 \\ 0 \\ 0 \end{pmatrix} + r \begin{pmatrix} 0 \\ 4 \\ 0 \end{pmatrix} + s \begin{pmatrix} -4 \\ 0 \\ 3 \end{pmatrix}$

$E_2: \vec{x} = \begin{pmatrix} 0 \\ 0 \\ 0 \end{pmatrix} + u \begin{pmatrix} 4 \\ 4 \\ 0 \end{pmatrix} + v \begin{pmatrix} 0 \\ 0 \\ 3 \end{pmatrix}$

40. Auf dem abgebildeten Würfel sind zwei Ebenenausschnitte dargestellt. Zeigen Sie, dass die zugehörigen Ebenen sich schneiden. Geben Sie eine Gleichung der Schnittgeraden g an.

a)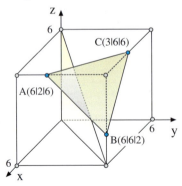

b)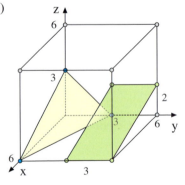

41. E_1 enthält die Geraden $g_1: \vec{x} = \begin{pmatrix} 2 \\ 0 \\ 3 \end{pmatrix} + r \begin{pmatrix} 1 \\ -1 \\ 3 \end{pmatrix}$ und $g_2: \vec{x} = \begin{pmatrix} 0 \\ 2 \\ 3 \end{pmatrix} + s \begin{pmatrix} -1 \\ 1 \\ 3 \end{pmatrix}$, die sich schneiden.

E_2 geht durch die Punkte $A(2|2|0)$, $B(0|4|6)$ und $C(-3|7|0)$.

E_3 hat die Achsenabschnitte $x = 4$, $y = 4$ und $z = 6$.

a) Untersuchen Sie die gegenseitige Lage von E_1 und E_2 bzw. von E_1 und E_3.

b) Zeichnen Sie ein Schrägbild der drei Ebenen sowie der Schnittgeraden.

2. Lagebeziehungen

42. Untersuchen Sie, welche gegenseitige Lage die Ebenen E_1 und E_2 einnehmen.

a) $E_1: 2x+y+z=6 \quad E_2: \vec{x} = \begin{pmatrix} -2 \\ -2 \\ 3 \end{pmatrix} + r \begin{pmatrix} 1 \\ 1 \\ 0 \end{pmatrix} + s \begin{pmatrix} 2 \\ 0 \\ -3 \end{pmatrix}$

b) $E_1: x-y+z=2 \quad E_2: \vec{x} = \begin{pmatrix} 7 \\ 1 \\ -4 \end{pmatrix} + r \begin{pmatrix} 1 \\ 1 \\ 0 \end{pmatrix} + s \begin{pmatrix} 1 \\ 0 \\ -1 \end{pmatrix}$

c) $E_1: 2x-5y-5z=8 \quad E_2: \vec{x} = \begin{pmatrix} 0 \\ -1 \\ -1 \end{pmatrix} + r \begin{pmatrix} 5 \\ 1 \\ 1 \end{pmatrix} + s \begin{pmatrix} 5 \\ 2 \\ 0 \end{pmatrix}$

d) $E_1: 4y+z=4$
   $E_2: 3y+2z=6$

e) $E_1: x+2y+3z=12$
   $E_2: 2x+4y+6z=16$

f) $E_1: x-y-2z=-2$
   $E_2: 2x-2y-4z=-4$

43. Bestimmen Sie die Gleichungen der Spurgeraden der Ebene E.

a) $E: \vec{x} = \begin{pmatrix} 3 \\ 0 \\ 2 \end{pmatrix} + r \cdot \begin{pmatrix} 3 \\ 4 \\ 2 \end{pmatrix} + s \cdot \begin{pmatrix} -3 \\ 0 \\ 1 \end{pmatrix}$
b) $E: \vec{x} = \begin{pmatrix} 4 \\ 3 \\ 2 \end{pmatrix} + r \cdot \begin{pmatrix} 2 \\ -1 \\ 1 \end{pmatrix} + s \cdot \begin{pmatrix} 1 \\ 2 \\ 2 \end{pmatrix}$

c) $E: -3x+5y-z=15$
d) $E: 3y-2z=12$

44. Eine Ebene E besitzt die Spurgeraden $g_1: \vec{x} = \begin{pmatrix} 1 \\ 1 \\ 0 \end{pmatrix} + r \cdot \begin{pmatrix} 2 \\ 1 \\ 0 \end{pmatrix}$ und $g_2: \vec{x} = \begin{pmatrix} 2 \\ 0 \\ 1 \end{pmatrix} + s \cdot \begin{pmatrix} 3 \\ 0 \\ 1 \end{pmatrix}$.

Bestimmen Sie eine Koordinatengleichung von E sowie die Gleichung der dritten Spurgeraden.

45. Die Abbildung zeigt Ausschnitte aus zwei Ebenen E_1 und E_2.
Bestimmen Sie die Gleichung der Schnittgeraden g.
Übertragen Sie die Abbildung in Ihr Heft und zeichnen Sie diejenige Teilstrecke der Schnittgeraden g in das Schrägbild ein, die auf dem abgebildeten Ausschnitt von E_1 liegt.

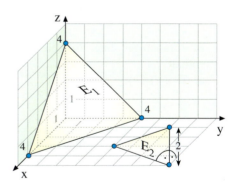

46. a) Welche gegenseitige Lagen können drei Ebenen zueinander einnehmen? Skizzieren Sie mindestens vier prinzipiell verschiedene Fälle.

b) Die drei Ebenen E_1, E_2, E_3 schneiden sich in einer Geraden g bzw. in einem Punkt S. Bestimmen Sie g bzw. S.

(1) $E_1: \vec{x} = \begin{pmatrix} 3 \\ 3 \\ 1 \end{pmatrix} + r \begin{pmatrix} -3 \\ -1 \\ 1 \end{pmatrix} + s \begin{pmatrix} 3 \\ 0 \\ -1 \end{pmatrix}$, $E_2: \vec{x} = \begin{pmatrix} 6 \\ 0 \\ 0 \end{pmatrix} + u \begin{pmatrix} 0 \\ 6 \\ 1 \end{pmatrix} + v \begin{pmatrix} 6 \\ 0 \\ -1 \end{pmatrix}$, $E_3: y-3z=0$

(2) $E_1: x+y+z=4$, $E_2: 3x+y+3z=6$, $E_3: \vec{x} = \begin{pmatrix} 0 \\ 0 \\ 0 \end{pmatrix} + r \begin{pmatrix} 3 \\ 1 \\ 0 \end{pmatrix} + s \begin{pmatrix} 0 \\ 1 \\ 1 \end{pmatrix}$

47. Ein keilförmiges Kohleflöz hat nach oben und unten ebene Begrenzungsflächen E und E' zu den angrenzenden Gesteinsschichten. Bei drei Probebohrungen werden jeweils der Eintrittspunkt und der Austrittspunkt festgestellt: A(−20|30|−200), A'(−20|30|−236), B(120|180|−80), B'(120|180|−120), C(80|120|−120), C'(80|120|−160).

a) Wie lauten die Gleichungen der Begrenzungsebenen E und E'?
b) Wie lautet die Gleichung der Geraden g, in der das Kohleflöz endet?
c) Vom Punkt T(−200|200|0) wird ein Tunnel in Richtung des Vektors $\begin{pmatrix} 2 \\ -2 \\ -1 \end{pmatrix}$ vorangetrieben. Wo trifft er die Kohleschicht, wo verlässt er sie wieder, wie weit ist es vom Tunneleingang bis zur Kohleschicht?
d) Trifft eine senkrechte Bohrung, die im Punkt T(−100|450|0) beginnt, die Kohleschicht?

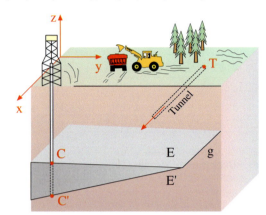

48. Finden Sie heraus, ob unter den Ebenen E_1, E_2 und E_3 Orthogonalitäten auftreten.

a) $E_1: \left[\vec{x} - \begin{pmatrix} 1 \\ 0 \\ 0 \end{pmatrix}\right] \cdot \begin{pmatrix} 1 \\ 4 \\ 2 \end{pmatrix} = 0$ $E_2: \left[\vec{x} - \begin{pmatrix} 0 \\ 1 \\ 0 \end{pmatrix}\right] \cdot \begin{pmatrix} 4 \\ -1 \\ 0 \end{pmatrix} = 0$ $E_3: \left[\vec{x} - \begin{pmatrix} 0 \\ 0 \\ 1 \end{pmatrix}\right] \cdot \begin{pmatrix} 8 \\ -3 \\ 2 \end{pmatrix} = 0$

b) $E_1: \left[\vec{x} - \begin{pmatrix} 0 \\ 1 \\ 2 \end{pmatrix}\right] \cdot \begin{pmatrix} -1 \\ 2 \\ -2 \end{pmatrix} = 0$ $E_2: \vec{x} = \begin{pmatrix} 1 \\ 1 \\ 2 \end{pmatrix} + r\begin{pmatrix} 3 \\ 1 \\ 2 \end{pmatrix} + s\begin{pmatrix} 3 \\ 3 \\ 3 \end{pmatrix}$ $E_3: 2x + 2y - 4z = 0$

49. Bestimmen Sie eine Normalengleichung der zu E parallelen Ebene F, die den Punkt A enthält.

a) $E: 2x - 3y + 2z = 12$, $A(1|2|4)$ b) $E: \vec{x} = \begin{pmatrix} 1 \\ 2 \\ 0 \end{pmatrix} + r\begin{pmatrix} 0 \\ 2 \\ 3 \end{pmatrix} + s\begin{pmatrix} -3 \\ 4 \\ 6 \end{pmatrix}$, $A(-2|6|-2)$

50. Die Ebene E ist orthogonal zur x-y-Ebene und zur x-z-Ebene und enthält A(1|2|3). Stellen Sie eine Koordinatengleichung von E auf.

51. Eine Ebene E ist orthogonal zur Ebene F: $2x - 4z = 6$. Die Gleichung $g: \vec{x} = \begin{pmatrix} 1 \\ 2 \\ -1 \end{pmatrix} + r\begin{pmatrix} -2 \\ -2 \\ 1 \end{pmatrix}$ stellt die Schnittgerade von E und F dar. Stellen Sie eine Normalengleichung von E auf.

52. Gesucht ist derjenige Parameterwert a, für den die Ebenen E_1 und E_a orthogonal sind.

a) $E_1: 2x - y + z = 6$ b) $E_1: \vec{x} = \begin{pmatrix} 1 \\ 0 \\ 2 \end{pmatrix} + r\begin{pmatrix} 1 \\ 2 \\ 3 \end{pmatrix} + s\begin{pmatrix} 3 \\ 1 \\ -1 \end{pmatrix}$ c) $E_1: \left[\vec{x} - \begin{pmatrix} 3 \\ 1 \\ 2 \end{pmatrix}\right] \cdot \begin{pmatrix} 1 \\ 1 \\ -1 \end{pmatrix} = 0$

$E_a: ax + 4y - 2z = 4$ $E_a: x - ay + z = 3$ $E_a: ax + 2ay - 6z = 0$

2. Lagebeziehungen

G. Ebenenscharen

Abschließend untersuchen wir *Ebenenscharen*. Hierbei kommt in der Ebenengleichung außer den Ebenenparametern noch mindestens eine weitere Variable vor. Zu jedem Variablenwert gehört dann eine Ebene der Schar. Im Folgenden betrachten wir nur einfache Ebenenscharen mit kinearen Variablen.

Beispiel: Untersuchungen an einer Ebenenschar

Gegeben ist die Ebenenschar E_a: $ax + 2y + (a-2)z = 4$, $a \in \mathbb{R}$.

a) Welche Ebene der Schar schneidet die x-Achse bei $x = 2$?

b) Welche Scharebene wird von der Geraden g: $\vec{x} = \begin{pmatrix} 4 \\ 5 \\ 3 \end{pmatrix} + r \cdot \begin{pmatrix} 2 \\ -1 \\ 3 \end{pmatrix}$ orthogonal geschnitten?

Lösung zu a):
Gesucht ist die Ebene der Schar, welche den Punkt $P(2|0|0)$ enthält. Einsetzen der Punktkoordinaten in die Ebenengleichung ergibt, dass E_2 die x-Achse bei $x = 2$ schneidet.

P(2|0|0) in E_a eingesetzt:
$$2a = 4$$
$$a = 2$$

Lösung zu b):
Die Gerade g liegt orthogonal zu einer Ebene der Schar, wenn ihr Richtungsvektor ein Vielfaches des Normalenvektors der Ebene E_a ist.
Durch Koeffizientenvergleich erhalten wir ein Gleichungssystem, dass für $a = -4$ lösbar ist.
E_{-4} und die Gerade g schneiden sich orthogonal. Der Schnittpunkt ist $S(2|6|0)$.

Ansatz: $\begin{pmatrix} a \\ 2 \\ a-2 \end{pmatrix} = k \cdot \begin{pmatrix} 2 \\ -1 \\ 3 \end{pmatrix}$

Koeffizientenvergleich:
I $\qquad a = 2k$
II $\qquad 2 = -k \quad \Rightarrow k = -2, a = -4$
III $\quad a - 2 = 3k$

Übung 53

Gegeben sei weiterhin die Ebenenschar E_a: $ax + 2y + (a-2)z = 4$.

a) Welche Ebene der Schar enthält den Punkt $P(2|-4|2)$?

b) Ermitteln Sie diejenige Scharebene, in der die Gerade g: $\vec{x} = \begin{pmatrix} 1 \\ 0 \\ 1 \end{pmatrix} + r \cdot \begin{pmatrix} -1 \\ 1 \\ 1 \end{pmatrix}$ liegt.

c) Bestimmen Sie alle Ebenen der Schar, welche zu einer Koordinatenachse parallel liegen.

d) Welche Ebene der Schar verläuft parallel zur Gerade g: $\vec{x} = \begin{pmatrix} 3 \\ 1 \\ 2 \end{pmatrix} + r \cdot \begin{pmatrix} 1 \\ 2 \\ 1 \end{pmatrix}$?

e) Bestimmen Sie die Schnittgerade g der Ebenen E_0 und E_2.
   Weisen Sie nach, dass diese Gerade g in allen Ebenen der Schar liegt.

> **Beispiel: Untersuchungen an einer Ebenenschar**
> Gegeben ist die Ebenenschar E_a: $2x + 2y + z = 2a + 4$, $a \in \mathbb{R}$.
> a) Welche Ebene der Schar enhält den Koordinatenursprung?
> b) g_a sei die Schnittgerade einer Ebene E_a mit der Ebene F: $x + y + z = 6$. Für welchen Wert
>   von a liegt g_a in der x-y-Ebene? Wie lautet in diesem Fall die Gleichung der Schnittgerade?

Lösung zu a):
Der Koordinatenursprung erfüllt die Ebenengleichung, wenn $2a + 4 = 0$ ist, d.h. $a = -2$.

O (0|0|0) in E_a eingesetzt:
$$0 = 2a + 4$$
$$a = -2$$

Lösung zu b):
Aus der Darstellung der Ebenen E_a und F kann, wie nebenstehend dargestellt, für die z-Koordinate der Schnittgerade die Bedingung $z = 8 - 2a$ hergeleitet werden.

Daher ist für $a = 4$ die z-Koordinate der Schnittgerade gleich null.

I	E_a:	$2x + 2y + z = 2a + 4$
II	F:	$x + y + z = 6$
2 II–I		$z = 8 - 2a$

$$z = 0: \quad 0 = 8 - 2a$$
$$a = 4$$

Zur Bestimmung der Schnittgerade wird $z = 0$ und $a = 4$ in die Ebenengleichung von F eingesetzt und nach y aufgelöst. Sei $x = r$ beliebig gewählt. Dann ergibt sich $y = 6 - r$ und damit die nebenstehend
► Gleichung der Schnittgerade.

Bestimmung der Schnittgerade für a = 4:

II $\qquad\qquad x + y = 6$

$x = r,\ z = 0 \qquad y = 6 - r$

$$g_4: \vec{x} = \begin{pmatrix} 0 \\ 6 \\ 0 \end{pmatrix} + r \cdot \begin{pmatrix} 1 \\ -1 \\ 0 \end{pmatrix}$$

Übung 54
Gegeben sei weiterhin die Ebenenschar E_a: $2x + 2y + z = 2a + 4$.
a) Welche Ebene der Schar enthält den Punkt $P(2|2|1)$?
   Welche Ebene der Schar enthält den Punkt $A(a|2a|-2)$?
b) Geben Sie zwei Ursprungsebenen an, die zueinander und zu allen Ebenen der Schar E_a orthogonal sind.

Übung 55
Gegeben sei die Ebenenschar E_a: $(a-1)x + (4-2a)y + z = a + 1$.
a) Gehört die Ebene F: $4x - 4y + 2z = 8$ zur Schar E_a?
b) Welche Ebene der Schar enthält den Koordinatenursprung?
c) Welche Ebenen der Schar E_a sind parallel zu einer Koordinatenachse?
d) Zu welcher Ebene der Schar E_a verläuft die Gerade g: $\vec{x} = \begin{pmatrix} 1 \\ 2 \\ 0 \end{pmatrix} + r \cdot \begin{pmatrix} 1 \\ 1 \\ 1 \end{pmatrix}$ parallel?
e) Welche Ebene der Schar ist orthogonal zur Ursprungsgerade h: $\vec{x} = r \cdot \begin{pmatrix} -4 \\ 4 \\ -2 \end{pmatrix}$?

2. Lagebeziehungen

> **Beispiel: Ebenenbüschel**
> Gegeben ist die Ebenenschar E_a: $x + (1 - a)y + (a - 3)z = 3$, $a \in \mathbb{R}$.
> a) Untersuchen Sie, ob die Ebene F: $2x - 6y + 2z = 6$ zur Ebenenschar E_a gehört.
> b) Zeigen Sie, dass sich E_0 und E_1 schneiden. Bestimmen Sie die Gleichung der Schnittgeraden und zeigen Sie, dass diese Schnittgerade in allen Ebenen der Schar E_a liegt.

Lösung zu a):

Die Ebene F gehört zur Ebenenschar E_a, wenn die beiden Koordinatengleichungen für einen speziellen Wert von a äquivalent sind. Das ist der Fall, wenn die Gleichung von F ein Vielfaches der Gleichung von E_a ist oder umgekehrt. Dies führt auf den nebenstehenden Ansatz.

Ansatz: $F = b \cdot E_a \quad (a, b \in \mathbb{R})$

F: $bx + b(1 - a)y + b(a - 3)z = 3b$

F: $2x - 6y + 2z = 6$

Durch Koeffizientenvergleich der beiden Darstellungen von F erhalten wir ein Gleichungssystem, das die Lösungen $a = 4$ und $b = 2$ besitzt. Folglich gehört F zur Ebenenschar E_a und ist mit der Ebene E_4 identisch.

Koeffizientenvergleich:

$\begin{array}{llll} \text{I} & b = 2 & \Rightarrow b = 2 \\ \text{II} & b(1 - a) = -6 & \Rightarrow a = 4 \\ \text{III} & b(a - 3) = 2 & \Rightarrow a = 4 \\ \text{IV} & 3b = 6 & \Rightarrow b = 2 \end{array}$

Lösung zu b):

Wir untersuchen die Lagebeziehung der Ebenen E_0 und E_1 wie im Abschnitt D und formen E_0 zunächst um. Durch Einsetzen erkennen wir, dass sich die Ebenen E_0 und E_1 in einer Geraden g schneiden, deren Gleichung rechts angegeben ist.

E_0: $x + y - 3z = 3 \quad (a = 0)$ bzw.

E_0: $\vec{x} = \begin{pmatrix} 3 \\ 0 \\ 0 \end{pmatrix} + t \begin{pmatrix} -3 \\ 3 \\ 0 \end{pmatrix} + s \begin{pmatrix} -3 \\ 0 \\ 1 \end{pmatrix}$

E_1: $x - 2z = 3 \quad (a = 1)$

I–II: $3 - 3t - 3s + 2s = 3$ bzw. $-3t = s$

Schnittgerade: g: $\vec{x} = \begin{pmatrix} 3 \\ 0 \\ 0 \end{pmatrix} + r \begin{pmatrix} 2 \\ 1 \\ 1 \end{pmatrix}$

Nun muss noch nachgewiesen werden, dass diese Schnittgerade g in allen Ebenen der Schar E_a (also unabhängig von a) enthalten ist. Hierzu setzen wir die Koordinaten von g in die Ebenengleichung von E_a ein. Nach nebenstehender Rechnung erhalten wir eine wahre Aussage, unabhängig von a. Also liegt die Gerade g für alle reellen Werte von a in E_a.

Nachweis, dass g in E_a liegt:

Koordinaten von g: $\begin{aligned} x &= 3 + 2r \\ y &= r \\ z &= r \end{aligned}$

Einsetzen in die Gleichung von E_a:

$3 + 2r + (1 - a)r + (a - 3)r = 3$

$3 + 2r + r - ar + ar - 3r = 3$

$3 = 3$

Da die Ebenen der Schar aus dem vorigen Beispiel eine gemeinsame Schnittgerade g haben, die man ihre *Trägergerade* nennt, handelt es sich um ein sog. *Ebenenbüschel*.

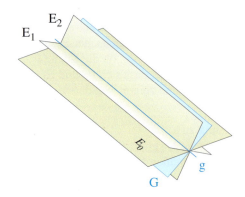

Alle g enthaltenden Ebenen gehören zum Büschel mit einer Ausnahme:
Lösen wir die Klammern in der gegebenen Ebenenschargleichung auf und klammern a aus, erhalten wir die äquivalente Gleichung E: $x + y - 3z - 3 + a(-y + z) = 0$.

Diese Gleichung enthält die linke Seite der Ebenengleichung E_0: $x + y - 3z - 3 = 0$. Der Term $-y + z$ kann ebenfalls als linker Teil einer Gleichung der Ebene G: $-y + z = 0$ gedeutet werden. Die Ebene G enthält ebenfalls die Trägergerade g, gehört aber nicht zur Ebenenschar E_a, wie sich leicht nachweisen lässt.

▶ **Beispiel:** Gegeben ist das Ebenenbüschel E_a: $x + (1-a)y + (a-3)z = 3$, $a \in \mathbb{R}$.
a) Zeigen Sie, dass die Ebene G: $-y + z = 0$ nicht zur Ebenenschar E_a gehört.
b) Zeigen Sie, dass die Ebene G: $-y + z = 0$ die Trägergerade g: $\vec{x} = \begin{pmatrix} 3 \\ 0 \\ 0 \end{pmatrix} + r \begin{pmatrix} 2 \\ 1 \\ 1 \end{pmatrix}$ enthält.

Lösung zu a):
Wir verwenden wie im vorigen Beispiel den nebenstehenden Ansatz. Das zugehörige Gleichungssystem führt aber auf einen Widerspruch und ist daher unlösbar. Folglich gehört die Ebene G nicht zur Ebenenschar E_a.

Ansatz: $G = b \cdot E_a$ (a, b ∈ ℝ)
G: $bx + b(1-a)y + b(a-3)z = 3b$
G: $ -y + z = 0$

Koeffizientenvergleich:
I $b = 0$ $\Rightarrow$ $b = 0$ in II und III
II $b(1-a) = -1 \Rightarrow 0 = -1$ *Widerspr.*
III $b(a-3) = 1$ $\Rightarrow 0 = 1$ *Widerspr.*
IV $3b = 0$ $\Rightarrow b = 0$

Lösung zu b):
Setzen wir die Koordinaten von g in die Ebenengleichung von G ein, erhalten wir
▶ eine wahre Aussage.

Koordinaten von g: $x = 3 + 2r$, $y = r$, $z = r$
Einsetzen in die Gleichung von G:
$-r + r = 0$ bzw. $0 = 0$ $\Rightarrow$ g liegt in G.

Übung 56
Zeigen Sie, dass die folgenden Ebenenscharen E_a ($a \in \mathbb{R}$) Ebenenbüschel bilden, d. h., dass alle Ebenen der Schar sich in einer Geraden schneiden. Bestimmen Sie auch eine Gleichung dieser gemeinsamen Trägergeraden. Geben Sie jeweils eine Ebene an, die ebenfalls die Trägergerade enthält, aber nicht nur Ebenenschar gehört.
a) E_a: $2ax + (4-a)y - 2z = 6$
b) E_a: $x + ay + (5-2a)z = 0$
c) E_a: $2ax + 2y + (2-a)z = 5a + 2$
d) E_a: $(3-2a)y + (a-2)z = a - 1$

2. Lagebeziehungen

> **Beispiel: Schar paralleler Ebenen**
> Gegeben ist die Ebenenschar E_a: $(1-2a)x + (2a-1)y + (1-2a)z = 1$, $a \in \mathbb{R}$.
> a) Untersuchen Sie die Lagebeziehung der Ebenen E_0 und E_1 zueinander.
> b) Zeigen Sie, dass alle Ebenen der Schar parallel zueinander verlaufen.

Lösung zu a):
Der nebenstehende Ansatz führt auf ein unlösbares Gleichungssystem. Die Ebenen E_0 und E_1 sind also parallel zueinander.

E_0: $\quad x - y + z = 1$
E_1: $-x + y - z = 1$
$I + II \quad\quad 0 = 2$ Widerspr. $\Rightarrow E_0 \parallel E_1$

Lösung zu b):
Analog untersuchen wir jetzt die Lagebeziehung zweier beliebiger verschiedener Ebenen E_a und E_b der gegebenen Schar (mit $a \neq b$). Auch hier führt das zugehörige Gleichungssystem auf einen Widerspruch, da wir von verschiedenen Ebenen der Schar ausgegangen sind. Somit liegen alle Scharebenen parallel zueinander.

E_a: $(1-2a)x + (2a-1)y + (1-2a)z = 1$
E_b: $(1-2b)x + (2b-1)y + (1-2b)z = 1$
$\quad\quad\quad\quad\quad\quad\quad\quad\quad\quad (a \neq b)$

Lösen des Gleichungssystems:
$III = I \cdot (1-2b) - II \cdot (1-2a)$:
$0 = 1 - 2b - (1-2a)$
$0 = -2b + 2a \Rightarrow a = b$
Widerspruch zur Voraussetzung $a \neq b$
$\Rightarrow E_a \parallel E_b$

Alle zu E_0 parallelen Ebenen gehören zu dieser Schar (aus dem vorigen Beispiel) mit einer Ausnahme:
Lösen wir wie oben auch hier die Klammern in der gegebenen Ebenenschargleichung auf und klammern dann a aus, erhalten wir die Gleichung
E_a: $x - y + z - 1 + a(-2x + 2y - 2z) = 0$.

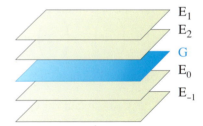

Die Ebenen E_0: $x - y + z = 1$ und G: $-2x + 2y - 2z = 0$ verlaufen offensichtlich ebenfalls echt parallel zueinander, da die linke Seite der Gleichung von G zwar das (-2)fache der linken Seite der Gleichung von E_0 ist, dies aber nicht für die rechten Gleichungsseiten gilt, sodass sich ein Widerspruch ergibt. Daher muss G auch zu allen anderen Ebenen der Schar E_a parallel sein. Auch in diesem Fall gehört G aber nicht zur Ebenenschar E_a, wie man leicht zeigen kann, weil sich ein Widerspruch ergibt, wenn man G als Vielfaches von E_a ansetzt. Diese Überlegungen gelten jedoch nur für Ebenenscharen, die lediglich eine lineare Variable a enthalten.

Übung 57
Zeigen Sie, dass alle Ebenen der Schar E_a: $(2-a)x + (a-2)y + (4-2a)z = 1$ ($a \in \mathbb{R}$) parallel verlaufen. Geben Sie eine Gleichung einer Ebene an, die zu allen Ebenen der Schar parallel verläuft, aber nicht zur Ebenenschar E_a gehört.

Übung 58
Geben Sie eine Gleichung derjenigen Ebenenschar an, welche genau die Ebenen enthält, die echt parallel zur Ebene F: $2x - 3y + 4z = 6$ verlaufen.

Übungen

59. Gegeben ist die Ebenenschar E_a: $x + ay - (2a - 1)z = 4$ $(a \in \mathbb{R})$.
   a) Gehört die Ebene F: $-2x + 2y - 6z = -8$ zur Ebenenschar E_a?
   b) Geben Sie eine Gleichung einer Ebene an, die nicht zur Schar E_a gehört.
   c) Welche Ebene der Schar enthält den Punkt $P(-2|1|1)$?
   d) Welche Ebene der Schar E_a ist parallel zur z-Achse?
   e) Begründen Sie, dass die Ebenenschar E_a keine Ursprungsgerade enthält.
   f) Zeigen Sie, dass alle Ebenen der Schar E_a eine gemeinsame Gerade besitzen, und geben Sie deren Gleichung an.
   g) Zeigen Sie, dass die Ebene G: $y - 2z = 0$ die Trägergerade aus f) enthält, aber nicht zur Ebenenschar E_a gehört.

60. Gegeben ist die Ebenenschar E_a: $(a + 2)x + (2 - a)z = a + 1$ $(a \in \mathbb{R})$.
   a) Welche Ursprungsebene ist in der Schar E_a enthalten?
   b) Welche Ebene der Schar E_a schneidet die z-Achse bei $z = 5$?
   c) Welche Ebene der Schar E_a enthält die Gerade g: $\vec{x} = \begin{pmatrix} -1 \\ 2 \\ 2 \end{pmatrix} + r \begin{pmatrix} 0 \\ 1 \\ 0 \end{pmatrix}$?
   d) Untersuchen Sie die Lage der Ebenen der Schar E_a zueinander.
   e) Gehört die Ebene F: $x - z - 1 = 0$ zur Ebenenschar E_a?

61. Geben Sie eine Gleichung einer Ebenenschar an, deren Ebenen sich alle in der Trägergeraden g: $\vec{x} = \begin{pmatrix} 1 \\ -1 \\ 4 \end{pmatrix} + r \begin{pmatrix} 2 \\ -2 \\ 1 \end{pmatrix}$ schneiden.

62. Geben Sie eine Gleichung derjenigen Ebenenschar an, die alle Ebenen enthält, die echt parallel zur x-Achse und zur Geraden g: $\vec{x} = \begin{pmatrix} 1 \\ -2 \\ 4 \end{pmatrix} + r \begin{pmatrix} 2 \\ -1 \\ 2 \end{pmatrix}$ verlaufen.

63. Gegeben sind die Ebenenschar $E_{a,b}$: $x + (1 - 2a)y + bz = 2$ $(a, b \in \mathbb{R})$.
   a) Bestimmen Sie die Lagebeziehung von $E_{0,1}$ und $E_{1,0}$.
   b) Zeigen Sie, dass alle Ebenen $E_{a,b}$ einen gemeinsamen Punkt besitzen, und geben Sie diesen an.
   c) Gehört die Ebene F: $2x + 4y - 3z = 4$ zur Ebenenschar $E_{a,b}$?
   d) Für welche Werte von a und b liegt die Ebene $E_{a,b}$ parallel zur z-Achse?
   e) Für welche Werte von a und b liegt die Gerade g: $\vec{x} = \begin{pmatrix} 1 \\ 0 \\ 1 \end{pmatrix} + r \begin{pmatrix} 1 \\ 2 \\ -1 \end{pmatrix}$ in der Ebene $E_{a,b}$?

64. Gegeben sind die Ebenenschar $E_{a,b}$: $2x + ay + 6z = 8 + 2a + 6b$ $(a, b \in \mathbb{R})$ sowie die Ebene F: $x + 2y + 3z = 9$.
   a) Gehört die Ebene F zur Ebenenschar $E_{a,b}$?
   b) Für welche Werte von a und b schneiden sich die Ebenen $E_{a,b}$ und F?
   c) Für welche Werte von a und b sind die Ebenen $E_{a,b}$ und F echt parallel?
   d) Welche Bedingungen müssen für a und b gelten, damit g: $\vec{x} = \begin{pmatrix} 1 \\ 4 \\ 0 \end{pmatrix} + r \begin{pmatrix} 6 \\ 0 \\ -2 \end{pmatrix}$ die Schnittgerade von $E_{a,b}$ und F ist?

V. Ebenen

G. Zusammengesetzte Aufgaben

Die Übungen dienten bisher überwiegend der Festigung einzelner Techniken der Vektorgeometrie. Die Lösung der folgenden zusammengesetzten Aufgaben dagegen erfordert stets die Verwendung mehrerer Verfahren. Die Aufgabenstruktur ähnelt Prüfungsaufgaben.

1. Gegeben sind die Gerade $g: \vec{x} = \begin{pmatrix} 14 \\ -1 \\ -1 \end{pmatrix} + r \begin{pmatrix} -8 \\ 2 \\ 1 \end{pmatrix}$ und die Ebene E durch die Punkte $A(-2|5|2)$, $B(2|3|0)$ und $C(2|-1|2)$.
   a) Stellen Sie eine Parametergleichung und eine Koordinatengleichung der Ebene E auf.
   b) Prüfen Sie, ob der Punkt $P(-2|3|1)$ auf der Geraden g oder auf der Ebene E liegt.
   c) Untersuchen Sie die gegenseitige Lage von g und E. Bestimmen Sie ggf. den Schnittpunkt S.
   d) Bestimmen Sie die Schnittpunkte Q und R der Geraden g mit der x-y-Ebene bzw. der y-z-Ebene.
   e) In welchen Punkten schneiden die Koordinatenachsen die Ebene E?
   f) Zeichnen Sie anhand der Ergebnisse aus c), d) und e) ein Schrägbild von g und E.

2. Gegeben seien die Punkte $A(0|0|0)$, $B(8|0|0)$, $C(8|8|0)$, $D(0|8|0)$ und $S(4|4|8)$, die Eckpunkte einer quadratischen Pyramide mit der Grundfläche ABCD und der Spitze S sind.
   a) Zeichnen Sie in einem kartesischen Koordinatensystem ein Schrägbild der Pyramide.
   b) Eine Gerade g schneidet die z-Achse bei $z = 12$ und geht durch die Spitze S der Pyramide. Wo schneidet diese Gerade g die x-y-Ebene?
   c) Gegeben sei weiter die Ebene $E: 2y + 5z = 24$.
      Welche besondere Lage bezüglich der Koordinatenachsen hat diese Ebene E?
      Wo schneiden die Seitenkanten $\overline{AS}$, $\overline{BS}$, $\overline{CS}$ und $\overline{DS}$ der Pyramide die Ebene E?
      Zeichnen Sie die Schnittfläche der Ebene E mit der Pyramide in das Schrägbild ein und zeigen Sie, dass diese Schnittfläche ein Trapez ist.
   d) In welchem Punkt T durchdringt die Höhe h der Pyramide die Schnittfläche aus c)? Zeichnen Sie auch h und T in das Schrägbild ein.

3. Gegeben ist der abgebildete Würfel mit der Seitenlänge 4.
   a) In welchem Punkt S schneidet die Gerade g durch D und F die Ebene E durch die Punkte P, Q und R?
   b) Die Punkte P, Q, R und F bilden die Ecken einer Pyramide. Bestimmen Sie deren Volumen.
   c) In welchen Punkten durchstößt die Gerade h durch Q und R die Koordinatenebenen?
   d) Bestimmen Sie die Gleichung der Schnittgeraden k der Ebene E und der Ebene F durch B, D und H.
   e) Wo durchstößt die Gerade durch B und H die Ebene E?

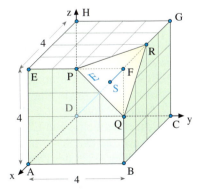

4. Gegeben sind die Geraden g: $\vec{x} = \begin{pmatrix} 1 \\ 2 \\ 3 \end{pmatrix} + r \begin{pmatrix} -1 \\ 0 \\ 2 \end{pmatrix}$ und h: $\vec{x} = \begin{pmatrix} 0 \\ 4 \\ 4 \end{pmatrix} + s \begin{pmatrix} 0 \\ -2 \\ 1 \end{pmatrix}$.

a) Zeigen Sie, dass g und h sich schneiden. Bestimmen Sie den Schnittpunkt S.
b) E sei diejenige Ebene, welche die Geraden g und h enthält.
   Stellen Sie eine Parametergleichung von E auf.
c) Bestimmen Sie eine Koordinatengleichung von E sowie die Achsenabschnittspunkte.
d) Eine Gerade k geht durch die Punkte P(4|0|3) und Q(0|3|a). Wie muss die Variable a gewählt werden, damit k echt parallel zu E verläuft?
e) Der Ursprung des Koordinatensystems und die drei Achsenabschnittspunkte der Ebene E sind Eckpunkte einer Pyramide. Bestimmen Sie das Volumen der Pyramide.
f) Fertigen Sie mithilfe der Achsenabschnitte von E eine Schrägbild der Pyramide aus e) an. Zeichnen Sie den Punkt P(1|2|2) ein. Liegt er im Innern der Pyramide?

5. Gegeben ist der abgebildete Würfel mit der Seitenlänge 4 in einem kartesischen Koordinatensystem. Das Dreieck BRP stellt einen Ausschnitt einer Ebene E dar. Das Dreieck MCR stellt einen Ausschnitt einer Ebene F dar.

a) Bestimmen Sie eine Parameter- und eine Koordinatengleichung von E.
b) Gesucht ist der Schnittpunkt S der Geraden g durch die Punkte D und Q mit der Ebene E.
   Welches Teilstück der Strecke $\overline{DQ}$ ist länger, $\overline{DS}$ oder $\overline{SQ}$?
c) Bestimmen Sie eine Gleichung der Schnittgeraden der Ebenen E und F.
d) Von U(0|0|6) geht ein Strahl aus, der auf V(1,5|6|0) zielt. Trifft der Strahl den Würfel? Trifft der Strahl das Dreieck BRP?

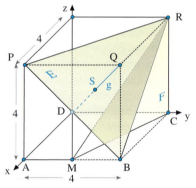

6. Die Gerade g und die Ebene E seien durch die Abbildung gegeben.

a) Bestimmen Sie Parametergleichungen von g und E sowie eine Koordinatengleichung von E.
b) Schneiden sich g und E?
c) Gesucht ist der Schnittpunkt der Seitenhalbierenden des Dreiecks ABC.
d) Wie lang ist die Strecke, die von der x-y-Ebene und der x-z-Ebene aus der Geraden g „herausgeschnitten" wird?
e) Welcher Punkt D der Geraden h durch A und B liegt dem Koordinatenursprung am nächsten?

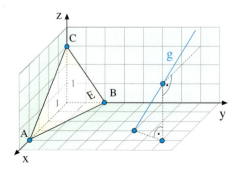

V. Ebenen   175

7. Gegeben sind die Geradenschar g_a: $\vec{x} = \begin{pmatrix} 1 \\ 3 \\ -1 \end{pmatrix} + r \begin{pmatrix} 2a \\ 1 \\ a+1 \end{pmatrix}$, $a \in \mathbb{R}$, sowie die Ebene
E: $2x + y - 3z = 5$.
   a) Untersuchen Sie die relative Lage von g_1 und E.
   b) Welche Schargerade verläuft parallel zur x-y-Ebene?
   c) Gehört die Gerade h: $\vec{x} = \begin{pmatrix} -3 \\ 5 \\ -1 \end{pmatrix} + s \begin{pmatrix} -4 \\ 2 \\ 0 \end{pmatrix}$ zur Geradenschar g_a?
   d) Gibt es eine Ursprungsgerade in der Schar g_a?
   e) Zeigen Sie, dass die Gerade k: $\vec{x} = \begin{pmatrix} 2 \\ 4 \\ 0 \end{pmatrix} + t \begin{pmatrix} 2 \\ 0 \\ 1 \end{pmatrix}$ zu allen Schargeraden g_a windschief ist.
   f) Für welchen Wert von a schneiden sich g_a und E in dem Punkt S($-11 \mid 1,5 \mid -8,5$)?
   g) Untersuchen Sie die relative Lage der Schargeraden g_a zur Ebene E in Abhängigkeit vom Parameter a.

8. Gegeben ist die Ebenenschar E_a: $(a+1)x + 2y + (3-2a)z = a+2$, $a \in \mathbb{R}$.
   a) Bestimmen Sie die Durchstoßungspunkte der Ebene E_1 mit den drei Koordinatenachsen.
   b) Welche Scharebene enthält den Punkt P($1 \mid 1 \mid 1$)?
   c) Welche Ebene der Schar E_a enthält den Ursprung? Welche Ebene der Schar E_a ist parallel zur z-Achse?
   d) Untersuchen Sie die relative Lage von E_0 und E_1 zueinander. Bestimmen Sie ggf. eine Gleichung der Schnittgeraden.
   e) Zeigen Sie, dass die Gerade h: $\vec{x} = \begin{pmatrix} 3 \\ -2 \\ 1 \end{pmatrix} + r \begin{pmatrix} 4 \\ -5 \\ 2 \end{pmatrix}$ in allen Ebenen der Schar E_a liegt.
   f) Gehört die Ebene F: $4y + 10z = 2$ zur Schar E_a?
   g) Welche Ebene der Schar ist orthogonal zur Ursprungsgerade durch den Punkt Q($1 \mid 4 \mid -1$)?

9. Durch die Punkte A($2 \mid 1 \mid 1$), B($3 \mid 0 \mid 2$) und C_a($a \mid -a \mid 2$), $a \in \mathbb{R}$, wird im kartesischen Koordinatensystem eine Schar von Ebenen E_a definiert, die die Punkte A, B und C_a enthalten.
   a) Bestimmen Sie eine Parametergleichung und eine Koordinatengleichung der Ebenenschar E_a.
   b) Gehört die Ebene F: $-x + 5y + 6z = 9$ zur Ebenenschar E_a?
   c) Untersuchen Sie die relative Lage der Ebene E_1 und E_4 zueinander.
   d) Für welche Werte von a liegt die Gerade h: $\vec{x} = \begin{pmatrix} 1 \\ 0 \\ 4 \end{pmatrix} + r \begin{pmatrix} -1 \\ 1 \\ -1 \end{pmatrix}$ in der Ebene E_a?
   e) Für welchen Wert von a ist das Dreieck OAC_a rechtwinklig?
   f) Zeigen Sie, dass sich alle Ebenen der Schar E_a in einer gemeinsamen Geraden g schneiden. Bestimmen Sie eine Gleichung dieser Geraden g.
   g) Berechnen Sie die Achsenabschnitte der Ebene E_1 sowie die Spurgeraden von E_1.

Überblick

Parametergleichung einer Ebene:

E: $\vec{x} = \vec{a} + r \cdot \vec{u} + s \cdot \vec{v}$

$\vec{a}$: Stützvektor der Ebene
$\vec{u}, \vec{v}$: Richtungsvektoren der Ebene
r, s: Ebenenparameter

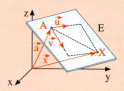

Dreipunktegleichung einer Ebene:

E: $\vec{x} = \vec{a} + r \cdot (\vec{b} - \vec{a}) + s \cdot (\vec{c} - \vec{a})$

$\vec{a}, \vec{b}, \vec{c}$: Ortsvektoren von drei Ebenenpunkten A, B und C

Normalengleichung einer Ebene:

E: $(\vec{x} - \vec{a}) \cdot \vec{n} = 0$

$\vec{a}$: Stützvektor der Ebene
$\vec{n}$: Normalenvektor der Ebene

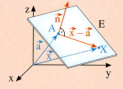

Koordinatengleichung einer Ebene:

E: $ax + by + cz = d$ $(a, b, c, d \in \mathbb{R})$

$\begin{pmatrix} a \\ b \\ c \end{pmatrix}$ ist ein Normalenvektor von E.

Achsenabschnittsgleichung einer Ebene:

E: $\frac{x}{A} + \frac{y}{B} + \frac{z}{C} = 1$

A, B und C sind die Achsenabschnitte von E.

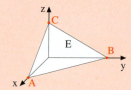

Relative Lage von Punkt und Ebene:

Ein Punkt P im Raum kann auf einer Ebene E liegen oder außerhalb der Ebene.
Zur Überprüfung verwendet man die **Punktprobe**, d. h., man setzt den Ortsvektor des Punktes oder seine Koordinaten in die Ebenengleichung ein.
Je nach verwendeter Ebenendarstellung ergibt sich eine Gleichung oder ein Gleichungssystem.
Lässt sich die Gleichung bzw. das Gleichungssystem lösen, so liegt der Punkt auf der Ebene, andernfalls nicht.

V. Ebenen

Relative Lage von Punkt und Dreieck:

Ein Punkt P liegt im Dreieck ABC, wenn er folgende Bedingungen erfüllt:
1. P liegt auf der Ebene E: $\vec{x} = \vec{a} + r \cdot (\vec{b} - \vec{a}) + s \cdot (\vec{c} - \vec{a})$.
2. Für seine Parameterwerte r und s gilt
$0 \leq r \leq 1, \quad 0 \leq s \leq 1, \quad 0 \leq r+s \leq 1$.

Relative Lage von Punkt und Parallelogramm:

Ein Punkt P liegt im Parallelogramm ABCD, wenn er folgende Bedingungen erfüllt:
1. P liegt auf der Ebene E: $\vec{x} = \vec{a} + r \cdot (\vec{b} - \vec{a}) + s \cdot (\vec{c} - \vec{a})$.
2. Für seine Parameterwerte r und s gilt
$0 \leq r \leq 1, \quad 0 \leq s \leq 1$.

Relative Lage von Gerade und Ebene:

Ein Gerade g im Raum kann parallel zu einer Ebene E verlaufen, in der Ebene liegen oder sie in genau einem Punkt schneiden.

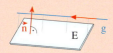

Parallelität erkennt man daran, dass der Richtungsvektor der Geraden und der Normalenvektor der Ebene orthogonal sind oder dass der Richtungsvektor der Geraden und die Richtungsvektoren der Ebene komplanar sind.

Die Gerade liegt in der Ebene, wenn sie parallel zur Ebene ist und zusätzlich ihr Stützpunkt in der Ebene liegt.

Den Schnittpunkt von g und E errechnet man am einfachsten, indem man die Ebene in Koordinatenform oder Normalenform darstellt und dann die allgemeinen Koordinaten der Geraden in die Gleichung der Ebene einsetzt (Punktprobe). (s. Seite 149)

Relative Lage von zwei Ebenen:

Zwei Ebenen E_1 und E_2 können echt parallel oder sogar identisch sein oder sich in einer Schnittgeraden g schneiden.

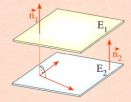

Parallelität erkennt man daran, dass die Normalenvektoren der beiden Ebenen kollinear sind oder dass der Normalenvektor der ersten Ebene orthogonal zu beiden Richtungsvektoren der zweiten Ebene ist.

Identische Ebenen sind daran zu erkennen, dass sie parallel sind und zusätzlich der Stützpunkt der ersten Ebene auch auf der zweiten Ebene liegt (Punktprobe).

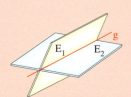

Die Schnittgerade zweier Ebenen errechnet man am einfachsten, indem man eine Ebene in Parameterform und die zweite Ebene in Koordinatenform oder Normalenform darstellt und dann die allgemeinen Koordinaten der ersten Ebene in die Gleichung der zweiten Ebene einsetzt. (s. Seite 159)

3-D-Darstellung von Ebenen

Im Abschnitt 2 wurde zunächst die Lage von Punkt und Ebene, anschließend die Lage von Gerade und Ebene und schließlich die Lage von zwei Ebenen untersucht. Aus den Lösungseigenschaften der dabei entstandenen Gleichungssysteme kann man die Lagebeziehung der betrachteten geometrischen Objekte beurteilen. Eine anschauliche Vorstellung gewinnt man mithilfe von 3-D-Darstellungen durch Computerprogramme.

Im ersten Beispiel auf der Seite 126 wird die Lagebeziehung von zwei Punkten bezüglich einer Ebene, die in Parameterform gegeben ist, mit der Punktprobe untersucht. Es wird festgestellt, dass der erste Punkt in der Ebene liegt, der zweite dagegen gehört nicht zur gegebenen Ebene.

Das folgende Bild zeigt die 3-D-Darstellung der gegebenen Ebene und des zweiten Punktes mit einem Computerprogramm, das man als Medienelement auf der Buch-CD findet.

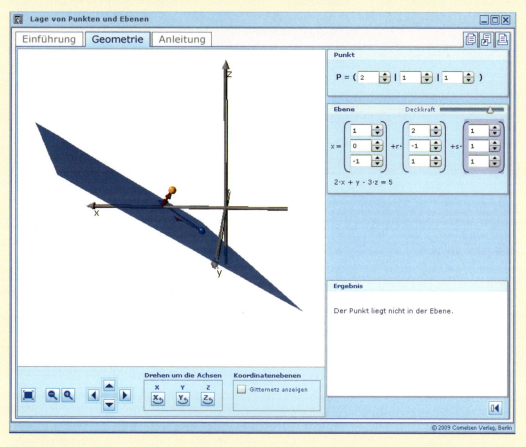

Das Programm gestattet die Eingabe der Koordinaten des Punktes, die Ebene wird in Parameterform eingegeben. Das Tool zeigt die Ebene und den Punkt und gibt ihre Lagebeziehung aus. Diese Darstellung kann verändert werden. Insbesondere lässt sich das Bild vergrößern und verkleinern, verschieben und drehen. Besonders die Drehung um z-Achse vermittelt einen anschaulichen Eindruck über die Lagebeziehung.

3-D-Darstellung von Ebenen

Die Buch-CD bietet auch Medienelemente, mit denen man die Lagebeziehung zwischen Gerade und Ebene und zwischen zwei Ebenen untersuchen kann.

Das folgende Bild zeigt die 3-D-Darstellung zweier sich schneidender Ebenen mit einem Computerprogramm, das man als Medienelement unter 179-3 auf der Buch-CD findet. Zwei Ebenen können in Parameterform eingegeben werden. Das Tool zeigt beide Ebenen und gibt ihre Lagebeziehung aus. Gegebenenfalls werden Abstand, Schnittgerade und Schnittwinkel angegeben.

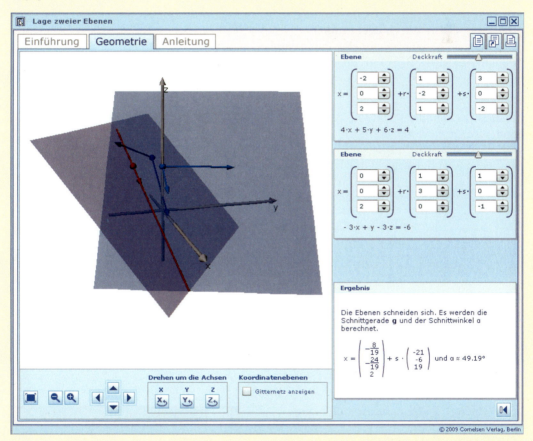

Übungen

a) Machen Sie sich mit den Medienelementen zur 3-D-Darstellung vertraut, indem Sie das erste Beispiel von Seite 146 mit dem Medienelement 179-1 bearbeiten.
b) Bearbeiten Sie ausgewählte Beispiele und die Übungen zur Lagebeziehung Gerade-Ebene (Seite 149 ff.) mit dem Medienelement 179-2. Formen Sie vorher alle Ebenengleichungen in Parameterform um.
c) Bearbeiten Sie ausgewählte Beispiele und Übungen zur Lagebeziehung von zwei Ebenen (Seite 159 ff.) mit dem Medienelement 179-3. Formen Sie vorher alle Ebenengleichungen in Parameterform um.

CAS-Anwendung

● 180-1

Es werden folgende Grundaufgaben behandelt:
- Aufstellung einer Ebenengleichung zu gegebenen Punkten A, B und C
- Bestimmung eines Normalenvektors zu zwei gegebenen Vektoren
- Lagebeziehung Punkt und Ebene sowie Gerade und Ebene
- Schnittgerade zweier Ebenen

▶ **Beispiel: Ebene durch drei Punkte**
Bestimmen Sie eine vektorielle Parametergleichung derjenigen Ebene E, die durch die Punkte $A(3|2|4)$, $B(5|1|6)$ und $C(1|4|3)$ verläuft.

Lösung:
Zunächst werden die Punkte A, B und C durch Ihre Ortsvektoren definiert:
$va := [3; 2; 4]$, $vb := [5; 1; 6]$, $vc := [1; 4; 3]$.
Die Ebene E wird festgelegt durch
$e(r, s) := va + r \cdot (vb - va) + s \cdot (vc - va)$.
$e(r, s)$ [enter] liefert die Ebenengleichung:

$$\vec{x} = \begin{pmatrix} 2r - 2s + 3 \\ -r + 2s + 2 \\ 2r - s + 4 \end{pmatrix}$$

▶ $= \begin{pmatrix} 3 \\ 2 \\ 4 \end{pmatrix} + r \cdot \begin{pmatrix} 2 \\ -1 \\ 2 \end{pmatrix} + s \cdot \begin{pmatrix} -2 \\ 1 \\ -2 \end{pmatrix}$.

▶ **Beispiel: Normalenvektor**
Bestimmen Sie einen Normalenvektor zu den Vektoren $\vec{a} = \begin{pmatrix} 2 \\ -1 \\ 2 \end{pmatrix}$ und $\vec{b} = \begin{pmatrix} -2 \\ 2 \\ -1 \end{pmatrix}$.

Lösung:
Die Vektoren $\vec{a}$ und $\vec{b}$ werden definiert durch die Eingaben $va := [2; -1; 2]$ und $vb := [-2; 2; -1]$. Das Gleichungssystem
$\begin{pmatrix} x \\ y \\ z \end{pmatrix} \cdot \vec{a} = 0$ **und** $\begin{pmatrix} x \\ y \\ z \end{pmatrix} \cdot \vec{b} = 0$
ist unterbestimmt und besitzt eine einparametrige Lösung.
Wird für den Parameter der Wert 2 eingesetzt, so ergibt sich der Normalenvektor
▶ $\vec{n} = \begin{pmatrix} -3 \\ -2 \\ 2 \end{pmatrix}$.

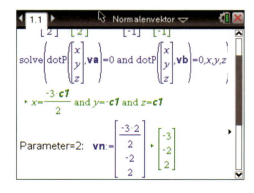

Übung 1
Ermitteln Sie eine Normalengleichung der Ebenen E durch $A(1|1|-3)$, $B(0|2|2)$, $C(2|1|-5)$.

CAS-Anwendung
181

▶ **Beispiel: Punkt und Ebene, Gerade und Ebene**

Gegeben ist die Ebene $E: \vec{x} = \begin{pmatrix} 1 \\ 0 \\ -1 \end{pmatrix} + r \cdot \begin{pmatrix} 2 \\ -1 \\ 1 \end{pmatrix} + s \cdot \begin{pmatrix} 1 \\ 1 \\ 1 \end{pmatrix}$, die Gerade $g: \vec{x} = \begin{pmatrix} 2 \\ 4 \\ 2 \end{pmatrix} + t \begin{pmatrix} 0 \\ 2 \\ 1 \end{pmatrix}$
und der Punkt $P(2\,|\,1\,|\,1)$. Untersuchen Sie die Lagebeziehung von P und E sowie von g und E.

Lösung:
Nach Festlegung der Ebene E, des Punktes
P und der Geraden g wird der solve-Befehl
zur Lösung der entsprechenden Gleichung
$vp = e(r, s)$ bzw. $g(t) = e(r, s)$ angewendet.

Man erhält folgende Ergebnisse:

Der Punkt P liegt nicht in der Ebene E.

Die Gerade g hat mit der Ebene E genau
einen Punkt gemeinsam; g schneidet E im
▶ Punkt $S(2\,|\,-2\,|\,-1)$.

▶ **Beispiel: Zwei Ebenen**

Untersuchen Sie die Lagebeziehung der durch Parametergleichungen gegebenen Ebenen

$E: \vec{x} = \begin{pmatrix} 9 \\ 0 \\ 0 \end{pmatrix} + p \cdot \begin{pmatrix} 3 \\ -4 \\ 0 \end{pmatrix} + q \cdot \begin{pmatrix} 0 \\ 6 \\ -3 \end{pmatrix}$, $F: \vec{x} = \begin{pmatrix} 0 \\ 0 \\ 3 \end{pmatrix} + r \cdot \begin{pmatrix} 3 \\ 2 \\ -1 \end{pmatrix} + s \cdot \begin{pmatrix} 3 \\ 0 \\ -1 \end{pmatrix}$.

Lösung:
Nach Festlegung der Ebenen E und F
durch $e(p, q)$ und $f(r, s)$ wird mit dem solve-Befehl die Gleichung $e(p, q) = f(r, s)$
gelöst.

Es ergibt sich eine einparametrige Lösung,
was auf die Existenz einer Schnittgeraden
g hinweist; man erhält die Parametergleichung

$g: \vec{x} = \begin{pmatrix} 9 \\ 0 \\ 0 \end{pmatrix} + t \cdot \begin{pmatrix} 9 \\ -6 \\ -3 \end{pmatrix}$

$= \begin{pmatrix} 9 \\ 0 \\ 0 \end{pmatrix} + (-3t) \cdot \begin{pmatrix} -3 \\ 2 \\ 1 \end{pmatrix}$

$= \begin{pmatrix} 9 \\ 0 \\ 0 \end{pmatrix} + u \cdot \begin{pmatrix} -3 \\ 2 \\ 1 \end{pmatrix}$.

Übung 2

Ermitteln Sie die Spurgerade g_{xy} der Ebene $E: \vec{x} = \begin{pmatrix} 5 \\ -4 \\ 3 \end{pmatrix} + r \cdot \begin{pmatrix} 5 \\ 12 \\ -12 \end{pmatrix} + q \cdot \begin{pmatrix} -10 \\ 16 \\ -6 \end{pmatrix}$.

Test

Ebenen

1. Gegeben sind die Punkte A(0|2|3), B(4|2|0) und C(2|3|0) der Ebene E.
 a) Stellen Sie eine Parameter- und eine Koordinatengleichung der Ebene E auf.
 b) Liegt der Punkt P(1|2|2,5) auf der Ebene E?
 c) Bestimmen Sie die Achsenabschnittspunkte der Ebene E und fertigen Sie eine Skizze der Ebene im Koordinatensystem an.

2. Das Schrägbild zeigt Ausschnitte der Ebenen E_1 und E_2 sowie der Geraden g.
 a) Stellen Sie Gleichungen von g, E_1 und E_2 auf.
 b) Berechnen Sie den Schnittpunkt S von g und E_2.
 c) Untersuchen Sie die gegenseitige Lage der Schnittgeraden h von E_1 und E_2 und der Geraden g.

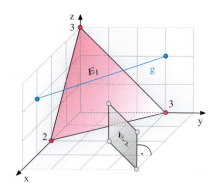

3. Gegeben ist die Ebenenschar E_a: $(3+a)x + 2y + az = 14$, $a \in \mathbb{R}$.
 a) Gehört die Ebene F: $x + y - 2z = 7$ zur Ebenenschar E_a?
 b) Welche Ebene der Schar E_a ist parallel zur x-Achse? Welche Ebene der Schar E_a geht durch den Punkt P(2|2|−1)?
 c) Zu welcher Ebene der Schar verläuft die Gerade k: $\vec{x} = \begin{pmatrix} 1 \\ 2 \\ 4 \end{pmatrix} + r \cdot \begin{pmatrix} 2 \\ 1 \\ -1 \end{pmatrix}$ parallel?
 d) Zeigen Sie, dass alle Ebenen der Schar E_a eine gemeinsame Gerade g enthalten. Bestimmen Sie eine Gleichung dieser Trägergeraden g.
 e) Für welchen Wert von a sind E_a und G: $\vec{x} = \begin{pmatrix} 3 \\ 1 \\ 0 \end{pmatrix} + r \begin{pmatrix} 2 \\ 0 \\ 1 \end{pmatrix} + s \begin{pmatrix} -2 \\ 3 \\ 2 \end{pmatrix}$ echt parallel?
 f) Untersuchen Sie die relative Lage von h: $\vec{x} = \begin{pmatrix} 3 \\ 12 \\ 7 \end{pmatrix} + t \begin{pmatrix} 2 \\ -4 \\ 2 \end{pmatrix}$ und E_a in Abhängigkeit von a.

Lösungen unter 182-1

VI. Winkel und Abstände

Der Schnittwinkel zweier nicht paralleler Ebenen ergibt sich als Winkel zwischen Normalenvektoren der Ebenen. Für Abstandsberechnungen eines Punktes zu einer Ebene kann das Lotfußpunktverfahren oder die Hesse'sche Normalenform verwendet werden. Durch die Einführung von Hilfsebenen gelingt auch die Bestimmung des Abstandes windschiefer und paralleler Geraden.

1. Schnittwinkel

Im Anschluss an die Einführung des Skalarprodukts wurde die Kosinusformel zur Bestimmung des Winkels zwischen zwei Vektoren hergeleitet (s. S. 112).
Hiervon ausgehend lassen sich vergleichbare Formeln für den Schnittwinkel zweier Geraden bzw. einer Geraden und einer Ebene bzw. zweier Ebenen entwickeln.

A. Der Schnittwinkel von zwei Geraden

Der Schnittwinkel γ von Geraden wurde bereits behandelt (s. S. 118), wird aber hier zur Vervollständigung noch einmal kurz angesprochen. Er wird mit der rechts dargestellten Formel errechnet. Das Betragszeichen im Zähler sichert, dass der Winkel stets zwischen 0° und 90° liegt.

Schnittwinkel Gerade/Gerade

Schneiden sich zwei Geraden g und h mit den Richtungsvektoren $\vec{m}_1$ und $\vec{m}_2$, dann gilt für ihren Schnittwinkel γ:

$$\cos \gamma = \frac{|\vec{m}_1 \cdot \vec{m}_2|}{|\vec{m}_1| \cdot |\vec{m}_2|}.$$ 184-1

Übung 1
Errechnen Sie den Schnittpunkt und den Schnittwinkel der Geraden g und h.

$g: \vec{x} = \begin{pmatrix} 0 \\ 0 \\ 1 \end{pmatrix} + r \begin{pmatrix} 1 \\ 2 \\ 2 \end{pmatrix}$, $h: \vec{x} = \begin{pmatrix} 2 \\ 0 \\ 2 \end{pmatrix} + s \begin{pmatrix} -1 \\ 2 \\ 1 \end{pmatrix}$

Übung 2
Bestimmen Sie den Schnittwinkel γ der rechts dargestellten Geraden g und h.

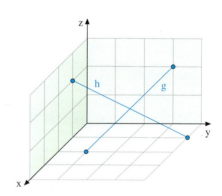

B. Der Schnittwinkel von Gerade und Ebene

Unter dem Schnittwinkel γ einer Geraden g und einer Ebene E versteht man den Winkel zwischen der Geraden g und der Geraden s, welche durch senkrechte Projektion der Geraden g auf die Ebene E entsteht. Er liegt zwischen 0° und 90°.

Winkel zwischen g und E

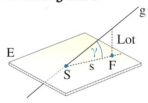

Man kann den Winkel γ bestimmen, indem man zunächst die Gleichung der Projektionsgeraden s ermittelt und anschließend den Winkel zwischen g und s errechnet. Es geht aber noch einfacher, wenn man einen Normalenvektor der Ebene verwendet, wie im Folgenden dargestellt.

1. Schnittwinkel

Wir denken uns wie rechts abgebildet eine Hilfsebene H errichtet, die g enthält und senkrecht auf E steht. Sie schneidet E in der Geraden s.
Der Schnittwinkel γ von g und E ist der Winkel zwischen g und s.
Der Winkel $90° - \gamma$ lässt sich mit der Kosinusformel als Winkel zwischen dem Richtungsvektor $\vec{m}$ von g und dem Normalenvektor $\vec{n}$ von E errechnen, da beide Vektoren ebenfalls in der Hilfsebene liegen und $\vec{n}$ senkrecht auf s steht:

$$\cos(90° - \gamma) = \frac{|\vec{m} \cdot \vec{n}|}{|\vec{m}| \cdot |\vec{n}|}.$$

Da $\cos(90° - \gamma) = \sin\gamma$ gilt, erhalten wir die rechts dargestellte Formel für den Schnittwinkel von Gerade und Ebene.

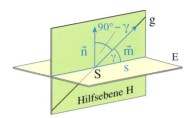

Schnittwinkel Gerade/Ebene

Die Gerade g: $\vec{x} = \vec{a} + r \cdot \vec{m}$ schneidet die Ebene E: $(\vec{x} - \vec{a}) \cdot \vec{n} = 0$.
Dann gilt für den Schnittwinkel γ von g und E die Formel

$$\sin\gamma = \frac{|\vec{m} \cdot \vec{n}|}{|\vec{m}| \cdot |\vec{n}|}.$$

🔵 185-1

▶ **Beispiel: Schnittwinkel Gerade/Ebene**
Die Gerade g durch $A(2|1|3)$ und $B(4|2|1)$ schneidet die Ebene E: $\left[\vec{x} - \begin{pmatrix} 3 \\ 5 \\ 1 \end{pmatrix}\right] \cdot \begin{pmatrix} 3 \\ 1 \\ 2 \end{pmatrix} = 0$.

Bestimmen Sie den Schnittpunkt S und den Schnittwinkel γ von g und E.

Lösung:
Wir bestimmen zunächst eine Parametergleichung von g und berechnen den Schnittpunkt S von g und E durch Einsetzung des allgemeinen Vektors von g in die Gleichung von E.
Resultat: $S(4|2|1)$

Anschließend setzen wir den Richtungsvektor $\vec{m}$ von g und den Normalenvektor $\vec{n}$ von E in die Sinusformel für den Winkel zwischen Gerade und Ebene ein.
Wir erhalten $\sin\gamma \approx 0{,}2673$, woraus wir
▶ mithilfe des Taschenrechners das Resultat $\gamma \approx 15{,}50°$ erhalten.

Parametergleichung von g:

$$g: \vec{x} = \begin{pmatrix} 2 \\ 1 \\ 3 \end{pmatrix} + r \cdot \begin{pmatrix} 2 \\ 1 \\ -2 \end{pmatrix}$$

Schnittpunkt von g und E: $S(4|2|1)$

Schnittwinkel von g und E:

$$\sin\gamma = \frac{|\vec{m} \cdot \vec{n}|}{|\vec{m}| \cdot |\vec{n}|} = \frac{\left|\begin{pmatrix} 2 \\ 1 \\ -2 \end{pmatrix} \cdot \begin{pmatrix} 3 \\ 1 \\ 2 \end{pmatrix}\right|}{\left|\begin{pmatrix} 2 \\ 1 \\ -2 \end{pmatrix}\right| \cdot \left|\begin{pmatrix} 3 \\ 1 \\ 2 \end{pmatrix}\right|} = \frac{3}{\sqrt{9} \cdot \sqrt{14}}$$

$\sin\gamma \approx 0{,}2673 \Rightarrow \gamma \approx 15{,}50°$

Übung 3
Bestimmen Sie den Schnittwinkel der Geraden g durch die Punkte $A(1|0|-2)$ und $B(-2|3|1)$ mit der Ebene E.

a) E: $\left[\vec{x} - \begin{pmatrix} 1 \\ 0 \\ 1 \end{pmatrix}\right] \cdot \begin{pmatrix} 3 \\ -2 \\ 2 \end{pmatrix} = 0$
b) E: $\vec{x} = \begin{pmatrix} 1 \\ 2 \\ 1 \end{pmatrix} + r \cdot \begin{pmatrix} 1 \\ -1 \\ 2 \end{pmatrix} + s \cdot \begin{pmatrix} -7 \\ 5 \\ 1 \end{pmatrix}$
c) E: x-y-Ebene

C. Der Schnittwinkel von zwei Ebenen

Wir untersuchen zwei Ebenen E_1 und E_2, die sich in einer Geraden s schneiden.

Dann bilden zwei Geraden g_1 und g_2, die senkrecht auf s stehen und sich wie abgebildet schneiden, den Winkel $\gamma \leq 90°$.

Man bezeichnet diesen Winkel als *Schnittwinkel der Ebenen* E_1 und E_2.

Die Normalenvektoren $\vec{n}_1$ und $\vec{n}_2$ der Ebenen E_1 und E_2 bilden miteinander exakt den gleichen Winkel, denn sie stehen jeweils senkrecht auf den Geraden g_1 und g_2, so dass sich der Winkel γ überträgt.

Daher lässt sich der Schnittwinkel γ zweier Ebenen nach der rechts aufgeführten Kosinusformel mithilfe der Normalenvektoren der beiden Ebenen berechnen.

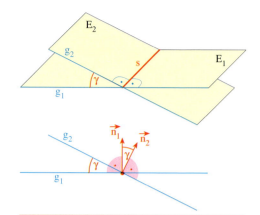

Schnittwinkel Ebene/Ebene
Schneiden sich zwei Ebenen E_1 und E_2 mit den Normalenvektoren $\vec{n}_1$ und $\vec{n}_2$, so gilt für ihren Schnittwinkel γ:
$$\cos \gamma = \frac{|\vec{n}_1 \cdot \vec{n}_2|}{|\vec{n}_1| \cdot |\vec{n}_2|}.$$ 186-1

▶ **Beispiel: Schnittwinkel Ebene/Ebene**
Die Ebenen $E_1: 4x + 3y + 2z = 12$ und $E_2: \left[\vec{x} - \begin{pmatrix}0\\0\\6\end{pmatrix}\right] \cdot \begin{pmatrix}0\\3\\2\end{pmatrix} = 0$ schneiden sich.
Berechnen Sie den Schnittwinkel γ.

Lösung:
Wir bestimmen zunächst Normalenvektoren von E_1 und E_2.
Die Koeffizienten in der Koordinatengleichung von E_1 (4, 3 und 2) sind die Koordinaten eines Normalenvektors von E_1. Ein Normalenvektor von E_2 kann aus der gegebenen Normalenform ebenfalls direkt entnommen werden.

▶ Mithilfe der Schnittwinkelformel erhalten wir $\cos \gamma \approx 0{,}6695$ und daher $\gamma \approx 47{,}97°$.

Normalenvektoren:
$$\vec{n}_1 = \begin{pmatrix}4\\3\\2\end{pmatrix}, \vec{n}_2 = \begin{pmatrix}0\\3\\2\end{pmatrix}$$

Schnittwinkel:
$$\cos \gamma = \frac{|\vec{n}_1 \cdot \vec{n}_2|}{|\vec{n}_1| \cdot |\vec{n}_2|} = \frac{\left|\begin{pmatrix}4\\3\\2\end{pmatrix} \cdot \begin{pmatrix}0\\3\\2\end{pmatrix}\right|}{\left|\begin{pmatrix}4\\3\\2\end{pmatrix}\right| \cdot \left|\begin{pmatrix}0\\3\\2\end{pmatrix}\right|} = \frac{13}{\sqrt{29} \cdot \sqrt{13}}$$

$\cos \gamma \approx 0{,}6695 \Rightarrow \gamma \approx 47{,}97°$

Übung 4
Gesucht sind die Schnittgerade und der Schnittwinkel der Ebenen $E_1: x + 2y + 2z = 6$ und $E_2: x - y = 0$.

1. Schnittwinkel

Übungen

5. Schnittwinkel von Vektoren
Gegeben ist eine Pyramide mit der Grundfläche ABC, der Spitze S und der Höhe 3.
a) Berechnen Sie den Winkel zwischen den Seitenkanten AB und AS sowie zwischen den Seitenkanten AS und CS.
b) Welche der drei aufsteigenden Pyramidenkanten ist am steilsten?
c) Wie groß ist der Winkel zwischen der Höhe und der Seitenkante AS?

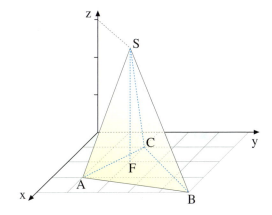

6. Schnittwinkel Gerade/Gerade
Zeigen Sie, dass die Raumgeraden g und h sich schneiden, und berechnen Sie den Schnittpunkt S und den Schnittwinkel γ.

a) $g: \vec{x} = \begin{pmatrix} 2 \\ 2 \\ 2 \end{pmatrix} + r \cdot \begin{pmatrix} 1 \\ 1 \\ -1 \end{pmatrix}$, $h: \vec{x} = \begin{pmatrix} 3 \\ 1 \\ 1 \end{pmatrix} + s \cdot \begin{pmatrix} 2 \\ 0 \\ -1 \end{pmatrix}$
b) $g: \vec{x} = \begin{pmatrix} 2 \\ 2 \\ 2 \end{pmatrix} + r \cdot \begin{pmatrix} 1 \\ 1 \\ 1 \end{pmatrix}$, $h: \vec{x} = \begin{pmatrix} 2 \\ 5 \\ 2 \end{pmatrix} + s \cdot \begin{pmatrix} 2 \\ -1 \\ 2 \end{pmatrix}$

c) $g: \vec{x} = \begin{pmatrix} 4 \\ 4 \\ 1 \end{pmatrix} + r \cdot \begin{pmatrix} 2 \\ 2 \\ -1 \end{pmatrix}$, $h: \vec{x} = \begin{pmatrix} 10 \\ 10 \\ 2 \end{pmatrix} + s \cdot \begin{pmatrix} 2 \\ 2 \\ 1 \end{pmatrix}$
d) g durch A(0|6|0), B(0|0|3)
   h durch C(4|2|0), D(2|2|1)

7. Schnittwinkel Gerade/Ebene
Die Gerade g schneidet die Ebene E. Berechnen Sie den Schnittpunkt S und den Schnittwinkel γ.

a) $g: \vec{x} = \begin{pmatrix} 0 \\ 0 \\ 2 \end{pmatrix} + r \cdot \begin{pmatrix} 1 \\ 1 \\ 1 \end{pmatrix}$, $E: \left[\vec{x} - \begin{pmatrix} 2 \\ 0 \\ 3 \end{pmatrix}\right] \cdot \begin{pmatrix} 3 \\ 3 \\ 2 \end{pmatrix} = 0$

b) $g: \vec{x} = \begin{pmatrix} 0 \\ 2 \\ 4 \end{pmatrix} + r \cdot \begin{pmatrix} 1 \\ 1 \\ 2 \end{pmatrix}$, $E: -x + y + 2z = 6$

c) $g: \vec{x} = \begin{pmatrix} 2 \\ 2 \\ 1 \end{pmatrix} + r \cdot \begin{pmatrix} 1 \\ 1 \\ 1 \end{pmatrix}$, $E: \vec{x} = \begin{pmatrix} 1 \\ 0 \\ 2 \end{pmatrix} + s \begin{pmatrix} 2 \\ 0 \\ -4 \end{pmatrix} + t \begin{pmatrix} 0 \\ -1 \\ 2 \end{pmatrix}$

8. Schnittwinkel Gerade/Koordinatenebene
In welchen Punkten und unter welchen Winkeln durchdringt die Gerade g die angegebenen Koordinatenebenen? Fertigen Sie ein Schrägbild an.

a) $g: \vec{x} = \begin{pmatrix} 4 \\ 1 \\ 2 \end{pmatrix} + r \cdot \begin{pmatrix} 0 \\ 1 \\ -1 \end{pmatrix}$
E: x-y-Ebene
F: x-z-Ebene

b) $g: \vec{x} = \begin{pmatrix} 2 \\ 3 \\ 2 \end{pmatrix} + r \cdot \begin{pmatrix} -2 \\ 1 \\ 2 \end{pmatrix}$
E: x-y-Ebene
F: y-z-Ebene

c) $g: \vec{x} = \begin{pmatrix} 2 \\ 2 \\ 3 \end{pmatrix} + r \cdot \begin{pmatrix} -2 \\ 1 \\ -1 \end{pmatrix}$
E: x-z-Ebene
F: y-z-Ebene

9. Schnittwinkel Gerade/Ebene und Vektoren

Exakt in der Mitte der rechten Dachfläche der abgebildeten Halle tritt eine 12 m hohe Antenne aus, die durch einen Stahlstab fixiert wird, der 4 m unterhalb der Antennenspitze sowie in der Mitte am Dachfirst verschraubt ist.

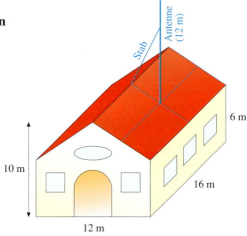

a) Welchen Winkel bildet die Antenne mit der Dachfläche?
b) Welchen Winkel bildet der Stahlstab mit der Antenne bzw. mit der Dachfläche?

10. Schnittwinkel Ebene/Koordinatenachsen

Unter welchen Winkeln schneiden die Koordinatenachsen die Ebene E?

a) $E: \left[\vec{x} - \begin{pmatrix} 0 \\ 3 \\ 0 \end{pmatrix}\right] \cdot \begin{pmatrix} 3 \\ 2 \\ 2 \end{pmatrix} = 0$
b) $E: 2x + y + 2z = 4$
c) $E: \vec{x} = \begin{pmatrix} 2 \\ 3 \\ 0 \end{pmatrix} + r \begin{pmatrix} 1 \\ 3 \\ -4 \end{pmatrix} + s \begin{pmatrix} 2 \\ -6 \\ 8 \end{pmatrix}$

11. Schnittwinkel Ebene/Ebene

Die Ebenen E_1 und E_2 schneiden sich. Bestimmen Sie den Schnittwinkel γ.

a) $E_1: \left[\vec{x} - \begin{pmatrix} 1 \\ 0 \\ 2 \end{pmatrix}\right] \cdot \begin{pmatrix} 2 \\ -3 \\ 2 \end{pmatrix} = 0$
$E_2: \left[\vec{x} - \begin{pmatrix} 0 \\ -2 \\ 0 \end{pmatrix}\right] \cdot \begin{pmatrix} -2 \\ 1 \\ 0 \end{pmatrix} = 0$

b) $E_1: 5x + y + z = 5$
$E_2: -x + y + z = 5$

c) $E_1: 2x - y + 3z = 6$
$E_2: x - y - z = 3$

d) $E_1: 2x + z = 1$
$E_2: x - z = 0$

e) $E_1: x + y = 3$
$E_2: y = 1$

12. Schnittwinkel Ebene/Ebene

Berechnen Sie den Schnittwinkel γ der Ebenen E_1 und E_2. Bestimmen Sie zunächst Normalenvektoren beider Ebenen.

a) $E_1: \left[\vec{x} - \begin{pmatrix} 0 \\ 0 \\ 0 \end{pmatrix}\right] \cdot \begin{pmatrix} -2 \\ 3 \\ 6 \end{pmatrix} = 0$, $E_2: \vec{x} = \begin{pmatrix} 2 \\ 0 \\ 1 \end{pmatrix} + r \begin{pmatrix} 4 \\ 0 \\ -2 \end{pmatrix} + s \begin{pmatrix} 0 \\ -2 \\ 2 \end{pmatrix}$

b) $E_1: 2x - 3y + 6z = 12$, $E_2: \vec{x} = \begin{pmatrix} 0 \\ -1 \\ 7 \end{pmatrix} + r \begin{pmatrix} -2 \\ -1 \\ 4 \end{pmatrix} + s \begin{pmatrix} 0 \\ -1 \\ 3 \end{pmatrix}$

c) E_1: Ebene durch $A(4|2|0)$, $B(8|0|0)$, $C(4|0|0,5)$, E_2: y-z-Koordinatenebene

13. Schnittwinkel Ebene/Ebene und Koordinatenachse/Ebenenschar

Gegeben ist die Ebenenschar E_a: $\left[\vec{x} - \begin{pmatrix} 2a-1 \\ 0 \\ 0 \end{pmatrix}\right] \cdot \begin{pmatrix} 1 \\ a-1 \\ a+1 \end{pmatrix} = 0$ mit $a \in \mathbb{R}$.

a) Zeigen Sie, dass sich die Ebenen E_0 und E_1 der gegebenen Schar schneiden. Bestimmen Sie die Schnittgerade g und den Schnittwinkel γ.
b) Welche Ebene der Schar E_a wird von der y-Achse unter einem Winkel von 45° geschnitten?

1. Schnittwinkel

14. Winkel am Hausdach

Das Dach eines Doppelhauses hat vier Ebenen: E_1 (Hauptdach, sichtbar), E_2 (Hauptdach, nicht sichtbar), E_3 (Gaubendach, sichtbar), E_4 (Gaubendach, nicht sichtbar).

a) Ordnen Sie zunächst allen auf der Zeichnung erkennbaren Haus- und Dachecken Punkte zu und bestimmen Sie Parameter- und Normalengleichungen der Ebenen E_1 bis E_3.
b) Welchen Winkel bildet die Dachfläche E_1 mit dem Dachboden?
c) Welches Dach ist steiler, das Hauptdach oder das Gaubendach?
d) Welchen Winkel bilden E_1 und E_2 am First? Welchen Winkel bilden E_1 und E_3 in der Dachkehle?
e) Wie lautet die Gleichung der Kehlgeraden g von E_1 und E_3? Wie lang ist die Kehlstrecke? Unter welchem Winkel mündet die Kehlstrecke in die Regenrinne?

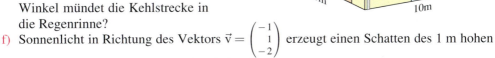

f) Sonnenlicht in Richtung des Vektors $\vec{v} = \begin{pmatrix} -1 \\ 1 \\ -2 \end{pmatrix}$ erzeugt einen Schatten des 1 m hohen Lüftungsrohres mit der Spitze $S(-2|6|8{,}8)$, dessen Abstand zum Dachfirst 1 m und zum Ortgang 2 m beträgt. Welchen Winkel bildet das Lüftungsrohr mit seinem Schatten?

15. Lichtzerlegung am Prisma

Ein Prisma hat die Form einer geraden quadratischen Pyramide (Grundkantenlänge 10 cm, Höhe 20 cm). Der Höhenfußpunkt ist Koordinatenursprung. Im Punkt $L(0|-15|8)$ wird ein Strahl w weißen Lichtes erzeugt, der das Prisma im Punkt $U(0|-2{,}5|10)$ trifft. Das Licht wird dort in seine Spektralfarben aufgefächert. Der grüne Teilstrahl g wird in U gebrochen, verlässt das Prisma im Punkt $V(0|3|8)$, wird dort wieder gebrochen und trifft den Boden im Punkt $W(0|13|0)$.

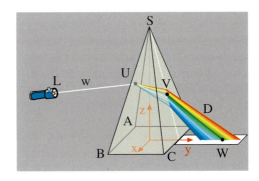

a) Unter welchem Winkel trifft der weiße Lichtstrahl w die Ebene ABS des Prismas?
b) Um welchen Winkel verändert der weiße Strahl w beim Übergang in den grünen Strahl g die Richtung? Welche weitere Richtungsveränderung erfährt der grüne Strahl beim Austritt aus dem Prisma?
c) Unter welchem Winkel schneidet der grüne Spektralstrahl g die Höhe der Pyramide?
d) In welchem Winkel zueinander stehen die Pyramidenseiten BCS und CDS?

16. Parameteraufgabe

Gegeben sind die Ebene $E: 2x + y + 2z = 6$ und die Geradenschar $g_a: \vec{x} = \begin{pmatrix} 1 \\ 2 \\ 1 \end{pmatrix} + r \begin{pmatrix} 1 \\ -1 \\ a \end{pmatrix}$.

a) Unter welchem Winkel schneiden sich E und g_2?
b) Wie muss a gewählt werden, damit E und g_a sich unter einem Winkel von 45° schneiden?
c) Für welchen Wert von a sind E und g_a parallel bzw. orthogonal zueinander?

2. Abstandsberechnungen

Im Folgenden werden Verfahren zur Bestimmung von Abständen behandelt. Es geht dabei um den Abstand von Punkten, Ebenen und Geraden.

A. Der Abstand Punkt/Ebene (Lotfußpunktverfahren)   190-1

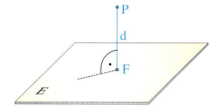

Unter dem Abstand eines Punktes P von einer Ebene E versteht man die Länge d der Lotstrecke $\overline{PF}$, die senkrecht auf der Ebene steht.
Der Punkt F heißt *Lotfußpunkt*.

Zur Abstandsberechnung kann man das sogenannte *Lotfußpunktverfahren* verwenden. Dabei stellt man eine Lotgerade g auf, die senkrecht zur Ebene E steht und den Punkt P enthält. Man errechnet ihren Schnittpunkt F mit der Ebene E, den sogenannten Lotfußpunkt F. Der gesuchte Abstand d von Punkt und Ebene ergibt sich dann als Abstand der beiden Punkte P und F.

▶ **Beispiel: Lotfußpunktverfahren**
Gesucht ist der Abstand d des Punktes $P(4|4|5)$ von der Ebene E: $x + y + 2z = 6$.

Lösung:
Wir bestimmen zunächst die Gleichung der Lotgeraden g. Als Stützpunkt verwenden wir den Punkt P und als Richtungsvektor dient der Normalenvektor von E, denn die Gerade g soll senkrecht zu E verlaufen. Die Koordinaten $x = 1, y = 1, z = 2$ des Normalenvektors können hier direkt aus der Koordinatenform von E abgelesen werden.

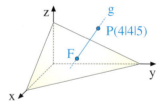

1. Lotgerade g: $g: \vec{x} = \begin{pmatrix} 4 \\ 4 \\ 5 \end{pmatrix} + r \begin{pmatrix} 1 \\ 1 \\ 2 \end{pmatrix}$

Nun wird durch Einsetzen der Koordinaten von g in die Gleichung von E der Schnittpunkt F berechnet.
Resultat: $F(2|2|1)$

2. Schnittpunkt von g und E:
$(4+r) + (4+r) + 2(5+2r) = 6$
$18 + 6r = 6$
$r = -2, F(2|2|1)$

Schließlich errechnen wir den Abstand der beiden Punkte P und F nach der wohlbekannten Abstandsformel.
Resultat: Der Punkt P und die Ebene E ▶ haben den Abstand $d = \sqrt{24} \approx 4{,}90$.

3. Abstand von P und F:
$d = |\overline{PF}| = \sqrt{(2-4)^2 + (2-4)^2 + (1-5)^2}$
$d = \sqrt{24} \approx 4{,}90$

Übung 1
Bestimmen Sie den Abstand des Punktes P von der Ebene E.
a) E: $4x - 4y + 2z = 16$, $P(5|-5|6)$
b) E: $-4x + 5y + z = 10$, $P(-3|7|5)$

B. Der Abstand Punkt/Ebene (Hesse'sche Normalenform)

Neben dem Lotfußpunktverfahren gibt es ein weiteres Verfahren zur Berechnung des Abstandes Punkt/Ebene, welches letztendlich schneller geht.
Dabei wird eine besondere Form der Ebenengleichung verwendet, die man nach dem deutschen Mathematiker *Ludwig Otto Hesse* (1811–1874) als *Hesse'sche Normalenform* bezeichnet. ⊙ 191-1

Es handelt sich hierbei um eine Normalengleichung der Ebene, in der ein Normalenvektor $\vec{n}_0$ verwendet wird, der normiert ist, d. h. die Länge $|\vec{n}_0| = 1$ besitzt.
Man spricht von einem *Normaleneinheitsvektor*.

Die Hesse'sche Normalenform

$$E: (\vec{x} - \vec{a}) \cdot \vec{n}_0 = 0$$

$\vec{x}$: allg. Ortsvektor der Ebene
$\vec{a}$: Ortsvektor eines Ebenenpunktes
$\vec{n}_0$: Normalenvektor mit $|\vec{n}_0| = 1$

▶ **Beispiel: Hesse'sche Normalenform (HNF)**
Bestimmen Sie eine Hesse'sche Normalenform der Ebene $E: \left[\vec{x} - \begin{pmatrix} 1 \\ 0 \\ 2 \end{pmatrix}\right] \cdot \begin{pmatrix} 1 \\ 2 \\ 3 \end{pmatrix} = 0$.

Lösung:
Die Ebene ist schon in Normalenform gegeben. Wir müssen also lediglich ihren Normalenvektor $\vec{n}$ normieren.
Hierzu dividieren wir den Vektor $\vec{n}$ durch seinen Betrag $|\vec{n}| = \sqrt{14}$.
Wir erhalten den rechts aufgeführten Normaleneinheitsvektor $\vec{n}_0$.

Ersetzen wir nun in der gewöhnlichen Normalenform der Ebenengleichung den Vektor $\vec{n}$ durch $\vec{n}_0$, so erhalten wir die
▶ Hesse'sche Normalenform.

Betrag des Normalenvektors:

$$\vec{n} = \begin{pmatrix} 1 \\ 2 \\ 3 \end{pmatrix} \Rightarrow |\vec{n}| = \sqrt{1^2 + 2^2 + 3^2} = \sqrt{14}$$

Normaleneinheitsvektor:

$$\vec{n}_0 = \frac{\vec{n}}{|\vec{n}|} = \begin{pmatrix} 1/\sqrt{14} \\ 2/\sqrt{14} \\ 3/\sqrt{14} \end{pmatrix}$$

Hesse'sche Normalenform von E:

$$E: \left[\vec{x} - \begin{pmatrix} 1 \\ 0 \\ 2 \end{pmatrix}\right] \cdot \begin{pmatrix} 1/\sqrt{14} \\ 2/\sqrt{14} \\ 3/\sqrt{14} \end{pmatrix} = 0$$

Übung 2
Bestimmen Sie eine Hesse'sche Normalenform der Ebene E.

a) $E: \left[\vec{x} - \begin{pmatrix} 1 \\ 0 \\ 3 \end{pmatrix}\right] \cdot \begin{pmatrix} 1 \\ 2 \\ 2 \end{pmatrix} = 0$ b) $E: 2x + y - z = 6$ c) $E: \vec{x} = \begin{pmatrix} 1 \\ 4 \\ 3 \end{pmatrix} + r \begin{pmatrix} -3 \\ 3 \\ 4 \end{pmatrix} + s \begin{pmatrix} 12 \\ 5 \\ 1 \end{pmatrix}$

Die Bedeutung der Hesse'schen Normalengleichung für Abstandsberechnungen ergibt sich aus folgender Tatsache:

Ersetzt man den allgemeinen Ortsvektor $\vec{x}$ auf der linken Seite einer Hesse'schen Normalengleichung der Ebene E durch den Ortsvektor $\vec{p}$ eines Punktes P, so erhält man, abgesehen vom Vorzeichen, den Abstand des Punktes P von der Ebene E.

Abstandsformel (Punkt/Ebene)

E: $(\vec{x} - \vec{a}) \cdot \vec{n}_0 = 0$ sei eine Hesse'sche Normalengleichung der Ebene E. Dann gilt für den Abstand d eines beliebigen Punktes P mit dem Ortsvektor $\vec{p}$ von der Ebene E:

$$d = d(P, E) = |(\vec{p} - \vec{a}) \cdot \vec{n}_0|.$$

Beispiel: Abstand Punkt/Ebene

Gesucht ist der Abstand des Punktes $P(4|4|5)$ von der Ebene E: $\left[\vec{x} - \begin{pmatrix} 2 \\ 2 \\ 1 \end{pmatrix}\right] \cdot \begin{pmatrix} 1 \\ 1 \\ 2 \end{pmatrix} = 0$.

Lösung:
Wir stellen zunächst eine Hesse'sche Normalengleichung von E auf, indem wir einen Normaleneinheitsvektor errechnen.

Hesse'sche Normalenform von E:

$$E: \left[\vec{x} - \begin{pmatrix} 2 \\ 2 \\ 1 \end{pmatrix}\right] \cdot \begin{pmatrix} 1/\sqrt{6} \\ 1/\sqrt{6} \\ 2/\sqrt{6} \end{pmatrix} = 0$$

Anschließend ersetzen wir im linksseitigen Term der Gleichung $\vec{x}$ durch den Ortsvektor von $P(4|4|5)$.
Wir errechnen das sich ergebende Skalarprodukt und bilden hiervon den Betrag.
Das Resultat 4,90 ist der gesuchte Abstand von P und E.

Abstand von P und E:

$$d = \left|\left[\begin{pmatrix} 4 \\ 4 \\ 5 \end{pmatrix} - \begin{pmatrix} 2 \\ 2 \\ 1 \end{pmatrix}\right] \cdot \begin{pmatrix} 1/\sqrt{6} \\ 1/\sqrt{6} \\ 2/\sqrt{6} \end{pmatrix}\right|$$

$$= \left|\begin{pmatrix} 2 \\ 2 \\ 4 \end{pmatrix} \cdot \begin{pmatrix} 1/\sqrt{6} \\ 1/\sqrt{6} \\ 2/\sqrt{6} \end{pmatrix}\right| = \frac{12}{\sqrt{6}} \approx 4{,}90$$

Begründung der Abstandsformel:
P sei ein Punkt, der auf derjenigen Seite der Ebene E liegt, nach der $\vec{n}_0$ zeigt.
Dann gilt folgende Rechnung:

$(\vec{p} - \vec{a}) \cdot \vec{n}_0 = \overrightarrow{AP} \cdot \vec{n}_0 = (\overrightarrow{AF} + \overrightarrow{FP}) \cdot \vec{n}_0$
$= \overrightarrow{AF} \cdot \vec{n}_0 + \overrightarrow{FP} \cdot \vec{n}_0$
$= |\overrightarrow{AF}| \cdot |\vec{n}_0| \cdot \cos 90° + |\overrightarrow{FP}| \cdot |\vec{n}_0| \cdot \cos 0°$
$= |\overrightarrow{FP}| = d$

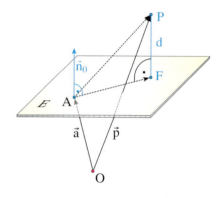

Liegt P auf der anderen Seite von E, so ergibt sich $(\vec{p} - \vec{a}) \cdot \vec{n}_0 = -d$.
Insgesamt: $d = |(\vec{p} - \vec{a}) \cdot \vec{n}_0|$.

C. Anwendungen der Abstandsformel Punkt/Ebene

▶ **Beispiel: Höhe einer Pyramide**
Welche Höhe hat die abgebildete Pyramide mit der Grundfläche ABC und der Spitze S?
Welches Volumen hat die Pyramide?

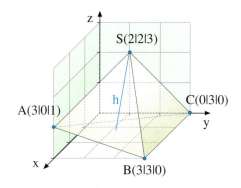

Lösung:
Die Höhe h ist der Abstand des Punktes S zu derjenigen Ebene E, welche A, B und C enthält.
Wir bestimmen zunächst eine Parametergleichung von E, wandeln diese in eine Normalengleichung um und stellen durch Normierung von $\vec{n}$ schließlich deren Hesse'sche Normalengleichung auf.

Durch Einsetzung des Ortsvektors der Pyramidenspitze S in die linke Seite der Hesse'schen Normalengleichung errechnen wir den Abstand h von S und E.
Resultat: h ≈ 2,53 LE

Zur Berechnung des Pyramidenvolumens benötigen wir den Flächeninhalt A des Grundflächendreiecks ABC. Wir wenden die Formel für den Flächeninhalt des Dreiecks an (vgl. S. 116). Dabei können wir die Richtungsvektoren der Parametergleichung von E als aufspannende Vektoren des Dreiecks verwenden.
Der Flächeninhalt beträgt A ≈ 4,74 FE.
▶ Das Volumen der Pyramide ist V = 4 VE.

Parametergleichung von E:

$$E: \vec{x} = \begin{pmatrix} 3 \\ 0 \\ 1 \end{pmatrix} + r \begin{pmatrix} 0 \\ 3 \\ -1 \end{pmatrix} + s \begin{pmatrix} -3 \\ 3 \\ -1 \end{pmatrix}$$

Hesse'sche Normalengleichung:

$$E: \left[\vec{x} - \begin{pmatrix} 3 \\ 0 \\ 1 \end{pmatrix} \right] \cdot \begin{pmatrix} 0 \\ 1/\sqrt{10} \\ 3/\sqrt{10} \end{pmatrix} = 0$$

Abstand von S und E:

$$h = \left| \left[\begin{pmatrix} 2 \\ 2 \\ 3 \end{pmatrix} - \begin{pmatrix} 3 \\ 0 \\ 1 \end{pmatrix} \right] \cdot \begin{pmatrix} 0 \\ 1/\sqrt{10} \\ 3/\sqrt{10} \end{pmatrix} \right| = \frac{8}{\sqrt{10}} \approx 2{,}53$$

Flächeninhalt von ABC:

$$A = \frac{1}{2} \cdot \sqrt{\begin{pmatrix} 0 \\ 3 \\ -1 \end{pmatrix}^2 \cdot \begin{pmatrix} -3 \\ 3 \\ -1 \end{pmatrix}^2 - \left(\begin{pmatrix} 0 \\ 3 \\ -1 \end{pmatrix} \cdot \begin{pmatrix} -3 \\ 3 \\ -1 \end{pmatrix} \right)^2}$$

$$= \frac{1}{2} \cdot \sqrt{10 \cdot 19 - 10^2} = \frac{1}{2} \cdot \sqrt{90} \approx 4{,}74$$

Volumen der Pyramide:

$$V = \frac{1}{3} \cdot A \cdot h = \frac{1}{3} \cdot \frac{1}{2} \sqrt{90} \cdot \frac{8}{\sqrt{10}} = 4$$

Übung 3

Von einem Würfel mit der Seitenlänge von 4 m wurde eine Ecke wie dargestellt abgeschnitten.

a) Welche Höhe hat die Pyramide über der Schnittfläche?
b) Wie groß ist das Restvolumen des Würfels?
c) In welchem Punkt schneidet die Würfeldiagonale das blaue Dreieck?

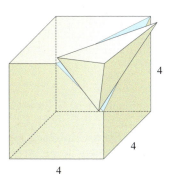

Eine Ebene teilt den dreidimensionalen Anschauungsraum in zwei Hälften. Da ein Normalenvektor der Ebene stets in einen der beiden *Halbräume* zeigt, kann man diese voneinander unterscheiden.
Dies ist der Grund dafür, dass man mithilfe der Abstandsformel Punkt/Ebene feststellen kann, ob zwei gegebene Punkte P und Q bezüglich einer Ebene E im gleichen oder in verschiedenen Halbräumen liegen.

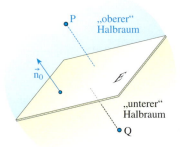

▶ **Beispiel: Halbräume**
Gegeben sind die Ebene E: $3x - 4y + 4z = 12$ sowie die Punkte $P(0|0|1)$ und $Q(3|-1|1)$. Bestimmen Sie die Abstände von P und Q zu E und stellen Sie fest, ob P und Q auf der „gleichen Seite" von E liegen. Welcher Punkt liegt näher an E?

Lösung:
Der Koordinatengleichung von E können wir durch Einsetzen ($x=0, y=0 \Rightarrow z=3$) einen Punkt und anhand der Koeffizienten ($3x - 4y + 4z$) einen Normalenvektor entnehmen, woraus wir die Hesse'sche Normalengleichung erstellen.

1. Hesse'sche Normalengleichung von E:

$$E: \left[\vec{x} - \begin{pmatrix} 0 \\ 0 \\ 3 \end{pmatrix}\right] \cdot \begin{pmatrix} 3/\sqrt{41} \\ -4/\sqrt{41} \\ 4/\sqrt{41} \end{pmatrix} = 0$$

Nun setzen wir die Ortsvektoren der Punkte P und Q in die linke Seite der HNF ein, ohne allerdings deren Betrag zu bilden. Wir erhalten für P den Wert $-1{,}25$ und für Q den Wert $0{,}78$.

2. Abstandsberechnung:

$$P: \left[\begin{pmatrix} 0 \\ 0 \\ 1 \end{pmatrix} - \begin{pmatrix} 0 \\ 0 \\ 3 \end{pmatrix}\right] \cdot \begin{pmatrix} 3/\sqrt{41} \\ -4/\sqrt{41} \\ 4/\sqrt{41} \end{pmatrix} = -\frac{8}{\sqrt{41}} \approx -1{,}25$$

$$Q: \left[\begin{pmatrix} 3 \\ -1 \\ 1 \end{pmatrix} - \begin{pmatrix} 0 \\ 0 \\ 3 \end{pmatrix}\right] \cdot \begin{pmatrix} 3/\sqrt{41} \\ -4/\sqrt{41} \\ 4/\sqrt{41} \end{pmatrix} = \frac{5}{\sqrt{41}} \approx +0{,}78$$

Das bedeutet:
Q liegt wegen des positiven Vorzeichens in demjenigen Halbraum bezüglich E, in den der Normalenvektor zeigt, wenn sein Fußpunkt auf E angenommen wird.
P liegt wegen des negativen Vorzeichens im anderen Halbraum.
Die Abstände zu E sind 1,25 bzw. 0,78.
▶ Q liegt näher an E als P.

3. Interpretation:

P und Q liegen auf unterschiedlichen Seiten von E.
Abstand von P zu E: $d(P, E) = 1{,}25$
Abstand von Q zu E: $d(Q, E) = 0{,}78$
Q liegt näher an E als P.

Übung 4
Gegeben sind die Ebene E: $2x + y + z = 4$ sowie die Punkte $P(0|1|2)$, $Q(-1|2|5)$, $R(1|1|1)$ und $T(1|3|2)$.
a) Berechnen Sie die Abstände von P, Q, R und T zu E.
b) Welche der Punkte liegen im gleichen Halbraum bezüglich E?
c) Liegt der Ursprung auf der gleichen Seite der Ebene wie der Punkt $P(0|1|2)$?

Übungen

5. Lotfußpunktverfahren
Bestimmen Sie den Abstand des Punktes P zur Ebene E mithilfe des Lotfußpunktverfahrens.
a) E: $x + 2y + 2z = 10$, $P(4|6|6)$
b) E: $3x + 4y = 2$, $P(9|0|2)$
c) E: $2x - 3y - 6z = -4$, $P(6|-1|-5)$
d) E: $\vec{x} = \begin{pmatrix} 0 \\ 6 \\ 6 \end{pmatrix} + r\begin{pmatrix} 1 \\ 3 \\ 2 \end{pmatrix} + s\begin{pmatrix} 0 \\ 6 \\ 4 \end{pmatrix}$, $P(2|7|-2)$

6. Hesse'sche Normalengleichung (HNF)
Bestimmen Sie eine Hesse'sche Normalengleichung der Ebene E durch die Punkte A, B, C.
a) $A(1|1|3)$
$B(2|-1|5)$
$C(0|1|5)$
b) $A(3|4|-1)$
$B(6|2|1)$
$C(0|5|-1)$
c) $A(7|3|2)$
$B(11|1|2)$
$C(9|1|3)$

7. Abstandsformel (HNF)
Stellen Sie zunächst eine Hesse'sche Normalengleichung der Ebene E auf. Berechnen Sie anschließend den Abstand von P und Q von der Ebene E mithilfe der Abstandsformel.

a) E: $6x + 3y + 2z = 22$
$P(7|5|7)$, $Q(6|1|2)$

b) E: $x - 2y + 2z = 8$
$P(7|1|6)$, $Q(2|-4|8)$

c) E: $2x + 3y + 6z = 12$
$P(4|3|5)$, $Q(-2|1|-6)$

d) E: $\left[\vec{x} - \begin{pmatrix} 6 \\ -2 \\ 2 \end{pmatrix}\right] \cdot \begin{pmatrix} 3 \\ 4 \\ 0 \end{pmatrix} = 0$ $P(4|4|4)$
$Q(4|-0,5|1)$

e) E: $\vec{x} = \begin{pmatrix} 2 \\ 2 \\ 0 \end{pmatrix} + r\begin{pmatrix} 3 \\ -2 \\ 0 \end{pmatrix} + s\begin{pmatrix} 2 \\ 2 \\ -15 \end{pmatrix}$ $P(7|11|5)$
$Q(-5|-7|1)$

f) E: $\vec{x} = \begin{pmatrix} 3 \\ 2 \\ -2 \end{pmatrix} + r\begin{pmatrix} 1 \\ 1 \\ 0 \end{pmatrix} + s\begin{pmatrix} 12 \\ -5 \\ -6 \end{pmatrix}$ $P(17|5|12)$
$Q(5|5|-24)$

8. Pyramidenhöhe
Gegeben ist die abgebildete Pyramide mit der Grundfläche ABCD und der Spitze S.

a) Welche Höhe hat die Pyramide?
b) Welches Volumen hat die Pyramide?
c) Bestimmen Sie den Fußpunkt F der Pyramidenhöhe.

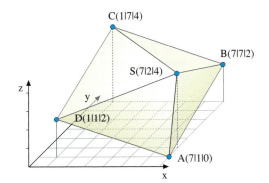

9. Relative Lage (Halbräume)
Gegeben sind die Ebene E sowie die Punkte P und Q.
Untersuchen Sie, ob P und Q im gleichen Halbraum bezüglich der Ebene E liegen.
Liegt einer der beiden Punkte P und Q im gleichen Halbraum wie der Ursprung?
a) E: $2x - 2y + z = -7$
$P(2|10|1)$, $Q(4|4|3)$
b) E: $6x - 2y + 3z = 12$
$P(-1|-2|6)$, $Q(2|1|2)$

D. Abstand einer Geraden bzw. Ebene zu einer parallelen Ebene

Verläuft eine Ebene F parallel zur Ebene E, so kann man den Abstand d(F, E) errechnen, indem man den Abstand irgendeines Punktes der Ebene F zur Ebene E errechnet, z. B. mithilfe der Abstandsformel. Völlig analog kann der Abstand d(g, E) einer Geraden g von einer parallelen Ebene E als Abstand irgendeines Geradenpunktes zur Ebene E gedeutet werden.

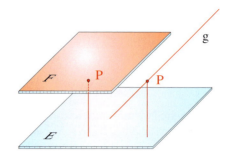

> **Beispiel: Abstand Gerade/Ebene**
> Bestimmen Sie den Abstand der Geraden g: $\vec{x} = \begin{pmatrix} 3 \\ 3 \\ 4 \end{pmatrix} + r \begin{pmatrix} -2 \\ -1 \\ 2 \end{pmatrix}$ von der Ebene E: $x + 2y + 2z = 8$.

Lösung:

Wir prüfen zunächst die Parallelität von der Geraden und der Ebene nach, indem wir das Skalarprodukt aus dem Richtungsvektor von g und dem Normalenvektor von E bilden. Es ist null.

Parallelitätsprüfung:
$$\begin{pmatrix} -2 \\ -1 \\ 2 \end{pmatrix} \cdot \begin{pmatrix} 1 \\ 2 \\ 2 \end{pmatrix} = -2 - 2 + 4 = 0$$

Anschließend stellen wir eine Hesse'sche Normalengleichung von E auf.

Hesse'sche Normalengleichung:
$$E: \left[\vec{x} - \begin{pmatrix} 0 \\ 0 \\ 4 \end{pmatrix}\right] \cdot \begin{pmatrix} 1/3 \\ 2/3 \\ 2/3 \end{pmatrix} = 0$$

Durch Einsetzen des Stützvektors von g in die linke Seite der Hesse'schen Normalengleichung errechnen wir den Abstand von g und E: d = 3.

Abstandsberechnung:
$$d = \left| \left[\begin{pmatrix} 3 \\ 3 \\ 4 \end{pmatrix} - \begin{pmatrix} 0 \\ 0 \\ 4 \end{pmatrix}\right] \cdot \begin{pmatrix} 1/3 \\ 2/3 \\ 2/3 \end{pmatrix} \right| = 3$$

Übung 10
Berechnen Sie den Abstand von g und E bzw. von E und F. Weisen Sie zunächst die Parallelität nach.

a) g: $\vec{x} = \begin{pmatrix} 7 \\ -1 \\ 4 \end{pmatrix} + r \begin{pmatrix} 1 \\ 6 \\ 2 \end{pmatrix}$

   E: $6x - 2y + 3z = 7$

b) g: $\vec{x} = \begin{pmatrix} 5 \\ 2 \\ 0 \end{pmatrix} + r \begin{pmatrix} -4 \\ 3 \\ 2 \end{pmatrix}$

   E: $\vec{x} = \begin{pmatrix} 0 \\ 0 \\ 5 \end{pmatrix} + s \begin{pmatrix} 1 \\ 1 \\ -4 \end{pmatrix} + t \begin{pmatrix} -1 \\ 0 \\ 2 \end{pmatrix}$

c) E: $4x + 2y - 4z = 16$
   F: $-2x - y + 2z = -26$

d) E: $12x - 5y + 13z = -204$
   F: $6x - 2{,}5y + 6{,}5z = 67$

E. Der Abstand Punkt/Gerade

Der Abstand eines Punktes P von einer Geraden g ist die Länge der Lotstrecke $\overline{PF}$, die vom Punkt P auf die Gerade führt und senkrecht auf ihr steht. Dies gilt sowohl in der zweidimensionalen Anschauungsebene $\mathbb{R}^2$ als auch im dreidimensionalen Raum $\mathbb{R}^3$. Man verwendet folgende Strategien, um den Abstand zu bestimmen.

Zweidimensionaler Fall

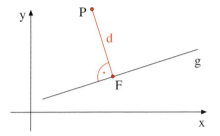

Dreidimensionaler Fall

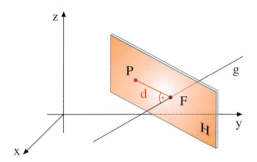

1. Im $\mathbb{R}^2$ besitzt jede Gerade eine Normalengleichung, analog zur Ebene im Raum. Man stellt diese Normalengleichung auf.
2. Man überführt die Normalengleichung in ihre Hesse'sche Normalenform.
3. Man setzt den Ortsvektor des Punktes in die linke Seite der Hesse'schen Normalengleichung ein. Der gesuchte Abstand d ist der Absolutbetrag des sich ergebenden Wertes.

1. Im $\mathbb{R}^3$ bestimmt man zunächst eine Normalengleichung derjenigen Hilfsebene H, die orthogonal auf g steht und den Punkt P enthält.
2. Man berechnet den Lotfußpunkt F als Schnittpunkt der Geraden g mit der Hilfsebene H.
3. Man bestimmt den gesuchten Abstand d als Länge des Lotvektors $\overrightarrow{PF}$. ● 197-1

▶ **Beispiel: Abstand Punkt/Gerade im $\mathbb{R}^2$**
Gesucht ist der Abstand des Punktes P(6|3) von der Geraden g: $\vec{x} = \begin{pmatrix} 1 \\ 3 \end{pmatrix} + r \begin{pmatrix} 1 \\ -2 \end{pmatrix}$.

Lösung:
g besitzt den Richtungsvektor $\begin{pmatrix} 1 \\ -2 \end{pmatrix}$.
Folglich ist $\vec{n} = \begin{pmatrix} 2 \\ 1 \end{pmatrix}$ ein Normalenvektor von g und $\vec{n}_0 = \begin{pmatrix} 2/\sqrt{5} \\ 1/\sqrt{5} \end{pmatrix}$ ein Normaleneinheitsvektor.

Hiermit erstellen wir die rechts dargestellte Hesse'sche Normalengleichung von g, in deren linke Seite wir sodann den Ortsvektor von P(6|3) einsetzen, um d zu errechnen.

▶ Resultat: $d \approx 4{,}47$

1. Normalengleichung von g:

g: $\left[\vec{x} - \begin{pmatrix} 1 \\ 3 \end{pmatrix} \right] \cdot \begin{pmatrix} 2 \\ 1 \end{pmatrix} = 0$

2. Hesse'sche Normalengleichung von g:

g: $\left[\vec{x} - \begin{pmatrix} 1 \\ 3 \end{pmatrix} \right] \cdot \begin{pmatrix} 2/\sqrt{5} \\ 1/\sqrt{5} \end{pmatrix} = 0$

3. Abstandsberechnung:

$d = \left| \left[\begin{pmatrix} 6 \\ 3 \end{pmatrix} - \begin{pmatrix} 1 \\ 3 \end{pmatrix} \right] \cdot \begin{pmatrix} 2/\sqrt{5} \\ 1/\sqrt{5} \end{pmatrix} \right| = \frac{10}{\sqrt{5}} \approx 4{,}47$

▶ **Beispiel: Abstand Punkt/Gerade im $\mathbb{R}^3$**
Gesucht ist der Abstand des Punktes P(−1|4|5) von der Geraden g: $\vec{x} = \begin{pmatrix} 1 \\ 2 \\ 2 \end{pmatrix} + r \begin{pmatrix} -1 \\ 3 \\ 2 \end{pmatrix}$.

Lösung:
Wir bestimmen zunächst eine Normalengleichung der Hilfsebene H, die senkrecht zu g ist und P enthält. Als Normalenvektor von H können wir den Richtungsvektor von g verwenden und als Stützvektor den Ortsvektor von P.

1. Hilfsebene H: (H ⊥ g, P ∈ H)

$$H: \left[\vec{x} - \begin{pmatrix} -1 \\ 4 \\ 5 \end{pmatrix} \right] \cdot \begin{pmatrix} -1 \\ 3 \\ 2 \end{pmatrix} = 0$$

Der Lotfußpunkt F des Lotes von P auf g ist der Schnittpunkt von g und H. Diesen errechnen wir durch Einsetzen der rechten Seite der Geradengleichung für den allgemeinen Ortsvektor $\vec{x}$ in der Ebenengleichung.
Resultat: F(0|5|4)

2. Lotfußpunkt F:
Schnittpunkt von g und H:

$$\left[\begin{pmatrix} 1 \\ 2 \\ 2 \end{pmatrix} + r \begin{pmatrix} -1 \\ 3 \\ 2 \end{pmatrix} - \begin{pmatrix} -1 \\ 4 \\ 5 \end{pmatrix} \right] \cdot \begin{pmatrix} -1 \\ 3 \\ 2 \end{pmatrix} = 0$$

$-14 + 14\,r = 0$
$r = 1$
⇒ F(0|5|4)

Abschließend bestimmen wir den gesuchten Abstand d von P und g, indem wir die Länge der Lotstrecke $\overline{PF}$ bzw. des Lotvektors $\overrightarrow{PF}$ errechnen.

▶ Resultat: $d = |\overrightarrow{PF}| = \sqrt{3} \approx 1{,}73$

3. Abstand von P und F:

$$d = |\overrightarrow{PF}| = \left| \begin{pmatrix} 0 \\ 5 \\ 4 \end{pmatrix} - \begin{pmatrix} -1 \\ 4 \\ 5 \end{pmatrix} \right| = \left| \begin{pmatrix} 1 \\ 1 \\ -1 \end{pmatrix} \right| = \sqrt{3}$$

Übung 11
Bestimmen Sie den Abstand des Punktes P von der Geraden g im $\mathbb{R}^2$.

a) g: $\vec{x} = \begin{pmatrix} 2 \\ 1 \end{pmatrix} + r \begin{pmatrix} 1 \\ 1 \end{pmatrix}$
P(6|−1)

b) g: $\vec{x} = \begin{pmatrix} 0 \\ 3 \end{pmatrix} + r \begin{pmatrix} 2 \\ -1 \end{pmatrix}$
P(1|−2,5)

c) g: $\vec{x} = \begin{pmatrix} 3 \\ 4 \end{pmatrix} + r \begin{pmatrix} 3 \\ -1 \end{pmatrix}$
P(0|0)

Übung 12
Gesucht ist der Abstand des Punktes P von der Geraden g im $\mathbb{R}^3$.

a) g: $\vec{x} = \begin{pmatrix} 4 \\ 0 \\ 1 \end{pmatrix} + r \begin{pmatrix} -1 \\ 1 \\ 1 \end{pmatrix}$
P(4|6|−2)

b) g geht durch A(4|2|1) und B(0|6|3).
P(2|1|8)

c) g geht durch A(4|8|7) und B(9|3|7).
P(0|0|0)

Übung 13
Betrachtet wird ein Würfel mit der Seitenlänge 9. Berechnen Sie den Abstand der Punkte E, H und C von der Geraden g.

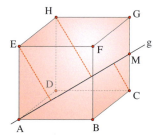

F. Der Abstand paralleler Geraden

Die Aufgabe, den Abstand paralleler Geraden zu bestimmen, kann auf die vorherige Problematik des Abstands von Punkt und Gerade zurückgeführt werden.

Alle Punkte der Geraden h haben von der parallelen Gerade g den gleichen Abstand. Dieser Abstand kann berechnet werden, indem man den Abstand eines beliebigen Punktes der Geraden h – beispielsweise den Abstand ihres Stützpunktes P – von der Geraden g berechnet.   199-1

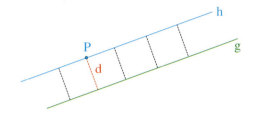

> **Beispiel: Abstand paralleler Geraden**
> Kurz nach dem Start befindet sich Flugzeug Alpha in einem geradlinigen Steigflug durch die Punkte A($-8|5|1$) und B($2|-1|2$). Gleichzeitig befindet sich Flugzeug Beta im Landeanflug durch die Punkte C($13|-5|5$) und D($-7|7|3$). (Angaben in km)
> Weisen Sie nach, dass die Flugbahnen beider Flugzeuge parallel verlaufen, und berechnen Sie den Abstand der Flugbahnen.

Lösung:
Die nebenstehende Gerade g beschreibt die Flugbahn von Flugzeug A, die Gerade h beschreibt die Flugbahn von Flugzeug B. Die Geraden g und h sind parallel, da die Richtungsvektoren kollinear sind. Wie man leicht sieht, ist der Kollinearitätsfaktor -2.

Gerade g: $\vec{x} = \begin{pmatrix} -8 \\ 5 \\ 1 \end{pmatrix} + r \cdot \begin{pmatrix} 10 \\ -6 \\ 1 \end{pmatrix}$

Gerade h: $\vec{x} = \begin{pmatrix} 13 \\ -5 \\ 5 \end{pmatrix} + s \cdot \begin{pmatrix} -20 \\ 12 \\ -2 \end{pmatrix}$

Zur Abstandsberechnung der beiden Geraden wird der Abstand des Punktes C von der Geraden g berechnet.

Hilfsebene H: $\left[\vec{x} - \begin{pmatrix} 13 \\ -5 \\ 5 \end{pmatrix}\right] \cdot \begin{pmatrix} 10 \\ -6 \\ 1 \end{pmatrix} = 0$

H: $10x - 6y + z = 165$

Die Hilfsebene H enthält den Punkt C und ist orthogonal zur Gerade g. Der Schnittpunkt F von g und H ist der Fußpunkt des Lotes von Punkt C auf die Gerade g. Der Abstand der Punkte C und F ist damit gleich dem Abstand der Geraden g und h.
> Er beträgt 3 km.

Schnittpunkt von g und H:
$10(-8 + 10r) - 6(5 - 6r) + 1 + r = 165$
$137r - 109 = 165$
$r = 2$

Schnittpunkt: F($12|-7|3$)
Abstand: $d = |\overrightarrow{CF}| = \sqrt{1 + 4 + 4} = 3$

Übung 14
a) Zeigen Sie, dass die Gerade durch A und B parallel ist zur Geraden durch C und D.
   I: A($-1|6|4$), B($5|-2|4$), C($3|9|4$), D($9|1|4$)
   II: A($0|0|6$), B($2|4|2$), C($3|-6|6$), D($7|2|-2$)
b) Zeigen Sie, dass das Viereck ABCD mit A($5|0|0$), B($9|6|1$), C($7|7|3$), D($3|1|2$) ein Parallelogramm ist, und berechnen Sie seinen Flächeninhalt.

Übungen

15. Drachenprisma

Die Punkte $A(8|1|0), B(5|5|2), C(2|4|3)$ und $D(3|1|2)$ sind die Eckpunkte der Grundfläche eines Prismas ABCDEFGH. Weiterhin sei der Punkt $E(10|2|2)$ der Deckfläche bekannt.

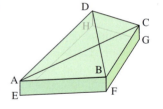

a) Bestimmen Sie die Eckpunkte F, G und H.
b) Weisen Sie nach, dass ABCD ein Drachenviereck ist.
c) Stellen Sie die Gleichung der Ebene T durch die Punkte A, C, H in Normalenform auf.
d) Bestimmen Sie den Abstand des Punktes F zur Ebene T.
e) Berechnen Sie den Abstand von Grund- und Deckfläche des Prismas und das Volumen.

16. Quadratische Pyramide

Die Punkte $A(0|0|0), B(8|0|0), C(8|8|0)$ und $D(0|8|0)$ sind die Eckpunkte der Grundfläche einer geraden quadratischen Pyramide ABCDS mit der Höhe $h = 6$. M ist der Mittelpunkt der Kante $\overline{CS}$, N der Mittelpunkt von $\overline{DS}$. Die Ebene E enthält die Punkte A, B, M, N.

a) Zeichnen Sie die Pyramide und die Ebene E im kartesischen Koordinatensystem.
b) Geben Sie eine Gleichung der Ebene E in Normalenform an.
c) Prüfen Sie, ob alle Eckpunkte der Pyramide, die nicht in der Ebene E liegen, zu E den gleichen Abstand haben.
d) Zeigen Sie, dass das Viereck CDNM ein Trapez ist, und berechnen Sie dessen Flächeninhalt, indem Sie zunächst den Abstand der Geraden CD und MN bestimmen.
e) Unter welchem Winkel schneidet die Kante $\overline{CS}$ die Ebene E?

17. Dreieckspyramide

Die Punkte $A(7|3|1), B(11|1|4)$ und $C(8|5|3)$ sind die Eckpunkte der Grundfläche einer Pyramide mit der Spitze $S(5|1|7)$.

a) Zeichnen Sie die Pyramide im kartesischen Koordinatensystem.
b) Die Grundfläche der Pyramide liegt in der Ebene E. Geben Sie eine Gleichung der Ebene E in Parameter- und in Normalenform an.
c) Berechnen Sie die Höhe der Pyramide und den Fußpunkt F des Lotes von S auf E.
d) Welchen Abstand hat der Punkt C von der Seitenkante BS?
e) Unter welchem Winkel schneidet die Kante BS die Ebene E?

18. Würfel

$A(3|4|6), B(7|8|8), D(7|2|2)$ und $E(5|0|10)$ sind Eckpunkte des Würfels ABCDEFGH.

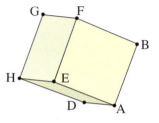

a) Bestimmen Sie die fehlenden Eckpunkte.
b) Die Ebene T enthalte die Punkte B, D und E. Stellen Sie eine Gleichung der Ebene T in Normalenform auf und berechnen Sie den Abstand des Punktes A zur Ebene T.
c) Welchen Abstand hat der Punkt B zur Geraden durch die Punkte D und E?
d) Berechnen Sie das Volumen der Pyramide ABDE. Verwenden Sie die bisherigen Ergebnisse.

2. Abstandsberechnungen

19. Einparkhilfe

Bei der Entwicklung der KFZ-Einparkhilfe haben Bionikforscher das Ortungssystem der Fledermaus kopiert und entsprechende Sensoren in die hintere Stoßstange integriert. Die Sensoren sind so eingestellt, dass sie eine Abstandsunterschreitung von 0,3 m anzeigen.

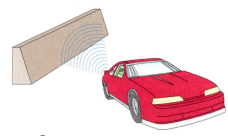

Ein Autofahrer fährt geradlinig rückwärts auf eine schräge Ebene zu, die durch $\left[\vec{x} - \begin{pmatrix} 10 \\ 0 \\ 10 \end{pmatrix}\right] \cdot \begin{pmatrix} 5 \\ 5 \\ 1 \end{pmatrix} = 0$ beschrieben wird.

a) Der der Ebene nächste Sensor befindet sich zunächst im Punkt P(6,2|6,2|0,3). Zeigen Sie, dass der Sensor noch keinen Alarm gegeben hat. Wenig später ist der Sensor im Punkt Q(6,1|6,1|0,3) angelangt. Ist inzwischen ein Alarm erfolgt?
b) An welchem Punkt R zwischen P und Q muss der Sensor Alarm geben?

20. Echolot (Tiefenmessung)

Ein Motorboot bewegt sich in einem Gewässer mit ebenem, aber leicht ansteigendem Grund. P(0|0|−20), Q(50|50|−15) und R(0|50|−15) sind Punkte der Grundebene. Das Boot besitzt einen Echolotsensor in Höhe der Wasseroberfläche.

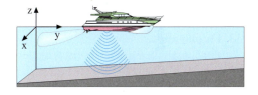

a) Erstellen Sie eine Normalengleichung der Grundebene.
b) Welcher Abstand zur Grundebene wird gemessen, wenn der Sensor sich im Punkt A(50|50|0) befindet? Etwas später sind Boot und Sensor im Punkt B(75|75|0) angelangt. Wie groß ist der Abstand hier? Wie tief ist das Wasser senkrecht unter dem Sensor?
c) Das Echolot berechnet aus den gespeicherten Daten den Abstand zum Grund voraus. Wo wird bei gleichbleibendem Kurs ein Abstand von nur noch 2 m erreicht, der aus Sicherheitsgründen mindestens erforderlich ist?

21. Radar (Höhenmessung)

Ein Helikopter fliegt bei schlechter Sicht auf ein eben ansteigendes Bergmassiv zu, welches durch die Punkte P(0|5|0), Q(5|10|2), R(10|10|2) beschrieben wird. Der Helikopter durchfliegt die Punkte A(1|6|1) und B(2|7|1) (Angaben in km).

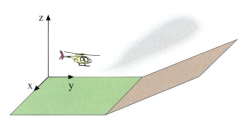

a) Erstellen Sie eine Ebenengleichung des Berghangs.
b) Bestimmen Sie den Abstand des Helikopters in A bzw. B zur Bergebene.
c) 100 m ist der erlaubte Mindestabstand. In welchem Punkt muss der Pilot spätestens auf Steigflug umstellen, um den Hang im Parallelflug zu überwinden? Wie lautet der neue Kurs?

22. Wetterfronten

Ein Wettersatellit hat eine Kaltfront polarer Luft sowie eine Warmfront tropischer Luft ausgemacht, die sich aufeinander zu bewegen, so dass mit Tiefdruck und Regen zu rechnen ist. Die Kaltfront ist bei $A(250|-230|3)$, während sich zur gleichen Zeit die Warmfront bei $B(-95|410|4)$ befindet (Angaben in km). Ihre Bewegungsrichtungen werden durch $\vec{n}_A = \begin{pmatrix} -1 \\ 2 \\ 0 \end{pmatrix}$ bzw. $\vec{n}_B = \begin{pmatrix} 1 \\ -2 \\ 0 \end{pmatrix}$ beschrieben.

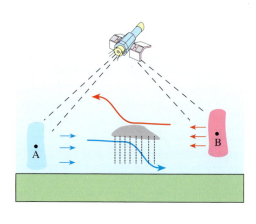

a) Welchen Abstand haben die Wetterfronten momentan?
b) Nach einer Stunde meldet der Satellit neue Standorte: $A'(230|-190|3)$, $B'(-65|350|4)$. Mit welcher Geschwindigkeit bewegen sich die Fronten? Welchen Abstand haben die Fronten nun voneinander? Wann werden sie voraussichtlich aufeinandertreffen?

23. Fluglärm

Zur Einschätzung einer zu erwartenden Fluglärmbelästigung für eine Siedlung in der Nähe einer geplanten Landebahn soll der Abstand der Anflugroute zur Siedlung bestimmt werden.

Die Anflugroute soll durch $A(2|0|2)$, $B(6|10|0)$ gehen, der Siedlungsmittelpunkt ist $S(0|3,5|0,5)$ (Angaben in km). Bestimmen Sie den Abstand von S zur geplanten Anflugroute.

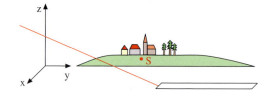

24. Parallelflugbahnen

Kunstflugmanöver müssen genau geplant und exakt ausgeführt werden, da die Flieger bei hohen Geschwindigkeiten stets auf „Tuchfühlung" fliegen. Zwei Flieger befinden sich auf Parallelflug und durchfliegen die Strecken $\overline{AA'}$ und $\overline{BB'}$ mit (Angabe in m):

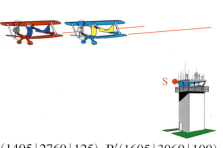

$A(1220|2450|150)$, $A'(1620|3050|100)$ bzw. $B(1405|2760|125)$, $B'(1605|3060|100)$.
a) Zeigen Sie, dass es sich tatsächlich um einen Parallelflug handelt.
b) Bestimmen Sie den Abstand der Flugbahnen.
c) Die Spannweite beträgt jeweils 14 m. Welchen Abstand haben die Flügelspitzen?
d) Die Spitze des Flugkontrollturms hat die Koordinaten $S(3|638|20)$. Wie nah kommt das erste Flugzeug, welches die Punkte A und A' passierte, dem Kontrollturm?

2. Abstandsberechnungen

G. Der Abstand windschiefer Geraden

Der Abstand windschiefer Geraden g und h ist die kürzeste Entfernung, die zwischen einem Punkt von g und einem Punkt von h existiert.
Es ist leicht einzusehen, dass eine solche kürzeste Strecke zwischen g und h sowohl auf g als auch auf h senkrecht stehen muss. Es ist eine gemeinsame Lotstrecke von g und h.
Am einfachsten lässt sich die Länge dieser Strecke als Abstand zweier paralleler Ebenen G und H bestimmen, welche jeweils eine der Geraden g bzw. h enthalten.

Abstand windschiefer Geraden

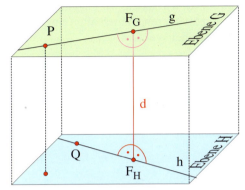

Folgende Überlegungen führen nun zu einer Abstandsformel für windschiefe Geraden.

Die Punkte P und Q seien Stützpunkte der Geraden g und h und $\vec{p}$ und $\vec{q}$ die Stützvektoren. $\vec{n}_0$ sei ein gemeinsamer *Normaleneinheitsvektor* von g und h, d. h., er ist orthogonal zu beiden Geraden und hat den Betrag 1.
Dann ist H: $(\vec{x} - \vec{q}) \cdot \vec{n}_0 = 0$ eine Hesse'sche Normalengleichung der Ebene H.
Der Term $d = |(\vec{p} - \vec{q}) \cdot \vec{n}_0|$ gibt folglich den Abstand des Punktes P von der Ebene H an und damit den Abstand von G zu H sowie den Abstand von g zu h.

> **Abstandsformel für windschiefe Geraden**
>
> g: $\vec{x} = \vec{p} + r \cdot \vec{m}_g$ und h: $\vec{x} = \vec{q} + s \cdot \vec{m}_h$ seien zwei windschiefe Geraden.
> $\vec{n}_0$ sei ein zu beiden Richtungsvektoren $\vec{m}_g$ und $\vec{m}_h$ orthogonaler Einheitsvektor.
> Dann besitzen g und h den Abstand
> $$d = |(\vec{p} - \vec{q}) \cdot \vec{n}_0|.$$ ⓘ 203-1

▶ **Beispiel: Abstand windschiefer Geraden**
Gegeben sind die windschiefen Geraden g: $\vec{x} = \begin{pmatrix} 2 \\ 2 \\ 3 \end{pmatrix} + r \begin{pmatrix} 1 \\ 2 \\ -2 \end{pmatrix}$ und h: $\vec{x} = \begin{pmatrix} 4 \\ 7 \\ 3 \end{pmatrix} + s \begin{pmatrix} -1 \\ 2 \\ 0 \end{pmatrix}$.
Berechnen Sie den Abstand von g und h.

Lösung:
Man kann leicht erkennen sowie durch Rechnung nachweisen, dass die Geraden weder parallel sind noch sich schneiden. Also sind sie windschief.

Wir bestimmen zunächst einen „Normalenvektor" $\vec{n}$, der auf beiden Richtungsvektoren senkrecht steht. Sein Skalarprodukt mit den Richtungsvektoren ist also jeweils null. Dies führt auf zwei Gleichungen mit drei Variablen.

1. Bestimmung eines Normaleneinheitsvektors:
$\vec{n} \cdot \vec{m}_g = 0$, $\qquad \vec{n} \cdot \vec{m}_h = 0$
$\begin{pmatrix} x \\ y \\ z \end{pmatrix} \cdot \begin{pmatrix} 1 \\ 2 \\ -2 \end{pmatrix} = 0$, $\qquad \begin{pmatrix} x \\ y \\ z \end{pmatrix} \cdot \begin{pmatrix} -1 \\ 2 \\ 0 \end{pmatrix} = 0$

Wir wählen x = 2 frei und errechnen y = 1 und z = 2 durch Einsetzen.
Den sich ergebenden Normalenvektor $\vec{n}$ normieren wir, indem wir ihn durch seinen Betrag dividieren. Wir erhalten einen Normaleneinheitsvektor $\vec{n}_0$.

Zur Abstandsberechnung setzen wir nun $\vec{n}_0$ sowie die Stützvektoren $\vec{p}$ und $\vec{q}$ der beiden Geraden in die Abstandsformel $d = |(\vec{p} - \vec{q}) \cdot \vec{n}_0|$ ein.

▶ Resultat: d = 3

I $\quad x + 2y - 2z = 0$
II $\quad -x + 2y \quad\quad = 0$

z. B. $\vec{n} = \begin{pmatrix} 2 \\ 1 \\ 2 \end{pmatrix} \Rightarrow \quad \vec{n}_0 = \dfrac{\vec{n}}{|\vec{n}|} = \begin{pmatrix} 2/3 \\ 1/3 \\ 2/3 \end{pmatrix}$

2. Abstandsberechnung:

$d = |(\vec{p} - \vec{q}) \cdot \vec{n}_0|$

$= \left| \left[\begin{pmatrix} 2 \\ 2 \\ 3 \end{pmatrix} - \begin{pmatrix} 4 \\ 7 \\ 3 \end{pmatrix} \right] \cdot \begin{pmatrix} 2/3 \\ 1/3 \\ 2/3 \end{pmatrix} \right| = 3$

Übung 25
Bestimmen Sie den Abstand der Geraden g: $\vec{x} = \begin{pmatrix} 9 \\ 3 \\ 8 \end{pmatrix} + r \begin{pmatrix} -6 \\ 2 \\ 1 \end{pmatrix}$ und h: $\vec{x} = \begin{pmatrix} 4 \\ 2 \\ 1 \end{pmatrix} + s \begin{pmatrix} 4 \\ 1 \\ -3 \end{pmatrix}$.

Übung 26
Zeigen Sie, dass g und h windschief sind. Berechnen Sie sodann den Abstand von g und h.

a) g: $\vec{x} = \begin{pmatrix} 0 \\ 6 \\ 0 \end{pmatrix} + r \begin{pmatrix} -2 \\ 1 \\ 0 \end{pmatrix}$, h: $\vec{x} = \begin{pmatrix} 0 \\ 3 \\ 4 \end{pmatrix} + s \begin{pmatrix} 3 \\ 3 \\ -1 \end{pmatrix}$ b) g: $\vec{x} = \begin{pmatrix} 0 \\ 3 \\ 1 \end{pmatrix} + r \begin{pmatrix} -3 \\ -2 \\ 0 \end{pmatrix}$, h: $\vec{x} = \begin{pmatrix} 4 \\ 6 \\ 9 \end{pmatrix} + s \begin{pmatrix} -3 \\ 2 \\ -2 \end{pmatrix}$

Übung 27   Rohrisolation
Über zwei Kupferrohre AB und CD, die sich windschief passieren, sollen wie abgebildet isolierende Schaumstoffumhüllungen geschoben werden.
Ist zwischen den Kupferrohren genügend Platz vorhanden, wenn die Isolationsrohre einen Außendurchmesser von 8 cm besitzen?

Übung 28   Abstand Punkt/Gerade, Gerade/Gerade
Berechnen Sie für die abgebildete Pyramide
a) die eingezeichnete Seitenhöhe h,
b) den Abstand der Kanten AC und BS.

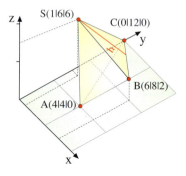

VI. Winkel und Abstände

Übungen

29. Schlechtwetterfront

Die vordere Begrenzung einer 4,5 km dicken Schlechtwetterfront wird beschrieben durch die Ebene E: $2x + 2y + z = 6$ (LE: 1 km).

a) Ein Flugzeug fliegt längs der Gerade g: $\vec{x} = \begin{pmatrix} 3 \\ 1 \\ 1 \end{pmatrix} + s \cdot \begin{pmatrix} 1 \\ -2 \\ 2 \end{pmatrix}$. Weisen Sie nach, dass seine Flugbahn parallel zur Schlechtwetterfront liegt. Berechnen Sie den Abstand der Flugbahn zur Schlechtwetterfront.

b) Ein Meteorologe befindet sich mit seinem Flugzeug im Punkt P(5|5|4). Er möchte zu Forschungszwecken die Schlechtwetterfront orthogonal durchfliegen. In welchem Punkt A tritt sein Flugzeug in die Schlechtwetterfront ein?

c) In welchem Punkt B verlässt das Flugzeug des Meteorologen die Schlechtwetterfront? Welche Ebene F beschreibt die hintere Begrenzung der Schlechtwetterfront?

d) Zeigen Sie, dass sich die Flugbahnen der beiden Flugzeuge nicht kreuzen. Ermitteln Sie den Abstand der beiden Flugbahnen.

30. Tanne am Abhang

Ein Abhang wird beschrieben durch die Ebene E: $2x + 3y + 6z = 35$. Auf dem Abhang steht eine senkrechte Tanne, deren Spitze der Punkt S(5|7|26) ist. (LE: 1 m)

a) Wie hoch ist die Tanne?

b) In welchem Winkel steht die Tanne zum Hang?

c) Zur Sicherung der Tanne wird im Punkt P(5|7|17) ein Sicherungsseil angebracht, dass am Abhang senkrecht zu diesem verankert werden soll. Ermitteln Sie den Punkt Q der Verankerung.

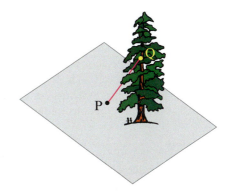

d) Auf dem Abhang soll in 30 m Höhe ein Wanderweg angelegt werden. Geben Sie die Gleichung der Geraden an, welche den Verlauf dieses Weges beschreibt.

e) Ein Blitz trifft die Tanne, worauf diese zerbricht. Ihre Spitze fällt auf den Abhang im Punkt A(1|−1|6). In welcher Höhe ist die Tanne abgeknickt?

31. Theaterbühne

Eine Theateraufführung findet auf einer zum Zuschauerraum hin geneigten Bühne statt.

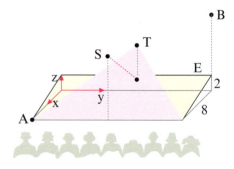

a) Stellen Sie für die Bühne eine Ebenengleichung in Parameter- und in Normalenform auf.
b) Im Punkt S(8|10|8,5) befindet sich ein Scheinwerfer. Welcher Punkt der Bühne kann von ihm orthogonal angestrahlt werden?
c) Am hinteren Rand der Bühne wird in der Mitte in 3 m Höhe über der Bühnenkante ein weiterer Scheinwerfer T angebracht. Durch ihn soll der gesamte vordere Rand der Bühne ausleuchtbar sein. Wie groß muss der mögliche Drehwinkel des Scheinwerfers eingestellt werden?
d) Am Ende des Stückes entschwebt die Hauptdarstellerin in einem Sitz an einem Seil, das von A(8|0|0) nach B(0|20|10) verläuft. Nach drei Vierteln der Strecke hält sie ihren Schlussmonolog. Wie hoch ist in diesem Moment ihre Fallhöhe? Wie groß ist ihr Abstand zur Bühne?

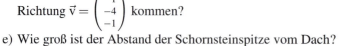

32. Halle mit Pultdach

Ein Haus mit Schrägdach hat die angegebenen Maße.

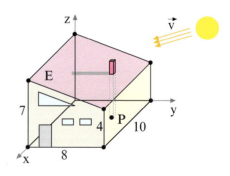

a) Geben Sie für die Dachebene E eine Gleichung in Koordinatenform an.
b) Welchen Winkel hat die Dachebene gegenüber der Horizontalen?
c) Der Schornstein mit dem Fußpunkt P(4|6|0) soll 1 m aus dem Dach ragen. Wie hoch muss der Schornstein sein?
d) Der Schornstein wird 6 m hoch gemauert. Wie lang ist sein Schatten auf dem Dach, wenn die Sonnenstrahlen aus Richtung $\vec{v} = \begin{pmatrix} 1 \\ -4 \\ -1 \end{pmatrix}$ kommen?
e) Wie groß ist der Abstand der Schornsteinspitze vom Dach?

VI. Winkel und Abstände

Überblick

Schnittwinkel zweier Geraden:

Schneiden sich die beiden Geraden mit den Richtungsvektoren $\vec{m}_1$ und $\vec{m}_2$, so gilt für den Schnittwinkel γ der Geraden:

$$\cos\gamma = \frac{|\vec{m}_1 \cdot \vec{m}_2|}{|\vec{m}_1| \cdot |\vec{m}_2|}$$

Schnittwinkel von Gerade und Ebene:

Schneidet die Gerade mit dem Richtungsvektor $\vec{m}$ die Ebene mit dem Normalenvektor $\vec{n}$, so gilt für Schnittwinkel γ von Gerade und Ebene:

$$\sin\gamma = \frac{|\vec{m} \cdot \vec{n}|}{|\vec{m}| \cdot |\vec{n}|} \quad \text{bzw.} \quad \cos(90° - \gamma) = \frac{|\vec{m} \cdot \vec{n}|}{|\vec{m}| \cdot |\vec{n}|}$$

Schnittwinkel zweier Ebenen:

Schneiden sich die beiden Ebenen mit den Normalenvektoren $\vec{n}_1$ und $\vec{n}_2$, so gilt für den Schnittwinkel γ der Ebenen:

$$\cos\gamma = \frac{|\vec{n}_1 \cdot \vec{n}_2|}{|\vec{n}_1| \cdot |\vec{n}_2|}$$

Hess'sche Normalengleichung einer Ebene:

$E: (\vec{x} - \vec{a}) \cdot \vec{n}_0 = 0$

$\vec{x}$: allgemeiner Ortsvektor der Ebene E
$\vec{a}$: Stützvektor der Ebene E
$\vec{n}_0$: Normalenvektor der Ebene E mit $|\vec{n}_0| = 1$

Abstand Punkt-Ebene:

Der Punkt P mit dem Ortsvektor $\vec{p}$ hat von der Ebene E mit der Hesse'schen Normalenform $E: (\vec{x} - \vec{a}) \cdot \vec{n}_0 = 0$ den Abstand $d = |(\vec{p} - \vec{a}) \cdot \vec{n}_0|$.

Abstand Gerade-Ebene und Ebene-Ebene:

Der Abstand einer Geraden g zu einer parallelen Ebene E ist gleich dem Abstand eines Punktes P der Geraden g (z. B. des Stützpunktes) zu der Ebene E. Er kann daher mit der Abstandsformel Punkt-Ebene berechnet werden.

Der Abstand einer Ebene E_1 zu einer parallelen Ebene E_2 ist gleich dem Abstand eines Punktes P der Ebene E_1 (z. B. des Stützpunktes) zu der Ebene E_2. Er kann daher mit der Abstandsformel Punkt-Ebene berechnet werden.

Abstand Punkt-Gerade:

Der Abstand eines Punktes P zu einer Geraden $g: \vec{x} = \vec{a} + r \cdot \vec{m}$ wird mit einem operativen **Lotfußpunktverfahren** berechnet:
1. Man stellt die Gleichung einer Hilfsebene H auf, die orthogonal zu g ist und den Punkt P als Stützpunkt enthält: $H: (\vec{x} - \vec{p}) \cdot \vec{m} = 0$.
2. Man berechnet den Schnittpunkt F von g und H.
3. Man berechnet den gesuchten Abstand als Abstand von P und F.

Abstand windschiefer Geraden:

Sind $g : \vec{x} = \vec{p} + r \cdot \vec{m}_g$ und $h : \vec{x} = \vec{q} + s \cdot \vec{m}_h$ windschiefe Geraden und $\vec{n}_0$ ein zu beiden Richtungsvektoren $\vec{m}_g$ und $\vec{m}_h$ orthogonaler Einheitsvektor, dann besitzen g und h den Abstand $d = |(\vec{p} - \vec{q}) \cdot \vec{n}_0|$.

Werkzeug zur Raumgeometrie

Die Lagebeziehungen von Punkten, Geraden und Ebenen können mithilfe von 3-D-Geometriesoftware anschaulich gemacht werden. Darüber hinaus liefern solche Programme Schnittpunkte bzw. Schnittgeraden sowie Abstände und Winkel.

In den voranstehenden Kapiteln zu Themen Vektoren, Geraden und Ebenen wurden in den Mathematischen Streifzügen Programme vorgestellt, mit denen man die speziellen Aufgabenstellungen des jeweiligen Themas bearbeiten kann. Bei der Lösung komplexerer Aufgaben der Analytischen Geometrie wünscht man sich ein Werkzeug, das die Bearbeitung aller Themen gestattet.

Auf der Buch-CD wird unter dem Mediencode 208-1 ein universelles Werkzeug zur analytischen Geometrie des dreidimensionalen Raumes bereitgestellt. Die folgende Abbildung zeigt die Anwendung des Programms auf die Untersuchung der Lagebeziehung zweier Ebenen.

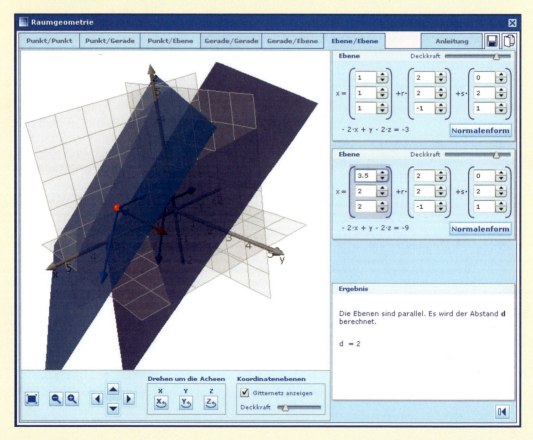

Das Programm gestattet die Eingabe von Punktkoordinaten, Geraden- und Ebenengleichungen. Im grafischen Ausgabefenster werden die geometrischen Objekte dargestellt. Das Bild lässt sich vergrößern und verkleinern, verschieben und um die Achsen drehen. Im Fenster rechts unten erfolgt die Ausgabe von Schnittobjekten und Winkeln bzw. von Abständen.

Werkzeug zur Raumgeometrie

Im Folgenden soll das Werkzeug bei einem der letzten in diesem Kapitel behandelten Probleme angewendet werden (vgl. Seite 187 f.), bei dem es um den Abstand zweier windschiefer Geraden geht. Gegeben sind dabei die beiden zu untersuchenden Geraden

$$g: \vec{x} = \begin{pmatrix} 2 \\ 2 \\ 3 \end{pmatrix} + r \cdot \begin{pmatrix} 1 \\ 2 \\ -2 \end{pmatrix} \quad \text{und} \quad h: \vec{x} = \begin{pmatrix} 4 \\ 7 \\ 3 \end{pmatrix} + r \cdot \begin{pmatrix} -1 \\ 2 \\ 0 \end{pmatrix}.$$

Nach dem Programmstart wählt man in der oberen Leiste den Menüpunkt $\boxed{\text{Gerade/Gerade}}$ aus und gibt rechts die Koordinaten der vier Vektoren ein.

Man erhält als Ergebnis, dass die Geraden windschief sind und den Abstand 3 haben.

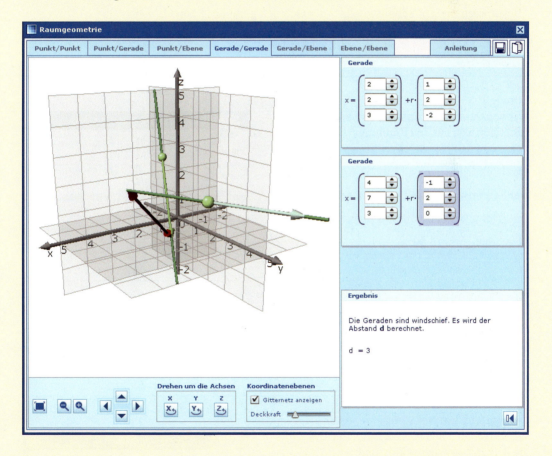

Übungen

Bearbeiten Sie ausgewählte Übungen zu Lagebeziehungen von Punkten, Geraden und Ebenen sowie zur Bestimmung von Schnittelementen sowie zu Schnittwinkel- und Abstandsberechnungen, um sich mit dem Geometrie-Werkzeug vertraut zu machen.

Verwenden Sie das Werkzeug auch bei der Überprüfung Ihrer Lösungen von komplexen Aufgaben aus dem Kapitel VIII.

CAS-Anwendung

● 210-1

Es werden folgende Grundaufgaben im $\mathbb{R}^3$ behandelt:
– Winkel zwischen Gerade und Ebene
– Winkel zwischen Ebenen
– Abstand eines Punktes von einer Geraden
– Abstand eines Punktes von einer Ebene

> **Beispiel: Winkel zwischen Gerade und Ebene**
> Bestimmen Sie den Schnittwinkel γ der Geraden g mit der Ebene E.
> $$g: \vec{x} = \begin{pmatrix} 2 \\ 1 \\ 3 \end{pmatrix} + t \begin{pmatrix} 2 \\ 1 \\ -2 \end{pmatrix} \qquad E: \left[\vec{x} - \begin{pmatrix} 3 \\ 5 \\ 1 \end{pmatrix} \right] \cdot \begin{pmatrix} 3 \\ 1 \\ 2 \end{pmatrix} = 0$$

Lösung
Wir verwenden den Ansatz von Seite 185, benötigen also nur den Richtungsvektor $\vec{m}$ von g und den Normalenvektor $\vec{n}$ von E:
vm := [2; 1; −2], vn := [3; 1; 2].
Der Schnittwinkel wird berechnet durch
$\sin^{-1}(|\text{dotp}(vm,vn)|/(\text{norm}(vm) \cdot \text{norm}(vn)))$.
Man erhält: $\gamma \approx 15{,}50°$.

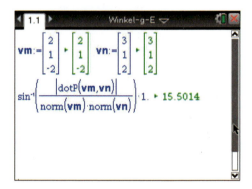

> **Beispiel: Winkel zwischen Ebenen**
> Bestimmen Sie den Schnittwinkel γ der Ebenen E_1 und E_2.
> $$E_1: 4x + 3y + 2z = 12 \qquad E_2: \left[\vec{x} - \begin{pmatrix} 0 \\ 0 \\ 6 \end{pmatrix} \right] \cdot \begin{pmatrix} 0 \\ 3 \\ 2 \end{pmatrix} = 0$$

Lösung:
Wir verwenden den Ansatz von Seite 186; die beiden Normalenvektor sind:
vn1 := [4; 3; 2], vn2 := [0; 3; 2].
Der Schnittwinkel wird berechnet durch
$\cos^{-1}(|\text{dotp}(vn1,vn2)|/(\text{norm}(vn1) \cdot \text{norm}(vn2)))$.
Man erhält: $\gamma \approx 47{,}97°$.

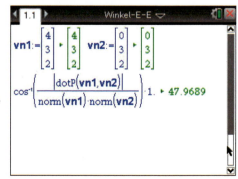

CAS-Anwendung

Zunächst wird der Abstand Punkt-Ebene mit dem Lotfußpunktverfahren behandelt (vgl. S. 190). Darauf folgt die Abstandsberechnung eines Punktes zu einer Geraden im Raum (vgl. S. 197 f.).

> **Beispiel: Abstand eines Punktes von einer Ebene**
> Gesucht ist der Abstand des Punktes $P(4|4|5)$ von der Ebene E: $x + y + 2z = 6$.

Lösung:
Mit dem Ortsvektor vp := [4; 4; 5] von P und dem Normalenvektor vn := [1; 1; 2] von E wird das Lot $g(r) := vp + r \cdot vn$ von P auf E definiert. Der Parameterwert r für den Lotfußpunkt F ergibt sich durch solve(dotP(g(r),vn)=6,r) mit r = −2.

Der Ortsvektor von F wird folglich festgelegt durch vf := g(−2). Der gesuchte Abstand ist damit d := norm(vp − vf). Er beträgt ungefähr 4,90 LE.

> **Beispiel: Abstand eines Punktes von einer Geraden im Raum**
> Gesucht ist der Abstand des Punktes $P(-1|4|5)$ von der Geraden g: $\vec{x} = \begin{pmatrix} 1 \\ 2 \\ 2 \end{pmatrix} + r \begin{pmatrix} -1 \\ 3 \\ 2 \end{pmatrix}$.

Lösung:
Der Ortsvektor von P wird definiert durch vp := [−1; 4; 5], der des Stützpunktes A von g durch va := [1; 2; 2]. Der Richtungsvektor von g ist der Normalenvektor vn := [−1; 3; 2] der zu g orthogonalen Hilfsebene H. Für den Lotfußpunkt F wird r mittels solve(dotP(g(r)-vp,vn)=0,r) bestimmt: r = 1. Der Ortsvektor von F wird folglich festgelegt durch vf := g(1). Der gesuchte Abstand ergibt sich damit zu d := norm(vp − vf) ≈ 1,73 LE.

Übung 1
Die Punkte $A(6|1|1)$, $B(4|5|2)$, $C(1|1|2)$, $D(4|3|5)$ bilden eine dreiseitige Pyramide, ein sogenanntes „unregelmäßiges Tetraeder". Berechnen Sie die Winkel zwischen der Fläche ABC und der Kante AD sowie zwischen den Flächen ABC und ABD. Berechnen Sie den Abstand des Punktes D zur Ebene ABC sowie den Abstand des Punktes D zur Geraden AB.

Übung 2
Bearbeiten Sie die Beispiele zur Abstandsberechnung durch CAS-Anwendung der Hesse-Form.

Test

Winkel und Abstände

1. Gegeben sind in einem kartesischen Koordinatensystem die Punkte $A(2|2|-1)$, $B(0|3|1)$ und $C(4|1|1)$. Die Ebene E enthält die Punkte A, B und C.
   a) Stellen Sie eine Hesse'sche Normalengleichung der Ebene E auf.
   b) Für welches $a \in \mathbb{R}$ liegt der Punkt $P(-a|2a|1)$ in der Ebene E?
   c) Bestimmen Sie die Achsenschnittpunkte von E.
      Fertigen Sie ein Schrägbild von E an.
   d) Bestimmen Sie eine zu E orthogonale Gerade g, die den Punkt $Q(4|6|3)$ enthält.
      In welchem Punkt F schneidet g die Ebene E?

2. Gegeben sind die Ebenen $E_1: \vec{x} = \begin{pmatrix} 1 \\ 1 \\ 2 \end{pmatrix} + r \begin{pmatrix} -4 \\ 1 \\ 3 \end{pmatrix} + s \begin{pmatrix} 4 \\ 2 \\ -3 \end{pmatrix}$ und $E_2: x - 2y + z = 4$.

   a) Zeigen Sie, dass sich die Ebenen E_1 und E_2 schneiden. Bestimmen Sie die Schnittgerade sowie den Schnittwinkel.
   b) Bestimmen Sie den Abstand des Punktes $P(6|3|7)$ von E_1.
   c) Wie lautet die Koordinatengleichung der zu E_1 parallelen Ebene durch den Punkt P?

3. Gegeben sind die Ebene $E: \left[\vec{x} - \begin{pmatrix} 4 \\ -3 \\ 2 \end{pmatrix} \right] \cdot \begin{pmatrix} 3 \\ -4 \\ 6 \end{pmatrix} = 0$ und die Gerade $g: \vec{x} = \begin{pmatrix} 8 \\ -6 \\ 2 \end{pmatrix} + r \begin{pmatrix} 2 \\ 3 \\ 2 \end{pmatrix}$.

   a) Zeigen Sie, dass sich g und E schneiden. Bestimmen Sie den Schnittpunkt sowie den Schnittwinkel.
   b) Bestimmen Sie den Abstand des Punktes $P(9|6|0)$ von der Geraden g.
   c) Der Punkt $P(9|6|0)$ wird an der Geraden g gespiegelt. Bestimmen Sie die Koordinaten des Spiegelpunktes P'.
   d) Bestimmen Sie den Abstand der windschiefen Geraden g und $h: \vec{x} = \begin{pmatrix} 3 \\ -5 \\ 8 \end{pmatrix} + s \begin{pmatrix} 0 \\ 3 \\ 1 \end{pmatrix}$.

Lösungen unter 🔵 212-1

VII. Exkurs: Kreise und Kugeln

Auch Kreise in der Ebene und Kugeln im Raum können mithilfe von Vektoren analytisch beschrieben werden. Damit gelingt auf rechnerischem Wege sowohl die Untersuchung von Lagebeziehungen als auch die Bestimmung von Schnittmengen.

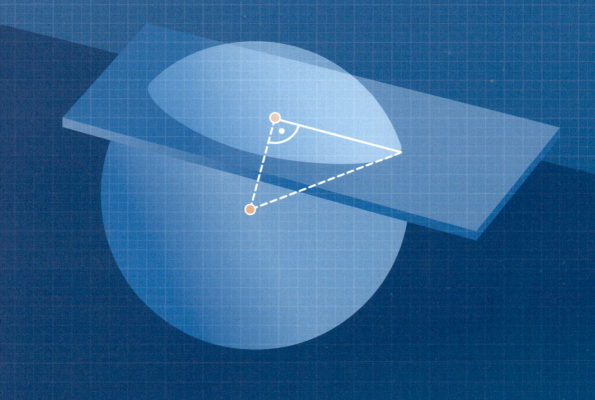

1. Kreise in der Ebene

A. Die Gleichung eines Ursprungskreises

In diesem Abschnitt geht es darum, einen durch Mittelpunkt und Radius gegebenen Kreis durch eine Gleichung zu erfassen.

Ein Kreis K ist durch seinen Mittelpunkt $M(x_M, y_M)$ und seinen Radius r eindeutig festgelegt. Besonders einfach ist die Kreisgleichung, wenn der Mittelpunkt im Ursprung des Koordinatensystems liegt.

> **Gleichung des Ursprungskreises**
> K sei ein Kreis mit dem Mittelpunkt $M(0|0)$ und dem Radius r. $P(x|y)$ sei ein beliebiger Punkt auf dem Kreis K. Dann gilt:
> $$x^2 + y^2 = r^2.$$

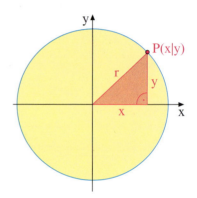

Diese Koordinatengleichung des Kreises folgt durch Anwendung des Satzes von Pythagoras auf das eingezeichnete rechtwinklige Dreieck.

▶ **Beispiel: Kreis um den Ursprung**
Wie lautet die Gleichung des Kreises K um den Ursprung $M(0|0)$ mit dem Radius $r = 5$? Liegt einer der Punkte $Q(3|4)$, $R(3|5)$ bzw. $T(2|3)$ auf dem Kreis K?

Lösung:
Wir setzen $r = 5$ in die allgemeine Gleichung des Ursprungskreises ein und erhalten für den Kreis K: $x^2 + y^2 = 25$.

In diese Gleichung setzen wir die Koordinaten x und y der gegebenen Punkte ein. Ergibt sich exakt 25, so liegt der Punkt auf dem Kreis.
Ergibt sich ein Wert größer als 25, so liegt der Punkt außerhalb des Kreises.
Ergibt sich ein Wert kleiner als 25, so liegt
▶ der Punkt im Innern des Kreises.

Kreisgleichung:
K: $x^2 + y^2 = 25$

Punktproben:
$3^2 + 4^2 = 25 = 25 \Rightarrow Q(3|4)$ auf K
$3^2 + 5^2 = 34 > 25 \Rightarrow R(3|5)$ außerhalb K
$2^2 + 3^2 = 13 < 25 \Rightarrow T(2|3)$ innerhalb K

Übung 1
K sei ein Ursprungskreis durch den Punkt $P(6|8)$. Wie lautet die Gleichung von K? Liegt der Punkt $Q(7|7)$ auf K? Wie muss man a wählen, damit der Punkt $R(-8|a)$ auf dem Kreis K liegt?

1. Kreise in der Ebene

B. Die Gleichung eines beliebigen Kreises

Wir lassen nun für einen Kreis K mit dem Radius r einen ganz beliebigen Mittelpunkt M mit den Koordinaten x_M und y_M zu. Die Gleichung dieses Kreises lässt sich ebenfalls mit dem Satz von Pythagoras gewinnen.

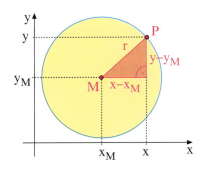

Die allgemeine Kreisgleichung
K sei ein Kreis mit dem Mittelpunkt $M(x_M | y_M)$ und dem Radius r.
$P(x | y)$ sei ein beliebiger Punkt auf dem Kreis K.
Dann gilt:
$$(x - x_M)^2 + (y - y_M)^2 = r^2.$$

▶ **Beispiel: Kreis in allgemeiner Lage**
Beschreiben und zeichnen Sie den Kreis mit der Gleichung $(x - 3)^2 + (y + 1)^2 = 4$. Liegt der Ursprung $O(0|0)$ in diesem Kreis?

Lösung:
Durch Vergleich mit der allgemeinen Kreisgleichung können wir ablesen, dass es ein Kreis mit dem Mittelpunkt $M(3|-1)$ ist, dessen Radius $r = 2$ beträgt.

Setzen wir die Koordinaten des Ursprungspunktes $O(0|0)$ in die Kreisgleichung ein, so erhalten wir für deren linke Seite den Wert $(-3)^2 + 1^2 = 10 > 4$. Daher liegt
▶ der Ursprung außerhalb des Kreises.

Zeichnung:

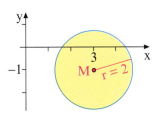

Übung 2
Wie lautet die Gleichung des Kreises K mit dem Mittelpunkt M und dem Radius r?
a) $M(2|3)$, $r = 5$ b) $M(2|-3)$, $r = \sqrt{10}$ c) $M(4|2)$, $r = 6$

Übung 3
Liegen die Punkte $A(3|1)$, $B(2|2)$ und $C(2,5|-2)$ auf dem Rand des Kreises mit der Gleichung $K: (x - 3)^2 + (y + 1)^2 = 4$, in seinem Innern oder außerhalb des Kreises?

Übung 4
Zwei Kreise K_1 und K_2 schneiden sich, wenn der Abstand d ihrer Mittelpunkte zwischen $|r_1 - r_2|$ und $r_1 + r_2$ liegt, wobei r_1 und r_2 die Radien sind. Prüfen Sie, ob die Kreise sich schneiden.
a) $K_1: x^2 + y^2 = 16$ b) $K_2: (x - 2)^2 + (y - 1)^2 = 18$ c) $K_2: (x - 3)^2 + (y + 4)^2 = 25$
   $K_2: x^2 + (y - 2)^2 = 4$ $K_2: (x - 9)^2 + (y - 1)^2 = 25$ $K_2: (x + 2)^2 + (y - 3)^2 = 4$

C. Kreise und Geraden

In diesem Abschnitt behandeln wir die Lagebeziehungen zwischen Kreis und Gerade in der Ebene.
Es gibt drei Fälle. Die Gerade kann den Kreis verfehlen, sie kann ihn in einem Punkt berühren oder in zwei Punkten schneiden. Entsprechend bezeichnet man sie als Passante, Tangente oder Sekante.

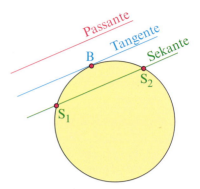

▶ **Beispiel: Lage von Gerade und Kreis**
Welche relative Lage nehmen der Ursprungskreis mit dem Radius 5 und die Gerade durch die Punkte $A(-2|6)$ und $B(6|2)$ zueinander ein?

Lösung:
Der Kreis hat die Gleichung $x^2 + y^2 = 25$.
Die Geradengleichung lautet $y = -0{,}5x + 5$.

Setzen wir die Geradengleichung in die Kreisgleichung ein, so erhalten wir eine quadratische Gleichung mit den Lösungen $x = 0$ und $x = 4$.
Die zugehörigen y-Werte erhalten wir durch Rückeinsetzung in die Geradengleichung: $y = 5$ und $y = 3$.
▶ Die Gerade ist also eine Kreissekante und schneidet diesen in $S_1(0|5)$ und $S_2(4|3)$.

Gleichungen von Kreis K und Gerade g:
K: $x^2 + y^2 = 25$
g: $y = -0{,}5x + 5$

Schnittuntersuchung:
$x^2 + (-0{,}5x + 5)^2 = 25$
$x^2 + 0{,}25x^2 - 5x + 25 = 25$
$1{,}25x^2 - 5x = 0$
$x^2 - 4x = 0$

Lösungen: $x = 0$ und $y = 5$
$x = 4$ und $y = 3$

Schnittpunkte: $S_1(0|5)$ und $S_2(4|3)$

Übung 5
Untersuchen Sie die relative Lage von Kreis und Gerade. Fertigen Sie auch eine Skizze an.
a) K: $x^2 + y^2 = 25$
   g: $y = 2x + 10$
b) K: $(x-1)^2 + (y-1)^2 = 9$
   g: $y = 2x + 6$
c) K: $(x-1)^2 + (y-2)^2 = 25$
   g: $y = -0{,}75x + 9$

Übung 6
Der König von Maramir besitzt einen runden See mit dem Radius $r = 5$. Auf einer kleinen Insel in der Seemitte $M(1|1)$ steht ein Teehaus. Nun soll ein gerader Weg vom Parktor bei $T(-10|-2)$ hin zum Palast bei $P(4|5)$ angelegt werden. (1 LE = 20 m).
a) Wie lang wird die erforderliche Brücke über den See?
b) Welche Stelle der Brücke liegt dem Teehaus am nächsten?

1. Kreise in der Ebene

Übungen

7. Untersuchen Sie die gegenseitige Lage der Geraden g und des Kreises k.

a) g: y = 0,5x + 1
   k: $x^2 + y^2 = 8$

b) g: y = x − 3
   k: $(x-3)^2 + (y-4)^2 = 4$

c) g: $y = \frac{1}{3}x + \frac{2}{3}$
   k: M(1|2), r = 3

d) g: $\vec{x} = \binom{11}{0} + s\binom{2}{-2}$
   k: $(x-3)^2 + (y+2)^2 = 52$

e) g: $\vec{x} = \binom{2}{9} + s\binom{2}{-1}$
   k: $(x-5)^2 + y^2 = 45$

f) g: $\vec{x} = \binom{11}{0} + s\binom{3}{-8}$
   k: $(x-2)^2 + (y+4)^2 = 73$

8. Wie lautet die Gleichung der Tangente an den Kreis k um den Mittelpunkt M mit dem Radius r im Berührpunkt B?

a) M(3|5), r = 13, B(−9|0)
b) M(−2|2), r = 5, B(1|6)
c) M(1|6), r = 10, B(−7|12)
d) M(4|4), r = $\sqrt{18}$, B(7|1)

9. a) Wie lauten die Gleichungen der Tangenten an den Kreis $(x-2)^2 + (y+3)^2 = 8$, die parallel sind zur Winkelhalbierenden des 1. Quadranten des Koordinatensystems?
b) Welche Tangenten von k: $(x-2)^2 + (y-4)^2 = 225$ schneiden die Gerade g durch A(0|0) und B(−3|4) orthogonal? Wie lauten die Schnittpunkte?

10. a) Für welche Steigungen m berührt die Gerade y = mx + 5 den Kreis $x^2 + y^2 = 5$?
b) Für welche Steigungen m erhält man Sekanten?

11. Welcher Kreis k um den Ursprung berührt die Gerade g?
Berechnen Sie zunächst den Berührpunkt B als Schnittpunkt von g mit einer zu g orthogonalen Ursprungsgeraden h.

a) g: $\vec{x} = \binom{4}{0} + s\binom{1}{1}$
b) g: $\vec{x} = \binom{4}{-3} + s\binom{1}{-2}$
c) g durch A(5|3), B(7|11)
d) g: y = 2x − 10

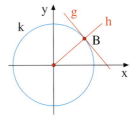

12. Gegeben sind der Kreis k um den Koordinatenursprung mit dem Radius r sowie der Punkt P außerhalb von k. Von P können zwei Tangenten an den Kreis k gelegt werden. In welchen beiden Punkten berühren diese Tangenten den Kreis?

a) r = 5, P(7|−1)
b) r = $\sqrt{5}$, P(3|−1)
c) r = $\sqrt{13}$, P(5|1)

13. Unter dem Dach des Kaufhauses soll ein kugelförmiger Wasserbehälter (r = 5 m) als Vorratsgefäß für die Sprinkleranlage befestigt werden. Berechnen Sie die Koordinaten des Befestigungspunktes F.

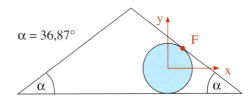

2. Kugeln im Raum

A. Die Gleichung einer Ursprungskugel

In diesem Abschnitt geht es darum, eine durch Mittelpunkt und Radius gegebene Kugel durch eine Gleichung zu erfassen.

Eine Kugel K ist durch ihren Mittelpunkt $M(x_M | y_M | z_M)$ und ihren Radius r eindeutig festgelegt. Besonders einfach ist die Kugelgleichung, wenn der Mittelpunkt im Ursprung des Koordinatensystems liegt.

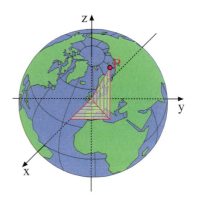

> **Gleichung der Ursprungskugel**
> K sei eine Kugel mit dem Mittelpunkt $M(0|0|0)$ und dem Radius r. $P(x|y|z)$ sei ein beliebiger Punkt auf der Kugel K. Dann gilt:
> $$x^2 + y^2 + z^2 = r^2.$$

Diese Koordinatengleichung der Kugel K folgt durch zweifache Anwendung des Satzes von Pythagoras in der eingezeichneten Konfiguration.

▶ **Beispiel: Kugel um den Ursprung**
Wie lautet die Gleichung der Kugel um den Ursprung $M(0|0|0)$ mit dem Radius $r = 7$? Liegt einer der Punkte $Q(2|3|6)$, $R(1|5|5)$ bzw. $T(4|4|4)$ auf der Kugel K?

Lösung:
Wir setzen $r = 5$ in die allgemeine Gleichung der Ursprungskugel ein und erhalten für die Kugel K: $x^2 + y^2 + z^2 = 49$.

In diese Gleichung setzen wir die Koordinaten x, y und z der gegebenen Punkte ein. Ergibt sich exakt 49, so liegt der Punkt auf der Kugeloberfläche.
Ergibt sich ein Wert größer als 49, so liegt der Punkt außerhalb der Kugel.
Ergibt sich ein Wert kleiner als 49, so liegt
▶ der Punkt im Innern der Kugel.

Kugelgleichung:
K: $x^2 + y^2 + z^2 = 49$

Punktproben:
$2^2 + 3^2 + 6^2 = 49 = 49$
$\Rightarrow Q(2|3|6)$ auf K

$1^2 + 5^2 + 5^2 = 51 > 49$
$\Rightarrow R(1|5|5)$ außerhalb K

$4^2 + 4^2 + 4^2 = 48 < 49$
$\Rightarrow T(4|4|4)$ innerhalb K

Übung 1
K sei eine Ursprungskugel durch den Punkt $P(4|6|12)$. Wie lautet die Gleichung von K? Liegt der Punkt $Q(5|5|12)$ auf K? Wie muss man a wählen, damit der Punkt $R(-6|a|8)$ auf K liegt?

B. Die Gleichung einer beliebigen Kugel

Wir lassen nun für eine Kugel K mit dem Radius r einen beliebigen Mittelpunkt M mit den Koordinaten x_M, y_M und z_M zu. Auch die Gleichung dieser Kugel lässt sich wieder mit dem Satz von Pythagoras gewinnen. Wir verzichten aber wegen der Analogie zu dem Vorgehen bei Kreisen auf die Herleitung und geben gleich die fertige Kugelgleichung an.

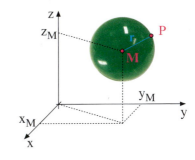

Die allgemeine Kugelgleichung
K sei eine Kugel mit dem Mittelpunkt $M(x_M|y_M|z_M)$ und dem Radius r.
$P(x|y|z)$ sei ein beliebiger Punkt auf der Kugel K. Dann gilt:
$(x - x_M)^2 + (y - y_M)^2 + (z - z_M)^2 = r^2$.

▶ **Beispiel: Kugel in allgemeiner Lage**
Beschreiben und skizzieren Sie die Kugel mit der Gleichung $(x-3)^2 + (y-3)^2 + (z-4)^2 = 9$.
Liegt der Punkt $Q(1|4|5)$ auf der Kugel?

Lösung:
Der Vergleich mit der allgemeinen Kugelgleichung zeigt, dass es eine Kugel mit dem Mittelpunkt $M(3|3|4)$ ist, deren Radius $r = 3$ beträgt.

Setzen wir die Koordinaten des Punktes $Q(1|4|5)$ in die Kugelgleichung ein, so erhalten wir für deren linke Seite den Wert $(-2)^2 + 1^2 + 1^2 = 6 < 9$. Daher liegt der
▶ Punkt Q im Innern der Kugel.

Zeichnung:

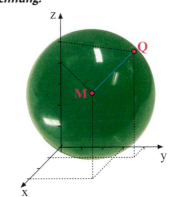

Übung 2
Wie lautet die Gleichung der Kugel K mit dem Mittelpunkt M und dem Radius r?
a) $M(2|3|3)$, $r = 3$ b) $M(2|-3|3)$, $r = \sqrt{7}$ c) $M(4|2|5)$, $r = 5$

Übung 3
Liegen die Punkte $A(9|1|5)$, $B(2|2|8)$ und $C(5|5|6)$ auf dem Rand der Kugel mit der Gleichung K: $(x-3)^2 + (y+1)^2 + (z-2)^2 = 49$, in ihrem Innern oder außerhalb der Kugel?

Übung 4
Die Gleichung K: $x^2 + 2x + y^2 - 4y + z^2 - 6z = 35$ stellt eine Kugel dar. Bestimmen Sie Radius und Mittelpunkt. Hinweis: Verwenden Sie die Methode der quadratischen Ergänzung.

C. Kugeln und Geraden

Nun geht es um die Lagebeziehung zwischen Kugel und Gerade im Raum.
Es gibt drei Fälle. Die Gerade kann die Kugel verfehlen, sie kann die Kugel in einem Punkt berühren oder in zwei Punkten schneiden. Entsprechend bezeichnet man sie als Passante, Tangente oder Sekante.

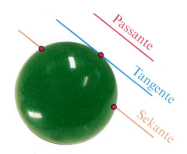

> **Beispiel: Lage von Kugel und Gerade**
> Welche relative Lage nehmen die Ursprungskugel mit dem Radius 6 und die Gerade durch die Punkte $A(-4|8|-2)$ und $B(12|0|6)$ zueinander ein?

Lösung:
Die Kugelgleichung ist $x^2 + y^2 + z^2 = 36$. Die vektorielle Geradengleichung ergibt sich aus der Zweipunkteform und ist rechts dargestellt. Die Gerade hat die Koordinaten $x = -4 + 16r$, $y = 8 - 8r$ und $z = -2 + 8r$.

Wir setzen die Koordinaten der Gerade in die Kugelgleichung ein. Dann erhalten wir eine quadratische Gleichung mit den Lösungen $r = \frac{1}{4}$ und $r = \frac{1}{2}$.
Die zugehörigen Geradenpunkte sind $S_1(0|6|0)$ und $S_2(4|4|2)$. Dies sind die Schnittpunkte von Gerade und Kugel.

Gleichungen von Kugel K und Gerade g:
$K: x^2 + y^2 + z^2 = 36$

$g: \vec{x} = \begin{pmatrix} -4 \\ 8 \\ -2 \end{pmatrix} + r \begin{pmatrix} 16 \\ -8 \\ 8 \end{pmatrix}$

Schnittuntersuchung:
$(-4 + 16r)^2 + (8 - 8r)^2 + (-2 + 8r)^2 = 36$
$384r^2 - 288r + 84 = 36$
$r^2 - \frac{3}{4}r + \frac{1}{8} = 0$
$r = \frac{3}{8} \pm \sqrt{\frac{1}{64}}$
$r = \frac{1}{4} \Rightarrow S_1(0|6|0)$
$r = \frac{1}{2} \Rightarrow S_2(4|4|2)$

Übung 5
Untersuchen Sie die relative Lage der Kugel K und der Gerade durch A und B.
Fertigen Sie eine Skizze an.
a) $K: x^2 + y^2 + z^2 = 25$
g durch $A(7|-4|-5)$, $B(1|8|0)$

b) $K: (x-1)^2 + (y-1)^2 + (z-3)^2 = 9$
g durch $A(-7|-7|-2)$, $B(5|5|-2)$

Übung 6
Ein Flugzeug wird im Abstand von einer Minute in den Punkten $A(-6|-10|14)$ und $B(-1|-1|10)$ geortet. Ein Objekt bei $M(6|11|0)$ wird von einen halbkugelförmigen Schutzbereich mit dem Radius $r = 7$ umgeben.
a) Wo dringt das Flugzeug in den Schutzbereich ein?
b) Wie lange befindet sich das Flugzeug innerhalb des Schutzbereiches?

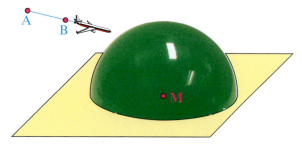

2. Kugeln im Raum

Übungen

7. Wie lautet die Gleichung der Kugel K um den Mittelpunkt M mit dem Radius r?

a) $M(2|-1|2)$, $r = 4$ c) $M(0|1|1)$, $r = \sqrt{5}$ e) $M(0|0|0)$, $r = 4$

b) $M(1|4|0)$, $r = 3$ d) $M(2|1|-1)$, $r = 1$ f) $M(1|1|1)$, $r = 2$

     Vektorgleichung   Koordinatengleichung   beide Gleichungsarten

8. Prüfen Sie, ob die Punkte A und B auf, innerhalb oder außerhalb der Kugel K liegen.

a) $K: (x-3)^2 + (y+1)^2 + (z-1)^2 = 49$,   b) $K: x^2 + y^2 + (z+3)^2 = 121$,

    $A(6|1|-5)$, $B(4|5|-2)$ $A(0|0|8)$, $B(2|6|6)$

c) $K: M(2|0|3)$, $r = 9$, $A(6|4|10)$, $B(5|7|8)$ d) $K: M(0|0|-2)$, $r = \sqrt{17}$, $A(4|-1|-3)$, $B(2|3|0)$

9. Die gegebene quadratische Gleichung stellt eine Kugel K dar. Bestimmen Sie Mittelpunkt und Radius dieser Kugel.

a) $K: x^2 + y^2 - 2y + z^2 + 2z = 2$ b) $K: x^2 + y^2 + z^2 - 8x + 4y + 10z = 4$

c) $K: x^2 + y^2 + z^2 - 2 = 4x - 2y + 8$ d) $K: (x-1)^2 + y^2 = 2y + 2z - z^2 - 1$

e) $K: x^2 + y^2 + z^2 = 8x - 4z$ f) $K: x^2 - 2ax + z^2 = -y^2 - 2az + 7a^2$ $(a>0)$

10. Gesucht ist die Gleichung einer Kugel K mit folgender Eigenschaft:

a) K hat den Mittelpunkt $M(-1|2|-4)$ und geht durch den Punkt $A(3|6|3)$.

b) K ist eine Ursprungskugel, welche die Ebene $E: z = 5$ berührt.

c) K ist eine Ursprungskugel, welche den Punkt $A(6|17|6)$ enthält.

11. Eine Gerade g durch den Mittelpunkt der Kugel K schneidet die Kugel in den Punkten A und B. Bestimmen Sie Mittelpunkt und Radius der Kugel K.

a) $A(3|7|10)$ b) $A(4|3|9)$ c) $A(4|13|12)$

    $B(-1|-5|-8)$ $B(-4|-5|-5)$ $B(-6|-7|-8)$

12. Der Punkt A liegt auf der Kugel K. Welcher Punkt B der Kugel K liegt exakt gegenüber von Punkt A?

a) $K: (x-6)^2 + (y+2)^2 + z^2 = 121$, $A(8|4|9)$ b) $K: x^2 + (y-4)^2 + z^2 = 361$, $A(6|21|6)$

13. Untersuchen Sie die gegenseitige Lage der Kugel K und der Geraden g. Berechnen Sie ggf. die gemeinsamen Punkte von Kugel und Gerade.

a) $K: M(6|1|4)$, $r = \sqrt{17}$ b) $K: M(8|2|2)$, $r = \sqrt{50}$

$g: \vec{x} = \begin{pmatrix} 4 \\ 1 \\ 3 \end{pmatrix} + s \cdot \begin{pmatrix} 1 \\ -2 \\ 1 \end{pmatrix}$ $g: \vec{x} = \begin{pmatrix} 6 \\ 10 \\ 11 \end{pmatrix} + s \cdot \begin{pmatrix} 1 \\ 1 \\ 3 \end{pmatrix}$

c) $K: M(8|2|4)$, $r = 3$ d) $K: M(2|1|6)$, $r = \sqrt{5}$

$g: \vec{x} = \begin{pmatrix} 2 \\ 8 \\ 7 \end{pmatrix} + s \cdot \begin{pmatrix} 4 \\ -4 \\ -2 \end{pmatrix}$ $g: \vec{x} = \begin{pmatrix} 10 \\ 10 \\ 4 \end{pmatrix} + s \cdot \begin{pmatrix} 2 \\ 2 \\ -1 \end{pmatrix}$

14. Gasspeicher

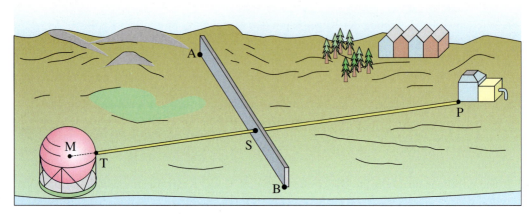

Am Flussufer liegt ein kugelförmiger Gasspeicher.
(Mittelpunkt M(22|−8|8), Radius r = 7, Angaben in m).
a) Wo liegt der höchste bzw. der tiefste Punkt des Speichers?
b) Vom Pumpwerk P(−2|4|0) führt eine Pipeline in Richtung des Mittelpunktes M.
   Wo trifft sie auf den Speicher? Wie lang ist sie? Welche Neigung hat sie?
c) Über der Strecke $\overline{AB}$ mit A(6|−10|0) und B(14|6|0) erhebt sich eine senkrechte Schutzmauer. Wie lautet ihre Ebenengleichung? Wie weit ist die Mauer von dem Kugelmittelpunkt entfernt? Wo durchdringt die Pipeline die Mauer?
d) Der Speicher soll neu gestrichen werden. Die Farbschicht soll 1 mm dick sein. Ein Liter Farbe kostet 10 Euro. Reicht der Farbetat von 5000 Euro aus?

15. Flugüberwachung

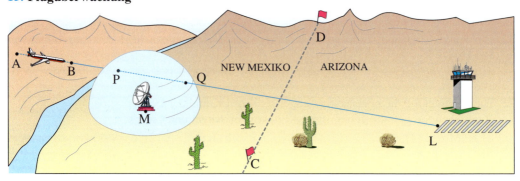

Eine Raumfähre passiert bei ihrem Landeanflug die Koordinaten A(18|−13|12) und B(10|−8|9). Im Punkt M(0|0|0) steht eine Radarstation, die einen halbkugelförmigen Raumbereich mit dem Radius r = 7 erfasst.
Die Fluggeschwindigkeit der Raumfähre beträgt 595 km/h. 1 LE entspricht 1 km.
a) An welchen Koordinaten P und Q dringt die Fähre in den überwachten Radarbereich ein bzw. verlässt sie ihn? Wie lange dauert der Durchflug in Sekunden angenähert?
b) In welchem Punkt L setzt die Fähre voraussichtlich auf?
c) In welcher Höhe überfliegt die Fähre die Staatsgrenze, die zwischen C(−13|−4,5|0) und D(−7|13,5|0) verläuft?

Überblick

Gleichung eines Kreises in Ursprungslage:
K sei ein Kreis um den Ursprung mit dem Radius r. $P(x|y)$ sei ein beliebiger Punkt auf dem Kreis K. Dann gilt:
K: $x^2 + y^2 = r^2$.

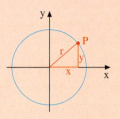

Gleichung eines Kreises in allgemeiner Lage (Mittelpunktsform):
K sei ein Kreis mit dem Mittelpunkt $M(x_M|y_M)$ und dem Radius r. $P(x|y)$ sei ein beliebiger Punkt auf dem Kreis K. Dann gilt:
K: $(x - x_M)^2 + (y - y_M)^2 = r^2$.

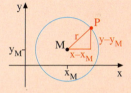

Relative Lage von Gerade und Kreis:
Eine Gerade g, die einen Kreis K in zwei Punkten schneidet, heißt Sekante.
Eine Gerade g, die einen Kreis K in einem Punkt berührt, heißt Tangente.
Eine Gerade g, die keine gemeinsamen Punkte mit einem Kreis hat, heißt Passante.

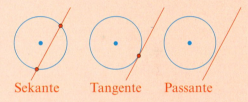

Sekante   Tangente   Passante

Kugelgleichung:
K sei eine Kugel mit dem Mittelpunkt $M(x_M|y_M|z_M)$ und dem Radius r. $P(x|y|z)$ sei ein beliebiger Punkt auf der Kugel K. Dann gilt:
K: $(x - x_M)^2 + (y - y_M)^2 + (z - z_M)^2 = r^2$.

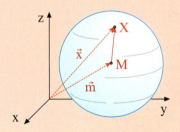

Relative Lage von Gerade und Kugel:
Eine Gerade g im Raum kann Passante, Tangente oder Sekante einer gegebenen Kugel sein.
Man prüft dies durch Einsetzen der Geradenkoordinaten in die Kugelgleichung.

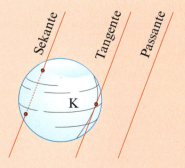

CAS-Anwendung

○ 224-1

Es werden folgende Grundaufgaben behandelt:
- Aufstellung der Kreisgleichung zu gegebenen Punkten A, B und C
- Lagebeziehung Kreis und Gerade
- Lagebeziehung Kugel und Gerade
- Lagebeziehung Kugel und Ebene

▶ **Beispiel: Kreis durch 3 Punkte**
Bestimmen Sie die Gleichung eines Kreises durch die Punkte $A(-8|3), B(10|9), C(-4|-5)$.

Lösung:
Wir verwenden eine Notes-Seite, definieren die linke Seite der Kreisgleichung $(x - x_M)^2 + (y - y_M)^2 = r^2$ durch $k(x,y) := (x - xm)^2 + (y - ym)^2$ und bestimmen den Kreisradius r sowie die Koordinaten xm und ym des Kreismittelpunktes als Lösung eines quadratischen Gleichungssystems.
▶ Ergebnis: $(x - 2)^2 + (y - 3)^2 = 10^2$

▶ **Beispiel: Kreis und Gerade (Passante/Tangente/Sekante)**
Untersuchen Sie die Lage des Kreises k: $(x - 2)^2 + (y + 3)^2 = 5^2$ und der Geraden mit der Parametergleichung $g: \vec{x} = \begin{pmatrix} 3 \\ 4 \end{pmatrix} + s \cdot \begin{pmatrix} 3 \\ -4 \end{pmatrix}$.

Lösung:
Wir legen zunächst den Ortsvektor des Kreismittelpunktes sowie den Kreisradius fest und definieren anschließend den Term der linken Seite der vektoriellen Kreisgleichung $|\vec{x} - \vec{x}_M|^2 - r^2 = 0$.
Dann erfolgt die Eingabe der Geradengleichung durch Stütz- und Richtungsvektor. Schließlich wird mit dem solve-Befehl der Parameter s der Geraden g bestimmt. Da es nur die Lösung $s = 1$ gibt, ist g Tangente
▶ mit dem Berührpunkt $B(6|0)$.

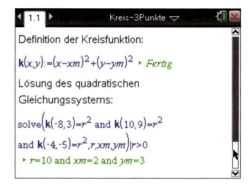

Übung 1
Untersuchen Sie die Lage der Punkte $A(5|3), B(-2|1)$ zum Kreis k: $(x - 2)^2 + (y + 1)^2 = 25$.

CAS-Anwendung   225

▶ **Beispiel: Kugel und Gerade (Passante/Tangente/Sekante)**
Gegeben sind die Kugel K um den Mittelpunkt M $(5\,|\,1\,|\,0)$ mit dem Radius $r = \sqrt{14}$ sowie die
Geraden g_1, g_2 und g_3. Welche gegenseitige Lage besitzen die Geraden und die Kugel?

$$g_1:\ \vec{x} = \begin{pmatrix} 6 \\ 1 \\ 7 \end{pmatrix} + s \begin{pmatrix} 1 \\ -1 \\ 2 \end{pmatrix} \qquad g_2:\ \vec{x} = \begin{pmatrix} 4 \\ -4 \\ 3 \end{pmatrix} + s \begin{pmatrix} 2 \\ -4 \\ 1 \end{pmatrix} \qquad g_3:\ \vec{x} = \begin{pmatrix} -2 \\ 2 \\ 1 \end{pmatrix} + s \begin{pmatrix} 1 \\ 1 \\ 1 \end{pmatrix}$$

Lösung:
Die Lösung erfolgt in analoger Weise wie
im Beispiel **Kreis und Gerade** von S. 224.

Wir verwenden auch wieder eine Notes-
Seite, um die Lösung für alle drei Geraden
durch einfaches Abändern der Koordinaten der Vektoren va und vb zu gewinnen.

Wir kommen zu folgenden Ergebnissen:
g_1 ist Sekante mit $S_1(3\,|\,4\,|\,1)$, $S_2(4\,|\,3\,|\,3)$.
g_2 ist Tangente mit $B(2\,|\,0\,|\,2)$.
g_3 ist Passante, denn der solve-Befehl lie-
▶ fert *false*.

▶ **Beispiel: Kugel und Ebene**
Untersuchen Sie die Lagebeziehung der Kugel K: $(x-3)^2 + (y-3)^2 + (z-2)^2 = 6^2$ und der
Ebene E: $2x - 4y + 4z = 38$ in Abhängigkeit vom Radius r.

Lösung:
Die Lösung des Problems besteht in der
Bestimmung des Abstandes des mit
M $(3\,|\,3\,|\,2)$ gegebenen Kugelmittelpunk-
tes von der Ebene E. Wir verwenden hier
nicht das Lotfußpunktverfahren, sondern
einfach die auf der Hesse-Form beruhende
Abstandsformel zur Berechnung von d;
wir erhalten d = 6.

Da dieser Wert mit dem Kugelradius übereinstimmt, berührt die Ebene E die Kugel
▶ K und ist damit Tangentialebene von K.

Übung 2
Untersuchen Sie die Lage des Punktes A $(5\,|\,3\,|\,t)$ zur Kugel K: $(x-2)^2 + (y+1)^2 + (z-1)^2 = 25$
in Abhängigkeit vom Wert des Parameters t.

Test

Kreise und Kugeln

1. In einem kartesischen Koordinatensystem seien der Kreis k_1: $(x-2)^2 + (y+3)^2 = 65$ und die Punkte $A(4\,|-6)$, $B(1\,|-8)$ und $C(27\,|-8)$ gegeben.
   a) Untersuchen Sie die Lage der Geraden g, die durch A und B geht, zum Kreis k_1.
   b) Untersuchen Sie die Lage des Punktes C zu dem Kreis k_1.
   c) Bestimmen Sie die Gleichungen der Tangenten von Punkt C aus an den Kreis k_1. Unter welchem Winkel schneiden sich diese Tangenten?
   d) Gegeben sei ein weiterer Kreis k_2 um den Mittelpunkt $M_2(7,5\,|-4,5)$ mit dem Radius $r_2 = \sqrt{32,5}$.
   Berechnen Sie den Abstand der Kreismittelpunkte M_1 und M_2 voneinander und folgern Sie daraus die Lage der zwei Kreise k_1 und k_2 zueinander.
   Bestimmen Sie ggf. gemeinsame Punkte von k_1 und k_2.

2. Stellen Sie eine Gleichung der Kugel K um den Mittelpunkt $M(1\,|\,4\,|\,2)$ mit dem Radius $r = 9$ auf.
   Prüfen Sie, ob die Punkte $A(3\,|\,1\,|\,8)$ und $B(2\,|-4\,|\,6)$ innerhalb, auf oder außerhalb der Kugel K liegen.

3. Untersuchen Sie die gegenseitige Lage der Geraden g: $\vec{x} = \begin{pmatrix} 10 \\ 6 \\ 14 \end{pmatrix} + s \begin{pmatrix} 8 \\ -3 \\ 7 \end{pmatrix}$ und der Kugel K: $x^2 + (y-3)^2 + (z+2)^2 = 121$.

4. Die Kugeln K_1 und K_2 schneiden sich nicht. Welche beiden Punkte von K_1 bzw. K_2 haben den geringsten Abstand voneinander?
   a) K_1: $x^2 + y^2 + z^2 = 81$
   $\quad K_2$: $(x-6)^2 + (y-12)^2 + (z-12)^2 = 36$
   b) K_1: $(x-1)^2 + (y-1)^2 + (z-1)^2 = 49$
   $\quad K_2$: $(x-9)^2 + (y-13)^2 + (z-25)^2 = 196$

5. Die Kugel K um den Mittelpunkt M soll die Ebene E in einem Punkt B berühren. Welchen Radius r besitzt die Kugel? Wie heißt der Berührpunkt B?
   a) E: $4x - 4y + 7z = 81$, $M(0\,|\,0\,|\,0)$
   b) E: $2x + 3y + 6z = 42$, $M(2\,|-4\,|-8)$

6. Bestimmen Sie eine Gleichung der Kugel K durch den Punkt $P(12\,|\,4\,|\,16)$, welche die x-y-Ebene im Ursprung berührt.

7. Stellen Sie eine Gleichung derjenigen Kugel K auf, welche den Punkt $A(1\,|\,5\,|\,8)$ enthält und die y-z-Ebene im Punkt $B(0\,|\,4\,|\,4)$ berührt.

Lösungen unter 🔶 226-1

VIII. Komplexe Aufgaben zur Analytischen Geometrie

Im Folgenden sind komplexe Aufgaben
zur Analytischen Geometrie zusammengestellt.

VIII. Komplexe Aufgaben zur Analytischen Geometrie

Im Folgenden sind komplexe Aufgaben zur Analytischen Geometrie zusammengestellt, mit denen eine intensive Vorbereitung auf das Abitur unterstützt werden kann.

Beispiel: Spielturm

Abgebildet ist das Schrägbild eines Spielturms zum Klettern und Rutschen. Es besteht aus einem Würfel mit aufgesetztem Quadergerüst, welches eine quadratische Pyramide trägt. In Würfelhöhe ist eine Rutschfläche angebracht (vgl. Zeichnung, Maße in m).

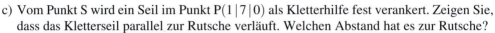

a) Bestimmen Sie die Größe der Dachfläche.
b) Unter welchem Winkel treffen zwei Dachflächen aufeinander?
c) Vom Punkt S wird ein Seil im Punkt P(1|7|0) als Kletterhilfe fest verankert. Zeigen Sie, dass das Kletterseil parallel zur Rutsche verläuft. Welchen Abstand hat es zur Rutsche?
d) Auf der Rutsche steht senkrecht zur Erdoberfläche ein Kind. In welcher Höhe greift es an das Kletterseil?
e) Begründen Sie, dass das Kletterseil mit dem Dach nur den Punkt S gemeinsam hat.

Lösung zu a):
Die Grundkante der Pyramide ist 2 m lang, die Höhe der Pyramide beträgt 1 m. Folglich bildet die Höhe eines Dachflächendreiecks die Hypotenuse eines rechtwinkligen Dreiecks mit Katheten der Länge 1. Mit der Flächenformel für Dreieck erhält man den Inhalt eines Dreiecks, die Dachfläche hat den vierfachen Inhalt.

Höhe eines Dachflächendreiecks:
$h = \sqrt{1^2 + 1^2} = \sqrt{2}$

Inhalt des Dreiecks:
$A_\Delta = \frac{1}{2} \cdot g \cdot h = \frac{1}{2} \cdot 2 \cdot \sqrt{2} = \sqrt{2}$

Inhalt der gesamten Dachfläche:
$A = 4 \cdot A_\Delta = 4 \cdot \sqrt{2} \approx 5{,}66 \text{ m}^2$

Lösung zu b):
Mit zwei Richtungsvektoren $\vec{a}, \vec{b}$ der vorderen Dachfläche, deren Koordinaten sich aus dem Bild ergeben, wird ein Normalenvektor $\vec{n}_1$ der entsprechenden Ebene aus den Bedingungen $\vec{a} \cdot \vec{n}_1 = 0$ und $\vec{b} \cdot \vec{n}_1 = 0$ ermittelt. Entsprechend erhält man aus zwei Richtungsvektoren $\vec{c}$ und $\vec{d}$ der rechten Dachfläche einen Normalenvektor $\vec{n}_2$.

Der Schnittwinkel $\alpha = 60°$ der betrachteten Dachebenen ergibt sich als Winkel zwischen den beiden Normalenvektoren $\vec{n}_1$ und $\vec{n}_2$. Gesucht ist aber der stumpfe Winkel zwischen den Dachflächen, also der Nebenwinkel $\beta = 180° - \alpha = 120°$.

Richtungsvektoren und Normalenvektor
– der vorderen Dachfläche:
$\vec{a} = \begin{pmatrix} -1 \\ 1 \\ 1 \end{pmatrix}, \vec{b} = \begin{pmatrix} -1 \\ -1 \\ 1 \end{pmatrix}, \vec{n}_1 = \begin{pmatrix} 1 \\ 0 \\ 1 \end{pmatrix}$

– der rechten Dachfläche:
$\vec{c} = \begin{pmatrix} -1 \\ -1 \\ 1 \end{pmatrix}, \vec{d} = \begin{pmatrix} 1 \\ -1 \\ 1 \end{pmatrix}, \vec{n}_2 = \begin{pmatrix} 0 \\ 1 \\ 1 \end{pmatrix}$

Winkel zwischen den Dachebenen:
$\cos \alpha = \frac{\left| \begin{pmatrix} 1 \\ 0 \\ 1 \end{pmatrix} \cdot \begin{pmatrix} 0 \\ 1 \\ 1 \end{pmatrix} \right|}{\sqrt{2} \cdot \sqrt{2}} = \frac{1}{2} \Rightarrow \alpha = 60°$
$\beta = 180° - \alpha = 120°$

VIII. Komplexe Aufgaben zur Analytischen Geometrie

Lösung zu c):
Das Seil verläuft durch die Punkte S(1|1|4) und P(1|7|0), der Vektor $\overrightarrow{SP}$ beschreibt die Seilrichtung. Die Vorderkante der Rutsche wird durch die Punkte F(2|2|4) und Q(2|5|0) bestimmt. Das Seil verläuft parallel zur Rutsche, denn es gilt $\overrightarrow{FQ} = \frac{1}{2} \cdot \overrightarrow{SP}$.

Die Rutschebene E enthält die Punkte G(0|2|2), F(2|2|2) und R(0|5|0). Daraus ergibt sich die nebenstehende Parametergleichung von E sowie die angegebene Normalengleichung. Der Normalenvektor hat den Betrag $\sqrt{0^2 + 2^2 + 3^2} = \sqrt{13}$.

Zur Berechnung des Abstandes des Seils zur Rutschebene wird der Seilpunkt S ausgewählt und die Abstandsformel angewendet. Der Abstand beträgt ca. 1,11 m.

Lösung zu d):
Man bestimmt den Schnittpunkt N der Seilgeraden g mit der durch den Mittelpunkt M(1|2|2) von FG senkrecht nach oben verlaufenden Geraden h. Durch Gleichsetzen ergibt sich ein lineares Gleichungssystem aus drei Gleichungen für die beiden Parameter r und s. Es hat die einzige Lösung $r = \frac{1}{3}$, $s = \frac{4}{3}$. Einsetzen in die Gleichung h ergibt die Koordinaten des Schnittpunktes N und damit den Abstand $\frac{4}{3}$.

Eine elementargeometrische Lösung ergibt sich unmittelbar aus der Projektion von Spielhaus, Rutsche und Seil in die y-z-Ebene (s. nebenstehende Abbildung).

Die Projektion zeigt zwei ähnliche rechtwinklige Dreiecke. Das rechte Dreieck hat Katheten der Länge d und 2, das linke hat die entsprechenden Kathetenlängen 2 und 3. Folglich gilt: $\frac{d}{2} = \frac{2}{3}$, also $d = \frac{4}{3}$.

Richtungsvektoren von Seil und Rutsche:

$$\overrightarrow{SP} = \begin{pmatrix} 1-1 \\ 7-1 \\ 0-4 \end{pmatrix} = \begin{pmatrix} 0 \\ 6 \\ -4 \end{pmatrix}$$

$$\overrightarrow{FQ} = \begin{pmatrix} 2-2 \\ 5-2 \\ 0-2 \end{pmatrix} = \begin{pmatrix} 0 \\ 3 \\ -2 \end{pmatrix} = \frac{1}{2} \cdot \overrightarrow{SP}$$

Anwendung der Abstandsformel:

$$E: \vec{x} = \begin{pmatrix} 0 \\ 2 \\ 2 \end{pmatrix} + r \begin{pmatrix} 1 \\ 0 \\ 0 \end{pmatrix} + s \begin{pmatrix} 0 \\ 3 \\ -2 \end{pmatrix} \text{ bzw.}$$

$$E: \left(\vec{x} - \begin{pmatrix} 0 \\ 2 \\ 2 \end{pmatrix}\right) \cdot \begin{pmatrix} 0 \\ 2 \\ 3 \end{pmatrix}$$

$$d(S;E) = \left| \left(\begin{pmatrix} 1 \\ 1 \\ 4 \end{pmatrix} - \begin{pmatrix} 0 \\ 2 \\ 2 \end{pmatrix}\right) \cdot \begin{pmatrix} 0 \\ 2 \\ 3 \end{pmatrix} \cdot \frac{1}{\sqrt{13}} \right|$$

$$= \frac{4}{\sqrt{13}} \approx 1{,}11$$

Lösung durch Schnittpunktberechnung:

$$g: \vec{x} = \begin{pmatrix} 1 \\ 1 \\ 4 \end{pmatrix} + r \begin{pmatrix} 0 \\ 3 \\ -2 \end{pmatrix}, \quad h: \vec{x} = \begin{pmatrix} 1 \\ 2 \\ 2 \end{pmatrix} + s \begin{pmatrix} 0 \\ 0 \\ 1 \end{pmatrix}$$

Gleichsetzen: $1 = 1$
$1 + 3r = 2 \Rightarrow r = \frac{1}{3}$
$4 - 2r = 2 + s \Rightarrow s = \frac{4}{3}$

Schnittpunkt: $N\left(1 \Big| 2 \Big| 2 + \frac{4}{3}\right)$, $d(M;N) = \frac{4}{3}$

Elementargeometrische Lösung:

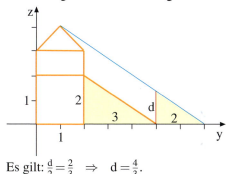

Es gilt: $\frac{d}{2} = \frac{2}{3} \Rightarrow d = \frac{4}{3}$.

Lösung zu e):
Das Seil ist ca. 1,33 m über M, die Dachkante aber nur 1 m. Über M sind ca. 0,33 m Luft zwischen Seil und Dach. Da beide geradlinig verlaufen, treffen sie sich nur im Punkt S. Dies zeigt auch die Projektion in die y-z-Ebene.

VIII. Komplexe Aufgaben zur Analytischen Geometrie

1. Gegeben sind die Ebene E: $\vec{x} = \begin{pmatrix} 4 \\ -1 \\ 6 \end{pmatrix} + r \cdot \begin{pmatrix} -2 \\ 1 \\ 2 \end{pmatrix} + s \cdot \begin{pmatrix} 1 \\ -1 \\ 0 \end{pmatrix}$ und die Gerade

g: $\vec{x} = \begin{pmatrix} 5 \\ -4,5 \\ 2 \end{pmatrix} + t \begin{pmatrix} 7 \\ 0 \\ 4 \end{pmatrix}$.

a) Geben Sie eine Normalengleichung der Ebene E an.
b) Prüfen Sie, ob die Punkte $P(3|0|2)$ und $Q(5|-1|4)$ in E liegen.
c) Welchen Winkel schließen die beiden Richtungsvektoren der Ebene E ein?
d) Bestimmen Sie die Punkte X, Y und Z, in denen die Ebene E von den Koordinatenachsen durchstoßen wird. Diese bilden mit dem Koordinatenursprung eine Pyramide. Berechnen Sie das Volumen dieser Pyramide. Zeichnen Sie ein Schrägbild.
e) Zeigen Sie, dass sich E und g schneiden. Berechnen Sie den Schnittpunkt.
   Liegt der Schnittpunkt im Dreieck XYZ aus d)?
   Berechnen Sie den Schnittwinkel von g und E.
f) Bestimmen Sie die Gleichung der Spurgeraden von E in der x-y-Ebene.

2. Gegeben seien die Ebene E: $\vec{x} = \begin{pmatrix} 1 \\ 0 \\ 1 \end{pmatrix} + r \cdot \begin{pmatrix} 4 \\ 3 \\ -1 \end{pmatrix} + s \cdot \begin{pmatrix} 2 \\ 0 \\ -1 \end{pmatrix}$ und die Geraden

g: $\vec{x} = \begin{pmatrix} 4 \\ -3 \\ 2 \end{pmatrix} + t \begin{pmatrix} 0 \\ 3 \\ 1 \end{pmatrix}$ und h: $\vec{x} = \begin{pmatrix} 1 \\ 0 \\ 1 \end{pmatrix} + u \begin{pmatrix} 1 \\ 1 \\ 1 \end{pmatrix}$.

a) Geben Sie eine Normalengleichung der Ebene E an.
b) Zeigen Sie, dass die Gerade g parallel zur Ebene E verläuft, und bestimmen Sie den Abstand von g zu E.
c) Bestimmen Sie die Lage von E und h zueinander (ohne Rechnung).
d) Bestimmen Sie die relative Lage der Geraden g zu der Geraden h.
e) Bestimmen Sie den Schnittwinkel der Geraden g und h.

3. Gegeben sind die Ebene E: $\vec{x} = \begin{pmatrix} 1 \\ 1 \\ 0 \end{pmatrix} + r \cdot \begin{pmatrix} -1 \\ 1 \\ 1 \end{pmatrix} + s \cdot \begin{pmatrix} 0 \\ 1 \\ 2 \end{pmatrix}$ sowie der Geradenschar

$(a \in \mathbb{R})$ g_a: $\vec{x} = \begin{pmatrix} -1 \\ 2 \\ 6 \end{pmatrix} + t \cdot \begin{pmatrix} a \\ 1-a \\ -a \end{pmatrix}$ und die Gerade h: $\vec{x} = \begin{pmatrix} -1 \\ 2 \\ 6 \end{pmatrix} + k \begin{pmatrix} 1 \\ 1 \\ 3 \end{pmatrix}$.

a) Geben Sie eine Normalengleichung der Ebene E an.
b) Welchen Abstand hat der Ursprung zur Ebene E?
c) Bestimmen Sie den Schnittpunkt und den Schnittwinkel von g_1 und E.
d) Für welchen Wert von a steht die Gerade g_a senkrecht auf der Ebene E?
e) Zeigen Sie, dass keine Gerade der Schar g_a parallel zur Ebene E verläuft.
f) Zeigen Sie, dass die Gerade h parallel zur Ebene E verläuft, und berechnen Sie den Abstand von h und E.
g) Die Gerade g_1 wird senkrecht zur Ebene E auf diese projiziert. Wie lautet die Gleichung der Projektionsgeraden g_1'?

VIII. Komplexe Aufgaben zur Analytischen Geometrie

4. Gegeben sind die Ebenen $E_1: \vec{x} = \begin{pmatrix} 1 \\ 0 \\ 1 \end{pmatrix} + r \cdot \begin{pmatrix} -1 \\ 2 \\ 1 \end{pmatrix} + s \cdot \begin{pmatrix} 0 \\ -1 \\ 1 \end{pmatrix}$ und

$E_2: \left[\vec{x} - \begin{pmatrix} 2 \\ -1 \\ -1 \end{pmatrix} \right] \cdot \begin{pmatrix} 1 \\ -1 \\ 1 \end{pmatrix} = 0.$

a) Stellen Sie die Ebene E_1 durch eine Normalengleichung und die Ebene E_2 durch eine Parametergleichung dar.

b) Zeigen Sie, dass sich die Ebenen E_1 und E_2 schneiden. Bestimmen Sie eine Gleichung der Schnittgeraden sowie den Schnittwinkel.

c) Die Schnittpunkte von E_1 mit den Koordinatenachsen bilden ein Dreieck. Bestimmen Sie den Umfang dieses Dreiecks.

d) Überprüfen Sie, ob der Punkt $P(-2|4|6)$ in der Ebene E_1 oder in E_2 liegt.

e) Die Ebene E_2 schneidet die x-Achse im Punkt X und die y-Achse im Punkt Y. Bestimmen Sie den Flächeninhalt des Dreiecks XYP mit $P(-2|4|6)$.

f) Bestimmen Sie eine Gleichung einer Ebene E^*, die die Schnittgerade aus b) enthält und senkrecht auf E_2 steht.

5. Gegeben sind die Ebenen E_1 durch die Punkte $A(2|1|1)$, $B(5|5|3)$ und $C(4|3|2)$ und E_2

durch den Punkt $P(3|5|3)$ und dem Normalenvektor $\vec{n} = \begin{pmatrix} 1 \\ -1 \\ 1 \end{pmatrix}$.

a) Stellen Sie eine Koordinatengleichung von E_1 sowie eine Normalengleichung von E_2 auf.

b) Zeigen Sie, dass sich die Ebenen E_1 und E_2 schneiden. Bestimmen Sie eine Gleichung der Schnittgeraden sowie den Schnittwinkel.

c) Bestimmen Sie die Spurgeraden g_{xy} und h_{xy} der Ebenen E_1 und E_2.
Unter welchem Winkel schneiden sich diese Spurgeraden?

d) Bestimmen Sie eine Gleichung einer Geraden h, die durch $Q(2|3|3)$ geht und zu den Ebenen E_1 und E_2 parallel verläuft.

e) Die Ebene E_2 wird am Ursprung gespiegelt. Wie lautet die Gleichung des Spiegelbildes E_2'?

6. Gegeben sind die Ebenen $E_1: \vec{x} = \begin{pmatrix} 10 \\ 10 \\ -2 \end{pmatrix} + r \cdot \begin{pmatrix} 1 \\ -1 \\ 0 \end{pmatrix} + s \cdot \begin{pmatrix} 0 \\ 1 \\ -2 \end{pmatrix}$ und
$E_2: 4x + 4y + 2z = 16.$

a) Bestimmen Sie eine Normalengleichung von E_1.

b) Unter welchem Winkel schneidet die Ebene E_2 die x-y-Koordinatenebene?

c) Bestimmen Sie die relative Lage der Ebenen E_1 und E_2 zueinander.

d) Bestimmen Sie die Spurgerade g_{xy} der Ebene E_2.

e) Bestimmen Sie eine Normalengleichung einer Ebene H, die die Ebene E_2 in deren Spurgerade g_{xy} senkrecht schneidet.

7. Die Punkte $A(0|0|0)$, $B(8|6|0)$, $C(2|8|0)$ bilden die dreieckige Grundfläche einer Pyramide P mit der Spitze $S(4|6|6)$.
  a) Zeichnen Sie ein Schrägbild der Pyramide P.
  b) Bestimmen Sie das Volumen der Pyramide P.
  c) Gesucht sind eine Koordinatengleichung sowie die Achsenabschnittspunkte der Ebene E durch die Punkte B, C und S.
  d) Die Ebene $F: \vec{x} = \begin{pmatrix} 1 \\ 5 \\ 2 \end{pmatrix} + r \begin{pmatrix} 2 \\ 2 \\ 1 \end{pmatrix} + s \begin{pmatrix} 3 \\ 7 \\ 3 \end{pmatrix}$ schneidet die Pyramide P.
  Welche Form und welchen Umfang hat die Schnittfläche?
  e) Trifft ein von $P(9|13|5)$ ausgehender Lichtstrahl, der auf einen in der Höhe $z=1$ auf der z-Achse liegenden Punkt gerichtet ist, die Pyramide P?

8. In einem kartesischen Koordinatensystem sind der abgebildete Würfel ABCDEFGH mit der Seitenlänge 4 sowie die Ebene $\varepsilon: y + 2z = 10$ gegeben.
  a) Geben Sie die Koordinaten der Würfeleckpunkte an.
  b) Die Ebene ε schneidet den Würfel ABCDEFGH. Berechnen Sie die Eckpunkte der viereckigen Schnittfläche und untersuchen Sie, um welches spezielle Viereck es sich handelt.
  c) Berechnen Sie den Abstand des Koordinatenursprungs von der Ebene ε sowie den Lotfußpunkt auf ε.
  d) Berechnen Sie die Volumina der Teilkörper, in die ε den Würfel zerlegt.
  e) Berechnen Sie den eingezeichneten Winkel α.

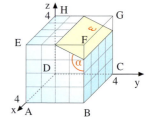

9. Gegeben sind in einem kartesischen Koordinatensystem die Punkte $A(7|5|1)$, $B(2|5|1)$ und $D(7|2|5)$.
  a) Zeigen Sie, dass die Vektoren $\overrightarrow{AB}$ und $\overrightarrow{AD}$ orthogonal sind und gleiche Beträge haben.
  b) Bestimmen Sie die Koordinaten eines Punktes C so, dass ABCD ein Quadrat wird. Bestimmen Sie die Koordinaten des Quadratmittelpunktes M.
  c) Das Quadrat ABCD ist die Grundfläche einer Pyramide mit der Spitze $S(4,5|11,5|9)$. Zeigen Sie, dass $\overline{MS}$ die Höhe der Pyramide ist.
  Berechnen Sie das Volumen der Pyramide.
  d) Es existiert eine weitere Pyramide mit derselben Grundfläche ABCD und demselben Volumen. Berechnen Sie die Koordinaten der Spitze S′ dieser weiteren Pyramide.
  e) Die Punkte A, B und $T(7|6|3)$ bestimmen eine Ebene E. Diese Ebene E wird von der Pyramidenhöhe $\overline{MS}$ in einem Punkt P durchstoßen. Berechnen Sie die Koordinaten des Punktes P.

VIII. Komplexe Aufgaben zur Analytischen Geometrie 233

10. Gegeben sind die Punkte $A(3|2|-1)$, $B(-2|2|-1)$, $C(0|-2|-1)$ und $P(1-2a|-3a|a+2)$ $a \in \mathbb{R}$, $a \neq 0$).

a) Zeigen Sie, dass das Dreieck ABC gleichschenklig, aber nicht gleichseitig ist.

b) Die Punkte A, B und C bestimmen eine Ebene E. Welche besondere Lage hat E im Koordinatensystem? Für welchen Wert für a liegt P in E?

c) Begründen Sie, dass genau ein Punkt D existiert, der mit den Punkten A, B und C eine Raute bildet. (Raute: ebenes Viereck mit vier gleich langen Seiten)
Bestimmen Sie die Koordinaten von D.

d) Das Dreieck ABC bildet mit einer Spitze S eine Pyramide. Bestimmen Sie die Koordinaten einer Spitze S, für die das Volumen der Pyramide 100 beträgt.

11. Gegeben sind die Punkte $A(-2|-1|-1)$, $B(2|-1|3)$, $C(0|3|1)$ sowie die Geraden g_a mit der Gleichung $\vec{x} = \begin{pmatrix} 3 \\ 4 \\ a \end{pmatrix} + r \begin{pmatrix} 2 \\ -1 \\ 2 \end{pmatrix}$, $a \in \mathbb{R}$.

a) Zeigen Sie, dass der Punkt C auf keiner der Geraden g_a liegt.

b) Die Gerade h verläuft durch die Punkte A und C. Für welches a schneidet g_a die Gerade h in genau einem Punkt? Bestimmen Sie den Schnittpunkt S.

c) Begründen Sie, dass die Geraden g_2 und h windschief sind.
Bestimmen Sie ihren Abstand.

d) Durch den Punkt $P(2|3|3)$ verläuft eine zu h parallele Gerade k. Zeigen Sie, dass k das Dreieck ABC in ein Dreieck mit dem Inhalt A_1 und in ein Trapez mit dem Inhalt A_2 zerlegt. In welchem Verhältnis $A_1 : A_2$ stehen ihre Flächeninhalte?

12. Gegeben sind die Punkte $A(2|1|3)$, $C(3|8|3)$ sowie die Geraden g_a mit der Gleichung $\vec{x} = \begin{pmatrix} 3-a \\ 3+3a \\ 3 \end{pmatrix} + r \begin{pmatrix} -3 \\ 4 \\ 0 \end{pmatrix}$, $a \in \mathbb{R}$.

a) Zeigen Sie, dass der Punkt A auf der Geraden g_{-2} liegt.
Für welchen Wert für a liegt der Punkt C auf g_a?

b) Alle Geraden g_a liegen in einer Ebene E. Beschreiben Sie die besondere Lage von E und bestimmen Sie eine Koordinatengleichung von E.

c) Zeigen Sie, dass keine der Geraden g_a durch den Ursprung verläuft.

d) Eine der Geraden g_a hat den kürzesten Abstand zum Ursprung. Bestimmen Sie diesen Abstand sowie eine Gleichung der entsprechenden Geraden.

e) Es existieren ein Punkt B auf der Geraden g_3 und ein Punkt D auf der Geraden g_{-2}, die mit den Punkten A und C ein Quadrat bilden. Bestimmen Sie die Koordinaten von B und D.

VIII. Komplexe Aufgaben zur Analytischen Geometrie

13. Geraden

Gegeben sind die Geraden g: $\vec{x} = \begin{pmatrix} 0 \\ 2 \\ -5 \end{pmatrix} + r \begin{pmatrix} 1 \\ 2 \\ -2 \end{pmatrix}$ und h: $\vec{x} = \begin{pmatrix} 1 \\ 10 \\ -7 \end{pmatrix} + s \begin{pmatrix} -1 \\ 1 \\ 2 \end{pmatrix}$.

a) Bestimmen Sie den Schnittpunkt S von g und h.
Bestimmen Sie den Schnittwinkel von g und h.

b) Durch g und h ist eine Ebene E festgelegt.
Bestimmen Sie eine Parametergleichung von E.
Stellen Sie E anschließend in Koordinatenform dar.
Bestimmen Sie den Schnittpunkt sowie den Schnittwinkel von E mit der x-Achse.

c) Bestimmen Sie zwei zu h senkrechte Geraden u und v, die durch den Punkt S gehen.

d) Stellen Sie eine Gleichung der Ebene F auf, in der die Geraden u und v liegen.
Welche Lage haben die Ebenen E und F zueinander?

e) Für jedes a $\in \mathbb{R}$ ist durch g_a: $\vec{x} = \begin{pmatrix} 0 \\ 2 \\ -5 \end{pmatrix} + t \begin{pmatrix} a \\ 1+a \\ -2a \end{pmatrix}$ eine Gerade festgelegt.

Gibt es einen Wert für a, für den g_a parallel zu h verläuft?
Für welchen Wert für a verläuft g_a senkrecht zu h?

f) Untersuchen Sie, für welche Werte von a sich die Geraden g_a und h schneiden bzw. windschief zueinander sind.
Bestimmen Sie ggf. auch den Schnittpunkt.

14. Geraden

Gegeben sind die Geraden g: $\vec{x} = \begin{pmatrix} 3 \\ 1 \\ -4 \end{pmatrix} + r \begin{pmatrix} -2 \\ 1 \\ 2 \end{pmatrix}$ und h: $\vec{x} = \begin{pmatrix} 7 \\ 8 \\ 1 \end{pmatrix} + s \begin{pmatrix} -1 \\ 2 \\ -2 \end{pmatrix}$.

a) Zeigen Sie, dass die Geraden g und h windschief zueinander verlaufen.

b) Bestimmen Sie eine Parametergleichung der Ebene E, die die Gerade g enthält und parallel zur Geraden h verläuft.
Unter welchem Winkel schneidet E die x-y-Ebene?

c) Welchen Abstand hat die Gerade h zur Ebene E?

d) Für jedes a $\in \mathbb{R}$ ist durch g_a: $\vec{x} = \begin{pmatrix} 3 \\ 1 \\ 4 \end{pmatrix} + t \begin{pmatrix} 2a \\ 1 \\ 1-a \end{pmatrix}$ eine Gerade festgelegt.

Zeigen Sie: Jede der drei Koordinatenachsen wird von der Geraden g_a geschnitten.
Bestimmen Sie die drei Schnittpunkte.
Die Schnittpunkte bilden zusammen mit dem Ursprung eine Dreieckspyramide.
Bestimmen Sie deren Volumen.

e) Welche Gerade g_a enthält den Punkt P(−1|5|10)?
Welchen Abstand hat diese Gerade zur Geraden g?

VIII. Komplexe Aufgaben zur Analytischen Geometrie   235

15. Flugbahnen

Die Bahnen zweier Flugzeuge werden als geradlinig angenommen, die Flugzeuge werden als Punkte angesehen. Das erste Flugzeug bewegt sich von $A(0|-50|20)$ nach $B(0|50|20)$. Das zweite Flugzeug nimmt den Kurs von Punkt $C(-14|46|32)$ auf Punkt $D(50|-18|0)$. Eine Einheit entspricht 1 km.

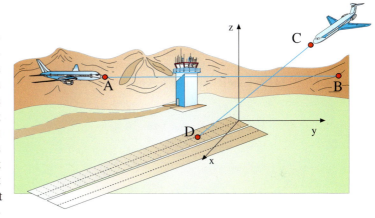

a) Untersuchen Sie, ob die beiden Flugzeuge bei gleichbleibenden Kursen zusammenstoßen könnten. (Die Geschwindigkeiten der Flugzeuge bleiben unberücksichtigt.)

b) Das 2. Flugzeug ändert nach der Hälfte der Strecke $\overline{CD}$, in dem Punkt M, seinen Kurs, da ein Nebel aufkommt. Das 2. Flugzeug fliegt nun von M aus über $T(0|25|20)$ nach D. Berechnen Sie die Länge des durch den neuen Kurs entstandenen Umweges.

c) Untersuchen Sie, ob die beiden Flugzeuge auf dem neuen Kurs zusammenstoßen könnten (ohne Berücksichtigung der Geschwindigkeiten).

d) Untersuchen Sie, ob es dem 2. Flugzeug gelungen ist, rechtzeitig vor der schmalen Nebelfront, die sich durch die Ebene $E: 2x - 2y - z = 20{,}8$ beschreiben lässt, seinen Kurs zu ändern.

16. Kirchturm

Auf der schiefen Ebene einer Bergwiese steht ein Kirchturm mit einer regelmäßigen Pyramide der Höhe $h = 10$ als Dach.
Für die Koordinaten (s. Abbildung) gilt:
$A(10|0|0)$, $B(10|10|0)$, $C(0|10|2)$, $E(10|0|20)$

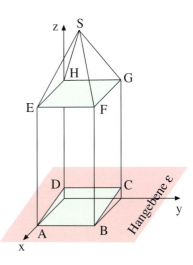

a) Bestimmen Sie eine Gleichung der Hangebene ε in Parameterform und in Normalenform.

b) Welchen Abstand hat die Turmspitze S zur Hangebene ε?

c) Zu einer gewissen Tageszeit fällt Sonnenlicht in Richtung $\vec{v} = \begin{pmatrix} -2 \\ 0{,}5 \\ -2{,}5 \end{pmatrix}$ auf den Turm.
Von der Turmspitze S fällt dann ein Schatten auf den Hang. Bestimmen Sie die Koordinaten des Schattenpunktes S* auf dem Hang.

d) Eine Dachfläche ist für den Betrieb von Solarzellen geeignet, wenn das einfallende Licht möglichst senkrecht einfällt. Prüfen Sie, ob eine der vier Dachflächen dieses Kriterium erfüllt.

e) Welcher Punkt P im Innern des Dachraumes hat von den 5 Ecken der Dachpyramide den gleichen Abstand? Bestimmen Sie diesen Abstand.

17. Einflugschneise

Ein Flugzeug befindet sich im Landeanflug. Es bewegt sich auf einer geraden Flugbahn g durch die Punkte A(25|2|5) und B(15|7|3). Die Einflugschneise wird durch zwei Geraden g_1 und g_2 begrenzt, welche durch die Punkte C(10|4|2) und D(0|10|0) bzw. E(10|20|2) und F(0|14|0) gehen (Angabe in km).

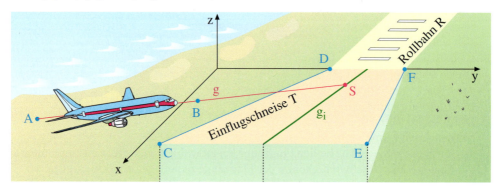

a) Bestimmen Sie die Gleichungen der beiden Begrenzungsgeraden g_1 und g_2. Zeigen Sie, dass diese eine Ebene T aufspannen. Wie lautet die Gleichung der Ebene T?
b) Welchen Winkel bildet die Ebene T (Einflugschneisenebene) mit der Rollbahnebene R, welche wie abgebildet in der x-y-Ebene liegt?
c) Wie lautet die Gleichung der Flugbahngeraden g des Flugzeugs?
d) Die in der Mitte der Einflugschneise verlaufende Gerade g_i ist die ideale Linie für den Landeanflug. Wie lautet die Gleichung der Geraden g_i? Zeigen Sie, dass die Bahn g des Flugzeugs die Ideallinie g_i schneidet. Wo liegt der Schnittpunkt S?
e) Berechnen Sie, um welchen Winkel der Pilot den Kurs in S korrigieren muss, um auf die Ideallinie g_i einzuschwenken.
f) Das Flugzeug hat eine Geschwindigkeit von 500 $\frac{km}{h}$. Wie lange dauert der Landeanflug von Punkt A bis zum Aufsetzen am Beginn der Rollbahn?

18. Hubschrauberkurs

Ein Hubschrauber fliegt einen geradlinigen horizontalen Kurs, der durch die Punkte A(7|2|0,1) und B(11|3|0,1) führt. Eine Einheit im Koordinatensystem sind 10 km.
a) Welchen Abstand hat der Hubschrauber im Punkt B von einer Gewitterfront, die durch die Ebene E: $x + 2y - 2z - 40{,}8 = 0$ im Koordinatensystem beschrieben wird?
b) In welchem Punkt P würde der Hubschrauber die Gewitterfront erreichen?
c) Weisen Sie nach, dass der Punkt Q(23|6|0,1) auf der Flugbahn des Hubschraubers liegt und von diesem vor Erreichen der Gewitterfront passiert wird.
d) Im Punkt Q ändert der Pilot den Kurs, indem er unter Beibehaltung seiner Horizontalrichtung in einen Steigflug übergeht, der ihn parallel zur Gewitterfront fliegen lässt. Geben Sie die Gerade an, welche die Bahn des Hubschraubers nach der Kurskorrektur beschreibt. Berechnen Sie den Winkel der Richtungsänderung.
e) Welchen Abstand zur Gewitterfront hat der Hubschrauber nach der Kursänderung?
f) Die Gewitterfront erstreckt sich bis in 4 km Höhe. In welchem Punkt kann der Hubschrauberpilot frühestens wieder in einen Horizontalflug übergehen, wenn er nicht in die Gewitterfront fliegen will?

VIII. Komplexe Aufgaben zur Analytischen Geometrie   237

19. Winkelhaus
Ein Winkelhaus hat die rechts dargestellten Maße.

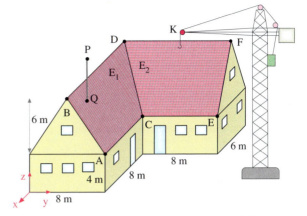

a) Bestimmen Sie die Koordinaten von A, B, C, E und F.
b) Bestimmen Sie die Gleichungen der Firstgeraden g_{BD} und g_{FD}. Hinweis: Die Richtungsvektoren sind einfach zu bestimmen.
c) Berechnen Sie den Punkt D als Schnittpunkt der Firstgeraden g_{BD} und g_{FD}.
d) Wie lautet die Gleichung der Kehlgeraden g_{DC}? Wie lang ist die Dachkehle $\overline{DC}$?
e) Welchen Winkel bildet die Dachfläche E_2 zwischen der Kehle $\overline{CD}$ und der Traufe $\overline{CE}$?
f) Die Dachfläche E_2 soll komplett mit Solarzellen belegt werden. Wie groß ist die zu belegende Fläche? (Hinweis: Zerlegen Sie die Dachfläche in zwei Dreiecke und verwenden Sie die vektorielle Formel für den Flächeninhalt des Dreiecks.)
g) Die Spitze der abgebildeten Antenne hat die Koordinaten $P(-2|5|12{,}5)$. In welchem Punkt Q durchstößt die Antenne die Dachfläche E_1? (Hinweis: Stellen Sie zunächst die Gleichung der Ebene E_1 auf.)
h) Sonnenlicht in Richtung des Vektors $\vec{v} = \begin{pmatrix} -4 \\ 2 \\ -7 \end{pmatrix}$ erzeugt einen Schatten der Antenne auf der Dachfläche E_1. Berechnen Sie den Schattenpunkt P' der Antennenspitze P.
i) Die Auslegerspitze des Krans hat die Koordinaten $K(11|12|26)$. Von dort soll ein Seil zur Dachfläche E_2 gespannt werden. Wie lang muss das Seil mindestens sein?

20. Drachenflug
Ein von der Flugüberwachung kontrollierter Luftraum wird von einer Ebene E begrenzt. Sie enthält die Punkte $A(0|500|0)$, $B(100|500|0)$ und $C(0|600|100)$ (alle Angaben in m). Die Erdoberfläche liegt in der x-y-Ebene.

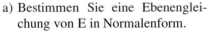

a) Bestimmen Sie eine Ebenengleichung von E in Normalenform.
b) Welchen Winkel schließt die Ebene E mit der Erdoberfläche ein?
c) In einem Punkt $P(2500|750|25)$ knapp außerhalb des überwachten Flugraums befinden sich Kinder, die einen Drachen aufsteigen lassen. Durch den Wind stellt sich die Schnur in Richtung des Vektors $\vec{w} = \begin{pmatrix} -10 \\ -50 \\ 25 \end{pmatrix}$. Ab welcher Schnurlänge gelangt der Drachen in den überwachten Flugraum?
d) Der Wind dreht, so dass sich die Schnur in Richtung $\vec{u} = \begin{pmatrix} 10 \\ 50 \\ z \end{pmatrix}$ stellt und mit der Erde einen Winkel von 45° bildet. Berechnen Sie zunächst den Wert des Parameters z. Bestimmen Sie dann den Winkel zwischen der alten und der neuen Lage der Drachenschnur.

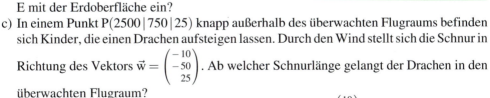

VIII. Komplexe Aufgaben zur Analytischen Geometrie

21. Dachflächen und Sonnensegel

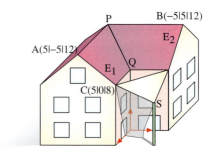

a) Stellen Sie die Gleichung der Dachebene E_1 des Doppelhauses in Parameter- und die Gleichung von E_2 in Koordinatenform dar.

b) Bestimmen Sie die Gleichung der Schnittgeraden g von E_1 und E_2. Wie lang ist die durch P und Q begrenzte Dachkehle?

c) Sonnenlicht fällt in Richtung $\begin{pmatrix} -1 \\ -1 \\ -2 \end{pmatrix}$ ein und trifft das Sonnensegel, das an dem senkrechten Mast mit der Spitze $S(5\,|\,5\,|\,6)$ befestigt ist. Welchen Inhalt hat das Sonnensegel?

d) Konstruieren Sie rechnerisch den Schatten S' der Spitze S des Sonnensegels.

22. Flussbrücke

Die Oberfläche eines im betrachteten Bereich geradlinig fließenden Flusses befindet sich in der x-y-Ebene. Die x-Achse zeigt nach Süden, die y-Achse nach Osten. Der Punkt $A(10\,|\,5\,|\,0)$ liegt in Fließrichtung gesehen am rechten Flussufer, der Punkt $B(2\,|\,13\,|\,0)$ liegt genau gegenüber.

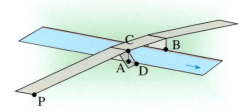

a) Geben Sie die geographische Fließrichtung sowie die Breite des Flusses an.

b) Eine Brücke soll den Fluss in 30 m Höhe waagerecht überqueren. Geben Sie eine Gleichung der Brückenebene an.

c) Die Auffahrt zur Brücke beginnt im Punkt P, der 10 m über dem Wasserniveau liegt, und verläuft in Richtung $\vec{v} = \begin{pmatrix} -10 \\ 10 \\ 1 \end{pmatrix}$ bis zum Punkt C, der senkrecht über A liegt. Wie lang ist die Auffahrt? In welchem Winkel zum Erdboden steigt die Auffahrt an?

d) Nahe dem Flussufer befindet sich im Punkt $D(9\,|\,2\,|\,2)$ der Fußpunkt einer Fußgängertreppe, die nach C führt. Wie steil und wie lang ist die Treppe?

23. Fußball

Die Punkte $A(0\,|\,0\,|\,0)$, $B(0\,|\,740\,|\,0)$, $C(0\,|\,740\,|\,250)$ und $D(0\,|\,0\,|\,250)$ sind Eckpunkte eines Fußballtores. Einer Einheit im Koordinatensystem entspricht 1 cm. Der Fußball wird als punktförmig angenommen und alle Flugbahnen als geradlinig.

a) Spieler 1 köpft den Ball aus $P(850\,|\,-110\,|\,135)$ in Richtung des Vektors $\vec{v} = \begin{pmatrix} -10 \\ 10 \\ -1 \end{pmatrix}$. Zeigen Sie, dass er den Pfosten trifft.

b) Der Kopfball aus a) prallt am Pfosten ab, d. h., er wird sozusagen reflektiert. Unter welchem Winkel und in welchem Punkt berührt er den Boden?

c) Spieler 2 köpft einen Ball aus der Position $R(475\,|\,1070\,|\,195)$ in Richtung der Position $S(150\,|\,420\,|\,0)$. Gelangt der Ball ins Tor, falls der Torwart nicht eingreift?

VIII. Komplexe Aufgaben zur Analytischen Geometrie

24. Hausdach

Ein Haus besitzt wie abgebildet drei Dachflächen E_1 (sichtbar), E_2 (nicht sichtbar) und E_3 (Gaube). Das Haus hat Wandmaße von 10 m (Länge) und 8 m (Breite). Es ist 9 m hoch. Die beiden unteren Dachtraufen liegen in 3 m Höhe. Ihr horizontaler Abstand zur Wand beträgt jeweils 1 m. An den beiden Giebelseiten hat das Dach ebenfalls 1 m Überstand.

a) Bestimmen Sie die Koordinaten der Punkte A, B, C, D, E, F und K.
b) Bestimmen Sie die Gleichungen der Dachflächenebenen E_1 und E_2 in Parameter- und Normalenform.
c) Unter welchem Winkel steigt die Dachfläche E_1 an?
d) Welchen Winkel bilden E_1 und E_2 miteinander?
e) Die Eckpunkte G und H des Gaubendaches besitzen die Koordinaten $G(9|0|7)$ und $H(1|0|7)$. Wie lauten die Koordinaten ihrer Lotfußpunkte G' und H' auf E_1?

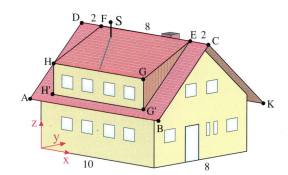

f) Die beiden dreieckigen Seitenwände der Gaube sind mit Holz verkleidet. Wie groß ist der Holzbedarf?

g) Die Satellitenantenne mit die Spitze $S(3|3|10)$ wirft durch das Sonnenlicht in Richtung des Vektors $\vec{v} = \begin{pmatrix} 2 \\ -3 \\ -2 \end{pmatrix}$ einen Schatten. Liegt der Schatten vollständig auf dem Gaubendach?

25. Pyramide

Die Punkte $A(0|-1|0)$, $B(1|-4|0)$ und $C(4|-3|0)$ sind die erhaltenen Eckpunkte der Grundfläche einer quadratischen Pyramide, die teilweise eingestürzt ist und die rekonstruiert werden soll. Einer Einheit im Koordinatensystem entsprechen 100 m.

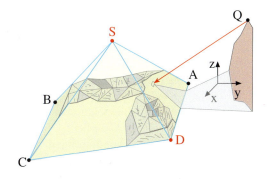

a) Weisen Sie nach, dass das Dreieck ABC gleichschenklig und rechtwinklig ist. Berechnen Sie die Grundseitenlänge der Pyramide.
b) Ergänzen Sie das Dreieck zu einem Quadrat ABCD. Bestimmen Sie den Mittelpunkt M des Quadrates sowie die Koordinaten der fehlenden Ecke D. Senkrecht über Punkt M lag ursprünglich die Spitze S der Pyramide ABCDS, die eine Höhe von 200 m hatte. Zeichnen Sie die Pyramide.
c) Bestimmen Sie die Gleichung der Ebene E, welche die Pyramidenseite DAS enthält, in Parameter- und in Normalform. Bestimmen Sie den Flächeninhalt und die Winkelgrößen im Dreieck DAS.
d) Der Legende nach weist orthogonal auf die Dreiecksfläche DAS fallendes Sonnenlicht durch den Punkt $Q\left(\frac{1}{2}\left|\frac{5}{3}\right|\frac{7}{2}\right)$ auf einen geheimen Eingang der Pyramide hin. In welchem Punkt P lag dieser geheime Eingang ursprünglich?

26. Flugbahnen

Ein Flieger F_1 fliegt in einer Minute vom Punkt $A(3|-2|5)$ zum Punkt $B(5|0|4)$.
Ein zweiter Flieger F_2 fliegt gleichzeitig vom Punkt $C(6|2|6)$ zum Punkt $D(8|3|5)$.
Alle Angaben in km.

a) Stellen Sie die Gleichungen der Fluggeraden f_1 und f_2 auf.
b) Welchen Abstand hat Punkt A zur Geraden f_2?
c) Zeigen Sie, dass die Flugbahnen windschief zueinander sind.
   Wie groß ist die kürzeste Entfernung zwischen den Flugbahnen?
d) Wo befindet sich Flieger F_2, wenn Flieger F_1 in $P(9|4|2)$ angekommen ist?
e) Unter welchem Winkel nähert sich Flieger F_1 dem Erdboden (x-y-Ebene)?
f) Wie lange nach dem Durchfliegen von Punkt A hat Flieger F_1 die kritische Höhe von 100 m erreicht, wo befindet er sich dann?
g) Wie müsste Flieger F_1 im Punkt A seine Flugrichtung ändern, wenn er sich nach 5 Minuten an der gleichen Stelle über dem Erdboden wie ohne Änderung aber in einer Höhe zwischen einem und 2,5 km befinden will?
h) Die Flugbahnen aus g) liegen in einer Ebene E. Stellen Sie eine Ebenengleichung auf. In welchem Punkt durchfliegt Flieger F_2 diese Ebene?

27. Lärmschutzdamm

Ein Lärmschutzdamm hat die abgebildete Form.
Die bahnseitige Böschung kann durch die Ebenengleichung
$E_1: 3x + 4y - 5z = -13$, die ortsseitige Böschung wird durch
$E_2: 3x + 4y + 10z = 87$ beschrieben, während die Dammkrone in der Ebene
$E_3: z = 5$ liegt.

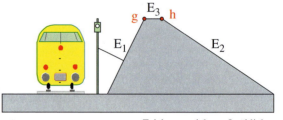

Zeichnung nicht maßstäblich

a) Bestimmen Sie die Gleichungen der Begrenzungsgeraden g und h der Wallkrone, d. h. die Schnittgeraden von E_3 mit E_1 und E_2.
b) Bestimmen Sie die Steigungswinkel der beiden Böschungen, d. h. die Schnittwinkel von E_1 und E_2 mit der x-y-Ebene.
c) Wie breit ist die Dammkrone, d. h. der Abstand von g und h?
d) Wie breit ist der Dammbasis?
e) Wie abgebildet steht ein 5 m hoher Signalmast im Punkt $P(0|-4,5|0)$. Er ist in 3 m Höhe durch ein senkrecht zur Böschung gespanntes Seil gesichert.
   Wie lang ist das Befestigungsseil?
f) Wie viel Erdreich wird für den 1 km langen Damm benötigt?

IX. Wachstums- und Zerfallprozesse

Das Kapitel behandelt verschiedene Modelle für Wachstums- und Zerfallprozesse.

1. Modelle

In der Praxis spielen fünf mathematische Modelle zur Beschreibung von Prozessen eine besondere Rolle. Wichtig sind lineare und quadratische Modelle, aber auch drei exponentielle Modelle, die vor allem bei Wachstums- und Zerfallsprozessen verwendet werden. Man spricht auch von Regressionsmodellen.

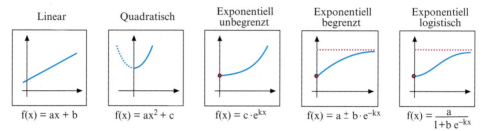

Die Bilder zeigen den Verlauf der Graphen für den Wachstumsfall.
Lineare und quadratische Modelle sind aus vielen Zusammenhängen bereits bekannt.
Im Folgenden werden vor allem die exponentiellen Modelle näher besprochen.

2. Lineare und quadratische Prozesse

▶ **Beispiel: Lineare Prozesse**
Herr Maier hat für 50000 € Ablösung ein Sportgeschäft übernommen. Der Vorbesitzer hatte in den letzten Jahren monatliche Kosten von 2000 €. Die Erlöse betrugen 3000 €/Monat.
a) Stellen Sie die Kostenfunktion K und die Erlösfunktion E auf. Zeichnen Sie die Graphen.
b) Wann wird die Gewinnschwelle erreicht?

Lösung zu a:
Wir gehen von einem linearen Ansatz $K(t) = mt + n$ aus. Für die Steigung gilt $m = 2000$ €/Monat. Der Achsenabschnitt ist $n = K(0) = 50000$. Also gilt:
$\quad K(t) = 2000\,t + 50000$

Für den Erlös verwenden wir ebenfalls einen linearen Ansatz $E(t) = at + b$. Hier gilt $a = 3000$ €/Monat. Wegen $E(0) = 0$ ist $b = 0$. Unser Ergebnis ist also:
$\quad E(t) = 3000\,t$

Lösung zu b:
Die Gewinnschwelle (engl: Break-Even-Point) wird erreicht, wenn der Erlös erstmals die Kosten erreicht. Die Graphen von E und K schneiden sich dort.
Wir verwenden also den Ansatz $E(t) = K(t)$.
▶ Diese Gleichung führt auf $t = 50$ Monate.

Kosten- und Erlösfunktion
$K(t) = 2000\,t + 50000$
$E(t) = 3000\,t$

Graph

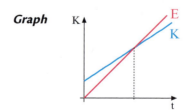

Gewinnschwelle
$E(t) = K(t) \quad$ (Ansatz)
$3000\,t = 2000\,t + 50000$
$1000\,t = 50000$
$t = 50$ Monate

Quadratisches Wachstum

Im Straßenverkehr kann es gefährlich werden, wenn ein Fahrer den *Anhalteweg* unterschätzt. In der Fahrschule lernt man die rechts dargestellte Faustformel für den Anhalteweg, der sich aus *Reaktionsweg* und *Bremsweg* zusammensetzt. Dabei ist v die Tachogeschwindigkeit in km/h.

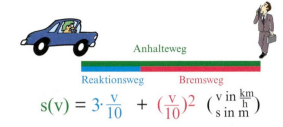

$$s(v) = 3 \cdot \frac{v}{10} + \left(\frac{v}{10}\right)^2 \quad \left(\begin{array}{l} v \text{ in } \frac{km}{h} \\ s \text{ in } m \end{array}\right)$$

> **Beispiel: Anhalteweg bei einer Normalbremsung**
> Ein Auto fährt mit der Tachogeschwindigkeit v in km/h. Der Anhalteweg in Metern bei einer Normalbremsung wird beschrieben durch die Funktion $s(v) = 3 \cdot \frac{v}{10} + \left(\frac{v}{10}\right)^2$.
> a) Stellen Sie Reaktionsweg, Bremsweg und Anhalteweg für $0 \leq v \leq 80$ graphisch dar.
> b) Bei welcher Geschwindigkeit sind Reaktionsweg und Bremsweg gleich groß?
> c) Ein Fahrer erkennt einen auf die Fahrbahn gestürzten Baum erst 100 m vor dem Hindernis. Er fährt 100 km/h. Mit welcher Geschwindigkeit prallt er auf?

Lösung zu a):
Der Reaktionsweg $r(v) = \frac{3}{10} v$ steigt linear an. Er spielt vor allem bei niedrigen Geschwindigkeiten bis 30 km/h eine Rolle.
Der Bremsweg $b(v) = \left(\frac{v}{10}\right)^2$ steigt quadratisch an und ist für mittlere und höhere Geschwindigkeiten ausschlaggebend.

Lösung zu b):
Die Ansatzgleichung lautet $r(v) = b(v)$. Sie hat die Lösung v = 30 km/h, denn v ist die Geschwindigkeit in Stundenkilometern.

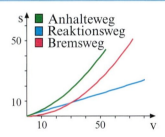

Reaktionsweg = Bremsweg
$r(v) = b(v) \Leftrightarrow 3 \cdot \frac{v}{10} = \left(\frac{v}{10}\right)^2$
$\Leftrightarrow 0{,}3 = 0{,}01 \, v \Leftrightarrow v = 30 \text{ km/h}$

Lösung zu c):
Wir berechnen zunächst den Anhalteweg. Er beträgt $s(100) = 130$ m. Es fehlen also 30 m. Nun berechnen wir, welche Geschwindigkeit zu 30 m Anhalteweg führt. Der Ansatz $s(v) = 30$ hat die Lösung $v \approx 40$ km/h. Das ist die gesuchte Aufprallgeschwindigkeit, immer noch recht ordentlich.

Aufprallgeschwindigkeit
$s(100) = 3 \cdot \frac{100}{10} \cdot 100 + \left(\frac{100}{10}\right)^2 = 130$ m
Fehlende Strecke: $130 \text{ m} - 100 \text{ m} = 30 \text{ m}$
Ansatz: $s(v) = 30$
$3 \cdot \frac{v}{10} + \left(\frac{v}{10}\right)^2 = 30$
$v^2 + 30\,v - 3000 = 0$
$v = -15 \pm \sqrt{3225} = -15 \pm 56{,}79$
$v = 41{,}79$ km/h

Übung 1 Anhalteweg bei Gefahrenbremsung und reaktionsschnellem Fahrer
Bei einer Gefahrenbremsung halbiert sich der Bremsweg gegenüber einer Normalbremsung und die Reaktionszeit ist ca. ein Drittel kürzer. Die Formel für den Anhalteweg ist dann $s(v) = 2 \cdot \frac{v}{10} + 0{,}5 \cdot \left(\frac{v}{10}\right)^2$. Bearbeiten Sie hierfür die Fragestellungen aus dem Beispiel.

3. Unbegrenztes exponentielles Wachstum

A. Grundlagen

In diesem Wiederholungsabschnitt mit Trainingscharakter erfährt man, wie man exponentielle Prozesse tabellarisch erfasst, die Bestandsfunktion aufstellt und diese Funktion auswertet.

Acromyrmex Octospinosus

Im Süden der USA ist die Blattschneiderameise zu Hause. Sie sammelt Blätter, die mit den Mundwerkzeugen zerteilt und in den Ameisenbau transportiert werden. Die Blätter werden dort zerkaut. Auf dem entstehenden Substrat züchten die Ameisen einen Pilz, von dem sie sich ernähren. Der Züchtungsprozess besteht aus 29 Schritten, wobei jeder Schritt von einer bestimmten Kaste des Ameisenvolks ausgeführt wird. Die Ameisen leben in einem Staat und vermehren sich schnell. Der Wachstumsprozess kann dann durch eine exponentielle Bestandsfunktion der Form $N(t) = c \cdot a^t$ erfasst werden, wobei t die Zeit seit Beobachtungsbeginn und $N(t)$ die Populationsgröße zur Zeit t ist.

Exponentielle Wachstums- und Zerfallsprozesse erkennt man daran, dass die *Quotienten „aufeinanderfolgender Bestände" konstant* sind. Man überprüft dies mit dem sog. *Quotiententest*.

> **Beispiel: Nachweis exponentiellen Wachstums mit dem Quotiententest**
> Ein Zoologe hat eine Ameisenkolonie beobachtet. Deren Populationswachstum wurde durch Auszählen über einen Zeitraum von 5 Monaten beobachtet und in einer Tabelle protokolliert. Zeigen Sie, dass ein exponentieller Wachstumsprozess vorliegt und stellen Sie die Bestandsfunktion N auf. Skizzieren Sie den Graphen von N.
>
> | t: Zeit seit Beobachtungsbeginn in Monaten | 0 | 1 | 2 | 3 | 4 | 5 |
> |---|---|---|---|---|---|---|
> | N: Anzahl der Ameisen in Tausend | 500 | 625 | 780 | 980 | 1220 | 1530 |

Lösung:
Es liegt exponentielles Wachstum vor. Dies erkennt man durch *Quotientenbildung*:
$\frac{N(1)}{N(0)} \approx 1{,}25$ $\frac{N(2)}{N(1)} \approx 1{,}25$ $\frac{N(3)}{N(2)} \approx 1{,}26$ usw.
Die Quotienten von Funktionswerten, die in gleichen zeitlichen Abständen aufeinanderfolgen, sind nahezu konstant. Jeder Funktionswert entsteht daher aus dem Vorhergehenden durch Multiplikation mit dem Faktor 1,25.

Der Bestand N kann also durch die Funktion $N(t) = 500 \cdot 1{,}25^t$ erfasst werden.

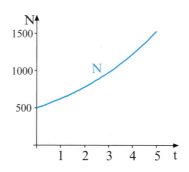

Bestandsfunktion: $N(t) = 500 \cdot 1{,}25^t$

3. Unbegrenztes exponentielles Wachstum

Viele Wachstumsprozesse und Zerfallsprozesse besitzen die Eigenschaft, dass die *Quotienten aufeinanderfolgender Bestände konstant* sind. Man spricht dann von *exponenteiellem Wachstum* bzw. *Zerfall* und kann eine *Exponentialfunktion* zur Modellierung des Prozesses verwenden.

Definition IX.1: Exponentialfunktion zur Basis a	**Wachstum**	**Zerfall**
c und a seien reelle Zahlen. Es gelte a > 0.	a > 1	a < 1
Dann bezeichnet man die reelle Funktion		
$f(x) = c \cdot a^x$	$f(x) = 2^x$	$f(x) = 0{,}7^x$
als Exponentialfunktion zur Basis a.	$f(x) = 3 \cdot 2^x$	$f(x) = 4 \cdot 0{,}5^x$

Man kann eine Exponentialfunktion der Form $N(t) = c \cdot a^t$ auch in der sogenannten *Euler'schen Form* $N(t) = c \cdot e^{kt}$ darstellen, wobei $e = 2{,}72...$ die Euler'sche Zahl ist.

▶ **Beispiel: Die Euler'sche Form $N(t) = c \cdot e^{kt}$**
Stellen Sie die Funktion $N(t) = 300 \cdot 1{,}3^t$ in der Euler'schen Form $N(t) = c \cdot e^{kt}$ dar.

Lösung:
Wir bestimmen c und k durch den direkten Vergleich der Funktionsterme $300 \cdot 1{,}3^t$ und $c \cdot e^{kt}$, wie rechts aufgeführt.

Bestimmen von c und k:
$$300 \cdot 1{,}3^t = c \cdot e^{kt}$$
$$\Downarrow$$
$c = 300 \quad e^k = 1{,}3$
$ k = \ln 1{,}3$
$ k \approx 0{,}2624$

▶ Resultat: $N(t) = 300 \cdot e^{0{,}2624\,t}$

Satz IX.1: $c \cdot a^t$ und $c \cdot e^{kt}$
Unbegrenztes exponentielles Wachstum kann durch die Bestandsfunktionen $N(t) = c \cdot a^t$ bzw. $N(t) = c \cdot e^{kt}$ dargestellt werden.

Zusammenhang:

$a = e^k \qquad k = \ln a$

Übung 1 Erdhörnchen
Eine Erdhörnchenkolonie entwickelt sich über mehrere Jahre folgendermaßen:

t/Jahre	0	1	2	3	4	5	6
N/Anzahl	20	28	39	55	77	108	151

a) Wie lautet die Wachstumsgleichung?
b) Wieviele Tiere sind es nach 20 Jahren?
c) Wann gibt es 1000 Erdhörnchen?

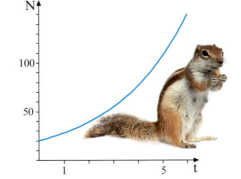

Übung 2 Füchse
Eine Fuchspopulation wächst jährlich um 3 %. Zu Beginn der Beobachtung gibt es 200 Füchse.
a) Stellen Sie die Bestandsfunktion in der Form $N(t) = c \cdot a^t$ und in der Form $N(t) = c \cdot e^{kt}$ dar.
b) Wie viele Füchse gibt es nach 10 Jahren? Wann hat sich die Population verdoppelt?
   Wann waren es nur 100 Füchse? Wie viele Füchse kommen im Laufe des 10. Jahres hinzu?

B. Verdopplungszeit und Halbwertszeit

Charakteristisch für unbegrenzte Wachstumsprozesse ist, dass sich der Bestand in stets der gleichen Zeitspanne verdoppelt. Man bezeichnet diese Zeitspanne als *Verdopplungszeit*.

▶ **Beispiel: Verdopplungszeit**
Der Bestand einer Elchherde wird durch die Funktion $N(t) = 100 \cdot e^{0,12t}$ erfasst. Berechnen Sie die Zeit T_2, in der sich der Bestand verdoppelt.

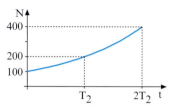

Lösung:
Wir verwenden zur Bestimmung der Verdopplungszeit T_2 den Ansatz
$N(T_2) = 2 \cdot N(0)$.
Eine logarithmische Rechnung führt zum Resultat $T_2 = 5{,}78$ Jahre. Alle 5,78 Jahre
▶ verdoppelt sich also der Bestand der Herde.

Verdopplungszeit
$N(T_2) = 2 \cdot N(0)$ (Ansatz)
$100 \cdot e^{0,12\,T_2} = 2 \cdot 100$
$e^{0,12\,T_2} = 2$ | ln
$0{,}12\,T_2 = \ln 2$
$T_2 = \frac{\ln 2}{0{,}12} \approx 5{,}78$ Jahre

▶ **Beispiel: Halbwertszeit**
Der radioaktive Zerfall ist ein rein exponentieller Abnahmeprozess.
Bei einem Experiment zerfallen pro Minute 3% der jeweils vorhandenen Stoffmenge. Nach welcher Zeit $T_{1/2}$ ist nur noch die Hälfte der ursprünglichen Stoffmenge von 200 mg übrig?

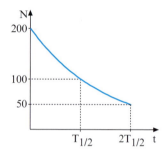

Lösung:
Wir stellen zunächst die Zerfallsfunktion auf. Nach einer Minute sind nur noch 97% der Stoffmenge vorhanden. Also lautet der Abnahmefaktor 0,97.
Die Bestandsfunktion ist daher
$N(t) = 200 \cdot 0{,}97^t$ bzw. $N(t) = 200 \cdot e^{-0{,}03t}$.
Der Ansatz $N(T_{1/2}) = \frac{1}{2} N(0)$ führt auf die
▶ Halbwertszeit $T_{1/2} = 22{,}76$ min.

Halbwertszeit
$N(T_{1/2}) = 0{,}5 \cdot N(0)$
$200 \cdot 0{,}97^{T_{1/2}} = 0{,}5 \cdot 200$
$0{,}97^{T_{1/2}} = 0{,}5$ | ln
$T_{1/2} = \frac{\ln 0{,}5}{\ln 0{,}97} \approx 22{,}76$
$T_{1/2} \cdot \ln 0{,}97 = \ln 0{,}5$

Die Verdopplungszeit
$N(t) = c \cdot e^{kt}, k > 0:\quad T_2 = \frac{\ln 2}{k}$
$N(t) = c \cdot a^t, a > 0:\quad T_2 = \frac{\ln 2}{\ln a}$

Die Halbwertszeit
$N(t) = c \cdot e^{-kt}, k > 0:\quad T_{1/2} = \frac{\ln 0{,}5}{-k}$
$N(t) = c \cdot a^t, 0 < a < 1:\quad T_{1/2} = \frac{\ln 0{,}5}{\ln a}$

Übung 3
Berechnen Sie die Verdopplungszeit bzw. die Halbwertszeit des gegebenen Prozesses.
a) $N(t) = 4 \cdot 1{,}5^t$ b) $N(t) = 120 \cdot e^{0{,}04t}$ c) $N(t) = 60 \cdot 0{,}9^t$ d) $N(t) = 400 \cdot e^{-0{,}2t}$

3. Unbegrenztes exponentielles Wachstum

C. Weitere Beispiele zum unbegrenzten Wachstum und Zerfall

▶ Beispiel: Bevölkerungswachstum der USA

Die Tabelle gibt die Bevölkerungsentwicklung der Vereinigten Staaten von Nordamerika in der ersten Hälfte des 19. Jahrhunderts wieder. Damals lag nahezu unbegrenztes Wachstum vor.

a) Stellen Sie die Wachstumsfunktion auf.
b) In welcher Zeitspanne verdoppelte sich die Bevölkerung?
c) Wie groß war die momentane Wachstumsrate 1790 bzw. 1860?
   Wie groß war die mittlere Wachstumsrate?

Jahr	1790	1800	1810	1820	1830	1840	1850
Mio.	3,9	5,3	7,2	9,6	12,9	17,1	23,4

Lösung zu a:
Wir verwenden den Ansatz des unbegrenzten Wachstums $N(t) = c \cdot e^{kt}$. Dabei ist t die Zeit in Jahren seit 1790.
$c = N(0) = 3,9$ ist der Anfangsbestand.
Um k zu berechnen, verwenden wir eine zweite Information aus der Tabelle, z.B. $N(60) = 23,4$. Dies führt auf $k \approx 0,03$.
Resultat: $N(t) = 3,9 \cdot e^{0,03t}$

Bestimmung von N_0:
$c = N(0) = 3,9$ Mio.

Bestimmung von k:
Ansatz: $N(60) = 23,4$
$$3,9 \cdot e^{60k} = 23,4$$
$$e^{60k} = 6$$
$$60k = \ln 6$$
$$k \approx 0,03$$

Lösung zu b:
Wir verwenden den Ansatz $N(t) = 2N(0)$, d.h. $N(t) = 7,8$. Dies führt auf eine Verdoppelungszeit von 23,10 Jahren.
Alle 23,10 Jahre verdoppelte sich die amerikanische Bevölkerung.

Verdopplungszeit:
Ansatz: $N(t) = 2N(0)$
$$3,9 \cdot e^{0,03t} = 7,8$$
$$e^{0,03t} = 2$$
$$0,03t = \ln 2$$
$$t \approx 23,10 \text{ Jahre}$$

Lösung zu c:
Die momentanen Wachstumsgeschwindigkeiten (Zuwachsraten) berechnen wir mithilfe der Ableitung N'.
Die Dynamik ist deutlich zu erkennen.

Momentane Wachstumsraten:
$N'(t) = 0,117 \cdot e^{0,03t}$
$N'(0) = 0,117$ Mio./Jahr = 321 Pers./Tag
$N'(60) = 0,708$ Mio./Jahr = 1939 Pers./Tag

Die mittlere Zuwachsrate berechnen wir mit dem Differenzenquotienten $\frac{\Delta N}{\Delta t}$.

Sie beträgt ca. 325 000 Personen/Jahr, das sind 27 083 Pers./Monat bzw. 890 Pers./Tag.
▶ Das ist also eine Kleinstadt pro Monat.

Mittlere Zuwachsrate von 1790-1850:
$$\frac{\Delta N}{\Delta t} = \frac{N(60) - N(0)}{60 - 0} = \frac{23,4 - 3,9}{60}$$
$$= 0,325 \text{ Mio./Jahr} = 890 \text{ Pers./Tag}$$

Übungen

4. Nigeria

Nigeria hatte 1960 (t = 0) ca. 42 Mio. Einwohner. Die Bevölkerung wuchs pro Jahr um 2,8 %. Die USA hatten 1960 (t = 0) 177 Mio. Einwohner und ein Wachstum von 1,8 % pro Jahr.
a) Begründen Sie, dass $N_1(t) = 42 \cdot e^{0,02762t}$ und $N_2(t) = 177 \cdot e^{0,01784t}$ geeignete Bestandsfunktionen sind.
b) Wann werden beide Bevölkerungen gleich groß sein?
c) Wie groß war die momentane Wachstumsrate der US-amerikanischen Bevölkerung im Jahr 2000? Wann wird Nigeria die gleiche Rate erreichen?

5. Radioaktivität

Von ACTINIUM 275 zerfallen täglich 6,7 % der jeweils vorhandenen Menge. In einem Labor wird eine Probe von 1000 mg Actinium eingesetzt.
a) Wie lautet die Bestandsfunktion in der Form $N(t) = c \cdot a^t$ bzw. $N(t) = c \cdot e^{-kt}$?
b) Wie groß ist die Halbwertszeit?
c) Die Probe wird als ausgebrannt betrachtet, wenn die Strahlung auf 1 % des Ausgangswertes gefallen ist. Schätzen Sie die Zeit hierfür mithilfe der Halbwertszeit ab.

Actinium wurde 1899 von dem französischen Chemiker A. L. Debieme entdeckt.

6. Blutalkohol

Ein Zecher hat sich um 24^{00} Uhr einen Alkoholgehalt von 1,8 Promille angetrunken. Nach einer Faustformel werden stündlich 0,2 Promille abgebaut. Ein anderes exponentielles Modell geht davon aus, dass stündlich 20 % des aktuellen Gehaltes abgebaut werden.
a) Stellen Sie für beide Modelle eine Abnahmefunktion auf und skizzieren Sie die Graphen der Funktionen in einem gemeinsamen Koordinatensystem.
b) Welchen Alkoholgehalt hat die Person morges um 6^{00} Uhr nach dem linearen Modell? Darf sie nun wieder ein Fahrzeug führen (Promillegrenze 0,5)?
c) Wann erreicht sie die Promillegrenze von 0,5 nach dem exponentiellen Modell?
d) Zu welchem Zeitpunkt ist der Unterschied zwischen den Modellen maximal?
e) Bestimmen Sie näherungsweise, zu welchem Zeitpunkt die beiden Modelle den gleichen Alkoholgehalt anzeigen.
f) Wie groß ist die mittlere Abnahmerate beim exponentiellen Modell zwischen 0 und 24 Uhr? Wie groß sind die momentanen Abnahmeraten um 24 Uhr und um 6 Uhr? Wann ist die momentane Abnahmerate gleich der berechneten mittleren Abnahmerate?

4. Wachstumsmodelle im Überblick

Es gibt in der Praxis neben den bereits eingeführten Modellen des unbegrenzten exponentiellen Wachstums zwei weitere exponentielle Wachstumsmodelle. Zur Orientierung stellen wir nun alle drei Modelle im Überblick dar, bevor wir in die Einzelheiten gehen.

1. Unbegrenztes Wachstum
$N(t) = c \cdot a^t, a > 1$
$N(t) = c \cdot e^{kt}, k > 0$

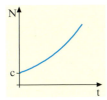

Verdoppelungszeit:
$T_2 = \frac{\ln 2}{\ln a}$ bzw. $T_2 = \frac{\ln 2}{k}$

Unbegrenzter Zerfall
$N(t) = c \cdot a^t, a < 1$
$N(t) = c \cdot e^{-kt}, k > 0$

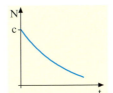

Halbwertszeit:
$T_{\frac{1}{2}} = \frac{\ln 0{,}5}{\ln a}$ bzw. $T_{\frac{1}{2}} = \frac{\ln 0{,}5}{-k}$

2. Begrenztes Wachstum
$N(t) = a - b \cdot e^{-kt}, k > 0, b > 0$

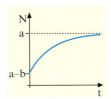

$a - b$: Anfangsbestand $(t = 0)$
a: Grenzbestand $(t \to \infty)$
keine Verdoppelungszeit

Begrenzter Zerfall
$N(t) = a + b \cdot e^{-kt}, k > 0, b > 0$

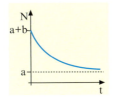

$a + b$: Anfangsbestand $(t = 0)$
a: Grenzbestand $(t \to \infty)$
keine Halbwertszeit

3. Logistisches Wachstum
$N(t) = \frac{a}{1 + b \cdot e^{-kt}}, k > 0, b > 0$

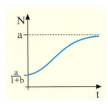

$\frac{a}{1+b}$: Anfangsbestand $(t = 0)$
a: Grenzbestand $(t \to \infty)$
keine Verdoppelungszeit

Beispiele:

① Bakterielles Wachstum
   Radioaktiver Zerfall

② Laden eines Kondensators
   Abkühlung einer Flüssigkeit

③ Höhenwachstum einer Pflanze
   Ausbreitung eines Gerüchtes
   Absatz eines Produktes

5. Begrenztes exponentielles Wachstum/Zerfall

A. Das Modell des begrenzten Wachstums

Auf einem großen Empfang, an dem a Personen teilnehmen, wird ein Gerücht verbreitet. N(t) sei die Anzahl der Personen, die das Gerücht zur Zeit t kennen.
Hier liegt *begrenztes Wachstum* vor, denn das Gerücht kann maximal alle a Personen erreichen, aber nicht mehr.
Die Zahl a heißt *Grenzbestand oder Sättigungsgrenze*.

Oft eignet sich für solche Situationen eine Funktion der Gestalt
$N(t) = a - b \cdot e^{-kt}$, $b > 0$, $k > 0$ als Modell.

> **Modell des begrenzten Wachstums**
> Gibt es bei einem Wachstumsprozess eine Bestandobergrenze a, so kann für die Wachstumsfunktion oft die folgende Gestalt verwendet werden:
> $N(t) = a - b \cdot e^{-kt}$, $b > 0$, $k > 0$.
> Der Graph von N sieht so aus:
>
>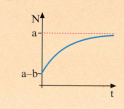

▶ **Beispiel:** In einer Reisegruppe kursiert ein Witz. Anfangs kennen ihn zehn der 100 Teilnehmer. Nach zwei Stunden sind es schon 50 Personen. Wieviele Personen sind es nach sechs Stunden? Legen Sie das Modell des begrenzten Wachstums zugrunde.

Lösung:
N(t) sei die Anzahl der Teilnehmer, welche den Witz zur Zeit t kennen. N kann durch die Funktion $N(t) = a - b \cdot e^{-kt}$ beschrieben werden. Bestimmt werden müssen zunächst a, b und k.

Der Grenzbestand beträgt 100 Personen.   Ansatz: $N(t) = a - b \cdot e^{-kt}$
Daher gilt a = 100.

Zur Zeit t = 0 kennen 10 Personen den Witz. Aus N(0) = 10 folgt 100 − b = 10, d. h. es gilt b = 90.

Informationen: a = 100
                  N(0) = 10
                  N(2) = 50

Zur Zeit t = 2 kennen 50 Personen den Witz. Aus der Bedingung N(2) = 50 folgt $100 - 90 e^{-2k} = 50$. Auflösen nach k ergibt k = 0,294.

Funktion: $N(t) = 100 - 90 \cdot e^{-0{,}294 t}$

Nun errechnen wir N(6). Wir erhalten als
▶ Resultat: 85 Personen kennen den Witz.

Resultat: N(6) = 84,6

Übung 1

Der Bestand einer Population wird durch die Funktion $N(t) = 10 - 8 \cdot e^{-0{,}2 t}$ erfasst. Dabei gibt t die Zeit in Stunden seit Beobachtungsbeginn an und N(t) die Anzahl der Individuen in Tausend.
a) Zeichnen Sie den Graphen von N mithilfe einer Wertetabelle ($0 \leq t \leq 20$, Schrittweite 5).
b) Bestimmen Sie den Anfangsbestand und den Grenzbestand der Population.
c) Welcher Bestand liegt zur Zeit t = 3 vor?
d) Nach welcher Zeit hat sich der Anfangsbestand vervierfacht?
e) Wie groß ist die Wachstumsgeschwindigkeit (gemessen in Tausend Individuen pro Stunde) zu Beginn des Wachstumsprozesses bzw. nach 10 Stunden?

5. Begrenztes exponentielles Wachstum/Zerfall

▶ **Beispiel: Gigantische Kakteen**
In Mexiko und in Kalifornien wachsen Riesenkakteen, die sehr alt werden.
Ein Kaktus wurde mehrfach vermessen, zuletzt im Jahre 2010. Da war er 15,71 m hoch. Die Botaniker stellten aufgrund mehrerer Messungen die Wachstumsfunktion $h(t) = 16 - 15{,}9 \cdot e^{-0{,}02 \cdot t}$ auf, wobei t die Zeit in Jahren ist*.
a) Welches Wachstumsmodell liegt vor? Wie hoch war die Pflanze zu Beginn des Prozesses?
b) Welche Endgröße ist möglich?
c) Wie alt war die Pflanze im Jahr 2010?
d) Wie groß war die momentane Wachstumsgeschwindigkeit zu Beginn des Prozesses bzw. im Jahre 2010?
e) Wie groß war die mittlere Wachstumsrate?

Saguaro-Kaktus in Arizona

Lösung zu a:
Verwendet wurde der Ansatz des begrenzten Wachstums $h(t) = a - b \cdot e^{-kt}$.
Die Anfangsgröße $h(0)$ war 0,1 m, d. h. ganze 10 cm.

Anfangsgröße:
$h(0) = 16 - 15{,}9 \cdot e^0 = 0{,}1 \text{ m}$

Lösung zu b:
Wir berechnen den Grenzwert von $h(t)$ für $t \to \infty$. Er beträgt 16 m.

Grenzhöhe:
$\lim_{t \to \infty}(16 - 15{,}9 \cdot e^{-0{,}02 \cdot t}) = 16 \text{ m}$

Lösung zu c:
Im Jahr 2010 war der Kaktus 15,71 m hoch. Der Ansatz $h(t) = 15{,}71$ führt auf $t \approx 200$ Jahre. So alt war der Kaktus im Jahre 2010.

Alter:
Ansatz: $\quad h(t) = 15{,}71$
$16 - 15{,}9 \cdot e^{-0{,}02t} = 15{,}71$
$e^{-0{,}02t} = 0{,}0182$
$-0{,}02t = -4{,}004$
$t \approx 200{,}21 \text{ Jahre}$

Lösung zu d:
Wir errechnen die Ableitung h' von h und setzen die Zeiten $t = 0$ und $t = 200$ ein. Es ergeben sich 31,8 cm/Jahr zu Beginn, und 2010 waren es nur noch 6 mm/Jahr.

Momentane Wachstumsrate:
$h'(t) = 0{,}318 \cdot e^{-0{,}02t}$
$h'(0) = 0{,}318 \text{ m/Jahr} = 31{,}8 \text{ cm/Jahr}$
$h'(200) \approx 0{,}006 \text{ m/Jahr} = 6 \text{ mm/Jahr}$

Lösung zu e:
Die mittlere Wachstumsrate ist der Differenzenquotient. Sie beträgt 7,8 cm/Jahr.

Mittlere Wachstumsrate:
$\frac{\Delta h}{\Delta t} = \frac{h(200) - h(0)}{200 - 0} = \frac{15{,}71 - 0{,}10}{200 - 0}$
$\approx 0{,}078 = 7{,}8 \text{ cm/Jahr}$

---

* Real weisen Kakteen ein komplexes logistisches Wachstum auf. Literatur: Saguaro age-height relationship and growth, Taly Dawn Drezner, Am. Journal of Botany, 2003, 90, 911–914

Übungen

2. Lernen

Chemiestudenten sollen die 112 Elemente des Periodensystems mit ihren wichtigsten Daten auswendig lernen. Erfahrungsgemäß kennen sie bereits 20 Elemente aus der Schule. Ein durchschnittlicher Student beherrscht nach einer Stunde schon ca. 30 Elemente. Seine maximale Lernkapazität wird auf etwa 150 Datensätze geschätzt.

a) Wie lautet die Lernkurve $L(t) = a + be^{-kt}$ eines Durchschnittsstudenten (t: eingesetzte Lernzeit in Stunden, L(t): Anzahl der gelernten Datensätze)
b) Wann sind 50 % der Kapazität erreicht? Wann sind die 112 Elemente erreicht?
c) Wie lautet die Gleichung der Lernrate?
d) Welche mittlere Lernrate wird in der fünften Lernstunde erreicht?
e) Johannas persönliche Lernkurve hat die Gestalt $L(t) = a - 180e^{-kt}$. Sie kennt zunächst ebenfalls nur 20 Elemente, aber nach zwei Stunden sind es schon 50. Wo liegt ihre persönliche Kapazitätsgrenze? Wann erreicht sie 112 Elemente?

3. Gewittersturm

Bei einem längeren Gewittersturm steigt die Wasserhöhe in einem Staubecken zunächst schnell und dann zunehmend langsamer nach dem Gesetz des begrenzten Wachstums $h(t) = a + b \cdot e^{-kt}$.
Am Anfang beträgt die Wasserhöhe 10 cm. Nach 10 Minuten sind es 50 cm. Zum Schluss strebt die Höhe gegen 250 cm.

a) Bestimmen Sie die Gleichung der Höhe h(t), t in Minuten, h im cm. Zeichnen Sie den Graphen von h.
b) Wann ist die halbe Endhöhe erreicht? Wie schnell ändert sich die Höhe zu diesem Zeitpunkt?
c) Das Staubecken ist zylindrisch mit einem Durchmesser von 4 Metern. Wie stark ist der Wassereinstrom in den ersten 10 Minuten, gemesssen in Liter/min?

4. Schimmelpilz

Die Masse eines Schimmelpilzes wächst nach der Formel $m(t) = 40 - 25 \cdot e^{-kt}$ (t in Stunden, m in mg), wobei k vom Nährboden abhängt (Nährboden A: k = 0,10; Nährboden B: k = 0,20).

a) Skizzieren Sie beide Graphen in ein gemeinsames Koordinatensystem.
b) Nach welchen Zeiten werden jeweils 30 mg Masse erreicht?
c) Vergleichen Sie die Wachstumsgeschwindigkeiten zu den Zeiten t = 0 und t = 10.

5. Begrenztes exponentielles Wachstum/Zerfall

5 Chinesisch

Anja möchte China besuchen. Daher nimmt sie an einem Chinesisch-Kurs teil. Erfahrungsgemäß beginnen die Teilnehmer bei null und besitzen eine maximale Lernkapazität von 500 Vokabeln. Ein durchschnittlicher Teilnehmer beherrscht nach einer Stunde 40 Vokabeln.

a) Wie lautet die Lernkurve eines durchschnittlichen Teilnehmers?
(t: Stunden, L(t): Anzahl der Vokabeln)
b) Wie lange benötigt ein Teilnehmer für die Hälfte der Kapazität?
c) Anja beherrscht nach einer Stunde schon 50 Vokabeln, nach zwei Stunden sogar 98.
Wie lautet ihre persönliche Lernkurve? Wo liegt ihre Kapazitätsgrenze?
d) Wann sinkt die Lernrate eines Teilnehmers auf 10 Vokabeln/Stunde? Welche Lernrate hat Anja zur Zeit $t = 10$?
e) Skizzieren Sie die beiden Lernkurven.

6 Wölfe

In einem polnischen Waldgebiet ist die Zuwachsrate N'(t) der Wölfe proportional zu $800 - N(t)$. Zu Beobachtungsbeginn werden 500 Wölfe gezählt. Nach drei Jahren sind es schon 700 Tiere.

a) Wie lautet die Bestandsfunktion N(t)?
b) Wie viele Wölfe gibt es nach fünf Jahren?
c) Zeichnen Sie den Graphen von N.
d) Durch intensivere Beforstung beginnt die Wolfspopulation seit Beginn des zehnten Jahres um 10 % pro Jahr zu sinken.
Wann unterschreitet sie 100 Tiere?

7 Fanmeile

Die Fanmeile zur Fußball-WM wurde 60 Minuten vor Spielbeginn geöffnet. Nach 5 Minuten wurden bereits 32 135 Personen eingelassen. Es wird angenommen, dass die Anzahl der eingelassenen Personen durch $P(t) = 300000(1 - e^{-kt})$ beschrieben werden kann (t: Minuten, P(t): Personen).

a) Bestimmen Sie den Koeffizienten k.
b) Wie viele Personen sind nach 30 Minuten auf der Fanmeile?
c) Wie groß ist die Maximalkapazität der Meile?
d) Wann erreicht die Auslastung 90 %?
e) Wie groß ist die Einlassgeschwindigkeit zu Beginn bzw. nach 30 Minuten?

B. Das Modell des begrenzten Zerfalls

Heiße Körper geben Wärme an die kühlere Umgebung ab und kühlen so im Laufe der Zeit ab. Der berühmte Mathematiker und Physiker Isaak Newton (1643–1727) zeigte, dass hier das Modell des begrenzten Zerfalls gilt.
Dieses Modell gilt aber auch in vielen anderen Zusammenhängen.
Dann ist eine Funktion der Gestalt $N(t) = a + b \cdot e^{-kt}$, $b > 0$, $k > 0$ als Modell geeignet.

Modell des begrenzten Zerfalls
Gibt es in einem Zerfalls- oder Abnahmeprozess eine Bestanduntergrenze a, so kann oft eine Abnahmefunktion der folgenden Art verwendet werden:
$N(t) = a + b \cdot e^{-kt}$, $b > 0$, $k > 0$.
Graph von N:

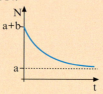

Anfangsbestand: $N(0) = a + b$
Grenzbestand: $\lim_{t \to \infty} N(t) = a$

▶ **Beispiel: Teatime**
Mathelehrer Peter Pim hat 15 Minuten Pause. Die Temperatur in seiner Teekanne fällt in den ersten beiden Minuten von 98° C auf 88° C. Schnell errechnet Peter, wie heiß der Tee in der Kanne am Ende seiner Pause noch ist. Übrigens, im Raum ist es 20° C warm.

Lösung:
Der Ansatz ist $T(t) = a + b \cdot e^{-kt}$.
Da sich langfristig die Umgebungstemperatur einstellt, gilt $a = \lim_{t \to \infty} T(t) = 20$.
Die Anfangstemperatur von 98° C liefert $T(0) = a + b = 98$, sodass $b = 78$ folgt.
Nun kann aus $T(2) = 88$ der Wert von k berechnet werden. Er beträgt etwa 0,0686.
Resultat: $T(t) = 20 + 78 \cdot e^{-0,0686t}$
Die Temperatur des Tees in der Kanne zum Pausenende kann nun ebenfalls be‑
▶ rechnet werden: $T(15) \approx 48°$ C.

Abkühlungsfunktion:
$T(t) = a + b \cdot e^{-kt}$
$a = \lim_{t \to \infty} N(t) = 20$
$N(0) = 98 \Rightarrow a + b = 98 \Rightarrow b = 78$
$N(2) = 88 \Rightarrow 20 + 78 \cdot e^{-2k} = 88$
$\Rightarrow e^{-2k} = \frac{68}{78} \approx 0{,}8718$
$\Rightarrow -2k \approx \ln 0{,}8718 \approx -0{,}1372$
$\Rightarrow k \approx 0{,}0686$
$\Rightarrow T(t) = 20 + 78 \cdot e^{-0,0686t}$

Übung 8 Zeitwert eines Autos
Ein Auto kostet beim Kauf 25000 Euro. Es verliert im ersten Jahr 10 % des Kaufpreises. Die Entwicklung verläuft exponentiell abnehmend. Der Preis sinkt nicht tiefer als 1000 €.
a) Wie lautet die Abnahmefunktion?
b) Nach welcher Zeit hat das Auto die Hälfte seines Wertes verloren?
c) Wann sinkt der Preis des Autos mit einer Rate von 1000 €/Jahr?

5. Begrenztes exponentielles Wachstum/Zerfall 255

Wir haben im vorherigen Beispiel festgestellt: Die Temperatur T eines erwärmten Körpers fällt durch Energieabgabe an die Umgebung und nähert sich der Umgebungstemperatur T_U nach dem Newtonschen Abkühlungsgesetz $T(t) = T_U + b \cdot e^{-kt}$ an (t: Zeit, T: Temperatur)

▶ **Beispiel: Suppe am Mount Everest**
Ein Bergsteiger hat sich auf dem Mount Everest eine Suppe gekocht. Sie hat die maximale dort mögliche Temperatur von 70 °C. Die Außentemperatur beträgt nur −20 °C. Nach einer Minute ist die Suppe auf 64 °C abgekühlt.
a) Wie lautet die Abkühlungsfunktion?
b) Wie lange muß der Bergsteiger warten, wenn er die Suppe bei 40 °C essen möchte?
c) Wie groß ist die Abkühlungsrate zu Beginn des Prozesses bzw. zu Beginn der Mahlzeit? Interpretieren Sie.

Lösung zu a:
Verwendet wurde der Ansatz des begrenzten Wachstums $T(t) = T_U + b \cdot e^{-kt}$.
$T_U = -20$ ist gegeben. Aus den Informationen $T_0 = 70$ und $T(1) = 64$ ergeben sich zwei Gleichungen, aus denen wir c und k bestimmen können.
Resultat: $T(t) = -20 + 90 \cdot e^{-0,069 \cdot t}$

Lösung zu b:
Der Ansatz $T(t) = 40$ führt auf die Wartezeit $t = 5,88$ Minuten.

Lösung zu c:
Die Abkühlungsrate wird durch die Ableitung $T'(t)$ der Abkühlungsfunktion $T(t)$ beschrieben, die wir mit der Kettenregel bestimmen.

Zur Zeit $t = 0$ kühlt die Suppe sehr schnell ab, nämlich mit $-6,21$ °C pro Minute auf 63,79 °C.
Zu Beginn des Essens zur Zeit $t = 5,88$ ist die Rate zwar auf $-4,14$ °C/min gesunken, ist aber immer noch so hoch, dass schnelles Essen angesagt ist.
▶ Nach 21,8 Minuten friert die Suppe ein.

Abkühlungsgleichung:
Ansatz: $\quad T(t) = T_U + b \cdot e^{-kt}$
$T_U = -20\,°C \Rightarrow T(t) = -20 + b \cdot e^{-kt}$

$T(0) = 70\,°C \Rightarrow -20 + b = 70$
$\quad\quad\quad\quad\quad \Rightarrow b = 90$
$T(1) = 64\,°C \Rightarrow -20 + 90 \cdot e^{-k \cdot 1} = 64$
$\quad\quad\quad\quad\quad \Rightarrow e^{-k} = 0,9333$
$\quad\quad\quad\quad\quad \Rightarrow k = 0,069$

$T(t) = -20 + 90 \cdot e^{-0,069 \cdot t}$

Wartezeit:
$T(t) = 40\,°C \Rightarrow -20 + 90 \cdot e^{-0,069 \cdot t} = 40$
$\quad\quad\quad\quad \Rightarrow e^{-0,069 \cdot t} = \frac{2}{3}$
$\quad\quad\quad\quad \Rightarrow t = 5,88$ min

Momentane Abkühlungsrate:
$T'(t) = -6,21 \cdot e^{-0,069 t}$
$T'(0) = -6,21\,°C/\text{min}$
$T'(5,88) = -4,14\,°C/\text{min}$

Übungen

9. Tomatensuppe

Peter kocht eine Tomatensuppe auf 100° C auf. Die Umgebungstemperatur ist 20° C. Nun soll die Suppe bis auf 50° C abgekühlt werden. Nach einer Minute ist die Temperatur bereits auf 93° C gesunken.

a) Stellen Sie die Temperaturgleichung T(t) auf (t in min, T in °C). Zeichnen Sie den Graphen von T.
b) Wann sind die gewünschten 50° C erreicht? Wie schnell sinkt die Temperatur in diesem Moment?
c) Peter nimmt die Suppe verspätet vom Herd, als sie bereits auf 40° C abgekühlt ist. Wie groß ist seine Verspätung?

10. Savanne

In einer Savanne lebten zu Beginn der Beobachtung durch eine Wildschutzorganisation 1000 Nashörner. Zwei Jahre später werden nur noch 914 Tiere gezählt. Die Organisation schätzt, dass die Population im Laufe der Zeit auf den Grenzbestand von 100 Tieren fallen könnte.

a) Bestimmen Sie eine Funktion vom Typ $N(t) = a + b \cdot e^{-kt}$, $b > 0$, $k > 0$, welche den Daten entspricht.
b) Wann hat sich die Zahl der Tiere halbiert?
c) Wie groß ist die momentane Abnahmerate zu Beginn des 4. Jahres?
   Wie groß ist die mittlere Abnahmerate im 4. Jahr?

11. Seerosen

Ein Teich hat eine Fläche von 400 m². Ein Quadratmeter ist mit Seerosen bedeckt.
Nach 2 Tagen sind 1,5 m² bedeckt.
Die Funktion f(t) beschreibt die zur Zeit t bedeckte Fläche (t in Tagen, f(t) in m²).
I. $f(t) = a \cdot e^{kt}$ II. $f(t) = a - b \cdot e^{-kt}$
unbegrenztes   begrenztes
Wachstum   Wachstum

Lösen Sie die folgenden Aufgaben für die beiden Modelle im Vergleich.
a) Bestimmen Sie die Koeffizienten a, b und k von f.
b) Tabellieren und zeichnen Sie die Graphen von f.
c) Wie lange dauert es jeweils, bis der Teich zur Hälfte bedeckt ist?
d) Wann ist der Teich zu 90 % bedeckt? Wann ist er vollständig bedeckt?
e) Wie groß ist die Zuwachsrate (in m²/Tag) zu Beginn des Prozesses?
f) Wann beträt bei Modell I die Zuwachsrate 10 m²/Tag?
g) Zu welchem Zeitpunkt ist die Zuwachsrate am größten? Wie groß ist die maximale Zuwachsrate?
h) Was geschieht nach Modell I, wenn wöchentlich die Hälfte der bedeckten Fläche freigeräumt wird? Lösen Sie die Aufgabe angenähert mithilfe einer Tabelle.

6. Exkurs: Logistisches Wachstum

A. Kombination der Modelle

Zahlreiche exponentielle Wachstumsprozesse verlaufen zunächst ungebremst, um später in begrenztes Wachstum überzugehen, weil sich die Wachstumsverhältnisse verschlechtern. Die Nahrungsversorgung wird schwieriger, die Transportwege länger, das Raumreservoir wird kleiner.
Man spricht von *logistischem Wachstum*. Auch bei diesem Modell gibt es einen Grenzbestand G, der nicht überschritten wird.
Man kann diese Wachstumsart durch eine Funktion der Form $N(t) = \frac{a}{1+b \cdot e^{-kt}}$ modellieren. Der Graph von N besitzt einen typischen s-förmigen Verlauf (s. Abb.). Der Anfangsbestand beträgt hier $N(0) = \frac{a}{1+b}$ und der Grenzbestand ist a.

Modell des logistischen Wachstums
Kombiniert man die Modelle des unbegrenzten und des begrenzten Wachstums, so ergibt sich eine Bestandsfunktion der Form $N(t) = \frac{a}{1+b \cdot e^{-kt}}$, $b > 0$, $k > 0$.
Ihr Graph hat die folgende Gestalt:

Anfangsbestand: $N(0) = \frac{a}{1+b}$
Grenzbestand: $\lim\limits_{t \to \infty} N(t) = a$

▶ **Beispiel: Indianerkresse**
Das Höhenwachstum einer Indianerkresse wird durch die Funktion $H(t) = \frac{100}{1+9 \cdot e^{-0,1t}}$ beschrieben (t in Tagen, H in cm).
a) Wie groß war die Blume bei der Pflanzung?
b) Wie groß ist sie nach 10 Tagen?
c) Welche Grenzhöhe ist zu erwarten?
d) Skizzieren Sie den Graphen von H für $0 \leq t \leq 80$.

Lösung:
a) Anfangsgröße: $N(0) = \frac{100}{1+9} = 10$ cm
b) Höhe nach 10 Tagen: $N(10) = \frac{100}{1+9 \cdot e^{-1}} \approx 23$ cm
▶ c) Grenzhöhe: $\lim\limits_{t \to \infty} N(t) = \frac{100}{1+9 \cdot 0} = 100$ cm

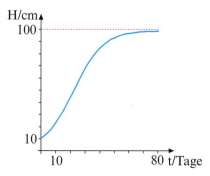

Übung 1
a) Wann ist die Indianerkresse aus dem obigen Beispiel 80 cm hoch?
b) Die Wachstumsgeschwindigkeit wird durch $H'(t) = \frac{90 \cdot e^{-0,1t}}{(1+9 \cdot e^{-0,1t})^2}$ erfasst.
   Zeichnen Sie den Graphen von H' für $0 \leq t \leq 50$. Interpretieren Sie den Graphen.

B. Anfangsbestand und Grenzbestand sind bekannt

Sind Anfangs- und Grenzbestand bekannt oder durch Schätzung ermittelbar, so genügt eine weitere Information, um die Wachstumsfunktion ermitteln zu können.

> ▶ **Beispiel: Sonnenblume**
> Eine Sonnenblume wird als 10 cm hohe Pflanze gesetzt. Sie kann 200 cm hoch werden. Eine Messung nach einer Woche ergab eine Höhe von 24,3 cm.
> Wie lautet die logistische Wachstumsfunktion des Prozesses?

Lösung:

Wir verwenden den logistischen Wachstumsansatz: $H(t) = \frac{a}{1 + b \cdot e^{-kt}}$.

Die Grenzhöhe beträgt 200 cm (1).
Also gilt $\lim\limits_{t \to \infty} H(t) = 200$.
Daraus folgt $a = 200$.
Die Anfangshöhe beträgt 10 cm (2).
Also gilt $H(0) = \frac{a}{1+b} = 10$.
Daraus folgt wegen $a = 200$ sofort $b = 19$.
Die dritte Information $H(1) = 24,3$ (3)
führt nach nebenstehender Rechnung auf
▶ $k = 0,98$, sodass $H(t) = \frac{200}{1 + 19 \cdot e^{-0,97t}}$ gilt.

(1) $\lim\limits_{t \to \infty} H(t) = 200$

$\quad H \Rightarrow \lim\limits_{t \to \infty} \frac{a}{1 + b \cdot e^{-kt}} = 200 \Rightarrow a = 200$

(2) $H(0) = 10$

$\quad \Rightarrow \frac{a}{1+b} = 10 \Rightarrow \frac{200}{1+b} = 10 \Rightarrow b = 19$

(3) $H(1) = 24,3$

$\quad \Rightarrow \frac{200}{1 + 19 \cdot e^{-k}} = 24,3$

$\quad \Rightarrow 1 + 19 \cdot e^{-k} = \frac{200}{24,3} \approx 8,23$

$\quad \Rightarrow e^{-k} \approx 0,38 \Rightarrow k \approx 0,97$

$\quad \Rightarrow H(t) = \frac{200}{1 + 19 \cdot e^{-0,97t}}$

C. Der Wendepunkt beim logistischen Wachstum

Beim logistischen Wachstum hat der Wendepunkt W große Bedeutung. Er stellt eine Trendwende dar. Hier ist die Wachstumsgeschwindigkeit maximal.
Interessanterweise liegt es stets dort, wo der Bestand gleich der Hälfte des Grenzbestandes ist. Dies können wir ausnutzen, um seine Lage zu bestimmen.

> ▶ **Beispiel: Wendepunkt**
> Wo liegt der Wendepunkt der Wachstumsfunktion $H(t) = \frac{200}{1 + 19 \cdot e^{-0,97t}}$ aus dem obigen Beispiel der Sonnenblume?

Lösung:

$\qquad H(t) = 100 \quad$ (Ansatz)

$\frac{200}{1 + 19 \cdot e^{-0,97t}} = 100$

$\qquad \Rightarrow 1 + 19 \cdot e^{-0,97t} = 2$

$\qquad \Rightarrow e^{-0,97t} \approx 0,0526$

$\qquad \Rightarrow t \approx 3 \text{ (Wochen)}$

▶ $\qquad \Rightarrow W(3 \mid 100)$

> **Wendepunkte beim logistischen Wachstum**
> Der Wendepunkt W der logistischen Wachstumsfunktion $N(t) = \frac{a}{1 + b \cdot e^{-kt}}$ liegt dort, wo der halbe Grenzbestand erreicht ist.
>
> $$N(t_w) = \frac{a}{2}.$$

6. Exkurs: Logistisches Wachstum

▶ **Beispiel: Wendepunkt beim logistischen Wachstum**
In Deutschland werden seit einigen Jahren sog. segways verkauft. Der Bestand kann angenähert durch die folgende Funktion beschrieben werden:
$$N(t) = \frac{200}{1 + 19 \cdot e^{-0,95t}}.$$
Dabei ist t die Zeit in Jahren seit 2008 und N(t) die Zahl der Fahrzeuge in Tausend.
a) Wie groß war der Anfangsbestand?
   Wie groß ist die Sättigungsgrenze des Marktes?
b) Wann wird die maximale Zuwachsrate erreicht?

Lösung zu a:
Der Anfangsbestand zu Beginn des Jahres 2008 ist $N(0) = 10$, d. h. es sind real 10 000 Fahrzeuge.
Der Grenzbestand ergibt sich als Grenzwert der Bestandsfunktion N für $t \to \infty$.
Er beträgt 200, d. h. real 200 000 Fahrzeuge.
Mehr Fahrzeuge nimmt der Markt nicht auf.

Anfangsbestand:
$N(0) = \frac{200}{1+19} = 10$

Grenzbestand:
$G = \lim_{t \to \infty} N(t) = \frac{200}{1+0} = 200$

Lösung zu b:
Die momentane Zuwachsrate $N'(t)$ nimmt ihr Maximum im Wendepunkt von N an. Dort ist der Graph von N am steilsten.
Der Wendepunkt einer logistischen Funktion ist durch die Bestimmungsgleichung $N(t) = \frac{a}{2}$ charakterisiert. Die Auflösung dieser Gleichung nach t ergibt $t \approx 3,1$ Jahre.
Also steigert sich der Absatz zunehmend bis zur Trendwende Anfang 2011.

Wendepunkt von N:
Bedingung: $N(t) = \frac{a}{2}$
$\Rightarrow \frac{200}{1+19 \cdot e^{-0,95t}} = 100$
$\Rightarrow 200 = 100 + 1900 \cdot e^{-0,95t}$
$\Rightarrow e^{-0,95t} = \frac{1}{19} \approx 0{,}0526$
$\Rightarrow -0{,}95\,t = \ln 0{,}0526$
$\Rightarrow \qquad t \approx 3{,}1$ Jahre

Übung 2 Kirschbaum
Die Höhe eines Kirschbaums wird durch $H(t) = \frac{10}{1 + b \cdot e^{-0,3t}}$ beschrieben.

(t in Jahren, H(t) in Metern) Nach 2 Jahren ist der Baum 0,875 m hoch.
a) Berechnen Sie den Parameter b.
b) Wie hoch war der Baum zu Beobachtungsbeginn?
c) Welche Grenzhöhe wird der Baum erreichen?
d) Wann wird der Baum am schnellsten wachsen?
e) Nach welcher Zeit ist der Baum zu 90 % ausgewachsen?

Übung 3 Körpergröße
Ein Kind wird mit einer Größe von 50 cm geboren. Aufgrund der Körpergröße seiner Eltern wird geschätzt, dass es 1,80 m groß wird. An seinem ersten Geburtstag ist es 59,5 cm groß.
a) Bestimmen Sie die Wachstumsfunktion $H(t) = \frac{a}{1+b \cdot e^{-kt}}$ und fertigen Sie eine Skizze an $0 \leq t \leq 6$.
b) Wie groß ist das Kind mit 10 Jahren?
c) Wann ist das Kind 1 m groß?
d) In welchem Alter wächst das Kind am schnellsten?

Übungen

4. Logistische Kurvenuntersuchung

Die Funktion $N(t) = \frac{12}{1 + 5 \cdot e^{-0,5t}}$ beschreibt einen Wachstumsprozess (t: Tage; N: Individuen).

a) Skizzieren Sie den Graphen von N für $-4 < t \leq 10$, Schrittweite 2.

b) Wie groß ist der Anfangsbestand zu Beobachtungsbeginn? Wie groß ist der Grenzbestand, d.h. die obere Grenze für den Bestand?

c) Bestimmen Sie die Ableitungsfunktion N' und skizzieren Sie deren Graphen. Ermitteln Sie aus der Zeichnung angenähert die maximale Wachstumsgeschwindigkeit.

5. Bevölkerungswachstum

Ein Land hat zu Beobachtungsbeginn 20 Millionen Einwohner. Nach fünf Jahren sind es 23 Millionen. Es wird erwartet, dass die obere Grenze bei 100 Millionen liegt.

a) Stellen Sie die Wachstumsfunktion auf und skizzieren Sie den Graphen für $0 < t \leq 100$. Verwenden Sie den logistischen Ansatz $N(t) = \frac{a}{1 + b \cdot e^{-kt}}$ (t in Jahren, N in Millionen).

b) Welcher Prozentsatz des Grenzbestandes ist nach 50 Jahren erreicht? Nach welcher Zeit sind 95 % des Grenzbestandes erreicht?

6. Wachstumsvergleich

Zwei Staaten A und B wollen ihre Bevölkerungszahl durch Steuerungsmaßnahmen im Rahmen logistischer Wachstumsmodelle gezielt erhöhen. Staat A geht von der Wachstumsfunktion $N_A(t) = \frac{60}{1 + 2 \cdot e^{-0,048t}}$ aus, Staat B von der Funktion $N_B(t) = \frac{60}{1 + 5 \cdot e^{-0,084t}}$ (in Mio.).

a) Skizzieren Sie die Graphen von N_A und N_B für $0 < t \leq 100$.

b) Welche Anfangsbestände und welche Grenzbestände liegen vor?

c) Nach welcher Zeit sind die beiden Populationen gleich stark?

7. Messreihenmodellierung

Das logistische Höhenwachstum einer Indianerlilie wird in einer Messreihe erfasst.

t in Tagen	0	2	4	6	8	10	12	14
H(t) in cm	4,0	8,1	13,0	16,7	18,6	19,5	19,8	19,9

a) Skizzieren Sie den Graphen der Wachstumsfunktion H.

b) Wie groß war die Pflanze zu Beginn des Wachstumsprozesses?

c) Welche Maximalhöhe erreicht die Lilie offensichtlich?

d) Bestimmen Sie die Gleichung der Wachstumsfunktion. Ansatz: $H(t) = \frac{a}{1 + b \cdot e^{-kt}}$

e) Wie hoch ist die Pflanze nach 5 Tagen? Nach welcher Zeit erreicht die Pflanze die Hälfte der Maximalhöhe?

f) Mit welcher Geschwindigkeit (in cm/Tag) wächst die Lilie zu Beginn des Beobachtungsprozesses bzw. am zehnten Tag nach Beobachtungsbeginn? Wie groß ist die durchschnittliche Wachstumsrate in den ersten 10 Tagen?

IX. Wachstums- und Zerfallsprozesse

Überblick

Unbegrenztes Wachstum:

Wachstumsfunktion: $N(t) = c \cdot e^{kt}$

Verdopplungszeit: $T_2 = \frac{\ln 2}{k}$

Graph:
c: Anfangsbestand

Ungestörter Zerfall:

Zerfallsfunktion: $N(t) = c \cdot e^{-kt}$

Halbwertszeit: $T_{1/2} = \frac{\ln(1/2)}{-k} = \frac{\ln 2}{k}$

Graph:
c: Anfangsbestand

Begrenztes Wachstum

Wachstumsfunktion: $N(t) = a - b \cdot e^{-kt}$

Graph:
a − b: Anfangsbestand
a: Grenzbestand
   Sättigungsgrenze

Newtonscher Abkühlungsprozess

Abkühlungsfunktion: $T(t) = T_U + b \cdot e^{-kt}$
$b = T_0 - T_U$

Graph:
T_0: Anfangstemperatur
T_U: Endtemperatur
   Umgebungtemperatur

Logistisches Wachstum

Wachstumsfunktion: $N(t) = \frac{a}{1 + be^{-kt}}$

Graph:
$N(0) = \frac{a}{1+b}$: Anfangsbestand
a: Grenzbestand
Wendepunkt: W
Die Wendestelle t_W
wird mit dem Ansatz
$N(t) = \frac{a}{2}$ bestimmt.

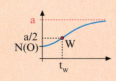

Umrechnung: $c \cdot a^t \rightarrow c \cdot e^{kt}$

$c \cdot a^t = c \cdot (e^k)^t = c \cdot e^{kt} \Rightarrow N(t) = c \cdot e^{\ln a \cdot t}$

$a = e^k$, $k = \ln a$

Mathematiker

Isaak Newton
1643–1727
Abkühlungsprozess

Pierre Verhulst
1804–1849
Logistisches Wachstum

Test

Wachstums- und Zerfallsprozesse

1. Die Schweine des Kolumbus

Auf seiner 2. Reise nach Amerika brachte Christoph Kolumbus 1493 acht Schweine nach Kuba. 20 Jahre später war diese für die Insel neue Population auf 30 000 Tiere herangewachsen.

a) Bestimmen Sie eine Wachstumsfuntion der Form $N(t) = c \cdot e^{kt}$.
b) Wann hatte sich die Anzahl der ausgesetzten Schweine verdoppelt?
c) Wann betrug die momentane Zuwachsrate 200 Schweine/Jahr?
d) Wie lautet die Wachstumsfunktion, wenn begrenztes Wachstum mit einem Grenzbestand von 100 000 Schweinen angenommen wird?

2. Die Abkühlung von Tee

Eine Tasse Tee wird abgekühlt. Zu Beginn beträgt die Temperatur 90° C. Nach zehn Minuten beträgt die Temperatur nur noch 66° C. Die Umgebungstemperatur beträgt 20° C.
a) Stellen Sie die Abkühlungsfunktion der Form $T(t) = a + b \cdot e^{-kt}$ auf.
b) Wie heiß ist der Tee nach 20 Minuten?
c) Wann ist der Tee auf 40° C abgekühlt?
d) Wie groß ist die momentane Abkühlungsrate (Grad pro Minute) zur Zeit $t = 3$ min?

3. Urweltmammutbaum

1940 wurden in Japan Reste einer fossilen Konifere entdeckt. Zur Überraschung der Fachwelt fand man 1941 in einem entlegenen Gebiet Chinas lebende Exemplare der bis zu 50 m hohen Art.
Seit 1948 läuft in Deutschland im forstlichen Versuchsgelände Liliental ein Aufzuchtversuch.
Messungen ergaben folgendes Wachstumsverhalten:

Zeit in Jahren	0	5	10	15	20	24	31	36
Höhe in m	–	1,40	–	5,40	8,80	13,20	18,20	19,80

a) Zeichnen Sie den Graphen zur Tabelle. Verwenden Sie nun $H(t) = \dfrac{24}{1 + 33{,}28 \cdot e^{-0{,}148\,t}}$.
b) Wie gut erfasst $H(t)$ den tabellarischen Prozess?
c) Bestimmen Sie mithilfe von H die Pflanzhöhe und die grenzwertig erreichbare Endhöhe des Baumes.
d) Wann lag die größte Wachstumsrate vor? Hinweis: Die maximale Zuwachsrate wird im Wendepunkt erreicht, dessen y-Wert ist gleich der halben Grenzhöhe (vgl. S. 261).

Lösungen unter 262-1

X. Funktionsuntersuchungen und Modellierungen

In diesem Kapitel wird der Umgang mit verschiedenen Funktionenklassen aufgefrischt, ergänzt und vertieft. Dabei werden Funktionsuntersuchungen, Randkurvenprobleme und die Darstellung von Prozessen angesprochen.

Im Folgenden wird der Umgang mit verschiedenen Funktionsklassen aufgefrischt, ergänzt und vertieft. Dabei werden Funktionsuntersuchungen, Randkurvenprobleme und die Darstellung von Prozessen angesprochen.

1. Ganzrationale Funktionen

A. Kurvenuntersuchungen

Beispiel: Achterbahn
Ein Streckenabschnitt der neuen Achterbahn kann durch die ganzrationale Funktion
$f(x) = -\frac{1}{16}x^4 - \frac{1}{8}x^3 + \frac{3}{4}x^2$ für $-4 \leq x \leq 2$
erfasst werden. Dabei gilt: 1 LE = 10 m.

a) Führen Sie eine Kurvendiskussion durch. (Nullstellen, Extrema, Wendepunkte, Graph)

b) Wie hoch ist die Bahn maximal? Wie groß ist ihr maximaler Steigungswinkel?

c) Die Fläche zwischen Fahrbahn und Boden $y(x) = 0$ soll mit Plexiglas verkleidet werden. Wie viel m² Plexiglas werden benötigt?

Lösung zu a):
Rechts sind die Ableitungen aufgeführt, welche für die Kurvendiskussion benötigt werden.
Durch Ausklammern vereinfachen sich die folgenden Rechnungen, die dann auf der p-q-Formel beruhen.

Dabei wenden wir routinemäßig notwendige und hinreichende Bedingungen an, auf deren Darstellung wir aber hier im Einzelnen verzichten.

Wir finden eine doppelte Nullstelle bei $x = 0$. Sie ist gleichzeitig Extremum. Zwei weitere Nullstellen finden sich bei $x \approx -4,61$ und $x \approx 2,61$.

Die Untersuchung auf Extrema ergibt, wie rechts dargestellt, einen Tiefpunkt $T(0|0)$ und die beiden Hochpunkte bei $H_1(-3,31|5,25)$ und $H_2(1,81|1,05)$.

Ableitungen:
$f(x) = -\frac{1}{16}x^4 - \frac{1}{8}x^3 + \frac{3}{4}x^2 = -\frac{1}{16}x^2 \cdot (x^2 + 2x - 12)$
$f'(x) = -\frac{1}{4}x^3 - \frac{3}{8}x^2 + \frac{3}{2}x = -\frac{1}{4}x \cdot (x^2 + \frac{3}{2}x - 6)$
$f''(x) = -\frac{3}{4}x^2 - \frac{3}{4}x + \frac{3}{2} = -\frac{3}{4} \cdot (x^2 + x - 2)$
$f'''(x) = -\frac{3}{2}x - \frac{3}{4}$

Nullstellen:
$f(x) = -\frac{1}{16}x^2 \cdot (x^2 + 2x - 12) = 0$
$-\frac{1}{16}x^2 = 0$ bzw. $x^2 + 2x - 12 = 0$
$x = 0$ bzw. $x \approx -4,61$ bzw. $x \approx 2,61$

Extrema:
$f'(x) = -\frac{1}{4}x \cdot (x^2 + \frac{3}{2}x - 6) = 0$
$x = 0$ bzw. $x \approx -3,31$ bzw. $x \approx 1,81$
$y = 0$ bzw. $y \approx 5,25$ bzw. $y \approx 1,05$

$f''(0) = 1,5 > 0 \Rightarrow$ Min.
$f''(-3,31) \approx -4,23 < 0 \Rightarrow$ Max.
$f''(1,81) \approx -2,31 < 0 \Rightarrow$ Max.

1. Ganzrationale Funktionen

Die Wendestellen berechnet man als Nullstellen von f''. Die hier nicht aufgeführte Rechnung führt auf die Wendepunkte $W_1(-2|3)$ und $W_2(1|\frac{9}{16})$.

Aus diesen besonderen Punkten und einer ergänzenden Wertetabelle ergibt sich der rechts dargestellte Graph.

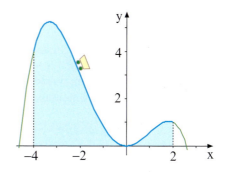

Maximale Bahnhöhe:
$h_{max} = f(-3{,}31) \approx 5{,}25 \text{ LE} = 52{,}5 \text{ m}$

Lösung zu b):
Die maximale Bahnhöhe ist der y-Wert des Maximums, d. h. 5,25 LE = 52,5 m.
Der maximale Steigungswinkel liegt – wie der Graph zeigt – am Anfang des Streckenabschnittes, also bei $x = -4$.
Er beträgt laut Rechnung 75,96,°.

Maximaler Steigungswinkel:
$\alpha = \arctan(f'(-4)) = \arctan(4) \approx 75{,}96°$

Lösung zu c)
Wir bestimmen eine Stammfunktion F von f: $F(x) = -\frac{1}{80}x^5 - \frac{1}{32}x^4 + \frac{1}{4}x^3$.
Durch Einsetzen der Grenzen $a = -4$ und $b = 2$ erhalten wir den gesuchten Flächeninhalt der Plexiglasverkleidung:
▶ $A = 12{,}3 \text{ FE} = 1230 \text{ m}^2$.

Flächeninhalt:
$$A = \int_{-4}^{2} \left(-\frac{1}{16}x^4 - \frac{1}{8}x^3 + \frac{3}{4}x^2\right) dx$$
$$= \left[-\frac{1}{80}x^5 - \frac{1}{32}x^4 + \frac{1}{4}x^3\right]_{-4}^{2}$$
$$= (1{,}1) - (-11{,}2)$$
$$= 12{,}3 \text{ FE} = 1230 \text{ m}^2$$

Übung 1
a) Diskutieren Sie die Funktion $f(x) = \frac{1}{6}x^3 - \frac{1}{4}x^2 - 3x$ und zeichnen Sie den Graphen der Funktion für $-5 \leq x \leq 6$.
b) Ein achsenparalleles Rechteck mit einer Ecke $P(x|f(x))$ im Ursprung und der gegenüberliegenden Ecke auf dem Graphen von f im vierten Quadranten soll maximalen Inhalt erhalten. Wie muss P gewählt werden, wie groß ist der maximale Inhalt?

Übung 2 Lagerhalle
Gegeben ist die Funktion $f(x) = x^3 - 5x^2 + 3x + 9$.
a) Die Funktion f kann dargestellt werden in der Form $f(x) = (x+1)(x^2 + bx + 9)$ mit geeignetem Parameter b. Bestimmen Sie den Parameter b sowie die Nullstellen der Funktion.
b) Bestimmen Sie die Extrema und Wendepunkte der Funktion f.
c) Zeichnen Sie den Graphen von f.
d) Der Graph von f begrenzt mit den Koordiantenachsen ein Grundstück. Auf diesem soll eine achsenparallele rechteckige Lagerhalle maximalen Inhalts errichtet werden. Bestimmen Sie die Maße der Halle (LE: 10 m).

B. Randkurvenprobleme

Lässt sich der Verlauf einer Straße, eines Flusses oder einer Küstenlinie durch Funktionen angenähert erfassen, so können Streckenlängen, Flächengrößen und ähnliche praxisrelevante Größen rechnerisch bestimmt werden. Man muss die Funktionsgleichung der Randkurve dabei oft erst aus vorgegebenen Eigenschaften des zu modellierenden Gebildes hergeleitet werden.

▶ **Beispiel: Umgehungsstraße**

Die alte Landstraße verläuft geradlinig durch die Punkte $A(-4|-1)$ und $B(2|2)$. Es wird eine neue Umgehungstraße geplant, welche von der alten Landstraße im Punkt A abzweigt und sie im Punkt B wieder erreicht. Die y-Achse des Koordinatensystems verläuft in Nord-Süd-Richtung. (Alle Angaben in km)

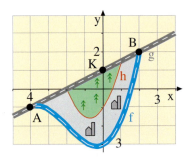

a) Stellen Sie die Gleichung der Funktion g auf, die den Verlauf der Landstraße beschreibt und weisen Sie nach, dass diese Straße durch den Ortskern $K(0|1)$ verläuft.

b) Die neue Umgehungsstraße kann durch eine Funktion $f(x) = ax^3 + bx^2 + \frac{1}{2}x - 3$ beschrieben werden. Berechnen Sie die Parameter a und b. Skizzieren Sie den Verlauf beider Straßen. Weisen Sie nach, dass die Abzweigung im Punkt A sanft, d. h. ohne Knick erfolgt.

c) Der Stadtwald wird begrenzt durch die alte Landstraße und eine Linie, die durch den Graphen der Funktion $h(x) = x^2 + \frac{3}{2}x - 1$ beschrieben wird. Die von der alten Landstraße, der Umgehungsstraße und dem Stadtwald begrenzte Fläche A soll als Gewerbepark erschlossen werden. Berechnen Sie den Flächeninhalt von A.

d) An welcher Stelle ist der vertikale Nord-Süd-Abstand zwischen der Landstraße und der Umgehungsstraße am größten?

Lösung zu a):
Die lineare Funktion $g(x) = mx + n$ geht durch die Punkte $A(-4|-1)$ und $B(2|2)$.

Hieraus ergibt sich ein lineares Gleichungssystem mit den Lösungen $m = \frac{1}{2}$ und $n = 1$. Daher gilt $g(x) = \frac{1}{2}x + 1$.
Der Ortskern $K(0|1)$ liegt auf g.

Bestimmung der Gleichung von g:
Ansatz: $g(x) = mx + n$

$g(-4) = 1 \Rightarrow$ I: $-4m + n = -1$
$g(2) = 2 \Rightarrow$ II: $2m + n = 2$
Lösung des LGS: $m = \frac{1}{2}, n = 1$
Resultat: $g(x) = \frac{1}{2}x + 1$

Lösung zu b):
Wir setzen die Punkte A und B in die Ansatzgleichung von f ein und erhalten als Resultat $f(x) = \frac{1}{8}x^3 + \frac{3}{4}x^2 + \frac{1}{2}x - 3$.

Die Graphen von f und g sind oben dargestellt. Für die Steigungen bei $x = -4$ gilt: $g'(-4) = 0{,}5$, $f'(-4) = 0{,}5$. Daher ist der Übergang in A sanft und ohne Knick.

Bestimmung der Gleichung von f:
Ansatz: $f(x) = ax^3 + bx^2 + \frac{1}{2}x - 3$

$f(-4) = -1 \Rightarrow$ I: $-64a + 16b - 5 = -1$
$f(2) = 2 \Rightarrow$ II: $8a + 4b - 2 = 2$
Lösung des LGS: $a = \frac{1}{8}$, $b = \frac{3}{4}$
Resultat: $f(x) = \frac{1}{8}x^3 + \frac{3}{4}x^2 + \frac{1}{2}x - 3$

1. Ganzrationale Funktionen

Lösung zu c):
Zuerst wird die Größe des Flächenstücks A_1 berechnet, das zwischen der alten Landstraße und der Umgehungsstraße liegt. Sein Inhalt ist gleich dem bestimmten Integral der Differenzfunktion $g(x) - f(x)$ über dem Intervall $[-4; 2]$.
Resultat: $13{,}5 \text{ km}^2$

Davon zu subtrahieren ist der Inhalt des Flächenstücks A_2, das zwischen der alten Landstraße g und der parabelförmigen Begrenzung h liegt.
Dazu müssen zuerst die Schnittstellen der Funktionen g und h berechnet werden, da sie die Integrationsgrenzen angeben.
Wir erhalten als Resultat $A_2 = 4{,}5 \text{ km}^2$.

Durch die Differenzbildung $A = A_1 - A_2$ erhalten wir nun die Fläche des Gewerbeparks. Sie beträgt 9 km^2.

Lösung zu d):
Die Differenz $d(x) = f(x) - g(x)$ stellt den Abstand der Straßen in Nord-Süd-Richtung dar. Der größte Abstand wird für $x = 0$ angenommen. Er beträgt 3 km.

Fläche zwischen f und g:
$$A_1 = \int_{-4}^{2} \left(-\tfrac{1}{8}x^3 - \tfrac{3}{4}x^2 + 4\right) dx$$
$$= \left[-\tfrac{1}{32}x^4 - \tfrac{1}{4}x^3 + 4x\right]_{-4}^{2} = \tfrac{27}{2}$$

Schnittpunktbestimmung:
$g(x) = h(x) \Leftrightarrow x^2 + x - 2 = 0$
$\quad x_1 = -2,\ x_2 = 1$

Fläche zwischen g und h:
$$A_2 = \int_{-2}^{1} (-x^2 - x + 2)\, dx$$
$$= \left[-\tfrac{1}{3}x^3 - \tfrac{1}{2}x^2 + 2x\right]_{-2}^{1} = \tfrac{9}{2}$$

Flächendifferenz:
$A = A_1 - A_2 = 9$

Abstandsrechnung (Extremalproblem):
$d(x) = g(x) - f(x) = -\tfrac{1}{8}x^3 - \tfrac{3}{4}x^2 + 4$
$d'(x) = -\tfrac{3}{8}x^2 - \tfrac{3}{2}x = -\tfrac{3}{8}x(x+4)$
$d'(x) = 0 \Leftrightarrow x_1 = 0 \quad \text{(Maximum)}$
$\qquad\qquad\quad x_2 = -4 \quad \text{(Minimum)}$

Übung 3 Wald und Fluss

Straße, Bahnlinie b und Fluss f begrenzen ein Waldstück W. Die wichtigsten Entfernungsdaten können der Skizze entnommen werden.

a) Wie lautet die quadratische Parabelgleichung der Flußkurve? Wie lautet die Geradengleichung der Bahnlinie?

b) Zeigen Sie, dass die Bahnlinie die Ursprungstangente des Flusses rechtwinklig kreuzt.

c) Wie groß ist das Waldstück?

d) Im Wald soll exakt in Nord-Süd-Richtung ein möglichst langer Lehrpfad angelegt werden. Wie lang wird er?

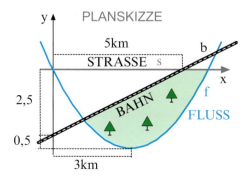

C. Modellierung von Bewegungsvorgängen

Auch Flugbahnen und andere Bewegungsvorgänge können polynomial modelliert werden.

> **Beispiel: U-Boot**
> Ein U-Boot nähert sich in horizontaler Fahrt der Position $P(-6|1)$. Dort soll es in nahtlosem Übergang einen Tauchgang zur Basisstation bei $Q(0|0)$ manövrieren, um dort wieder horizontal auf zu setzen.
>
>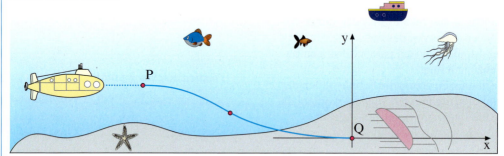
>
> Das Boot fährt mit konstanter Horizontalgeschwindigkeit von 5 m/s.
> a) Stellen Sie die Tauchbahn zwischen P und Q durch ein Polynom 3. Grades dar.
> b) Wo liegt die Position des steilsten Abstiegs?
>   Welcher Anstiegswinkel liegt dort vor?
> c) Wie groß ist die vertikale Sinkgeschwindigkeit in der Position des steilsten Abstiegs?

Lösung zu a:
Wir verwenden – wie vorgegeben – für f den Ansatz $f(x) = ax^3 + bx^2 + cx + d$. Da auch Steigungseigenschaften im Aufgabentext angegeben sind, werden wir sicher auch $f'(x) = 3ax^2 + 2bx + c$ benötigen.

Da der Ansatz 4 Parameter enthält, werden wir auch 4 Informationen über die Funktion f benötigen.

Ansatz:
$f(x) = ax^3 + bx^2 + cx + d$
$f'(x) = 3ax^2 + 2bx + c$

Diese ergeben sich aus dem Text. f führt durch den Punkt $Q(0|0)$ und zwar horizontal (2 Informationen) und f führt durch den Punkt $P(-6|1)$ und zwar ebenfalls horizontal (2 weitere Informationen) (s. rechts).

Informationen:
(1) $Q(0|0)$ liegt auf f
(2) f hat bei $x = 0$ ein Extremum
(3) $P(-6|1)$ liegt auf f
(4) f hat bei $x = -6$ ein Extremum

Durch Darstellung der Informationen in Funktionsschreibweise und Einsetzen in den Ansatz ergibt sich schließlich ein lineares Gleichungssystem mit den Variablen a, b, c und d.

Gleichungssystem:
(1) $f(0) = 0 \Rightarrow d = 0$
(2) $f'(0) = 0 \Rightarrow c = 0$
(3) $f(-6) = 1 \Rightarrow -216a + 36b = 1$
(2) $f'(-6) = 0 \Rightarrow 108a - 12b = 0$

1. Ganzrationale Funktionen

Das Gleichungssystem lösen wir in der üblichen Weise mit dem Einsetzungsverfahren oder dem Additionsverfahren. Als Resultat ergibt sich
$$f(x) = \tfrac{1}{108}(x^2 + 9x).$$

Lösung zu b:
Die Position des steilsten Anstiegs ist der Wendepunkt. Wir bestimmen seine Lage mit der notwendigen Bedingung $f''(x) = 0$ und erhalten im Ergebnis $W(-3|\tfrac{1}{2})$.
Dort beträgt die Steigung $m = 0{,}25$, was einem Anstiegswinkel von ca. $-14°$ entspricht.

Lösung zu c:
Vertikal- und Horizontalgeschwindigkeit kann man zeichnerisch wie rechts aufgeführt in einem Dreieck darstellen.
Da v_x und α bekannt sind, kann v_y berechnet werden:
▶ Resultat: $v_y = 1{,}25$ m/s

Lösung des Gleichungssystems:
$a = \tfrac{1}{108}$, $b = \tfrac{9}{108}$, $c = 0$, $d = 0$
$f(x) = \tfrac{1}{108}(x^3 + 9x^2)$

Wendepunkt:
$f''(x) = \tfrac{1}{108}(6x + 18) = 0$
$6x + 18 = 0$
$x = -3$, $y = \tfrac{1}{2}$, $W(-3|\tfrac{1}{2})$

Steigungswinkel im Wendepunkt:
$f'(x) = \tfrac{1}{108}(3x^2 + 18x)$
$f'(-3) = -\tfrac{27}{108} = -\tfrac{1}{4} = -0{,}25$
$\alpha = \arctan(-0{,}25) \approx -14°$

Vertikalgeschwindigkeit:

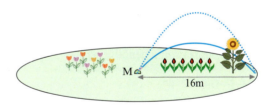

$\tfrac{v_y}{v_x} = \tan 14° = -0{,}25$
$v_y = v_x \cdot (-0{,}25) = 5 \cdot (-0{,}25) = -1{,}25 \tfrac{m}{s}$

Übung 4 Feldbewässerung
Eine Feldbewässerungsanlage bewässert vom Punkt $M(0|0)$ aus den kreisförmigen Teil eines Feldes. Sie ist so eingestellt, dass der äußere Parabelbogen 16 m weit reicht und dabei im höchsten Punkt 4 m Höhe erreicht.

a) Wie lautet die Gleichung des Parabelbogens?
b) Im Abstand von 14 m von M verläuft ein Kreis von Sonnenblumen, die bereits eine Höhe von 1,5 m erreicht haben.
   Kreuzen sie die Parabelbahn?
c) Unter welchem Winkel zum Erdboden wird das Wasser abgespritzt?
d) Die Einstellung der Anlage ermöglicht auch steilere Abspritzwinkel bei gleicher Reichwente von 16 m. Bestimmen Sie denjenigen Abspritzwinkel, bei dem eine Höhe von 8 m erreicht wird.

Übungen

5. Auge

Für eine Werbeaktion wird ein Auge gebaut, das von drei Kurven modelliert wird, zwei Parabeln und einem Kreis.

a) Berechnen Sie den Inhalt der farbig markierten Fläche.
b) In den Punkten P(4|0) und Q(−4|0) sollen senkrecht auf der roten Kurve stehend zwei gerade Verstrebungen angebracht werden, die bis zum Boden reichen, der 6 m unter dem tiefsten Punkt waagerecht verläuft. Wie lang sind die Verstrebungen?
c) Die parabelförmigen Funktionen f und g sollen unter Beibehaltung ihrer Nullstellen so abgeändert werden, dass die markierte Fläche genau so groß ist wie die Kreisfläche.

6. Halfpipe

Skalboarder führen Wettbewerbe in der sogenannten Halfpipe durch. Für eine Showveranstaltung wird eine 5 m breite Halfpipe mit dem abgebildeten Querschnitt benutzt. Sie ist aus Stahl, der auf einem Sandbett aufliegt (1 Einheit = 1 m).

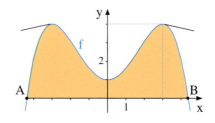

a) Das Profil der Halfpipe kann durch eine symmetrische ganzrationale Funktion f 4. Grades beschrieben werden. Stellen Sie die Funktionsgleichung auf.
b) Berechnen Sie den Abstand der Punkte A und B sowie die Sandmenge, die als Untergrund der Halfpipe benötigt wird.

7. Bärengehege

Das Bärengehege im Zoo wird begrenzt durch einen Wassergraben w, einen Zaun z und das Bärenhaus h. Die wichtigen Daten können der Skizze entnommen werden (LE: 100 m).

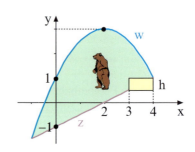

a) Wie lautet die quadratische Parabelgleichung des Wassergrabens? Welche lineare Funktion beschreibt den Verlauf des Zaunes?
b) Unter welchem Winkel treffen Wassergraben und Zaun aufeinander?
c) Wie groß ist das Bärengehege?
d) Als Attraktion soll ein Hochseilartist das Bärengehege in Nord-Süd-Richtung überqueren. Wie lang muss das Hochseil mindestens sein, damit es an jeder Stelle über das Bärengehege passt?

1. Ganzrationale Funktionen

8. Kurvenschar
Gegeben ist $f_a(x) = x - \frac{1}{4}a^2 x^3$, $a > 0$.
a) Untersuchen Sie f_a auf Nullstellen und Extrema.
b) Skizzieren Sie f_1 und $f_{1/2}$ für $-5 \leq x \leq 5$.
c) Begründen Sie, dass f_a punktsymmetrisch ist.
d) Für welchen Wert von a liegt das Maximum von f_a bei $x = 2$?
e) Für welchen Wert von a schließt der Graph von f_a mit der x-Achse im 1. Quadranten ein Flächenstück mit dem Inhalt 4 ein?
f) Die Hochpunkte der Kurvenschar f_a liegen alle auf einer Geraden, die man als Ortslinie der Hochpunkte bezeichnet. Wie lautet die Gleichung dieser Ortslinie?

9. Kurvenschar
Gegeben ist $f_a(x) = 4x - ax^2$, $a > 0$.
a) Untersuchen Sie f_a auf Nullstellen und Extrema.
b) Skizzieren Sie die Graphen von f_1 und $f_{1/2}$.
c) Wie lautet die Gleichung der Ortslinie der Extrema von f_a?
d) Wie lautet die Gleichung der Normalen von f_a im Ursprung?
e) Die Normale aus Aufgabenteil d) und der Graph von f_1 schließen ein Flächenstück A ein.
Welchen Inhalt hat A?
f) P sei ein Punkt auf dem Graphen von f_1 mit $0 \leq x \leq 4$.
Wo muss P liegen, damit das abgebildete achsenparallele Rechteck einen möglichst goßen Umfang hat?

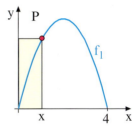

10. Seuche
Auf einer Hühnerfarm ist eine Infektion ausgebrochen. Die Anzahl der zur Zeit t infizierten Hühner kann durch die Funktion $N(t) = 6t^2 - t^3$ angenähert beschrieben werden.
t: Tage, N: Tausend
a) Skizzieren Sie den Graphen von N. In welchem Zeitintervall ist die Modellfunktion N zur Beschreibung des Prozesses geeingnet?
b) Wie groß ist die Anzahl gleichzeitig kranker Tiere maximal?
c) Zu welchem Zeitpunkt steigt die Anzahl der infizierten Hühner am schnellsten an?
Wie groß ist dann die momentane Änderungsrate?
d) An den Tagen, an denen ein Huhn infiziert ist, legt es keine Eier. Es sind also Ausfalltage.
Ist das Huhn 3 Tage krank, so fallen 3 Hühnertage aus.
Wie viele Ausfalltage verursacht die Seuche insgesamt?

D. Rationale Prozesse

Viele technische und wirtschaftliche Vorgänge können durch Funktionen dargestellt werden. Man spricht dann von der Modellierung eines Prozesses. Beispiele sind die Entwicklung der Produktionskosten eines Unternehmens, das Füllen eines Wasserspeichers, der Verlauf des Blutdruckes oder die Beschreibung eines Bewegungsvorganges.
Dabei treten zwei Fälle auf: Im ersten Fall ist die modellierende Bestandsfunktion f direkt gegeben, im zweiten Fall ist nur ihre Ableitung bzw. Änderungsrate f' gegeben.

D1. Rationale Prozesse bei gegebener Bestandsfunktion

▶ **Beispiel: Blutdruck**
Der systolische Blutdruck eines Patienten wird nach der Einnahme eines Medikamentes durch die Funktion b erfasst:

$$b(t) = -3t^3 + 36t^2 - 108t + 210$$
$0 \leq t \leq 6$ (t: Std., b(t): mmHg)

a) Skizzieren Sie den Graphen von b.
b) Wann ist der Druck am niedrigsten? Wie hoch ist er dann?
c) Wie groß ist die mittlere Abnahmerate während der ersten zwei Stunden?

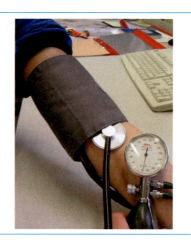

Lösung zu a):
Wir fertigen eine Wertetabelle an, legen den Achsenmaßstab fest und zeichnen dann den Graphen von b.

t	0	1	2	3	4	5	6
b(t)	210	135	114	129	162	195	210

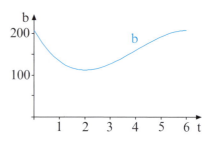

Lösung zu b):
Der niedrigste Blutdruck wird dort angenommen, wo das Minimum der Funktion b liegt. Wir berechnen die gesuchte Stelle mit dem Ansatz $b'(t) = 0$. Wir erhalten $t = 2$. Nach dieser Zeit nimmt der Blutdruck seinen minimalen Wert 114 mmHg an.

Lage des Minimums von b:
$b'(t) = -9t^2 + 72t - 108$
$b''(t) = -18t + 72$
Ansatz: $b'(t) = 0$
$\qquad t^2 - 8t + 12 = 0$
$\qquad t_1 = 2 \quad (t_2 = 6)$
$\qquad b(2) = 114$
$\qquad b''(2) = 36 > 0 \Rightarrow$ Minimum

Lösung zu c):
Die mittlere Blutdrucksenkung wird mit dem Differenzquotienten errechnet, da es sich um eine mittlere Änderungsrate handelt. Sie beträgt ca. -48 mmHg/h.

Mittlere Abnahmerate von b:
$\frac{\Delta b}{\Delta t} = \frac{114 - 210}{2 - 0} = -48 \, \frac{\text{mmHg}}{\text{h}}$

1. Ganzrationale Funktionen

▶ **Beispiel: Schneeschmelze**
Mit beginnender Schneeschmelze wird der Pegelstand des nahen Flusses gemessen.

t in Tagen	0	1	2	3	4
h(t) in cm	2,5	3,5	4,8	6,4	8,0

$$h(t) = \tfrac{1}{10}\left(-\tfrac{1}{3}t^3 + 3t^2 + 7t + 25\right)$$

erfasst den Pegelstand laut Angabe der unteren Wasserbehörde modellhaft.

a) Prüfen Sie, ob Messdaten und Modell übereinstimmen.
b) Welcher Pegelstand wird zu Beginn des fünften bzw. sechsten Tages erwartet?
c) Skizzieren Sie den Graphen von h für $0 \leq t \leq 12$.
d) Ab Pegelstand = 11 m drohen Überschwemmungen. Ist damit zu rechnen?
e) Wann nimmt der Pegelstand am stärksten zu? Wie stark ist dann die Zunahmerate?
f) Nach welcher Zeit ist der Pegelstand wieder auf den Ausgangsstand gesunken?

Lösungen zu a), b) und zu c):
Die Funktionswerte von f stimmen mit den Tabellenwerten überein. Daher ist das Modell zumindest für $0 \leq t \leq 4$ korrekt.
Zur Zeit t = 5 liegt der Wasserpegel bei 9,3 m und zur Zeit t = 6 bei 10,3 m.
Der Graph von f ist rechts dargestellt.

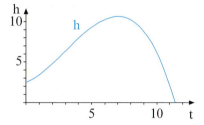

Lösung zu d):
Der Hochpunkt der Funktion f steht für den Höchststand des Wasserpegels. Der höchste Pegel wird zur Zeit t = 7 erreicht und liegt bei 10,7 m. Damit besteht keine unmittelbare Überschwemmungsgefahr.

Bestimmung des Maximums:
$$h'(t) = \tfrac{1}{10}(-t^2 + 6t + 7) = 0$$
$$t^2 - 6t - 7 = 0$$
t = 7 bzw. t = −1 (vor Beob.beginn)
$h(7) \approx 10{,}7$

Lösung zu e):
Der Wendepunkt der Funktion h ist die Stelle des stärksten Anstiegs. Er liegt bei W(3|6,4). Damit steigt der Pegel 3 Tage nach Beobachtungsbeginn am stärksten. Die Ableitung $h'(3)$ gibt die momentane Zunahmerate an. Sie beträgt 1,6 m/Tag.

Bestimmung des Wendepunktes:
$$h''(t) = \tfrac{1}{10}(-2t + 6) = 0$$
$$-2t + 6 = 0$$
t = 3
$h'(3) = 1{,}6$

Zeitpunkt mit h(t) = 2,5:
$$h(t) = \tfrac{1}{10}\left(-\tfrac{t^3}{3} + 3t^2 + 7t + 25\right) = 2{,}5$$
$$t \cdot (t^2 - 9t - 21) = 0$$
t = 0   (zu Beobachtungsbeginn)
$t \approx -1{,}92$ (vor Beobachtungsbeginn)
$t \approx 10{,}92$

Lösung zu f):
Die Gleichung h(t) = 2,5 besitzt die Lösungen t = 0, $t \approx -1{,}92$ und $t \approx 10{,}92$.
▶ 11 Tage nach Beobachtungsbeginn wird die ursprüngliche Wasserhöhe wieder erreicht.

Übungen

11. Wasserstandshöhe

Die Füllhöhe eines Wasserreservoirs wird von Anfang April (t = 0) bis Anfang Oktober (t = 6) durch die Funktion $h(t) = -t^3 + 12t^2 - 36t + 60$ beschrieben. Dabei ist t die Zeit in Monaten seit Beobachtungsbeginn und h der Pegelstand in Metern.

a) Wie hoch steht das Wasser Anfang August?
b) Kritisch ist ein Wasserstand unter 30 m. Wird die kritische Marke unterschritten?
c) Zu welchem Zeitpunkt im betrachteten Zeitraum erfolgt der stärkste Zufluss. Wie groß ist dieser?

12. Poolentleerung

Ein Pool wird durch eine Ablassöffnung entleert. Das Wasservolumen des Beckens wird angenähert durch die Funktion $V(t) = (-0{,}5t + 30)^2$ beschrieben. t ist die Zeit in Minuten seit der Öffnung des Ablasses und V(t) ist das Wasservolumen zur Zeit t in m³.

a) Skizzieren Sie den Graphen von V für $0 \leq t \leq 80$.
b) Beschreiben Sie anhand des Graphen, wie sich das Wasservolumen verändert.
c) Wie groß ist das Volumen nach einer halben Stunde?
d) Wann ist der Behälter leer? Wann ist der Behälter zur Hälfte geleert?
e) Mit welcher Entleerungsrate strömt das Wasser zu Beginn des Prozesses aus?
f) Wie groß ist die mittlere Entleerungsrate für den gesamten Prozess?

13. Tomatenstaude

Gegeben ist die Funktion $h(x) = -x^3 + 9x^2$.

a) Bestimmen Sie die Nullstellen sowie die Extremalstellen von h.
b) Ein Hobbygärtner behauptet, dass die Funktion h das Wachstum einer seiner Tomatenstauden beschreibt.
(x: Zeit in Wochen; h(x): Höhe der Staude zur Zeit x in cm)
Für welchen Zeitraum kann diese Behauptung höchstens richtig sein? Wie hoch wächst die Tomatenstaude?
c) Wann wächst die Tomatenstaude am schnellsten?

14. Segelflugzeug

Ein Segelflugzeug startet mithilfe eines Schleppseils, das zum Zeitpunkt t = 0 ausgeklinkt wird. Für die darauf folgenden 10 Minuten beschreibt die Funktion $h(t) = t^4 - 16t^3 + 64t^2 + 80$ die Flughöhe (in m).

a) In welche Höhe wird das Flugzeug mithilfe des Schleppseils gebracht?
b) In welcher Höhe fliegt es nach 5 bzw. nach 10 Minuten?
c) Wann steigt das Flugzeug durch Aufwinde, wann sinkt es durch Abwinde?
d) Berechnen Sie die geringste Flughöhe während des Beobachtungszeitraumes.

1. Ganzrationale Funktionen

D2. Rationale Prozesse bei gegebener Änderungsrate

Bei manchen Prozessen kann man die beschreibende Bestandsfunktion f nicht direkt erfassen, dafür aber die Änderungsrate des Prozesses, also die Ableitung der beschreibenden Funktion. Da die Änderungsrate einer Funktion f(x) durch ihre Ableitung f'(x) erfasst wird, kann aus ihr auch die Bestandsfunktion selbst gewonnen werden. Sie ist eine Stammfunktion der Änderungsrate.

> **Beispiel: Heißluftballon**
> Die Steig- bzw. Sinkgeschwindigkeit eines Heißluftballons in den ersten 10 Minuten seines Fluges wird durch die Funktion $v(t) = -\frac{12}{5}t^2 + 24t$ beschrieben.
>
> a) Skizzieren Sie den Graphen von v, und erläutern Sie am Graphen den Flugverlauf in den ersten 10 Minuten.
> b) Leiten Sie die Funktionsgleichung der Flughöhe h(t) her, und berechnen Sie die Höhe des Ballons nach 10 Flugminuten.
> c) Wie groß ist die mittlere Änderungsrate der Flughöhe (in m/s) in den ersten 10 Flugminuten?
> d) Zeichnen Sie den Graphen von h für $0 \leq t \leq 12$.
> e) Nach 12 Minuten landet der Ballon auf einem Berg. Wie hoch ist der Berg? Wie groß ist die vertikale Landegeschwindigkeit in m/s?
> f) Zu welchem Zeitpunkt steigt der Ballon am schnellsten? Wie groß ist die maximale Steiggeschwindigkeit?

Lösung zu a):
Der Graph von v ist eine Parabel mit Nullstellen bei t = 0 und bei t = 10. Der Heißluftballon steigt während des gesamten Zeitraums, zuerst langsam, dann immer schneller mit einem Maximum, das etwa bei t = 5 liegt. Danach steigt er immer langsamer bis zum Stillstand.

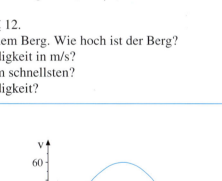

Lösung zu b):
Die Höhe h(t) des Ballons ist eine Stammfunktion von v(t), für die h(0) = 0 gilt. Durch Integration folgt $h(t) = -\frac{4}{5}t^3 + 12t^2$. Nach 10 Minuten hat der Heißluftballon die Höhe h(10) = 400 m erreicht.

Bestimmung von h(t):
$h(t) = \int v(t)\,dt = -\frac{4}{5}t^3 + 12t^2 + C$
$h(0) = 0 \Rightarrow C = 0$

Lösung zu c):
Die mittlere Änderungsrate der Höhe in den ersten 10 Minuten berechnet man mit dem Differenzenquotienten. Sie lautet 0,67 m/s.

Mittlere Änderungsrate:
$\frac{\Delta h}{\Delta t} = \frac{400\,\text{m}}{10\,\text{min}} = 40\,\frac{\text{m}}{\text{min}} \approx 0{,}67\,\frac{\text{m}}{\text{s}}$

Lösung zu d):
Wir zeichnen den Graphen von h auf der Basis der bisherigen Ergebnisse und der folgenden Wertetabelle.
(Maßstab: 1 s = 0,5 cm, 100 m = 1 cm)

t in s	0	2	5	8	10	12
h in m	0	12,6	200	358,4	400	346

Lösung zu e):
Die Höhe des Berges beträgt h(12) = 345,6 m. Die Landegeschwindigkeit beträgt v(12) = −57,6 m/min. Das sind −0,96 m/s oder −3,46 km/h. Das ruckt also schon recht kräftig.

Lösung zu f):
Der Ballon steigt am schnellsten im Wendepunkt von h.
Diesen berechnen wir mithilfe der notwendigen Bedingung h″(t) = 0.
Er liegt bei t = 5.

Die maximale Steiggeschwindigkeit beträgt daher 60 m/min. Das sind 1m/s oder 3,6 km/h.

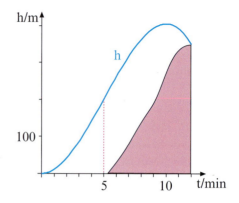

Höhe des Berges:
$h(12) = -\frac{4}{5} \cdot 12^3 + 12 \cdot 12^2 = 345,6$ m

Landegeschwindigkeit:
$h'(12) = v(12) = -57,6 \frac{m}{min} = -0,96 \frac{m}{s}$

Zeitpunkt des schnellsten Aufstiegs:
$$h''(t) = 0$$
$$-\frac{24}{5}t + 24 = 0$$
$$t = 5$$

Maximale Steiggeschwindigkeit:
$v(5) = -\frac{15}{5} \cdot 5^2 + 24 \cdot 5 = 60 \frac{m}{min} = 1 \frac{m}{s}$

Übung 15

Nach einem Stopp an einer roten Ampel beschleunigt Peter Hurtig seinen Sportwagen, sodass die Geschwindigkeit durch den nebenstehenden Parabelzweig (Funktion f) beschrieben wird. Da er sieht, dass die nächste Ampel ebenfalls rot zeigt, nimmt er nach 6 Sekunden den Fuß sanft vom Gaspedal, sodass die Geschwindigkeit seines Fahrzeuges innerhalb weiterer 10 Sekunden linear abnimmt (Funktion g) und er an der zweiten Ampel zum Stehen kommt.

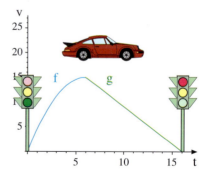

a) Bestimmen Sie die beiden Teilfunktionen f und g für die Geschwindigkeit des Fahrzeuges.
b) Welche Entfernung haben die beiden Ampeln voneinander?
c) Ein zweiter Fahrer beschleunigt entsprechend innerhalb der ersten 6 Sekunden sogar auf eine Geschwindigkeit von 20 m/s. Wie viel Zeit bleibt ihm anschließend zum linearen Abbremsen seines Fahrzeuges bis zur nächsten Ampel?

Übungen

16. Wasserpilz

In einem Erlebnisbad strömt das Wasser aus einem Wasserpilz mit variablem Druck aus. Ein Durchgang dauert 10 Sekunden.
Die Tabelle zeigt die Änderungsrate a(t) der ausgestoßenen Wassermenge W(t).

t in Sekunden	0	2	6
a(t) in m³/s	0	0,8	1,2

a) Die Ausströmrate a(t) kann durch eine Polynom zweiten Grades modelliert werden. Leiten Sie aus der Tabelle die Funktionsgleichung für a(t) her.
b) Wie lautet die Gleichung der bis zur Zeit t ausgestoßenen Wassermenge W(t)?
c) Wie viel Wasser wurde während des 10-minütigen Prozesses insgesamt ausgestoßen?

17. E-Bike

Elektrofahrräder verleihen dem Fahrer sozusagen Siebenmeilenstiefel. Allerdings stellen die Akkus noch eine erhebliche Schwachstelle dar. Bei einem Belastungstest wird die Stromstärke gemessen. Sie kann durch
$I(t) = 0,3t^2 - 0,02t^3$ erfasst werden,
$0,5 \leq t \leq 15$ (t: min, I: Ampere).

a) Skizzieren Sie den Graphen von I mithilfe einer Wertetabelle.
b) Der Hersteller gibt nur dann Garantie, wenn die Belastung im Testzyklus 12 A nicht überschreitet. Ist dies erfüllt?
c) Wann steigt die Stromstärke am stärksten an? Wie groß ist ihre maximale Änderungsrate?
d) Der Akku des Rades hat eine Kapazität von 9Ah. Welcher Prozentsatz davon wird beim Testlauf verbraucht?

18. Gletscher

Die Änderungsrate der Masse eines Alpengletschers wird beschrieben durch die Funktion $f(t) = \frac{1}{100}(t^3 - 14t^2 + 40t)$
(t: Zeit in Monaten, f(t) in 1000 m³).
Zum Zeitpunkt t = 0 hat der Gletscher eine Masse von 10 000 Tonnen.

a) Wann nimmt die Gletschermasse zu, wann nimmt sie ab?
b) Wann erreichen die Zunahme- bzw. Abnahmerate ihren höchsten Wert?
c) Skizzieren Sie den Graphen von f.
d) Wann ist die Gletschermasse am größten? Welchen Wert erreicht sie?
   Wann ist die Gletschermasse am geringsten? Auf welchen Wert ist sie gesunken?
e) Weisen Sie nach, dass die Gletschermasse über die Jahre stabil ist.

2. Exponentialfunktionen

In diesem Abschnitt werden Modellierungsaufgaben behandelt, welche durch Funktionen beschrieben werden, die exponentielle Terme enthalten. Dabei kann man zwischen standardisierten *Kurvenuntersuchungen*, geometrisch-statischen *Randkurvenproblemen*, dynamisch geprägten *Prozessen* und *Rekonstruktion von Beständen* unterscheiden.

A. Kurvenuntersuchungen

▶ **Beispiel: Kurvendiskussion**
Gegeben ist $f(x) = (20x - 60) \cdot e^{-0,5x}$.
a) Führen Sie eine Kurvenuntersuchung durch mit den aufgeführten Punkten.
b) Zeigen Sie, dass die Funktion
$F(x) = (40 - 40x) \cdot e^{-0,5x}$
eine Stammfunktion von f ist.
c) Der Graph von f, die Wendetangente von f sowie x- und y-Achse sind die Ufer eines 3 m tiefen Teiches (1 LE = 1 m). Wieviel m³ Wasser enthält der Teich?

Lösung zu a:
Mithilfe der Produkt- und der Kettenregel bestimmen wir die Ableitungen von f.

Notwendige und hinreichende Bedingung für eine Nullstelle ist $f(x) = 0$. Dies führt auf eine Nullstelle bei $x = 3$.

Notwendig für einen Extremwert ist die Bedingung $f'(x) = 0$. Diese Gleichung hat eine Lösung bei $x = 5$.

Die hinreichende Bedingung für ein Extremum an der Stelle x lautet bekanntlich $f'(x) = 0$ und $f''(x) \neq 0$.
Sie zeigt, dass ein Hochpunkt H(5 | 3,28) vorliegt.

Notwendig für einen Wendepunkt ist die Bedingung $f''(x) = 0$. Diese Gleichung hat eine Lösung bei $x = 7$.

Wir überprüfen diese Stelle mit der hinreichenden Bedingung für Wendepunkte $f''(x) = 0$ und $f'''(x) \neq 0$.
Sie liefert einen Rechts-Links-Wendepunkt bei W(7 | 2,42).

Ableitungen:
$f(x) = (20x - 60) \cdot e^{-0,5x}$
$f'(x) = (50 - 10x) \cdot e^{-0,5x}$
$f''(x) = (5x - 35) \cdot e^{-0,5x}$
$f'''(x) = (22,5 - 2,5x) \cdot e^{-0,5x}$

Nullstellen:
$f(x) = (20x - 60) \cdot e^{-0,5x} = 0$
$20x - 60 = 0$
$x = 3$

Extrema:
$f'(x) = (50 - 10x) \cdot e^{-0,5x} = 0$
$50 - 10x = 0$
$x = 5, y \approx 3,28$
$f''(5) \approx -0,82 < 0 \Rightarrow$ Maximum

Wendepunkte:
$f''(x) = (5x - 35) \cdot e^{-0,5x} = 0$
$5x - 35 = 0$
$x = 7, y \approx 2,42$
$f'''(7) \approx 0,15 > 0 \Rightarrow R - L - Wp$

2. Exponentialfunktionen

Mithilfe der berechneten charakteristischen Punkte und einer zusätzlichen Wertetabelle können wir nun den Graphen von f zeichnen (rote Kurve, rechts).

Wertetabelle:

x	2	3	4	5	7	9
y	−7,4	0	2,7	3,3	2,4	1,3

Lösung zu b:
Wir führen den Stammfunktionsnachweis durch Ableiten von F. Da $F'(x) = f(x)$ gilt, ist F tatsächlich eine Stammfunktion von f.

Lösung zu c:
Wir bestimmen zunächst die Gleichung der Wendetangente. Sie geht durch den Wendepunkt W(7 | 2,42) und hat die Steigung $f'(7) = -0{,}60$. Ihre Gleichung lautet:
$t(x) = -0{,}6\,x + 6{,}62$

Der Teich dehnt sich von $x = 0$ bis $x = 7$ aus. Sein Flächeninhalt A ergibt sich als Differenz der Fläche A_1 unter dem Graphen der Wendetangente g über dem Intervall und der Fläche A_2 unter dem Graphen von f über dem Intervall [3; 7]. Die Teilflächen A_1 und A_2 bestimmen wir durch Integration.
Resultate:
$A_1 = 31{,}64$, $A_2 \approx 10{,}60$, $A \approx 21{,}04$

Durch Multiplikation von A mit der Teichtiefe h = 3 m erhalten wir das Wasservolumen des Teiches. Es beträgt ca.
▶ 63,12 m³.

Der Graph von f:

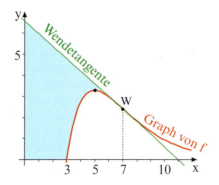

Stammfunktionsnachweis:
$F(x) = (40 - 40x) \cdot e^{-0{,}5x}$
$F'(x) = -40 \cdot e^{-0{,}5x} + (40 - 40x) \cdot (-0{,}5\,e^{-0{,}5x})$
$\qquad = (20x - 60) \cdot e^{-0{,}5x} = f(x)$

Gleichung der Wendetangente:
$t(x) = f'(x_0) \cdot (x - x_0) + f(x_0)$
$t(x) = f'(7) \cdot (x - 7) + f(7)$
$t(x) = -0{,}60 \cdot (x - 7) + 2{,}42$
$t(x) = -0{,}60 \cdot x + 6{,}62$

Fläche des Teiches:
$A_1 = \int_0^7 t(x)\,dx = [-0{,}3\,x^2 + 6{,}62\,x]_0^7$
$\quad = 31{,}64 - 0 = 31{,}64$
$A_2 = \int_3^7 f(x)\,dx = [(40 - 40x)e^{-0{,}5x}]_3^7$
$\quad \approx (-7{,}25) - (-17{,}85) = 10{,}60$
$A = A_1 - A_2 \approx 31{,}64 - 10{,}60 = 21{,}04$

Volumen des Teiches:
$V = A \cdot h \approx 21{,}04 \text{ m}^2 \cdot 3 \text{ m} = 63{,}12 \text{ m}^3$

Übung 1 Löwen
Gegeben ist die Funktion $f(x) = (6 + 12x - 2x^2) \cdot e^{-0{,}5x}$.
a) Führen Sie eine Kurvendiskussion durch (Nullstellen, Extrema, Wendepunkte, Graph).
b) Der Graph von f, die Koordinatenachsen und die senkrechte Gerade x = 4 bilden den Rand eines Raubtiergeheges, 1 LE = 10 m. Bestimmen Sie den Flächeninhalt. Zeigen Sie zunächst, dass $F(x) = (4x^2 - 8x - 28) \cdot e^{-0{,}5x}$ eine Stammfunktion von f ist.

Übungen

2. Bahnübergänge
Die Funktion $f(x) = e^x - 4e^{\frac{x}{2}}$ sei gegeben.
a) Untersuchen Sie die Funktion f auf Nullstellen, Extrema und Wendepunkte. Geben Sie die Gleichung der Wendetangente an.
b) Eine Bahnstrecke verläuft längs der x-Achse. Eine Straße, die für $x < 0$ längs der Wendetangente und für $x > 0$ längs des Graphen von f verläuft, schneidet die Bahnstrecke zweimal (1 LE = 1 km).
Wie groß ist der Abstand zwischen den beiden Bahnübergängen?
Wie groß ist die von Bahn und Straße eingeschlossene Fläche A?

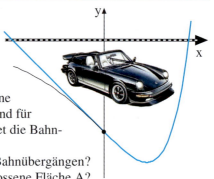

3. Kurvendiskussion
Gegeben ist die Funktion $f(x) = (x+3) \cdot e^{-x}$.
a) Ermitteln Sie die Nullstellen, Extrema und Wendepunkte von f. Bestimmen Sie die Gleichung der Wendetangente. Zeichnen Sie den Graphen der Funktion.
b) Weisen Sie nach, dass $F(x) = (-x-4) \cdot e^{-x}$ eine Stammfunktion von f ist.
c) Berechnen Sie den Inhalt der Fläche A, die von den Koordinatenachsen und dem Graphen von f vollständig umschlossen wird.
d) Berechnen Sie die mittlere Steigung von f zwischen dem Hochpunkt und dem Schnittpunkt mit der y-Achse.

4. Kurvendiskussion mit Extremalproblem
Gegeben ist die Funktion $f(x) = x^2 \cdot e^{2-x}$.
a) Untersuchen Sie das Verhalten von f für $x \to \pm\infty$. Bestimmen Sie die Nullstellen, Extrema und Wendepunkte von f. Zeichnen Sie den Graphen.
b) Weisen Sie nach, dass $F(x) = -(x^2 + 2x + 2) \cdot e^{2-x}$ eine Stammfunktion von f ist. Wie groß ist der Inhalt der Fläche A unter f über dem Intervall [0; 2]?
c) Prüfen Sie mithilfe einer Wertetabelle, ob die Gesamtfläche unter f im 1. Quadranten einen endlichen Flächeninhalt besitzt.
d) Ein achsenparalleles Rechteck mit einem Eckpunkt O im Koordinatenursprung und dem diagonal gegenüberliegenden Eckpunkt P auf dem Graphen von f soll maximalen Inhalt haben. Bestimmen Sie die Koordinaten von P.

5. Kurvendiskussion mit Flächenproblem
Gegeben ist die Funktion $f(x) = e^{\frac{x}{2}} - 2x - 1$.
a) Besitzt die Funktion f Extrema und Wendepunkte?
b) Eine Nullstelle von f liegt bei $x_0 \approx 4{,}67$. Geben Sie die zweite Nullstelle von f an.
c) Ermitteln Sie den Inhalt der zwischen Graph und x-Achse liegenden Fläche A.
d) Wie lautet die Gleichung der Ursprungstangente von f?

B. Randkurvenprobleme

In diesem Abschnitt werden *Randkurvenprobleme* behandelt, welche durch exponentielle Funktionen beschrieben werden.

> **Beispiel: Halfpipe**
> Eine Halfpipe soll gebaut werden. Ihre Profilkurve setzt sich aus einem Exponentialterm und einer linearen Funktion zusammen, wie auf der nichtmaßstäblichen Skizze rechts dargestellt. Der Übergang an der Stelle $x = 3$ soll glatt verlaufen, d.h. ohne Knick.
> a) Bestimmen Sie a und k.
> b) Wie hoch und wie lang wird die Halfpipe?
> c) Wie groß ist ihr maximaler Anstiegswinkel?

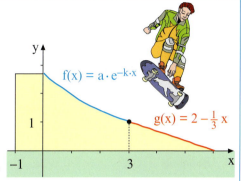

Lösung zu a:
Die beiden beteiligten Randfunktionen $f(x) = a \cdot e^{-kx}$ und $g(x) = 2 - \frac{1}{3}x$ müssen an der Stelle $x = 3$ übereinstimmende Funktionswerte und übereinstimmende Steigungen haben, damit weder ein Sprung noch ein Knick entsteht.
Dies führt auf die Gleichungen I und II.

Mit dem Einsetzungsverfahren können wir das so entstandene nichtlineare Gleichungssystem lösen. Wir erhalten $a = e$ und $k = \frac{1}{3}$.
Daher gilt: $f(x) = e \cdot e^{-\frac{1}{3}x} = e^{1-\frac{1}{3}x}$.

Lösung zu b:
Die Höhe der Halfpipe beträgt ca. 2,72 m. Zur Bestimmung ihrer Länge benötigen wir die Nullstelle der Funktion g. Sie liegt bei $x = 6$. Die gesuchte Länge beträgt 7 m.

Lösung zu c:
Die Halfpipe ist bei $x = 0$ am steilsten. Ihre Steigung dort beträgt $f'(0) \approx -0{,}9061$. Daraus ergibt sich mithilfe der Arcus-Tangens-Funktion des Taschenrechners ein Steigungswinkel von $-42{,}18°$.

Bestimmung von a und k:
$f(3) = g(3) \Rightarrow$ I: $a \cdot e^{-3k} = 1$
$f'(3) = g'(3) \Rightarrow$ II: $-k \cdot a \cdot e^{-3k} = -\frac{1}{3}$

Aus I: $a = e^{3k}$
In II: $-k = -\frac{1}{3} \Rightarrow k = \frac{1}{3}$
In I: $a = e$

$\Rightarrow f(x) = e \cdot e^{-\frac{1}{3}x} = e^{1-\frac{1}{3}x}$

Höhe der Halfpipe:
Höhe $= f(0) = e \approx 2{,}72$ m

Länge der Halfpipe:
$g(x) = 0 \Rightarrow 2 - \frac{1}{3}x = 0 \Rightarrow x = 6$
$\Rightarrow$ Länge $= 1 + 6 = 7$ m

Maximaler Anstiegswinkel:
$f'(x) = -\frac{1}{3} e^{1-\frac{1}{3}x}$
$f'(0) = -\frac{1}{3} e \approx -0{,}9061$
$\alpha \approx \arctan(-0{,}9061) \approx -42{,}18°$

▶ **Beispiel: Bahngleise**
Zwei Bahngleise f und g verlaufen angenähert so wie unten dargestellt. Sie können modellhaft durch die Funktionen $f(x) = 5x^2 \cdot e^{-2x}$ und $g(x) = 3x^2 \cdot e^{-x-1}$ erfasst werden. Dabei sind alle Koordinaten in Kilometern angegeben.

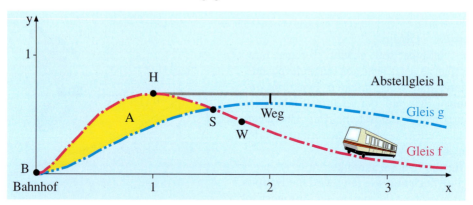

a) Wo liegt der nördlichste Punkt H von Gleis f? Wie weit ist er vom Bahnhof B entfernt?
b) In welchem Punkt S treffen sich die Gleise?
c) Im Punkt H wird ein von Westen nach Osten verlaufendes Abstellgleis h an das Gleis f angeschlossen. Gleis g und Abstellgleis h sollen durch einen möglichst kurzen Nord-Süd-Weg verbunden werden. Wie lang ist dieser Weg?
d) Zwischen dem Bahnhof B und dem Schnittpunkt S schließen die Gleise ein Areal A ein. Dieses soll begrünt werden. Wie groß sind die Gesamtkosten, wenn pro Quadratmeter 15 Cent kalkuliert werden müssen? Hinweis: Weisen Sie zunächst durch Differenzieren nach, dass $F(x) = (-2{,}5x^2 - 2{,}5x - 1{,}25) \cdot e^{-2x}$ und $G(x) = (-3x^2 - 6x - 6) \cdot e^{-x-1}$ Stammfunktionen von f und g sind.
e) Ein Zug nähert sich wie dargestellt von Osten auf Gleis f. Beim Übergang von der Rechtskurve in die Linkskurve bei W gibt er ein Signal. Wie lange dauert es, bis dieses Signal im Bahnhof B zu hören ist (Schallgeschwindigkeit: 340 m/s).

Lösung zu a):
Gesucht ist der Hochpunkt der Funktion f. Wir bestimmen seine Lage mit Hilfe der Ableitung f′, die wir mit der Produktregel und der Kettenregel bestimmen und dann gleich null setzen. Sie hat zwei Nullstellen bei $x = 0$ und $x = 1$. Aus der Skizze entnehmen wir, dass nur $x = 1$ in Frage kommt. Der y-Wert beträgt $5 \cdot e^{-2} \approx 0{,}68$. Das Resultat lautet: $H(1 \mid 0{,}68)$.

Die Entfernung des Schnittpunktes vom Bahnhof berechnen wir mit der Formel für den Abstand zweier Punkte. Sie beträgt ca. 1,21 km.

Lage des Extremums:
$f'(x) = (-10x^2 + 10x) \cdot e^{-2x}$
$f'(x) = 0 \Leftrightarrow -10x^2 + 10x = 0$
$\Leftrightarrow x = 0$ bzw. $x = 1$

Art des Extremums:
$f''(x) = (20x^2 - 40x + 10) \cdot e^{-2x}$
$f''(1) = -10\,e^{-2} \approx -1{,}35 < 0 \Rightarrow$ Maximum

Entfernung von S zum Bahnhof B:
$|SB| = \sqrt{1^2 + 0{,}68^2} \approx 1{,}21$

2. Exponentialfunktionen

Lösung zu b):
Gesucht ist der Schnittpunkt der Funktionen f und g. Die Funktionsterme sind offensichtlich gleich für $x = 0$. Diese Lösung stellt den Bahnhof B dar.
Eine weitere Lösung erhalten wir nach nebenstehender Rechnung bei $x = 1,51$.
Der gesuchte Schnittpunkt der Gleise liegt also bei $S(1,51 \mid 0,56)$.

Schnittpunkt von f und g:
$$f(x) = g(x)$$
$$5x^2 \cdot e^{-2x} = 3x^2 \cdot e^{-x-1} \quad | \quad :x^2 \neq 0$$
$$5e^{-2x} = 3e^{-x-1}$$
$$e^{-x+1} = 0,6$$
$$x = 1 - \ln(0,6) \approx 1,51$$

Lösung zu c):
Gesucht ist das Minimum der Differenzfunktion $d(x) = h(x) - g(x)$.
Die nebenstehende Rechnung zeigt, dass dieses Minimum bei $x = 2$ liegt.
Die Länge des Verbindungsweges ist gleich $d(2) \approx 0,083$, d. h. es sind ca. 83 m.

Kürzeste Verbindung von h und g:
$$d(x) = h(x) - g(x) = 0,68 - 3x^2 \cdot e^{-x-1}$$
$$d'(x) = (3x^2 - 6x) \cdot e^{-x-1} = 0$$
$$x = 2 \quad \text{bzw.} \quad x = 0$$
$$d''(2) \approx \quad 0,3 > 0 \Rightarrow \text{Minimum}$$
$$d''(0) \approx -2,2 < 0 \Rightarrow \text{Maximum}$$

Lösung zu d):
Die Stammfunktionsnachweise erbringen wir durch Ableiten nach der Produkt- und Kettenregel. Rechts ist dies für die Stammfunktion F exemplarisch dargestellt. Der Nachweis für G verläuft analog.

Flächeninhalt des Areals A:
Stammfunktionsnachweis für F:
$$F'(x) = [(-2,5x^2 - 2,5x - 1,25) \cdot e^{-2x}]'$$
$$= (u \cdot v)'$$
$$= u' \cdot v + u \cdot v'$$
$$= 5x^2 \cdot e^{-2x} = f(x)$$

Den Flächeninhalt des Areals A berechnen wir mithilfe der Differenz der bestimmten Integrale von f und g in den Grenzen von 0 bis zur Schnittstelle 1,51.
Er beträgt ca. $0,3 \text{ km}^2$, d. h. $300\,000 \text{ m}^2$.
Bei einem Quadratmeterpreis von 0,15 E betragen die Gesamtkosten für die Begrünung also ca. 45 000 E.

Flächenberechnung:
$$A = \int_0^{1,51} (5x^2 \cdot e^{-2x})dx - \int_0^{1,51} (3x^2 \cdot e^{-x-1})dx$$
$$= [(-2,5x^2 - 2,5x - 1,25) \cdot e^{-2x}]_0^{1,51}$$
$$- [(-3x^2 - 6x - 6) \cdot e^{-x-1}]_0^{1,51}$$
$$= 0,73 - 0,43 = 0,30$$

Lösung zu e):
Der Übergang von der Links- in die Rechtskurve liegt im rechten Wendepunkt der Funktion. Diesen bestimmen wir mit Hilfe der zweiten Ableitung.
Der rechte Wendepunkt ist $W(1,71 \mid 0,48)$.
Der linke Wendepunkt bei $x = 0,29$ spielt hier keine Rolle.

Berechnung der Laufzeit des Schalls:
Wendepunkte von f:
$$f''(x) = (20x^2 - 40x + 10) \cdot e^{-2x} = 0$$
$$20x^2 - 40x + 10 = 0$$
$$x^2 - 2x + 0,5 = 0$$
$$x = 1,71 \quad (\text{bzw.} \quad x = 0,29)$$

Die Entfernung von W zum Bahnhof $B(0 \mid 0)$ errechnen wir mit der Abstandsformel. Sie beträgt ca. 1,78 km, d. h. 1780 m. Hierfür benötigt der Schall ca. 5,2 Sekunden.

Entfernung zum Urprung:
$$|WB| = \sqrt{(1,71 - 0)^2 - (0,48 - 0)^2} \approx 1,78$$

Laufzeit des Schalls:
$$t = \frac{s}{v} = \frac{1780}{340} \approx 5,2 \text{ s}$$

Übung 6 Fahrradweg
Der rot eingezeichnete Fahrradweg f kann durch die Funktion $f(x) = 2x \cdot e^{ax+b}$ beschrieben werden. Sein nördlichster Punkt ist H(2|4). Von Westen nach Osten, d.h. auf der x-Achse, verläuft ein Fluss. 1 Längeneinheit entspricht 100 Metern.

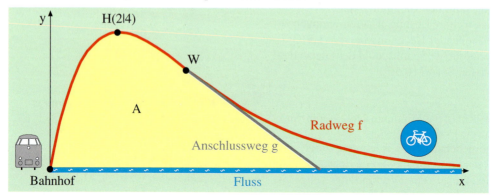

a) Bestimmen Sie die Parameter a und b, und skizzieren Sie den Graphen von f für $0 \leq x \leq 10$.
b) Bestimmen Sie die Ableitungen f' und f''. In welchem Punkt W geht der Fahrradweg von einer Rechts- in eine Linkskurve über?
c) In welchem Winkel schneidet der Fahrradweg f den Fluss?
d) Im Punkt W soll ein neuer geradliniger Weg g angeschlossen werden, der zum Ufer des Flusses führt. Der Übergang der beiden Wege soll ohne Knick verlaufen. Wie lautet die Gleichung von g? Tragen Sie g in die Skizze ein.
e) Der Weg g soll 40 cm tief mit Schotter ausgelegt werden. Er ist ca. 2 m breit. Wieviel Schotter wird insgesamt benötigt?
f) Das Gelände, welches vom Fahradweg f, vom Anschlussweg g und vom Fluss begrenzt wird, soll an den Betreiber eines Vergnügungsparks verkauft werden. Welcher Preis kann erzielt werden, wenn pro Quadratmeter 12 € verlangt werden? Hinweis: Zeigen Sie zunächst, dass $F(x) = (-4x - 8) \cdot e^{-\frac{1}{2}x+1}$ eine Stammfunktion von f ist.

Übung 7 Güterzug und Schnellzug
I. Ein Güterzug durchfährt einen Bahnhof bei A(0|0). Von diesem Zeitpunkt an wird seine Geschwindigkeit durch die Funktion $v_1(t) = 15(1 - 0{,}5\,e^{-0{,}02t})$ beschrieben (in m/s).
  a) Welche Geschwindigkeit hat der Güterzug im Bahnhof A?
     Welche Obergrenze beschränkt seine Geschwindigkeit?
  b) Wie groß ist die Beschleunigung des Güterzuges, d.h. die Änderungsrate der Geschwindigkeit, im Punkt A bzw. 5 Sekunden nach dem Passieren dieses Punktes?
     Wie groß ist seine mittlere Beschleunigung in den ersten fünf Sekunden?
  c) Welche Wegstrecke legt der Güterzug in den ersten fünf Sekunden nach dem Passieren des Bahnhofs zurück?

  Hinweis: Es gilt $s(t) = \int v(t)\,dt$ mit $s(0) = 0$.

II. Ebenfalls zum Zeitpunkt $t = 0$ startet im Punkt A(0|0) auf einem Parallelgleis ein Schnellzug, dessen Geschwindigkeit durch $v_2(t) = 50(1 - e^{-0{,}02t})$ beschrieben wird.
  a) Zu welchem Zeitpunkt vor dem Überholen ist der Vorsprung von Zug 1 am größten?
     Was bedeutet das für ihre Geschwindigkeiten? Wie groß ist der Maximalabstand?
  b) Zeigen Sie, dass der Schnellzug den Güterzug während der 21. Sekunde einholt.

2. Exponentialfunktionen

Die Form eines Grundstücks, der Querschnitt eines Gegenstands, der Verlauf einer Straße und das Höhenprofil eines Berges haben eines gemeinsam: Sie können durch **Randkurven** beschrieben werden. Der Vorteil besteht darin, dass diverse Eigenschaften der so erfassten realen Objekte rechnerisch mit den Methoden der Differential- und Integralrechnung untersucht werden können. Exemplarisch verdeutlichen wir am Beispiel des folgenden Inselproblems, was gemeint ist.

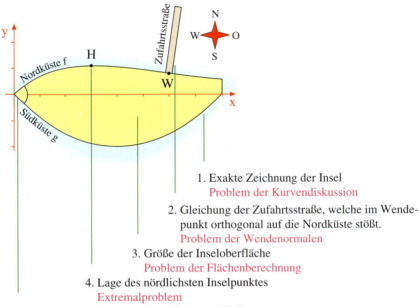

1. Exakte Zeichnung der Insel
   Problem der Kurvendiskussion
2. Gleichung der Zufahrtsstraße, welche im Wendepunkt orthogonal auf die Nordküste stößt.
   Problem der Wendenormalen
3. Größe der Inseloberfläche
   Problem der Flächenberechnung
4. Lage des nördlichsten Inselpunktes
   Extremalproblem
5. Größe des Winkels zwischen Nord- und Südküste
   Schnittwinkelproblem

▶ **Beispiel: Inselproblem**

Wie groß ist die abgebildete Insel, wenn die Nordküste durch die Randkurve $f(x) = x \cdot e^{-\frac{1}{3}x}$ und die Südküste durch die Randkurve $g(x) = \frac{1}{8}x^2 - x$ erfasst wird (1 LE = 1 km)?

Hinweis: Verwenden Sie, dass $F(x) = (-3x - 9) \cdot e^{-\frac{1}{3}x}$ eine Stammfunktion von f ist.

Lösung:
Die Stammfunktion F der Nordküste ist gegeben. Die Südküste $g(x) = \frac{1}{8}x^2 - x$ hat die Stammfunktion $G(x) = \frac{1}{24}x^3 - \frac{1}{2}x^2$.
Nun können wir durch Integration den Inhalt des nördlichen Inselteils und den Inhalt des südlichen Teils bestimmen (6,71 km² bzw. 10,67 km²).
Die Insel hat also eine Gesamtfläche von
▶ $A = 17{,}38$ km².

$$\int_0^8 f(x)dx = [F(x)]_0^8 = F(8) - F(0)$$
$$= \left(-33 e^{-\frac{8}{3}}\right) - (-9) \approx 6{,}71$$

$$\int_0^8 g(x)dx = [G(x)]_0^8 = G(8) - G(0)$$
$$= \left(-\frac{32}{3}\right) - (0) \approx -10{,}67$$

$A = 6{,}71 + 10{,}67 = 17{,}38$ km²

Wir erweitern nun das Inselproblem um einige typische Untersuchungspunkte.

> **Beispiel: Inselproblem, Teil 2**
>
> Eine Insel wird nach Norden durch die Randkurve $f(x) = x \cdot e^{-\frac{1}{3}x}$ und nach Süden durch $g(x) = \frac{1}{8}x^2 - x$ begrenzt ($0 \leq x \leq 8$, 1 LE = 1 km).
> a) Bestimmen Sie f' und f''.
> b) Wo liegt der nördlichste Inselpunkt?
> c) Eine vom Festland kommende Zufahrtsbrücke trifft im Wendepunkt W auf die Nordküste. Wie lautet die Geradengleichung der Brücke?

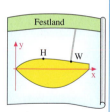

Lösung zu a:
Wir bestimmen f' mit Produkt- und Kettenregel, ausgehend von
$f(x) = u \cdot v = x \cdot e^{-\frac{1}{3}x}$.
$f'(x) = u' \cdot v + u \cdot v' = 1 \cdot e^{-\frac{1}{3}x} + x \cdot \left(-\frac{1}{3} e^{-\frac{1}{3}x}\right)$
$f'(x) = \left(1 - \frac{1}{3}x\right) e^{-\frac{1}{3}x}$

Lösung zu b:
Der nördlichste Inselpunkt ist der Hochpunkt der Randkurve f. Diesen bestimmen wir mithilfe der notwendigen Bedingung $f'(x) = 0$. Er liegt bei $H(3 \mid 1{,}10)$.
Die Überprüfung mit der hinreichenden Bedingung $(f'(x) = 0, f''(x) \neq 0)$ ergibt, dass es sich tatsächlich um ein Maximum handelt.

Lösung zu c:
Die Brücke trifft den Wendepunkt von f orthogonal. Also handelt es sich um die Wendenormale von f.
Wir berechnen zunächst den Wendepunkt von f. Er liegt bei $W(6 \mid 0{,}81)$. Als nächstes wird die Steigung von f an der Wendestelle bestimmt: $f'(6) = -e^{-2} \approx -0{,}135$.
Nun werden diese Ergebnisse in die allgemeine Normalengleichung eingesetzt.

▶ **Resultat:** $n(x) \approx 7{,}39\,x - 43{,}52$

1. Ableitungen:
$f'(x) = \left(1 - \frac{1}{3}x\right) \cdot e^{-\frac{1}{3}x}$
$f''(x) = \left(\frac{1}{9}x - \frac{2}{3}\right) \cdot e^{-\frac{1}{3}x}$

2. Hochpunkt von f:
$f'(x) = 0$
$\left(1 - \frac{1}{3}x\right) \cdot e^{-\frac{1}{3}x} = 0$
$1 - \frac{1}{3}x = 0$
$x = 3,\ y = 3 \cdot e^{-1} \approx 1{,}10$
Hochpunkt $H(3 \mid 1{,}10)$

3. Wendepunkt von f:
$f''(x) = 0$
$\frac{1}{9}x - \frac{2}{3} = 0$
$x = 6,\ y = 6 e^{-2} \approx 0{,}81$
Wendepunkt $W(6 \mid 0{,}81)$

4. Wendenormale:
$n(x) = -\frac{1}{f'(x_0)}(x - x_0) + f(x_0)$
$n(x) = e^2(x - 6) + 6 e^{-2}$
$n(x) \approx 7{,}39\,x - 43{,}52$

Übung 8 Zoo

Ein Tiergehege wird durch einen Zaun $f(x) = (4 - x) \cdot e^{\frac{x}{2}}$, einen Wassergraben und eine Mauer bei $x = -4$ wie abgebildet begrenzt (1 LE = 100 m).
a) Wie groß ist die maximale Nord-Südausdehnung des Geheges? Wie lang ist die Begrenzungsmauer?
b) Bestimmen Sie den Parameter a so, dass
$F(x) = (a - 2x) \cdot e^{\frac{x}{2}}$ eine Stammfunktion von f ist. Welchen Flächeninhalt hat das Gehege?

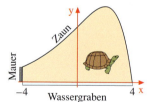

Übungen

9. Historisches Stadttor

Für eine Theateraufführung in der Schule wird ein historisches Stadttor aus Sperrholzplatten benötigt.
Der Regisseur hat den Wunsch, dass die Toröffnung in der Mitte ca. 2 m hoch und unten 2 m breit ist.
Die Randkurve des Torbogens soll modelliert werden durch die Funktion
$f(x) = 2{,}4 - 0{,}2(e^{2{,}5x} + e^{-2{,}5x})$.

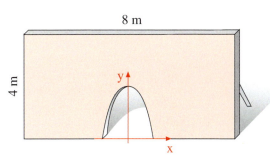

a) Werden die Vorgaben des Regisseurs in etwa eingehalten?
b) In welchem Winkel muss die Säge beim Ausschneiden des Torbogens angesetzt werden?
c) Der Aufbau wird nach dem Ausschneiden des Tors gestrichen. Wie groß ist die zu streichende Fläche?

10. Inseln

In Dubai werden im Meer künstliche Inseln aufgeschüttet. Die Küsten einer Insel werden wie abgebildet durch die Funktionen f (Strand) und g (Wohnen) beschrieben.
(1 LE = 100 m).

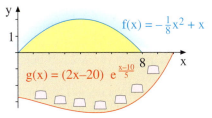

a) Zeigen Sie, dass $G(x) = (10x - 150) \cdot e^{\frac{x-10}{5}}$ eine Stammfunktion von g ist.
   Berechnen Sie den Flächeninhalt der Insel.
b) Welche maximale Nord-Süd-Ausdehnung hat der untere Teil der Insel, d.h. das Wohngebiet?

11. Skilanglauf

Der Verlauf einer Skiloipe wird durch die Funktion $f(x) = x \cdot e^{-x^2}$ modellhaft beschrieben. Von der Loipe zweigt im Punkt $P(0|0)$ tangential ein Weg ab, der zum Waldrand führt, welcher 1 km nördlich parallel zur x-Achse verläuft.

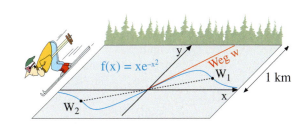

a) Bestimmen Sie die Ableitungen f' und f''. Verwenden Sie Produkt- und Kettenregel.
   Zeigen Sie außerdem, dass $F(x) = -\frac{1}{2}e^{-x^2}$ eine Stammfunktion von f ist.
b) Berechnen Sie die Lage der beiden Extremalpunkte von f.
c) Bestimmen Sie die Gleichung des zum Waldrand führenden Weges w.
   Wie lang ist dieser Weg?
d) In den Wendepunkten W_1 und W_2 der Loipe stehen zwei Beobachter B_1 und B_2.
   B_1 will seinem Kollegen B_2 bei einem Notfall zu Hilfe kommen. Er rennt mit 20 km/h auf direktem Weg zu B_2. Wie lange dauert das?

12. Schwimmbad

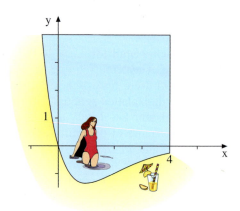

Ein Wasserbecken im Ferienclub ist im oberen Bereich rechteckig. Der untere Teil, in dem eine Poolbar geplant ist, wird begrenzt durch die Funktion $f(x) = -10x \cdot e^{-x-1}$ (1 LE = 10 m).

a) Wie lang ist der rechte Beckenrand? Zeigen Sie, dass der obere Beckenrand ca. 46 m lang ist.
b) An welcher Stelle ist die vertikale Ausdehnung des Beckens am größten?
c) Wie viele Quadratmeter Fliesen werden für den Beckenboden benötigt? Zeigen Sie zunächst, dass die Funktion $F(x) = 10(x+1) \cdot e^{-x-1}$ Stammfunktion von f ist.

13. Hochseilartistik

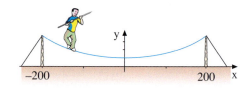

Eine Gruppe von Hochseilartisten spannt ein Stahlseil zwischen zwei senkrechten Masten, die 400 m voneinander entfernt sind. Der Verlauf des Stahlseils wird beschrieben durch die Funktion $f(x) = 5 \cdot (e^{0,01x} + e^{-0,01x})$.

a) Welche Höhe hat das Seil in der Mitte bzw. in den Randpunkten?
b) Welche durchschnittliche Steigung bewältigt ein Artist bei der Fahrt von der Mitte des Seils zu einem der Randpunkte?
c) Das jüngste Mitglied der Artistengruppe soll Steigungen bis zu maximal 20 % bewältigen. Kann er die mittlere Hälfte des Seils befahren?
d) An ihren Spitzen sollen die Maste durch Halteseile gesichert werden, die orthogonal zur Tangente an das Stahlseil an der Mastspitze verankert werden. Berechnen Sie die notwendige Länge der Sicherungsseile.

14. In einer Senke

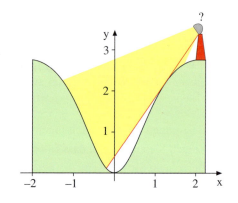

Der Querschnitt einer tiefen Senke wird begrenzt von der Randfunktion $f(x) = 2,8 \cdot (1 - e^{-x^2})$ für $-2 \leq x \leq 2$. (1 LE = 10 m).

a) Wie tief ist die Senke?
b) An welcher Stelle ist der Hang am steilsten? Berechnen Sie die Gleichung der Tangente an den Graphen von f an dieser Stelle.
c) Am Rand bei $x = 2$ soll ein 15 m hoher Mast mit einem Scheinwerfer an der Spitze aufgestellt werden. Erreicht das Licht des Scheinwerfers den Tiefpunkt der Senke? (Rechnerische Näherungslösung der zeichnerischen Lösung)
Hinweis: Der Term e^{-x^2} besitzt die Ableitung $-2x \cdot e^{-x^2}$ (Kettenregel).

C. Dynamische Prozesse

Im Folgenden werden *Prozesse* untersucht, deren zeitlicher Ablauf durch Exponentialfunktionen erfasst werden kann. Beispiele sind das Höhenwachstum einer Pflanze, der Temperaturverlauf bei einem Aufheizvorgang oder auch die Populationsentwicklung einer Tierart. Mit Hilfe der Differentialrechnung können dann Aussagen über diverse Aspekte des beobachteten Prozesses gewonnen werden. Exemplarisch verdeutlichen wir am Beispiel des folgenden Wildschweinproblems, was gemeint ist.

1. Verhalten von f für x → ∞
   Grenzwertproblem
2. Exakte Zeichnung der Bestandskurve.
   Problem der Kurvendiskussion
3. Zeitpunkt der stärksten Abnahmerate
   Wendepunktproblem
4. Maximalbestand an Wildschweinen
   Extremalproblem
5. Zunahmerate des Bestandes zu Beobachtungsbeginn
   Problem der momentanen Änderungsrate

▶ **Beispiel: Wildschweinplage**
Im Stadtgebiet breiten sich die Wildschweine aus. Durch ein Wildpflegeprogramm hofft man, der Plage Herr zu werden. Der Bestand soll sich damit kontrolliert gemäß der Funktion $N(t) = 200 + 200\,t \cdot e^{-0{,}5t}$ entwickeln (t: Jahre; N(t): Anzahl der Schweine).
Zu welchem Zeitpunkt nimmt der Bestand am stärksten ab? Wie groß ist die momentane Änderungsrate zu diesem Zeitpunkt?

Lösung:
Im Wendepunkt der Bestandsfunktion ist die Abnahmerate am größten. Wir bestimmen diesen Punkt, indem wir N″ gleich null setzen (notwendige Bedingung).
Dies führt auf die Wendestelle t = 4.
Die momentane Änderungsrate an dieser Stelle erhalten wir durch Berechnen von N′(4): Sie beträgt −27,07 Tiere/Jahr, was gleichbedeutend ist mit −2,26 Tiere/Monat.
▶

Ableitungen von N:
$N'(t) = (200 - 100\,t) \cdot e^{-0{,}5t}$
$N''(t) = (50\,t - 200) \cdot e^{-0{,}5t}$

Wendepunkt von N:
$N''(t) = 0$
$(50\,t - 200) \cdot e^{-0{,}5t} = 0$
$50\,t - 200 = 0$
$t = 4$
$N'(4) = -27{,}07 \,\frac{\text{Tiere}}{\text{Jahr}} = -2{,}26 \,\frac{\text{Tiere}}{\text{Monat}}$

▶ **Beispiel: Wildschweinplage (Teil 2)**
Ein Wildschweinbestand entwickelt sich gemäß der
Bestandsfunktion $N(t) = 200 + 200\,t \cdot e^{-0,5\,t}$.
t: Zeit in Jahren; N(t): Bestand in Schweinen

a) Mit welcher Geschwindigkeit wächst der Bestand zu Beobachtungsbeginn?
   Wie groß ist die mittlere Zuwachsrate in den ersten beiden Jahren?
b) Welcher Maximalbestand wird erreicht?
c) Welchem Grenzbestand nähert sich die Population langfristig?

Lösung zu a:
Die momentane Änderungsrate zur Zeit t = 0 errechnen wir mit der Ableitungsfunktion N′. Resultat: Zu Beginn wächst die Population um ca. 17 Tiere pro Monat.

Momentane Wachstumsrate zur Zeit T = 0:
$N'(t) = (200 - 100\,t) \cdot e^{-0,5\,t}$
$N'(0) = 200 \, \frac{\text{Tiere}}{\text{Jahr}} \approx 16{,}67 \, \frac{\text{Tiere}}{\text{Monat}}$

Die mittlere Zuwachsrate in den ersten zwei Jahren errechnen wir mit dem Differenzenquotienten. Sie beträgt 6 Tiere pro Monat.

Mittlere Wachstumsrate in 2 Jahren:
$\frac{N(2) - N(0)}{2 - 0} \approx \frac{347{,}15 - 200}{2} \approx 73{,}58 \, \frac{\text{Tiere}}{\text{Jahr}}$
$\approx 6{,}13 \, \frac{\text{Tiere}}{\text{Monat}}$

Lösung zu b:
Mithilfe der notwendigen Bedingung für Extrema (N′(t) = 0) bestimmen wir die Lage des Maximums von N. Es liegt bei t = 2. Die Anzahl der Schweine beträgt maximal 347.

Maximaler Bestand:
$N'(t) = (200 - 100\,t) \cdot e^{-0,5\,t}$
$N'(t) = 0$
$200 - 100\,t = 0, t = 2$
$N(2) = 347{,}15$ Schweine

Lösung zu c:
Wir erkennen anhand einer Tabelle, dass die Bestandsfunktion N(t) sich mit wachsendem t dem Wert 200 nähert. Dies ist der
▶ langfristige Grenzbestand.

Grenzbestand t → ∞:

t	0	1	10	20	→ ∞
N(t)	200	321,3	213,5	200,2	→ 200

$\lim_{t \to \infty} N(t) = 200$

Übung 15
Ein Handwerker hat versehentlich aus einer Flasche mit einer giftigen Flüssigkeit getrunken. Eine erste Untersuchung ergibt eine Konzentration von 2 µg/dl im Blut. Bei einer Kontrolluntersuchung eine Stunde später sind es sogar 3 µg/dl.
Man weiß, dass es ab 6 µg/dl gefährlich wird. Außerdem ist bekannt, dass die Konzentration dem Gesetz $h(t) = (a\,t + b) \cdot e^{-0,1\,t}$ gehorcht (t in Stunden, h in µg/dl).
a) Bestimmen Sie a und b.
b) Berechnen Sie die Maximalkonzentration. Kommt der Handwerker in die Gefahrenzone?
c) Wann fällt die Konzentration am stärksten ab? (Hinweis: Wendepunkt)
d) Nach welcher Zeit ist die Ausgangskonzentration wieder erreicht? (Näherung)

2. Exponentialfunktionen   291

Übungen

16. Bevölkerungsentwicklung

Die Bevölkerung eines Landes entwickelt sich nach der Bestandskurve $N(t) = 10 \cdot e^{0,024t}$.
(t: Jahre; N(t): Einwohner in Millionen)

a) Wie viele Einwohner hat das Land zu Beginn der Beobachtung?
b) Wie groß ist die jährliche Wachstumsrate zu Beginn?
c) Nach welcher Zeit hat sich die Einwohnerzahl verdoppelt?
d) Zu welchem Zeitpunkt wächst die Bevölkerung mit einer Rate von 1 Million/Jahr?

17. Vokabellernen

Max und Moritz lernen in 60 Minuten Finnisch.
Am Anfang kennen Sie nur 10 Wörter. Max lernt schnell, aber er vergisst auch wieder. Seine
Lernkurve ist $a(t) = 150 - 140 \cdot e^{-0,05t}$ (t: Minuten; a(t): gelernte Vokabeln). Moritz tut sich
am Anfang schwer, wird aber zunehmend routinierter. Seine Lernkurve ist $b(t) = 10 \cdot e^{0,05t}$.

a) Skizzieren Sie die Graphen von a und b für $0 \leq t \leq 60$, Schrittweite 10.
b) Wie groß ist die Lernrate (in Vokabeln/min) von Max zu Beginn?
   Wann hat Moritz die gleiche Lernrate erreicht?
c) Wann ist der Unterschied der beiden Lernkurven am größten?

18. Kapitalanlage

Franz hat sein gesamtes Sparguthaben bei der Sparkasse abgehoben und in einige Hasen
investiert, die nun bei ihm zuhause leben. Die Hasen vermehren sich schnell, aber es kommt
auch zunehmend zu Fluchtvorgängen. Insgesamt verändert sich die Population nach der
Formel $h(t) = (240 + 20\,t) \cdot e^{-0,05t}$ (t: Monate; h(t): Anzahl der Hasen zur Zeit t).

a) Wie viele Hasen hat Franz gekauft? Wie viele sind es nach einem Jahr?
b) Mit welcher Rate wächst die Hasenpopulation zu Beginn (in Hasen/Monat)?
c) Wann erreicht die Population ihr Maximum?
d) Zu welchem Zeitpunkt verringert sich die Population am stärksten?
e) Franz verkauft nach 6 Monaten alle Hasen. Hat sich seine Investition gelohnt?

19. Schwert

Ein japanischer Schmied fertigt ein Samuraischwert. Er erhitzt es über dem Feuer. Die
Temperatur folgt der Formel $T(t) = 1200 - 800 \cdot e^{-0,01t}$ (t: Sekunden; T(t): °C).

a) Skizzieren Sie den Graphen von T für $0 \leq t \leq 240$.
b) Welche Anfangstemperatur hatte das Schmiedestück?
c) Wie groß ist die mittlere Temperaturerhöhung in der ersten Minute?
d) Das Schmiedestück soll mindestens 1000 °C heiß sein, um weiterbehandelt werden zu
   können. Wie lange muss der Schmied warten?
e) Welche Grenztemperatur erreicht das Schmiedestück bei langfristiger Erhitzung?
f) Die Temperatur soll stets mindestens um 1 °C/s steigen.
   Wie lange darf der Erhitzungsprozess maximal dauern?

D. Rekonstruktion von Beständen

Bei manchen Prozessen kennt man die Bestandsfunktion f des Prozesses nicht unmittelbar, wohl aber deren Änderungsrate bzw. Ableitung f'.
In solchen Fällen kann man die Bestandsfunktion f jedoch durch Integration von f' rekonstruieren, wenn man einen Funktionswert von f kennt, den sogenannten Anfangswert.
Beispielsweise ist bei einem fahrenden Schiff der zurückgelegte Weg s nicht so leicht zu ermitteln wie dessen Änderungsrate v, die Momentangeschwindigkeit.

▶ **Beispiel: Großtanker**
Ein großes Öltankschiff führt eine Bremsung durch. Die Geschwindigkeit v wird dabei gemäß der Formel $v(t) = 8 \cdot e^{-0,005\,t} - 1$ bis zum Stillstand erniedrigt (t in s, v in m/s).
a) Wie lange dauert der Bremsvorgang?
b) Wie lautet die Weg-Zeit-Funktion des Schiffes?
c) Wie groß ist der Bremsweg?

Lösung zu a:
Das Schiff steht, wenn die Geschwindigkeit auf 0 gesunken ist. Der Ansatz $v(t) = 0$ führt auf die Bremszeit $t = 415,89$ s.
Der Bremsvorgang dauert ca. 7 Minuten.

1. Bremszeit:
$v(t) = 0$
$8 \cdot e^{-0,005\,t} - 1 = 0$
$\quad e^{-0,005\,t} = 0,125$
$\quad\quad t \approx 415,89$

Lösung zu b:
Durch Integration der Geschwindigkeit-Zeit-Funktion v erhalten wir die Weg-Zeit-Funktion s.
Sie lautet hier
$s(t) = -1600\,e^{-0,005\,t} - t + C$.
C ist zunächst unbekannt. Da aber $s(0) = 0$ gilt (Anfangswert), folgt $C = 1600$.

2. Weg-Zeit-Funktion:
$s(t) = \int v(t)\,dt = \int (8 \cdot e^{-0,005\,t} - 1)\,dt$
$\quad\quad = -1600\,e^{-0,005\,t} - t + C$
$s(0) = 0 \Rightarrow -1600 + C = 0 \Rightarrow C = 1600$
$s(t) = -1600\,e^{-0,005\,t} - t + 1600$

Lösung zu c:
Die Länge des Bremsweges des Schiffes
▶ beträgt $s(415,89) = 984,11$ d. h. ca. 1 km.

3. Bremsweg:
$s(415,89) \approx 984,11\,m \approx 1\,km$

Übung 20 Schnellstart
Ein Sportwagen erhöht seine Geschwindigkeit bei einem Test aus dem Stand nach der Formel $v(t) = 20\,t \cdot e^{-0,1\,t}$ ($0 \leq t \leq 30$, t in s, v in m/s).
a) Wie groß ist seine Maximalgeschwindigkeit?
b) Zeigen Sie:
 $s(t) = (-200\,t - 2000) \cdot e^{-0,1\,t} + 2000$
 ist die Weg-Zeit-Funktion des Fahrzeugs.
c) Welche Strecke legt das Auto in den ersten 30 Sekunden zurück?

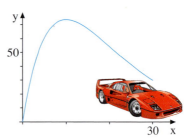

2. Exponentialfunktionen

> **Übungen**

21. Ölförderung
Ein Erdölproduzent besitzt eine Ölquelle, die langsam versiegt. Die Fördergeschwindigkeit lässt sich durch die Funktion $m'(t) = 1 + 10 \cdot e^{-0,01t}$ beschreiben (t: Tage, m'(t): Tonnen/Tag). Gesucht ist die Funktion m(t), welche die Ölmenge beschreibt, die bis zum Zeitpunkt t gefördert wird, beginnend zur Zeit t = 0.
a) Bestimmen Sie m(t) als Stammfunktion von m'(t) mit m(0) = 0.
b) Die Ölquelle wird stillgelegt, wenn die Fördergeschwindigkeit auf 3 Tonnen/Tag absinkt. Wann ist dies der Fall? Wie viel Öl wird bis zu diesem Zeitpunkt gefördert?

22. Keine Geldsorgen
In Dagoberts Geldspeicher (30 m hoch) liegen die Taler 20 m hoch. Die Zuwachsrate der Höhenfunktion h beträgt $h'(t) = e^{-0,05t}$ (t: Tage, h'(t): m/Tag).
a) Wie lautet die Gleichung der Höhenfunktion?
b) Wann läuft Dagoberts Geldspeicher über?

23. Gletscherlänge
Ein Gletscher, der zur Zeit 30 km lang ist, verkürzt sich mit der Zeit. Die Änderungsrate seiner Länge L ist $L'(t) = -0,4 \cdot e^{-0,02t}$.
(t: Jahre, L'(t): km/Jahr)
a) Wie lautet die Funktion L(t), welche die Länge des Gletschers beschreibt?
b) Wann ist der Gletscher nur noch 15 km lang?

24. Bevölkerungsentwicklung
Die Einwohnerzahl eines Landes beträgt 20 Millionen Einwohner. Sie wächst mit der Geschwindigkeit $N'(t) = 0,24 \cdot e^{0,024t}$.
(t: Jahre, N'(t): Mio./Jahr)
a) Wie lautet die Bestandsfunktion N(t) der Population?
b) Wie viele Einwohner hat das Land nach 20 Jahren?
c) Wann hat das Land seine Einwohnerzahl verdoppelt?

3. Gebrochen-rationale Funktionen

Im Folgenden untersuchen wir gebrochen-rationale Funktionen. Die Einführung dieser Funktionsklasse findet man im Kapitel XI von Band 1.

Wiederholung der Grundbegriffe

Eine *gebrochen-rationale Funktion* ist definiert als Quotient zweier Polynome $Z(x)$ und $N(x)$.

Gebrochen-rationale Funktion:
$$f(x) = \frac{x^2 - x + 1}{x - 1} = \frac{\text{Zählerpolynom}}{\text{Nennerpolynom}} = \frac{Z(x)}{N(x)}$$

Mithilfe der Polynomdivision kann man diesen Quotienten in die Summe aus einer *Asymptote* und einem *Restterm* darstellen.

Asymptote und Restterm:
$$f(x) = \underbrace{x}_{\text{Asymptote}} + \underbrace{\frac{1}{x-1}}_{\text{Restterm}}, \quad \lim_{|x| \to \infty} \frac{1}{x-1} = 0$$

Die Funktion schmiegt sich für $|x| \to \infty$ an die Asymptote an, während der Testterm gegen null strebt.

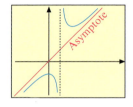

f schmiegt sich
für $|x| \to \infty$
an die Asymptote

Die Nullstellen des Nennerpolynoms $N(x)$ sind Definitionslücken der gebrochen-rationalen Funktion.

Sehr häufig liegen an diesen Stellen Unendlichkeitsstellen vor, die man dann als *Polstellen* bezeichnet.

Polstellen:

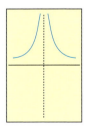   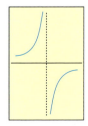

Es gibt Polstellen mit Vorzeichenwechsel (abg. VZW) und ohne Vorzeichenwechsel. Das Vorzeichenverhalten kann man durch Testeinsetzungen links und rechts von der Polstelle überprüfen.

Polstelle ohne   Polstelle mit VZW
VZW   von + nach −

Das *Polstellenkriterium* besagt:
Eine Polstelle liegt immer dann vor, wenn das Nennerpolynom an der betreffenden Stelle null wird, während das Zählerpolynom dort ungleich null ist.

Polstellenkriterium

$\left. \begin{array}{l} N(x_p) = 0 \\ Z(x_p) \neq 0 \end{array} \right\} \Rightarrow$ f besitzt eine Polstelle bei x_p

Die Ableitung einer gebrochen-rationalen Funktion wird mit der *Quotientenregel* bestimmt. Dabei wird zusätzlich die Kettenregel verwendet, vor allem bei der Bestimmung höherer Ableitungen.

Quotientenregel
$$\left(\frac{u}{v}\right)' = \frac{u' \cdot v - u \cdot v'}{v^2}$$

3. Gebrochen-rationale Funktionen

> **Beispiel: Temperatur**
> Die Funktion $f(x) = \sqrt{x} + \frac{4}{x}$ $(0 < x \leq 9)$ bestimmt die Temperatur der Reaktionsmasse bei einer chemischen Reaktion (x in Minuten, f in °C).
> a) Bestimmen Sie f', f'' und f'''.
> b) Wie tief sinkt die Temperatur?
> c) Zeichnen Sie den Graphen von f.
> d) Wann steigt die Temperatur am stärksten?

Lösung zu a:
Wir stellen die Summanden des Funktionsterms als Potenzen dar, um die Potenzregel anwenden zu können.
Die Resultate sind rechts dargestellt.

Ableitungen:
$f(x) = x^{\frac{1}{2}} + 4x^{-1}$, $f'(x) = \frac{1}{2}x^{-\frac{1}{2}} - 4x^{-2}$
$f''(x) = -\frac{1}{4}x^{-\frac{3}{2}} + 8x^{-3}$
$f'''(x) = \frac{3}{8}x^{-\frac{5}{2}} - 24x^{-4}$

Lösung zu b:
Wir berechnen die Lage des Minimums mithilfe der notwendigen Bedingung $f'(x) = 0$.
Wir erhalten ein potentielles Extremum bei $x = 4$. Mithilfe des hinreichenden Kriteriums stellen wir ein Minimum fest.
Resultat: Tiefpunkt T(4|3).

Minimum:
$f'(x) = 0$
$\frac{1}{2}x^{-\frac{1}{2}} - 4x^{-2} = 0 \quad | \cdot 2x^2$
$x^{\frac{3}{2}} - 8 = 0$, $x = \sqrt[3]{64} = 4$, $y = 3$
$f''(4) \approx 0{,}09 > 0 \Rightarrow$ Minimum

Lösung zu c:
Mithilfe einer Wertetabelle und des errechneten Minimums skizzieren wir den Graphen von f.

x	1	2	3	4	5	9
y	5	3,41	3,07	3	3,04	4,33

Graph:

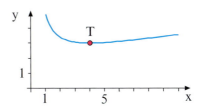

Lösung zu d:
Die Temperatur steigt im Wendepunkt von f am stärksten.
Dessen Lage wird mit der hinreichenden Bedingung $f''(x) = 0$ bestimmt.
Er liegt bei W(10,08 | 3,57).
▶ Die Temperatur steigt dort um 0,12°C/min.

Wendepunkt:
$f''(x) = 0$
$-\frac{1}{4}x^{-\frac{3}{2}} + 8x^{-3} = 0 \quad | \cdot 4x^3$
$-x^{\frac{3}{2}} + 32 = 0$
$x = \sqrt[3]{16^2} \approx 10{,}8$, $y \approx 3{,}57$
$f'''(10{,}08) \approx -1{,}16 < 0 \Rightarrow$ LR – Wp
$f'(10{,}08) \approx 0{,}12$°C/min.

Übung 1 Flughöhe
Die Funktion $f(x) = 25x^2 + \frac{400}{x}$ beschreibt die Flughöhe eines Motorflugmodells (x in min, f in m).
a) Zeichnen Sie den Graphen von f für $0{,}25 \leq x \leq 5$.
b) Wann erreicht das Modell die tiefste Position?
c) Wann ändert sich die Flughöhe mit einer Rate von 175 m/min?
d) Wann steigt das Flugzeug am schnellsten?

▶ **Beispiel: Berg im Meer**

$f(x) = \frac{1-x^2}{x^2+1}$ beschreibt das Querschnittsprofil eines Berges im Meer (1 LE = 100 m). Der Wasserspiegel liegt in der Höhe 0.
In 60 m Tiefe verläuft horizontal eine Kohleschicht.

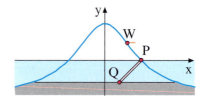

a) An der steilsten Stelle des Berghangs soll eine Beobachtungsplattform gebaut werden. Bestimmen Sie deren Position.
b) Vom Punkt P des Berges, der auf Meereshöhe liegt, wird eine Bohrung senkrecht zum Berghang bis zur Kohleschicht vorgetrieben. Wie lang wird der Bohrtunnel?

Lösung zu a:
Der Berghang ist im Wendepunkt am steilsten. Dessen Lage berechnen wir mithilfe der zweiten Ableitung f''. Zur Bestimmung wenden wir Quotienten- und Kettenregel an.
Die notwendige Bedingung $f''(x) = 0$ liefert zwei Wendepunkte $W(\pm\frac{1}{\sqrt{3}} | \frac{1}{2})$.
Die Beobachtungsstation wird im rechten Wendepunkt $W(\frac{1}{\sqrt{3}} | \frac{1}{2})$ gebaut, also in 50 m Höhe über dem Meeresspiegel.

Ableitungen:

$f'(x) = \frac{-2x \cdot (x^2+1) - (1-x^2) \cdot 2x}{(x^2+1)^2} = \frac{-4x}{(x^2+1)^2}$

$f''(x) = \frac{-4 \cdot (x^2+1)^2 + 4x \cdot 2 \cdot (x^2+1) \cdot 2x}{(x^2+1)^4}$

$= \frac{-4 \cdot (x^2+1) + 4x \cdot 2 \cdot 2x}{(x^2+1)^3} = \frac{12x^2 - 4}{(x^2+1)^3}$

Wendepunkt:
$f''(x) = 0,\; 12x^2 - 4 = 0$
$x = \pm\frac{1}{\sqrt{3}},\; y = \frac{1}{2},\; W(\frac{1}{\sqrt{3}} | \frac{1}{2})$

Lösung zu b:
Der Punkt P liegt auf Meereshöhe. Er ist also eine Nullstelle von f.
Die Rechnung ergibt $P(1 | 0)$.
Die Steigung dort beträgt $f'(1) = -1$.
Der zum Hang senkrechte Bohrtunnel hat also die Steigung $m = 1$.
Seine Gleichung ist $y = x - 1$.
Er schneidet die Kohleschicht $y = -0,6$ im Punkt $Q(0,4 | -0,6)$.
Die Länge des Bohrtunnels ist der Abstand $|PQ|$ der Punkte P und Q.
▶ Er beträgt 0,72, was 72 m entspricht.

Nullstellen von f:
$f(x) = 0,\; 1 - x^2 = 0$
$x = \pm 1,\; y = 0$

Gleichung des Bohrtunnels:
$P(1 | 0),\; m = -\frac{1}{f'(1)} = 1$
$y = m(x - x_0) + y_0$
$y = 1(x - 1) + 0$
$y = x - 1$

Länge des Bohrtunnels:
$l = |PQ| = \sqrt{0,36 + 0,16} \approx 0,72$

Übung 2 Eingesperrtes Rechteck
Der Punkt P liegt auf dem Graphen von $f(x) = \frac{1-x^2}{x^2+1}$ im Bereich $0 \leq x \leq 1$.
Wie muss P gewählt werden, damit der Flächeninhalt des eingezeichneten achsenparallelen Rechtecks maximal wird?

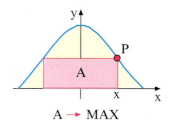

A → MAX

3. Gebrochen-rationale Funktionen

▶ **Beispiel: Strand**

Ein 100 m langer Strandabschnitt wird mit dem rechts dargestellten Querschnitt geplant.
Die Abschnitte A und B sollen knickfrei ineinander übergehen.
a) Bestimmen Sie a, b, c und d.
b) Wie steil ist der Hang maximal?
c) Wieviel m² Sand werden benötigt? Die Auffüllung beginnt in der Höhe $h = 0$.

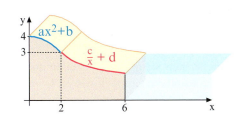

Lösung zu a:
Wir verwenden die Ansätze
$f(x) = ax^2 + b$ und $g(x) = \frac{c}{x} + d$.
Aus $f(0) = 4$ und $f(2) = 3$ folgt $a = -\frac{1}{4}$ und $b = 4$. Aus $g(2) = f(2) = 3$ und $g'(2) = f'(2) = -1$ folgt $c = 4$ und $d = 1$.
Also: $f(x) = -\frac{1}{4}x^2 + 4$, $g(x) = \frac{4}{x} + 1$

Lösung zu b:
Die steilste Stelle ist offensichtlich bei $x = 2$. Wegen $f'(2) = -1$ ist der Neigungswinkel dort 45°.

Lösung zu c:
Wir berechnen zunächst die Querschnittsfläche A des Dammes. Dazu sind zwei Integrationen durchzuführen.
Die Summe der beiden Querschnittsflächen ist $A \approx 15{,}72 \text{ m}^2$.
Das Volumen des 100 m langen Strandabschnittes beträgt 1572 m³.

Bestimmung der Parameter a–d:
$f(x) = ax^2 + b$
$f(0) = 4 \Rightarrow b = 4$
$f(2) = 3 \Rightarrow 4a + 4 = 3 \Rightarrow a = -\frac{1}{4}$
$f(x) = -\frac{1}{4}x^2 + 4$
$g(x) = \frac{c}{x} + d$
$g(2) = 3 \Rightarrow \frac{c}{2} + d = 3$
$g'(2) = f'(2) = -1 \Rightarrow -\frac{c}{4} = -1$ $\Rightarrow$ $c = 4$, $d = 1$
$g(x) = \frac{4}{x} + 1$

Maximale Steigung:
$f'(2) = -1 \Rightarrow \alpha = \arctan -1 = -45°$

Querschnittsfläche:
$A_1 = \int_0^2 (-\frac{1}{4}x^2 + 4)dx = [-\frac{1}{12}x^3 + 4x]_0^2 \approx 7{,}33$
$A_2 = \int_2^6 (\frac{4}{x} + 1)dx = [4\ln x + x]_2^6 \approx 8{,}39$
$\Rightarrow A = A_1 + A_2 = 15{,}72$

Volumen des Strandabschnittes:
$V = A \cdot 100 = 1439 \text{ m}^3$

Übung 3 Karaffe
$f(x) = a \cdot \sqrt{x}$ $(0 \leq x \leq 20)$ und
$g(x) = \frac{b}{x} + c$ $(20 \leq x \leq 40)$
beranden die abgebildete Karaffe.
(1 LE = 1 cm)
a) Bestimmen Sie a, b und c.
b) Welches Volumen hat die Karaffe?
c) Das Volumen des unteren Teils der Karaffe soll verdoppelt werden.
Wie breit muss die Karaffe sein?

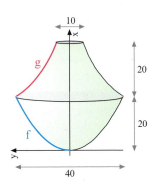

Beispiel: Diskussion einer Kurvenschar

Gegeben ist die Schar $f_a(x) = \frac{3 - a^2 x^2}{x^3}$, $a > 0$.
Geben Sie die Definitionsmenge der Scharfunktion f_a an. Untersuchen Sie f_a auf Nullstellen und Extrema.
Abgebildet sind die Graphen von f_1, f_2 und f_3.
Ordnen Sie den drei Graphen den jeweils passenden Funktionsterm zu.
Bestimmen Sie die Gleichung der Kurve, auf der alle Tiefpunkte der Schar liegen.

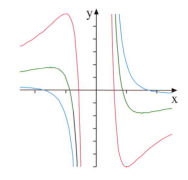

Lösung:

1. Definitionsmenge
Alle Funktionen der Schar f_a sind für $x \neq 0$ definiert.

Definitionsmenge
$N_a(x) = 0 \Rightarrow x^3 = 0 \Rightarrow x = 0$
$D_f = \{x \in \mathbb{R} : x \neq 0\}$

2. Nullstellen
Die Nullstellen einer gebrochen-rationalen Funktion werden durch den Zählerterm bestimmt. Sie liegen bei $x = \pm \frac{\sqrt{3}}{a}$.

Nullstellen
$f_a(x) = 0 \Rightarrow 3 - a^2 x^2 = 0$
$\Rightarrow x = \pm \frac{\sqrt{3}}{a}$

3. Ableitungen
Die Ableitungen f_a' und f_a'' werden mit der Quotientenregel berechnet.

Ableitungen
$f_a'(x) = \frac{a^2 x^2 - 9}{x^4}$, $f_a''(x) = \frac{2(18 - a^2 x^2)}{x^5}$

4. Extrema
Die notwendige Bedingung für ein Extremum, $f_a'(x) = 0$ führt auf $x = \pm \frac{3}{a}$. Die zugehörigen y-Werte sind $y = \mp \frac{2}{9} a^3$. Überprüfung mithilfe der hinreichenden Bedingung $f'(x) = 0$ und $f''(x) \neq 0$ ergibt ein Maximum für $x = -\frac{3}{a}$ und ein Minimum für $x = \frac{3}{a}$.

Extrema
$f'(x) = 0 \Rightarrow a^2 x^2 - 9 = 0 \Rightarrow x = \pm \frac{3}{a}$
$f_a''\left(\frac{3}{a}\right) = \frac{2}{27} a^5 > 0 \Rightarrow$ Minimum
$f_a''\left(-\frac{3}{a}\right) = -\frac{2}{27} a^5 < 0 \Rightarrow$ Maximum
$H\left(-\frac{3}{a} \Big| \frac{2}{9} a^3\right)$, $T\left(\frac{3}{a} \Big| -\frac{2}{9} a^3\right)$

5. Zuordnung der Graphen
Aus der Lage der Nullstellen ist ablesbar, dass der blaue Graph zu f_1, der grüne Graph zu f_2 und der rote Graph zu f_3 gehört.

Zuordnung der Graphen:

6. Ortskurve der Tiefpunkte
Zur Bestimmung der Ortskurve der Tiefpunkte lösen wir die Abszisse des Tiefpunktes $x = \frac{3}{a}$ nach a auf: $a = \frac{3}{x}$. Das Ergebnis setzen wir in die Ordinate des Tiefpunktes ein und erhalten $y(x) = -\frac{6}{x^3}$ als

▶ Ortskurve der Minima.

Ortskurve der Tiefpunkte
Tiefpunkt: $T\left(\frac{3}{a} \Big| -\frac{2}{9} a^3\right)$
$x = \frac{3}{a} \Rightarrow a = \frac{3}{x}$
$y = -\frac{2}{9} a^3 \Rightarrow y = -\frac{2}{9}\left(\frac{3}{x}\right)^3 \Rightarrow y = -\frac{6}{x^3}$

3. Gebrochen-rationale Funktionen

Es folgen zwei Zusatzaufgaben zum vorhergehenden Beispiel.

> **Beispiel: Extremalproblem**
> Für welchen Wert von a ist der Abstand der Extremalpunkte von $f_a(x) = \frac{3 - a^2 x^2}{x^3}$ minimal?

Lösung:
Der Abstand der beiden Abszissen der Extremalpunkte ist gleich $\frac{6}{a}$. Der Abstand der Ordinaten ist $\frac{4}{9} a^3$.

Nach Pythagoras ist das Quadrat des Abstands d der Extremalpunkte gleich

$$d^2(a) = \left(\frac{6}{a}\right)^2 + \left(\frac{4}{9} a^3\right)^2 = \frac{36}{a^2} + \frac{16}{81} a^6.$$

Die rechts stehende Extremalrechnung zeigt, dass d^2 und damit auch der Abstand d der beiden Extremalpunkte für den Parameterwert $a = \sqrt[8]{\frac{243}{4}} \approx 1{,}67$ minimal wird.

Extremalrechnung:

$$H\left(-\frac{3}{a}\middle|\frac{2}{9} a^3\right),\ T\left(\frac{3}{a}\middle|-\frac{2}{9} a^3\right)$$

$$d^2(a) = (x_T - x_H)^2 + (y_T - y_H)^2$$
$$d^2(a) = \left(\frac{3}{a} - \left(-\frac{3}{a}\right)\right)^2 + \left(\frac{2}{9} a^3 - \left(-\frac{2}{9} a^3\right)\right)^2$$
$$d^2(a) = \frac{36}{a^2} + \frac{16}{81} a^6$$

$$(d^2)'(a) = -\frac{72}{a^3} + \frac{96}{81} a^5 = 0$$
$$\Rightarrow a^8 = \frac{243}{4} \Rightarrow a = \sqrt[8]{\frac{243}{4}} \approx 1{,}67$$

> **Beispiel: Bestimmtes Integral**
> Berechnen Sie das bestimmte Integral von $f_a(x) = \frac{3 - a^2 x^2}{x^3}$ über dem Intervall $I = \left[\frac{1}{e}; e\right]$.
> Für welchen Wert von $a > 0$ nimmt dieses bestimmte Integral den Wert null an?

Lösung:
Aus der Darstellung $f_a(x) = \frac{3}{x^3} - \frac{a^2}{x}$ als Summe erhalten wir die Stammfunktion $F_a(x) = -\frac{3}{2x^2} - a^2 \cdot \ln |x|$.
Nach Einsetzen der Integrationsgrenzen erhält man für das bestimmte Integral den Term $\frac{3e^4 - 3}{2e^2} - 2a^2$.
Dieser wird null für $a \approx 2{,}33$.
Interpretation: Für diesen Wert zerfällt die Fläche unter f über dem Intervall I in zwei gleich große Teile, eines unter und eines über der x-Achse liegend.

Bestimmtes Integral:

$$\int_{\frac{1}{e}}^{e} \left(\frac{3}{x^3} - \frac{a^2}{x}\right) dx = \left[-\frac{3}{2x^2} - a^2 \cdot \ln |x|\right]_{\frac{1}{e}}^{e}$$

$$= -\frac{3}{2e^2} - a^2 + \frac{3}{2} e^2 - a^2 = \frac{3e^4 - 3}{2e^2} - 2a^2$$

Berechnung des Parameterwertes:

$$\frac{3e^4 - 3}{2e^2} - 2a^2 = 0 \Rightarrow a^2 = \frac{3e^4 - 3}{4e^2}$$

$$\Rightarrow a = \frac{\sqrt{3e^4 - 3}}{2e} \approx 2{,}33$$

Übung 4

Eine Ecke eines achsenparallelen Rechtecks liegt im Ursprung, während die gegenüberliegende Ecke P auf dem Graphen der Funktion $f(x) = \frac{1}{x^2 + 2}$ liegt (im 1. Quadranten).
Bestimmen Sie die Koordinaten des Punktes P so, dass das Rechteck einen möglichst großen Flächeninhalt hat.

Kurvenuntersuchungen

> **Beispiel: Kurvendiskussion**
> Gegeben ist die Funktion $f(x) = \frac{x^3+2}{x^2}$.
> a) Stellen Sie f als Summe von Asymptote und Restterm dar $(-3 \leq x \leq 3)$.
> b) Zeichnen Sie den Graphen von f durch additive Überlagerung von Asymptote und Restterm.
> c) Untersuchen Sie f auf Polstellen.
> d) Untersuchen Sie f auf Nullstellen und Extrema.

Lösung zu a:
Wir teilen den Funktionsterm dazu in zwei Brüche auf und kürzen dann.

Asymptote und Restterm:
$$f(x) = \frac{x^3+2}{x^2} = \frac{x^3}{x^2} + \frac{2}{x^2} = \underbrace{x}_{\text{Asymptote}} + \underbrace{\frac{2}{x^2}}_{\text{Restterm}}$$

Lösung zu b:
Wir satteln die Funktionswerte des Restterms auf den Graphen der Asymptote auf.

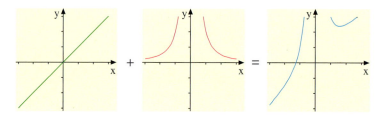

Lösung zu c:
Das Polstellenkriterium liefert eine Polstelle bei $x = 0$.
Es ist eine Polstelle ohne Vorzeichenwechsel.

Polstellen:
$N(x) = x^2 = 0 \Rightarrow x = 0$
$Z(0) = 0^3 + 2 = 2 \neq 0$
$\Rightarrow$ Polstelle bei $x=0$

Lösung zu d:
Zur Berechnung der Nullstelle setzen wir das Zählerpolynom null.
Die einzige Nullstelle liegt bei $x \approx -1{,}26$.
Die Ableitung von $f(x) = x + \frac{2}{x^2}$ lautet
$f'(x) = 1 - \frac{4}{x^3}$. Die notwendige Bedingung für Extrema $f'(x) = 0$ ergibt ein potentielles Extremum bei $x \approx 1{,}59$.
Mithilfe der 2. Ableitung weisen wir nach, dass es ein Tiefpunkt ist.

Nullstellen:
$f(x) = 0$, $x^3 + 2 = 0$
$x^3 = -2$, $x = \sqrt[3]{-2} \approx -1{,}26$

Extremum:
$f'(x) = 0$, $1 - \frac{4}{x^3} = 0$
$x = \sqrt[3]{4} \approx 1{,}59$, $y \approx 2{,}38$
Überprüfung mittels f'':
$f''(1{,}59) = \frac{12}{1{,}59^4} \approx 1{,}88 > 0 \Rightarrow$ Min
Tiefpunkt $T(1{,}59 \mid 2{,}38)$

Übung 5
a) Untersuchen Sie $f(x) = \frac{x^2+4}{x}$ auf Definitionsmenge, Polstellen, Asymptote und Restterm, Extrema. Zeichnen Sie den Graphen von f für $-3 \leq x \leq 3$.
b) Untersuchen Sie $f(x) = \frac{1}{x-1}$ auf Definitionsmenge, Polstellen, Verhalten für $x \to \pm\infty$, Extrema. Zeichnen Sie den Graphen von f für $-2 \leq x \leq 4$.

3. Gebrochen-rationale Funktionen

▶ **Beispiel: Profil eines Flussbettes**
Gegeben ist die Funktion $f(x) = 4 - \frac{48}{x^2+12}$.
a) Untersuchen Sie die Funktion auf Definitionsbereich, Nullstellen, Symmetrie, Asymptote. Zeichnen Sie den Graphen der Funktion.
b) Der Graph von f beschreibt das Profil eines Flussbettes. Die Einheit sei 1m. Im Normalfall liegt die Wasserhöhe in der Flussmitte bei 2 m. Wie breit ist dann der Fluss?
c) Zur Bestimmung der Wassermenge soll die Funktion f auf dem Intervall $I = [-2; 2]$ durch die Funktion $g(x) = ax^4 + bx^2$ approximiert werden. Dabei sollen beide Funktionen an den Intervallgrenzen im Funktionswert und in der Steigung übereinstimmen. Bestimmen Sie die Funktionsgleichung von g. Zeichnen Sie den Graphen von g.

Lösung zu a):
Der Nennerterm $x^2 + 12$ ist immer positiv. Daher ist f auf ganz $\mathbb{R}$ definiert.

Definitionsbereich:
$D = \mathbb{R}$

Nach der Umformung der Funktionsgleichung von f zu $f(x) = \frac{4x^2}{x^2+12}$ lässt sich die Nullstelle bei $x = 0$ direkt ablesen.

Nullstellen:
$f(x) = 0$
$4 - \frac{48}{x^2+12} = \frac{4x^2}{x^2+12} = 0 \Rightarrow x = 0$

Die Funktion f ist symmetrisch zur y-Achse, denn es gilt $f(-x) = f(x)$.

Symmetrie:
$f(-x) = 4 - \frac{48}{(-x)^2+12} = 4 - \frac{48}{x^2+12} = f(x)$

Die Asymptote von f ist die Parallele zur x-Achse mit der Gleichung $y(x) = 4$.

Asymptote:
$A(x) = 4$

Wertetabelle und Graph von f:

x	0	±1	±2	±3	±4
f(x)	0	0,31	1	1,71	2,29

Der Graph von f ist in der Graphik rechts blau eingezeichnet.

Graph:

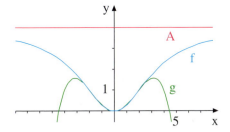

Lösung zu b):
Da der Grund in der Flussmitte die Höhe 0 hat, müssen wir diejenigen Stellen des Flussprofils bestimmen, für die $f(x) = 2$ gilt. Die Gleichung $f(x) = 2$ hat die Lösungen $x = \pm\sqrt{12} \approx \pm 3{,}46$.
Damit ist die Flussbreite gleich dem Abstand dieser Stellen, d. h. ca. 6,93 m.

Flussbreite:
$f(x) = 4 - \frac{48}{x^2+12} = 2$
$\frac{48}{x^2+12} = 2$
$x = \pm\sqrt{12} \approx \pm 3{,}46$
Flussbreite $= 2x \approx 6{,}93$

Lösung zu c):
Zuerst werden die Ableitungen von f und g berechnet.

Aus den beiden Forderungen $f(2) = g(2)$ und $f'(2) = g'(2)$ erhalten wir ein lineares Gleichungssystem mit den Unbekannten a und b.

Das Gleichungssystem wird wie rechts dargestellt gelöst.
Resultat: $g(x) = -\frac{1}{64}x^4 + \frac{5}{16}x^2$.

▶ Der Graph von g ist im Intervall I mit dem Graphen von f fast identisch.

Bestimmung der Gleichung von g:
Ableitungen:
$f'(x) = \frac{96x}{(x^2+12)^2}$ $g'(x) = 4ax^3 + 2bx$

Gleichungssystem:
I: $f(2) = g(2)$ $1 = 16a + 4b$
II: $f'(2) = g'(2)$ $\frac{3}{4} = 32a + 4b$

Lösung des Gleichungssystem:
III = 2·I − II: $\frac{5}{4} = 4b$ $\Rightarrow b = \frac{5}{16}$
III in I: $1 = 16a + \frac{5}{4} \Rightarrow a = -\frac{1}{64}$

Übung 6 Fluss
Der Graph von $f(x) = 4 - \frac{48}{x^2+12}$ stellt das Profil eines Flussbettes dar (siehe Beispiel oben). Der Fluß ist 6 m breit.
a) Wie tief ist der Fluss in der Mitte?
b) Wieviel Wasser enthält der Fluß auf einer Länge von 1 km?
c) Berechnen Sie die Wassermenge pro Kilometer, wenn die Profilkurve durch die Parabel $g(x) = -\frac{1}{64}x^4 + \frac{5}{16}x^2$ approximiert wird. Wie groß ist der Fehler?

Übung 7 Skater
Gegeben ist die Funktion $v(t) = \frac{4t}{t^2+1}$.
a) Bestimmen Sie Nullstelle und Asymptote.
b) Wie groß ist die durchschnittliche Steigung von f im Intervall $I = [0; 4]$?
c) Ein Skater fährt eine Rampe hinunter und anschließend auf ebener Strecke weiter. Die Funktion v beschreibt seine Geschwindigkeit (in m/s) nach t Sekunden. Zu welchem Zeitpunkt erreicht der Skater seine höchste Geschwindigkeit und wie hoch ist diese?

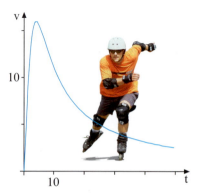

d) Sei $g(x) = \ln(x^2 + 1)$. Bestimmen Sie die Ableitung von g und eine Stammfunktion von v.
e) Welche Strecke fährt der Skater in den ersten 5 Sekunden? Nach welcher Zeit ist er 100 m gefahren?

Übung 8 Kühlturm

Gegeben sei die Funktionenschar
$f_a(x) = \frac{a}{0{,}025x - 0{,}075} - 10$.

Die rechte innere Querschnittslinie des abgebildeten 200 m hohen Kühlturms kann so für $a = 1$ beschrieben werden. (1 LE = 10 m)

a) Bestimmen Sie Definitionsbereich von f_a. Wie verhält sich f_a in der Umgebung der nicht definierten Stelle? Durch welche Funktion kann f_a für $x \to \pm\infty$ beschrieben werden?
b) Bestimmen Sie die Nullstellen von f_a.
c) Bestimmen Sie eine Gleichung der Nullstellentangente.
d) Wie groß sind Basis- und Mündungsdurchmesser?
e) Wie groß sind die Steigungswinkel von f_1 am Boden und an der Mündung?
f) Die Nullstellentangente schließt mit den Koordinatenachsen eine Fläche ein. Für welches a bildet sie ein Extremum, welche Art liegt vor?
g) Welche Betonmenge wurde verbaut (Hautdicke ca. 22 cm)?

Übung 9 Autobahnauffahrt

Gegeben ist die Funktion $f(x) = 1 - \frac{6}{x} + \frac{5}{x^2} = \frac{x^2 - 6x + 5}{x^2}$.

a) Bestimmen Sie die Nullstellen der Funktion und untersuchen Sie das Verhalten für $x \to 0$.
b) Bestimmen Sie die Extrema und Wendepunkte von f. Wie lautet die Asymptote von f? Zeichnen Sie den Graphen der Funktion für $-6 \leq x \leq 6$.
c) Wie groß ist der Inhalt der Fläche A, die vom Graphen von f und der x-Achse umschlossen wird?
d) Für $x > 0$ beschreibt der Graph von f den Verlauf eines Autobahnabschnitts. Weiterhin sei $g_a(x) = \frac{a}{x^2}$. Es ist eine neue Autobahnzufahrt geplant, die entlang eines der Graphen von g_a verlaufen soll. Deshalb ist herauszufinden, welcher der zu g_a gehörenden Graphen für $x > 0$ den Graphen von f berührt und in welchem Punkt die Berührung erfolgt.

Übung 10 Verkehrswege

Gegeben ist die Funktion $f(x) = \frac{x^2 - 3x}{x + 1}$.

a) Bestimmen Sie die Nullstellen, den Definitionsbereich und die Polstelle von f. Untersuchen Sie das Verhalten von f an der Polstelle.
b) Bestimmen Sie die Asymptote von f.
c) Bestimmen Sie die Extrema von f und zeichnen Sie den Graphen von f für $-4 \leq x \leq 6$.
d) Die beiden Zweige des Funktionsgraphen repräsentieren eine Eisenbahnlinie (linker Zweig) und einen Kanal (rechter Zweig). Ein Investor möchte ein rechteckiges, achsenparalleles Areal kaufen, das im Ursprung einen Zugang zum Kanal hat und in einem geeigneten Punkt im 3. Quadranten an die Eisenbahnlinie grenzt. Er möchte zunächst eine möglichst kleine Fläche erwerben. Welche Abmessungen sollte das Areal haben (Einheit: 1 km)?

4. Wurzelfunktionen

Im Folgenden werden Kurvenuntersuchungen und Modellierungen mit Funktionen durchgeführt, deren Funktionsgleichung einfache Wurzelterme enthalten.

> **Beispiel:**
> Untersuchen Sie $f(x) = (x-2) \cdot \sqrt{x}$.
> a) Definitionsmenge und Nullstellen
> b) Ableitungen und Extrema
> c) Stammfunktion und Inhalt der vom Graphen von f und der x-Achse eingeschlossenen Fläche A.

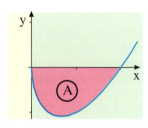

Lösung zu a:
Die Funktion ist definiert, wenn der Term unter der Wurzel, der sogenannte Wurzelradikant, größer oder gleich null ist. Daher: $D_f = \mathbb{R}_0^+$
Der Ansatz $f(x) = 0$ liefert zwei Nullstellen bei $x = 0$ und $x = 2$.

Lösung zu b:
Zum Vereinfachen stellen wir $\sqrt{x}$ als $x^{\frac{1}{2}}$ dar. Dann kommen nur noch Potenzen vor und die Ableitungen sind besonders leicht zu bilden.
Mit der notwendigen Bedingung $f'(x) = 0$ finden wir ein potenzielles Extremum bei $x = \frac{2}{3}$. Die Überprüfung mit der hinreichenden Bedingung ($f' = 0$, $f'' \neq 0$) ergibt sich ein Minimum bzw. ein Tiefpunkt bei $T(\frac{2}{3} | -\frac{4}{3} \cdot \sqrt{\frac{2}{3}}) \approx T(0{,}67 | -1{,}09)$.

Lösung zu c:
Die Stammfunktion lässt sich, ausgehend von der Darstellung von f mit Potenzen, leicht finden. Dann ist es einfach, den gesuchten Flächeninhalt zu berechnen. Er beträgt $A \approx 1{,}51$ FE.

Definitionsmenge:
$D_f = \{x \in \mathbb{R} : x \geq 0\} = \mathbb{R}_0^+$

Nullstellen:
$f(x) = 0$, $(x-2) \cdot \sqrt{x} = 0$
$x - 2 = 0$ oder $\sqrt{x} = 0$
$x = 2$ oder $x = 0$

Ableitungen:
$f(x) = (x-2) \cdot \sqrt{x} = (x-2) \cdot x^{\frac{1}{2}} = x^{\frac{3}{2}} - 2x^{\frac{1}{2}}$
$f'(x) = \frac{3}{2} x^{\frac{1}{2}} - x^{-\frac{1}{2}}$
$f''(x) = \frac{3}{4} x^{-\frac{1}{2}} + x^{-\frac{3}{2}} \approx 2{,}76$

Extrema:
$f'(x) = 0$
$\frac{3}{2} x^{\frac{1}{2}} - x^{-\frac{1}{2}} = 0 \quad | \cdot x^{\frac{1}{2}}, \quad \frac{3}{2} x - 1 = 0$
$x = \frac{2}{3}, \quad y = -\frac{4}{3} \cdot \sqrt{\frac{2}{3}} \approx -1{,}09$
$f''(\frac{2}{3}) = \frac{3}{4} (\frac{2}{3})^{-\frac{1}{2}} + (\frac{2}{3})^{-\frac{3}{2}} \approx 2{,}76$
$f''(\frac{2}{3}) > 0 \Rightarrow$ Tiefpunkt $T(0{,}67 | -1{,}09)$

Stammfunktion und Fläche:
$\int_0^2 f(x)\,dx = \int_0^2 (x^{\frac{3}{2}} - 2x^{\frac{1}{2}})\,dx$
$= [\frac{2}{5} x^{\frac{5}{2}} - \frac{4}{3} x^{\frac{3}{2}}]_0^2$
$\approx -1{,}51 - 0 = -1{,}51$
$A \approx 1{,}51$ FE

Übung 1
a) Diskutieren Sie die Funktion $f(x) = x \cdot \sqrt{x+4}$.
   Definitionsmenge, Nullstellen, Extrema, Wendepunkte, Steigung in den Nullstellen
b) Untersuchen Sie, welches Volumen der Körper hat, der entsteht, wenn die Fläche A aus dem obigen Beispiel um die x-Ache rotiert.

4. Wurzelfunktionen

▶ **Beispiel: Frachtterminal**

In der Flussmündung soll zwischen den Positionen $P(1|10)$ und $Q(9|6\frac{8}{9})$ ein Frachtterminal T gebaut werden, möglichst nahe an den Gleisen, um über einen Weg die angelandeten Güter auf die Bahn verladen zu können (1 LE = 100 m). Ein Logistikgrundstück wird durch Fluss, Gleise, Weg und den exakt in der Flusswende W aus Süden mündenden Bach begrenzt.

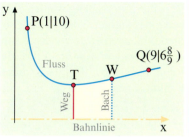

PLANSKIZZE nicht maßstäblich

a) Modellieren Sie den Fluss durch eine Funktion der Gestalt $f(x) = a \cdot \sqrt{x} + \frac{b}{x}$.
b) Wie lautet die Position des Terminals T?
c) Wie groß ist das Logistikgrundstück?

Lösung zu a:
Wir setzen die Koordinaten der beiden gegebenen Positionspunkte P und Q in den Funktionsansatz $f(x) = a \cdot \sqrt{x} + \frac{b}{x}$ ein und erhalten so ein lineares Gleichungssystem für a und b.
Die Lösung lautet $a = 2$, $b = 8$, sodass $f(x) = 2 \cdot \sqrt{x} + \frac{8}{x}$ die gesuchte Funktion ist.

Funktionsgleichung von f:
$P(1|10)$: $f(1) = 10$ I: $a + b = 10$
$Q(9|\frac{62}{9})$: $f(9) = \frac{62}{9}$ II: $3a + \frac{b}{9} = \frac{62}{9}$
$9 \cdot II - I$ $26a = 52$ $\Rightarrow a = 2$
$a = 2$ in I: $2 + b = 10 \Rightarrow b = 8$
$f(x) = 2 \cdot \sqrt{x} + \frac{8}{x}$

Lösung zu b:
Das Terminal T ist offensichtlich der Tiefpunkt von f. Diesen berechnen wir mit der notwendigen Bedingung für ein Extremum: $f'(x) = 0$.
Wir erhalten als Resultat $T(4|6)$.

Lage des Terminals:
$f'(x) = \frac{1}{\sqrt{x}} - \frac{b}{x^2} = \frac{1}{\sqrt{x}} - \frac{8}{x^2} = 0 \quad | \cdot x^2$
$x^{3/2} - 8 = 0$
$\left.\begin{array}{l} x = 8^{2/3} = \sqrt[3]{64} = 4 \\ y = f(4) = 6 \end{array}\right\} \Rightarrow T(4|6)$

Lösung zu c:
Wir benötigen zunächst den Wendepunkt W von f, indem wir $f''(x) = 0$ lösen.
Um f'' berechnen zu können, stellen wir f' mithilfe von Potenzen dar.
Der Wendepunkt liegt bei $W(10,08|7,14)$.

Lage der Flusswende:
$f'(x) = x^{-1/2} - 8x^{-2}$
$f''(x) = -\frac{1}{2}x^{-3/2} + 16x^{-3} = 0 \quad | \cdot 2x^3$
$-x^{3/2} + 32 = 0$
$\left.\begin{array}{l} x = 32^{2/3} \approx 10,08 \\ y = f(10,08) = 7,14 \end{array}\right\} \Rightarrow W(10,08|7,14)$

Den Inhalt des Grundstücks bestimmen wir durch Integration von $f(x)$ in den Grenzen von 4 bis 10,08.
Wir benötigen dabei die Potenzregel und die logarithmische Integration.
$\frac{1}{x}$ hat die Stammfunktion $\ln x + C$.

▶ Resultat: $A = 39,4$ FE $= 394\,000$ m^2

Fläche des Grundstücks:
$A = \int\limits_{4}^{10,08} (2x^{1/2} + \frac{8}{x}) dx = [\frac{4}{3}x^{3/2} + 8\ln x]_{4}^{10,08}$
$\approx 61,16 - 21,76 = 39,4$ FE $= 394\,000$ m^2

▶ **Beispiel: Antikes Tongefäß**
Bei einer Ausgrabung werden die Scherben eines antiken Tongefäßes gefunden. Sie können teilweise wieder zusammengesetzt werden. Man stellt fest, dass das Randprofil des Gefäßes durch die Funktion
$f(x) = \frac{1}{4}(12-x)\cdot\sqrt{x}, \ 1 \leq x \leq 9$
gut modelliert werden kann, sodass weitere Eigenschaften des Gefäßes per Computer rekonstruiert werden können.
1 LE = 10 cm

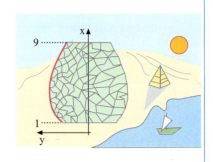

a) Wie hoch ist das Gefäß? Wie breit ist es oben und unten?
b) Wie breit ist das Gefäß maximal?
c) Welches Fassungsvermögen hat das Gefäß?

Lösung zu a:
Das Gefäß reicht von $x = 1$ bis $x = 9$, ist also 8 LE = 80 cm hoch.
Die Breite u der Standfläche ist gleich $2 \cdot f(1)$, also gleich 5,5 LE = 55 cm.
Analog folgt für die Breite o der oberen Öffnung o = 4,5 LE = 45 cm.

Lösung zu b:
Die Ableitung f′ bestimmen wir mit der Produktregel und der Wurzelregel.
Wir bestimmen die Lage des Maximums von f, indem wir die notwendige Bedingung $f'(x) = 0$ lösen.
Das Maximum liegt bei H(4|4). Also ist das Gefäß maximal 8 LE = 80 cm breit.

Lösung zu c:
Wir wenden die Formel für das Rotationsvolumen an, d. h.
$$V = \pi \cdot \int_a^b f^2(x)\,dx.$$
Es ergibt sich ein Volumen von 309,34 VE. Da 1 LE = 10 cm sind, gilt:
▶ 1 VE = 1000 cm³ = 1 Liter. Also ergibt sich ein Volumen von 309,34 Liter.

Höhe und Breite:
$h = 9 - 1 = 8\,\text{LE} = 80\,\text{cm}$
$u = 2 \cdot f(1) = 2 \cdot \frac{11}{4} = 5{,}5\,\text{LE} = 55\,\text{cm}$
$o = 2 \cdot f(9) = 2 \cdot \frac{9}{4} = 4{,}5\,\text{LE} = 45\,\text{cm}$

Maximale Breite:
$f(x) = \frac{1}{4}\underbrace{(12-x)}_{u} \cdot \underbrace{\sqrt{x}}_{v}$
$f'(x) = \frac{1}{4}(u' \cdot v + u \cdot v')$
$f'(x) = \frac{1}{4}(-\sqrt{x} + \frac{12-x}{2\sqrt{x}})$
$f'(x) = 0$
$-\sqrt{x} + \frac{12-x}{2\sqrt{x}} = 0 \ | \cdot 2\sqrt{x}$
$-2x + 12 - x = 0$
$3x = 12, \ x = 4, \ y = f(4) = 4$

Volumen:
$V = \pi \cdot \int_1^9 (\frac{1}{4}(12-x)\cdot\sqrt{x})^2\,dx$
$= \frac{\pi}{16} \cdot \int_1^9 ((12-x)^2 \cdot x)\,dx$
$= \frac{\pi}{16} \cdot \int_1^9 (144x - 24x^2 + x^3)\,dx$
$= \frac{\pi}{16} \cdot [72x^2 - 8x^3 + \frac{1}{4}x^4]_1^9$
$\approx 309{,}45\,\text{VE} = 309{,}45\,\text{Liter}$

Übungen

2. Kurvenuntersuchung
Gegeben ist die Funktion $f(x) = x \cdot \sqrt{x+4}$.
a) Bestimmen Sie die Definitionsmenge von f.
b) Untersuchen Sie f auf Nullstellen.
c) Bestimmen Sie die Ableitung $f'(x)$.
d) Wie verhält sich f' für $x \to -4$, $x > -4$?
e) Untersuchen Sie f auf Extrema.
f) Zeichnen Sie den Graphen von f für $-4 \leq x \leq 2$.
g) Der Graph von f rotiert über dem Intervall $[-4; 0]$ um die x-Achse.
  Wie groß ist das Volumen des so erzeugten Rotationskörpers?
h) Zeigen Sie, dass $F(x) = \frac{2}{5}(x+4)^{5/2} + \frac{8}{3}(x+4)^{3/2}$ eine Stammfunktion von f ist.
  Wie groß ist die von f und der x-Achse im 3. Quadranten eingeschlossene Fläche A?

3. Seitenflosse
Die Seitenflosse eines Flugzeuges hat die abgebildete Form
und ist an der Basis 16 Fuß breit. Es kann durch die Funktion
$f(x) = a x \cdot (4 - \sqrt{x})$ modelliert werden (1 LE = 1 Fuß).
a) Bestimmen Sie a.
b) Wie hoch ist die Seitenflosse?
c) Welche Winkel bildet die Seitenflosse mit der horizontalen
  Rumpfoberkante?
d) Welches Volumen hat die Seitenflosse, wenn die Dicke im Mittel 0,5 Fuß beträgt?

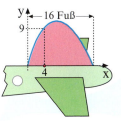

4. Mörser
Durch Rotation des abgebildeten Flächenstücks A
um die x-Achse entsteht ein Körper, der die Form
eines Mörsers hat. Er besteht aus Messing, dessen
Dichte $\rho = 8{,}3$ g/cm³ beträgt (1 LE = 1 cm).
a) Bestimmen Sie a und b.
b) Wie groß ist der Flächeninhalt von A?
c) Was wiegt der fertige Mörser?
d) Wie groß ist der Winkel α den Innen- und Außenwand am Oberrand des Mörsers bilden?

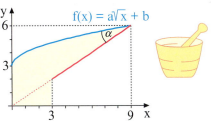

5. Wassertank
Aus einem zylindrischen, vollgefüllten Wassertank der Höhe h tritt
durch eine Öffnung, die sich x Meter unterhalb des Wasserspiegels
befindet, Wasser aus und schießt parabelförmig nach unten. Nach
Torricelli (1643) gilt für die Auftreffweite w am Boden:
$w(x) = 2 \cdot \sqrt{hx - x^2}$.
a) Wie groß ist w bei einem 20 m hohen Tank, wenn die Öffnung in
  18 m Höhe ist?
b) In welcher Höhe müsste die Öffnung angebracht sein, wenn w maximal sein soll?
  Wie groß ist w in diesem Fall?
c) Wie muss x gewählt werden, damit das Wasser 10 m weit spritzt?

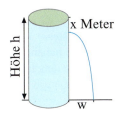

6. Stehaufmännchen

Aus Gips soll ein Stehaufmännchen geformt werden in Anlehnung an die abgebildete Konstruktionsskizze.

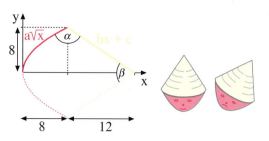

a) Bestimmen Sie die Randfunktionen $f(x) = a \cdot \sqrt{x}$ und $g(x) = bx + c$.
b) Wieviel Gips wird benötigt?
c) Wie groß sind die Winkel α und β?
d) Wie groß ist die Querschnittsfläche A, die man erhält, wenn man das Männchen senkrecht durchschneidet?

7. Rutsche

Eine Schwimmbadrutsche besteht aus den Blechprofilen $f(x) = ax^2$ $(0 \leq x \leq 4)$ und $g(x) = b\sqrt{x} + c$ $(4 \leq x \leq 9)$. Sie stoßen im Punkt $B(4|2)$ nahtlos aneinander an.
Ein Kind fliegt auf der Bahn $h(x) = \frac{1}{25}x^2$ ins Wasser.

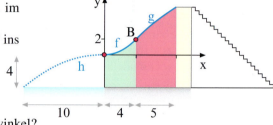

a) Bestimmen Sie a, b und c.
b) Wie hoch ist die 9m lange Rutsche?
c) Wie groß ist der maximale Abrutschwinkel?
d) Die Rutsche soll für $0 \leq x \leq 9$ seitlich ab Wasserspiegelhöhe mit Holz verkleidet werden. Wieviel Holz wird dafür benötigt?
e) Wie weit fliegt das Kind? Unter welchem Winkel trifft es auf die Wasseroberfläche?
f) Wie lange dauert der Flug des Kindes? Welche Abfluggeschwindigkeit hat das Kind?

8. Übungsbahn

Die Polizei möchte auf einem rechteckigen Grundstück eine Übungsbahn in Form einer liegenden Acht für die Fahrradprüfung der Grundschüler bauen.
Die Fahrbahnmitte (die liegende Acht) wird durch die Funktionen $f(x) = \frac{1}{4}x \cdot \sqrt{9 - x^2}$ und $g(x) = -\frac{1}{4}x \cdot \sqrt{9 - x^2}$ beschrieben, wobei 1 LE = 10 m gilt. Die Fahrbahnmitte muss überall mindestens 10 m Abstand zur Grundstücksgrenze haben.

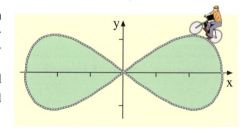

a) Wie lang und wie breit muss das rechteckige Grundstück mindestens sein?
b) Wie groß ist der rechte Innenraum der liegenden Acht? Zeigen Sie zunächst, dass
$F(x) = -\frac{1}{2}x \cdot (9 - x)^{\frac{3}{2}}$ eine Stammfunktion von f ist.
c) Unter welchem Winkel schneiden sich die beiden Fahrbahnteile im Ursprung?
d) Im Punkt $P(1|f(1))$ soll eine geradlinige Auffahrt tangential in die Acht einmünden, die schon an der Grundstücksgrenze beginnt. Wie lang ist die Auffahrt?

XI. Wahrscheinlichkeitsverteilungen

In diesem Kapitel werden drei wichtige Wahrscheinlichkeitsverteilungen behandelt.

Zunächst wird die **Binomialverteilung** wiederholt, mit der insbesondere Punktwahrscheinlichkeiten und Intervallwahrscheinlichkeiten beim „Ziehen mit Zurücklegen" berechnet werden können.

Entsprechendes leistet die **hypergeometrische Verteilung** beim „Ziehen ohne Zurücklegen" und insbesondere bei Lottomodellen.

Schließlich wird in Exkursen die **Normalverteilung** behandelt mit dem Ziel, Näherungsformeln für die Binomialverteilung bei beliebigem Stichprobenumfang bereitzustellen.

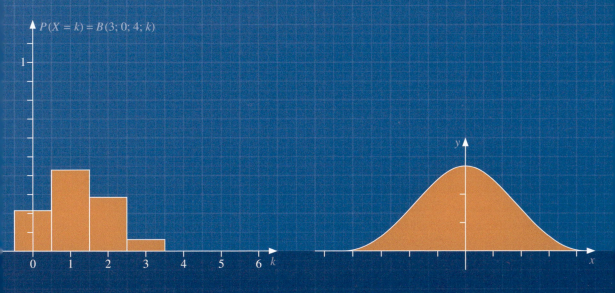

XI. Wahrscheinlichkeitsverteilungen

1. Bernoulli-Ketten

Die Formel von Bernoulli

Ein Zufallsversuch wird als *Bernoulli-Versuch* bezeichnet, wenn es nur zwei Ausgänge E und $\overline{E}$ gibt. E wird als Treffer (Erfolg) und $\overline{E}$ als Niete (Misserfolg) bezeichnet. Die Wahrscheinlichkeit p für das Eintreten von E wird als Trefferwahrscheinlichkeit bezeichnet.

Beispiele:
Beim Werfen einer Münze: „Kopf" oder „Zahl"
Beim Werfen eines Würfels: „Sechs" oder „keine Sechs"
Beim Werfen eines Reißnagels: „Kopflage" oder „Schräglage"
Beim Ziehen aus einer Urne: „rote Kugel" oder „keine rote Kugel"
Beim Überprüfen eines Bauteils: „defekt" oder „nicht defekt"

Wiederholt man einen Bernoulli-Versuch n-mal in exakt gleicher Weise, so spricht man von einer *Bernoulli-Kette* der Länge n mit der Trefferwahrscheinlichkeit p.

> **Beispiel: Bernoulli-Kette der Länge n = 4**
> Ein Würfel wird viermal geworfen. X sei die Anzahl der dabei geworfenen Sechsen. Wie groß ist die Wahrscheinlichkeit für das Ereignis X = 2, d.h. für genau zwei Sechsen.

Lösung:
Es ist eine Bernoulli-Kette der Länge n = 4 mit der Trefferwahrscheinlichkeit $p = \frac{1}{6}$.
Das Diagramm veranschaulicht die Kette als mehrstufigen Zufallsversuch.

Die Wahrscheinlichkeit eines Weges mit genau zwei Treffern und zwei Nieten beträgt nach der Produktregel $\left(\frac{1}{6}\right)^2 \cdot \left(\frac{5}{6}\right)^2$.

Es gibt $\binom{4}{2}$ solcher Pfade, da man $\binom{4}{2}$ Möglichkeiten hat, die beiden Treffer auf die vier Plätze eines Pfades zu verteilen.
Die gesuchte Wahrscheinlichkeit lautet:

▶ $P(X = 2) = \binom{4}{2} \cdot \left(\frac{1}{6}\right)^2 \cdot \left(\frac{5}{6}\right)^2 \approx 0{,}1157$

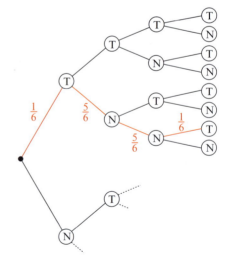

Übung 1
In einer Urne befinden sich zwei rote und eine weiße Kugel. Aus der Urne wird sechsmal eine Kugel mit Zurücklegen gezogen. Mit welcher Wahrscheinlichkeit kommt genau viermal eine rote Kugel?

1. Bernoulli-Ketten

Verallgemeinert man die Rechnung aus dem vorhergehenden Beispiel, so erhält man die folgende Formel zur Bestimmung von Wahrscheinlichkeiten bei Bernoulli-Ketten.

> **Satz XI.1: Die Formel von Bernoulli**
> Liegt eine Bernoulli-Kette der Länge n mit der Trefferwahrscheinlichkeit p vor, so wird die Wahrscheinlichkeit für genau k Treffer mit B(n;p;k) bezeichnet.
> Sie kann mit der rechts dargestellten Formel berechnet werden.
>
> $$P(X=k) = B(n; p; k) = \binom{n}{k} \cdot p^k \cdot (1-p)^{n-k}$$
>
> 311-1

Begründung:
$p^k \cdot (1-p)^{n-k}$ ist die Wahrscheinlichkeit eines Pfades der Länge n mit k Treffern und n − k Nieten. $\binom{n}{k}$ ist die Anzahl der Pfade dieser Art.

▶ **Beispiel: Multiple-Choice-Test**
Ein Test enthält vier Fragen mit jeweils drei Antwortmöglichkeiten. Er gilt als bestanden, wenn mindestens zwei Fragen richtig beantwortet werden.
Ein ganz und gar ahnungsloser Zeitgenosse versucht den Test durch zufälliges Ankreuzen zu bestehen. Wie groß sind seine Chancen?

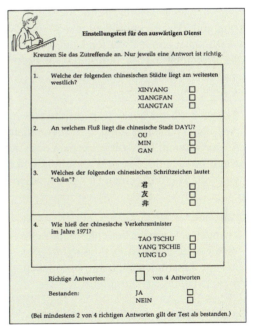

Lösung:
Der Test kann als Bernoulli-Kette der Länge n = 4 betrachtet werden. Das korrekte Beantworten einer Frage zählt als Treffer. Die Trefferwahrscheinlichkeit ist $p = \frac{1}{3}$.
X sei die Anzahl der Treffer. Dann gilt:

$P(X=2) = \binom{4}{2} \cdot \left(\frac{1}{3}\right)^2 \cdot \left(\frac{2}{3}\right)^2 = \frac{24}{81} \approx 0{,}2963$

$P(X=3) = \binom{4}{3} \cdot \left(\frac{1}{3}\right)^3 \cdot \left(\frac{2}{3}\right)^1 = \frac{8}{81} \approx 0{,}0988$

$P(X=4) = \binom{4}{4} \cdot \left(\frac{1}{3}\right)^4 \cdot \left(\frac{2}{3}\right)^0 = \frac{1}{81} \approx 0{,}0123$

Lösung: 311-2

▶ Addiert man diese Einzelwahrscheinlichkeiten, so erhält man die gesuchte Ratewahrscheinlichkeit für das Bestehen des Tests. Sie beträgt $P(X \geq 2) = 0{,}4074 \approx 40\,\%$.

Übung 2
Ein Spieler kreuzt einen Totoschein der 13-er-Wette rein zufällig an. Wie groß ist seine Chance, mindestens 10 Richtige zu erzielen?

Es folgen zwei weitere typische Problemstellungen, die oft als Teilaufgabe auftreten.

▶ **Beispiel: Stichproben aus einer großen Gesamtheit**
Ein Großhändler liefert einem Supermarkt zu Ostern 1000 Ostereier. Im Durchschnitt weisen 10 % der Eier kleine Risse auf. Ein Kunde kauft im Supermarkt 20 Eier. Mit welcher Wahrscheinlichkeit hat davon höchstens eines einen Riss?

Lösung:
Hier wird eine Stichprobe vom Umfang $n = 20$ entnommen. Diese kann als zwanzigmaliges Ziehen ohne Zurücklegen interpretiert werden.
Die Trefferwahrscheinlichkeit ändert sich wegen der großen Zahl von Ostereiern in der Packung von Zug zu Zug nur geringfügig, so dass *angenähert* eine Bernoulli-Kette mit den Kenngrößen $n = 20$ und $p = 0{,}1$ angenommen werden kann.
Die Rechnung rechts liefert das Näherungsresultat $P(X \leq 1) \approx 39{,}18\,\%$.

X: Anzahl der Eier mit Riss in der Stichprobe

$$\begin{aligned}P(X \leq 1) &= P(X = 0) + P(X = 1)\\ &= B(20;0{,}1;0) + B(20;0{,}1;1)\\ &= \binom{20}{0} \cdot 0{,}1^0 \cdot 0{,}9^{20} + \binom{20}{1} \cdot 0{,}1^1 \cdot 0{,}9^{19}\\ &\approx 0{,}1216 + 0{,}2702\\ &= 0{,}3918 = 39{,}18\,\%\end{aligned}$$

▶ **Beispiel: Länge einer Bernoullikette**
Auf dem Volksfest steht das abgebildete Glücksrad. Nur der rote Sektor gewinnt. Wie oft muss man das Glücksrad *mindestens* drehen, wenn man mit einer Wahrscheinlichkeit von *mindestens* 95 % *mindestens* einmal einen Gewinn erzielen will?

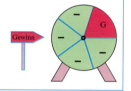

Lösung:
Es handelt sich um die beliebte *mindestens – mindestens – mindestens – Aufgabe*, die auch im Zusammenhang mit komplexen Problemstellungen häufig auftritt.

Da die Wahrscheinlichkeit für das Auftreten mindestens eines Treffers 0,95 oder größer sein soll, verwenden wir den Ansatz $P(X \geq 1) \geq 0{,}95$.
Hiervon ausgehend, berechnen wir nach nebenstehender Rechnung, wie lang die Bernoulli-Kette mindestens sein muss, um die Ansatzungleichung zu erfüllen.
Das Resultat lautet: Die Kette muss wenigstens die Länge $n = 14$ haben. So oft muss
▶ also das Glücksrad gedreht werden.

n: Anzahl der Wiederholungen
X: Häufigkeit des Auftretens von ROT bei n Wiederholungen

Ansatz:
$$P(X \geq 1) \geq 0{,}95$$
$$1 - P(X = 0) \geq 0{,}95$$
$$P(X = 0) \leq 0{,}05$$
$$B(n;0{,}2;0) \leq 0{,}05$$
$$\binom{n}{0} \cdot 0{,}2^0 \cdot 0{,}8^n \leq 0{,}05$$
$$0{,}8^n \leq 0{,}05$$
$$n \cdot \log(0{,}8) \leq \log(0{,}05)$$
$$n \geq 13{,}43$$

1. Bernoulli-Ketten

Übungen

3. Bestimmung einer Punktwahrscheinlichkeit: $P(X = k)$
51,4 % aller Neugeborenen sind Knaben. Eine Familie hat sechs Kinder. Wie groß ist die Wahrscheinlichkeit, dass es genau drei Knaben und drei Mädchen sind?

4. Bestimmung einer linksseitigen Intervallwahrscheinlichkeit: $P(X \leq k)$
Ein Tetraederwürfel trägt die Zahlen 1 bis 4. Wird er geworfen, so zählt die unten liegende Zahl. Wie groß ist die Wahrscheinlichkeit, beim fünffachen Werfen des Würfels höchstens zweimal die Zahl 2 zu werfen?

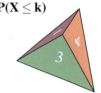

5. Bestimmung einer rechtsseitigen Intervallwahrscheinlichkeit: $P(X \geq k)$
Ein Biathlet trifft die Scheibe mit einer Wahrscheinlichkeit von 80 %. Er gibt insgesamt zehn Schüsse ab. Mit welcher Wahrscheinlichkeit trifft er mindestens achtmal?

6. Bestimmung einer Intervallwahrscheinlichkeit: $P(k \leq X \leq m)$
Aus einer Urne mit zehn roten und fünf weißen Kugeln werden acht Kugeln mit Zurücklegen entnommen. Mit welcher Wahrscheinlichkeit zieht man vier bis sechs rote Kugeln?

7. Anwendung der Formel für das Gegenereignis: $P(X > k) = 1 - P(X \leq k)$
Wirft man einen Reißnagel, so kommt er in 60 % der Fälle in Kopflage und in 40 % der Fälle in Seitenlage zur Ruhe. Jemand wirft zehn dieser Reißnägel. Mit welcher Wahrscheinlichkeit erzielt er mehr als dreimal die Seitenlage?

8. Bestimmung einer Mindestanzahl von Versuchen
Wie oft muss ein Würfel mindestens geworfen werden, wenn mit einer Wahrscheinlichkeit von mindestens 90 % mindestens eine Sechs fallen soll?

9. Briefpost
Nach Angaben der Post erreichen 90 % aller Inlandbriefe den Empfänger am nächsten Tag. Johanna verschickt acht Einladungen zu ihrem Geburtstag. Mit welcher Wahrscheinlichkeit
a) sind alle Briefe am nächsten Tag zugestellt?
b) sind mindestens sechs Briefe am nächsten Tag zugestellt?

10. Squash
Max gewinnt mit der Wahrscheinlichkeit $p = \frac{2}{3}$ beim Squash gegen Karl.
a) Mit welcher Wahrscheinlichkeit gewinnt Max genau sechs von zehn Spielen?
b) Mit welcher Wahrscheinlichkeit gewinnt er mindestens sechs von zehn Spielen?
c) Wie viele Spiele sind mindestens erforderlich, wenn die Wahrscheinlichkeit dafür, dass Karl mindestens ein Spiel gewinnt, mindestens 99 % betragen soll?

2. Die Binomialverteilung

A. Tabelle und Diagramm

Trägt man die Wahrscheinlichkeiten zu einer Bernoullikette graphisch als Säulendiagramm in einem Koordinatensystem auf, so erhält man ein Verteilungsdiagramm.

Tabelle zu B(4;0,4;k)

k	P(X = k)
0	0,1296
1	0,3456
2	0,3456
3	0,1536
4	0,0256

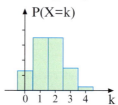

Verteilungsdiagramm

Abgebildet ist das Diagramm für eine Bernoullikette der Länge n = 4. Mit zunehmender Kettenlänge n nehmen die Verteilungsdiagramme flachere und breitere Formen an. (s. S. 315).

B. Erwartungswert und Standardabweichung

Es gibt zwei Kenngrößen, welche die Wahrscheinlichkeitsverteilung einer binomialverteilten Zufallsgröße X in einfacher Weise charakterisieren; den Erwartungswert µ und die Standardabweichung σ (vgl. Band 1, S. 428).

Der Erwartungswert

X sei die Anzahl der Treffer in einer Bernoullikette der Länge n und der Trefferwahrscheinlichkeit p.
Dann gilt für den Erwartungswert:
$$\mu = E(X) = n \cdot p.$$

Die Standardabweichung

X sei die Anzahl der Treffer in einer Bernoullikette der Länge n und der Trefferwahrscheinlichkeit p.
Dann gilt für die Standardabweichung:
$$\sigma = \sqrt{n \cdot p \cdot (1-p)}.$$

µ beschreibt den durchschnittlichen Wert der Zufallsgröße X.

σ beschreibt die Streuung der Werte der Zufallsvariablen X um den Mittelwert µ.

▶ **Beispiel: Würfelwurf**
Ein Würfel wird 60-mal geworfen.
a) Welche Zahl von Sechsen wird erwartet?
b) Wie groß ist die Standardabweichung?

Lösung zu a:
Hier gilt n = 60 und $p = \frac{1}{6}$.
Erwartungswert: $\mu = n \cdot p$
$= 60 \cdot \frac{1}{6} = 10$

Lösung zu b:
Standardabweichung: $\sigma = \sqrt{n \cdot p \cdot (1-p)}$
$= \sqrt{60 \cdot \frac{1}{6} \cdot \frac{5}{6}}$
$\approx 2{,}89$

C. Die σ-Regeln

Die Bedeutung der Standardabweichung σ liegt in Satz XI.2, der Wahrscheinlichkeiten dafür angibt, dass bestimmte Abweichungen vom Erwartungswert µ eintreten.

> **Satz XI.2: Die σ-Regeln**
> X sei eine binomialverteilte Zufallsgröße mit dem Erwartungswert µ und der Standardabweichung σ.
> Dann gelten die rechts aufgeführten Regeln. Sie dürfen angewendet werden, wenn folgende Bedingung erfüllt ist:
> Laplace-Bedingung: $\sigma \geq 3$
>
> 1σ-Regel: $P(\mu - \sigma \leq X \leq \mu + \sigma) \approx 0{,}680$
>
> 2σ-Regel: $P(\mu - 2\sigma \leq X \leq \mu + 2\sigma) \approx 0{,}955$
>
> 3σ-Regel: $P(\mu - 3\sigma \leq X \leq \mu + 3\sigma) \approx 0{,}997$

▶ **Beispiel: Münzwurf**
Eine Münze wird 20-mal geworfen. X sei die Anzahl der Kopfwürfe.
a) Bestimmen Sie den Erwartungswert und die Standardabweichung von X.
b) Zeichnen Sie das Verteilungsdiagramm und tragen Sie die σ-Intervalle ein.
c) Erläutern und interpretieren Sie das 2σ-Intervall.

Lösung zu a:
Mithilfe der Formeln $\mu = n \cdot p$ und $\sigma = \sqrt{n \cdot p \cdot (1-p)}$ ergeben sich $\mu = 10$ und $\sigma \approx 2{,}24$.

Erwartungswert und Standardabweichung:
$$\mu = n \cdot p = 20 \cdot \frac{1}{2} = 10$$
$$\sigma = \sqrt{n \cdot p \cdot (1-p)} = \sqrt{20 \cdot \frac{1}{2} \cdot \frac{1}{2}} \approx 2{,}24$$

Lösung zu b:

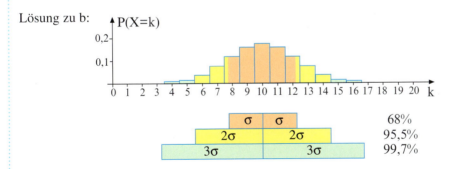

Lösung zu c:
Das 2σ-Intervall reicht von 5,52 bis 14,48. In diesen Bereich fallen 95,5% aller Ergebnisse beim 20-fachen Münzwurf. Wiederholt man das Experiment zum 20-fachen Münzwurf also 100-mal, so wird man in ca. 95 Fällen zwischen 6 und 14-mal Kopf erzielen. Nur in 5 Fällen wird man weniger als 6 und mehr als 14 Kopfwürfe zählen.

Übung 1 Tatü-Tata
Ein Radargerät zeigt in 5% aller Einsätze eine falsche Geschwindigkeit an. Es soll im neuen Jahr 500-mal eingesetzt werden. Geben Sie ein Intervall an, in welchem die Anzahl X der fehlerfreien Einsätze im neuen Jahr mit einer Wahrscheinlichkeit von ca. 95% liegt.

Übungen

2. Würfelwurf
Der Würfel mit dem abgebildeten Netz wird 6-mal geworfen. X sei die Anzahl der geworfenen Zweier (Treffer).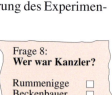
a) Tabellieren Sie $P(X = k)$ für $k = 0, \ldots, 6$ und zeichnen Sie das Verteilungsdiagramm.
b) Wie groß ist der Erwartungswert von X?

3. Münzwurf
Eine Münze wird 10-mal geworfen. X sei die Anzahl der Kopfwürfe.
a) Berechnen Sie den Erwartungswert von X.
b) Mit welcher Wahrscheinlichkeit wird bei einer korrekten Durchführung des Experimentes die Trefferzahl gleich dem Erwartungswert sein?

4. Multiple-Choice-Test
Carl füllt einen Multiple-Choice-Test auf gut Glück aus.
(10 Fragen, jeweils 5 Antworten, jeweils eine richtig)
a) Mit wie vielen richtigen Antworten kann Carl rechnen?
b) Mit welcher Wahrscheinlichkeit erreicht Carl höchstens 30% richtige Antworten?

5. Scheinwerferlampen
Ein Autohersteller bestellt Scheinwerferlampen. Erfahrungsgemäß sind 4% der Lampen fehlerhaft.
a) Wie viele fehlerhafte Lampen sind in einer Lieferung von 5000 Lampen zu erwarten?
b) Der Autohersteller benötigt im Mittel mindestens 6000 fehlerfreie Lampen.
Wie viele Lampen soll er bestellen, um 6000 fehlerfreie Lampen zu erwarten?

6. Pollenaufgabe
Pollen können Heuschnupfen auslösen. Ein Nasenspray wirkt in 70% aller Anwendungsfälle lindernd.
a) 20 Patienten nehmen das Mittel gegen ihre Beschwerden ein. Bei wie vielen Patienten ist eine Linderung zu erwarten?
b) Wie groß ist die Wahrscheinlichkeit, dass das Mittel exakt bei der erwarteten Anzahl von Patienten wirkt?

7. Urnenexperiment
Aus der abgebildeten Urne werden n Kugeln mit Zurücklegen gezogen. X sei die Anzahl der gezogenen roten Kugeln, Y die Anzahl der gezogenen gelben Kugeln.
a) Es sei $n = 5$. Skizzieren Sie das Verteilungsdiagramm von X. Berechnen Sie $E(X)$.
b) Wieder sei $n = 5$. Mit welcher Wahrscheinlichkeit werden genau 3 rote Kugeln gezogen?
c) Wie viele Kugeln müssen mindestens gezogen werden, damit der Erwartungswert von Y größer als 5 ist?

2. Die Binomialverteilung

8. Sportschütze
Ein Sportschütze trifft die Wurfscheiben mit einer Wahrscheinlichkeit von 90 %. Eine Serie besteht aus 10 Schüssen. Mit welcher Wahrscheinlichkeit treten die folgenden Ereignisse ein?
  A: Alle Schüsse der Serie sind Treffer.
  B: Nur der dritte Schuss ist kein Treffer.
  C: Die Serie wird mit genau 8 Treffern beendet.
  D: Mindestens 9 Treffer werden erreicht.

9. Glücksspiel
Die Gewinnwahrscheinlichkeit bei einem Glücksspiel liegt bei 20 %.
a) Mit welcher Wahrscheinlichkeit gewinnt man bei 10 Spielen genau einmal?
b) Mit welcher Wahrscheinlichkeit gewinnt man mindestens zweimal bei 10 Spielen?

10. Taxistand
An einem Taxistand sind 10 Taxen stationiert. Ein Fahrzeug steht pro Stunde durchschnittlich 12 Minuten auf dem Stand.
a) Mit welcher Wahrscheinlichkeit ist zu einem bestimmten Zeitpunkt mindestens ein Taxi anzutreffen?
b) Welche Zahl von Taxen ist am häufigsten anzutreffen?
c) Mit welcher Wahrscheinlichkeit sind gleich mehrere Taxen am Stand anzutreffen?

11. Hotel
80 % aller Gäste eines Hotels mit 30 Betten buchen den Aufenthalt mit Halbpension.
a) Für ein Wochenende ist das Hotel ausgebucht.
   Wie viele Gäste mit Halbpension sind zu erwarten?
b) Wie groß ist die Wahrscheinlichkeit, dass höchstens 2 Gäste ohne Halbpension gebucht haben?

12. Eiskunstlauf
Petra ist Eiskunstläuferin. Die Wahrscheinlichkeit, dass sie eine Trainingseinheit auf dem Eis ohne Sturz absolviert, liegt bei 10 %. Pro Woche absolviert Petra 12 Trainingseinheiten.
Berechnen Sie die Wahrscheinlichkeiten der folgenden Ereignisse.
  A: Mindestens eine Trainingseinheit übersteht Petra ohne Sturz.
  B: Nur die 3. und die 10. Trainingseinheit waren ohne Sturz.

13. Fußballprofi
Sven möchte Fußballprofi werden. Seine Treffsicherheit beim Schießen von Elfmetern ist p.
a) Wie groß muss p mindestens sein, damit er sich bei 10 Elfmetern mit 60 % Wahrscheinlichkeit keinen Fehlschuss leistet?
b) Nun sei $p = 0{,}5$. Liegt die Wahrscheinlichkeit, dass der Spieler höchstens 3 der 10 Freischüsse verschießt über 20 %?

3. Praxis der Binomialverteilung

Die Bestimmung von Trefferwahrscheinlichkeiten wird umso rechenaufwändiger, je länger die zugrunde liegende Bernoulli-Kette ist. Mithilfe von Tabellen zur Binomialverteilung – wie sie auf S. 396 f. abgedruckt sind – kann man den Rechenaufwand erheblich verringern.

A. Die Tabelle zur Binomialverteilung: B(n; p; k)

Beispiel: Wie groß ist die Wahrscheinlichkeit, beim 10-maligen Werfen eines fairen Würfels genau 4-mal das Ergebnis „Sechs" zu erzielen?

Lösung ohne Tabelle:
X sei die Anzahl der Sechsen beim 10-maligen Würfelwurf.
Gesucht ist $P(X = 4) = B\left(10; \frac{1}{6}; 4\right)$.

Mithilfe der nebenstehenden Rechnung erhalten wir $B\left(10; \frac{1}{6}; 4\right) \approx 5{,}43\,\%$.

$$B\left(10; \frac{1}{6}; 4\right) = \binom{10}{4} \cdot \left(\frac{1}{6}\right)^4 \cdot \left(\frac{5}{6}\right)^6$$
$$\approx 210 \cdot 0{,}000772 \cdot 0{,}334898$$
$$\approx 0{,}0543 = 5{,}43\,\%$$

(Bernoulli-Formel)

Lösung mit Tabelle:
Effizienter ist die Anwendung der Tabelle 1 zur Binomialverteilung, die auf den Seiten 396 und 397 abgedruckt ist. Wir bestimmen $B(n; p; k) = B\left(10; \frac{1}{6}; 4\right)$ folgendermaßen:

(1) Wir suchen zunächst in der am linken Seitenrand dargestellten Eingangsspalte für den Parameter n den Tabellenblock für n = 10. Es ist der erste Block auf Seite 397.

B$\left(10; \frac{1}{6}; 4\right)$

n	k	0,02	0,03	0,04	0,05	0,10	1/6	0,20	0,25	0,30	1/3	0,40	0,50		n
	0	0,8171	7374	6648	5987	3487	1615	1074	0563	0282	0173	0060	0010	10	
	1	1667	2281	2770	3151	3874	3230	2684	1877	1211	0867	0403	0098	9	
	2	0153	0317	0519	0746	1937	2907	3020	2816	2335	1951	1209	0439	8	
	3	0008	0026	0058	0105	0574	1550	2013	2503	2668	2601	2150	1172	7	
	4		0001	0004	0010	0112	0543	0881	1460	2001	2276	2508	2051	6	
10	5				0001	0015	0130	0264	0584	1029	1366	2007	2461	5	10
	6					0001	0022	0055	0162	0368	0569	1115	2051	4	
	7						0002	0008	0031	0090	0163	0425	1172	3	
	8							0001	0004	0014	0030	0106	0439	2	
	9									0001	0003	0016	0098	1	
	10											0001	0010	0	

(2) Sodann suchen wir innerhalb dieses Blocks diejenige Zelle aus, welche zur Spalte $p = \frac{1}{6}$ und Zeile k = 4 gehört. In dieser Zelle steht der Eintrag 0543, der die ersten vier Nachkommastellen angibt und daher als 0,0543 zu interpretieren ist.

▶ (3) Die gesuchte Wahrscheinlichkeit ist also gleich $B(10; \frac{1}{6}; 4) \approx 0{,}0543 = 5{,}43\,\%$.

3. Praxis der Binomialverteilung

Soll Tabelle 1 zur Bestimmung der Wahrscheinlichkeit $P(X = k) = B(n; p; k)$ in Bernoulli-Ketten mit der Trefferwahrscheinlichkeit $p > 0{,}5$ verwendet werden, so muss man an Stelle der am oberen und am linken Tabellenrand positionierten Eingänge für die Parameter p und k die am unteren und rechten Tabellenrand angeordneten und zusätzlich blau unterlegten Eingänge für diese Parameter benutzen.
Das funktioniert, weil die Beziehung $B(n; p; k) = B(n; 1 - p; n - k)$ gilt.

▶ **Beispiel: Glücksrad**
Durch 9-maliges Drehen des abgebildeten Glücksrades wird eine neunstellige Zahl erzeugt. Mit welcher Wahrscheinlichkeit sind genau 7 Ziffern dieser Zahl Primzahlen?

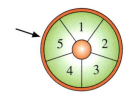

Lösung:
Die Trefferwahrscheinlichkeit in unserer Bernoulli-Kette der Länge $n = 9$ beträgt $p = 0{,}6$. Die Wahrscheinlichkeit für $k = 7$ Treffer (Primzahlen) ist daher gleich $B(9; 0{,}6; 7)$. Wir suchen in Tabelle 1 den Block $n = 9$ auf und innerhalb dieses Blocks diejenige Zelle, die zu den Parametern $p = 0{,}6$ und $k = 7$ gehört, wobei wir wegen $p > 0{,}5$ die blau unterlegten Eingänge verwenden. In der betreffenden Zelle steht der Eintrag 1612. Daher ist die gesuchte Wahrscheinlichkeit
▶ gleich $0{,}1612 = 16{,}12\,\%$.

Übung 1 Frauenanteil
15 Personen warten auf den Bus. Wie groß ist die Wahrscheinlichkeit dafür, dass unter den Wartenden genau doppelt so viele Männer wie Frauen sind, wenn man annimmt, dass im statistischen Durchschnitt der Frauenanteil an Haltestellen 50 % (40 %) beträgt?

Übung 2 Defekte Bauteile
Ein Betrieb produziert elektronische Bauelemente. Erfahrungsgemäß sind 10 % der produzierten Bauteile defekt. Der laufenden Produktion werden 9 Bauteile entnommen.
a) Wie groß ist die Wahrscheinlichkeit dafür, dass genau zwei der 9 Bauteile defekt sind?
b) Mit welcher Wahrscheinlichkeit ist höchstens eines der 9 Bauteile defekt?

Übung 3 Therapieerfolg
Eine medizinische Therapie schlägt im Mittel in 70 % aller Anwendungsfälle an. Eine Klinik behandelt 20 Patienten. Es ist also statistisch zu erwarten, dass die Therapie in genau 14 Fällen wirkt. Wie wahrscheinlich ist es, dass dieser Ausgang tatsächlich eintritt?

Übung 4 Multiple-Choice-Test
Ein Multiple-Choice-Test enthält 8 Fragen. Zu jeder Frage existieren genau 3 Antwortmöglichkeiten, von denen jeweils genau eine richtig ist.
a) Wie groß ist die Wahrscheinlichkeit, dass ein wenig kenntnisreicher Kandidat, der lediglich auf gut Glück ankreuzt, mindestens 7 der Fragen richtig beantwortet?
b) Wie groß ist die Ratewahrscheinlichkeit aus Aufgabenteil a, wenn der Test 10 Fragen enthält und wenn zu jeder Frage 4 Antwortmöglichkeiten existieren, von denen stets genau zwei richtig sind?

B. Die Tabelle zur kumulierten Binomialverteilung: F(n; p; k) ⊕ 320-1

In den oben besprochenen Beispielen wurde nach der Wahrscheinlichkeit dafür gefragt, dass die Trefferzahl in einer Bernoulli-Kette einen fest vorgegebenen Einzelwert annimmt: $P(X=k)$. Besonders umfangreiche Rechnungen fallen an, wenn man die Wahrscheinlichkeit dafür sucht, dass die Trefferzahl einen fest vorgegebenen Wert nicht übersteigt: $P(X \leq k)$.

Bei dieser Aufgabenstellung lässt sich mithilfe einer Tabelle besonders viel Arbeit sparen. Man verwendet die Tabellen 2 für die sogenannte kumulierte Binomialverteilung*, die man auf den Seiten 398 bis 404 findet. Noch einfacher ist die Berechnung mithilfe des CAS.

> **Beispiel: Reifenproduktion**
> Ein Betrieb produziert Autoreifen. Im Durchschnitt weisen ca. 10 % der Reifen eine leichte Unwucht auf, die bei der Montage ausgeglichen werden muss. Ein Montagebetrieb erhält eine Lieferung von 50 Reifen. Mit welcher Wahrscheinlichkeit enthält die Lieferung nicht mehr als 6 Reifen mit der produktionsbedingten Unwucht? ⊕ 320-2

Lösung:
X sei die Anzahl der unwuchtigen Reifen in der Lieferung vom Umfang $n = 50$.
Gesucht ist die Wahrscheinlichkeit dafür, dass X einen der Werte 0, 1, 2, 3, 4, 5 oder 6 annimmt, d.h. die Wahrscheinlichkeit $P(X \leq 6)$.
Diese Wahrscheinlichkeit lässt sich als Summe von sieben Wahrscheinlichkeiten darstellen:
$P(X \leq 6) = P(X=0) + P(X=1) + P(X=2) + P(X=3) + P(X=4) + P(X=5) + P(X=6)$.

Da die Zufallsgröße X binomialverteilt ist mit den Parametern $n = 50$ und $p = 0{,}1$, erhalten wir:
$P(X \leq 6) = B(50; 0{,}1; 0) + B(50; 0{,}1; 1) + B(50; 0{,}1; 2) + B(50; 0{,}1; 3) +$
$\qquad\qquad B(50; 0{,}1; 4) + B(50; 0{,}1; 5) + B(50; 0{,}1; 6)$.

Nun würde uns einige Rechenarbeit bevorstehen, wenn wir auf die oben schon angekündigte Tabelle zur kumulierten Binomialverteilung verzichten müssten, in der die Werte solcher Summen von Binomialwahrscheinlichkeiten tabelliert sind.

Die gesuchte Summe kann dort unter der Bezeichnung $P(X \leq 6) = F(50; 0{,}1; 6)$ abgelesen werden: Man sucht in der Tabelle zur kumulierten Binomialverteilung den Block für den Parameter $n = 50$ auf und sodann sucht man innerhalb dieses Blocks diejenige Zelle, die zur Spalte $p = 0{,}1$ und zur Zeile $k = 6$ gehört. Dort steht der Eintrag 7702, der die Nachkommastellen der gesuchten Wahrscheinlichkeit darstellt. Daher gilt:

$$P(X \leq 6) = F(50; 0{,}1; 6) \approx 0{,}7702 = 77{,}02 \%.$$

Übung 5 Multiple-Choice-Test
Ein Multiple-Choice-Test enthält 20 Fragen. Zu jeder Frage gibt es drei Antwortmöglichkeiten, von denen jeweils genau eine richtig ist. Der Test gilt als nicht bestanden, wenn nicht mehr als 10 Fragen richtig beantwortet werden. Mit welcher Wahrscheinlichkeit fällt man durch, wenn man alle Fragen auf gut Glück durch zufälliges Ankreuzen beantwortet?

---

* Das Wort „kumuliert" bedeutet hier: durch fortlaufendes Summieren entstanden.

3. Praxis der Binomialverteilung

Die Tabelle zur kumulierten Binomialverteilung kann auch dann angewendet werden, wenn für die zu Grunde liegende Trefferwahrscheinlichkeit die Ungleichung $p > 0,5$ gilt. Man kann sich dann der blau unterlegten Tabelleneingänge bedienen. Allerdings liefern diese Eingänge nicht die gesuchte Wahrscheinlichkeit, sondern die Gegenwahrscheinlichkeit.

▶ **Beispiel: Ananassamen**
Eine Gärtnerei in Alaska verkauft Ananassamen. Die Keimfähigkeit wird mit 80 % beziffert. Ein Liebhaber kauft 18 Samen. Mit welcher Wahrscheinlichkeit entwickeln sich nur 10 oder weniger Samen zu einem Ananasbaum?

Lösung:
X sei die Anzahl der keimfähigen unter den 18 gekauften Samen.
Gesucht ist die Wahrscheinlichkeit $P(X \le 10) = F(18; 0,8; 10)$.

Wegen $p > 0,5$ verwenden wir in der Tabelle zur kumulierten Binomialverteilung die blau unterlegten Eingänge.
Die den „blauen Parametern" $n = 18$, $p = 0,8$ und $k = 10$ zugeordnete Zelle enthält den Eintrag 9837.
Also ist 0,9837 die Gegenwahrscheinlichkeit der gesuchten Wahrscheinlichkeit.
Daher gilt:
$F(18; 0,8; 10) \approx 1 - 0,9837 = 0,0163$.
Die Wahrscheinlichkeit, dass sich höchstens 10 Samen entwickeln, beträgt nur ca.
▶ 1,63 %.

Gesuchte Wahrscheinlichkeit:
$F(18; 0,8; 10)$

Blaue Eingänge verwenden (wegen p > 0,5)!
$n = 18$; $p = 0,8$; $k = 10$

Abgelesener Tabellenwert:
0,9837

Resultat:
$F(18; 0,8; 10) \approx 1 - 0,9837 = 0,0163$

Begründen kann man dieses Verfahren folgendermaßen: Gesucht sei $F(n; p; k)$ mit $p > 0,5$. Gehört eine Zelle zu den „blauen Eingangsparametern" n, p und k, so gehört sie, wovon man sich durch einen Blick überzeugen kann, zu den „weißen Eingangsparametern" n, $1 - p$, $n - k - 1$. Daher steht in dieser Zelle die Wahrscheinlichkeit $F(n; 1 - p; n - k - 1)$. Nun aber gilt:
$F(n; p; k) = P(\text{Trefferzahl} \le k) = 1 - P(\text{Trefferzahl} \ge k + 1) = 1 - P(\text{Nietenzahl} \le n - (k + 1))$
$\qquad = 1 - F(n; 1 - p; n - k - 1)$.

Also stellt der aus der Zelle entnommene Wahrscheinlichkeitswert gerade die Gegenwahrscheinlichkeit der gesuchten Wahrscheinlichkeit dar.

Übung 6 Gefälschte Münzen
Eine Münze ist derart gefälscht, dass die Wahrscheinlichkeit für Kopf auf 70 % erhöht ist.
a) Wie groß ist die Wahrscheinlichkeit, dass bei 20 Würfen dennoch höchstens 10-mal Kopf kommt?
b) Einem Spieler wird angeboten, bei einem Einsatz von 2 € die Münze 50-mal zu werfen. 20 € werden ausgezahlt, wenn es ihm gelingt, nicht mehr als 30-mal Kopf zu werfen. Ist das Spiel günstig für diesen Spieler?
c) Das Spiel aus Teilaufgabe b soll fair werden. Wie muss die Höhe des Einsatzes festgelegt werden?

In den vorhergehenden Beispielen dieses Abschnitts wurden stets Wahrscheinlichkeiten der Form $P(X \leq k)$ bestimmt. Dieser Fall ist in der Tabelle zur kumulierten Binomialverteilung erfasst. Diverse anders strukturierte Fälle lassen sich ohne Schwierigkeiten auf diesen einen tabellierten Fall zurückführen. Wir zeigen dies anhand eines Beispiels.

> ### Beispiel: Multiple-Choice-Test
>
> Ein Multiple-Choice-Test besteht aus 20 Fragen mit jeweils 5 Antwortmöglichkeiten, von denen stets genau eine richtig ist. Der Kandidat absolviert den Test, indem er zu jeder Frage auf gut Glück eine der Antwortmöglichkeiten ankreuzt.
> Mit welcher Wahrscheinlichkeit erzielt er
> 1. höchstens 8 richtige Antworten,
> 3. mindestens 6 richtige Antworten,
> 2. genau 4 richtige Antworten,
> 4. 3 bis 8 richtige Antworten?

Lösung:

X sei die Anzahl der Fragen, die der Kandidat richtig beantwortet. Die Trefferwahrscheinlichkeit beträgt $p = 0{,}2$.

1. Gesucht ist die Wahrscheinlichkeit $P(X \leq 8)$ für ein **linksseitiges Intervall**. Dies ist der Standardfall. Wir können die gesuchte Wahrscheinlichkeit unmittelbar aus Tabelle 2 zur kumulierten Binomialverteilung entnehmen.

$$\begin{aligned} P(X \leq 8) &= F(20; 0{,}2; 8) \\ &\approx 0{,}9900 \\ &= 99\% \end{aligned}$$

2. Gesucht ist die **Punktwahrscheinlichkeit** $P(X = 4)$. Wir können diese unmittelbar aus Tabelle 1 zur Binomialverteilung als $B(20; 0{,}2; 4)$ ablesen.
Wir können sie aber auch als Differenz zweier aufeinander folgender kumulierter Wahrscheinlichkeiten aus Tabelle 2 bestimmen.

$$\begin{aligned} P(X = 4) &= B(20; 0{,}2; 4) \\ &\approx 0{,}2182 = 21{,}82\% \end{aligned}$$

oder

$$\begin{aligned} P(X = 4) &= F(20; 0{,}2; 4) - F(20; 0{,}2; 3) \\ &\approx 0{,}6296 - 0{,}4114 \\ &= 0{,}2182 = 21{,}82\% \end{aligned}$$

3. Gesucht ist die Wahrscheinlichkeit $P(X \geq 6)$ für ein **rechtsseitiges Intervall**. Wir können diese Wahrscheinlichkeit als Gegenwahrscheinlichkeit von $P(X \leq 5)$ bestimmen.

$$\begin{aligned} P(X \geq 6) &= 1 - P(X \leq 5) \\ &= 1 - F(20; 0{,}2; 5) \\ &\approx 1 - 0{,}8042 \\ &= 0{,}1958 = 19{,}58\% \end{aligned}$$

4. Gesucht ist die Intervallwahrscheinlichkeit $P(3 \leq X \leq 8)$. Wir können diese Wahrscheinlichkeit wiederum als Differenz zweier kumulierter Wahrscheinlichkeiten aus Tabelle 2 bestimmen.

$$\begin{aligned} P(3 \leq X \leq 8) &= P(X \leq 8) - P(X \leq 2) \\ &= F(20; 0{,}2; 8) - F(20; 0{,}2; 2) \\ &\approx 0{,}9900 - 0{,}2061 \\ &= 0{,}7839 = 78{,}39\% \end{aligned}$$

3. Praxis der Binomialverteilung

Übung 7 Fairer Würfel
Beim 18-maligen Werfen eines fairen Würfels erwartet man im Mittel dreimal die Sechs.
a) Wie wahrscheinlich ist es, dass dieser Erwartungswert tatsächlich eintritt bzw. dass er nicht eintritt bzw. dass er überschritten wird?
b) Wie wahrscheinlich ist es, dass die Anzahl der Sechsen den Erwartungswert um höchstens 1 unterschreitet (um höchstens 1 überschreitet)?
c) Wie wahrscheinlich ist eine Unterschreitung um mindestens 2 (eine Überschreitung um mindestens 2)?
d) Lösen Sie die Fragen a bis c für den Fall, dass der Würfel 12-mal geworfen wird.
e) Lösen Sie die Fragen a bis c für den Fall, dass der Würfel 50-mal geworfen wird.

Übung 8 Selen-(IV)-Sulfid
Ein medizinisches Haarwaschmittel enthält Selen-(IV)-Sulfid. Dieser Inhaltsstoff führt bei ca. 3 % der Patienten zu einer nicht erwünschten Nebenwirkung in Form einer lokalen allergischen Reaktion. Ein Arzt behandelt pro Jahr durchschnittlich 10 Patienten mit diesem Mittel.
a) Wie groß ist die Wahrscheinlichkeit, dass der Arzt innerhalb eines Jahres wenigstens einen Patienten sieht, der allergisch reagiert?
b) Der Arzt glaubt, sich erinnern zu können, die besagte Allergie innerhalb der letzten 8 Jahre bei insgesamt 80 Anwendungsfällen ca. 4-mal bis 7-mal beobachtet zu haben. Ist es wahrscheinlich, dass diese Angaben den tatsächlichen Gegebenheiten entsprechen?

Übung 9 Superhirn
Das Spiel Superhirn – auch Mastermind genannt – ist ein interessantes Denk- und Taktikspiel für zwei Personen. Mit vier Farben wird vom ersten Spieler mithilfe von Plastikknöpfen ein vierstelliger Farbcode gebildet, wobei die Reihenfolge eine Rolle spielt. Es ist erlaubt, ein- und dieselbe Farbe mehrfach zu verwenden. Der zweite Spieler muss den Code herausfinden (die richtigen Farben an den richtigen Positionen). Dazu macht er in der ersten Runde einen simplen Rateversuch.

a) Wie groß ist die Wahrscheinlichkeit, dass er bei diesem Rateversuch die richtige Kombination auf Anhieb errät?
b) Welche Anzahl von richtig erratenen Stellen ist am wahrscheinlichsten?
c) Wie wahrscheinlich ist es, dass der zweite Spieler zwei bis drei Stellen richtig rät?

Übung 10 Münzwette
Otto und Egon werfen 20-mal zwei Münzen mit einem Wurf. Otto wettet 10 €, dass das Ergebnis „doppelter Kopfwurf" dreimal bis viermal kommt. Egon setzt 20 € dagegen.
a) Wessen Gewinnerwartung ist günstiger?
b) Wie lautet das Resultat, wenn beide Münzen 50-mal geworfen werden?

Vermischte Übungen

1. Würfelwurf

Ein Würfel mit dem abgebildeten Würfelnetz wird sechsmal geworfen.

a) Berechnen Sie die Wahrscheinlichkeiten für die folgenden Ereignisse:

A: „Es tritt keine Eins auf",

B: „Es treten genau 3 Zweien auf",

C: „Es treten höchstens 2 Zweien auf",

D: „Es treten mindestens 5 Zweien auf".

b) Wie viele Zweien sind im Mittel zu erwarten, wenn man den Würfel 30-mal wirft?

c) Wie oft ist der Würfel zu werfen, damit das Ereignis E: „Es tritt mindestens eine Eins auf" mit einer Wahrscheinlichkeit von mehr als 95 % eintritt?

d) Der Würfel wird zweimal geworfen. Die erste Zahl wird für den Koeffizienten b, die zweite Zahl für den Koeffizienten c in der quadratischen Gleichung $x^2 + bx + c = 0$ gewählt. Mit welcher Wahrscheinlichkeit ergeben sich dabei quadratische Gleichungen mit mindestens einer reellen Lösung?

2. Signalübertragung

Bei einer Nachrichtenübertragung werden zwei Signale (Zeichen) 0 und 1 mit der gleichen Wahrscheinlichkeit von 93 % richtig übertragen.

a) Eine Sequenz besteht aus 7 Zeichen.

Berechnen Sie die Wahrscheinlichkeiten der folgenden Ereignisse:

A: „Die Sequenz wird fehlerfrei übertragen",

B: „Nur die ersten vier Zeichen werden fehlerfrei übertragen",

C: „Fünf Zeichen werden fehlerfrei übertragen",

D: „Nur ein Zeichen, und zwar das vierte oder das fünfte, wird fehlerhaft übertragen".

b) Mit welcher Wahrscheinlichkeit werden von 9 aufeinander folgenden Sequenzen (aus je 7 Zeichen) mindestens 7 Sequenzen richtig übertragen?

c) Wie viele fehlerfreie Zeichen sind bei einer Sequenz aus 2000 Zeichen zu erwarten?

d) Wie groß ist die Standardabweichung von dem erwarteten Wert?

3. Urnen

Eine Urne enthält eine schwarze und vier rote Kugeln. Es werden nacheinander 10 Kugeln gezogen, wobei nach jedem Zug die Kugel wieder in die Urne zurückgelegt wird.

a) Wie viele schwarze Kugeln sind zu erwarten?

b) Berechnen Sie die Wahrscheinlichkeiten folgender Ereignisse:

A: „Genau zwei Kugeln sind schwarz",

B: „Nur die erste Kugel ist schwarz",

C: „Genau vier Kugeln sind schwarz",

D: „Mindestens zwei Kugeln sind schwarz",

E: „Höchstens zwei Kugeln sind schwarz".

c) Wie viele Kugeln muss man aus dieser Urne mit Zurücklegen mindestens ziehen, damit mit einer Wahrscheinlichkeit von wenigstens 95 % erwartet werden kann, dass sich unter den gezogenen Kugeln mindestens eine schwarze befindet?

d) Es wird folgendes Spiel angeboten: Der Spieler erhält 4 € ausbezahlt, wenn 9 der 10 gezogenen Kugeln rot sind, und 8 € für 10 rote Kugeln.

Bei welchem Einsatz ist das Spiel fair?

3. Praxis der Binomialverteilung

4. Tontaubenschießen
Ein Schütze schießt auf Tontauben mit einer Trefferwahrscheinlichkeit von 70 %.
a) Ist es wahrscheinlicher, dass er 4 von 8 Tontauben trifft oder 8 von 16?
b) Ist es wahrscheinlicher, dass er mindestens 4 von 8 Tontauben trifft oder mindestens 8 von 16?
c) Welche Trefferwahrscheinlichkeit muss der Schütze mindestens haben, um bei 3 Versuchen mindestens einen Treffer mit einer Wahrscheinlichkeit von wenigstens 90 % zu erzielen?

5. Glücksrad
Bei dem abgebildeten Glücksrad tritt jedes der 10 Felder mit der gleichen Wahrscheinlichkeit ein. Das Glücksrad wird zehnmal gedreht.

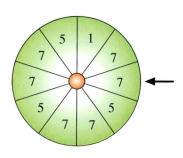

a) Berechnen Sie die Wahrscheinlichkeiten der folgenden Ereignisse:
   A: „Es tritt höchstens einmal die 1 auf",
   B: „Es tritt mindestens einmal die 5 auf",
   C: „Es tritt genau sechsmal die 7 auf",
   D: „Es tritt mindestens sechsmal die 7 auf",
   E: „Es tritt beim 10. Versuch zum 5. Mal die 7 auf".
b) Wie viele Fünfen sind im Durchschnitt zu erwarten?
c) Es wird folgendes Spiel angeboten: Der Einsatz pro Spiel beträgt 4 €. Dann wird das abgebildete Glücksrad dreimal gedreht. Bei drei Einsen erhält der Spieler 100 € ausbezahlt, bei drei Fünfen 50 € und bei drei Siebenen 10 €.
Ist das Spiel für den Spieler langfristig günstig?
d) Wie muss der Einsatz bei dem Spiel aus c) geändert werden, damit das Spiel fair wird?

6. Defekte Bauteile
Ein Unternehmen produziert Bauteile, von denen durchschnittlich 10 % defekt sind. Der laufenden Produktion werden 20 Bauteile entnommen.
a) Berechnen Sie die Wahrscheinlichkeiten der folgenden Ereignisse:
   A: „Es sind genau 5 Bauteile defekt",
   B: „Es sind höchstens 2 Bauteile defekt",
   C: „Es ist kein Teil defekt",
   D: „Es sind mindestens 2 Teile, aber höchstens 5 Teile defekt",
   E: „Es sind mindestens 3 Teile defekt".
b) Wie viele defekte Teile sind bei der Stichprobe zu erwarten?
c) Wie groß ist die Standardabweichung vom erwarteten Wert?
d) Wie viele Bauteile müsste man entnehmen, um mindestens ein defektes Bauteil mit einer Wahrscheinlichkeit von wenigstens 99 % zu erhalten?

7. Ausschuss
Ein Fabrikant beglückt jeden seiner 200 Vertragshändler monatlich mit einer großen Einzellieferung von Zierleisten. Er beziffert seinen Ausschussanteil auf 4 %. Jeder Vertragshändler entnimmt seiner Einzellieferung 100 Zierleisten und prüft diese genau. Sind 5 bis 6 Leisten fehlerhaft, so geht die gesamte Lieferung zum Umtausch zurück.
a) Welche Zahl von fehlerhaften Leisten in der Stichprobe ist im Mittel zu erwarten?
   Wie wahrscheinlich ist das Auftreten genau dieser Zahl von Ausschussstücken?
b) Berechnen Sie die Wahrscheinlichkeit dafür, dass eine Lieferung umgetauscht wird.
c) Wie groß ist die Gesamtzahl von Umtauschprozessen pro Monat durchschnittlich?

8. Würfelnetz

Im Folgenden wird mit einem Würfel geworfen, der das abgebildete Netz mit den Ziffern 1, 2 und 6 besitzt.

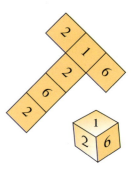

a) Der Würfel wird 20-mal geworfen. Berechnen Sie die Wahrscheinlichkeiten der folgenden Ereignisse.
   A: „Die Sechs fällt genau 6-mal."
   B: „Die Sechs fällt mehr als 6-mal."
   C: „Die Sechs fällt 4- bis 8-mal."
b) Wie oft muss der Würfel mindestens geworfen werden, damit mit einer Wahrscheinlichkeit von mindestens 85 % mindestens eine Sechs fällt?
c) Moritz darf den Würfel für einen Einsatz von 1 € zweimal werfen. Er hat gewonnen, wenn die Augensumme 3 beträgt oder wenn zwei Sechsen fallen. Er erhält dann 3 € Auszahlung. Ist das Spiel für Moritz günstig?

9. Hemdenfabriktion

Von einem Hemdenfabrikanten werden jeweils zwanzig Hemden in einen Karton gepackt.

a) Ein Kaufhaus bestellt fünf Kartons. Der Einkäufer entnimmt jedem Karton zwei Hemden zur Überprüfung. Der Karton wird angenommen, wenn beide Hemden fehlerfrei sind.
   Gesucht sind die Wahrscheinlichkeiten folgender Ereignisse:
   A: Ein Karton wird angenommen, obwohl er genau zwei fehlerhafte Hemden enthält.
   B: Alle fünf Kartons werden angenommen, obwohl genau zwei fehlerhafte Hemden in jedem Karton sind.
b) 10 % aller Hemden sind laut Hersteller fehlerhaft, weil ein Knopf fehlt (F_1) oder eine Naht locker ist (F_2). Der Fehler F_1 tritt mit einer Wahrscheinlichkeit von 4 % auf. Die Fehler F_1 und F_2 treten gemeinsam mit einer Wahrscheinlichkeit von 0,1 % auf.
   Mit welcher Wahrscheinlichkeit tritt der Fehler F_2 auf?
   Prüfen Sie das Auftreten der Fehler F_1 und F_2 auf stochastische Unabhängigkeit.
c) X sei die Anzahl der fehlerhaften Hemden in einer Lieferung von 100 Hemden. Die Ausschussquote beträgt 10 %. Bestimmen Sie den Erwartungswert und die Standardabweichung von X.
d) Wie groß ist die Wahrscheinlichkeit, dass in der Lieferung aus c) 7 bis 13 fehlerhafte Hemden sind?

10. Urne mit Kugeln

In einer Urne befinden sich 10 schwarze (S), 8 weiße (W) und 2 rote (R) Kugeln.
a) Aus der Urne wird dreimal eine Kugel mit Zurücklegen gezogen.
   Bestimmen Sie die Wahrscheinlichkeiten der folgenden Ereignisse:
   A: „Es kommt die Zugfolge RSW."   B: „Alle gezogenen Kugeln sind gleichfarbig."
   C: „Mindestens eine Kugel ist weiß." D: „Höchstens eine Kugel ist schwarz."
b) Wie viele Kugeln müssen der Urne mit Zurücklegen mindestens entnommen werden, damit unter den gezogenen Kugeln mit wenigstens 90 % Wahrscheinlichkeit mindestens eine rote Kugel ist?
c) Aus der Urne werden 50 Kugeln mit Zurücklegen gezogen. Wie viele weiße Kugeln sind zu erwarten? Mit welcher Wahrscheinlichkeit werden 18 – 22 weiße Kugeln gezogen?

4. Die hypergeometrische Verteilung/Lottomodelle

Neben der Binomialverteilung spielt die sogenannte hypergeometrische Verteilung eine Rolle, bei der allerdings im Gegensatz zur Binomialverteilung ohne Zurücklegen gezogen wird. Wir kennen diese Verteilung bereits vom Lottomodell (Band 1, S. 377).

A. Das Lottomodell

Die Bestimmung von Tippwahrscheinlichkeiten beim Lottospiel kann als Modell für zahlreiche weitere Zufallsprozesse verwendet werden. Wir betrachten eine Musteraufgabe.

> **Beispiel:** Wie groß ist die Wahrscheinlichkeit, dass man beim Lotto „6 aus 49" mit einem abgegebenen Tipp genau vier Richtige erzielt?

Lösung:
Insgesamt sind $\binom{49}{6} = 13\,983\,816$ Tipps möglich. Um festzustellen, wie viele dieser Tipps günstig für das Ereignis E: „Vier Richtige" sind, verwenden wir folgende Grundidee:
Wir denken uns den Inhalt der Lottourne in zwei Gruppen von Zahlen unterteilt: in eine Gruppe von 6 roten Gewinnkugeln und ein Gruppe von 43 weißen Nieten.

Ein für E günstiger Tipp besteht aus vier roten und zwei weißen Kugeln.

Es gibt $\binom{6}{4} = 15$ Möglichkeiten, aus der Gruppe der 6 roten Kugeln 4 Kugeln auszuwählen.

Analog gibt es $\binom{43}{2} = 903$ Möglichkeiten, aus der Gruppe der 43 weißen Kugeln 2 Kugeln auszuwählen.

Folglich gibt es $\binom{6}{4} \cdot \binom{43}{2}$ Möglichkeiten, vier rote Kugeln mit zwei weißen Kugeln zu einem für E günstigen Tipp zu kombinieren.

Dividieren wir diese Zahl durch die Anzahl aller Tipps, d.h. durch $\binom{49}{6}$, so erhalten wir die gesuchte Wahrscheinlichkeit.
▶ Sie beträgt ca. 0,001, also 1:1000.

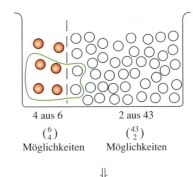

4 aus 6   2 aus 43
$\binom{6}{4}$ $\binom{43}{2}$
Möglichkeiten   Möglichkeiten

$\Downarrow$

$$P(\text{„4 Richtige"}) = \frac{\binom{6}{4} \cdot \binom{43}{2}}{\binom{49}{6}}$$

$$= \frac{15 \cdot 903}{13\,983\,816} \approx 0{,}001 = \frac{1}{1000}$$

Übung 1
Eine Zehnerpackung Glühlampen enthält vier Lampen mit verminderter Leistung. Jemand kauft fünf Lampen. Mit welcher Wahrscheinlichkeit sind darunter
a) genau zwei defekte Lampen,
b) mindestens zwei defekte Lampen,
c) höchstens zwei defekte Lampen?

B. Das verallgemeinerte Lottomodell

Wir gehen nun von einer Urne aus, die Kugeln von mehr als zwei Farben/Sorten enthält. Das folgende Beispiel betrifft den Fall, dass es drei Sorten von „Kugeln" gibt.

> **Beispiel: Verallgemeinertes Lottomodell**
> In einem Karton befinden sich drei Sorten von Legosteinen, rote, grüne und blaue. Es sind 6 rote, 4 grüne und 5 blaue Steine enthalten; Bild unten.
> Martin entnimmt dem Karton 5 Steine. Mit welcher Wahrscheinlichkeit sind es 2 rote, 2 grüne und ein blauer Stein, die Martin für den nächsten Montageschritt benötigt?

Lösung:
Wir stellen uns eine Urne mit drei Fächern vor. Das gesuchte Ereignis tritt ein, wenn Martin 2 Steine aus dem „roten Fach", 2 Steine aus dem „grünen Fach" und 1 Stein aus dem „blauen Fach" erwischt.
Analog zum Lottomodell gibt es nun $\binom{6}{2} \cdot \binom{4}{2} \cdot \binom{5}{1}$ „günstige" 5-elemenige Ergebnismengen bei insgesamt $\binom{15}{5}$ „möglichen" 5-elementigen Ergebnismengen.
Nach Laplace ergibt sich daraus eine Wahrscheinlichkeit von ca. 14,99 %.

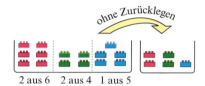
2 aus 6   2 aus 4   1 aus 5

Rechnung:
$$P(r=2; g=2; b=1) = \frac{\binom{6}{2} \cdot \binom{4}{2} \cdot \binom{5}{1}}{\binom{15}{5}}$$
$$= \frac{15 \cdot 6 \cdot 5}{3003} \approx 0{,}1499 = 14{,}99\,\%$$

Übung 2 Lotto: 5 Richtige mit Zusatzzahl
Beim Lotto 6 aus 49 sind 6 der 49 Zahlen Gewinnzahlen (Richtige), 42 Nieten und 1 Zahl ist eine sogenannte Zusatzzahl. Der höchste Gewinn sind 6 Richtige. Den zweithöchsten Gewinn erhält man bei 5 Richtigen und der Zusatzzahl.
Mit welcher Wahrscheinlichkeit tritt dieses Ereignis ein, wenn 6 Zahlen getippt werden?

Übung 3 Theater
Ein Theater hat insgesamt 2 Regisseure, 8 Trainer, 12 Schauspieler und 3 Choreographen. Für ein neues Stück werden 1 Regisseur, 6 Trainer, 8 Schauspieler und 2 Choreographen benötigt. Mit welcher Wahrscheinlichkeit kommt ein solches Team zustande, wenn der Theaterdirektor die benötigten 17 Personen aus den den 25 vorhandenen Personen zufällig auswählt?

Übung 4 Raumstation
Im Trainigslager befinden sich 8 Amerikaner, 6 Franzosen, 4 Deutsche und 2 Russen. 10 Personen werden für einen Flug zur Raumstation ausgelost. Mit welcher Wahrscheinlichkeit sind es 4 Amerikaner, 3 Franzosen, 2 Deutsche und 1 Russe? Mit welcher Wahrscheinlichkeit sind es 5 Personen aus der Gruppe der Amerikaner und Deutschen und 5 Personen aus der Gruppe der Franzosen und Russen?

4. Die hypergeometrische Verteilung/Lottomodelle

Eine komplexe abiturartige Aufgabe Weitere komplexe Aufgaben: 329-1

In abiturnahen Fragestellungen zur Stochastik sind die Teilaufgaben so unterschiedlich, dass verschiedene Lösungsmethoden verwendet werden müssen. Oft werden Teilaufgaben mit kombinatorischen Methoden oder Baumdiagrammen gelöst, während andere Fragestellungen mit der Binomialverteilung oder Vierfeldertafeln bearbeitet werden.

▶ **Beispiel: Mobiltelefon**

96 % aller Jugendlichen besitzen ein Handy. Eine Umfrage zu den Nutzungsarten ergab die Tabelle rechts.

a) Wie groß ist die Wahrscheinlichkeit, dass ein Jugendlicher ein Handy hat und damit täglich mindestens eine SMS verschickt? (Ereignis A)

Art der Nutzung	Anteil in % tägl.	geleg.
SMS versenden	95	98
Telefonieren	99	100
Internet	25	40
Foto/Film	30	35

b) Wie groß ist die Wahrscheinlichkeit der folgenden Ereignisse:
   B: Von 10 Befragten surfen genau 4 gelegentlich im Internet.
   C: Von 100 Befragten verschicken mindestens 99 täglich eine SMS.

c) Wie viele Handybesitzer müssen mindestens befragt werden, um mit 98 % Sicherheit mindestens einen zu finden, der nicht täglich telefoniert?

d) In einem Mathekurs mit 16 Schülern haben 14 ein Handy. Wie groß ist die Wahrscheinlichkeit, dass in einer zufälliger Auswahl von 3 Schülern mindestens 2 Handybesitzer sind?

Lösung zu a:
96 % der Jugendlichen besitzen ein Handy. Von ihnen versenden 95 % täglich eine SMS. Also gilt P(A) = 0,96 · 0,95 = 91,2 %

Wahrscheinlichkeit von A:
H: Handybesitzer
SMS: täglich SMS versenden

—— 0,96 —— [H] —— 0,95 —— [SMS]

Lösung zu b:
X sei die Anzahl der Handybesitzer in der Stichprobe vom Umfang n = 10, die gelegentlich im Internet surfen. X ist angenähert binomialverteilt (n = 10, p = 0,4).
Mit der Formel von Bernoulli erhalten wir:
P(B) = P(X = 4) = 25,08 %.

Wahrscheinlichkeit von B:
Binomialverteilung: n = 10; p = 0,4; k = 4
$P(B) = \binom{10}{4} \cdot 0{,}4^4 \cdot 0{,}6^6 = 0{,}2508$

Y sei die Anzahl derjenigen in der Stichprobe, die gelegentlich eine SMS versenden. Wir erhalten:

▼ $P(C) = P(Y = 99) + P(Y = 100) = \binom{100}{99} \cdot 0{,}95^{99} \cdot 0{,}05^1 + \binom{100}{100} \cdot 0{,}95^{100} \cdot 0{,}05^0 = 0{,}037 = 3{,}7\%$

Wahrscheinlichkeit von C:
n = 100; p = 0,95; k = 99 sowie 100

Lösung zu c:
Hier muss die Mindestgröße n der Stichprobe bestimmt werden. Z sei die Anzahl der Handybenutzer in einer Bernoullikette der Länge n, welche nicht täglich mit dem Handy telefonieren.
Es soll $P(Z \geq 1) \geq 0{,}98$ gelten.
Die nebenstehende Rechnung zeigt:
Man muss mindestens 390 Handybesitzer fragen, damit mit 98 % Sicherheit mindestens einer dabei ist, der nicht täglich telefoniert.
Wir ziehen aus einer Gruppe von 16 Schülern ohne Zurücklegen drei Schüler. Bei einer so kleinen Gruppe verändert sich die Wahrscheinlichkeit für ein Handy mit jedem Zug deutlich. Es liegt also kein Bernoulli-Experiment vor, sondern das Lottomodell.

Kombinatorische Lösung:
Wir teilen wie beim Lottomodell in zwei Gruppen ein, einmal die 14 Schüler mit Handy (rot) und einmal die 2 Schüler ohne Handy (blau).
Das Ereignis D = „Unter den drei gezogenen Schülern sind mindestens zwei Schüler mit Handy" tritt genau dann ein, wenn man aus Gruppe 1 zwei Schüler und aus Gruppe 2 einen Schüler zieht oder aus Gruppe 1 drei Schüler und aus Gruppe 2 keinen Schüler. Für den ersten Fall gibt es $\binom{14}{2} \cdot \binom{2}{1}$ günstige Möglichkeiten, für den zweiten Fall sind es $\binom{14}{3} \cdot \binom{2}{0}$ günstige Möglichkeiten.
Insgesamt gibt es $\binom{16}{3}$ Möglichkeiten, drei Schüler aus 16 Schülern auszuwählen.
Dies führt auf $P(D) = 97{,}5\,\%$ (vgl. rechts).

Lösung mit einem Baumdiagramm:
Man kann die Aufgabe auch mit einem dreistufigen Baum lösen, bei welchem die Schüler nacheinander gezogen werden.
Es gibt vier für D günstige Pfade.
Die Summe von deren Wahrscheinlichkeiten beträgt $P(D) = 97{,}5\,\%$.

Mindestanzahl von Befragten:
$$P(Z \geq 1) \geq 0{,}98$$
$$1 - P(Z = 0) \geq 0{,}98$$
$$P(Z = 0) \leq 0{,}02$$
$$\binom{n}{0} \cdot 0{,}01^0 \cdot 0{,}99^n \leq 0{,}02$$
$$0{,}99^n \leq 0{,}02$$
$$n \geq \frac{\log 0{,}02}{\log 0{,}99} \approx 389{,}2$$
$$n \geq 390$$

Kombinatorische Lösung von d:

14	2
mit Handy	ohne Handy

D: Unter den drei gezogenen Schülern sind mindestens zwei Schüler mit Handy

$$P(D) = \frac{\binom{14}{2} \cdot \binom{2}{1} + \binom{14}{3} \cdot \binom{2}{0}}{\binom{16}{3}}$$
$$= \frac{91 \cdot 2 + 364 \cdot 1}{560} = 0{,}975$$

Lösung von d mit einem Baumdiagramm:

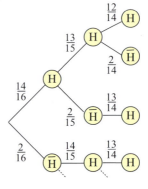

$$P(D) = \frac{2184}{3360} + \frac{364}{3360} + \frac{364}{3360} + \frac{364}{3360} = 0{,}975$$

4. Die hypergeometrische Verteilung/Lottomodelle

Test

Binomialverteilung und hypergeometrische Verteilung

1. Münzwurf
Mit welcher Wahrscheinlichkeit erreicht man beim 10-fachen Münzwurf die folgenden Ereignisse?
A: Genau 5-mal Kopf
B: Mindestens 7-mal Kopf
C: Mehr Kopf als Zahl
D: 4–6-mal Kopf

2. Tischtennis
Johannes gewinnt gegen Oliver im Durchschnitt 6 von 10 Tischtennisspielen. Im Dezember werden sie 20-mal gegeneinander spielen.
a) Wie wahrscheinlich ist es, dass
   A: beide gleich oft gewinnen,
   B: Oliver öfter gewinnt,
   C: Oliver mindestens 9-mal gewinnt?
b) X sei die Anzahl der von Johannes gewonnenen Spiele. Berechnen Sie μ und σ.
c) Welche Aussage macht im Teil b) die 2σ-Regel?

3. Lottomodell
Wie wahrscheinlich sind beim bekannten Zahlenlotto 6 aus 49 die folgenden Ereignisse?
A: genau drei Richtige
B: drei Richtige plus Zusatzzahl
C: höchstens zwei Richtige
Wie wahrscheinlich ist es, dass jemand 100 Lottotips ausfüllt und stets leer ausgeht, d.h. maximal zwei Richtige erzielt?

4. Führerscheintest
Ein Führerschein-Test besteht aus sechs Fragen mit jeweils drei Antwortmöglichkeiten, von denen immer genau eine richtig ist. X sei die Anzahl der richtig beantworteten Fragen.
a) Stellen Sie die Wahrscheinlichkeitsverteilung von X als Säulendiagramm dar.
b) Berechnen Sie Erwartungswert μ und Standardabweichung σ von X.
c) Der Test ist bei vier und mehr richtigen Antworten bestanden.
   Wie groß ist die Chance, ihn ohne Kenntnisse – also nur auf gut Glück – zu bestehen?

Lösungen unter 331-1

5. Exkurs: Die Normalverteilung

Die zur Auswertung von Bernoulli-Ketten verwendeten Tafelwerke zu Binomialverteilungen können nur eine kleine Auswahl von Kettenlängen abdecken. In diesem Buch sind Tabellen für Bernoulli-Ketten der Längen $n = 1$ bis $n = 20$ sowie $n = 50$, $n = 80$ und $n = 100$ dargestellt. In der Praxis kommen natürlich auch Bernoulli-Ketten vor, die durch diese Tabellen nicht erfasst werden, z. B. sehr lange Bernoulli-Ketten.

Soll beispielsweise die Wahrscheinlichkeit dafür bestimmt werden, dass beim 500-maligen Werfen einer fairen Münze höchstens 260-mal Kopf kommt, so ist der Wert $F(500; 0{,}5; 260)$ der kumulierten Binomialverteilung zu berechnen. Eine Tabelle für die Kettenlänge $n = 500$ steht uns nicht zur Verfügung. Die direkte Berechnung des Wertes $F(500; 0{,}5; 260)$ ist so zeitaufwändig, dass wir einen Computer oder auch einen CAS-Taschenrechner einsetzen müssen.

Es gibt aber eine andere Möglichkeit, die Werte aller kumulierten Binomialverteilungen bei genügend großem Stichprobenumfang näherungsweise durch Funktionswerte einer einzigen relativ einfachen Funktion Φ darzustellen. Im Folgenden wird der nicht ganz einfache Prozess dargestellt, der schließlich zu dieser Funktion führt.

A. Die Standardisierung der Binomialverteilung

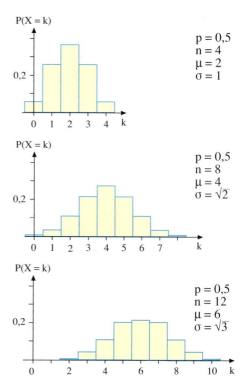

Die Gestalt des Histogramms zu einer binomialverteilen Zufallsgröße X hängt nur von den Parameters n und p ab. Diese bestimmen die Anzahl und die Höhe der Säulen sowie die Position der höchsten Säule, während die Säulenbreite stets 1 ist, sodass die Fläche der Säule Nr. k gleich $B(n; p; k)$ ist.

Halten wir die Grundwahrscheinlichkeit p fest, so ist Folgendes zu beobachten:

1. Mit wachsendem n rückt die höchste Säule des Histogramms weiter nach rechts.
   Der Erwartungswert $\mu = E(X) = n \cdot p$ wächst mit n an.

2. Mit wachsendem n wächst die Anzahl der Säulen des Histogramms an, das Histogramm wird breiter und flacher. Die Streuung, d. h. die Standardabweichung $\sigma(X) = \sqrt{n \cdot p \cdot (1-p)}$ wird mit n größer.

5. Exkurs: Die Normalverteilung

Wird der Stichprobenumfang n für eine feste Grundwahrscheinlichkeit p weiter vergrößert, so nähert sich die Form des Histogramms im Grenzfall einer „Glockenkurve" an.
Es ergeben sich dabei je nach Wert von p unterschiedliche Glockenkurven.

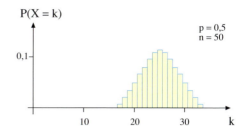

Allerdings kann man eine sogenannte Standardisierung durchführen. Dabei wird durch eine geeignete Transformation allen Histogrammen eine relativ einheitliche Form und Lage verpasst. Noch wichtiger ist, dass die transformierten Histogramme sich mit wachsendem n allesamt unabhängig von p ein und derselben „Glockenkurve" anpassen.

Der Standardisierungsprozess

Schritt 1: Durch einen ersten Übergang von der Zufallsgröße X zur Zufallsgröße $Y = X - \mu$ wird der Erwartungswert nach 0 verschoben. Das mit wachsendem n zu beobachtende Auswandern des Histogramms nach rechts wird vermieden.

Schritt 2: Anschließend sorgt ein weiterer Übergang zu $Z = \frac{X - \mu}{\sigma}$ dafür, dass die Standardabweichung auf 1 normiert wird. Der wesentliche Teil des Histogramms bleibt dann unabhängig von n stets etwa gleich breit.
Die Streifenbreiten verändern sich allerdings von 1 auf $\frac{1}{\sigma(X)}$.
Der Erwartungswert wird nicht weiter beeinflusst. Er bleibt bei 0.

Schritt 3: Zum Ausgleich der Streifenbreitenänderung werden die Streifenhöhen mit $\sigma(X)$ multipliziert.
Dadurch erreicht man, dass die Streifenflächeninhalte gleich bleiben, sodass Streifen Nr. k auch in der standardisierten Form den Flächeninhalt $B(n; p; k)$ besitzt.

Die rechts dargestellte Bildfolge verdeutlicht das Verhalten einer standardisierten Zufallsvariablen für wachsendes n.

Die unten dargestellten Histogramme sind die standardisierten Formen der auf der vorherigen Seite abgebildeten Histogramme. Beachten Sie die mit wachsendem n eintretende Annäherung an die eingezeichnete Glockenkurve.

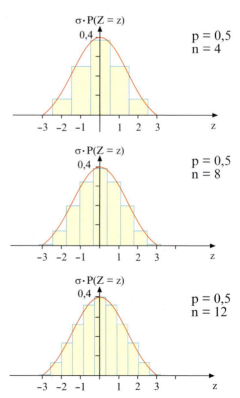

B. Die Näherungsformel von Laplace und de Moivre

Jede binomialverteilte Zufallsgröße X kann in der beschriebenen Weise standardisiert werden. Das Histogramm der zugehörigen standardisierten Zufallsgröße Z kann in jedem Fall durch ein und dieselbe Glockenkurve approximiert (angenähert) werden. Es handelt sich um die sogenannte *Gauß'sche Glockenkurve*.

Sie ist nach dem Mathematiker und Astronomen *Carl Friedrich Gauß* (1777–1855) benannt, der sie im Zusammenhang mit der Fehlerrechnung entdeckte.

Ihr Graph ist rechts abgebildet. Ihre Funktionsgleichung lautet:

Gauß'sche Glockenkurve

$$\varphi(t) = \frac{1}{\sqrt{2\pi}} e^{-\frac{1}{2}t^2}$$

Mithilfe der Funktion φ kann das Histogramm einer binomialverteilten Zufallsvariablen mit hoher Genauigkeit angenähert werden, wenn die sogenannte *Laplace-Bedingung* erfüllt ist:

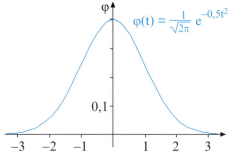

$\varphi(t) = \frac{1}{\sqrt{2\pi}} e^{-0,5t^2}$

Laplace-Bedingung

$$\sigma = \sqrt{n \cdot p \cdot (1-p)} > 3$$

Satz XI.3: Die lokale Näherungsformel von Laplace und De Moivre

Die binomialverteilte Zufallsgröße X erfülle die Laplace-Bedingung $\sigma = \sqrt{n \cdot p \cdot (1-p)} > 3$. Dann gilt die folgende Näherungsformel für B(n; p; k), wobei $\mu = n \cdot p$ der Erwartungswert und $\sigma = \sqrt{n \cdot p \cdot (1-p)}$ die Standardabweichung von X sind:

$$P(X = k) = B(n; p; k) \approx \frac{1}{\sigma \cdot \sqrt{2\pi}} e^{-\frac{1}{2}z^2} = \frac{1}{\sigma} \cdot \varphi(z) \text{ mit } z = \frac{k - \mu}{\sigma}$$

🟠 334-1

Übung 1

Definieren sie auf dem CAS die Funktion φ durch e^(–t^2/2)/√(2∗π) [STO▶] phi(t) und verwenden Sie phi(t) zur Darstellung des Graphen. Wie kann phi(t) für Berechnungen mit der lokalen Näherungsformel genutzt werden?

5. Exkurs: Die Normalverteilung

> **Beispiel:** Geben Sie die Tabellenwerte und die Näherungswerte der Gauß'schen Glockenkurve für die folgenden Ereignisse an:
> a) Bei 100 Würfen einer Laplace-Münze erscheint genau 50-mal Wappen.
> b) 100 Würfe mit einem Laplace-Würfel ergeben exakt 20 Sechsen.

Lösung:

Die Werte $B(n; p; k)$ der Binomialverteilung erhalten wir aus den Tabellen zur kumulierten Binomialverteilung, indem wir die dort notierten Wahrscheinlichkeiten der Ereignisse $X \leq k$ und $X \leq k-1$ voneinander subtrahieren:

$P(X = k) = P(X \leq k) - P(X \leq k-1)$.

Für die Näherungslösung der Gauß'schen Glockenkurve berechnen wir zunächst den Wert, den die Hilfsgröße $z = \frac{k-\mu}{\sigma}$ annimmt. Dann setzen wir in die Näherungsformel ein.

Im ersten Fall erhalten wir fast völlige Übereinstimmung der Näherungslösung mit der exakten Lösung.

Im 2. Fall beträgt die Abweichung ca. 6 %. Das liegt daran, dass hier die Laplace-Bedingung nur knapp erfüllt ist.

zu a: $n = 100$; $p = 0,5$; $k = 50$
$\mu = 50$; $\sigma = 5$

Tabelle:
$B(100; 0,5; 50)$
$= F(100; 0,5; 50) - F(100; 0,5; 49)$
$\approx 0,0796$

Gauß'sche Glockenkurve:
$z = \frac{k-\mu}{\sigma} = \frac{50-50}{5} = 0$
$B(100; 0,5; 50)$
$\approx \frac{1}{\sigma} \cdot \varphi(0) = \frac{1}{5 \cdot \sqrt{2\pi}} \approx 0,0798$

zu b: $n = 100$; $p = \frac{1}{6}$; $k = 20$
$\mu \approx 16,67$; $\sigma \approx 3,7268$

Tabelle:
$B(100; \frac{1}{6}; 20) \approx 0,0678$

Gauß'sche Glockenkurve:
$z = \frac{k-\mu}{\sigma} \approx \frac{20-16,67}{3,7268} \approx 0,8935$
$B(100; \frac{1}{6}; 20) \approx \frac{1}{\sigma} \varphi(0,8935) \approx 0,0718$

Übung 2

a) 3 % der elektronischen Bauteile entsprechen nicht der Norm. Mit welcher Wahrscheinlichkeit sind in einer Charge von 500 Teilen genau 12 defekt?
b) Wie groß ist die Wahrscheinlichkeit, dass bei 1000 Roulette-Spielen genau 500-mal die Kugel auf einem schwarzen Feld liegen bleibt?
c) Mit welcher Wahrscheinlichkeit haben genau 2 der 968 Schüler der Schule am 24. Dezember Geburtstag? Ermitteln Sie den exakten Wert sowie die Näherungslösung mithilfe der Gauß'schen Glockenkurve.

Übung 3

X sei eine binomialverteilte Zufallsgröße mit den Parametern $n = 10$ und $p = 0,4$.
Z sei die zugehörige standardisierte Zufallsgröße.

a) Zeichnen Sie das Histogramm der Verteilung der Zufallsgröße X.
b) Bestimmen Sie Erwartungswert und Standardabweichung von X.
c) Welche Werte kann die standardisierte Zufallsgröße Z annehmen?
d) Stellen Sie das Histogramm der Verteilung der standardisierten Zufallsgröße Z und die Gauß'sche Glockenkurve in einem Diagramm dar.

C. Die globale Näherungsformel von Laplace und de Moivre

Eine Zufallsgröße, deren Wahrscheinlichkeitsverteilung die Gauß'sche Glockenkurve ist, wird als *normalverteilte Zufallsgröße* bezeichnet. Binomialverteilte Zufallsgrößen sind für großes n annähernd normalverteilt.

Im Folgenden betrachten wir die kumulierte Binomialverteilung.
$F(n;p;k)$ kann wegen
$F(n;p;k) = B(n;p;0) + \ldots + B(n;p;k)$
als Summe der Flächeninhalte der Säulen Nr. 0 bis Nr. k der Binomialverteilung gedeutet werden.

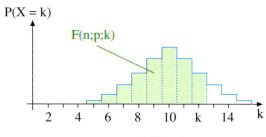

Man kann aber auch die entsprechenden Säulen der zugehörigen standardisierten Form verwenden, da diese inhaltsgleich sind (siehe auch Seite 333).

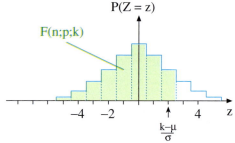

Diese Fläche wiederum kann durch diejenige Fläche unter der Gauß'schen Glockenkurve approximiert werden, die sich von $t = -\infty$ bis $t = z$ erstreckt, wobei $z = \frac{k-\mu+0{,}5}{\sigma}$ der rechte Randwert der standardisierten Säule Nr. k ist.
Der angegebene Wert der Hilfsgröße z ergibt sich, wenn zur Mitte der k-ten Säule – also zu $\frac{k-\mu}{\sigma}$ – die halbe Säulenbreite $\frac{1}{2\sigma}$ addiert wird. Diese Stetigkeitskorrektur ist notwendig, um die Fläche der k-ten Säule vollständig zu berücksichtigen.
Den Flächeninhalt kann man als Integral von φ berechnen. Für das entsprechende Integral von $-\infty$ bis z verwendet man abkürzend die Bezeichnung $\Phi(z)$.
Die Funktion Φ heißt *Gauß'sche Integralfunktion*.   🌐 336-1

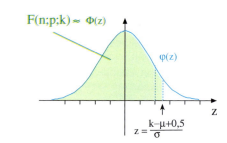

> **Gauß'sche Integralfunktion**
>
> $$\Phi(z) = \frac{1}{\sqrt{2\pi}} \int_{-\infty}^{z} e^{-\frac{1}{2}t^2}\, dt$$

Weil man Φ nicht durch elementare Funktionen ausdrücken kann, sind die Werte dieser wichtigen Funktion im Tabellenteil auf Seite 405 als „Normalverteilung" tabelliert. Das CAS ermittelt solche Integralwerte durch numerische Integration. In der folgenden Übung soll die Integralfunktion auf CAS definiert werden. Da der Flächeninhalt unter der Glockenkurve insgesamt gleich 1 ist, folgt $\Phi(0) = 0{,}5$. Diese Eigenschaft nutzen wir bei der neuen CAS-Funktion iphi(z).

Übung 4
Definieren Sie auf dem CAS die Funktion Φ durch 0.5+∫ phi((t),t,0,z) STO▶ iphi(z).

5. Exkurs: Die Normalverteilung

Möchte man für eine binomialverteilte Zufallsgröße X mit den Parametern n und p die kumulierte Wahrscheinlichkeit $P(X \leq k) = F(n; p; k)$ näherungsweise berechnen, so geht man in der Praxis nach folgendem Rezept vor, das als Näherungsformel von Laplace bekannt ist.

Satz XI.4: Die globale Näherungsformel von Laplace und de Moivre für Binomialverteilungen

1. Prüfe, ob die Laplace-Bedingung $\sigma = \sqrt{n \cdot p(1-p)} > 3$ grob erfüllt ist.

2. Bestimme die obere Integrationsgrenze $z = \frac{k - \mu + 0.5}{\sigma} = \frac{k - n \cdot p + 0.5}{\sqrt{n \cdot p \cdot (1-p)}}$.

3. Lies aus der Tabelle der „Normalverteilung" den Funktionswert $\Phi(z)$ ab.

Dann gilt die Näherung: $\quad \mathbf{P(X \leq k) = F(n; p; k) \approx \Phi(z)}$

⊙ 337-1

Anhand eines typischen Beispiels erkennt man, wie die Laplace'sche Näherungsformel unter Verwendung der Tabelle zur Gauß'schen Integralfunktion praktisch eingesetzt wird.

▶ **Beispiel: Einführendes Beispiel zur Näherungsformel von Laplace**
Berechnen Sie, mit welcher Wahrscheinlichkeit bei 100 Würfeln mit einer fairen Münze höchstens 52-mal Kopf kommt. Verwenden Sie die Näherungsformel von Laplace.

Lösung:
X sei die Anzahl der Kopfwürfe beim 100-maligen Münzwurf.
X ist binomialverteilt mit den Parametern $n = 100$ (Länge der Bernoulli-Kette) und $p = 0.5$ (Wahrscheinlichkeit für Kopf bei einmaligem Münzwurf).
Gesucht ist $P(X \leq 52) = F(100; 0.5; 52)$.
Die Näherungsformel von Laplace und de Moivre ist anwendbar, da die Bedingung $\sigma > 3$ erfüllt ist.

Also ist die gesuchte Wahrscheinlichkeit annähernd gleich $\Phi(z)$, wobei der Wert des Arguments z mithilfe der angegebenen Formel errechnet werden muss.
Wir erhalten $z = 0.50$.
Nun lesen wir aus der Tabelle zur Normalverteilung (Seite 405) den Funktionswert $\Phi(0.50)$ ab und erhalten folgendes Endresultat:
$P(X \leq 52) \approx \Phi(0.50) \approx 0.6915 = 69.15\,\%$.

▶ Das Ergebnis stimmt fast mit dem Tabellenwert $F(100; 0.5; 52) = 0.6914$ überein.

Gesuchte Wahrscheinlichkeit:

X = Anzahl der Kopfwürfe bei 100 Münzwürfen

$P(X \leq 52) = F(100; 0.5; 52)$

Anwendbarkeit der Näherungsformel:

$\sigma = \sqrt{n \cdot p \cdot (1-p)} = \sqrt{100 \cdot 0.5 \cdot 0.5}$
$\quad = \sqrt{25} > 3$

Bestimmung der Hilfsgröße z:

$z = \frac{k - \mu + 0.5}{\sigma} = \frac{52 - 50 + 0.5}{5}$

$\quad = \frac{2.5}{5} = 0.50$

Bestimmung von $\Phi(z)$ mittels Tabelle:

$\Phi(0.50) \approx 0.6915$

Vergleich mit der Tabelle zur kumulierten Binomialverteilung:

$F(100; 0.5; 52) = 0.6914$

6. Exkurs: Anwendung der Normalverteilung

A. Bestimmung von $P(X \leq k) = F(n; p; k)$ für großes n

Anhand eines typischen Beispiels kann man am besten erkennen, wie die globale Näherungsformel von Laplace und de Moivre für Binomialverteilungen unter Verwendung der Tabelle zur Gauß'schen Integralfunktion oder des CAS praktisch eingesetzt wird.

> ▶ **Beispiel:** Ein fairer Würfel wird 1200-mal geworfen. Mit welcher Wahrscheinlichkeit fallen
> a) höchstens 10 % mehr Sechsen als die zu erwartende Anzahl,
> b) mindestens 5 % weniger Sechsen als die zu erwartende Anzahl?

Lösung:
Theoretisch sind 200 Sechsen zu erwarten. Gesucht ist also
a) $P(X \leq 220)$, b) $P(X \leq 190)$,
wobei X die Anzahl der in den 1200 Würfen fallenden Sechsen sei.

Gesuchte Wahrscheinlichkeiten:

$$P(X \leq 220) = F\left(1200; \tfrac{1}{6}; 220\right)$$

$$P(X \leq 190) = F\left(1200; \tfrac{1}{6}; 190\right)$$

Die Näherungsformel ist anwendbar, denn es gilt:
$$\sigma = \sqrt{n \cdot p \cdot (1-p)} > \sqrt{166} > 3.$$
Nebenstehende Rechnung liefert:
a) $P(X \leq 220) \approx \Phi(1{,}59)$,
b) $P(X \leq 190) \approx \Phi(-0{,}74)$.

Bestimmung der Hilfsgröße z:

a) $z = \dfrac{220 - 200 + 0{,}5}{\sqrt{1200 \cdot \frac{1}{6} \cdot \frac{5}{6}}} \approx 1{,}59$

b) $z = \dfrac{190 - 200 + 0{,}5}{\sqrt{1200 \cdot \frac{1}{6} \cdot \frac{5}{6}}} \approx -0{,}74$

Tritt ein negatives Argument auf, ist die Funktionalgleichung $\Phi(-z) = 1 - \Phi(z)$ hilfreich, so dass auch bei b) die Tabelle zur Normalverteilung (Seite 405) verwendet werden kann. Wir erhalten als Resultate:
a) $P(X \leq 220) \approx 94{,}41\,\%$,
b) $P(X \leq 190) \approx 22{,}97\,\%$.

Anwendung der Näherungsformel:

a) $P(X \leq 220) \approx \Phi(1{,}59) = 94{,}41\,\%$

b) $P(X \leq 190) \approx \Phi(-0{,}74)$
$$= 1 - \Phi(0{,}74)$$
$$\approx 1 - 0{,}7703$$
$$= 0{,}2297 \; = 22{,}97\,\%$$

Die genauen Werte betragen übrigens
▶ a) 94,24 % und b) 23,21 %.

Übung 1
Mit welcher Wahrscheinlichkeit fällt bei 500 Münzwürfen höchstens 260-mal Kopf?

Übung 2
Eine Maschine produziert Knöpfe mit einem Ausschussanteil von 3%. Ein Abnehmer macht eine Stichprobe, indem er 1000 Knöpfe prüft. Mit welcher Wahrscheinlichkeit findet er
a) nicht mehr als 42 ausschüssige Knöpfe,   b) höchstens 25 ausschüssige Knöpfe?

Übung 3

In einem Spiel wird eine Münze 80-mal geworfen. Erzielt man höchstens 40-mal Kopf, so hat man gewonnen. Berechnen Sie zunächst die Gewinnwahrscheinlichkeit mithilfe der Formel von Laplace näherungsweise. Wie groß ist der exakte Wert?
a) Die Münze ist fair.   b) Die Münze ist gefälscht mit P(Kopf) = 0,6.

Die inhaltlichen Konsequenzen des folgenden Beispiels sind von großer Praxisrelevanz. Es zeigt, in welchem Maße eine entschlossene Minderheit Entscheidungsfindungen in ihrem Sinn beeinflussen kann.

> ### Beispiel: Die Dominanz einer Minderheit über eine Mehrheit
>
> Die 200 Mitglieder des Tennis-Clubs möchten einen Pressesprecher wählen. Es melden sich nur zwei Bewerber, Hein und Johann. Es handelt sich um einfache Mehrheitswahl ohne die Möglichkeit der Enthaltung. Die beiden Kandidaten haben bisher kein Profil erworben, so-dass die Wahlchancen ausgeglichen erscheinen.
> Kurz vor der Wahl gewinnt Hein die Clubmeisterschaft. Das beeindruckt 20 Clubmitglieder so sehr, dass diese spontan beschließen, ihre Stimmen geschlossen für Hein abzugeben. Wie verändern sich dadurch die Wahlchancen der beiden Kandidaten?

Lösung:
Hein wird gewählt, wenn er insgesamt 101 Stimmen auf sich vereint. Da ihm 20 Stimmen ohnehin sicher sind, reichen ihm 81 Stimmen der verbleibenden 180 Stimmberechtigten. Die Wahrscheinlichkeit, dass er diese Stimmen erhält oder übertrifft, ist gegeben durch

X: Anzahl der Stimmen für Hein aus dem Kreis der Unentschlossenen

Binomialverteilung: $n = 180$; $p = 0{,}5$

$$P(X \geq 81) = 1 - P(X \leq 80)$$
$$= 1 - F(180; 0{,}5; 80)$$
$$\approx 1 - \Phi(-1{,}42)$$
$$= \Phi(1{,}42) \approx 0{,}9222.$$

Berechnung der Hilfsgröße z:

$$z = \frac{k - \mu + 0{,}5}{\sigma} = \frac{80 - 90 + 0{,}5}{\sqrt{180 \cdot \frac{1}{2} \cdot \frac{1}{2}}} \approx -1{,}42$$

Tabellenwert: $\Phi(1{,}42) = 0{,}9222$

Johann hat nur noch eine Restchance von 7,78 % (exakte Rechnung: 7,83 %).

Der kleinen 10 %-Minderheit von 20 Personen ist es also gelungen, die zunächst ausgeglichenen Wahlchancen auf ca. 12:1 zu Gunsten von Hein zu steigern.

Übung 4

Eine Volksabstimmung soll mit einfacher Mehrheit über eine Gesetzesänderung entscheiden, der die rund 4 Millionen Stimmberechtigten recht gleichgültig gegenüberstehen. Allerdings ist eine relativ kleine Interessengruppe von ca. 3000 Personen wild entschlossen, gegen die Gesetzesänderung zu stimmen. Mit welcher Wahrscheinlichkeit setzt die Minderheit ihren Willen durch?

B. Bestimmung von $P(k_1 \leq X \leq k_2)$ für großes n

In der statistischen Praxis sind häufig Wahrscheinlichkeiten der Form $P(k_1 \leq X \leq k_2)$ zu berechnen. Auch in diesen Fällen kann die Näherungsformel von Laplace für binomialverteilte Zufallsgrößen angewandt werden, sofern die Laplace-Bedingung erfüllt ist.

In solchen Fällen wendet man die Laplace-Formel zweimal an:

$$P(k_1 \leq X \leq k_2) = F(n; p; k_2) - F(n; p; k_1 - 1) \approx \Phi(z_2) - \Phi(z_1)$$

mit den Hilfsgrößen $z_2 = \frac{k_2 - \mu + 0,5}{\sigma}$ und $z_1 = \frac{k_1 - 1 - \mu + 0,5}{\sigma} = \frac{k_1 - \mu - 0,5}{\sigma}$.

Beispiel: Im Automobilwerk sind 300 Mitarbeiter in der Produktion beschäftigt. Der Krankenstand liegt bei 5 %.
a) Wie groß ist die Wahrscheinlichkeit, dass mindestens 12 und höchstens 20 Personen erkrankt sind?
b) Die Produktion verläuft nur reibungslos, wenn an allen 300 Plätzen gearbeitet wird. Um die krankheitsbedingten Ausfälle zu kompensieren, gibt es eine „Springergruppe", deren Mitglieder bei Bedarf einspringen. Wie viele Personen müssen bereitstehen, um mit mindestens 99 % Sicherheit eine reibungslose Produktion sicherzustellen?

Lösung:

a) Gesucht ist die Wahrscheinlichkeit $P(12 \leq X \leq 20)$, wobei X die Anzahl der erkrankten Mitarbeiter ist. Wegen $\sigma = \sqrt{14,25} > 3$ ist die Anwendung der Näherungsformel berechtigt. Die nebenstehende Rechnung liefert:
$$\begin{aligned} P(12 \leq X \leq 20) &\approx \Phi(1,46) - \Phi(-0,93) \\ &= \Phi(1,46) - (1 - \Phi(0,93)) \\ &= 0,9279 - (1 - 0,8238) \\ &\approx 0,7517 = 75,17 \%. \end{aligned}$$

b) Die Tabelle zur Normalverteilung zeigt, dass $\Phi(z) \approx 0,99$ für $z \approx 2,33$ gilt.
Dieses erlaubt den Rückschluss, welche Werte k für die Zufallsgröße X nun erlaubt sind.
Ergebnis: Stehen mindestens 24 Personen in Reserve, so ist die Produktion zu 99 % sichergestellt.

$$P(12 \leq X \leq 20) = P(X \leq 20) - P(X \leq 11)$$
$$= F(300; 0,05; 20) - F(300; 0,05; 11)$$

Hilfsgrößen:

$\mu = 15$

$\sigma = \sqrt{14,25}$

$z_2 = \frac{20 - 15 + 0,5}{\sqrt{14,25}} \approx 1,46$

$z_1 = \frac{12 - 15 - 0,5}{\sqrt{14,25}} \approx -0,93$

Ansatz: $P(X \leq k) \approx \Phi(z) \geq 0,99$

$\Rightarrow \quad z \geq 2,33$ (Tabelle)

$\Rightarrow \quad \frac{k - 15 + 0,5}{\sqrt{14,25}} \geq 2,33$

$\Rightarrow \quad k \geq 23,29$

Übung 5

Die Wahrscheinlichkeit einer Jungengeburt beträgt bekanntlich 51,4 %.
In einem Bundesland werden jährlich ca. 50 000 Kinder geboren.
Mit welcher Wahrscheinlichkeit werden zwischen 25 500 und 26 000 Jungen geboren?

6. Exkurs: Anwendung der Normalverteilung

Übungen

Approximation der Binomialverteilung durch die Normalverteilung

6. Eine Reißnagelsorte fällt mit Wahrscheinlichkeiten von $\frac{2}{3}$ in Kopflage und von $\frac{1}{3}$ in Seitenlage. Es werden 100 Reißnägel geworfen.
   a) Mit welcher Wahrscheinlichkeit wird genau 66-mal die Kopflage erreicht?
   b) Mit welcher Wahrscheinlichkeit wird die Kopflage genau 50-mal erreicht?

Approximation der kumulierten Binomialverteilung durch die Normalverteilung

7. Wie groß ist die Wahrscheinlichkeit dafür, dass bei 6000 Würfelwürfen höchstens 950-mal die Augenzahl Sechs fällt?

8. Eine Maschine produziert Schrauben. Die Ausschussquote beträgt 5 %.
   a) Wie groß muss eine Stichprobe sein, damit die Normalverteilung anwendbar ist?
   b) Mit welcher Wahrscheinlichkeit befinden sich in einer Stichprobe von 500 Schrauben mindestens 30 defekte Schrauben?
   c) Mit welcher Wahrscheinlichkeit sind weniger als 20 defekte Schrauben in der Probe?

9. Die Wahrscheinlichkeit einer Knabengeburt beträgt ca. 51,4 %. Mit welcher Wahrscheinlichkeit befinden sich unter 500 Neugeborenen mehr Mädchen als Knaben?

10. Bei einem gefälschten Würfel ist die Wahrscheinlichkeit für eine Sechs auf 12 % reduziert. Wie groß ist die Wahrscheinlichkeit, dass dieser Würfel bis 150 Wurfversuchen dennoch mehr Sechsen zeigt als bei einem fairen Würfel zu erwarten wären?

11. Eine Münze wird 1000-mal geworfen.
    a) Wie groß sind Erwartungswert und Standardabweichung der Anzahl X der Kopfwürfe?
    b) Wie groß ist die Wahrscheinlichkeit dafür, dass die Abweichung der Kopfzahl X vom Erwartungswert nach oben/unten höchstens die einfache Standardabweichung beträgt?

12. Ein Multiple-Choice-Test enthält 100 Fragen mit jeweils drei Antwortmöglichkeiten, wovon stets genau eine richtig ist. Befriedigend wird bei mindestens 50 richtigen Antworten vergeben. Ausreichend wird bei mindestens 40 richtigen Antworten vergeben.
    Ein Proband rät nur. Mit welcher Wahrscheinlichkeit besteht er den Test mit Befriedigend bzw. besteht er nicht bzw. erzielt er 28 bis 38 richtige Antworten?

13. Ein Reifenfabrikant garantiert, dass 95 % seiner Reifen keine Unwucht aufweisen. Ein Großhändler nimmt 500 Reifen ab.
    a) Wie groß sind Erwartungswert und Standardabweichung für die Anzahl X der unwuchtigen Reifen?
    b) Mit welcher Wahrscheinlichkeit weisen höchstens zehn der Reifen eine Unwucht auf? Mit welcher Wahrscheinlichkeit beträgt die Anzahl der unwuchtigen Reifen 20–30?

C. Exkurs: Normalverteilung bei stetigen Zufallsgrößen

Eine Zufallsgröße, die nur *ganz bestimmte isolierte Zahlenwerte* annehmen kann, bezeichnet man als *diskrete Zufallsgröße*. Ein Beispiel ist die Augenzahl beim Würfeln. Sie kann als Werte nur die diskreten Zahlen 1 bis 6 annehmen. Im Unterschied hierzu spricht man von einer *stetigen Zufallsgröße*, wenn diese innerhalb eines bestimmten Intervalls *jeden beliebigen reellen Zahlenwert* annehmen kann. Beispiele hierfür sind die Körpergröße eines Tieres, die Länge einer Schraube oder das Gewicht einer Kirsche.

Stetige Zufallsgrößen sind oft von Natur aus normalverteilt. Man stellt dies durch empirische Messreihen fest. Aus den Messwerten kann man dann auch den Erwartungswert µ und die Standardabweichung bestimmen. Anschließend kann man mithilfe der Normalverteilungstabelle diverse Problemstellungen lösen. Dabei wendet man den folgenden Satz an.

> **Satz XI.5: Normalverteilte stetige Zufallsgrößen**
> X sei eine normalverteilte stetige Zufallsgröße mit dem Erwartungswert µ und der Standardabweichung σ.
> Dann gilt für jedes reelle r die Formel
> $P(X \leq r) = \Phi(z)$ mit $z = \frac{r-\mu}{\sigma}$.

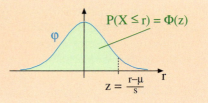

▶ **Beispiel: Die Körpergröße**
Die Körpergröße X von erwachsenen männlichen Grizzlys ist eine normalverteilte Zufallsgröße.
Aus empirischen Untersuchungen sind Mittelwert und Standardabweichung bekannt.
µ = 240 cm, σ = 10 cm.
Für einen zoologischen Garten wird ein Jungtier gefangen. Mit welcher Wahrscheinlichkeit wird seine Körpergröße maximal 230 cm erreichen?

Ursus Arctus Horribilis

Lösung:
Wir möchten $P(X \leq 230)$ berechnen. Aus r = 230, µ = 240 und σ = 10 erhalten wir den Wert der Hilfsgröße z. Er ist z = −1.

Nun können wir die gesuchte Wahrscheinlichkeit $P(X \leq 230)$ mithilfe der Normalverteilungstabelle bestimmen (vgl. rechts).

Resultat: Der Grizzly wird mit einer Wahrscheinlichkeit von ca 16 % relativ klein bleiben, d. h.
▶ 230 cm nicht überschreiten.

Berechnung der Hilfsgröße z:

$z = \frac{r-\mu}{\sigma} = \frac{230-240}{10} = -1$

Berechnung von $P(X \leq 230)$:

$P(X \leq 230) = \Phi(z) = \Phi(-1)$
$= 1 - \Phi(1)$
$= 1 - 0{,}8413$
$= 0{,}1587$

6. Exkurs: Anwendung der Normalverteilung

Übung 14

Eine Maschine produziert Schrauben mit einer durchschnittlichen Länge von $\mu = 80$ mm und einer Standardabweichung von $\sigma = 2$ mm.

a) Wie groß ist der Prozentsatz aller produzierten Schrauben, die länger sind als 78 mm?

b) Wie groß ist der Prozentsatz der Schrauben, deren Längen zwischen 78 und 82 mm liegen?

c) Nach längerer Laufleistung steigt die Standardabweichung auf $\sigma = 4$ mm. Welcher Prozentsatz der Schrauben liegt nun innerhalb des Toleranzbereichs von 78 mm bis 82 mm?

Abschließende Bemerkungen

Bei einer *diskreten Zufallsgröße* X gibt es zu jedem Wert k, den X annehmen kann, eine Säule im Verteilungsdiagramm, deren Fläche die Wahrscheinlichkeit $P(X = k)$ darstellt. Als Beispiel hierfür kann eine binomialverteilte Zufallsgröße gelten.

Bei einer *stetigen Zufallsgröße* X hat jeder Einzelwert r die Wahrscheinlichkeit Null, denn ihm entspricht im Verteilungsdiagramm keine Säule, sondern nur noch ein Strich. Man betrachtet daher für stetige Zufallsgrößen keine Punktwahrscheinlichkeiten, sondern nur Intervallwahrscheinlichkeiten $P(X \leq r)$, $P(X > r)$ bzw. $P(a \leq X \leq b)$.

Hieraus ergibt sich: Die Formel aus Satz XI.5 benötigt *keine Stetigkeitskorrektur* im Gegensatz zu der Formel aus Satz XI.4 für eine binomialverteilte Zufallsgröße.

Übungen

15. Ein Intelligenztest liefert im Bevölkerungsdurchschnitt einen Mittelwert von $\mu = 120$ Punkten bei einer Standardabweichung von $\sigma = 10$ Punkten.

    a) Eine zufällig ausgewählte Person wird getestet. Mit welcher Wahrscheinlichkeit erreicht sie weniger als 100 Punkte?

    b) 20 Personen werden getestet. Mit welcher Wahrscheinlichkeit erreicht davon mindestens eine Person 130 oder mehr Punkte?

16. Eine Maschine produziert Stahlplatten mit einer durchschnittlichen Stärke von 20 mm. Die Standardabweichung beträgt $\sigma = 0{,}8$ mm. Die Platten können nicht verwendet werden, wenn sie unter 19 bzw. über 22 mm stark sind.

    a) Berechnen Sie, mit welcher Wahrscheinlichkeit eine Platte verwendet werden kann.

    b) Ein Abnehmer kauft 500 Platten. Wie viele kann er voraussichtlich verwenden?

    c) Die Maschine wird neu justiert. Ihre Standardabweichung beträgt nun nur noch 0,6 mm. Wie viele brauchbare Platten enthält nun der Abnehmer von 500 Platten?

17. Die EG-Richtlinie für Abfüllmaschinen besagt: *Die tatsächliche Füllmenge darf im Mittel nicht niedriger sein als die Nennfüllmenge.* Bei Literflaschen beträgt die Nennfüllmenge 1000 ml. Ein Abfüllbetrieb hat seine Maschinen auf den Mittelwert $\mu = 1005$ ml eingestellt. Die unvermeidliche Streuung beträgt $\sigma = 3$ ml.

    a) Berechnen Sie, mit welcher Wahrscheinlichkeit ein Kunde eine unterfüllte Flasche erhält, d. h. mit weniger als 1000 ml tatsächlicher Füllmenge.

    b) Eine neue Maschine hat eine Streuung von nur $\sigma = 1$ ml. Wie muss der Mittelwert eingestellt werden, wenn die Wahrscheinlichkeit für eine Unterfüllung gleich bleiben soll?

18. Die mittlere Windgeschwindigkeit an der westlichen Ostsee beträgt 18 km/h. Die Standardabweichung beträgt 6 km/h. Zur Vorbereitung von Segelregatten werden Messungen vorgenommen bzw. Wahrscheinlichkeiten berechnet.

a) Mit welcher Wahrscheinlichkeit wird bei einer Messung eine Windgeschwindigkeit über 25 km/h gemessen?
b) Wie wahrscheinlich ist es, dass beim Start der Regatta der Wind mit einer Geschwindigkeit von über 15 km/h bläst?
c) Es werden fünf zufällige Messungen vorgenommen. Mit welcher Wahrscheinlichkeit liegen alle Messwerte über 15 km/h?
d) Mit welcher Wahrscheinlichkeit wird die Windgeschwindigkeit bei mindestens drei der zehn geplanten Regatten über 15 km/h liegen?

Die Kieler Woche: Das größte Segelsport-Ereignis der Welt

19. Das Durchschnittsgewicht eines Erwachsenen beträgt 70 kg mit einer Standardabweichung von 10 kg.

a) Mit welcher Wahrscheinlichkeit wiegt eine zufällig ausgewählte Person mehr als 85 kg?
b) Acht Personen besteigen einen Aufzug, der eine Tragfähigkeit von 650 kg besitzt. Mit welcher Wahrscheinlichkeit wiegt keine der Personen mehr als 80 kg, so dass die Tragfähigkeit in jedem Fall gewährleistet ist?
c) Für einen Test werden zwanzig Personen mit einem Gewicht zwischen 65 kg und 75 kg benötigt. Wie viele Personen muss man überprüfen, um die zwanzig Testkandidaten zu finden?

20. Die Strandstraße ist eine 30-km-Zone. Die Fahrgeschwindigkeit wurde durch Radarmessungen statistisch in der Hauptverkehrszeit zwischen 15 und 17 Uhr erfasst. Es ergab sich eine angenäherte Normalverteilung mit $\mu = 32$ km/h und $\sigma = 7$ km/h.

a) Welcher Prozentsatz der Fahrzeuge überschreitet das Geschwindigkeitslimit?
b) Welcher Prozentsatz der Fahrer erhält ein Bußgeld, wenn dies ab 35 km/h verhängt wird?
c) Die Geschwindigkeitsbegrenzung wird versuchsweise auf 50 km/h angehoben. Danach ergibt eine Messung, dass nur noch 30 % der Fahrer das Limit überschreiten. Welche Durchschnittsgeschwindigkeit wird nun gefahren, wenn die Standardabweichung 10 km/h ist?

6. Exkurs: Anwendung der Normalverteilung

CAS-Anwendung ● 345-1

Anwendung der Näherungsformeln für die Binomialverteilung

In den folgenden beiden Beispielen werden die lokale und die globale Näherungsformel von Laplace und de Moivre für Binomialverteilungen (vgl. S. 334 bzw. 337) auf dem CAS definiert. Da die CAS-Funktionen binomPdf$(p,n,k) = B(n,p,k)$ und binomCdf$(p,n,k) = F(p,n,k)$ auch für große n Ergebnisse liefern, kann die Güte der Näherung direkt getestet werden.

▶ **Beispiel: Lokale Näherung (Punktwahrscheinlichkeiten)**
Die Zufallsgröße X sei binomialverteilt mit den Parametern $n = 1000$ und $p = 0{,}75$. Erstellen Sie eine Notes-Seite zur Näherungsberechnung von Punktwahrscheinlichkeiten $P(X = k)$.

Lösung:
Die Parameter n und p werden in Math-Boxen bereitgestellt. Dann erfolgt die Berechnung des Erwartungswertes (m) und der Standardabweichung (s). Die Näherung für $P(X = k) = B(n,p,k)$ bezeichnen wir mit $b(n,p,k)$ und definieren Sie wie auf Seite 334 angegeben. Der Näherungswert $b(n,p,750)$ stimmt sehr gut mit dem exakten Wert $B(n,p,750) = $ binomPdf$(n,p,750)$ überein. Denselben Näherungswert erhält
▶ man mit der CAS-Funktion normPdf.

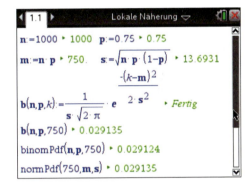

▶ **Beispiel: Globale Näherung (Intervallwahrscheinlichkeiten)**
Die Zufallsgröße X sei binomialverteilt mit den Parametern $n = 1000$ und $p = 0{,}75$. Erstellen Sie eine Notes-Seite zur Näherungsberechnung von Intervallwahrscheinlichkeiten $P(X \leq k)$.

Lösung:
Wir verfahren wie im obigen Beispiel, verwenden aber zur Berechnung von Werten $\Phi(z)$ der Gauß'schen Integralfunktion die CAS-Funktion normCdf.
Wir definieren also (vgl. S. 337):
$f(n,p,k) := $ normCdf$\left(-\infty, \dfrac{k-m+0{,}5}{s}, 0, 1\right)$
als Näherung für $P(X \leq k) = F(n,p,k)$.
Berechnet wird wieder der Näherungswert für $k = 750$. Ein Vergleich mit dem exakten Werte $F(n,p,750) = $ binomCdf$(n,p,750)$
▶ zeigt die Güte der Näherung.

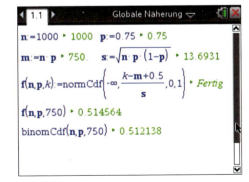

Übung 1
Verwenden Sie die tns-Datei der obigen Beispiele für weitere Berechnungen von Punkt- und Intervallwahrscheinlichkeiten. Experimentieren Sie auch mit der „Korrektur $+0{,}5$".

Überblick

Bernoulli-Versuch und Bernoulli-Kette
Ein Bernoulli-Versuch ist ein Zufallsexperiment mit genau zwei Ausgängen E(Treffer/Erfolg) und $\overline{E}$ (Niete/Mißerfolg). Die Trefferwahrscheinlichkeit p ist fest. Wiederholt man einen Bernoulli-Versuch n-mal, so spricht man von einer Bernoulli-Kette der Länge n.

Formel von Bernoulli
Wahrscheinlichkeit für genau k Treffer in einer Bernoulli-Kette der Länge n mit der Trefferwahrscheinlichkeit p.

$$P(X = k) = B(n; p; k) = \binom{n}{k} \cdot p^k \cdot (1-p)^{n-k}$$

Binomialverteilung
Wahrscheinlichkeitsverteilung der Trefferzahl X (mit $0 \leq X \leq n$) bei einer Bernoulli-Kette der Länge n. Beispiel: Verteilungstabelle und Verteilungsdiagramm (Abb. rechts) für den Fall $n = 4$, $p = 0{,}3$

Tabelle: S. 396–397

k	P(X = k)
0	0,2401
1	0,4116
2	0,2646
3	0,0756
4	0,0081

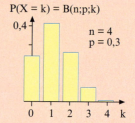

Erwartungswert und Standardabweichung bei einer Bernoulli-Kette

$$\mu = E(X) = n \cdot p$$
$$\sigma = \sqrt{n \cdot p \cdot (1-p)}$$

Kumulierte Binomialverteilung
Summe der Trefferwahrscheinlichkeiten für 0, 1, ..., k Treffer in einer Bernoulli-Kette der Länge n mit der Trefferwahrscheinlichkeit p.

$$P(X \leq k) = F(n; p; k)$$
$$= B(n; p; 0) + B(n; p; 1) + \cdots + B(n; p; k)$$

Tabelle: S. 398–404

Berechnung von Bernoulli-Wahrscheinlichkeiten
Punktwahrscheinlichkeit
Linksseitige Intervallwahrscheinlichkeit
Rechtsseitige Intervallwahrscheinlichkeit
Intervallwahrscheinlichkeit

$$P(X = k) = B(n; p; k) = \binom{n}{k} \cdot p^k \cdot (1-p)^{n-k}$$
$$P(X \leq k) = F(n; p; k) = B(n; p; 0) + \cdots + B(n; p; k)$$
$$P(X \geq k) = 1 - P(X \leq k-1) = 1 - F(n; p; k-1)$$
$$P(a \leq X \leq b) = F(n; p; b) - F(n; p; a-1)$$

Die Gauß'sche Glockenkurve
$$\varphi(t) = \frac{1}{\sqrt{2\pi}} \cdot e^{-\frac{1}{2}t^2}$$

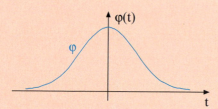

Die Gauß'sche Integralfunktion
$$\Phi(z) = \frac{1}{\sqrt{2\pi}} \cdot \int_{-\infty}^{z} e^{-\frac{1}{2}t^2} dt$$

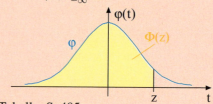

Tabelle: S. 405

XI. Wahrscheinlichkeitsverteilungen

Die globale Näherungsformel
Wenn die Laplace-Bedingung $\sigma > 3$ erfüllt ist, kann die kumulierte Binomialverteilung $F(n;p;k)$ durch die Gauß'sche Integralfunktion $\Phi(z)$ gut approximiert werden (s. Formeln rechts).
Zur Berechnung von $P(X \leq k) = F(n;p;k)$ werden zunächst μ und σ bestimmt, dann die Hilfsgröße z, dann aus der Φ-Tabelle der gesuchte Wert $\Phi(z)$.

$\mu = E(X) = n \cdot p$
$\sigma = \sqrt{n \cdot p \cdot (1-p)}$
Hilfsgröße: $z = \frac{k - \mu + 0{,}5}{\sigma}$
$P(X \leq k) = F(n;p;k) \approx \Phi(z)$

Normalverteilte stetige Zufallsgröße
Ist X eine normalverteilte stetige Zufallsgröße, so gilt die rechts dargestellte Formel für jedes reelle r.

Hilfsgröße: $z = \frac{r - \mu}{\sigma}$
$P(X \leq r) \approx \Phi(z)$

Das Lottomodell (Hypergeometrische Verteilung)
In einer Urne befinden sich insgesamt N Kugeln, davon M Treffer (rot) und N-M Nieten (blau).
n Kugeln werden ohne *Zurücklegen* gezogen.
X sei die Anzahl der Treffer unter den Gezogenen.
Dann gilt die rechts dargestellte Lottoformel.

Beispiel: Lotto 6 aus 49, 4 Richtige
Wie groß ist die Wahrscheinlichkeit für 4 Richtige beim Lotto 6 aus 49?
In der Urne mit 49 Zahlen befinden sich 6 Gewinnzahlen und 43 Nieten. n = 6 Zahlen werden ohne Zurücklegen gezogen. Dann gilt für 4 gezogene Treffer:
$P(X = 4) = \frac{\binom{6}{4} \cdot \binom{43}{2}}{\binom{49}{6}} \approx 0{,}00097 \approx 1:1000$

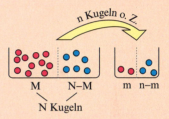

X: Anzahl der gezogenen Treffer
$P(X = m) = \frac{\binom{M}{m} \cdot \binom{N-M}{n-m}}{\binom{N}{n}}$

Das verallgemeinerte Lottomodell
In einer Lotto-Urne befinden sich mehr als zwei Kugelsorten. Z.B. sind in der Urne N Kugeln, davon R rote, G gelbe und B blaue Kugeln. Daraus werden n Kugeln ohne Zurücklegen gezogen. Wir betrachten das Ereignis, dass darunter genau r rote, g gelbe und b blaue Kugeln sind.

Beispiel: Lotto, 5 Richtige mit Zusatzzahl
Wie groß ist die Wahrscheinlichkeit für 5 Richtige mit Zusatzzahl beim Lotto? In der Urne mit 49 Zahlen sind 6 Gewinnzahlen, 1 Zusatzzahl und 42 Nieten. n = 6 Zahlen werden ohne Zurücklegen gezogen. Dann gilt für 5 Gewinne (G), 1 Zusatzzahl (Z) und 0 Nieten (N):
$P(G = 5; Z = 1; N = 0) = \frac{\binom{6}{5} \cdot \binom{1}{1} \cdot \binom{42}{0}}{\binom{49}{6}} = 1:2330636$

$P(\text{Rote} = r; \text{Gelbe} = g; \text{Blaue} = b)$
$= \frac{\binom{R}{r} \cdot \binom{G}{g} \cdot \binom{B}{b}}{\binom{N}{n}}$

Test

Normalverteilung

1. Das abgebildete Glücksrad wird 200-mal gedreht. X sei die Anzahl der dabei insgesamt erzielten roten Sterne.
   a) Berechnen Sie den Erwartungswert μ und die Standardabweichung σ von X.
   b) Wie groß ist die Wahrscheinlichkeit für folgende Ergeignisse?
      A: Es kommt genau 80-mal ein roter Stern.
      B: Die Anzahl der roten Sterne ist nicht größer als die Anzahl der grünen Scheiben.
      C: Es gilt $60 \leq X \leq 100$.

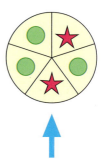

2. a) Welche Bedingung muss erfüllt sein, damit die Binomialverteilung mit den Parametern n und p durch die Normalverteilung approximiert werden darf?
   b) Eine Maschine produziert mit einem Ausschussanteil von 5 %. Die Zufallsgröße X beschreibt die Anzahl der fehlerhaften Teile in einer Stichprobe. Welchen Umfang muss die Stichprobe mindestens haben, damit die Binomialverteilung von X durch die Normalverteilung approximert werden darf?

3. Eine Maschine befüllt Flaschen. In 2 % der Fälle wird die Normfüllmenge unterschritten. Ein Großkunde führt eine Stichprobe durch, indem er 1000 Flaschen prüft.
   a) Welche Anzahl von unterfüllten Flaschen wird bei einer solchen Stichprobe im Durchschnitt erwartet? Wie groß ist die Standardabweichung?
   b) Ist die Stichprobe hinreichend groß, um die Normalverteilung anwenden zu können?
   c) Mit welcher Wahrscheinlichkeit findet der Kunde höchstens zwanzig unterfüllte Flaschen? Mit welcher Wahrscheinlichkeit findet er dreißig oder mehr unterfüllte Flaschen?
   d) Mit welcher Wahrscheinlichkeit findet der Kunde 20 bis 30 unterfüllte Flaschen?

4. In der Schatztruhe des sagenhaft reichen Königs befinden sich zahllose Golddukaten und Silberlinge. Der Anteil der Golddukaten liegt bei 60 %.

   a) Der König lässt sich von seinem Schatzkanzler 50 zufällig aus der Truhe gegriffene Geldstücke bringen. Wie viele Golddukaten kann er erwarten? Wie groß ist die Wahrscheinlichkeit dafür, dass er genau 30 Golddukaten erhält?

   b) Für ein großes Festbankett werden der Schatztruhe zufällig 400 Geldstücke entnommen. Bestimmen Sie die Wahrscheinlichkeit folgender Ereignisse.
      A: Unter den entnommenen Geldstücken sind mindestens 250 Golddukaten.
      B: Unter den Geldstücken sind mindestens 230 und höchstens 245 Golddukaten.

Lösungen unter 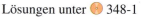 348-1

XII. Das Testen von Hypothesen

Naturwissenschaftler und Wirtschaftswissenschaftler, aber auch Politiker müssen sich häufig zwischen konkurrierenden Hypothesen über eine unüberschaubar große Grundgesamtheit entscheiden. Die Entscheidung wird dabei auf der Grundlage einer Stichprobe gefällt. Als Entscheidungshilfen wurden statistische Tests entwickelt, die auf der Wahrscheinlichkeitsrechnung beruhen.

Eine *statistische Gesamtheit* – also z. B. die Bevölkerung eines Staates, der Produktionsausstoß einer Maschine, der Inhalt einer Schraubenschachtel – kann Merkmale besitzen, deren Häufigkeitsverteilung nicht genau bekannt ist, über die man aber Vermutungen besitzt.

Durch *Erhebung einer Stichprobe* aus der Gesamtheit kann man mit relativ geringem Aufwand die Frage entscheiden, welche der verschiedenen Vermutungen – die< man auch als Hypothesen bezeichnet – wohl zutreffend ist.

Allerdings kann ein solches Verfahren zum *Prüfen von Hypothesen* zu Fehleinschätzungen führen, da eine Zufallsstichprobe durchaus ein falsches Bild der tatsächlichen Verhältnisse liefern kann. Im Folgenden wird das Risiko solcher Fehleinschätzungen für verschiedene Verfahren zum Testen von Hypothesen untersucht.

Wir behandeln zwei der wichtigsten Testverfahren, den Alternativtest und den Signifikanztest.

1. Der Alternativtest

In diesem Abschnitt werden die grundlegenden Begriffe der statistischen Entscheidungstheorie an einem besonders einfachen Beispiel eingeführt.
Der sogenannte *statistische Alternativtest* wird – wie der Name schon sagt – zur Entscheidung zwischen zwei zueinander alternativen Vermutungen, die man auch als alternative Hypothesen bezeichnet, verwendet.

A. Einführendes Beispiel zum Alternativtest

Beispiel: Ein Großhändler erhält eine Importlieferung von Kisten, die sehr viele Schrauben enthalten. Ein Teil der Kisten ist 1. Wahl, d. h. der Anteil der Schrauben, die die Maßtoleranzen überschreiten, beträgt 10 %. Die restlichen Kisten sind 2. Wahl, der Ausschussanteil beträgt hier 30 %. (*Alternativen*)

Da alle Kisten gleich aussehen und nicht beschriftet sind, soll durch Entnahme von Stichproben getestet werden, welche Qualität jeweils vorliegt.

Einer zu testenden Kiste werden zu diesem Zweck 20 Schrauben entnommen. (*Zufallsstichprobe*)
Sind höchstens 2 Schrauben Ausschuss, so wird die Kiste als 1. Wahl eingestuft, andernfalls als 2. Wahl. (*Entscheidungsregel*)

Dieses Verfahren kann natürlich zu Fehleinschätzungen führen.

Mit welcher Wahrscheinlichkeit wird eine Kiste, die tatsächlich 2. Wahl ist, aufgrund einer Stichprobe als 1. Wahl eingestuft? (*Irrtumswahrscheinlichkeit*)

1. Der Alternativtest

Lösung:
p sei der Anteil der ausschüssigen Schrauben in der zu testenden Kiste.
X sei die Anzahl der ausschüssigen Schrauben in der Stichprobe (*Prüfgröße*).

Handelt es sich um eine Kiste 2. Wahl, so gilt $p = 0{,}3$.

Die Zufallsvariable X, die hier als Prüfgröße dient, ist dann näherungsweise binomialverteilt mit den Parametern $n = 20$ und $p = 0{,}3$.

In einer Stichprobe von $n = 20$ Schrauben sind im Mittel 6 ausschüssige Schrauben zu erwarten, aber es können zufallsbedingt auch nur 2 oder weniger sein.

Die Wahrscheinlichkeit für Letzteres ist $P(X \leq 2) = F(20; 0{,}3; 2) \approx 3{,}55\%$, wie die Tabelle für die kumulierte Binomialverteilung zeigt.
▶ Eine Kiste 2. Wahl wird also nur recht selten als 1. Wahl eingestuft.

X ist binomialverteilt mit $n = 20$, $p = 0{,}3$.

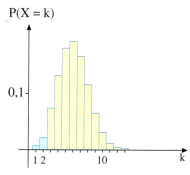

Entscheidung für 1. Wahl

P(Kiste 2. Wahl wird als 1. Wahl eingestuft)
$= P(X \leq 2)$
$= F(20; 0{,}3; 2)$
$\approx 0{,}0355 \quad = 3{,}55\%$

Außer dieser ersten Art von Fehlentscheidung, die sich für unseren Schraubengroßhändler geschäftsschädigend auswirken könnte, hat er noch eine zweite Fehlentscheidungsmöglichkeit, deren Inanspruchnahme seinen Kunden Freude bereiten dürfte:

▶ **Beispiel:** Das Entscheidungsverfahren aus dem vorherigen Beispiel kann zu einer zweiten Art von Fehlentscheidung führen: Eine Kiste 1. Wahl könnte irrtümlich als 2. Wahl eingestuft werden. Wie wahrscheinlich ist dies?

Lösung:
Ist die zu testende Kiste tatsächlich 1. Wahl, so gilt $p = 0{,}1$.
Die Prüfgröße X ist binomialverteilt mit den Parametern $n = 20$ und $p = 0{,}1$.

Die Wahrscheinlichkeit für die Einstufung der Kiste als 2. Wahl ist gleich
$P(X > 2) = 1 - P(X \leq 2) = 1 - F(20; 0{,}1; 2)$
$\approx 1 - 0{,}6769$
$= 0{,}3231 = 32{,}31\%$.

▶ Diesen Fehler wird unser Entscheidungsverfahren also recht häufig produzieren.

X ist binomialverteilt mit $n = 20$, $p = 0{,}1$.

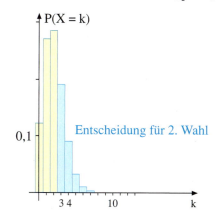

Entscheidung für 2. Wahl

B. Fachsprachliche Grundbegriffe des Hypothesentestens

Wir führen nun anhand des statistischen Alternativtests einige wichtige Fachbegriffe ein. Wir veranschaulichen diese Begriffe hier, indem wir sie durch eine Gegenüberstellung direkt auf unser Einführungsbeispiel beziehen.

Über eine *statistische Gesamtheit* gibt es zwei Vermutungen, die man Hypothesen nennt, die *Nullhypothese* H_0 sowie die *Alternativhypothese* H_1.

Diese Hypothesen schließen einander aus, sie sind in diesem Sinne Alternativen.
Sie können verbal oder in einer formelhaften Kurzform dargestellt werden.

Durch einen Test soll entschieden werden, welche der beiden Hypothesen als zutreffend angenommen werden soll.
Dieser *Hypothesentest* besteht darin, dass der vorliegenden statistischen Gesamtheit eine *Stichprobe* vom Umfang n entnommen wird.

Durch das Stichprobenergebnis wird der Wert einer Zufallsvariablen X, der sogenannten *Prüfgröße* festgelegt.

Mithilfe der Prüfgröße wird die *Entscheidungsregel* formuliert: Übersteigt der Wert der Prüfgröße in der Stichprobe die sogenannte kritische Zahl K nicht, so wird diejenige Hypothese angenommen, die niedrigeren Werten der Prüfgröße entspricht.

Die *kritische Zahl K* wird vor der Entnahme der Stichprobe unter mehr oder weniger subjektiven Gesichtspunkten festgelegt.
K gehört zum Annahmebereich von H_1.

Sie unterteilt die Wertemenge der Prüfgröße X in zwei Bereiche:
den *Verwerfungsbereich* von H_0, der zugleich Annahmebereich von H_1 ist, und den *Annahmebereich* von H_0, der zugleich Verwerfungsbereich von H_1 ist.

Statistische Gesamtheit:
Menge der Schrauben in der Kiste

Hypothesen:
H_0: Die Kiste ist 2. Wahl.
H_1: Die Kiste ist 1. Wahl.

Kurzdarstellung der Hypothesen:
H_0: $p = 0{,}3$
H_1: $p = 0{,}1$

p = Anteil der ausschüssigen Schrauben in der Kiste

Stichprobe:
Der Kiste wird eine Zufallsstichprobe von $n = 20$ Schrauben entnommen.

Prüfgröße:
X = Anzahl der ausschüssigen Schrauben in der Stichprobe

Entscheidungsregel:
kritische Zahl: $K = 2$

$X \le 2$: Entscheidung für H_1 (1. Wahl)
$X > 2$: Entscheidung für H_0 (2. Wahl)

Wahl der kritischen Zahl:
K klein: geringes Risiko, dass 2. Wahl als 1. Wahl eingestuft wird
K groß: geringes Risiko, dass 1. Wahl als 2. Wahl eingestuft wird

Annahmebereich/Verwerfungsbereich:

$X \in \{0, 1, 2\}$: $\begin{array}{l} H_1 \text{ annehmen} \\ H_0 \text{ verwerfen} \end{array}$

$X \in \{3, \dots, 20\}$: $\begin{array}{l} H_0 \text{ annehmen} \\ H_1 \text{ verwerfen} \end{array}$

1. Der Alternativtest

Die Entscheidungsregel kann wegen der Zufälligkeit des Stichprobenergebnisses zu Fehlentscheidungen führen.
Man unterscheidet zwei Fehlerarten und die zugehörigen Wahrscheinlichkeiten:

Fehler 1. Art:
Die Nullhypothese wird verworfen (abgelehnt), obwohl sie tatsächlich wahr ist.

Fehler 2. Art:
Die Nullhypothese wird angenommen, obwohl sie tatsächlich falsch ist.

Irrtumswahrscheinlichkeit 1. Art:
Wahrscheinlichkeit, mit der die gewählte Entscheidungsregel zu einem Fehler 1. Art führt (wird auch α-*Fehler* genannt). Sie hängt von der Wahrscheinlichkeitsverteilung der Prüfgröße X und der Wahl der kritischen Zahl K ab.

Entsprechend ist die *Irrtumswahrscheinlichkeit 2. Art* (β-**Fehler**) als Wahrscheinlichkeit eines Fehlers 2. Art definiert.

Diese Irrtumswahrscheinlichkeiten lassen sich in gewisser Weise als bedingte Wahrscheinlichkeiten interpretieren:

P(Fehler 1. Art) = P_{H_0} **(Entscheidung für H_1)**

P(Fehler 2. Art) = P_{H_1} **(Entscheidung für H_0)**

Im Allgemeinen geht man bei der Festlegung der Hypothesen H_0 und H_1 so vor, dass der Fehler 1. Art für den Anwender des Tests die dramatischeren Konsequenzen hat.
Der Test ist tauglich, wenn es gelingt, durch geeignete Wahl des Stichprobenumfanges n (Kostenfrage) und der kritischen Zahl K das Risiko des Fehlers 1. Art hinreichend klein zu halten, ohne dass die Wahrscheinlichkeit eines Fehlers 2. Art unvertretbar groß wird.

Fehlentscheidungen:

Fehler- arten	H_0 ist wahr	H_1 ist wahr
Entscheidung für H_0		Fehler 2. Art
Entscheidung für H_1	Fehler 1. Art	

Irrtumswahrscheinlichkeiten:
Die Zufallsgröße X (Anzahl der ausschüssigen Schrauben) ist annähernd binomialverteilt, da die Stichprobe klein ist im Verhältnis zur Gesamtheit, sodass sich der Ausschussanteil p durch die Entnahme der Stichprobe praktisch nicht ändert.

Im Falle des Fehlers 1. Art ist H_0 wahr $(p = 0,3)$. Die Prüfgröße ist dann binomialverteilt mit $n = 20$ und $p = 0,3$.

$$
\begin{aligned}
\text{α-Fehler} &= P(\text{Fehler 1. Art}) \\
&= P_{H_0}(\text{Entscheidung für } H_1) \\
&= P(X \leq 2), n = 20, p = 0,3 \\
&= F(20\,;\,0,3\,;\,2) \\
&\approx 0,0355 \\
&= 3,55\,\%
\end{aligned}
$$

Testtauglichkeit:
Unter dem subjektiven Gesichtspunkt, dass der Schraubengroßhändler wegen seines guten Rufs nach Möglichkeit vermeiden möchte, dass 2. Wahl als 1. Wahl eingestuft wird, ist das Testverfahren recht brauchbar, weil das Risiko hierfür nur 3,55 % beträgt.

Allerdings muss er in Kauf nehmen, dass recht häufig Kisten 1. Wahl unter Wert als 2. Wahl verkauft werden (32,31 %).

C. Weitere Beispiele zum Alternativtest

Der Testkonstrukteur wird bei statistischen Alternativtests mit unterschiedlichen Aufgabenstellungen konfrontiert: Bei gegebenem Entscheidungsverfahren sind Irrtumswahrscheinlichkeiten zu berechnen und bei gegebenen Irrtumswahrscheinlichkeiten sind passende Entscheidungsverfahren zu entwickeln. Im Folgenden demonstrieren wir die wesentlichen Variationen.

▶ **Beispiel: Berechnung der Irrtumswahrscheinlichkeiten bei gegebener kritischer Zahl**
Ein Spieler besitzt gefälschte Münzen, bei welchen die Wahrscheinlichkeit p für Kopf auf 20 % erniedrigt ist. Dem Spieler ist entfallen, ob die Münze in seiner Hosentasche fair oder gefälscht ist, und er testet sie daher durch 12 Probewürfe. Fällt dabei mehr als viermal Kopf, so stuft er die Münze als fair ein, andernfalls als gefälscht.
Wie groß sind die Irrtumswahrscheinlichkeiten (α-Fehler bzw. β-Fehler)?

Lösung:
Als alternative Hypothesen legen wir fest:
H_0: Die Münze ist fair.
H_1: Die Münze ist gefälscht.

Die Kurzdarstellung der Hypothesen ist:
H_0: $p = 0,5$
H_1: $p = 0,2$
Dabei ist p die Wahrscheinlichkeit, mit der die Münze Kopf liefert.

Als Prüfgröße X wählen wir die Anzahl der Kopfwürfe bei 12 Probewürfen.
Die Entscheidungsregel lautet:
$X > 4 \Rightarrow$ Entscheidung für H_0
$X \leq 4 \Rightarrow$ Entscheidung für H_1

X ist exakt binomialverteilt. Die Parameter sind $n = 12$ und $p = 0,5$, falls H_0 gilt, bzw. $n = 12$ und $p = 0,2$, falls H_1 gilt.

Faire Münze wird als gefälscht eingestuft:
α-Fehler = P(Fehler 1. Art)
$\qquad = P_{H_0}$ (Entscheidung für H_1)
$\qquad = P(X \leq 4)$, $n = 12$, $p = 0,5$
$\qquad = F(12; 0,5; 4)$
$\qquad \approx 0,1938$
$\qquad = 19,38\%$

Gefälschte Münze wird als fair eingestuft:
β-Fehler = P(Fehler 2. Art)
$\qquad = P_{H_1}$ (Entscheidung für H_0)
$\qquad = P(X > 4)$, $n = 12$, $p = 0,2$
$\qquad = 1 - F(12; 0,2; 4)$
$\qquad \approx 1 - 0,9274$
$\qquad = 0,0726$
$\qquad = 7,26\%$

Damit ergeben sich die in der rechten Spalte berechneten Irrtumswahrscheinlichkeiten, die nicht
▶ sehr groß sind, sodass das Testverfahren als bedingt geeignet erscheint.

Übung 1
Ein Gärtner übernimmt einen Posten von großen Behältern mit Blumensamen. Der Inhalt einiger Behälter ist zu 70 % keimfähig, der Inhalt der restlichen jedoch nur zu 40 %. Es ist aber nicht bekannt, um welche Behälter es sich jeweils handelt. Um dies festzustellen, wird jedem Behälter eine Stichprobe von 10 Samen entnommen und einem Keimversuch unterzogen. Geht mehr als die Hälfte der Samen an, wird dem Samen im entsprechenden Behälter eine Keimfähigkeit von 70 % zugeordnet, andernfalls nur eine von 40 %. Welche Irrtümer können auftreten, welche Konsequenzen haben diese Irrtümer und wie groß sind die Irrtumswahrscheinlichkeiten?

1. Der Alternativtest

Nehmen wir an, dass der Spieler aus dem vorhergehenden Beispiel ein Falschspieler ist. Dann möchte er das Risiko, eine faire Münze als gefälscht einzustufen, möglichst gering halten. Das kann er bei sonst gleichen Bedingungen durch eine Abänderung der Entscheidungsregel erreichen.

▶ **Beispiel: Berechnung der kritischen Zahl bei gegebener Irrtumswahrscheinlichkeit**
Wie muss im vorherigen Beispiel – bei sonst gleichen Voraussetzungen – das Entscheidungsverfahren abgeändert werden, damit eine faire Münze mit nicht mehr als 10 % Wahrscheinlichkeit irrtümlich als gefälscht eingestuft wird?

Lösung:
Die Entscheidungsregel lautet nunmehr:

$X > K \Rightarrow$ Entscheidung für H_0
$X \leq K \Rightarrow$ Entscheidung für H_1

mit einer zunächst noch unbestimmten kritischen Zahl K.

Die Forderung, dass die Wahrscheinlichkeit eines Fehlers 1. Art höchstens 10 % betragen darf, führt auf die kritische Zahl $K = 3$. Dies kann man, wie rechts dargestellt, der Tabelle für die kumulierte Binomialverteilung bei einem Stichprobenumfang von $n = 12$ entnehmen.

Nachteil: Der Fehler 2. Art steigt auf stolze 20,54 % an.
Verringert man die Irrtumswahrscheinlichkeit 1. Art, so erhöht sich bei gleichem Stichprobenumfang die Irrtumswahr-
▶ scheinlichkeit 2. Art.

Bestimmung der kritischen Zahl K:

P(Fehler 1. Art) $\leq 0,10$
P_{H_0} (Entscheidung für H_1) $\leq 0,10$
$F(12 ; 0,5 ; K) \leq 0,10$

Der Tabelle ($n = 12$, $p = 0,5$) entnehmen wir:

$$F(12 ; 0,5 ; 3) \approx 0,073$$
$$F(12 ; 0,5 ; 4) \approx 0,1938$$

Daraus folgt: $K = 3$ ist geeignet.

Irrtumswahrscheinlichkeit 2. Art:

$$\begin{aligned} P(\text{Fehler 2. Art}) &= 1 - F(12 ; 0,2 ; 3) \\ &\approx 1 - 0,7946 \\ &= 0,2054 \\ &= 20,54\,\% \end{aligned}$$

Übung 2
Die Münze aus dem letzten Beispiel soll durch 50 Probewürfe getestet werden.
Welche Entscheidungsregel ist zu wählen, damit in diesem Test eine faire Münze mit nicht mehr als 5 % Wahrscheinlichkeit irrtümlich als gefälscht eingestuft wird?

Übung 3
Der Gärtner aus Übung 1 strebt an, dass einem Behälter mit Samen niedriger Keimfähigkeit (40 %) mit nur geringer Wahrscheinlichkeit α irrtümlich eine hohe Keimfähigkeit (70 %) zugeordnet wird. Wie muss er seine Entscheidungsregel abändern, damit $\alpha \leq 5\,\%$ gilt?
Welche Wahrscheinlichkeit ergibt sich nun für die irrtümliche Zuordnung einer niedrigen Keimfähigkeit zu einem Behälter mit tatsächlich hoher Keimfähigkeit? Ist das Testverfahren brauchbar?

Übungen

4. Ein Spieler behauptet, seine Geschicklichkeit sei so groß, dass seine Chancen, einen Pasch zu erzielen und damit zu gewinnen, bei 30 % liegen (H_1). Seine Freunde beschließen: Gewinnt er von 50 Testspielen mindestens 10, so wollen sie ihm glauben.

   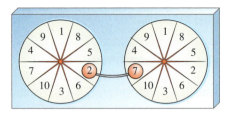

   a) Welche Fehler können durch die Anwendung der Regel auftreten und wie groß sind die Fehlerwahrscheinlichkeiten?
   b) Die Entscheidungsregel wird geändert: Dem Spieler wird seine angebliche Geschicklichkeit nur geglaubt, wenn er in 100 Spielen mindestens 20 Erfolge verbuchen kann. Welche Auswirkung hat diese Regeländerung auf die Fehlerwahrscheinlichkeiten? Ist der Gesamtfehler, d. h. die Summe von α-Fehler und β-Fehler, gegenüber Aufgabenteil a kleiner geworden?

5. Das Spielkasino bekommt aus Insiderkreisen einen „heißen Tipp": Es wurden gefälschte Würfel eingeschmuggelt, die die Sechs mit einer Wahrscheinlichkeit von 25 % produzieren (H_0). Das Kasino beschließt, alle Würfel durch 100 Testwürfel zu prüfen.

   a) Die Entscheidungsregel lautet: Bei mehr als 20 Sechsen wird der Würfel als gefälscht eingestuft. Wie groß sind α- und β-Fehler?
   b) Wie muss die Entscheidungsregel lauten, wenn die Wahrscheinlichkeit, dass ein gefälschter Würfel nicht erkannt wird, unter 3 % liegen soll?

6. Für eine Lotterie werden Losmischungen vorbereitet:

   Mischung 1: Lose für 1 €/Stück;   Anteil an Gewinnlosen: 20 %,
   Mischung 2: Lose für 0,50 €/Stück;   Anteil an Gewinnlosen: 5 %.

   Leider wurde es versäumt, die Mischungen zu kennzeichnen. Zur Einstufung wird ein Alternativtest angewandt. Dabei sollen aus einer Mischung 20 Lose gezogen werden. Wie muss die Entscheidungsregel lauten, damit die Summe von α-Fehler und β-Fehler minimal ist?

7. Der Fliesenleger vermutet, dass ihm vom Hersteller irrtümlich statt Kacheln 1. Wahl (10 % Ausschuss) Kacheln 3. Wahl (30 % Ausschuss) geliefert wurden. Er testet eine Packung mit 50 Kacheln. Wie muss die Entscheidungsregel lauten, wenn der Fehler, dass eine Packung 3. Wahl als 1. Wahl eingestuft wird, unter 10 % liegen soll?

2. Der Signifikanztest

Mithilfe von statistischen Testverfahren wird aus Beobachtungen auf eine unbekannte Wahrscheinlichkeit p geschlossen.

Im vorigen Abschnitt ging es um den Fall, dass für p nur zwei ganz bestimmte, bekannte Werte p_1 und p_2 in Frage kamen, zwischen denen mithilfe des statistischen Alternativtests entschieden wurde.

In den meisten Fällen liegen die Dinge insofern etwas komplizierter, als dass man über den Wert von p nur eine Vermutung hat, die durch einen statistischen Test entweder bestätigt oder widerlegt werden soll. Einen solchen Test nennt man einen *Signifikanztest*.

A. Einführendes Beispiel zum Signifikanztest

> **Beispiel: Bestimmung der Irrtumswahrscheinlichkeiten**
> Ein Pharma-Hersteller hat ein neues Medikament gegen Schlaflosigkeit entwickelt.
> Das beste bereits auf dem Markt eingeführte Medikament mit vergleichbar geringen Nebenwirkungen zeigt in 50 % der Anwendungsfälle eine ausreichende Wirkung.
> Erste Anwendungen lassen die Forscher die Hypothese aufstellen, dass das neue Medikament in einem noch größeren Anteil der Anwendungsfälle ausreichend wirkt.
> Dies soll in einer Studie an 50 Patienten überprüft werden. Die Forscher sind vorsichtig und legen fest, dass die Hypothese nur dann angenommen werden soll, wenn das Medikament bei mindestens $K = 31$ Patienten ausreichend wirkt.
> Mit welcher Wahrscheinlichkeit wird dem Medikament eine bessere Wirkung als dem alten Medikament zugesprochen, wenn dieser Sachverhalt in Wirklichkeit gar nicht zutrifft?

Lösung:
Wir verwenden die nebenstehend aufgeführten Festlegungen.

p: Erfolgswahrscheinlichkeit des neuen Medikaments

Es ist üblich, die Forschungshypothese nicht als Nullhypothese H_0, sondern als Gegenhypothese H_1 zur Nullhypothese zu formulieren.
Die Nullhypothese ist eine *einfache*, nur aus dem Wahrscheinlichkeitswert $p = 0,5$ bestehende Hypothese, während die Gegenhypothese *zusammengesetzt* ist aus unendlich vielen Werten p, nämlich $0,5 < p \leq 1$.

X: Anzahl der Patienten, bei welchen das Medikament ausreichend wirkt

H_0: Das neue Medikament ist nur genauso gut wie das alte Medikament. $\boxed{H_0 : p = 0,5}$

H_1: Das neue Medikament ist besser als das alte Medikament. $\boxed{H_1 : p > 0,5}$

Die Entscheidungsregel wird mithilfe der Prüfgröße X formuliert. Ist $X \geq 31$, so wird das neue Medikament als das wirksamere Medikament eingestuft.

Entscheidungsregel:

$X < 31 \Rightarrow H_0$ wird angenommen
$X \geq 31 \Rightarrow H_0$ wird verworfen

Die Prüfgröße ist annähernd binomialverteilt, da der Stichprobenumfang $n = 50$ klein ist im Vergleich zur gesamten Bevölkerung.

Die Irrtumswahrscheinlichkeit 1. Art, d. h. den α-Fehler kann man unter Verwendung der Tabelle der kumulierten Binomialverteilung bestimmen. Sie beträgt ca. 5,95 %. Das Risiko, dass die Forschungshypothese angenommen wird, obwohl sie falsch ist, ist daher gering.

Der Test ist also in diesem Sinne recht gut. Man sagt auch, dass sein Signifikanzniveau 5,95 % betrage.

Die Irrtumswahrscheinlichkeit 2. Art, d. h. der β-Fehler lässt sich beim Signifikanztest im Gegensatz zum Alternativtest nicht eindeutig bestimmen, da die Hypothese H_1 zusammengesetzt ist. Selbst wenn wir annehmen, dass H_1 zutrifft, kennen wir den tatsächlichen Wert von p nicht, sondern können nur $p > 0,5$ annehmen.
Je größer p ist, desto geringer ist die Irrtumswahrscheinlichkeit 2. Art.
Das heißt, je wirksamer das Medikament ist, umso geringer ist das Risiko, dass es zu Unrecht als unwirksam eingestuft wird.

Irrtumswahrscheinlichkeit 1. Art:

$$\begin{aligned}
\alpha\text{-Fehler} &= P(\text{Fehler 1. Art}) \\
&= P_{H_0}(\text{Entscheidung für } H_1) \\
&= P(X \geq 31), \ n = 50, \ p = 0,5 \\
&= 1 - P(X \leq 30) \\
&= 1 - F(50 \, ; 0,5 \, ; 30) \\
&\approx 1 - 0,9405 \\
&= 0,0595 \\
&= 5,95\%
\end{aligned}$$

Signifikanzniveau des Tests:

$$\alpha = 5,95\%$$

Irrtumswahrscheinlichkeit 2. Art:

$$\begin{aligned}
\beta\text{-Fehler} &= P(\text{Fehler 2. Art}) \\
&= P_{H_1}(\text{Entscheidung für } H_0) \\
&= P(X < 31) \\
&= P(X \leq 30); \quad n = 50, \ p > 0,5 \\
&= F(50 \, ; p \, ; 30)
\end{aligned}$$

$$\approx \begin{cases} 0,5535 = 55,35\%, & \text{falls } p = 0,6 \\ 0,0848 = 8,48\%, & \text{falls } p = 0,7 \\ 0,0009 = 0,09\%, & \text{falls } p = 0,8 \end{cases}$$

Da neue Medikamente oft nur noch geringe Fortschritte bringen, ist die Wahrscheinlichkeit, dass sie im Signifikanztest durchfallen, in der Regel relativ groß.

Übung 1

Die Behauptung H_1, dass mehr als 20 % aller ABC-Schützen Linkshänder sind, soll anhand einer Stichprobe von 80 Kindern getestet werden. Findet man mehr als 20 Linkshänder, so wird H_1 als zutreffend eingestuft.

a) Wie groß ist das Signifikanzniveau des Tests (α-Fehler)?

b) Mit welcher Wahrscheinlichkeit wird die Behauptung verworfen, wenn der wahre Anteil von Linkshändern unter allen ABC-Schützen 30 % beträgt?

B. Weitere Beispiele zum Signifikanztest

In unserem einführenden Beispiel war die Entscheidungsregel gegeben und das Signifikanzniveau in Gestalt des α-Fehlers gesucht.

In der Praxis ist es meistens genau umgekehrt: Man gibt das Signifikanzniveau α vor und konstruiert die zugehörige Entscheidungsregel, indem man Annahme- und Verwerfungsbereich für die Nullhypothese geeignet festlegt.

Signifikanzniveau α eines Tests:

vorgegebene obere Schranke für die Irrtumswahrscheinlichkeit 1. Art bei einem Signifikanztest

häufig verwendete Signifikanzniveaus: $\alpha = 5\%$, $\alpha = 1\%$

▶ **Beispiel: Vorgabe des Signifikanzniveaus, einseitiger Test**
Der Pharma-Hersteller aus dem vorherigen Beispiel möchte in einer 50 Patienten umfassenden Studie testen, ob sein neues Schlafmittel wirklich – wie seine Forscher vermuten – besser ist als die besten marktgängigen Produkte, die in 50 % aller Fälle helfen.
Er möchte dieser Vermutung Glauben schenken, wenn das Medikament bei mindestens K der 50 Patienten wirkt.
Er ist recht vorsichtig und verlangt daher, dass die kritische Zahl K so bestimmt werden soll, dass der Test ein 1-Signifikanzniveau besitzt, d. h., die Wahrscheinlichkeit dafür, dass das neue Medikament zu Unrecht als den alten Medikamenten überlegen eingestuft wird, darf maximal 1 % betragen.

Lösung:
Wir verwenden die in der Lösung zum vorhergehenden Beispiel verwendeten Bezeichnungen. In diesem Fall handelt es sich um einen *einseitigen Test*, weil der Ablehnungsbereich für H_0, der so genannte kritische Bereich, aus einem einzigen Intervall besteht.

Der Ansatz P(Fehler 1. Art) < 0,01 führt nach nebenstehend aufgeführter Rechnung auf K = 34.

Die Entscheidungsregel lautet daher:
Dem neuen Medikament wird eine bessere Wirksamkeit als den alten Medikamenten zugesprochen, wenn es bei mindestens 34
▶ der 50 Patienten wirkt.

Einseitiger Signifikanztest:

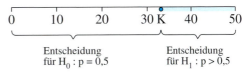

Bestimmung von K:

P(Fehler 1. Art) $\leq 0,01$

$\Leftrightarrow P_{H_0}$ (Entscheidung für H_1) $\leq 0,01$

$\Leftrightarrow$ $\qquad P(X \geq K) \leq 0,01$

$\Leftrightarrow$ $\qquad P(X < K) > 0,99$

$\Leftrightarrow$ $\qquad F(50; 0,5; K-1) > 0,99$

nach Tabelle: $K - 1 \geq 33$, also K = 34

▶ **Beispiel: Linksseitiger Signifikanztest**
In einer Studie werden die nächsten 50 Elfmeter von linksfüßig schießenden Bundesligaspielern registriert.
Wenn dabei höchstens 30 Treffer erzielt werden, soll das Gerücht, dass „Linksfüßer" die schlechteren Elfmeterschützen sind, als bestätigt gelten.
a) Wie groß ist der α-Fehler des Tests?
b) Wie groß ist der β-Fehler für p = 0,6 bzw. p = 0,5, wobei p die Trefferwahrscheinlichkeit eines Linksfüßers ist.

Sportteil
Elfmeterschützen haben in der Bundesliga eine Trefferquote von 70 %. Es wird oft behauptet, dass linksfüßig schießende Schützen eine schlechtere Trefferquote aufweisen.
In einer Studie mit 50 Schützen soll dieses Gerücht nun untersucht werden.

Lösung zu a:
Wir stellen zunächst alle bekannten Daten und Bezeichnungen zusammen.

Der α-Fehler tritt ein, wenn für H_1 entschieden wird, obwohl H_0 vorliegt. Das ist der Fall, wenn die Linksfüßer genauso begabt sind wie alle Elfmeterschützen (p = 0,7), aber in der 50-er Serie zufällig zu selten treffen, also höchstens 30-mal statt zu der zu erwartenden Zahl von 35 Treffern.
Die Wahrscheinlichkeit für diesen Fall beträgt ca. 8,48 %.
Das ist ein akzeptabler Wert. Für ein Fußballproblem reicht es allemal.
Der Test ist allerdings nicht signifikant auf dem 5 %-Niveau. Um dieses Niveau zu erreichen, müßte man die kritische Zahl K = 30 auf K = 29 erniedrigen.

Lösung zu b:
Der β-Fehler hängt ganz von der tatsächlichen Trefferwahrscheinlichkeit der Linksfüßer ab. Ist diese nur wenig kleiner als der Durchschnitt $p_0 = 0,7$, so wird er hoch sein. Ist sie erheblich kleiner als $p_0 = 0,7$, so wird er niedrig sein.
Für p = 0,6 erhalten wir einen β-Fehler von b = 44,65 %.
Analog erhalten wir für p = 0,5 einen β-Fehler von β = 1 − F(50,0,5,30) = 5,95 %.
Beim linksseitigen Test gilt: Je kleiner p,
▶ umso kleiner ist der β-Fehler.

Bezeichnungen:
n = 50: Umfang der Stichprobe
$p_0 = 0,7$: Trefferwahrscheinlichkeit aller Elfmeterschützen
p: Trefferwahrscheinlichkeit eines Linksfüßers
X: Anzahl der Treffer in der Stichprobe
Hypothesen: H_0: p = 0,7
H_1: p < 0,7

Entscheidungsregel:
X > 30: Entscheidung für H_0
X ≤ 30: Entscheidung für H_1

α-Fehler:
α-Fehler = P(Fehler 1. Art)
= P_{H_0}(Entscheidung für H_1)
= P(X ≤ 30)   für n = 50, p = 0,7
= F(50;0,7;30)
≈ 0,0848 = 8,48 %

β-Fehler für p = 0,6:
β-Fehler = P(Fehler 2. Art)
= P_{H_1}(Entscheidung für H_0)
= P(X > 30)   für n = 50, p = 0,6
= 1 − P(X ≤ 30)
= 1 − F(50;0,6;30)
≈ 1 − 0,5535 = 0,4465 = 44,65 %

2. Der Signifikanztest

> **Beispiel:**
> **Zweiseitiger Signifikanztest (p = 0,5)**
> In der Berliner Münze soll die Vermutung getestet werden, ob eine neue Prägemaschine Münzen mit unausgeglichener Gewichtsverteilung herstellt, so genannte unfaire Münzen.
> Zu diesem Zweck wird eine der produzierten Münzen 100-mal geworfen und die Anzahl der Kopfwürfe gezählt. Weicht das Zählergebnis wenigstens um 10 vom erwarteten Wert 50 ab, so wird die Münze als unfair eingestuft.
> Welches Signifikanzniveau ergibt sich?

Lösung:
Wir verwenden die nebenstehenden Bezeichnungen.

Stichprobenumfang: $n = 100$
p: Wahrscheinlichkeit für Kopf
X: Anzahl der Kopfwürfe bei 100 Würfen

Ist die Münze fair, so gilt $p = 0,5$.
Ist die Münze unfair, so gilt entweder $p > 0,5$ oder $p < 0,5$, d. h. $p \neq 0,5$.

H_0: Die Münze ist fair: $p = 0,5$
H_1: Die Münze ist unfair: $p \neq 0,5$

Der Verwerfungsbereich für H_0 setzt sich diesmal aus zwei Intervallen zusammen:
$0 \leq X \leq 40$ und $60 \leq X \leq 100$.

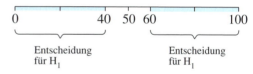

Ein Test, dessen kritischer Bereich aus zwei Intervallen besteht, wird als ein *zweiseitiger Test* bezeichnet.

Wir bestimmen nun das Signifikanzniveau des Tests, indem wir den α-Fehler errechnen.

▶ **Resultat:** $\alpha \approx 5{,}68\%$

$\alpha = P(\text{Fehler 1. Art})$
$ = P_{H_0}(\text{Entscheidung für } H_1)$
$ = P(X \leq 40) + P(X \geq 60), p = 0,5$
$ = F(100; 0,5; 40) + 1 - F(100; 0,5; 59)$
$ \approx 0{,}0284 + 0{,}0284$
$ = 0{,}0568$

Übung 2
a) Welches Signifikanzniveau ergibt sich im obigen Beispiel für $n = 80$?
b) Wie groß ist im obigen Beispiel der β-Fehler, wenn $p = 0,4$ bzw. $p = 0,7$ gilt?
c) Wie kann durch Abänderung der im obigen Beispiel verwendeten Entscheidungsregel der α-Fehler auf maximal 1 % gedrückt werden?

Im vorhergehenden Beispiel wurden die beiden Intervalle des zweigeteilten kritischen Bereichs gleich groß und symmetrisch zum Erwartungswert für die Prüfgröße angelegt.

Dies war sicher zweckmäßig, da wegen H_0: $p = 0{,}5$ eine symmetrische Verteilung vorlag.

Ist die Verteilung nicht symmetrisch (z. B. H_0: $p = 0{,}4$), so ist es üblich, die beiden Intervalle des kritischen Bereichs so zu wählen, dass der α-Fehler sich jeweils etwa zur Hälfte auf die beiden Intervalle verteilt.

Kritischer Bereich beim zweiseitigen Test:

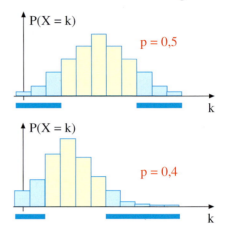

▶ **Beispiel: Zweiseitiger Signifikanztest ($p \neq 0{,}5$)**
Der Abgeordnete Karlo Mann hat bei der letzten Wahl 40 % der Stimmen erhalten. Er möchte nun wissen, ob sich dieser Stimmanteil inzwischen verändert hat. Also lässt er 100 Personen aus seinem Wahlkreis befragen. Sollten dabei erheblich weniger oder erheblich mehr als 40 Personen für ihn votieren, so wird er annehmen, dass sein Stimmanteil sich verändert hat. Er möchte das Risiko, dass er aus dem Ergebnis der Umfrage irrtümlich auf einen veränderten Stimmanteil schließt, auf maximal 20 % begrenzen. Welche Entscheidungsregel sollte er bei der Auswertung des Umfrageergebnisses befolgen?

Lösung:
Unter Verwendung der rechts aufgeführten Bezeichnungen gilt:

Der kritische Bereich (Verwerfungsbereich für H_0) setzt sich aus zwei Intervallen zusammen: $[0\,;K_1]$ und $[K_2\,;100]$.

Wir wählen die kritischen Zahlen K_1 und K_2 derart, dass gilt:

1) $P(X \leq K_1) \leq \frac{\alpha}{2}$:
$P(X \leq K_1) \leq 0{,}1 \Leftrightarrow F(100\,;0{,}4\,;K_1) \leq 0{,}1$
gilt für $K_1 = 33$.

2) $P(X \geq K_2) \leq \frac{\alpha}{2}$:
$P(X \geq K_2) \leq 0{,}1 \Leftrightarrow 1 - F(100\,;0{,}4\,;K_2 - 1) \leq 0{,}1$
gilt für $K_2 - 1 \geq 46$, $K_2 \geq 47$.

Stichprobenumfang: $n = 100$

p: Anteil der Wahlberechtigten, die für Herrn Mann stimmen würden

X: Anzahl der befragten Personen, die für Herrn Mann stimmen würden

H_0: Stimmanteil unverändert: $p = 0{,}4$
H_1: Stimmanteil verändert: $p \neq 0{,}4$

Entscheidungsregel:

$X \leq K_1$ ⇒ Entscheidung für H_1
$X \geq K_2$ ⇒ Entscheidung für H_1
$K_1 < X < K_2$ ⇒ Entscheidung für H_0

Resultat:
$K_1 = 33$ und $K_2 = 47$

▶ Abgeordneter Mann geht also nur dann von einem veränderten Stimmanteil aus, wenn er in der Umfrage höchstens 33 oder mindestens 47 Stimmen erhält.

Übungen

3. Der Marktanteil der Kaugummimarke Airwaves lag im vergangenen Quartal bei p = 25 %.
   Durch eine Umfrage soll festgestellt werden, ob der Marktanteil im neuen Quartal konstant geblieben ist (H_0: p = 0,25) oder ob er nun über 25 % liegt (H_1: p > 0,25).
   Es wird festgelegt: Wenn von 100 befragten Personen 30 oder mehr der Marke Airwaves den Vorzug geben gegenüber anderen Marken, soll H_0 abgelehnt werden.
   Mit welchem Signifikanzniveau (α-Fehler) arbeitet der Test?

4. Eine Elektronikfirma produziert Platinen mit Speicherbausteinen. Der normale Ausschussanteil beträgt 10 % (H_0: p = 0,1). Aufgrund von Kundenbeschwerden wird vermutet, dass die Ausschussquote unbemerkt gestiegen ist (H_1: p > 0,1).
   Der Anteil der defekten Platinen soll durch eine Stichprobe vom Umfang n = 100 getestet werden. Wenn weniger als 15 Platinen der Stichprobe defekt sind, wird H_0 noch als zutreffend eingestuft.
   a) Bestimmen Sie das Signifikanzniveau, d. h. den α-Fehler des Tests.
   b) Mit welcher Wahrscheinlichkeit wird H_1 verworfen, obwohl der Ausschussanteil auf exakt 20 % gestiegen ist?

5. Die Fernsehserie „Chicago Connection" hatte im Vorjahr eine Einschaltquote von p = 40 %. Es soll geprüft werden, ob sich die Einschaltquote im neuen Jahr verändert hat, d. h. ob nun p ≠ 40 % gilt.
   a) Es werden 50 Personen befragt. Das Risiko, aus der Befragung irrtümlich auf eine veränderte Einschaltquote zu schließen, soll auf 10 % begrenzt werden. Formulieren Sie die Entscheidungsregel eines zweiseitigen Tests, der H_0: p = 0,4 gegen H_1: p ≠ 0,4 testet.
   b) Die erste Untersuchung hat ergeben, dass die Einschaltquote sich vermutlich erhöht hat. Daher wird erwogen, weitere neue Folgen der Serie einzukaufen. Sicherheitshalber werden nun 100 Personen befragt, um die Hypothesen H_0: p = 0,4 und H_1: p > 0,4 gegeneinander zu testen.
   Der zuständige Redakteur legt fest: Es werden neue Folgen gekauft, wenn mehr als 48 von 100 befragten Personen regelmäßige Zuschauer der Serie sind. Wie groß ist die Irrtumswahrscheinlichkeit 1. Art (α-Fehler). Welche Auswirkungen hätte ein solcher Irrtum?
   Mit welcher Wahrscheinlichkeit werden keine neuen Folgen gekauft, obwohl die Einschaltquote auf mindestens 60 % gestiegen ist?

6. Spendierfreudigkeit

Nur 20 % der Einwohner einer Stadt spenden gelegentlich für einen guten Zweck. Die Lokalzeitung startet daraufhin eine Werbungskampagne, die den Anteil der Spendenfreudigen erhöhen soll. Um den Erfolg der Kampagne zu kontrollieren, werden 100 zufällig ausgewählte Personen befragt. Getestet werden sollen die folgenden Hypothesen:
H_0: Die Spendenfreudigkeit ist gleichgeblieben.
H_1: Die Spendenfreudigkeit hat sich verbessert.

a) Wie wahrscheinlich ist es, dass mindestens 22 Personen aus der Stichprobe spendenfreudig sind, wenn das Verhalten der Menschen sich nicht verändert hat?
b) Es wird vermutet, dass die Kampagne erfolgreich war. Diese Hypothese soll auf einem Signifikanzniveau von $\alpha = 10\%$ getestet werden. Entwickeln Sie die Entscheidungsregel.
c) Die Entscheidungsregel soll folgendermaßen lauten: Geben weniger als 27 der 100 Befragten an, dass sie spenden wollen, so wird für H_0 entschieden. andernfalls für H_1.
Wie groß ist der α-Fehler? Wie groß ist der β-Fehler, wenn die Spendenfreudigkeit durch die Kampagne auf 30 % gesteigert werden konnte?

7. Münztest

Ein Zauberer verwendet für einen Trick eine Münze. Um dem Verdacht nachzugehen, dass sie nicht wie vom Zauberer behauptet fair ist und zu oft Kopf liefert, wird folgender Test durchgeführt: Die Münze wird 20-mal geworfen. Kommt mindesten 13-mal Kopf, so wird sie als gefälscht eingestuft (Hypothese H_1), andernfalls als fair (H_0).

a) Wie groß ist die Irrtumswahrscheinlichkeit 1. Art, d. h. der α-Fehler des Tests?
b) Wie groß ist die Wahrscheinlichkeit für einen Fehler 2. Art, wenn die Münze so gefälscht ist, dass die Wahrscheinlichkeit für Kopf bei $p = 0,60$ liegt?
c) Verbessern Sie den Test nun so, dass der α-Fehler nur noch maximal 5 % beträgt, ohne den Stichprobenumfang zu erhöhen. Wie lautet die neue Entscheidungsregel?

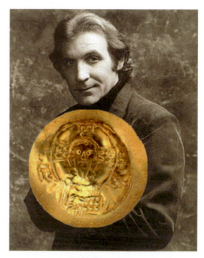

Jeff Sheridan
Genialer
Zauberkünstler

3. Anwendung der Normalverteilung beim Testen

Oft werden bei der Anwendung von Hypothesentests bei binomialverteilten Prozessen große Stichproben genommen, um die Testsicherheit zu erhöhen. In diesen Fällen kann man zur Approximation der Binomialverteilung die Normalverteilungstabelle verwenden.

> **Beispiel: Ein Alternativtest:** Ein Hersteller von Speicherchips versucht, den Ausschussanteil durch neue Maschinen von 5 % auf 3 % zu senken. Nach der Umstellung soll der Erfolg durch eine Stichprobe von $n = 800$ Chips getestet werden. Die Entscheidungsregel lautet: Sind höchstens 30 Chips fehlerhaft, wird angenommen, dass die Ausschussquote auf 3 % gesunken ist (Hypothese H_1: $p = 0,03$). Andernfalls wird angenommen, dass der Anteil nach wie vor 5 % beträgt (Hypothese H_0). Wie groß sind die Irrtumswahrscheinlichkeiten?

Lösung:
X sei die Anzahl der ausschüssige Teile in der Stichprobe vom Umfang $n = 800$.

Die Entscheidungsregel lautet:
$X \leq 30 \Rightarrow$ Entscheidung für H_1: $p = 0,03$
$X > 30 \Rightarrow$ Entscheidung für H_0: $p = 0,05$

Bei der Berechnung der Irrtumswahrscheinlichkeiten müssen kumulierte Binomialwahrscheinlichkeitsterme mit $n = 800$ berechnet werden, die in keiner Tabelle zu finden sind.

Diese Terme können jedoch problemlos mit der Gaußschen Integralfunktion $\Phi(z)$ approximiert werden, wie rechts dargestellt.

Die Irrtumswahrscheinlichkeiten betragen ca. 6,2 % für den α-Fehler und ca. 8,7 % für den β-Fehler.

Irrtumswahrscheinlichkeiten:
α-Fehler
$$= P_{H_0} \text{ (Entscheidung für } H_1\text{)}$$
$$= P(X \leq 30), n = 800, p = 0,05$$
$$= F(800; 0,05; 30)$$
$$\approx \Phi(z) \text{ mit } z = \frac{k - \mu + 0,5}{\sigma} = -1,54$$
$$= \Phi(-1,54) = 1 - \Phi(1,54)$$
$$= 1 - 0,9382 = 6,18 \%$$

β-Fehler
$$= P_{H_1} \text{ (Entscheidung für } H_0\text{)}$$
$$= P(X > 30), n = 800, p = 0,03$$
$$= 1 - F(800; 0,03; 30)$$
$$\approx 1 - \Phi(z) \text{ mit } z = \frac{k - \mu + 0,5}{\sigma} = 1,35$$
$$= 1 - \Phi(1,35) = 1 - 0,9115$$
$$= 0,0885 = 8,85 \%$$

> **Beispiel:** Im obigen Beispiel soll die Entscheidungsregel so abgeändert werden, dass der α-Fehler nicht mehr als 4 % beträgt. Wie muss die kritische Zahl K nun gewählt werden?

Lösung:
Wir verwenden für die Entscheidungsregel den folgenden allgemeinen Ansatz:
$X \leq K \Rightarrow$ Entscheidung für H_1: $p = 0,03$

Dann kann der α-Fehler wie rechts aufgeführt durch $\Phi(z)$ dargestellt werden.

α-Fehler
$$= P_{H_0} \text{ (Entscheidung für } H_1\text{)}$$
$$= P(X \leq K), n = 800, p = 0,05$$
$$= F(800; 0,05; K)$$
$$\approx \Phi(z) \text{ mit } z = \frac{K - 40 + 0,5}{\sqrt{38}}$$

Also wählen wir den Ansatz $\Phi(z) \leq 0{,}04$. Wir sehen in der Tabelle zur Normalverteilung nach, wie z gewählt werden muss, damit $\Phi(z) \leq 0{,}04$ gilt.
Dies ist der Fall $z \leq -1{,}76$.

Nun ersetzen wir z durch $\frac{K - 40 + 0{,}5}{\sqrt{38}}$ und lösen diese Ungleichung nach K auf.
▶ Das Endergebnis lautet: $K = 28$.

$$\text{Ansatz:} \quad \Phi(z) \leq 0{,}04$$
$$z \leq -1{,}76$$
$$\frac{K - 40 + 0{,}5}{\sqrt{38}} \leq -1{,}76$$
$$K \leq 28{,}65$$
$$\Rightarrow K = 28$$

▶ **Beispiel: Ein Signifikanztest:**
Der Hersteller des beliebten Duschgels Yellow Kitty kalkuliert, dass ca. 20 % der jungen Damen der Zielgruppe der 16- bis 19-Jährigen den Kauf in Erwägung ziehen.
Durch eine Umfrage unter $n = 600$ Mädchen soll die Einschätzung bestätigt $(H_0: p = 0{,}20)$ oder widerlegt werden $(H_1: p \neq 0{,}20)$.
Es wird festgelegt: Wenn 100 bis 130 Personen der Testgruppe den Kauf des Duschgels erwägen, wird die Hypothese H_0 angenommen. Welches Signifikanzniveau, d. h. welchen α-Fehler besitzt der Test?

Lösung:
Es handelt sich hier um einen zweiseitigen Signifikanztest mit den Hypothesen
$H_0: p = 0{,}20$ und $H_1: p \neq 0{,}20$.

Die Entscheidungsregel lautet:
$100 \leq X \leq 130 \Rightarrow$ Annahme von H_0
$X \leq 99$ oder $X \geq 131 \Rightarrow$ Annahme von H_1

Für den α-Fehler erhalten wir unter Verwendung der Normalverteilungstabelle laut nebenstehender Rechnung ca.
▶ 16,06 %.

α-Fehler $= P(\text{Fehler 1. Art})$
$= P_{H_0}(\text{Entscheidung für } H_1)$
$= P(X \leq 99) + P(X \geq 131)$
$= F(600; 0{,}2; 99) + 1 - F(600; 0{,}2; 130)$
$= \Phi(z_1) + 1 - \Phi(z_2)$
$= \Phi(-2{,}09) + 1 - \Phi(1{,}07)$
$= 1 - \Phi(2{,}09) + 1 - \Phi(1{,}07)$
$= 1 - 0{,}9817 + 1 - 0{,}8577$
$= 0{,}1606 = 16{,}06\,\%$

▶ **Beispiel:** Der Hersteller des Taschenrechners SnagiT glaubt, dass er seinen bisherigen Marktanteil von $p = 25\,\%$ durch eine Werbekampagne deutlich steigern könnte. Er plant, mit einer Stichprobe von $n = 400$ Personen die Hypothesen $H_0: p = 0{,}25$ und $H_1: p > 0{,}25$ zu testen, wobei der α-Fehler höchstens 5 % betragen darf. Wie lautet die Entscheidungsregel?

Lösung:
Wir verwenden für die Entscheidungsregel den folgenden allgemeinen Ansatz, wobei die kritische Zahl K bestimmt werden soll.

$X < K \Rightarrow$ Entscheidung für $H_0: p = 0{,}25$
▶ $X \geq K \Rightarrow$ Entscheidung für $H_1: p > 0{,}25$

α-Fehler $= P(\text{Fehler 1. Art})$
$= P_{H_0}(\text{Entscheidung für } H_1)$
$= P(X \geq K), n = 400, p = 0{,}25$
$= 1 - P(X \leq K - 1)$
$= 1 - F(400; 0{,}25; K - 1)$
$\approx 1 - \Phi(z)$ mit $z = \frac{K - 1 - 100 + 0{,}5}{\sqrt{75}}$

Wir können also $1 - \Phi(z) \leq 0{,}05$ ansetzen, d.h. $\Phi(z) \geq 0{,}95$. Laut Normalverteilungstabelle gilt dies für $z \geq 1{,}65$.

Nun ersetzen wir z durch $\dfrac{K - 1 - 100 + 0{,}5}{\sqrt{75}}$ und lösen diese Ungleichung nach K auf.
▶ Das Endergebnis lautet: $K = 115$.

Ansatz:
$$1 - \Phi(z) \leq 0{,}05$$
$$\Phi(z) \geq 0{,}95$$
$$z \geq 1{,}65$$
$$\frac{K - 1 - 100 + 0{,}5}{\sqrt{75}} \geq 1{,}65$$
$$K - 1 \geq 113{,}79 \Rightarrow K = 115$$

Übungen

1. Alternativtest
Ein Unternehmen erhält eine große Lieferung von Dioden. Der Hersteller verwendet zwei Maschinen mit unterschiedlichen Ausschussanteilen von 5 % $(p_0 = 0{,}05)$ bzw. 8 % $(p_1 = 0{,}08)$. Um festzustellen, welcher Ausschussanteil tatsächlich vorliegt, testet der Kunde eine Stichprobe von $n = 200$ Dioden.
a) Berechnen Sie für beide Fälle den Erwartungswert und die Standardabweichung der Zufallsgröße X, welche die Anzahl der defekten Dioden in der Stichprobe angibt.
b) Getestet wird die Hypothese H_0: $p = 0{,}05$ gegen die Hypothese H_1: $p = 0{,}08$. Dabei wird folgende Entscheidungsregel verwendet: $X \leq 12 \Rightarrow H_0$ wird angenommen.
Mit welchen Irrtumswahrscheinlichkeiten arbeitet der Test?
c) Wie muss die Entscheidungsregel aussehen, wenn der α-Fehler nur 5 % betragen soll?

2. Alternativtest
Durch Modernisierungen im Produktionsprozess ist die Ausfallrate eines elektronischen Bauteils von 10 % $(H_1: p = 0{,}1)$ angeblich auf 5 % $(H_0: p = 0{,}05)$ gesunken. Die Zufallsgröße X gibt an, wie viele Bauteile in einer Testreihe nicht funktionsfähig sind.
a) Es werden $n = 50$ Teile getestet. Mit welchen Irrtumswahrscheinlichkeiten ist die folgende Entscheidungsregel behaftet? Entscheidungsregel: $X < 4 \Rightarrow H_0$ wird angenommen.
b) In einem Großversuch werden $n = 200$ Bauteile getestet. Wie muss der Ablehnungsbereich für H_0 gewählt werden, wenn der α-Fehler des Tests höchstens 5 % betragen darf?

3. Einseitiger Signifikanztest
Ein Kaufhaus bietet verlängerte Öffnungszeiten am Abend und am Wochenende an. Die Geschäftsleitung weiß, dass $p = 30\,\%$ der Kunden das Angebot nutzen. Sie hofft, dass sich durch eine massive Werbekampagne der Anteil inzwischen erhöht hat.

a) 300 Kunden werden befragt. Falls davon mehr als 100 angeben, das Angebot zu nutzen, geht man davon aus, dass der Anteil sich erhöht hat (Hypothese H_1: $p > 0{,}3$).
Andernfalls wird von einem gleichbleibenden Anteil ausgegangen $(H_0: p = 0{,}3)$.
Wie groß ist die Fehlerwahrscheinlichkeit erster Art, d.h. der α-Fehler?
b) Ändern Sie bei gleichem Stichprobenumfang von $n = 300$ die Entscheidungsregel so ab, dass der α-Fehler höchstens noch 5 % beträgt bzw. höchstens 1 % beträgt.

4. Einseitiger Signifikanztest
Ein Ferienhotel besitzt 250 Zimmer.
a) In dem Hotel werden regelmäßig 10 % aller Buchungen kurzfristig storniert. Der Manager nimmt für ein Wochenende 270 Buchungen an. Mit welcher Wahrscheinlichkeit bekommt er Ärger wegen Überbuchung?
b) Der Anteil der unzufriedenen Gäste des Hotels lag im letzten Jahr bei p = 4 %. Es soll getestet werden, ob sich dieser Anteil verringert hat.
Dazu wird als Stichprobe die augenblickliche Gästebesetzung von 200 Personen befragt. Die Hypothesen H_0: p = 0,04 und H_1: p < 0,04 sollen gegeneinander getestet werden. Die Zufallsgröße X gibt die Anzahl der unzufriedenen Gäste unter den Befragten an. Die Entscheidungsregel lautet: X ≥ 8 ⇒ H_0 wird angenommen.

Bestimmen Sie die Irrtumswahrscheinlichkeit 1. Art, also den α-Fehler.
c) Formulieren Sie eine neue Entscheidungsregel, welche das irrtümliche Ablehnen der Hypothese H_0 auf höchstens 10 % begrenzt.

5. Einseitiger und zweiseitiger Signifikanztest
40 % aller Handybesitzer haben auf ihrem Handy zusätzliche Klingeltöne installiert, die bei verschiedenen Anbietern gekauft werden können.
Ein Anbieter von Klingeltönen möchte durch eine Umfrage unter n = 500 Handybesitzern ausloten, ob sich dieser Anteil in letzter Zeit geändert hat.
a) Da die Tarife für das Herunterladen von Klingeltönen gesenkt wurden, geht der Anbieter davon aus, dass der Anteil der Nutzer seines Dienstes auf jeden Fall gestiegen ist. Wie muss nun der Test konzipiert werden? Wie lauten die Hypothesen und die Entscheidungsregel bei einem Signifikanzniveau (α-Fehler) von 10 %?
b) Entwerfen Sie die Entscheidungsregel für einen zweiseitigen Signifikanztest (n = 500, H_0: p = 0,4 gegen H_1: p ≠ 0,4), der ein Signifikanzniveau von α = 10 besitzt.

6. Einseitiger Signifikanztest
Beim Kauf eines Neuwagens eines bekannten Herstellers werden ein Sicherheitspaket und ein Sportpaket angeboten. Man weiß, dass 20 % der Kunden das Sportpaket kaufen werden. Der Anteil von Kaufwilligen für das Sicherheitspaket ist nicht bekannt, liegt aber unter 40 %.
a) Pro Monat werden 300 Wagen produziert. Wie groß ist die Wahrscheinlichkeit, dass darunter mindestens 50 Wagen mit Sportpaket sind?

b) Durch eine Werbekampagne soll der Anteil der Käufer, die das Sicherheitspaket bestellen, auf 40 % gesteigert werden. Entwerfen Sie einen Signifikanztest, der als Stichprobenumfang eine Monatsproduktion umfasst (H_0: p = 0,4 gegen H_1: p < 0,4) und formulieren Sie eine Entscheidungsregel, welche den α-Fehler auf 3 % begrenzt.
c) Welche praktischen Auswirkungen hätte das Eintreten des α-Fehlers bzw. des β-Fehlers?

XII. Das Testen von Hypothesen

Überblick

Alternativtest
Es wird eine Entscheidung getroffen zwischen den beiden alternativen Hypothesen $H_0: p = p_0$ und $H_1: p = p_1$.

Entscheidungsregel
Ist $p_0 < p_1$ und gibt die Prüfgröße X die Anzahl an, mit der das zu untersuchende Merkmal in der Stichprobe vom Umfang n auftritt, so wird die Entscheidungsregel wie folgt aufgestellt:
$X < K \Rightarrow \quad H_0$ wird angenommen
$X \geq K \Rightarrow \quad H_1$ wird angenommen

Annahmebereich von H_0
Nimmt die Prüfgröße X einen Wert aus dem Annahmebereich von H_0 an, so wird die Hypothese H_0 angenommen. Mit der oben aufgestellten Entscheidungsregel ist der Annahmebereich von H_0 die Menge $\{0, 1, ..., K - 1\}$. Der Ablehnungsbereich ist die Menge $\{K, K + 1, ..., n\}$.

Kritische Zahl K
Die kritische Zahl K trennt den Annahmebereich der Hypothese H_0 von ihrem Ablehnungsbereich, der zugleich Annahmebereich von H_1 ist; sie gehört zum Annahmebereich von H_1.

Fehler 1. Art (α-Fehler)
Die Hypothese H_0 ist richtig, die Entscheidung fällt aufgrund des Stichprobenergebnisses für die falsche Hypothese H_1.

Fehler 2. Art (β-Fehler)
Die Hypothese H_1 ist richtig, die Entscheidung fällt aufgrund des Stichprobenergebnisses für die falsche Hypothese H_0.

Rechtsseitiger Signifikanztest
Die Nullhypothese $H_0: p = p_0$ wird gegen die Hypothese $H_1: p > p_0$ getestet. Der Annahmebereich von H_0 ist eine Menge $\{0, 1, ..., K - 1\}$. (Linksseitiger Test analog)

Zweiseitiger Signifikanztest
Die Nullhypothese $H_0: p = p_0$ wird gegen die Hypothese $H_1: p \neq p_0$ getestet, d. h. $H_1: \left(p < p_0 \text{ oder } p > p_0\right)$. Der Annahmebereich von H_0 ist mit den kritischen Zahlen K_1, K_2 eine Menge der Gestalt $\{K_1 + 1, K_1 + 2, ..., K_2 - 1\}$.

Signifikanzniveau α
Den Fehler 1. Art oder α-Fehler eines Signifikanztests bezeichnet man als Signifikanzniveau des Tests.
Bei zweiseitigen Signifikanztests besteht der Ablehnungsbereich von H_0 aus zwei Teilen, der Menge $\{0, 1, ... K_1\}$ und der Menge $\{K_2, ..., n\}$ die zusammen den α-Fehler bestimmen. Die beiden kritischen Zahlen K_1 und K_2 ergeben sich aus den Bedingungen $P(X \leq K_1) = \frac{\alpha}{2}$ und $P(X \geq K_2) = \frac{\alpha}{2}$.

CAS-Anwendung

Alternativtest

Es wird das Einführungsbeispiel von Seite 350 aufgegriffen.

> **Beispiel: Alternativtest**
> Eine Kiste gilt als 1. Wahl, wenn der Anteil der nicht normgerechten Schrauben nur 10 % ist, und als 2. Wahl, wenn dieser Anteil 30 % der Schrauben in der Kiste beträgt. Einer Kiste, deren Qualitätseinstufung unbekannt ist, werden 20 Schrauben entnommen. Entsprechen höchstens 2 Schrauben nicht der Norm, so wird die Kiste als 1. Wahl eingestuft, andernfalls als 2. Wahl.
> Mit welcher Wahrscheinlichkeit wird eine Kiste 2. Wahl als 1. Wahl eingestuft (Fehler 1. Art)?
> Mit welcher Wahrscheinlichkeit wird eine Kiste 1. Wahl als 2. Wahl eingestuft (Fehler 2. Art)?
> Wie muss die Entscheidungsregel abgeändert werden, damit die Wahrscheinlichkeit für einen Fehler 2. Art nur ungefähr 10 % beträgt?

Lösung:
Wie auf den Seiten 298 ff. müssen zunächst die Zufallsgröße X charakterisiert und die Nullhypothese sowie die Alternativhypothese aufgestellt werden.

n: Stichprobenumfang; $n = 20$.
X: Anzahl der nicht normgerechten Schrauben in der Stichprobe. Die Zufallsgröße X ist binomialverteilt mit $n = 20$ und $p = 0{,}1$ bzw. $p = 0{,}3$ je nachdem, ob 1. oder 2. Wahl vorliegt.

Nullhypothese H_0:   Die Kiste ist 2. Wahl
Alternativhypothese H_1: Die Kiste ist 1. Wahl

Die Berechnungen der Wahrscheinlichkeiten der Fehler 1. bzw. 2. Art können mithilfe der Funktion binomCdf(n,p,a,b)=B(n;p;a) +...+ B(n;p;b) besonders einfach durchgeführt werden:

P(Fehler 1. Art) $= P(X \leq 2)$, $n = 20$, $p = 0{,}3$
 = binomCdf(20,0.3,0,2)}
 $\approx 0{,}035483 \approx 3{,}55\,\%$
P(Fehler 2. Art) $= P(X > 2)$, $n = 20$, $p = 0{,}1$
 = binomCdf(20,0.1,3,20)
 $\approx 0{,}323073 \approx 32{,}31\,\%$

Wir bestimmen ein k, das die Gleichung binomCdf(20, 0.25, k, 20) = 0,1 erfüllt.
Das CAS bietet dazu den nsolve-Befehl:
nsolve(binomCdf(20,0.25,k,20)=0.1,k).

Man erhält den Näherungswert $k = 4$. Der Fehler 2. Art hat damit allerdings noch eine Wahrscheinlichkeit von etwa 13,3 %. Die Entscheidungsregel lautet nunmehr: Die Einstufung für 2. Wahl erfolgt erst ab 4 nicht normgerechten Schrauben; für 0, 1, 2 und 3 nicht normgerechte Schrauben unter der Stichprobe vom Umfang 20 soll es sich bei der Kiste noch um 1. Wahl handeln. Das Risiko für einen Fehler 1. Art ist dabei mit rund 10,7 % zu hoch.

Signifikanztest

▶ **Beispiel: Einseitiger Signifikanztest**
Der Anteil der Allergiker in einer Industriestadt lag nach früheren Erhebungen bei etwa 25 %. Im Zeitungsartikel wird behauptet, dass dieser Anteil „deutlich" angewachsen ist. Eine aktuelle Umfrage unter 80 Personen ergibt, dass darunter 22 Allergiker sind. Wofür spricht dies?

> **Allergien im Vormarsch**
> Immer mehr Menschen leiden unter Heuschnupfen, juckenden Hautausschlägen und trockenen Flechten. Inzwischen benötigen deutlich mehr als 25 % der Erwachsenen ärztlichen Rat oder ...

Lösung:
Die Anzahl X der Allergiker unter allen Personen der Stichprobe vom Umfang 80 ist binomialverteilt mit dem bekannten Parameter n = 80 und dem unbekannten Parameter p.

Bisher wurde angenommen, dass der Anteil der Allergiker 25 % beträgt. Die Nullhypothese lautet also: H_0: p = 0,25.
Im Zeitungsartikel wird behauptet, dass der Anteil größer als 25 % ist. Die Alternativhypothese lautet also: H_1: p > 0,25.

Die Entscheidung zwischen H_0 und H_1 aufgrund des Stichprobenergebnisses X fällt durch Vergleich mit einer gewissen Zahl K:

Ist X < K, so bleibt man bei H_0; ist X ≥ K, entscheidet man sich für H_1.

Beim Signifikanztest ermittelt man K aus der Bedingung, dass die Wahrscheinlichkeit, sich für H_1 zu entscheiden, obwohl eigentlich doch H_0 gilt, kleiner als eine vorgegebene kleine Zahl α (z. B. 0,05) ist. Diese Wahrscheinlichkeit kann man berechnen, denn gilt in Wahrheit H_0, so ist X binomialverteilt mit den Parametern n = 80 und p = 0,25. Die besagte Wahrscheinlichkeit ist also P(X ≥ K) = b(80; 0,25; K) + ··· + b(80; 0,25; 80) = binomCdf(80,0.25,K,80).

Wir bestimmen deshalb die kleinste natürliche Zahl K, die die Ungleichung binomCdf(80,0.25,K,80)< 0 05 erfüllt. Das CAS ist in der Lage, die entsprechende Gleichung numerisch zu lösen:
nsolve(binomCdf(80,0.25,K,80)=0.05,K).
Man erhält für K den Wert 26. Für K = 26 ist die Ungleichung allerdings noch nicht erfüllt, sondern erst für K = 27. Wären also 27 oder mehr Allergiker unter den 80 Probanden, dann spräche dies für H_1.

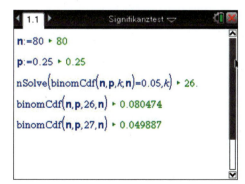

▶ Nun befanden sich in der Stichprobe nur 22 Allergiker, was für die Beibehaltung der Nullhypothese und gegen die Stichhaltigkeit der Zeitungsmeldung spricht.

Übung 1
Ermitteln Sie zum obigen Beispiel mit dem CAS die Wahrscheinlichkeit für den Fehler 2. Art, sich für H_0 zu entscheiden, obwohl H_1 gilt, für verschiedene Parameterwerte p.

Test

Hypothesentest

1. Eine Urne enthält schwarze und weiße Kugeln. Es ist bekannt, dass der Anteil der weißen Kugeln entweder 40 % oder 50 % beträgt, d. h.: H_0: $p = 0{,}40$ und H_1: $p = 0{,}50$. Die Hypothese H_0 soll durch eine Stichprobe vom Umfang $n = 100$ getestet werden, d. h. $n = 100$ Kugeln werden mit Zurücklegen gezogen.
   a) Die folgende Entscheidungsregel wird benutzt: Sind von den 100 gezogenen Kugeln höchstens 45 weiß, so fällt die Entscheidung für H_0.
   Beschreiben Sie die bei der Anwendung der Regel möglichen Fehler und berechnen Sie deren Wahrscheinlichkeiten.
   b) Der α-Fehler soll höchstens 5 % betragen. Wie muss die Entscheidungsregel nun lauten?

2. Der Stimmenanteil einer Partei A lag bisher bei 30 %. Nun soll getestet werden, ob sich der Anteil der Partei verändert hat. Dazu wird die Hypothese H_0: $p = 0{,}3$ gegen eine Hypothese H_1 getestet, was im Rahmen einer Stichprobenbefragung von $n = 100$ Personen geschieht.
   a) Wie lautet bei dieser Ausgangslage die Gegenhypothese H_1?
   b) Wenn von den 100 Personen mindestens 25 und höchstens 36 für Partei A votieren, wird von einem unveränderten Stimmanteil ausgegangen. Mit welchem α-Fehler arbeitet der Test?
   c) Der Vorstand der Partei A geht davon aus, dass der Stimmenanteil der Partei keinesfalls gestiegen ist. Wie lautet jetzt die Gegenhypothese H_0? Bestimmen Sie zu einem vorgegebenen Signifikanzniveau von $\alpha = 2\,\%$ den Annahmebereich von H_0.

3. In einer Schatztruhe eines Königs befinden sich viele Golddukaten und viele Silberlinge. Der Anteil der Golddukaten liegt bei 60 % $\left(H_0\text{: } p = 0{,}6\right)$.
   a) Für ein Festbankett werden der Schatztruhe willkürlich 400 Geldstücke entnommen. Mit welcher Wahrscheinlichkeit sind darunter mindestens 230 und höchstens 245 Golddukaten?
   b) Der König hat den Verdacht, dass sein Hofmarschall heimlich einen Teil der Golddukaten durch Silberlinge ersetzt hat. Der König entschließt sich zu folgendem Testverfahren: Der Schatzkiste werden willkürlich 200 Geldstücke entnommen. Wenn unter diesen mindestens 110 Golddukaten sind, will er dem Hofmarschall weiter sein Vertrauen schenken.
   b_1) Wie groß ist die Gefahr, dass der König nach dem Ergebnis der Stichprobe seinen Hofmarschall fälschlicherweise des Betrugs bezichtigt?
   b_2) Wie muss die Entscheidungsregel lauten, wenn der König die Gefahr der falschen Anschuldigung auf höchstens 1 % begrenzen will?

XIII. Abiturähnliche Aufgaben

Im Folgenden sind komplexe Aufgaben zur Analysis, zur analytischen Geometrie und zur Stochastik zusammengestellt, deren Struktur dem Aufbau realer Abituraufgaben entspricht.

1. Analysis

1. See

Gegeben sind die Funktionen f durch die Funktionsgleichung $f(x) = x^3 - 6x^2 + 8x$ und g als Parabel mit dem Scheitel S$(3|0,5)$ und einer Nullstelle bei $x = 2$.
Die Graphen von f und g begrenzen für $2 \leq x \leq 4$ einen See: Der Graph von g stellt das nördliche Ufer dar, der von f das südliche (LE = 1km).

a) Bestimmen Sie eine Funktionsgleichung von g.
   Kontrolle: $g(x) = -\frac{1}{2}x^2 + 3x - 4$
b) Zeigen Sie, dass N$(2|0)$ gemeinsamer Punkt von f und g ist.
   Bestimmen Sie die weiteren Nullstellen von f und g.
c) Bestimmen Sie die Extrema von f näherungsweise.
   Skizzieren Sie den Graphen von f für $0 \leq x \leq 5$. Tragen Sie auch die Parabel g ein.
d) Wie lang ist der See vom nördlichsten bis zum südlichsten Endpunkt in Metern?
e) Wie groß ist die Seeoberfläche?
f) Im Punkt N$(2|0)$ befindet sich Start und Ziel eines Schwimm-Lauf-Wettkampfes:
   Die zu bewältigende Strecke soll längs eines gleichseitigen Dreiecks verlaufen.
   Zunächst wird vom Start längs der x-Achse bis zum östlichen Ufer geschwommen. Dann wird über einen nördlich des Sees abgesteckten Umkehrpunkt zurück zum Ziel gelaufen.
   Bestimmen Sie die Koordinaten des Umkehrpunktes.

2. Brücke

In der Zeichnung ist eine Brücke dargestellt, deren Fassade mit Sandstein verkleidet werden soll. Der Brückenbogen ist 10 m hoch und 32 m breit. Aus statischen Gründen soll vorher die Last geschätzt werden.

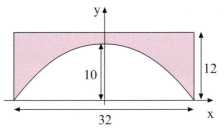

a) Der Brückenbogen kann durch einen Parabelbogen genähert beschrieben werden.
   Geben Sie einen geeigneten Ansatz für den Funktionsterm einer quadratischen Funktion. Nennen Sie Bedingungen, die die Funktion f erfüllen muss und ermitteln Sie den Funktionsterm. Kontrolle: $f(x) = -\frac{10}{256}x^2 + 10$
b) Berechnen Sie die Größe des Winkels, unter dem der Graph von f die x-Achse schneidet.
   Beurteilen Sie die Güte der Beschreibung des Bogens mithilfe von f durch einen Vergleich mit dem Winkel im Bild.
c) Berechnen Sie die Größe der Fassadenfläche. Berechnen Sie für den Sandstein die Masse in kg, wenn der Sandstein 20 cm dick ist und eine Dichte von $\rho \approx 2,3 \frac{g}{cm^3}$ besitzt.
d) In den beiden Punkten $P_1(-16|0)$ und $P_2(16|0)$ werden Tangenten angelegt. Berechnen Sie die Koordinaten ihres Schnittpunktes.
e) Eine Alternativrechnung sieht eine Beschreibung des Brückenbogens durch einen Kreisbogen vor, der dieselben Achsenschnittpunkte wie der Graph von f hat.
   Bestimmen Sie die Koordinaten des Kreismittelpunktes.

1. Analysis

3. Pflanzenwachstum

Die Höhe einer Tomatenpflanze wird modellhaft beschrieben durch die Funktion $h(t) = -\frac{1}{3}t^3 + t^2 + 24t + 5$ (t in Wochen, h(t) in cm).

a) Bestimmen Sie Art und Lage der Extrempunkte von h. Zeichnen Sie den Graphen von h im Bereich $-1 \leq t \leq 8$. In welchem Intervall liefert die Funktion h sinnvolle Werte zur Wachstumsbeschreibung der Tomatenpflanze?

b) Berechnen Sie die durchschnittliche Wachstumsrate der Tomatenpflanze im Zeitraum $-1 \leq t \leq 8$ sowie die momentane Wachstumsrate zum Zeitpunkt $t = 5$. Zu welchem Zeitpunkt beträgt die momentane Wachstumsrate 20 cm/Woche?

c) Zu welchem Zeitpunkt ist die momentane Wachstumsrate am größten?

d) Von einer Schilfpflanze wird die momentane Wachstumsrate beschrieben durch die Funktion $v(t) = -3t^2 + 14t + 38$ (t in Wochen, v(t) in cm/Woche). Zum Zeitpunkt $t = 1$ ist die Pflanze 60 cm hoch. Ermitteln Sie die Gleichung der Funktion, welche die Höhe der Pflanze beschreibt.

e) Wann erreicht die Schilfpflanze ihre maximale Höhe? Wie hoch ist sie dann?

4. Hügel und See

Gegeben ist die Funktion $f(x) = \frac{1}{4}(x^2 - 3)(x - 4)$.

a) Bestimmen Sie die Schnittpunkte von f mit den Koordinatenachsen. Prüfen Sie, ob Achsen- oder Punktsymmetrie zum Ursprung vorliegt.

b) Ermitteln Sie Art und Lage der Extremstellen von f.

c) Zeichnen Sie den Graphen von f für $-2 \leq x \leq 5$.

d) Der Graph von f beschreibt für $-\sqrt{3} \leq x \leq 4$ modellhaft das Profil eines Hügels mit anliegendem See. Die Erdoberfläche außerhalb dieses Bereichs liegt exakt auf der Höhe der x-Achse (1 LE = 100 m). Berechnen Sie die Querschnittsfläche des Hügels.

e) Ermitteln Sie die Gleichung der Tangente an den Graphen von f im Punkt $P(1 \,|\, f(1))$. Im Punkt P ist eine Kamera zur Überwachung von Wasservögeln angebracht. Kann mit der Kamera jede Stelle der Seeoberfläche beobachtet werden?

5. Sprungschanze

Gegeben sind die Funktionen $f(x) = 6x \cdot e^{-0,25x}$ und $g(x) = 24 \cdot e^{-0,25x}$.

a) Untersuchen Sie das Verhalten der Funktion f für $x \to \pm\infty$ und ermitteln Sie Art und Lage der Extremstelle von f. Zeigen Sie, dass der Extrempunkt von f auch auf g liegt.

b) Bestimmen Sie den Wendepunkt von f sowie die Gleichung der Wendetangente.

c) Zeichnen Sie den Graphen von f für $-1 \leq x \leq 20$.

d) Für $4 \leq x \leq 20$ beschreibt der Graph von f das alte Profil der Ablaufspur einer Sprungschanze. Das nach einer Generalüberholung entstandene neue Profil der Ablaufspur, mit der größere Sprungweiten erzielt werden sollen, wird durch den Graphen von g beschrieben. Berechnen Sie, wie viel Fläche im seitlichen Profil wegfällt.

e) Bestimmen Sie ein ganzzahliges Intervall $[x; x + 1]$, in welchem das Gefälle von f den Wert $-0,25$ annimmt.

6. Wachstum

Von zwei verschiedenen Paprikasorten wurden an je einem Exemplar die Staudenhöhen gemessen:

Paprikasorte I:

t (in Tagen)	0	5	10	20
Höhe h_1 (in cm)	**10**	12,2	14,9	**22,3**

Paprikasorte II:

t (in Tagen)	0	5	10	20
Höhe h_2 (in cm)	**10**	**22,7**	33,1	48,5

a) Begründen Sie anhand aller Tabellenwerte, dass man bei Sorte I für den betrachteten Zeitraum unbegrenztes exponentielles Höhenwachstum annehmen darf.
Stellen Sie das Wachstumsgesetz in der Form $h_1(t) = c \cdot e^{kt}$ aus den fettgedruckten Tabellenwerten von Paprikasorte I auf.
Kontrolle: $k \approx 0{,}04$

b) Das Höhenwachstum der Paprikasorte II soll durch eine Funktion der Form $h_2(t) = 80 - a \cdot e^{bt}$ beschrieben werden. Bestimmen Sie die Koeffizienten a und b anhand der fettgedruckten Tabellenwerte.
Kontrolle: $b \approx -0{,}04$

c) Begründen Sie, dass das Wachstum im Wachstumsmodell der Sorte II nach oben begrenzt ist. Geben Sie die maximal erreichbare Höhe an.
Zu welchem Zeitpunkt hat die Pflanze der Sorte II 95 % dieser maximalen Höhe erreicht?

d) Berechnen Sie die Wachstumsgeschwindigkeit der Sorte II zum Zeitpunkt der Pflanzung (t = 0). Wann ist die Pflanze der Sorte I auf diese Wachstumsgeschwindigkeit gestiegen?

e) Wann ist die Höhendifferenz beider Sorten (innerhalb des Beobachtungszeitraum der ersten 50 Tage) am größten? Wie groß ist die Differenz dann?
Eine Untersuchung mit einer notwendigen Bedingung genügt.

f) Durch eine kontinuierliche Düngerzugabe soll das Wachstum verbessert werden. Die Düngermenge beträgt 10 % der Pflanzenhöhe (in Gramm).
Berechnen Sie mithilfe des bestimmten Integrals die für eine 50-tägige Wachstumsphase notwendige Düngermenge für die Paprikasorte II.

7. Anhänger

Gegeben ist die Funktionenschar $f_a(x) = (2a - x) \cdot e^{\frac{x}{a}}$.

a) Untersuchen Sie das Verhalten der Scharfunktionen für $x \to \pm\infty$ und ermitteln Sie die Schnittpunkte mit den Koordinatenachsen.

b) Bestimmen Sie Art und Lage der Extrempunkte sowie die Wendepunkte. Zeichnen Sie den Graphen der Scharfunktion zu $a = 1$.

c) Ermitteln Sie die Gleichung der Geraden, auf der alle Extrempunkte der Schar liegen.

d) Weisen Sie nach, dass alle Wendetangenten parallel verlaufen. Untersuchen Sie, ob das auch für die Tangenten in den Nullstellen zutrifft.

e) Der Graph von f_1, der an der x-Achse gespiegelte Graph von f_1 sowie die senkrechte Gerade $x = -2$ begrenzen den Querschnitt eines birnenförmigen Anhängers. Berechnen Sie die Fläche sowie das Volumen bei Rotation um die x-Achse.

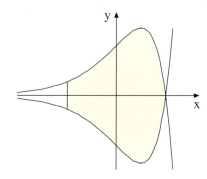

8. Hängebrücke

Gegeben ist die Funktionenschar $f_a(x) = e^{a(x-5)} + e^{-a(x-5)}$, $a > 0$.

a) Berechnen Sie die Schnittpunkte der Scharkurven mit den Koordinatenachsen. Untersuchen Sie das Verhalten der Scharkurven für $x \to \pm\infty$.

b) Weisen Sie nach, dass alle Scharkurven den gleichen lokalen Extrempunkt haben. Bestimmen Sie seine Art und seine Lage. Begründen Sie, dass keine Scharkurve einen Wendepunkt hat.

c) Zeichnen Sie für $a = 0{,}1$ den Graphen von f_a im Intervall $-5 \le x \le 15$.

d) Ermitteln Sie für das Intervall $0 \le x \le 10$ die Gleichung einer Näherungsparabel, die an den Rändern und im Extrempunkt mit $f_{0,1}$ übereinstimmt.

e) Für $-5 \le x \le 15$ beschreibt der Graph von $f_{0,1}$ die Seilkurve einer Hängebrücke über einen Fluss, dessen Ufer auf der x-Achse liegt. Das Seil ist an den Enden an starken Pfosten verankert. Wie hoch müssen die Pfosten sein? Wie groß ist der Winkel zwischen Pfosten und Seil?

f) Berechnen Sie die Querschnittsfläche zwischen dem Seil und dem Flussufer in dem Bereich zwischen den beiden Pfosten.

g) Weisen Sie nach: Alle Scharfunktionen sind achsensymmetrisch zur Geraden $x = 5$.

9. Übungshalle für Wintersportler

Gegeben ist die Funktionenschar $f_a(x) = (2x + 2a) \cdot e^{a - \frac{x}{2}}$.

a) Bestimmen Sie die Nullstellen, die Extrema sowie die Wendepunkte der Kurvenschar f_a.
Wie lautet die Gleichung der Wendetangente von f_2?
Wie verhält sich f_a für $x \to \pm\infty$?

b) Bestimmen Sie die Ortkurve der Extrema von f_a.

c) Die Funktionen der Schar erfüllen die Gleichung $f_a(x) + 2f'_a(x) = 4e^{a - \frac{x}{2}}$.
Weisen Sie nach, dass diese Aussage richtig ist. Ermitteln Sie damit eine Stammfunktion F_a von f_a.

d) Welche Fläche schließt der Graph von f_a mit der x-Achse über dem Intervall $[-a;\, 2-a]$ ein?

e) Der Graph von $g(x) = \frac{1}{10} \cdot f_2(x)$ beschreibt für $x \ge 0$ modellhaft das Profil einer 20 m breiten Piste in einer Indoor-Skihalle (1 LE = 10 m). Der Hallenboden liegt auf der x-Achse. Ein rechtwinkliges Trapez ist der Querschnitt des Unterbaues. Es wird begrenzt von den Koordinatenachsen, einer waagerechten Gerade durch den Wendepunkt von g sowie der zugehörigen Wendetangenten. Fertigen Sie eine Situationsskizze an und ermitteln Sie, wie viele Kubikmeter Schnee zum Auffüllen des Unterbaus der Piste bei 60 m waagerechter Länge benötigt werden.

10. Rennwagen

Gegeben ist die Funktion $f(t) = -(5t + 100)e^{-\frac{t}{20}} + 100$.

a) Bestimmen Sie Extrema und Wendepunkte von f.
   Wie verhält sich die Funktion für $t \to \infty$?
b) Zeichnen Sie den Graphen von f für $0 \leq t \leq 100$.
c) Ein Rennwagen fährt aus dem Stand an.
   Seine Geschwindigkeit zum Zeitpunkt t wird durch f(t) modellhaft beschrieben (t: Zeit in Sekunden, f(t) in m/s).
   Die Beschleunigung ist die Ableitung der Geschwindigkeit. Wann beschleunigt das Fahrzeug am stärksten?
   Zeichnen Sie den Graphen von f' für $0 \leq t \leq 60$ in einem neuen Koordinatensystem.
d) Ab dem Zeitpunkt $t = 60$ soll die Beschleunigung linear abnehmen, wobei der Übergang bei $t = 60$ ohne Knick erfolgen soll.
   Wann ist die Beschleunigung auf null gesunken? Welche Bedeutung hat das für die Geschwindigkeit?
e) Welche Endgeschwindigkeit erreicht der Rennwagen?

11. Exponentielle Funktionenschar

Gegeben ist die Funktionenschar $f_a(x) = \frac{a \cdot e^x + e^{-ax}}{2}, a \in \mathbb{R}, a \neq 0, a \neq -1$.

a) Bestimmen Sie die Schnittpunkte von f_a mit den Koordinatenachsen.
   Wie verhält sich f_a für $x \to -\infty$?
b) Zeigen Sie, dass das Extremum von f_a auf der y-Achse liegt.
   Für welche Werte für a ist es ein Hochpunkt, für welche liegt ein Tiefpunkt vor?
   Kontrolle: $f_a''(x) = \frac{a(e^x + ae^{-ax})}{2}$
c) Zeigen Sie, dass bei $x = -\ln 2$ ein Wendepunkt von f_{-2} liegt.
d) Der Graph von f_a schließt mit den Koordinatenachsen und der Geraden $x = k$ ($k < 0$) für $a < -1$ im 3. Quadranten eine Fläche $A_a(k)$ ein.
   Bestimmen Sie den Inhalt dieser Fläche in Abhängigkeit von a.
   Bestimmen Sie dann für $a = -2$ den Grenzwert $\lim\limits_{k \to -\infty} A_{-2}(k)$.
e) Der Graph von f_{-2} schließt mit der x-Achse und der senkrechten Geraden $x = -2$ eine im 3. und 4. Quadranten liegendes Flächenstück B ein.
   Durch Rotation von B um die x-Achse entsteht ein Körper, der eine Boje darstellt (1 LE = 1 m).
   Fertigen Sie eine Skizze der Boje an.
   Welches Volumen hat die Boje?
f) Nun wird die Funktion $f_1(x)$ betrachtet. Bestimmen Sie eine quadratische Funktion p(x), die mit $f_1(x)$ bei $x = -1$, $x = 0$ und $x = 1$ übereinstimmt und daher f_1 im Intervall $-1 \leq x \leq 1$ angenähert darstellt.

1. Analysis

12. Exponentielle Anreicherung

Ein Patient bekommt über einen Tropf ein gleichmäßig einfließendes Medikament zugeführt. Zu Infusionsbeginn ist in seinem Blut noch kein Wirkstoffgehalt nachweisbar. Während der Infusion erhöht sich die Wirkstoffmenge im Blut kontinuierlich, aber zunehmend langsamer, da der Stoffwechsel den Wirkstoff auch wieder abbaut. Die Tabelle zeigt, wie sich der Tropfinhalt und die Wirkstoffmenge im Blut während der ersten Stunde ändern.

Zeit in Minuten	0	20	40	60
Flascheninhalt in ml	200	181,5	163	144,5
Wirkstoffmenge im Blut in ME	0	5,44	9,89	13,54

a) Beschreiben Sie den Inhalt v(t) der Infusionsflasche zur Zeit t durch eine geeignete Funktion g(t). Begründen Sie Ihren Ansatz.
b) Die Wirkstoffmenge im Blut soll durch eine Funktion der Form $f(t) = a \cdot (1 - e^{bt})$, $a, b \in \mathbb{R}$ in Abhängigkeit von der Zeit t beschrieben werden.
Bestimmen Sie die Koeffizienten a und b aus den Werten f(20) und f(40).
Hinweis: Eine geeignete Substitution zur Gleichungslösung ist $z = e^{20b}$.
Kontrolle: $f(t) = 30 \cdot (1 - e^{-0,01t})$, $t \in \mathbb{R}_0^+$.
c) Bestimmen Sie g'(t) sowie f'(t). Erläutern Sie die Bedeutung dieser Funktionen für den jeweiligen Veränderungsprozess auch an einem Zahlenbeispiel.
d) Auf welche Obergrenze wird sich die Wirkstoffmenge im Blut einstellen?
Wann werden 90 % dieser Obergrenze erreicht?
Wann beträgt die momentane Zunahmerate genau 0,2 ME/min?
e) Skizzieren Sie die Graphen von f und f' für $0 \leq t \leq 240$ in getrennten Koordinatensystemen (Achten Sie dabei auf die Wahl eines geeigneten Maßstabs).
f) Bestimmen Sie $\int_0^{60} f'(t)dt$ und interpretieren Sie die Bedeutung dieses Wertes. Verdeutlichen Sie dies anhand der beiden Skizzen.

13. Wurzelfunktion

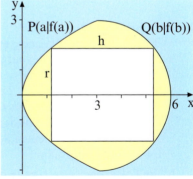

Die Abbildung zeigt das Profil eines Rotationskörpers, der entsteht, wenn der Graph von f um die x-Achse rotiert. Die Funktion f ist abschnittsweise definiert durch

$$f(x) = \begin{cases} \sqrt{3x} & 0 \leq x < 3 \\ \sqrt{6x - x^2} & 3 \leq x \leq 6 \end{cases}.$$

Im Innern des Rotationskörpers befindet sich ein Zylinder, der den Graphen von f in den Punkten P(a|f(a)) und Q(b|f(b)) berührt.
a) Zeigen Sie, dass die Profillinie für $3 \leq x \leq 6$ einen Halbkreis darstellt. Bestimmen Sie den Radius r sowie den Mittelpunkt M des entsprechenden Kreises.
Zeigen Sie, dass f bei x = 3 stetig ist und die Profillinie bei x = 0 knickfrei verläuft.
b) Bestimmen Sie den Flächeninhalt der dargestellten Querschnittsfläche A des Körpers.
c) Bestimmen Sie das Volumen des Rotationskörpers.
d) Der in der Zeichnung dargestellte Zylinder soll maximales Volumen erhalten.
Für welche Werte für den Radius r und die Höhe h gilt dies?
Anleitung: Bestimmen Sie für dieses Extremproblem zunächst Haupt- und Nebenbedingung. Leiten Sie daraus eine Zielfunktion her.

14. Skisprungschanze

Gegeben ist die Funktionenschar $f_a(x) = a(x+1) + \frac{1}{3}\sqrt{x^2+1}$, $a \in \mathbb{R}$.

a) Wo liegt die einzige Nullstelle von $f_{-0,5}$?
Wo schneidet der Graph von f_a die y-Achse?
Für welchen Wert von a geht der Graph von f_a durch den Ursprung?
Für welchen Wert von a ist der Graph von f_a achsensymmetrisch zur y-Achse?

b) Sei $a > 0$. f_a besitzt Extrema nur für den Fall $a_1 < a < a_2$. Bestimmen Sie a_1 und a_2. Auf die hinreichende Bedingung für die Existenz der Extrema kann verzichtet werden.
Zur Kontrolle: $f_a'(x) = a + \frac{1}{3} \cdot \frac{x}{\sqrt{x^2+1}}$

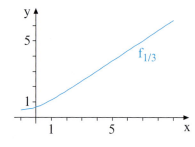

c) Der Graph von $f_{1/3}$ beschreibt für $-1 \le x \le 8$ die Abfahrt einer Skisprungschanze.
Der Schanzentisch (hier erfolgt der Absprung) soll ca. 10°–13° nach unten geneigt sein.
Ist dies der Fall, wenn der Absprung bei $x = -\frac{1}{3}$ erfolgt?

Bei einer Anfängerschanze, die durch den Graphen von f_a beschrieben wird, will man den Schanzentisch waagerecht auslaufen lassen. Welcher Wert von a liefert dies, wenn der Absprung im Punkt $P_a(-1 \mid f_a(-1))$ erfolgt?

d) Die Fläche A, die vom Graphen von $f_{1/3}$, den Geraden $x = 2$ und $x = 8$ und dem Graphen von $h(x) = x^2 + \frac{1}{3} + \left(\frac{1}{3} - x\right) \cdot \sqrt{x^2+1}$ begrenzt wird, soll für Werbung genutzt werden.
Für $2 \le x \le 8$ besitzen $f_{\frac{1}{3}}$ und h keine Schnittpunkte. Berechnen Sie den Inhalt von A.
(1 LE = 10 m). Hinweis: Substitution $u = x^2 + 1$.
Zur Kontrolle: $f_{\frac{1}{3}}(x) - h(x) = \frac{1}{3}x - x^2 + x \cdot \sqrt{x^2+1}$:

15. Rotationskörper

a) Der abgebildete Flaschenverschluss besteht aus einer Halbkugel mit aufgesetztem Kegel, wobei der Kugeldurchmesser der Kegelhöhe entspricht. Es sind jeweils 2 cm.
Stellen Sie für die beiden oberen Randkurven f und g geeignete Funktionsterme auf und bestimmen Sie das Volumen des Rotationskörpers mittels Integration.

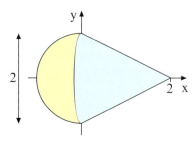

b) Im Folgenden betrachten wir die Funktionenschar $f_a(x) = \frac{x^2}{a} \cdot \sqrt{a^2 - x^2}$, $x \ge 0, a > 0$.
Bestimmen Sie die Definitionsmenge von f_a.
Untersuchen Sie das Steigungsverhalten von f_a an den Rändern der Definitionsmenge.

c) Untersuchen Sie f_a auf Extrema (die Anwendung der notwendigen Bedingung reicht aus).
Zur Kontrolle: $H\left(a \cdot \sqrt{\frac{2}{3}} \mid a^2 \cdot \frac{2}{3\sqrt{3}}\right)$

d) Skizzieren Sie den Graphen von f_2. Der Graph von f_2 rotiert für $0 \le x \le 2$ um die x-Achse und erzeugt einen Rotationskörper. In welchem Verhältnis stehen die Volumenanteile rechts und links vom Hochpunkt zueinander?

16. Stadtwald

Gegeben sind die Funktionen
$f(x) = 1 - \frac{4}{x} + \frac{3}{x^2}$ und
$g(x) = -x^2 + 4x - 3$.

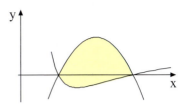

In der Zeichnung verläuft die x-Achse in West-Ost-Richtung, die y-Achse in Süd-Nord-Richtung. Eine Landstraße verläuft längs der y-Achse. Die Graphen von f und g begrenzen den Stadtwald (1 LE = 1km).

a) Zeigen Sie, dass die Funktionen f und g dieselben Nullstellen besitzen.
b) Bestimmen Sie die Koordinaten des nördlichsten und des südlichsten Punktes des Stadtparks. Die notwendige Bedingung genügt.
c) Welchen Flächeninhalt hat der Stadtwald?
d) Vom Punkt $P(2|f(2))$ ausgehend soll ein geradliniger Fußweg tangential an den Graphen von f angelegt werden. Im Punkt Q trifft er auf die Landstraße (y-Achse).
Bestimmen Sie die Koordinaten von Q.
Welche Kosten entstehen für das Wegstück PQ, wenn 1 km 40 000 Euro kosten?
e) Ein weiterer Fußweg soll von P zum Punkt $N(3|0)$ führen.
Welcher Punkt D auf dem Weg von P nach N hat den weitesten Abstand zum südlichen Rand des Stadtwaldes? Hinweis: Zeigen Sie, dass für die Ableitung der Abstandsfunktion gilt: $d'(x) = \frac{(x-2)(x^2 + 2x - 12)}{4x^3}$.

17. Verbindungsstraße

Gegeben ist die Funktionenschar mit der Gleichung $f_a(x) = \frac{(x-2a)^2}{2x-a}$.

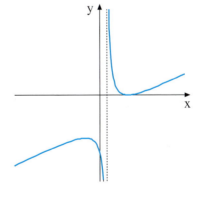

Rechts ist der Graph einer Scharfunktion dargestellt.

a) Bestimmen Sie die Definitionsmenge der Scharkurven in Abhängigkeit vom Parameter a. Untersuchen Sie das Verhalten des Graphen bei Annäherung an die Stelle $x = \frac{a}{2}$.
b) Ermitteln Sie die Nullstellen der Scharfunktionen sowie die Schnittpunkte mit der y-Achse.
c) Es gilt $f_a'(x) = \frac{2(x+a)(x-2a)}{(2x-a)^2}$. Bestimmen Sie die Lage und Art der Extremstellen.
d) Weisen Sie nach: $f_1(x) = \frac{x}{2} - \frac{7}{4} + \frac{2,25}{2x-1}$. Zeichnen Sie den Graphen von f_1. Der Graph von f_1, die x-Achse, die senkrechte Gerade $x = 6$ sowie die Gerade $y = \frac{x}{2} - \frac{7}{4}$ begrenzen im 1. Quadranten ein Flächenstück. Berechnen Sie dessen Inhalt.
e) Die beiden Graphenstücke von f_1 modellieren den Verlauf zweier Landstraßen. Zwischen den beiden Extrempunkten soll eine neue Verbindungsstraße gebaut werden, wobei der Übergang in den beiden Anschlusspunkten ohne Knick erfolgen soll. Welche ganzrationale Funktion 3. Grades beschreibt den Verlauf der Verbindungsstraße?

2. Analytische Geometrie

1. Flugbahnen

Flugzeug Alpha durchfliegt auf einer geradlinigen Flugbahn Punkt $P_1(4|-6|10)$ und eine Minute später Punkt $P_2(14|-11|9)$. Zeitgleich durchfliegt Flugzeug Beta Punkt $Q_1(-12|-40|5)$ und eine Minute später Punkt $Q_2(0|-32|6)$ (Angaben in km).

a) Ermitteln Sie die Fluggeraden beider Flugzeuge sowie ihre Geschwindigkeiten. Zeigen Sie, dass die beiden Flugbahnen sich schneiden, jedoch keine Gefahr eines Zusammenstoßes besteht.

b) Berechnen Sie die Entfernung beider Flugzeuge zu dem Zeitpunkt, an dem Flugzeug Alpha den gemeinsamen Punkt beider Flugbahnen erreicht.

c) Ermitteln Sie die Gleichung der Ebene, in der beide Flugbahnen liegen, in Koordinatenform.

d) Die Grenze einer Wolkenwand enthält den Punkt $A(100|-26|2)$ und verläuft orthogonal zu $\vec{n} = \begin{pmatrix} 1 \\ -2 \\ 12 \end{pmatrix}$. In welchem Punkt P erreicht Flugzeug Alpha die Wolkenwand? Wie groß ist der Winkel zwischen der Flugbahn von Alpha und der Wolkenwand?

e) Durch eine vertikale Richtungsänderung fliegt Flugzeug Alpha ab Punkt P parallel zur Wolkenfront weiter. Geben Sie die Gleichung an, welche die neue Flugbahn von Alpha beschreibt. In welchem Punkt erreicht Alpha die untere Grenze der Wolkenfront in 500 m Höhe?

2. Kletterturm

Ein Kletterturm hat die Form eines Quaders mit aufgesetzter quadratischer Pyramide. $A(0|0|0)$, $B(4|0|0)$, $C(4|4|0)$ und $D(0|4|0)$ sind die Eckpunkte der Grundfläche des Quaders (Angaben in m). Die Turmspitze S befindet sich in 11 m Höhe über der Grundfläche ABCD.

a) Der Eckpunkt E der Quaderoberfläche befindet sich genau über Punkt A und liegt auf der Geraden $g: \vec{x} = \begin{pmatrix} 6 \\ 6 \\ 11 \end{pmatrix} + r \cdot \begin{pmatrix} 2 \\ 2 \\ 1 \end{pmatrix}$. Ermitteln Sie die Koordinaten von E. Geben Sie die Koordinaten der weiteren Eckpunkte F, G, H der Quaderoberfläche an sowie die Koordinaten des Punktes S. Zeichnen Sie den Kletterturm.

b) Berechnen Sie eine Gleichung der Ebene GHS in Koordinatenform. In welchem Punkt P und unter welchem Winkel durchstößt die Gerade g die Ebene GHS?

c) Im Punkt P wird ein senkrecht zur Ebene GHS liegender Balken befestigt, der aus dem Dach herausragt. In welchem Punkt der Quaderoberfläche muss dieser Balken verankert werden? Am aus dem Dach herausragenden Ende ist eine Rolle befestigt, über die ein Seil läuft. Das Seil soll in 2 m Abstand vom Turm bis zum Boden reichen. Wie lang muss das Seilstück zwischen Rolle und Boden sein?

d) Welchen Mindestabstand von der Seitenfläche CDHG muss eine Person einhalten, damit sie die Turmspitze sehen kann? Die Augenhöhe der Person beträgt 1,5 m.

3. Bergwerk

Im Bergwerk verläuft der geradlinige Hauptstollen durch die Punkte A(60|−32|−24) und B(56|−28|−22) (LE: 10 m). Die Erdoberfläche liegt in der x-y-Ebene.

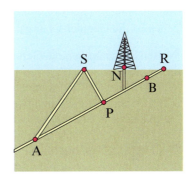

a) In welchem Punkt R erreicht der Hauptstollen die Erdoberfläche?
b) Vom Punkt S(36|4|0) wird ein Stollen in Richtung A gebohrt. Ermitteln Sie die Richtung der Bohrung. Berechnen Sie die Länge des Stollens und unter welchem Winkel der Stollen auf den Hauptstollen trifft.
c) Vom Punkt S soll ein weiterer Stollen gebohrt werden, der möglichst kurz ist und den Stollen AB trifft. Ermitteln Sie den Punkt P, in dem dieser Stollen auf den Stollen AB trifft sowie seine Länge.
d) In 300 m Entfernung von Punkt B soll ein zur Erdoberfläche senkrechter Notstollen auf dem Stollen AB enden. Bestimmen Sie die Koordinaten des Punktes N auf der Erdoberfläche, an dem der Notstollen beginnt.
e) Prüfen Sie, ob der Stollen AB auf eine schwer zu durchdringende Gesteinsschicht trifft, deren Grenzfläche durch die Ebene E: $x + 2y - 2z + 36 = 0$ beschrieben wird.

4. U-Boote

Zwei U-Boote befinden sich auf geradliniger Fahrt. Das Boot U1 befindet sich um 7:11 Uhr im Punkt $A_0(5|8|-6)$ und exakt eine Minute später im Punkt $A_1(2|11|-6)$. Zeitgleich fährt das zweite U-Boot U2 durch die Punkte $B_0(10|11|-7)$ bzw. $B_1(12|9|-9)$ (1 LE = 100 m).

a) Geben Sie für beide U-Boot-Kurse eine Geradengleichung an.
b) Ermitteln Sie die Geschwindigkeiten beiden U-Boote. Begründen Sie, dass die Kurse beider U-Boote nicht parallel verlaufen. Bestimmen Sie den Abstand der beiden Fahrtrouten voneinander.
c) Wann und in welchem Punkt erreicht U2 den waagerechten Meeresboden in 1500 m Tiefe? In welchem Winkel in Bezug zum Meeresboden erfolgte der Tauchvorgang?
d) Im Punkt R(−3|12|2) befindet sich eine Übertragungsstation mit einer Reichweite von $\sqrt{234} \cdot 100\,\text{m} \approx 1530\,\text{m}$. In welchen Punkten kann U1 das Signal von R empfangen? In welcher Zeitspanne ist eine Übertragung möglich?
e) Im Punkt A_0 hat U1 den geringsten Abstand zur Bahn von U2. In welchem Punkt P hat U2 den geringsten Abstand zur Bahn von U1?

5. Der schiefe Turm von Suurhusen, Ostfriesland

Gegeben ist die Geradenschar $g_a: \vec{x} = \begin{pmatrix} 2 \\ 1 \\ 10 \end{pmatrix} + r \begin{pmatrix} -a \\ -2 \\ 3a+4 \end{pmatrix}$ und die Gerade $h: \vec{x} = \begin{pmatrix} 4 \\ 3 \\ 5 \end{pmatrix} + s \begin{pmatrix} 1 \\ 1 \\ 0 \end{pmatrix}$.

a) Weisen Sie nach, dass die Geraden g_{-2} und h windschief sind. Berechnen Sie den Abstand dieser Geraden.

b) Weisen Sie nach, dass keine der Geraden g_a parallel zu h ist.

c) Alle Geraden g_a liegen in einer Ebene E. Bestimmen Sie eine Ebenengleichung von E in Normalenform. Ermitteln Sie den Schnittpunkt T der Geraden h mit der Ebene E. Gibt es eine Gerade g_a, welche ebenfalls durch T verläuft?

d) Die Ebene E beschreibt die rechte Seitenfläche eines Turmes mit quadratischer Grundfläche, der aber schief steht. Der Punkt $P(-4|-4|10)$ ist die obere Ecke der linken Seitenfläche des Turmes. Bestimmen Sie die Größe der quadratischen Deckenfläche des Turmes.

e) In welcher Höhe befindet sich der höchste Punkt des Turmes. Dabei wird das Dach des Turmes nicht berücksichtigt.

6. Spielgerüst

Abgebildet ist das Schrägbild eines Spielturms zum Klettern und Rutschen. Er besteht aus einem Quader mit aufgesetztem Quadergerüst, welches eine quadratische Pyramide trägt. In Quaderhöhe ist eine Rutschfläche angebracht (Maße: s. Bild).

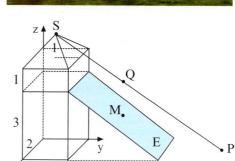

a) Bestimmen Sie die Größe der Dachfläche.

b) Bestimmen Sie eine Parameterform der Rutschebene. Stellen Sie diese in einer Normalenform dar.
Welchen Winkel bildet die Rutsche mit dem Erdboden?

Kontrolle: E: $\left(\vec{x} - \begin{pmatrix} 0 \\ 2 \\ 3 \end{pmatrix}\right) \cdot \begin{pmatrix} 0 \\ 3 \\ 4 \end{pmatrix} = 0$

c) Vom Punkt S wird ein Seil im Punkt $P(1|8,5|0)$ als Kletterhilfe fest verankert. Welchen Abstand hat das Seil senkrecht über dem Mittelpunkt $M(1|4|1,5)$ der Rutsche im Punkt $Q(1|4|z)$ zur Rutsche?

d) Damit sich auch kleinere Kinder hochhangeln können, soll der Abstand des Punktes Q zur Rutschebene 0,8 m betragen. Bestimmen Sie die neuen Koordinaten für Q und für P.

7. Pyramide

Gegeben sind die Punkte A(12|9|5), B(4|9|5) und S(8|6|10) sowie die Ebene
$E_1: 5x + 4z = 80$.

a) Stellen Sie die durch die Punkte A, B und S gehende Ebene E_2 in einer Parameterform und in einer Normalenform sowie durch eine Koordinatenform dar.
Kontrolle: $E_2: 5y + 3z = 60$

b) Weisen Sie nach: $g: \vec{x} = \begin{pmatrix} 12 \\ 9 \\ 5 \end{pmatrix} + r \begin{pmatrix} 4 \\ 3 \\ -5 \end{pmatrix}$, $r \in \mathbb{R}$ ist Schnittgerade der Ebenen E_1 und E_2.
Bestimmen Sie außerdem den Durchstoßpunkt von g mit der x-y-Ebene.

c) Welchen Neigungswinkel hat die Ebene E_1 zur Grundfläche (x-y-Ebene)?

d) Im Punkt P(8|23|0) wird ein senkrechter Mast errichtet, von dem aus ein Scheinwerfer senkrecht auf den Punkt M(8|10,5|2,5) der Seitenfläche E_2 strahlen soll. In welcher Höhe muss er montiert werden?

e) Zwischen der Pyramide und dem Lichtmast soll längs der Linie Q(8|y|0) eine 7 m hohe Säule gestellt werden, dabei soll aber der Punkt M nicht beschattet werden. Bestimmen Sie das mögliche Intervall für die y-Koordinate von Q.

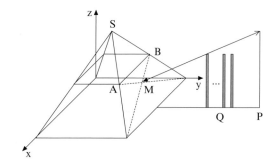

8. Zelt

Gegeben sind die Punkte E(9|1,5|3), F(9|4,5|3) und G(4|4|4) sowie die Ebene $E_1: x + z = 12$.

a) Die Ebene E_2 enthält die Punkte E, F und G. Geben Sie für E_2 eine Parameter- und eine Koordinatenform an.

b) Ermitteln Sie den Punkt, in dem die Gerade durch die Punkte F und G die x-y-Ebene durchstößt.

c) Bestimmen Sie die Größe des Schnittwinkels der Ebenen E_1 und E_2, sowie die Größe des Winkels zwischen der Ebene E_2 und der x-y-Ebene.

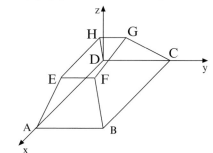

d) A(12|0|0), B(12|6|0), C(0|6|0), D(0|0|0), E, F, G und H(4|2|4) sind die Eckpunkte eines Zeltes. Im Punkt P(19|2|9) wird ein Scheinwerfer angebracht, der einen Punkt Q der Ebene E_1 orthogonal anstrahlt. Ermitteln Sie die Koordinaten des Punktes Q.

e) Zwischen dem Zelt und dem Scheinwerfer steht eine 4 m hohe senkrechte Informationstafel. Welchen Mindestabstand muss die Informationstafel zum Zelt haben, damit der Punkt Q angestrahlt werden kann?

9. Unterstand am Berg

Die Punkte A(6|4|−0,5), B(0|4|−0,5), C(0|−2|0,25), D(6|−2|0,25) liegen an einem Hang E und sind die Eckpunkte der Grundfläche eines Unterstandes, dessen Giebelspitzen in S(3|4|3,5) und T(3|−2|4,25) liegen.

Rindenkoben waren Unterstände, die den Holzfällern in entlegenen Gebieten als Unterstand bei schlechtem Wetter dienten.

a) Erstellen Sie eine Zeichnung des Unterstandes.
b) Geben Sie die Gleichung der Ebene E, in der die Punkte A, B, C und D liegen, in Parameter- und in Koordinatenform an. Erläutern Sie die Lage der Ebene E im Koordinatensystem.
c) Der Unterstand soll nun eine zur x-y-Ebene parallelen Boden erhalten. Wie groß ist das zur Aufschüttung notwendige Erdvolumen mindestens (1 LE = 1 m)?
d) Parallel zum Hang soll in 3 m senkrechter Höhe eine Zwischendecke eingezogen werden. Berechnen Sie die Eckpunkte sowie den Flächeninhalt der Zwischendecke.
e) Die Giebelspitze S erzeugt einen Schattenpunkt S′ in der Ebene E. Die Richtung der Sonnenstrahlen ist dabei zeitabhängig und wird durch den Vektor $\vec{r}(t) = \begin{pmatrix} 6+4t \\ 8-8t \\ -9+t \end{pmatrix}$ beschrieben, wobei t die Zeit in Stunden seit Sonnenaufgang ist.
Bestimmen Sie die Koordinaten des Schattenpunktes S′ in Abhängigkeit von t.
Auf welcher Kurve bewegt sich der Schattenpunkt?
Wie weit wandert er in einer Stunde? (1 LE = 1 m)

10. Geometrische Figuren

Gegeben sind die Punkte A(1|−2|1), B_m(4|2m−1|1), C_m(1|2|4m−1).

a) Sei m = 1. Berechnen Sie die Größe des Winkels B_1C_1A.
Sei m = −1. Prüfen Sie, ob die Punkte A, $B_{−1}$ und $C_{−1}$ ein Dreieck bilden.
b) Die Gerade g_m verläuft durch die Punkte A und B_m, die Gerade h_m verläuft durch die Punkte A und C_m.
Die Gerade f_m geht durch den Punkt A und steht senkrecht auf g_m und h_m.
Leiten Sie für die Geradenschar f_m eine Gleichung her.
Prüfen Sie, ob eine der Geraden f_m parallel zur z-Achse verläuft.
c) Sei m = 1. Das Dreieck AB_1C_1 soll durch einen Punkt D zu einem Parallelogramm werden. Bestimmen Sie die Koordinaten von D sowie eine Höhe dieses Parallelogramms.
d) B_m und C_m seien die Eckpunkte eines Quadrates. Ermitteln Sie, für welchen Wert von m der Flächeninhalt dieses Quadrates am kleinsten ist.
e) Für $0,5 \leq m \leq 1,5$ bilden die Punkte B_m eine Kante eines Quaders und die Punkte C_m eine zweite Kante.
Ermitteln Sie alle Eckpunkte des Quaders.

11. Absturz eines Satelliten

Ein Satellit kann nicht mehr die zum Halten seiner Umlaufbahn notwendige Energie aufbringen und stürzt zurück zur Erde.

Die Kontrollstation im Punkt $A(-4|-8|0)$ beobachtet den Satelliten in Richtung des Vektors $\vec{u}_1$. $\vec{u}_1 = \begin{pmatrix} 1 \\ 1 \\ 15 \end{pmatrix}$

Ein Astronom im Punkt $B(24|32|0)$ sieht den Satelliten gleichzeitig in Richtung des Vektors $\vec{u}_2$. $\vec{u}_2 = \begin{pmatrix} -1 \\ -2 \\ 20 \end{pmatrix}$

Die Erdoberfläche liegt in der x-y-Ebene (1 LE = 1 km).
a) Ermitteln Sie die Position P_1 des Satelliten zum Zeitpunkt seiner Beobachtung.
b) Der Satellit befindet sich auf einer geradlinigen Bahn g. Eine Minute nach der Beobachtung befindet er sich im Punkt $P_2(22|28|216)$.
   Bestimmen Sie die Geschwindigkeit des Satelliten. Berechnen Sie den Aufschlagpunkt sowie den Aufschlagwinkel.
c) Ein Observatorium im Punkt $O(103|188|2)$ beobachtet ebenfalls den Satelliten. Berechnen Sie den Punkt Q der Satellitenflugbahn g, der am nächsten zum Observatorium liegt.
d) Ein Flugzeug fliegt längs der Bahn f: $\vec{x} = \begin{pmatrix} 82 \\ 13 \\ 10 \end{pmatrix} + s \cdot \begin{pmatrix} 0 \\ 2 \\ 0 \end{pmatrix}$.
   Bestimmen Sie den Abstand zwischen der Satellitenflugbahn g und der Flugbahn f.
e) Ein Radarstation im Punkt $T(87|158|0)$ kontrolliert alle Flugbewegungen in einem kugelförmigen Raum von 50 km Radius. Ermitteln Sie den Punkt R, in dem der Satellit auf den Radarschirmen auftaucht (Rundung der Ergebnisse auf ganze Zahlen).

12. Sandkegel

Gegeben ist die Ebene E: $2x + y + 2z = 9$ als eine Ebene der Schar E_a: $2x + y + az = 9$.
a) Bestimmen Sie die Schnittgerade g sowie den Schnittwinkel der Ebene E mit der x-y-Ebene.
   Zeigen Sie, dass die Punkte $A(2|5|0)$ und $B(5|-1|0)$ auf g liegen.
   Wie groß ist der Abstand der Ebene E zum Koordinatenursprung?
b) Der Punkt $P(r|r|r)$, $r \in \mathbb{R}$, liege in der Ebene E. Bestimmen Sie r.
   Prüfen Sie, ob in allen Ebenen E_a ein Punkt mit drei identischen Koordinaten liegt.
c) Zwei Ebenen F_1 und F_2 liegen parallel zur Ebene E im Abstand von 5 LE von E. Wie lauten die Koordinatengleichungen dieser beiden Ebenen?
d) Fällt Sand von einem Transportband, so entsteht ein Schüttungskegel K. Die Spitze von K liegt in $S(-3|5|5)$. Eine Mantellinie s des Kegels K schneidet die Gerade g senkrecht. Bestimmen Sie eine Gleichung für s sowie den Schnittpunkt S^* von g und s.
e) Der Böschungswinkel eines Schüttungskegels liegt zwischen 30° und 50°. Wie viele Ebenen E_a mit ganzzahligem Parameter a können die Mantellinie eines Schüttungskegels enthalten?

13. Punktmenge

Gegeben sind die Punkte A(8|2|3), B(12|−3|−8) und C(0|−6|−11) sowie
die Punktmenge $P_s(4+s|-2-8s|-4+4s)$ mit $s \in \mathbb{R}$.

a) Ergänzen Sie die drei Punkte A, B und C durch einen vierten Punkt D so, dass sie ein Parallelogramm bilden. Zeigen Sie, dass es sich sogar um ein Quadrat handelt. Bestimmen Sie den Mittelpunkt M des Quadrates.
Zur Kontrolle: M(4|−2|−4)

b) Bestimmen Sie eine Koordinatendarstellung der Ebene E_Q, in der das Quadrat ABCD liegt. Die Punkte der Punktmenge P_s liegen auf einer Geraden g. Geben Sie eine vektorielle Gleichung der Geraden g an. Untersuchen Sie die relative Lage der Geraden g zum Quadrat ABCD. Bestimmen Sie gegebenenfalls Schnittpunkt und Schnittwinkel.

c) Berechnen Sie die Punkte E und F der Geraden g, für die die Dreiecke ABE und ABF gleichseitig sind. Zur Kontrolle: E(5|−10|0), F(3|6|−8)

Die sechs Punkte A, B, C, D, E und F sind nun die Eckpunkte eines Oktaeders.

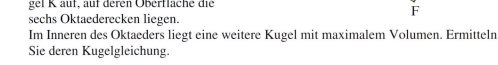

d) Das Dreieck ABE liegt in der Ebene E_E: $13x - 5y + 7z = 115$.
Das Dreieck ABF liegt in der Ebene E_F: $11x + 11y - z = 107$.
Wie groß ist der Winkel zwischen den beiden Dreiecken?

e) Stellen Sie eine Gleichung der Kugel K auf, auf deren Oberfläche die sechs Oktaederecken liegen.
Im Inneren des Oktaeders liegt eine weitere Kugel mit maximalem Volumen. Ermitteln Sie deren Kugelgleichung.

14. Geometrische Figuren

Gegeben sind die Punkte A(1|1|2), B(5|5|10), C(9|1|10) und D(5|−3|2).

a) Zeigen Sie, dass das Viereck ABCD ein Rechteck ist.

b) Bestimmen Sie jeweils eine Gleichung der Ebene E, die das Rechteck ABCD enthält in Parameterform sowie in Koordinatenform.
Zur Kontrolle: E: $x + y - z = 0$

c) M(5|1|6) ist der Mittelpunkt des Rechtecks ABCD (Nachweis nicht erforderlich). Der Punkt F entsteht durch Spiegelung von M an der Rechteckseite AB. Bestimmen Sie die Koordinaten von F. Zur Kontrolle: F(1|5|6)

d) AFBCGD mit G(9|−3|6) ist ein regelmäßiges Sechseck (kein Nachweis erforderlich). Zeichnen Sie ein Schrägbild des Sechsecks. Bestimmen Sie seinen Flächeninhalt.

e) Das Sechseck bildet die Grundfläche einer geraden Pyramide, deren Spitze S in der zur Ebene E parallelen Ebene H; $x + y - z = -15$ liegt.
Bestimmen Sie die Koordinaten von S und ergänzen Sie Ihre Zeichnung zur Pyramide.

f) Stellen Sie eine Gleichung der Geradenschar g_t auf, deren Geraden parallel zur Rechteckseite AB in der Ebene E liegen. Welche Gerade der Schar enthält den Punkt C?

2. Analytische Geometrie

15. Geradenschar

In einem kartesischen Koordinatensystem sind die Punkte $A(4|-2|5)$ und $B(7|-6|6)$ gegeben.

Weiter sind die Geradenschar $g_a\colon \vec{x} = \begin{pmatrix} 4 \\ -2 \\ 5 \end{pmatrix} + r \begin{pmatrix} 2+a \\ -1-2a \\ 2-2a \end{pmatrix}$, $r,\ a \in \mathbb{R}$ sowie die Ebene $E\colon 2\,x + 2\,y - z = -1$ gegeben.

a) Wo schneidet die Gerade g_{AB} durch die Punkte A und B die x-y-Ebene?

b) Bestimmen Sie den Schnittwinkel der beiden Geraden g_{AB} und g_0.

c) Die Gerade h enthält den Punkt B und ist parallel zu g_0.
Bestimmen Sie eine Koordinatenform der Ebene F, die die Geraden h und g_0 enthält.

d) Zeigen Sie, dass alle Geraden der Schar g_a in der Ebene E liegen.

e) Bestimmen Sie eine Ebenenschar H_a, deren Ebenen jeweils eine Gerade der Schar g_a enthalten und senkrecht auf E stehen.

f) Bestimmen Sie die Koordinaten derjenigen Punkte der Geraden g_1, deren Abstand von der x-y-Ebene und der x-z-Ebene gleich groß ist.

g) Die Gerade g_{AB} gehört zur Geradenschar g_a?

h) g_u und g_v sind zwei Geraden der Schar g_a. Welche Beziehung muss zwischen u und v gelten, damit g_u und g_v orthogonal zueinander verlaufen?

16. Ebenenschar

Gegeben sind die Gerade g durch die Punkte $A(4|1|2)$ und $B(6|2|1)$ sowie die Ebene F durch die Punkte $P(0|-1|4)$, $Q(7|4|2)$ und $R(2|0|3)$. Die Ebene $E_2\colon 3\,x - 5\,y + z = 15$ ist eine Ebene der Schar $E_a\colon \left(\vec{x} - \begin{pmatrix} 3 \\ -1 \\ 1 \end{pmatrix} \right) \cdot \begin{pmatrix} a+1 \\ -2a-1 \\ 1 \end{pmatrix} = 0$, $a \in \mathbb{R}$.

a) Untersuchen Sie die relative Lage von Gerade g und Ebene F.

b) Zeigen Sie: Die Schnittpunkte der Koordinatenachsen mit der Ebene F bilden ein gleichseitiges Dreieck.

c) Bestimmen Sie eine Gleichung der Schnittgeraden s der Ebenen E_2 und F.
Zeigen Sie, dass die Gerade s in jeder Ebene der Schar E_a liegt.
Zeigen Sie weiter, dass die Geraden g und s echt parallel verlaufen.
Bestimmen Sie den Abstand der Geraden g und s.

d) Untersuchen Sie die relative Lage der Geraden g zur Ebenenschar E_a.
Prüfen Sie, ob die Ebene F zur Schar E_a gehört.

e) Zeigen Sie, dass keine Ebene der Schar E_a orthogonal zur x-y-Ebene verläuft.
Bestimmen Sie eine Gleichung der Ebene H, welche die Gerade s aus Teil c) enthält und nicht zur Ebenenschar E_a gehört.

3. Stochastik

1. Ärztliche Versorgung

In einer Statistik werden die Patienten einer Krankenversicherung eingeteilt nach ihrem Alter und danach, ob der Erstuntersuchung durch den Hausarzt eine Überweisung zu einem Facharzt folgte.

Alter	bis 20		21-40		41-60		über 60	
Anteil (%)	12		16		28		44	
Facharzt	j	n	j	n	j	n	j	n
Anteil (%)	3	9	8	8	12	16	28	16

a) Bestimmen Sie die Wahrscheinlichkeiten der folgenden Ereignisse.
   A: Unter 9 Patienten befindet sich mindestens eine Person, die höchstens 20 Jahre alt ist und zum Facharzt überwiesen wird
   B: Unter 100 Patienten sind mehr als 40 und weniger als 50, die über 60 Jahre alt sind.

b) Berechnen Sie die Wahrscheinlichkeit, dass unter 5 zufällig ausgewählten Patienten.
   C: der erste 21–40 Jahre alt ist und der 3. und der 5. Patient älter als 60 ist
   D: genau einer höchstens 20 Jahre alt ist und genau 2 älter als 60 sind.

c) In einer internistischen Facharztpraxis sei p der Anteil der Patienten, die höchstens 20 Jahre alt sind. Wie groß muss p mindestens sein, damit mit mindestens 95 % Wahrscheinlichkeit mindestens einer von 10 zufällig ausgewählten Patienten höchsten 20 Jahre alt ist?

d) Von den Patienten über 60 leiden 30 % an Herz-/Kreislaufproblemen, unter den jüngeren sind es 5 %. Wie groß ist der Anteil der Patienten, die an Herz-/Kreislaufproblemen leiden? Jemand leidet an Herz-/Kreislaufproblemen. Wie groß ist die Wahrscheinlichkeit, dass er höchstens 60 Jahre alt ist?

e) 10 % der Deutschen leiden unter Migräne. Ermitteln Sie, in welchem kleinstmöglichen symmetrischen Intervall um den Erwartungswert μ einer Stichprobe von $n = 1000$ Personen die Anzahl der an Migräne leidenden Personen mit einer Wahrscheinlichkeit von mindestens 96 % liegt.

2. Hemdenproduktion

Für ein Sonderangebot werden Hemden gefertigt. Von ihnen weisen 5 % fehlerhafte Nähte auf. Darüber hinaus sind in diesem Fall 50 % Fehler in den Knopflöchern. Hat hingegen ein Hemd keine Fehler in den Nähten, so sind auch zu 80 % die Knopflöcher fehlerfrei.

a) Erstellen Sie ein vollständiges Baumdiagramm. Untersuchen Sie, ob die Ereignisse N: Naht fehlerhaft und K: Knopflöcher fehlerhaft stochastisch unabhängig sind.

b) Wie groß ist die Wahrscheinlichkeit, dass ein Hemd einen Fehler aufweist?

c) Wie groß ist die Wahrscheinlichkeit, dass die Nähte fehlerfrei sind, falls die Knopflöcher Fehler aufweisen?

d) Die Kunden eines Geschäfts kaufen ein Hemd aus dem Sonderangebot mit der Wahrscheinlichkeit p. Wie groß muss p mindestens sein, damit mit einer Wahrscheinlichkeit von mindestens 97 % von 10 Kunden mindestens einer dieser Kunden ein Hemd kauft?

e) Eine Handelskette möchte mindestens 500 fehlerfreie Hemden aus dem Sonderangebot geliefert bekommen. Welche Anzahl n von Hemden muss mindestens bestellt werden, damit mit mindestens 98 % Sicherheit darunter 500 fehlerfreie Hemden sind?

3. Stochastik   391

3. Schulabschluss in einer Universitätsstadt

In einer Universitätsstadt hat die Stadtverwaltung folgende Zahlen ermittelt.

Erwachsene	Hochschul-abschluss	Abitur ohne Hochschulabschl.	anderer Schulabschl.	ohne Schulabschl.
144 000	23 200	34 400	78 100	8 300

In der Gesamtzahl waren 36 000 Einwohner ausländischer Herkunft, von ihnen hatten 3 800 einen Hochschulabschluss. Befragt werden nur in der Gesamtheit erfasste Personen.

a) Berechnen Sie die Wahrscheinlichkeiten der folgenden Ereignisse.

A: Von 3 zufällig Befragten hat einer einen Hochschulabschluss, einer einen Schulabschluss (ohne Abitur) und einer keinen Schulabschluss.

B: Unter 4 Befragten haben der erste und der dritte das Abitur.

b) 20 zufällig ausgewählte Personen werden befragt. Ermitteln Sie die Wahrscheinlichkeiten der folgenden Ereignisse.

C: Genau 4 der Befragten haben einen Hochschulabschluss.

D: Höchstens 2 Personen haben keinen Schulabschluss.

c) Eine Person wird zufällig ausgewählt. Sie ist von deutscher Herkunft. Wie groß ist die Wahrscheinlichkeit, dass die Person einen Hochschulabschluss hat?

d) In einer Gruppe von 12 Personen befinden sich 3 ohne Schulabschluss. Zwei aus der Gruppe werden zufällig befragt. Wie groß ist die Wahrscheinlichkeit, dass beide oder keiner einen Schulabschluss haben?

e) Man befragt zufällig 6 Personen. Es stellt sich heraus, dass keiner einen Hochschulabschluss hat. Wie groß ist die Wahrscheinlichkeit, dass genau 2 von ihnen Abitur haben?

4. Umfrage

Bei einer Umfrage unter 1500 Kinobesuchern wird nach den beiden Merkmalen

– männlich (M) / weiblich (W) und

– intensiver (I) / gelegentlicher (G) Kinobesucher

unterschieden.

Das Ergebnis dieser Umfrage ist (unvollständig) in der nebenstehenden Tabelle wiedergegeben.

	I	G	Summe
M	200		
W		460	
Summe	250		

a) Kopieren Sie die Vierfeldertafel auf Ihr Arbeitspapier und ergänzen Sie die fehlenden Werte. Bestimmen Sie den Anteil der intensiven Kinobesucher unter den weiblichen Besuchern. Bestimmen Sie den Anteil der männlichen gelegentlichen Kinobesucher unter allen Kinobesuchern.

b) Bestimmen Sie die Wahrscheinlichkeit dafür, dass man unter 100 befragten Kinobesuchern mehr als 10 intensive Kinobesucher findet.

Bestimmen Sie, wie viele Kinobesucher man mindestens befragen muss, um mit mindestens 99 % Wahrscheinlichkeit mindestens einen intensiven Kinobesucher zu finden.

c) Von den 12 Schülern eines Kurses sind 3 intensive Kinobesucher, der Rest geht gelegentlich ins Kino. Drei Schüler des Kurses werden zufällig ausgewählt. Bestimmen Sie die Wahrscheinlichkeit folgender Ereignisse:

A: „Nur der erste und der dritte Schüler sind gelegentliche Kinobesucher."

B: „Genau zwei der Schüler sind intensive Kinobesucher."

d) Der Kinobetreiber möchte durch ein verstärktes Angebot von Premiumfilmen den Anteil p der intensiven Kinobesucher steigern. Die Wahrscheinlichkeit, dass unter sechs Kinobesuchern mindestens zwei intensive zu finden sind, soll mindestens 60 % betragen. Ist dies bei einem Anstieg der intensiven Kinobesucher auf $p = 30 \%$ erfüllt?

5. Vignette

Wer in der Schweiz die Autobahn befahren will, muss eine Vignette kaufen, die für das laufende Jahr Gültigkeit besitzt.

Die Wahrscheinlichkeit dafür, dass ein Autofahrer noch eine Vignette kaufen muss, sei p.

a) Bestimmen Sie für p = 0,15 die Wahrscheinlichkeiten dafür, dass unter 10 einreisenden Fahrzeugen *kein* Fahrer, *genau ein* Fahrer bzw. *mindestens ein* Fahrer noch eine Vignette kaufen muss.

b) Ermitteln Sie die unbekannte Wahrscheinlichkeit p dafür, dass unter 10 einreisenden Fahrzeugen mit einer Wahrscheinlichkeit von 95 % mindestens eines ohne Vignette gelenkt wird.

c) Berechnen Sie für p = 15 % die Anzahl der Fahrzeuge, die mindestens einreisen müssen, damit mit einer Wahrscheinlichkeit von 95 % oder mehr mindestens einmal ein Fahrzeug ohne Vignette dabei ist.

d) Bei bekannter Wahrscheinlichkeit p = 15 % beobachtet man einreisende Fahrzeuge so lange, bis man eines ohne Vignette entdeckt, höchstens aber 10 Fahrzeuge. Bestimmen Sie die Wahrscheinlichkeit dafür, dass tatsächlich 10 Fahrzeuge beobachtet werden müssen.

e) Das Ereignis, dass bei einer Einreise von 10 Fahrzeugen die ersten 4 Fahrzeuge mit Vignetten bestückt sind, aber trotzdem unter den 10 Fahrzeugen genau 2 Fahrzeuge noch eine Vignette benötigen, werde mit B benannt.
Bestimmen Sie die Wahrscheinlichkeit P(B) allgemein in Abhängigkeit von p.

6. Eishockey

Zu einem Eishockey-Spiel reist die Gastmannschaft mit 2 Torhütern, 6 Verteidigern und 8 Stürmern an.

a) Wie viele Möglichkeiten hat der Trainer für die Startaufstellung seiner Mannschaft (1 Torwart, 2 Verteidiger, 3 Stürmer)?

b) Bei einem Foul muss ein Spieler für 2 Minuten auf die Strafbank. Pro Spieldrittel ereilt dieses Schicksal die Gastmannschaft in 70 % aller Fälle. Berechnen Sie die Wahrscheinlichkeiten der folgenden Ereignisse.
A: Die Gastmannschaft übersteht ein Spiel ohne Strafzeiten.
B: Nur im letzten Drittel erhält die Gastmannschaft eine Strafzeit.
C: In zwei der drei Drittel wird eine Strafzeit ausgesprochen.

c) Wie groß ist die Wahrscheinlichkeit, dass die Mannschaft in 50 Ligaspielen mehr als zwei Spiele ohne eine Strafzeit übersteht?

d) Bei einem groben Foul, durch das eine Torchance vereitelt wird, erhält die betroffene Mannschaft einen Penalty (Strafstoß: Ein Spieler läuft ungehindert von Feldspielern auf das Tor des Gegners zu und versucht, gegen den Torwart ein Tor zu erzielen). Bei der Gastmannschaft führt ein Penalty in 60 % aller Fälle zum Erfolg. Wie viele Penalties müssen der Mannschaft mindestens zugesprochen werden, um mit mindestens 99 % Wahrscheinlichkeit mindestens einmal erfolgreich zu sein?

e) Endet ein Spiel unentschieden, so gibt es fünf Minuten Verlängerung. Steht dann immer noch kein Sieger fest, gibt es ein Penalty-Schießen mit drei Spielern je Mannschaft. Bei der Heimmannschaft führt ein Penalty in 70 % der Fälle zum Erfolg. Wie groß ist die Wahrscheinlichkeit, dass das Penalty-Schießen 2:2 endet?

f) Endet aber auch das Penalty-Schießen ohne Sieger, so tritt jeweils ein Spieler pro Mannschaft an, bis ein Spieler schließlich Erfolg hat, sein Gegner aber nicht. Wie groß ist die Wahrscheinlichkeit, dass nach zwei weiteren Penalties pro Mannschaft immer noch keine Entscheidung gefallen ist?

3. Stochastik

7. Ehrenamtliche Tätigkeit

In der heutigen Gesellschaft wird ehrenamtliche Tätigkeit immer wichtiger. In einer Umfrage unter 800 Personen wird unterschieden nach den Merkmalen: männlich/weiblich (m/w) ehrenamtlich tätig/nicht tätig (E/N).

	E	N	Summe
m		200	
w	350		
Summe		300	

Das unvollständige Ergebnis der Umfrage ist rechts angegeben.

a) Ergänzen Sie die fehlenden Werte der Tabelle. Bestimmen Sie
   A: den Anteil der männlichen ehrenamtlich Tätigen unter den ehrenamtlich Tätigen
   B: den Anteil der weiblichen ehrenamtlich Tätigen unter den Befragten.

b) Berechnen Sie die Wahrscheinlichkeit, dass unter 100 ehrenamtlich Tätigen mindestens 75 weiblich sind.

c) 20 Schüler schreiben eine Klausur, von ihnen sind 8 ehrenamtlich tätig. 4 Schüler werden zufällig ausgewählt. Berechnen Sie die Wahrscheinlichkeit der Ereignisse
   C: Nur der erste und der vierte Schüler sind ehrenamtlich tätig.
   F: Unter den 4 Schülern sind genau 3 ehrenamtlich tätig.

d) Für welchen Anteil p an ehrenamtlich Tätigen ist die Wahrscheinlichkeit, dass unter 5 Personen genau 3 ehrenamtlich tätig sind am größten?

8. LED-Lampen

Die Firmen Opto und Lumi stellen LED-Lampen her mit folgenden Ausschussquoten:
Opto: 4 %, Lumi: 6 %.

a) Aus der Produktion von Lumi werden zufällig Lampen entnommen. Bestimmen Sie die Wahrscheinlichkeiten der folgenden Ereignisse.
   A: Von 12 Lampen ist genau eine defekt.
   B: Von 100 Lampen sind mindesten 4 und höchstens 10 defekt.

b) Ein Händler erhält von Opto Lampen, die in Kartons zu jeweils 50 Stück verpackt sind. Der Händler prüft drei Lampen. Der Karton wird nur angenommen, wenn alle drei Lampen in Ordnung sind. Wie groß ist die Wahrscheinlichkeit, dass ein Karton angenommen wird, der fünf defekte Lampen enthält?

c) Ein Händler bezieht 60 % der Lampen von Opto und 40 % von Lumi. Der Einkaufspreis der Lampe bei Opto beträgt 2,40 € und bei Lumi 2,60 €. Im Verkauf werden die Lampen für 3,20 € angeboten. Für eine defekte Lampe erstattet der Händler dem Kunden den Verkaufspreis. Den Einkaufspreis erhält er in diesem Fall vom Hersteller zurück. Allerdings entstehen Rücklaufkosten von 0,50 €.
   Die Zufallsgröße G beschreibt den Gewinn/Verlust des Händlers. Welche Werte kann G annehmen? Ermitteln Sie die Wahrscheinlichkeitsverteilung sowie den Erwartungswert der Zufallsgröße G.

d) Bei der Produktion von Lampen einer dritten Firma Nichi treten zwei Fehler auf. Der erste Fehler tritt mit einer Wahrscheinlichkeit von 3 % auf. Die Wahrscheinlichkeit für das gemeinsame Auftreten beider Fehler beträgt 0,3 %. Die Wahrscheinlichkeit, dass kein Fehler auftritt liegt bei 87,3 %. Untersuchen Sie, ob die Fehler voneinander stochastisch unabhängig auftreten.

e) Ein Großhändler kauft Lampen von Opto. Bei welcher Mindestzahl n von gekauften Lampen steigt die Wahrscheinlichkeit, dass sich mindestens eine defekte Lampe darunter befindet, auf 90 % an?

9. Bücherwürmer

18 % der Deutschen lesen im Jahr mehr als 15 Bücher, sie sind „Bücherwürmer".

a) Bestimmen Sie die Wahrscheinlichkeiten der folgenden Ereignisse.

A: Unter 10 zufällig ausgewählten Personen befinden sich genau 2 Bücherwürmer,

B: Unter 7 zufällig ausgewählten Personen sind mindestens 6 keine Bücherwürmer,

C: Unter 1000 zufällig ausgewählten Personen sind mindestens 165 und höchstens 210 Bücherwürmer.

b) Ein Verleger lässt seine Bücher in einer Druckerei herstellen, von der bekannt ist, dass 3 % der Produktion Fehldrucke sind. In einem Prüfverfahren werden 97 % der Fehldrucke und 99 % der korrekten Bücher richtig eingestuft.

Berechnen Sie die Wahrscheinlichkeiten der folgenden Ereignisse.

D: Ein Buch wird als Fehldruck eingestuft,

E: Ein als Fehldruck eingestuftes Buch ist tatsächlich ein Fehldruck,

F: Ein nicht als Fehldruck eingestuftes Buch ist tatsächlich ein Fehldruck.

c) Zur Veröffentlichung eines neuen Romans bietet ein Verlag eine Lesung an. Da erfahrungsgemäß 4 % aller angemeldeten Personen nicht kommen, werden vom Verlag mehr als 150 Reservierungen für die 150 vorhandenen Plätze angenommen. Wie viele Reservierungen dürfen angenommen werden, damit trotz Überbuchung das Platzangebot mit mindestens 96 % Wahrscheinlichkeit ausreicht?

9. Rolling Stones

Es ist mal wieder soweit. Die Rolling Stones geben ein Konzert im Hyde-Park. Mick Jagger und Company sind zwar nicht mehr die Jüngsten, aber sie sind immer noch die populärste Rockband. So ist es klar, dass die Karten ganz schnell vergriffen sind. 30 % der Karten werden Online, 60 % im Vorverkauf und der Rest der Karten an der Abendkasse verkauft.

a) Bestimmen Sie die Wahrscheinlichkeiten der folgenden Ereignisse.

A: Drei zufällig ausgewählte Besucher haben alle ihre Karte im Vorverkauf erworben.

B: Von zehn zufällig ausgewählten Besuchern hat höchstens einer die Karte an der Abendkasse gekauft.

C: Mindestens acht der ersten zehn Besucher haben haben ihre Karte aus dem Vorverkauf.

b) Wie viele Konzertbesucher müssen mindestens befragt werden, um mit wenigstens 95 % Sicherheit mindestens einen Besucher zu finden, der seine Karte an der Abendkasse erworben hat?

c) Bei den Online gekauften Karten liegt der Anteil der von Angehörigen des weiblichen Geschlechts gekauften Karten bei 20 %. Der Anteil der Frauen unter allen Besuchern liegt bei 48 %. Wie groß ist die Wahrscheinlichkeit, dass die schon beim ersten Song ohnmächtig gewordenen Frau ihre Karte online gekauft hat?

d) Der Konzertsprecher verkündet, dass 25 300 Besucher gezählt wurden. Ein Erfahrungswert besagt, dass in den Pausen normalerweise ca. 5 % der Besucher das Konzert verlassen. Nach der letzten Pause gibt der Sprecher bekannt, das mit großer Wahrscheinlichkeit immer noch mindestens 24 000 der Besucher anwesend sind. Wie groß ist diese Wahrscheinlichkeit?

e) Unter allen Eintrittskarten sind zehn besonders gekennzeichnet, acht sind rot und zwei sind grün. Die zehn Besitzer dürfen nach Abschluss des Konzerts auf die Bühne kommen und an einer Verlosung teilnehmen. Es kommen tatsächlich nur fünf Personen auf die Bühne. Mit einer Münze wird entschieden, ob rot oder grün gewinnt. Die Gewinner dürfen ein Wochenende mit den Rolling Stones verbringen. Wie groß ist die Wahrscheinlichkeit, dass mindestens zwei Personen zu den Glücklichen gehören?

3. Stochastik

11. Schulzufriedenheit

Bei einer repräsentativen Umfrage unter Abiturienten gaben 75 % an, dass sie mit ihrer Schule und dem Unterricht zufrieden waren. Immerhin 40 % äußern sich positiv über den Mathematikunterricht.

a) Bestimmen Sie die Wahrscheinlichkeiten der folgenden Ereignisse.
   A: Unter 10 Abiturienten befinden sich höchstens 2 mit positiver Meinung über den Mathematikunterricht,
   B: Unter 800 Abiturienten äußern mindestens 580 und höchstens 630 Zufriedenheit mit ihrer Schule.

b) Wie viele Abiturienten müssen mindestens befragt werden, um mit einer Wahrscheinlichkeit von mindestens 99 % wenigstens einen zu finden, der sich unzufrieden über seine Schule äußert?

c) Eine Umfrage unter den 200 Schülern der Oberstufe eines Gymnasiums ergaben die in der Vierfeldertafel aufgeführten Ergebnisse.
   Beobachtete Merkmale:
   Matheunterricht: zufrieden/unzufrieden
   Jahrgangsstufe: Stufe 11/Stufe 12

   c_1) Vervollständigen Sie die Vierfeldertafel.
   c_2) Ein Schüler der Oberstufe wird zufällig ausgewählt. Berechnen Sie die Wahrscheinlichkeit, dass er
   C: in die 12. Klasse geht und mit dem Mathematikunterricht unzufrieden ist,
   D: mit dem Mathematikunterricht zufrieden ist,
   E: in die 11. Klasse geht, wenn er mit dem Mathematikunterricht unzufrieden ist.

d) Die Schulleitung geht davon aus, dass bei einem Klausurtermin 5 % der Schüler wegen Krankheit fehlen. Angenommen, das trifft zu. Wie groß ist die Wahrscheinlichkeit, dass bei einem Klausurtermin der Oberstufe mehr als 13 der 200 Schüler fehlen?

12. Allergien

In einer Region sind 10 % der Menschen allergisch gegen Birkenpollen, 5 % gegen Gräserpollen und 2 % gegen Hausstaub.

a) Wie wahrscheinlich sind folgende Ereignisse?
   A: Unter 15 Personen ist höchstens einer allergisch gegen Gräserpollen,
   B: Unter 100 Personen sind mehr als 8 allergisch gegen Birkenpollen,

b) In einer Arztpraxis warten n Personen, von denen genau 5 an einer Birkenpollenallergie leiden. Zwei Personen werden zufällig ausgewählt. Die Wahrscheinlichkeit, dass darunter genau eine Person mit Birkenpollenallergie ist, beträgt $\frac{1}{3}$. Wie viele Personen warten in der Arztpraxis?

c) Bei der Herstellung eines antiallergischen Nasensprays tritt bei 5 % der Sprühflaschen ein Fehler (F) auf. In der Qualitätskontrolle werden 97 % der Flaschen mit dem Fehler F aussortiert. Leider werden 1 % der Flaschen, die nicht fehlerhaft sind, ebenfalls aussortiert. Ermitteln Sie die Wahrscheinlichkeiten folgender Ereignisse:
   D: Eine Flasche wird aussortiert,
   E: Eine nicht aussortierte Flasche ist trotzdem fehlerhaft.

d) Neben dem Fehler F tritt bei der Herstellung der Spraydosen noch ein Materialfehler M auf. Die Fehler F und M sind stochastisch unabhängig. Die Wahrscheinlichkeit, dass mindestens einer der Fehler auftritt, beträgt 8,8 %. Mit welcher Wahrscheinlichkeit tritt der Fehler M auf?

Tabelle 1: Binomialverteilung

$$B(n ; p ; k) = \binom{n}{k} p^k (1-p)^{n-k}$$

n	k	0,02	0,03	0,04	0,05	0,10	1/6	0,20	0,25	0,30	1/3	0,40	0,50	k	n
2	0	0,9604	9409	9216	9025	8100	6944	6400	5625	4900	4444	3600	2500	2	2
	1	0392	0582	0768	0950	1800	2778	3200	3750	4200	4444	4800	5000	1	
	2	0004	0009	0016	0025	0100	0278	0400	0625	0900	1111	1600	2500	0	
3	0	0,9412	9127	8847	8574	7290	5787	5120	4219	3430	2963	2160	1250	3	3
	1	0576	0847	1106	1354	2430	3472	3840	4219	4410	4444	4320	3750	2	
	2	0012	0026	0046	0071	0270	0694	0960	1406	1890	2222	2880	3750	1	
	3			0001	0001	0010	0046	0080	0156	0270	0370	0640	1250	0	
4	0	0,9224	8853	8493	8145	6561	4823	4096	3164	2401	1975	1296	0625	4	4
	1	0753	1095	1416	1715	2916	3858	4096	4219	4116	3951	3456	2500	3	
	2	0023	0051	0088	0135	0486	1157	1536	2109	2646	2963	3456	3750	2	
	3		0001	0002	0005	0036	0154	0256	0469	0756	0988	1536	2500	1	
	4					0001	0008	0016	0039	0081	0123	0256	0625	0	
5	0	0,9039	8587	8154	7738	5905	4019	3277	2373	1681	1317	0778	0313	5	5
	1	0922	1328	1699	2036	3281	4019	4096	3955	3602	3292	2592	1563	4	
	2	0038	0082	0142	0214	0729	1608	2048	2637	3087	3292	3456	3125	3	
	3	0001	0003	0006	0011	0081	0322	0512	0879	1323	1646	2304	3125	2	
	4					0005	0032	0064	0146	0284	0412	0768	1563	1	
	5						0001	0003	0010	0024	0041	0102	0313	0	
6	0	0,8858	8330	7828	7351	5314	3349	2621	1780	1176	0878	0467	0156	6	6
	1	1085	1546	1957	2321	3543	4019	3932	3560	3025	2634	1866	0938	5	
	2	0055	0120	0204	0305	0984	2009	2458	2966	3241	3292	3110	2344	4	
	3	0002	0005	0011	0021	0146	0536	0819	1318	1852	2195	2765	3125	3	
	4				0001	0012	0080	0154	0330	0595	0823	1382	2344	2	
	5					0001	0006	0015	0044	0102	0165	0369	0938	1	
	6						0001	0001	0002	0007	0014	0041	0156	0	
7	0	0,8681	8080	7514	6983	4783	2791	2097	1335	0824	0585	0280	0078	7	7
	1	1240	1749	2192	2573	3720	3907	3670	3115	2471	2048	1306	0547	6	
	2	0076	0162	0274	0406	1240	2344	2753	3115	3177	3073	2613	1641	5	
	3	0003	0008	0019	0036	0230	0781	1147	1730	2269	2561	2903	2734	4	
	4			0001	0002	0026	0156	0287	0577	0972	1280	1935	2734	3	
	5					0002	0019	0043	0115	0250	0384	0774	1641	2	
	6						0001	0004	0013	0036	0064	0172	0547	1	
	7								0001	0002	0005	0016	0078	0	
8	0	0,8508	7837	7214	6634	4305	2326	1678	1001	0576	0390	0168	0039	8	8
	1	1389	1939	2405	2793	3826	3721	3355	2670	1977	1561	0896	0313	7	
	2	0099	0210	0351	0515	1488	2605	2936	3115	2965	2731	2090	1094	6	
	3	0004	0013	0029	0054	0331	1042	1468	2076	2541	2731	2787	2188	5	
	4		0001	0002	0004	0046	0260	0459	0865	1361	1707	2322	2734	4	
	5					0004	0042	0092	0231	0467	0683	1239	2188	3	
	6						0004	0011	0038	0100	0171	0413	1094	2	
	7							0001	0004	0012	0024	0079	0313	1	
	8									0001	0002	0007	0039	0	
9	0	0,8337	7602	6925	6302	3874	1938	1342	0751	0404	0260	0101	0020	9	9
	1	1531	2116	2597	2985	3874	3489	3020	2253	1556	1171	0605	0176	8	
	2	0125	0262	0433	0629	1722	2791	3020	3003	2668	2341	1612	0703	7	
	3	0006	0019	0042	0077	0446	1302	1762	2336	2668	2731	2508	1641	6	
	4		0001	0003	0006	0074	0391	0661	1168	1715	2048	2508	2461	5	
	5					0008	0078	0165	0389	0735	1024	1672	2461	4	
	6					0001	0010	0028	0087	0210	0341	0743	1641	3	
	7						0001	0003	0012	0039	0073	0212	0703	2	
	8								0001	0004	0009	0035	0176	1	
	9										0001	0003	0020	0	
n	0,98	0,97	0,96	0,95	0,90	5/6	0,80	0,75	0,70	2/3	0,60	0,50	k	n

Für $p \geq 0{,}5$ verwendet man den blau unterlegten Eingang.

Tabellen zur Stochastik

Tabelle 1: Binomialverteilung

$$B(n\,;\,p\,;\,k) = \binom{n}{k} p^k (1-p)^{n-k}$$

n	k	0,02	0,03	0,04	0,05	0,10	1/6	0,20	0,25	0,30	1/3	0,40	0,50		n
	0	0,8171	7374	6648	5987	3487	1615	1074	0563	0282	0173	0060	0010	10	
	1	1667	2281	2770	3151	3874	3230	2684	1877	1211	0867	0403	0098	9	
	2	0153	0317	0519	0746	1937	2907	3020	2816	2335	1951	1209	0439	8	
	3	0008	0026	0058	0105	0574	1550	2013	2503	2668	2601	2150	1172	7	
	4		0001	0004	0010	0112	0543	0881	1460	2001	2276	2508	2051	6	
10	5				0001	0015	0130	0264	0584	1029	1366	2007	2461	5	10
	6					0001	0022	0055	0162	0368	0569	1115	2051	4	
	7						0002	0008	0031	0090	0163	0425	1172	3	
	8							0001	0004	0014	0030	0106	0439	2	
	9									0001	0003	0016	0098	1	
	10											0001	0010	0	
	0	0,7386	6333	5421	4633	2059	0649	0352	0134	0047	0023	0005	0000	15	
	1	2261	2938	3388	3658	3432	1947	1319	0668	0305	0171	0047	0005	14	
	2	0323	0636	0988	1348	2669	2726	2309	1559	0916	0599	0219	0032	13	
	3	0029	0085	0178	0307	1285	2363	2501	2252	1700	1299	0634	0139	12	
	4	0002	0008	0022	0049	0428	1418	1876	2252	2186	1948	1268	0417	11	
	5			0001	0002	0006	0105	0624	1032	1651	2061	2143	1859	0916	10	
	6					0019	0208	0430	0917	1472	1786	2066	1527	9	
15	7					0003	0053	0138	0393	0811	1148	1771	1964	8	15
	8						0011	0035	0131	0348	0574	1181	1964	7	
	9						0002	0007	0034	0116	0223	0612	1527	6	
	10							0001	0007	0030	0067	0245	0916	5	
	11								0001	0006	0015	0074	0417	4	
	12									0001	0003	0016	0139	3	
	13										0003	0032	2	
	14											0005	1	
	15												0	
	0	0,6676	5438	4420	3585	1216	0261	0115	0032	0008	0003	0000	0000	20	
	1	2725	3364	3683	3774	2702	1043	0576	0211	0068	0030	0005	0000	19	
	2	0528	0988	1458	1887	2852	1982	1369	0669	0278	0143	0031	0002	18	
	3	0065	0183	0364	0596	1901	2379	2054	1339	0716	0429	0123	0011	17	
	4	0006	0024	0065	0133	0898	2022	2182	1897	1304	0911	0350	0046	16	
	5			0002	0009	0022	0319	1294	1746	2023	1789	1457	0746	0148	15	
	6			0001	0003	0089	0647	1091	1686	1916	1821	1244	0370	14	
	7					0020	0259	0545	1124	1643	1821	1659	0739	13	
	8					0004	0084	0222	0609	1144	1480	1797	1201	12	
20	9					0001	0022	0074	0270	0654	0987	1597	1602	11	20
	10						0005	0020	0099	0308	0543	1171	1762	10	
	11						0001	0005	0030	0120	0247	0710	1602	9	
	12							0001	0008	0039	0092	0355	1201	8	
	13								0002	0010	0028	0146	0739	7	
	14									0002	0007	0049	0370	6	
	15										0001	0013	0148	5	
	16											0003	0046	4	
	17												0011	3	
	18												0002	2	
	19													1	
	20													0	
n		0,98	0,97	0,96	0,95	0,90	5/6	0,80	0,75	0,70	2/3	0,60	0,50	k	n

Für $p \geq 0{,}5$ verwendet man den blau unterlegten Eingang.

Tabelle 2: Kumulierte Binomialverteilung

$$F(n \; ; \; p \; ; \; k) = B(n \; ; \; p \; ; \; 0) + \ldots + B(n \; ; \; p \; ; \; k) = \binom{n}{0} p^0 (1-p)^{n-0} + \ldots + \binom{n}{k} p^k (1-p)^{n-k}$$

n	k	0,02	0,03	0,04	0,05	0,10	1/6	0,20	0,25	0,30	1/3	0,40	0,50		n
2	0	0,9604	9409	9216	9025	8100	6944	6400	5625	4900	4444	3600	2500	**1**	2
	1	9996	9991	9984	9975	9900	9722	9600	9375	9100	8889	8400	7500	**0**	
3	0	0,9412	9127	8847	8574	7290	5787	5120	4219	3430	2963	2160	1250	**2**	3
	1	9988	9974	9953	9928	9720	9259	8960	8438	7840	7407	6480	5000	**1**	
	2			9999	9999	9990	9954	9920	9844	9730	9630	9360	8750	**0**	
4	0	0,9224	8853	8493	8145	6561	4823	4096	3164	2401	1975	1296	0625	**3**	4
	1	9977	9948	9909	9860	9477	8681	8192	7383	6517	5926	4752	3125	**2**	
	2		9999	9998	9995	9963	9838	9728	9492	9163	8889	8208	6875	**1**	
	3					9999	9992	9984	9961	9919	9877	9744	9375	**0**	
5	0	0,9039	8587	8154	7738	5905	4019	3277	2373	1681	1317	0778	0313	**4**	5
	1	9962	9915	9852	9774	9185	8038	7373	6328	5282	4609	3370	1875	**3**	
	2	9999	9997	9994	9988	9914	9645	9421	8965	8369	7901	6826	5000	**2**	
	3					9995	9967	9933	9844	9692	9547	9130	8125	**1**	
	4					9999	9997	9990	9976	9959	9898	9688	**0**		
6	0	0,8858	8330	7828	7351	5314	3349	2621	1780	1176	0878	0467	0156	**5**	6
	1	9943	9875	9784	9672	8857	7368	6554	5339	4202	3512	2333	1094	**4**	
	2	9998	9995	9988	9978	9842	9377	9011	8306	7443	6804	5443	3438	**3**	
	3			9999	9999	9987	9913	9830	9624	9295	8999	8208	6563	**2**	
	4					9999	9993	9984	9954	9891	9822	9590	8906	**1**	
	5							9999	9998	9993	9986	9959	9844	**0**	
7	0	0,8681	8080	7514	6983	4783	2791	2097	1335	0824	0585	0280	0078	**6**	7
	1	9921	9829	9706	9556	8503	6698	5767	4450	3294	2634	1586	0625	**5**	
	2	9997	9991	9980	9962	9743	9042	8520	7564	6471	5706	4199	2266	**4**	
	3			9999	9998	9973	9824	9667	9294	8740	8267	7102	5000	**3**	
	4					9998	9980	9953	9871	9712	9547	9037	7734	**2**	
	5						9999	9996	9987	9962	9931	9812	9375	**1**	
	6							9999	9998	9995	9984	9922	**0**		
8	0	0,8508	7837	7214	6634	4305	2326	1678	1001	0576	0390	0168	0039	**7**	8
	1	9897	9777	9619	9428	8131	6047	5033	3670	2553	1951	1064	0352	**6**	
	2	9996	9987	9969	9942	9619	8652	7969	6786	5518	4682	3154	1445	**5**	
	3		9999	9998	9996	9950	9693	9457	8862	8059	7414	5941	3633	**4**	
	4					9996	9954	9896	9727	9420	9121	8263	6367	**3**	
	5						9996	9988	9958	9887	9803	9502	8555	**2**	
	6							9999	9996	9987	9974	9915	9648	**1**	
	7								9999	9998	9993	9961	**0**		
9	0	0,8337	7602	6925	6302	3874	1938	1342	0751	0404	0260	0101	0020	**8**	9
	1	9869	9718	9222	9288	7748	5427	4362	3003	1960	1431	0705	0195	**7**	
	2	9994	9980	9955	9916	9470	8217	7382	6007	4628	3772	2318	0898	**6**	
	3		9999	9997	9994	9917	9520	9144	8343	7297	6503	4826	2539	**5**	
	4					9991	9911	9804	9511	9012	8552	7334	5000	**4**	
	5					9999	9989	9969	9900	9747	9576	9006	7461	**3**	
	6						9999	9997	9987	9957	9917	9750	9102	**2**	
	7							9999	9996	9990	9962	9805	**1**		
	8	Nicht aufgeführte Werte sind (auf 4 Dez.) 1,0000.									9999	9997	9980	**0**	
n		0,98	0,97	0,96	0,95	0,90	5/6	0,80	0,75	0,70	2/3	0,60	0,50	k	n

p

Bei blau unterlegtem Eingang, d. h. p ≥ 0,5 gilt: F(n ; p ; k) = 1− abgelesener Wert.

Tabelle 2: Kumulierte Binomialverteilung

$$F(n\,;\,p\,;\,k) = B(n\,;\,p\,;\,0) + \ldots + B(n\,;\,p\,;\,k) = \binom{n}{0} p^0 (1-p)^{n-0} + \ldots + \binom{n}{k} p^k (1-p)^{n-k}$$

p

n	k	0,02	0,03	0,04	0,05	0,10	1/6	0,20	0,25	0,30	1/3	0,40	0,50		n
10	0	0,8171	7374	6648	5987	3487	1615	1074	0563	0282	0173	0060	0010	9	
	1	9838	9655	9418	9139	7361	4845	3758	2440	1493	1040	0464	0107	8	
	2	9991	9972	9938	9885	9298	7752	6778	5256	3828	2991	1673	0547	7	
	3		9999	9996	9990	9872	9303	8791	7759	6496	5593	3823	1719	6	10
	4				9999	9984	9845	9672	9219	8497	7869	6331	3770	5	
	5					9999	9976	9936	9803	9527	9234	8338	6230	4	
	6						9997	9991	9965	9894	9803	9452	8281	3	
	7							9999	9996	9984	9966	9877	9453	2	
	8									9999	9996	9983	9893	1	
	9											9999	9990	0	
11	0	0,8007	7153	6382	5688	3138	1346	0859	0422	0198	0116	0036	0005	10	
	1	9805	9587	9308	8981	6974	4307	3221	1971	1130	0751	0302	0059	9	
	2	9988	9963	9917	9848	9104	7268	6174	4552	3127	2341	1189	0327	8	
	3		9998	9993	9984	9815	9044	8389	7133	5696	4726	2963	1133	7	
	4				9999	9972	9755	9496	8854	7897	7110	5328	2744	6	11
	5					9997	9954	9883	9657	9218	8779	7535	5000	5	
	6						9994	9980	9925	9784	9614	9006	7256	4	
	7						9999	9998	9989	9957	9912	9707	8867	3	
	8								9994	9986	9941	9673	2	
	9									9999	9993	9941	1	
	10											9995	0	
12	0	0,7847	6938	6127	5404	2824	1122	0687	0317	0138	0077	0022	0002	11	
	1	9769	9514	9191	8816	6590	3813	2749	1584	0850	0540	0196	0032	10	
	2	9985	9952	9893	9804	8891	6774	5583	3907	2528	1811	0834	0193	9	
	3	9999	9997	9990	9978	9744	8748	7946	6488	4925	3931	2253	0730	8	
	4			9999	9998	9957	9637	9274	8424	7237	6315	4382	1938	7	
	5					9995	9921	9806	9456	8822	8223	6652	3872	6	12
	6						9987	9961	9857	9614	9336	8418	6128	5	
	7						9998	9994	9972	9905	9812	9427	8062	4	
	8							9999	9996	9983	9961	9847	9270	3	
	9									9998	9995	9972	9807	2	
	10											9997	9968	1	
	11												9998	0	
13	0	0,7690	6730	5882	5133	2542	0935	0550	0238	0097	0051	0013	0001	12	
	1	9730	9436	9068	8646	6213	3365	2336	1267	0637	0385	0126	0017	11	
	2	9980	9938	9865	9755	8661	6281	5017	3326	2025	1387	0579	0112	10	
	3	9999	9995	9986	9969	9658	8419	7473	5843	4206	3224	1686	0461	9	
	4			9999	9997	9935	9488	9009	7940	6543	5520	3520	1334	8	
	5					9991	9873	9700	9198	8346	7587	5744	2905	7	
	6					9999	9976	9930	9757	9376	8965	7712	5000	6	13
	7						9997	9988	9943	9818	9653	9023	7095	5	
	8							9998	9990	9960	9912	9679	8666	4	
	9								9999	9993	9984	9922	9539	3	
	10									9999	9998	9987	9888	2	
	11											9999	9983	1	
	12	Nicht aufgeführte Werte sind (auf 4 Dez.) 1,0000.											9999	0	
n		0,98	0,97	0,96	0,95	0,90	5/6	0,80	0,75	0,70	2/3	0,60	0,50	k	n

p

Bei blau unterlegtem Eingang, d.h. $p \geq 0{,}5$ gilt: $F(n\,;\,p\,;\,k) = 1 -$ abgelesener Wert.

Tabelle 2: Kumulierte Binomialverteilung

$$F(n ; p ; k) = B(n ; p ; 0) + \ldots + B(n ; p ; k) = \binom{n}{0} p^0 (1-p)^{n-0} + \ldots + \binom{n}{k} p^k (1-p)^{n-k}$$

n	k	0,02	0,03	0,04	0,05	0,10	1/6	0,20	0,25	0,30	1/3	0,40	0,50		n
	0	0,7536	6528	5647	4877	2288	0779	0440	0178	0068	0034	0008	0001	13	
	1	9690	9355	8941	8470	5846	2960	1979	1010	0475	0274	0081	0009	12	
	2	9975	9923	9823	9699	8416	5795	4481	2812	1608	1053	0398	0065	11	
	3	9999	9994	9981	9958	9559	8063	6982	5214	3552	2612	1243	0287	10	
	4		9998	9996		9908	9310	8702	7416	5842	4755	2793	0898	9	
	5					9985	9809	9561	8884	7805	6898	4859	2120	8	
14	6					9998	9959	9884	9618	9067	8505	6925	3953	7	14
	7						9993	9976	9898	9685	9424	8499	6047	6	
	8						9999	9996	9980	9917	9826	9417	7880	5	
	9								9998	9983	9960	9825	9102	4	
	10									9998	9993	9961	9713	3	
	11										9999	9994	9935	2	
	12											9999	9991	1	
	13												9999	0	
	0	0,7386	6333	5421	4633	2059	0649	0352	0134	0047	0023	0005	0000	14	
	1	9647	9270	8809	8290	5490	2596	1671	0802	0353	0194	0052	0005	13	
	2	9970	9906	9797	9638	8159	5322	3980	2361	1268	0794	0271	0037	12	
	3	9998	9992	9976	9945	9444	7685	6482	4613	2969	2092	0905	0176	11	
	4		9999	9998	9994	9873	9102	8358	6865	5155	4041	2173	0592	10	
	5				9999	9978	9726	9389	8516	7216	6184	4032	1509	9	
	6					9997	9934	9819	9434	8689	7970	6098	3036	8	
15	7						9987	9958	9827	9500	9118	7869	5000	7	15
	8						9998	9992	9958	9848	9692	9050	6964	6	
	9							9999	9992	9963	9915	9662	8491	5	
	10								9999	9993	9982	9907	9408	4	
	11									9999	9997	9981	9824	3	
	12											9997	9963	2	
	13												9995	1	
	14													0	
	0	0,7238	6143	5204	4401	1853	0541	0281	0100	0033	0015	0003	0000	15	
	1	9601	9182	8673	8108	5147	2272	1407	0635	0261	0137	0033	0003	14	
	2	9963	9887	9758	9571	7892	4868	3518	1971	0994	0594	0183	0021	13	
	3	9998	9989	9968	9930	9316	7291	5981	4050	2459	1659	0651	0106	12	
	4		9999	9997	9991	9830	8866	7982	6302	4499	3391	1666	0384	11	
	5				9999	9967	9622	9183	8103	6598	5469	3288	1051	10	
	6					9995	9899	9733	9204	8247	7374	5272	2272	9	
	7					9999	9979	9930	9729	9256	8735	7161	4018	8	
16	8						9996	9985	9925	9743	9500	8577	5982	7	16
	9							9998	9984	9929	9841	9417	7728	6	
	10								9997	9984	9960	9809	8949	5	
	11									9997	9992	9951	9616	4	
	12										9999	9991	9894	3	
	13											9999	9979	2	
	14												9997	1	
	15	Nicht aufgeführte Werte sind (auf 4 Dez.) 1,0000.												0	
n		0,98	0,97	0,96	0,95	0,90	5/6	0,80	0,75	0,70	2/3	0,60	0,50	k	n

Bei blau unterlegtem Eingang, d.h. $p \geq 0{,}5$ gilt: $F(n ; p ; k) = 1-$ abgelesener Wert.

Tabelle 2: Kumulierte Binomialverteilung

$$F(n\,;\,p\,;\,k) = B(n\,;\,p\,;\,0) + \ldots + B(n\,;\,p\,;\,k) = \binom{n}{0}p^0(1-p)^{n-0} + \ldots + \binom{n}{k}p^k(1-p)^{n-k}$$

p

n	k	0,02	0,03	0,04	0,05	0,10	1/6	0,20	0,25	0,30	1/3	0,40	0,50	n
17	0	0,7093	5958	4996	4181	1668	0451	0225	0075	0023	0010	0002	0000	16
	1	9554	9091	8535	7922	4818	1983	1182	0501	0193	0096	0021	0001	15
	2	9956	9866	9714	9497	7618	4435	3096	1637	0774	0442	0123	0012	14
	3	9997	9986	9960	9912	9174	6887	5489	3530	2019	1304	0464	0064	13
	4		9999	9996	9988	9779	8604	7582	5739	3887	2814	1260	0245	12
	5				9999	9953	9496	8943	7653	5968	4777	2639	0717	11
	6					9992	9853	9623	8929	7752	6739	4478	1662	10
	7					9999	9965	9891	9598	8954	8281	6405	3145	9
	8						9993	9974	9876	9597	9245	8011	5000	8
	9						9999	9995	9969	9873	9727	9081	6855	7
	10							9999	9994	9968	9920	9652	8338	6
	11								9999	9993	9981	9894	9283	5
	12									9999	9997	9975	9755	4
	13										9999	9995	9936	3
	14											9999	9988	2
	15												9999	1
18	0	0,6951	5780	4796	3972	1501	0376	0180	0056	0016	0007	0001	0000	17
	1	9505	8997	8393	7735	4503	1728	0991	0395	0142	0068	0013	0001	16
	2	9948	9843	9667	9419	7338	4027	2713	1353	0600	0326	0082	0007	15
	3	9996	9982	9950	9891	9018	6479	5010	3057	1646	1017	0328	0038	14
	4		9999	9994	9985	9718	8318	7164	5187	3327	2311	0942	0154	13
	5				9998	9936	9347	8671	7175	5344	4122	2088	0481	12
	6					9988	9794	9487	8610	7217	6085	3743	1189	11
	7					9998	9947	9837	9431	8593	7767	5634	2403	10
	8						9989	9957	9807	9404	8924	7368	4073	9
	9						9998	9991	9946	9790	9567	8653	5927	8
	10							9998	9988	9939	9856	9424	7597	7
	11								9998	9986	9961	9797	8811	6
	12									9997	9991	9943	9519	5
	13										9999	9987	9846	4
	14											9998	9962	3
	15												9993	2
	16												9999	1
19	0	0,6812	5606	4604	3774	1351	0313	0144	0042	0011	0005	0001	0000	18
	1	9454	8900	8249	7547	4203	1502	0829	0310	0104	0047	0008	0000	17
	2	9939	9817	9616	9335	7054	3643	2369	1113	0462	0240	0055	0004	16
	3	9995	9978	9939	9868	8850	6070	4551	2631	1332	0787	0230	0022	15
	4		9998	9993	9980	9648	8011	6733	4654	2822	1879	0696	0096	14
	5			9999	9998	9914	9176	8369	6678	4739	3519	1629	0318	13
	6					9983	9719	9324	8251	6655	5431	3081	0835	12
	7					9997	9921	9767	9225	8180	7207	4878	1796	11
	8						9982	9933	9713	9161	8538	6675	3238	10
	9						9996	9984	9911	9674	9352	8139	5000	9
	10						9999	9997	9977	9895	9759	9115	6762	8
	11								9995	9972	9926	9648	8204	7
	12								9999	9994	9981	9884	9165	6
	13									9999	9996	9969	9682	5
	14										9999	9994	9904	4
	15											9999	9978	3
	16												9996	2
	17	Nicht aufgeführte Werte sind (auf 4 Dez.) 1,0000.												1
n		0,98	0,97	0,96	0,95	0,90	5/6	0,80	0,75	0,70	2/3	0,60	0,50	k

p

Bei blau unterlegtem Eingang, d. h. $p \geq 0{,}5$ gilt: $F(n\,;\,p\,;\,k) = 1-$ abgelesener Wert.

Tabelle 2: Kumulierte Binomialverteilung

$$F(n\,;\,p\,;\,k) = B(n\,;\,p\,;\,0) + \ldots + B(n\,;\,p\,;\,k) = \binom{n}{0}p^0(1-p)^{n-0} + \ldots + \binom{n}{k}p^k(1-p)^{n-k}$$

n	k	0,02	0,03	0,04	0,05	0,10	1/6	0,20	0,25	0,30	1/3	0,40	0,50	n
20	0	0,6676	5438	4420	3585	1216	0261	0115	0032	0008	0003	0000	0000	19
	1	9401	8802	8103	7358	3917	1304	0692	0243	0076	0033	0005	0000	18
	2	9929	9790	9561	9245	6769	3287	2061	0913	0355	0176	0036	0002	17
	3	9994	9973	9926	9841	8670	5665	4114	2252	1071	0604	0160	0013	16
	4		9997	9990	9974	9568	7687	6296	4148	2375	1515	0510	0059	15
	5			9999	9997	9887	8982	8042	6172	4164	2972	1256	0207	14
	6					9976	9629	9133	7858	6080	4793	2500	0577	13
	7					9996	9887	9679	8982	7723	6615	4159	1316	12
	8					9999	9972	9900	9591	8867	8095	5956	2517	11
	9						9994	9974	9861	9520	9081	7553	4119	10
	10						9999	9994	9960	9829	9624	8725	5881	9
	11							9999	9990	9949	9870	9435	7483	8
	12								9998	9987	9963	9790	8684	7
	13									9997	9991	9935	9423	6
	14										9998	9984	9793	5
	15											9997	9941	4
	16												9987	3
	17												9998	2
50	0	0,3642	2181	1299	0769	0052	0001	0000	0000	0000	0000	0000	0000	49
	1	7358	5553	4005	2794	0338	0012	0002	0000	0000	0000	0000	0000	48
	2	9216	8108	6767	5405	1117	0066	0013	0001	0000	0000	0000	0000	47
	3	9822	9372	8609	7604	2503	0238	0057	0005	0000	0000	0000	0000	46
	4	9968	9832	9510	8964	4312	0643	0185	0021	0002	0000	0000	0000	45
	5	9995	9963	9856	9622	6161	1388	0480	0070	0007	0001	0000	0000	44
	6	9999	9993	9964	9882	7702	2506	1034	0194	0025	0005	0000	0000	43
	7		9999	9992	9968	8779	3911	1904	0453	0073	0017	0000	0000	42
	8			9999	9992	9421	5421	3073	0916	0183	0050	0002	0000	41
	9				9998	9755	6830	4437	1637	0402	0127	0008	0000	40
	10					9906	7986	5836	2622	0789	0284	0022	0000	39
	11					9968	8827	7107	3816	1390	0570	0057	0000	38
	12					9990	9373	8139	5110	2229	1035	0133	0002	37
	13					9997	9693	8894	6370	3279	1715	0280	0005	36
	14					9999	9862	9393	7481	4468	2612	0540	0013	35
	15						9943	9692	8369	5692	3690	0955	0033	34
	16						9978	9856	9017	6839	4868	1561	0077	33
	17						9992	9937	9449	7822	6046	2369	0164	32
	18						9998	9975	9713	8594	7126	3356	0325	31
	19						9999	9991	9861	9152	8036	4465	0595	30
	20							9997	9937	9522	8741	5610	1013	29
	21							9999	9974	9749	9244	6701	1611	28
	22								9990	9877	9576	7660	2399	27
	23								9997	9944	9778	8438	3359	26
	24								9999	9976	9892	9022	4439	25
	25									9991	9951	9427	5561	24
	26									9997	9979	9686	6641	23
	27									9999	9992	9840	7601	22
	28										9997	9924	8389	21
	29										9999	9966	8987	20
	30											9986	9405	19
	31											9995	9675	18
	32											9998	9836	17
	33											9999	9923	16
	34												9967	15
	35												9987	14
	36												9995	13
	37												9998	12
n		0,98	0,97	0,96	0,95	0,90	5/6	0,80	0,75	0,70	2/3	0,60	0,50	k	n

Nicht aufgeführte Werte sind (auf 4 Dez.) 1,0000.

Bei blau unterlegtem Eingang, d.h. $p \geq 0{,}5$ gilt: $F(n\,;\,p\,;\,k) = 1 - \text{abgelesener Wert}$.

Tabelle 2: Kumulierte Binomialverteilung

$$F(n ; p ; k) = B(n ; p ; 0) + \ldots + B(n ; p ; k) = \binom{n}{0}p^0(1-p)^{n-0} + \ldots + \binom{n}{k}p^k(1-p)^{n-k}$$

n	k	0,02	0,03	0,04	0,05	0,10	1/6	0,20	0,25	0,30	1/3	0,40	0,50	n
	0	0,1986	0874	0382	0165	0002	0000	0000	0000	0000	0000	0000	0000	79
	1	5230	3038	1654	0861	0022	0000	0000	0000	0000	0000	0000	0000	78
	2	7844	5681	3748	2306	0107	0001	0000	0000	0000	0000	0000	0000	77
	3	9231	7807	6016	4284	0353	0004	0000	0000	0000	0000	0000	0000	76
	4	9776	9072	7836	6289	0880	0015	0001	0000	0000	0000	0000	0000	75
	5	9946	9667	8988	7892	1769	0051	0005	0000	0000	0000	0000	0000	74
	6	9989	9897	9588	8947	3005	0140	0018	0001	0000	0000	0000	0000	73
	7	9998	9972	9853	9534	4456	0328	0053	0002	0000	0000	0000	0000	72
	8		9993	9953	9816	5927	0672	0131	0006	0000	0000	0000	0000	71
	9		9999	9987	9935	7234	1221	0287	0018	0001	0000	0000	0000	70
	10			9997	9979	8266	2002	0565	0047	0002	0000	0000	0000	69
	11			9999	9994	8996	2995	1006	0106	0006	0001	0000	0000	68
	12				9998	9462	4137	1640	0221	0015	0002	0000	0000	67
	13					9732	5333	2470	0421	0036	0005	0000	0000	66
	14					9877	6476	3463	0740	0079	0012	0000	0000	65
	15					9947	7483	4555	1208	0161	0029	0000	0000	64
	16					9979	8301	5664	1841	0302	0063	0001	0000	63
	17					9992	8917	6707	2636	0531	0126	0003	0000	62
	18					9997	9348	7621	3563	0873	0237	0007	0000	61
	19					9999	9629	8366	4572	1352	0418	0016	0000	60
	20						9801	8934	5597	1978	0693	0035	0000	59
	21						9899	9340	6574	2745	1087	0072	0000	58
	22						9951	9612	7447	3627	1616	0136	0000	57
	23						9978	9783	8180	4579	2282	0245	0001	56
	24						9990	9885	8761	5549	3073	0417	0002	55
	25						9996	9942	9195	6479	3959	0675	0005	54
	26						9998	9972	9501	7323	4896	1037	0011	53
	27						9999	9987	9705	8046	5832	1521	0024	52
80	28							9995	9834	8633	6719	2131	0048	51
	29							9998	9911	9084	7514	2860	0091	50
	30							9999	9954	9412	8190	3687	0165	49
	31								9978	9640	8735	4576	0283	48
	32								9990	9789	9152	5484	0464	47
	33								9995	9881	9455	6363	0728	46
	34								9998	9936	9665	7174	1092	45
	35								9999	9967	9803	7885	1571	44
	36									9984	9889	8477	2170	43
	37									9993	9940	8947	2882	42
	38									9997	9969	9301	3688	41
	39									9999	9985	9555	4555	40
	40									9999	9993	9729	5445	39
	41										9997	9842	6312	38
	42										9999	9912	7118	37
	43										9999	9953	7830	36
	44											9976	8428	35
	45											9988	8907	34
	46											9994	9272	33
	47											9997	9535	32
	48											9999	9717	31
	49											9999	9835	30
	50												9908	29
	51												9951	28
	52												9976	27
	53												9988	26
	54												9995	25
	55												9998	24
	56	Nicht aufgeführte Werte sind (auf 4 Dez.) 1,0000.											9999	23
n		0,98	0,97	0,96	0,95	0,90	5/6	0,80	0,75	0,70	2/3	0,60	0,50	k	n

Bei blau unterlegtem Eingang, d.h. $p \geq 0{,}5$ gilt: $F(n ; p ; k) = 1 -$ abgelesener Wert.

Tabelle 2: Kumulierte Binomialverteilung

$$F(n \, ; \, p \, ; \, k) = B(n \, ; \, p \, ; \, 0) + \ldots + B(n \, ; \, p \, ; \, k) = \binom{n}{0}p^0(1-p)^{n-0} + \ldots + \binom{n}{k}p^k(1-p)^{n-k}$$

n = 100

k	0,02	0,03	0,04	0,05	0,10	1/6	0,20	0,25	0,30	1/3	0,40	0,50	k
0	0,1326	0476	0169	0059	0000	0000	0000	0000	0000	0000	0000	0000	99
1	4033	1946	0872	0371	0003	0000	0000	0000	0000	0000	0000	0000	98
2	6767	4198	2321	1183	0019	0000	0000	0000	0000	0000	0000	0000	97
3	8590	6472	4295	2578	0078	0000	0000	0000	0000	0000	0000	0000	96
4	9492	8179	6289	4360	0237	0001	0000	0000	0000	0000	0000	0000	95
5	9845	9192	7884	6160	0576	0004	0000	0000	0000	0000	0000	0000	94
6	9959	9688	8936	7660	1172	0013	0001	0000	0000	0000	0000	0000	93
7	9991	9894	9525	8720	2061	0038	0003	0000	0000	0000	0000	0000	92
8	9998	9968	9810	9369	3209	0095	0009	0000	0000	0000	0000	0000	91
9		9991	9932	9718	4513	0213	0023	0001					90
10		9998	9978	9885	5832	0427	0057	0002					89
11			9993	9957	7030	0777	0126	0004					88
12			9998	9985	8018	1297	0253	0010					87
13				9995	8761	2000	0469	0025	0001				86
14				9999	9274	2874	0804	0054	0002				85
15					9601	3877	1285	0111	0004				84
16					9794	4942	1923	0211	0010				83
17					9900	5994	2712	0376	0022				82
18					9954	6965	3621	0630	0045	0005			81
19					9980	7803	4602	0995	0089	0011			80
20					9992	8481	5595	1488	0165	0024			79
21					9997	8998	6540	2114	0288	0048			78
22					9999	9370	7389	2864	0479	0091	0001		77
23						9621	8109	3711	0755	0164	0003		76
24						9783	8686	4617	1136	0281	0006		75
25						9881	9125	5535	1631	0458	0012		74
26						9938	9442	6417	2244	0715	0024		73
27						9969	9658	7224	2964	1066	0046		72
28						9985	9800	7925	3768	1524	0084		71
29						9993	9888	8505	4623	2093	0148		70
30						9997	9939	8962	5491	2766	0248		69
31						9999	9969	9307	6331	3525	0398	0001	68
32							9985	9554	7107	4344	0615	0002	67
33							9993	9724	7793	5188	0913	0004	66
34							9997	9836	8371	6019	1303	0009	65
35							9999	9906	8839	6803	1795	0018	64
36							9999	9948	9201	7511	2386	0033	63
37								9973	9470	8123	3068	0060	62
38								9986	9660	8630	3822	0105	61
39								9993	9790	9034	4621	0176	60
40								9997	9875	9341	5433	0284	59
41								9999	9928	9566	6225	0443	58
42									9960	9724	6967	0666	57
43									9979	9831	7635	0967	56
44									9989	9900	8211	1356	55
45									9995	9943	8689	1841	54
46									9997	9969	9070	2421	53
47									9999	9983	9362	3087	52
48									9999	9991	9577	3822	51
49										9996	9729	4602	50
50										9998	9832	5398	49
51										9999	9900	6178	48
52											9942	6914	47
53											9968	7579	46
54											9983	8159	45
55											9991	8644	44
56											9996	9033	43
57											9998	9334	42
58											9999	9557	41
59												9716	40
60												9824	39
61												9895	38
62												9940	37
63												9967	36
64												9982	35
65												9991	34
66												9996	33
67												9998	32
68												9999	31

Nicht aufgeführte Werte sind (auf 4 Dez.) 1,0000.

| k | 0,98 | 0,97 | 0,96 | 0,95 | 0,90 | 5/6 | 0,80 | 0,75 | 0,70 | 2/3 | 0,60 | 0,50 | k |

Bei blau unterlegtem Eingang, d. h. $p \geq 0{,}5$ gilt: $F(n \, ; \, p \, ; \, k) = 1 -$ abgelesener Wert.

Tabellen zur Stochastik

Tabelle 3: Normalverteilung

$\phi(z) = 0, \ldots$
$\phi(-z) = 1 - \phi(z)$

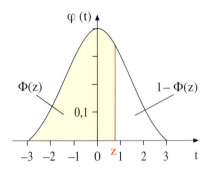
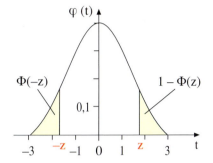

z	0	1	2	3	4	5	6	7	8	9
0,0	5000	5040	5080	5120	5160	5199	5239	5279	5319	5359
0,1	5398	5438	5478	5517	5557	5596	5636	5675	5714	5753
0,2	5793	5832	5871	5910	5948	5987	6026	6064	6103	6141
0,3	6179	6217	6255	6293	6331	6368	6406	6443	6480	6517
0,4	6554	6591	6628	6664	6700	6736	6772	6808	6844	6879
0,5	6915	6950	6985	7019	7054	7088	7123	7157	7190	7224
0,6	7257	7291	7324	7357	7389	7422	7454	7486	7517	7549
0,7	7580	7611	7642	7673	7703	7734	7764	7794	7823	7852
0,8	7881	7910	7939	7967	7995	8023	8051	8078	8106	8133
0,9	8159	8186	8212	8238	8264	8289	8315	8340	8365	8389
1,0	8413	8438	8461	8485	8508	8531	8554	8577	8599	8621
1,1	8643	8665	8686	8708	8729	8749	8770	8790	8810	8830
1,2	8849	8869	8888	8907	8925	8944	8962	8980	8997	9015
1,3	9032	9049	9066	9082	9099	9115	9131	9147	9162	9177
1,4	9192	9207	9222	9236	9251	9265	9279	9292	9306	9319
1,5	9332	9345	9357	9370	9382	9394	9406	9418	9429	9441
1,6	9452	9463	9474	9484	9495	9505	9515	9525	9535	9545
1,7	9554	9564	9573	9582	9591	9599	9608	9616	9625	9633
1,8	9641	9649	9656	9664	9671	9678	9686	9693	9699	9706
1,9	9713	9719	9726	9732	9738	9744	9750	9756	9761	9767
2,0	9772	9778	9783	9788	9793	9798	9803	9808	9812	9817
2,1	9821	9826	9830	9834	9838	9842	9846	9850	9854	9857
2,2	9861	9864	9868	9871	9875	9878	9881	9884	9887	9890
2,3	9893	9896	9898	9901	9904	9906	9909	9911	9913	9916
2,4	9918	9920	9922	9925	9927	9929	9931	9932	9934	9936
2,5	9938	9940	9941	9943	9945	9946	9948	9949	9951	9952
2,6	9953	9955	9956	9957	9959	9960	9961	9962	9963	9964
2,7	9965	9966	9967	9968	9969	9970	9971	9972	9973	9974
2,8	9974	9975	9976	9977	9977	9978	9979	9979	9980	9981
2,9	9981	9982	9982	9983	9984	9984	9985	9985	9986	9986
3,0	9987	9987	9987	9988	9988	9989	9989	9989	9990	9990
3,1	9990	9991	9991	9991	9992	9992	9992	9992	9993	9993
3,2	9993	9993	9994	9994	9994	9994	9994	9995	9995	9995
3,3	9995	9995	9996	9996	9996	9996	9996	9996	9996	9997
3,4	9997	9997	9997	9997	9997	9997	9997	9997	9997	9998

Beispiele für den Gebrauch der Tabelle:

$\phi(2{,}37) = 0{,}9911;$ $\qquad \phi(-2{,}37) = 1 - \phi(2{,}37) = 1 - 0{,}9911 = 0{,}0089;$

$\phi(z) = 0{,}7910 \Rightarrow z = 0{,}81;$ $\qquad \phi(z) = 0{,}2090 = 1 - 0{,}7910 \Rightarrow z = -0{,}81$

Stichwortverzeichnis

abiturähnliche Aufgaben 329 f., 373 ff.
– zur Analysis 374 ff.
– zur Analytischen Geometrie 382 ff.
– zur Stochastik 390 ff.
Abkühlungsfunktion 254, 261
Abstand
– Gerade-Ebene 196, 207
– paralleler Ebenen 196, 207
– paralleler Geraden 199
– Punkt/Ebene 190 ff., 207
– Punkt-Ebene 193
– Punkt-Gerade 197 f. , 207
– windschiefer Geraden 203
– zweier Punkte 38 f., 69
Abstandsformel 192
Achsenabschnitte einer Ebene 143 f.
Achsenabschnittsgleichung
– einer Ebene 144, 176
– einer Gerade im R^2 80, 101
Addition durch Vektorzug 53
Alternativhypothese 352
Alternativtest 350 ff., 369
Annahmebereich 352, 369
Anwendung
– der Normalverteilung 338 ff.
– des Rechnens mit Vektoren 61 f.
– zur Abstandsberechnung 201 f.
Anzahl der Lösungen eines LGS 14
Äquivalenzumformungen 13, 33
Arbeit 108
Assoziativgesetz 49

begrenzter Zerfall 254, 261
begrenztes Wachstum 250 ff., 261
Bergwerksstollen 99
Bernoulli-Kette 310, 346
Bernoulli-Versuch/Bernoulli-Experiment 310, 346
Betrag eines Vektors 44, 69, 112, 131
Billiard 95
Binomialverteilung 314 ff., 346

CAS-Anwendungen 34, 72, 104, 132, 180, 210, 224, 345
chemische Reaktionsgleichungen 26 f.

Computer-Algebra-System (CAS) 12
Computertomographie 12, 29 f.

Differenz von Vektoren 48, 50, 69
diskrete Zufallsgröße 342
Distributivgesetz 111
Dreieckssytem, Dreiecksform 17 f., 22
Dreipunktegleichung einer Ebene 137, 176
Drittelung einer Strecke 53

Ebenen 136 ff.
Ebenenbüschel 169
Ebenengleichungen 136 ff.
Ebenenscharen 167 ff.
Eigenschaften des Vektorprodukts 123
eindeutig lösbar 14, 17, 22
einparametrige unendliche Lösung 20
einseitiger Signifikanztest 359 f., 369
Entscheidungsregel 350, 352, 365, 369
Erwartungswert 314, 346
Euler'sche Form der Exponentialfunktion 245
Exponentialfunktionen 245, 278 ff.
exponentielles Wachstum 244 ff., 261

Fehler 1. und 2. Art 103, 119
Flächeninhalt
– eines Dreiecks 116, 131
– eines Parallelogramms 125, 131
Flugbahnen 86, 98, 235 f., 240
Formel von Bernoulli 311, 346
Funktionsuntersuchungen 263 ff.

ganzrationale Funktionen 264 ff.
Gauss, Carl Friedrich 17
Gauß'scher Algorithmus 18, 22, 33
Gauß'sche Glockenkurve 334, 346
Gauß'sche Integralfunktion 336, 346

gebrochen-rationale Funktionen 294
Gegenvektor 50
Geraden 76 ff.
– im R^2 79 f.
Geradengleichungen mit Variablen 88 f.
Geradenparameter 77
Geradenschar 88 f.
Gleichungssysteme 12 ff.
globale Näherungsformel von Laplace und de Moivre 336 f., 347
Grenzbestand 250

Halbräume 194
Halbwertszeit 246
Hesse, Ludwig Otto 191
Hesse'sche Normalenform (HNF) 191, 207
Höhensatz 120
hypergeometrische Verteilung 327 f., 347
Hypothesentest 350 ff.

Intervallwahrscheinlichkeit 322, 346
Irrtumswahrscheinlichkeit 350, 353

kartesische Koordinaten 38
Kathetensatz 120
kollineare Vektoren 56, 69
Kommutativgesetz 49, 111
komplanare Vektoren 56, 69
komplexe Aufgaben zur Analytischen Geometrie 228 ff.
Koordinaten 38
Koordinatendifferenz 43
Koordinatenform des Skalarprodukts 109
Koordinatengleichung
– einer Ebene 142, 176
– einer Geraden im R^2 79
– einer Kugel 218 f., 223
– eines Kreises 214 f., 223
Kosinusform des Skalarprodukts 108
Kosinusformel 108, 102, 112, 131
Kreise in der Ebene 214 ff.
Kreisgleichungen 214 f., 223
kritische Zahl 352, 369

Stichwortverzeichnis

Kugelgleichungen 218 f., 223
Kugeln im Raum 218 ff.
kumulierte Binomialverteilung 320, 346 f.

Lagebeziehungen
– Ebene-Ebene 159 ff., 177
– Gerade-Ebene 149 ff., 177
– Gerade-Gerade 82 ff., 101
– Gerade-Kreis 216, 223
– Gerade-Kugel 220, 223
– Punkt-Dreieck 148, 177
– Punkt-Ebenen 146 f., 176
– Punkt-Gerade 82
– Punkt-Parallelogramm 148, 177
– Punkt-Strecke 82
Laplace-Bedingung 334
Lichtrefexion 95
lineare Abhängigkeit und Unabhängigkeit 57 ff., 127
lineares Gleichungssystem (LGS) 12 ff.
– mit Parameter 23
lineares Wachstum 242
Linearkombination von Vektoren 55, 69
logistisches Wachstum 257 ff., 261
lokale Näherungsformel von Laplace und de Moivre 334, 345
lösbar 14, 22
Lösbarkeitsuntersuchungen 20 ff.
Lösung eines LGS 12, 33
Lösungsverfahren von Gauß 17 ff.
Lot, Lotgerade 153
Lotfußpunkt 154
Lotfußpunktverfahren 190, 207
Lottomodelle 327 f., 347

Mathematische Streifzüge 26, 70, 102, 120, 178, 208
mittlere Wachstumsrate 247, 253
Modellierungen 263 ff.
momentane Wachstumsrate 247, 253

Näherungsformeln von Laplace und de Moivre 334 ff., 345
n-dimensionaler Vektor 121
Newton, Isaak 254, 261
nicht eindeutig lösbar 14
Normaleneinheitsvektor 191

Normalenform der Ebenengleichung/Normalengleichung einer Ebene 139, 176
Normalenvektor 115, 122, 124, 131
Normalform 12, 22
normalverteilte stetige Zufallsgröße 342, 347
Normalverteilung 332, 346 f.
n-Tupel 12, 121
Nullhypothese 352
Nullvektor 49
Nullzeile 20

orthogonale Ebenen 162
orthogonale Geraden 119, 124
orthogonale Vektoren 114, 131
Orthogonalität 153
Orthogonalitätskriterium 114
Ortsvektor 43, 76

parallele Geraden 83
Parallelenschar 88
Parallelität 153
Parallelogrammregel 49
Parametergleichung einer Ebene 136, 176
Parametergleichung einer Geraden 77, 79, 101
physikalische Anwendungen von Vektoren 61 f.
physikalische Arbeit 108
Praxis der Binomialverteilung 318 ff.
Prüfen von Hypothesen 350
Prüfgröße 351 f.
Punktprobe 82, 146 ff.
Punktrichtungsgleichung 77, 136
Punktwahrscheinlichkeit 322, 346

quadratisches Wachstum 243

Rechengesetze
– für das Vektorprodukt 124
– für das Skalarprodukt 111, 131
Rechnen mit Vektoren 48 ff.
rechtwinkliges Dreieck 114
Richtungsvektor 76, 136
Rückeinsetzung 17, 22

Sättigungsgrenze 250
Satz des Pythagoras 121
Satz des Thales 121
Schar paralleler Ebenen 171

Schar paralleler Geraden 88
Schattenwurf 96
schneidende Geraden 83
Schnittwinkel 184 ff., 207
– Ebene-Ebene 186 f., 207
– Gerade-Ebene 184 f., 207
– Gerade-Grade 118, 131, 184, 207
Schrägbild 38
σ-Regeln 315
Signifikanzniveau 358, 369
Signifikanztest 357 ff.
Skalar-Multiplikation 51, 69
Skalarprodukt 108 ff., 131
Spaltenvektor 42
Spatprodukt 126
– und lineare Unabhängigkeit von Vektoren 127
Spiegelung 153
Spurgerade 163
Spurpunkt 94, 101
Standardabweichung 314, 346
Standardisierung der Binomialverteilung 332 f.
statistische Gesamtheit 350, 352
stetige Zufallsgröße 342
Stichprobe 350, 352
Ströme in Netzwerken 28
Stufenform 18, 21
Stützvektor 76, 136
Summe von Vektoren 48, 69

Tabelle
– der Binomialverteilung 318, 372 f.
– der kumulierten Binomialverteilung 320, 374 ff.
– der Normalverteilung 336, 381 f.
Teilverhältnisse 65 ff.
Testen von Hypothesen 350 ff.
Trägergerade 170
Tupel 121

überbestimmte LGS 21, 33
Umrechnung von Ebenengleichungen 140 ff.
unbegrenztes exponentielles Wachstum 244 ff., 261
unendlich viele Lösungen 14, 22
ungestörter Zerfall 246, 261
unlösbar 14, 20, 22
unterbestimmte LGS 21, 33

Vektoren 41 ff.
– in physikalischen Aufgaben 61 f.

Vektorprodukt 122 ff., 131
Vektorzug 53
Veranschaulichung
– von Ebenen 178 f.
– von Geraden im Raum 102 f.
– von Punkten und Vektoren im
  Raum 70 f.
Verdopplungszeit 246
vereinfachte Normalenglei-
  chung 139
Verhulst, Pierre-Francois 261
Verschiebungsvektor 43
Verteilungstabelle 314, 346
Verwerfungsbereich 352
Vielfaches eines Vektors 51

Volumen eines Spats/einer
  dreiseitigen Pyramide
  126, 131

Wachstums- und Zerfalls-
  prozesse 242 ff.
Wachstumsmodelle 242, 249
Wahrscheinlichkeitsverteilun-
  gen 309 ff.
Wendepunkt beim logistisches
  Wachstum 258 f.
Werkzeug zur Raumgeome-
  trie 208
Widerspruch 20, 22
Widerspruchszeile 20

windschiefe Geraden 83
Winkel
– im Dreieck 113
– zwischen Graden 118, 131
– zwischen Vektoren 112,
  131
Wurzelfunktionen 304 ff.

Zufallsstichprobe 350
zweiparametrige unendliche
  Lösung 21
Zweipunktegleichung einer
  Geraden 78, 101
zweiseitiger Signifikanz-
  test 361, 369

Bildnachweis

Titelfoto Pressedienst Paul Glaser, Berlin; **11** ullstein-bild; **12** picture-alliance/Berlin Picture Gate/Uhlemann; **17** akg-images; **26** akg-images; **27** picture-alliance/Bildagentur Huber/F. Damm; **30** Siemens Pressebilder; **31** Agentur Focus/ZEPHYR/SPL; **36** Fotolia.com/Ingo Batussek, Michel Müller, Erik Isselée; **41** M.C.Escher's „Symmetry Drawing E2" © 1999 Cordon Art B.V. – Baarn – Holland. All rights reserved; **64** Deutsches Museum, München; **100** picture-alliance/dpa/W. Thieme; **191** Deutsches Museum, München; **205** www.swedenfans-schwedenforum.de; **216** Norbert Köhler, Stahnsdorf; **238** picture-alliance/dpa/Report/Hanschke; **244** Blickwinkel, Witten; **247** Wikipedia/CC/upstateNYer; **248** Cornelsen Verlagsarchiv; **251** Getty Images/Minden Picture/Gerry Ellis; **252-1** Fotolia.com/Juri Arcus; **252-2, 252-3, 253-1, 253-2, 253-3, 254** Cornelsen Verlagsarchiv; **255** Getty Images/Stone/Melissa McManus; **256-1, 256-2, 257, 259, 261, 262** Cornelsen Verlagsarchiv; **264** Wikipedia/CC2.5/Stevage; **267** picture-alliance/All Canada Photos/Chris Harris; **272** Wikipedia/GNU1.2/Pia von Lützau; **273** R. Jahns, Siegsdorf; **274-1** VISUM, Hamburg; **274-2** Cornelsen-Verlagsarchiv; **274-3** BilderBox (E. Wodicka); **274-4** www.flugverein-guetersloh.de; **275** Cornelsen-Verlagsarchiv; **277-1** picture-alliance/dpa/Patrick Seeger; **277-2** Wikipedia/GNU/Dirk Beyer; **279** Zoo Wuppertal/Pressebild Norbert Sdunzik; **289** Wikipedia/CC/Dave Pape; **290** Wikipedia/GNU/Jörgt Hempel; **293-1** Wikipedia/GNU/Dirk Ingo ranke; **293-2** © Walt Disney Deutschland GmbH; **293-3** Wikipedia/GNU/Dirk Beyer; **293-4** Pressedienst Paul Glaser, Berlin; **365** Fotolia.com/SL-66; **313-1** Agentur LPM/Henrik Pohl, Berlin; **313-2** ullstein bild/Bergmann; **316-1** Agentur LPM/Henrik Pohl, Berlin; **316-2** Stadt Zutphen(NL); **316-3** Cornelsen Verlagsarchiv; **317-1** Corbis/Eddy Lemeistre; **317-2** Wikipedia/GNU/Jeanny; **317-3** Mit frdl.Genehmigung Borussiafoto/Florian K.; **323** Jürgen Wolff, Wildau; **326** picture-alliance/ZBSpecial/Sondermann; **328** ESA; **334** akg-images; **341** f1online/Dietrich; **342** blickwinkel/S. Meyers; **344-1** Karl-Heinz Oster; **344-2** GREUNE, JAN/LOOK GmbH; **344-3** f1online/Bahnmueller; **348** Avenue Images/Index Stock/Adams, Garry; **356** Picture Press/Klaus Westermann; **360, 361, 363, 364** Cornelsen Verlagsarchiv; **367** Thomas Meyer/Das Fotoarchiv; **368-1** Schapowalow/Huber; **368-2** auto motor und sport/MPI; **377** picture-alliance/KEYSTONE/Alessandro Della Bella; **378-1** Fotolia.com/Tan Kian Khoon; **378-2** Cornelsen Verlagsarchiv; **384** iStockphoto/CoDuck; **386** Allgäuer Bergbauern Museum e. V.; **387-1** NASA.JPL. Gov; **387-2** Fotolia.com/Wolfgang Jagstorffd